普通高等教育农业农村部“十三五”规划教材
全国高等农林院校“十三五”规划教材

生物显微技术

SHENGWU XIANWEI JISHU

第二版

王庆亚　何金铃　主编

中国农业出版社
北　京

内 容 简 介

本教材是在第一版的基础上进行了全面的修订，力求能反映生物显微技术领域的新技术、新成就。本教材主要介绍了生物显微技术的基础理论，生物制片的基本方法，常用植物、动物和微生物的制片技术，植物染色体技术，原位杂交，生物显微化学，光学显微镜和电子显微镜，生物显微摄影及显微图像分析系统等。书中介绍的技术在教学、科研实际工作过程中比较切实可行，可供与生命科学相关专业的本科生、研究生使用，也可作为高等院校相关专业的教材及相关科研工作人员、生物学爱好者的参考书。

第二版编写人员

主　　编　王庆亚（南京农业大学）

　　　　　　何金铃（安徽农业大学）

副 主 编　李贵全（山西农业大学）

　　　　　　黄世霞（安徽农业大学）

参编人员（按姓氏笔画排序）

　　　　　　尹增芳（南京林业大学）

　　　　　　石火英（扬州大学）

　　　　　　史永红（中国农业科学院　上海兽医研究所）

　　　　　　成　丹（南京农业大学）

　　　　　　孙建云（南京农业大学）

　　　　　　张紫刚（南京农业大学）

　　　　　　陈　军（南京农业大学）

　　　　　　陈秋生（南京农业大学）

　　　　　　林国庆（南京农业大学）

　　　　　　季祥彪（贵州大学）

　　　　　　赵海泉（安徽农业大学）

　　　　　　郝建华（常熟理工学院）

　　　　　　晏春耕（湖南农业大学）

第一版编写人员

主　　编　王庆亚（南京农业大学）

副 主 编　李贵全（山西农业大学）

参编人员（按姓氏笔画排序）

尹增芳（南京林业大学）

石火英（扬州大学）

孙建云（南京农业大学）

吴金男（常熟理工学院）

陈秋生（南京农业大学）

林国庆（南京农业大学）

季祥彪（贵州大学）

赵海泉（安徽农业大学）

郝建华（常熟理工学院）

晏春耕（湖南农业大学）

第二版前言

21世纪是生物科学的世纪，生命科学将成为自然科学的带头学科。随着科学技术的发展，生命科学无论是在基础理论还是在工农业生产、医疗卫生等领域的应用上都取得了重大的进展。生物显微技术是生物学工作者教学、科研的基本技术之一，一直被生物学工作者重视和应用。近年来，随着科学技术的快速发展，学科之间交叉渗透和融合，生物学研究的技术手段日益先进，生物显微技术的内容不断丰富，新的技术越来越多，不仅在传统的生物学研究领域被广泛使用，而且也成为现代的分子生物学等研究的重要技术手段。

本教材是编者在总结多年教学科研经验的基础上编写完成的。第一版教材因为其内容比较全面，方法可操作性强，经过多年使用，受到师生的喜爱和肯定。第二版教材在第一版的基础上，进行了必要的修订，增加了生物显微技术研究领域的新技术、新方法，删除了一些基本不常用的技术内容。如在透明剂方面，介绍了目前已在使用的环保透明剂；在光学显微镜中补充了超高分辨率显微镜、显微分光光度计、成像质谱显微镜等；在电子显微镜中，增加了连续超薄切片三维重构技术、高压冷冻技术、单颗粒冷冻电子显微技术、冷冻电子断层技术和冷冻传输技术；在生物显微摄影及显微图像分析系统中，简化了普通光学显微摄影技术的内容，介绍了新的图像处理技术，以及目前比较常用的几个主要的显微图像分析系统软件。本教材不仅阐述生物显微技术的基本原理和技术流程，同时对实验中经常出现的问题做了较好的分析指导，便于学生真正掌握实验技能。

本教材编写人员具体分工如下：第一章由王庆亚、何金铃、成丹编写，第二章由尹增芳编写，第三章由孙建云编写，第四章由季祥彪、黄世霞、张紫刚编写，第五章由陈秋生编写，第六章由赵海泉、黄世霞、陈军编写，第七章和第八章由李贵全编写，第九章由晏春耕编写，第十章由林国庆编写，第十一章由石火英、史永红编写，第十二章由郝建华编写。最后，由王庆亚、何金铃负责全书统稿。

在教材编写过程中得到了复旦大学蒯本科教授、南京林业大学丁雨龙教授、扬州大学金银根教授的鼓励和帮助，得到了南京农业大学和安徽农业大学教务处、生命科学学院领导及同仁的大力支持，中国农业出版社编辑提出了很多宝贵的意见和建议，付出了艰辛的劳动，在此一并表示衷心的感谢。特别感谢我的导师李扬汉教授和徐汉卿教授，两位先生对我的言传身教影响很深，谨以此书纪念恩师李扬汉教授和徐汉卿教授。

生物显微技术是一门快速发展的学科，限于编者的知识水平，书中不足之处在所难免，恳请各位专家、学者与读者批评指正，以便进一步改进和提高。

王庆亚

2020年10月

第一版前言

21世纪是生物科学的世纪，生命科学将成为自然科学的带头学科。随着科学技术的发展，生物学研究的技术手段日益先进，生物显微技术是生物学工作者教学、科研的基本技术之一，一直被生物学工作者重视和应用。近年来，随着科学技术的发展，生物显微技术得到了很大的提高，新的技术已越来越多地被掌握使用，生物显微技术的内容不断丰富。

本教材的编写参考了国内外生物显微技术书籍及近期科研工作的新方法、新技术。注意理论和实践的统一，力求在介绍传统基本技术的基础上，增加生物显微技术研究领域的新内容、新成果。全教材共12章，第一章介绍了生物显微技术的发生发展以及今后的趋势；第二章和第三章分别介绍了生物制片的基本原理以及常用生物制片的基本方法；第四、五章和第六章分别介绍常用植物、动物和微生物的制片技术；第七章和第八章分别介绍近年发展起来的植物染色体技术和原位杂交；第九章介绍生物显微化学；第十章和第十一章分别介绍光学显微镜技术和电子显微镜技术；第十二章介绍了数码显微摄影技术。本教材不仅阐述生物显微技术的原理和技术流程，同时对实验中经常出现的问题做了较好的分析，指出了解决问题的途径和方法。便于学生扩大知识面，为学生将来走上工作岗位后进行有关科研工作打下良好的技术基础。

本教材编写人员的分工如下：第一章由王庆亚和林国庆编写，第二章由尹增芳编写，第三章由孙建云编写，第四章由季祥彪编写，第五章由陈秋生编写，第六章由赵海泉编写，第七章和第八章由李贵全编写，第九章由晏春耕编写，第十章由林国庆和王庆亚编写，第十一章由石火英编写，第十二章由郝建华和吴金男编写，最后由王庆亚统稿。

本教材编写过程中得到了南京林业大学丁雨龙教授、扬州大学金银根教授、安徽农业大学何金铃副教授的鼓励和帮助，得到了南京农业大学教务处、生命科学学院领导以及植物生物学系教师的关心和大力支持。中国农业出版社的编辑提出了非常宝贵的意见，南京农业大学生物学实验中心史永红同志在图片和文字处理等方面付出了辛勤的劳动，在此一并表示衷心的感谢。我的导师李扬汉教授生前十分重视显微技术，特将自己的专著《禾本科作物的形态与解剖》《蔬菜解剖与解剖技术》送给我，嘱我好好学习，并亲自指导。参加工作后，长期跟随徐汉卿教授学习植物制片技术。两位先生对我的言传身教影响很深，谨以此书纪念恩师李扬汉教授和徐汉卿教授。

生物显微技术是一门发展中的学科，限于编者的知识水平，书中缺点和谬误在所难免，恳请各位专家、学者与读者批评指正，以便改进和提高。

王庆亚

2010年6月

目　　录

第二版前言
第一版前言

第一章　概论 1
第一节　生物显微技术的基本内容 1
第二节　生物显微技术的发展简史 1
一、16 世纪的显微技术 1
二、17 世纪的显微技术 2
三、18 世纪的显微技术 3
四、19 世纪的显微技术 3
五、20 世纪的显微科学 4
第三节　现代生物显微技术 5
一、透射电子显微镜 5
二、扫描电子显微镜 5
三、近场光学显微镜 6
四、X 射线显微技术 6
五、扫描探针技术 6
复习思考题 9

第二章　生物制片的基本原理 10
第一节　材料的采集与处理 10
一、植物材料的采集与处理 10
二、动物材料的采集与处理 11
第二节　固定与固定液 12
一、固定 12
二、固定液 12
三、固定时应注意的事项 19
第三节　冲洗与脱水 19
一、冲洗 19
二、脱水 20
第四节　透明与透明剂 22
一、透明 22
二、透明剂 22
第五节　包埋与包埋剂 24
一、包埋 24
二、包埋剂 24
第六节　切片与粘片 25
一、切片 25
二、粘片 27
第七节　染色原理及染色剂 28
一、染色原理 28
二、染色剂 29
第八节　封藏与封藏剂 34
复习思考题 35

第三章　常用生物制片的基本方法 36
第一节　切片法 36
一、徒手切片法 36
二、石蜡切片法 37
三、冰冻切片法 43
四、半薄切片法 45
五、塑料厚切片法 47
六、滑走切片法 48
第二节　非切片制片法 49
一、整体制片法 49
二、离析法 51
三、压片法 52
四、涂片法和透明法 54
复习思考题 55

第四章　常用植物制片技术 56
第一节　整体制片法 56
一、念珠藻装片 56
二、水绵装片 56
三、葫芦藓整体装片 57
四、葫芦藓原丝体装片 57
五、蕨孢子囊装片 58
六、蕨原叶体装片 58
七、禾本科植物叶表皮装片 59
八、蚕豆叶下表皮装片 59
九、洋葱鳞片叶表皮装片 60
十、马尾松花粉粒装片 60
十一、百合花粉粒萌发装片 61
第二节　石蜡切片法 61

一、项圈藻制片 …… 61
二、地衣原植体横切制片 …… 62
三、蕨地下茎横切制片 …… 62
四、蚕豆石蜡切片示线粒体 …… 62
五、桑石蜡切片示皮孔 …… 63
六、洋葱根尖纵切制片 …… 63
七、毛茛根初生构造横切制片 …… 64
八、南瓜茎横切、纵切制片 …… 64
九、向日葵茎横切制片 …… 65
十、木槿根（茎）的次生构造横切制片 …… 65
十一、水稻茎横切制片 …… 65
十二、蕨孢子叶横切制片 …… 66
十三、松针叶横切制片 …… 66
十四、白车轴草叶片横切制片 …… 66
十五、地钱生殖托纵切制片 …… 67
十六、葫芦藓精子器和颈卵器纵切制片 …… 67
十七、湖南山核桃花序纵切制片 …… 68
十八、百合花药横切制片 …… 68
十九、百合子房横切制片 …… 68
二十、荠菜角果纵切制片 …… 68
二十一、葡萄胚纵切制片 …… 69
第三节　徒手切片法 …… 69
一、柿胚乳细胞胞间连丝的制片 …… 69
二、橘果皮分泌腔制片 …… 70
第四节　压片法、涂片法和离析法 …… 71
一、玉米花药减数分裂制片 …… 71
二、洋葱根尖细胞有丝分裂制片 …… 71
三、导管分离装片 …… 72
复习思考题 …… 72

第五章　常用动物组织制片技术 …… 73

第一节　涂片法 …… 73
第二节　无丝分裂（膀胱印片）法 …… 74
第三节　间皮硝酸银染色制片法 …… 74
第四节　纤维性结缔组织与细胞的制片技术 …… 75
一、胶原纤维 …… 75
二、弹性纤维 …… 77
三、网状纤维 …… 78
四、巨噬细胞 …… 81
五、浆细胞 …… 81
六、肥大细胞 …… 82
第五节　软骨和骨制片技术 …… 83
一、软骨 …… 83
二、骨 …… 84
第六节　肌纤维、神经纤维分离法 …… 87
一、肌纤维的分离法 …… 87
二、神经纤维（郎飞氏节）分离法 …… 87
第七节　血管注射技术 …… 88
第八节　消化器官制片技术 …… 89
一、常规苏木精-伊红染色法 …… 89
二、过碘酸 Schiff 反应 …… 90
三、阿利新蓝染色法 …… 90
四、黏液卡红染色法 …… 90
五、小肠潘氏细胞染色法 …… 91
六、闭锁堤染色法 …… 91
七、消化管的内分泌细胞染色法 …… 91
八、肠肌丛（Auerbach 神经丛）镀银法 …… 93
九、肝血管双色注射显示法 …… 93
十、肝血窦内星状细胞（Kupffer 细胞）活体注射显示法 …… 94
十一、肝细胞间的胆小管显示法 …… 94
十二、肝贮脂细胞显示法 …… 95
十三、胰岛 A 细胞、B 细胞及 D 细胞显示法 …… 95
第九节　呼吸器官制片技术 …… 97
一、取材 …… 97
二、固定 …… 97
三、嗅细胞及神经显示法 …… 97
四、肺的弹性纤维染色法 …… 98
五、肺的网状纤维染色法 …… 98
六、肺泡毛细血管网注射显示法 …… 98
七、肺泡上皮镀银法 …… 98
八、肺泡Ⅱ型细胞显示法 …… 98
九、分离气管上皮细胞法 …… 99
第十节　泌尿器官制片技术 …… 99
一、肾的常规染色 …… 99
二、球旁细胞颗粒染色 …… 99
第十一节　生殖器官制片技术 …… 100
一、精液内的精子检测 …… 100
二、三色法 …… 101
三、巴氏精液涂片染色法 …… 101
四、精子核的苯胺蓝染色法 …… 102
五、精子核的萘醌磺酸钠染色法 …… 102
六、精子顶体的结晶紫染色法 …… 103
七、精子顶体的酶活性检测——底膜法 …… 103
八、动物精子头部膜的超薄切片改进染色法 …… 104
第十二节　全鸡胚制片法 …… 104
第十三节　动物组织石蜡切片的改进方法 …… 105
复习思考题 …… 106

第六章　常用微生物制片技术 ………… 107
第一节　细菌的制片技术 ………………… 107
一、简单染色法 ……………………………… 107
二、革兰氏染色法 …………………………… 108
三、芽孢染色法 ……………………………… 109
四、荚膜染色法 ……………………………… 110
五、鞭毛染色法 ……………………………… 111
第二节　放线菌的制片技术 ……………… 112
一、插片法 …………………………………… 113
二、印片染色法 ……………………………… 113
三、凹载玻片培养法 ………………………… 114
第三节　真菌的制片技术 ………………… 114
一、水浸制片观察霉菌的菌体形态 ………… 115
二、根霉接合孢子的培养与观察 …………… 115
三、酵母菌子囊孢子的培养与观察 ………… 116
四、伞菌子实体的压片观察 ………………… 117
第四节　螺旋体、支原体、立克次体和衣原体的制片技术 ……………… 117
一、螺旋体的染色及观察 …………………… 118
二、支原体的染色与观察 …………………… 118
三、立克次体的染色与观察 ………………… 119
四、衣原体的染色与观察 …………………… 120
复习思考题 …………………………………… 120
第七章　植物染色体技术 ………………… 121
第一节　植物染色体常规压片技术 ……… 121
一、取材 ……………………………………… 121
二、预处理 …………………………………… 123
三、压片法 …………………………………… 126
四、去壁低渗火焰干燥法 …………………… 129
五、减数分裂制片 …………………………… 130
第二节　植物染色体分带技术 …………… 131
一、Giemsa 带 ……………………………… 131
二、荧光分带 ………………………………… 141
三、分带机制 ………………………………… 142
第三节　植物染色体的银染色技术 ……… 144
一、银染色技术的应用 ……………………… 144
二、染色体的银染色原理 …………………… 144
三、染色体银染色技术分类及技术流程 …… 145
第四节　植物染色体核型和带型分析 …… 150
一、核型分析的意义 ………………………… 150
二、核型分析 ………………………………… 151
三、染色体图像分析 ………………………… 160
复习思考题 …………………………………… 162
第八章　原位杂交 ………………………… 163
第一节　原位杂交的基本原理 …………… 163
第二节　染色体原位杂交技术 …………… 164
一、植物核 DNA 的提取 …………………… 164
二、探针及标记 ……………………………… 168
三、染色体制备 ……………………………… 174
四、杂交前处理 ……………………………… 176
五、杂交反应 ………………………………… 177
六、杂交后处理 ……………………………… 179
七、杂交信号的检测 ………………………… 179
八、复染和封藏 ……………………………… 181
九、观察和摄影 ……………………………… 182
十、载玻片的再杂交 ………………………… 182
十一、对照 …………………………………… 182
十二、疑难解答 ……………………………… 183
第三节　RNA 原位杂交技术 ……………… 184
一、取材、固定 ……………………………… 184
二、标本制备 ………………………………… 185
三、探针及标记 ……………………………… 185
四、杂交前处理 ……………………………… 186
五、杂交反应 ………………………………… 186
六、杂交后的处理 …………………………… 186
七、杂交信号的检测和对比染色 …………… 186
八、RNA 原位杂交结果的评定 …………… 187
第四节　原位杂交的应用 ………………… 187
一、植物基因的染色体物理作图 …………… 188
二、染色体识别、分子核型构建和异源多倍体物种进化等 ……………………… 188
三、减数分裂染色体行为的分析和外源染色体或染色体片段的检测 ……………… 189
四、基因组的空间分布 ……………………… 189
五、植物基因表达的规律 …………………… 189
六、荧光原位杂交技术用于微生物多样性和原位功能研究 ……………………… 191
复习思考题 …………………………………… 191
第九章　生物显微化学 …………………… 192
第一节　概述 ……………………………… 192
一、生物显微化学的技术要求 ……………… 192
二、生物显微化学的研究内容 ……………… 192
三、显微化学的研究方法与分类 …………… 193
四、显微化学的一般注意事项 ……………… 194
第二节　无机物的鉴定 …………………… 194
一、钙的鉴定与定位 ………………………… 194
二、镁的鉴定与定位 ………………………… 195

三、铁的鉴定与定位 …… 195
四、磷酸盐的鉴定与定位 …… 196
五、草酸钙结晶的鉴定与定位 …… 196
第三节 有机物的鉴定 …… 197
一、糖类的鉴定与定位 …… 197
二、脂类的鉴定与定位 …… 203
三、蛋白质的鉴定与定位 …… 204
四、核酸的鉴定与定位 …… 208
五、酶类的鉴定与定位 …… 209
第四节 次生代谢产物的鉴定 …… 212
一、生物碱的鉴定与定位 …… 212
二、皂苷的鉴定与定位 …… 212
三、黄酮类的鉴定与定位 …… 213
第五节 GUS染色及荧光检测技术 …… 214
一、GUS染色组织定位 …… 214
二、免疫组织化学检测 …… 214
三、荧光蛋白标记法 …… 216
复习思考题 …… 217

第十章 光学显微镜 …… 218

第一节 普通光学显微镜 …… 218
一、生物显微镜 …… 218
二、体视显微镜 …… 223
三、倒置显微镜 …… 225
四、相差显微镜 …… 227
第二节 荧光显微观测设备 …… 230
一、荧光显微镜 …… 230
二、激光共聚焦显微镜 …… 235
三、荧光显微镜的拓展应用 …… 239
第三节 显微镜专属名词和技术参数 …… 244
一、显微镜的专属名词 …… 244
二、显微镜的技术参数 …… 247
三、显微镜技术参数间的关系 …… 248
复习思考题 …… 249

第十一章 电子显微镜 …… 250

第一节 概述 …… 250
一、电子显微镜的诞生 …… 250
二、电子显微镜的种类 …… 250
第二节 透射电子显微镜的结构和原理 …… 253
一、电子光学部分 …… 254
二、真空排气部分 …… 255
三、电气部分 …… 256
第三节 扫描电子显微镜的结构和原理 …… 256
一、电子光学系统 …… 257
二、信号检测及显示系统 …… 258
三、真空系统和电气系统 …… 259
第四节 透射电子显微镜的生物样品制备技术 …… 259
一、超薄切片技术 …… 259
二、负染色技术 …… 265
三、连续超薄切片三维重构技术 …… 268
四、高压冷冻技术 …… 270
五、单颗粒冷冻电子显微技术 …… 270
六、冷冻电子断层技术 …… 271
第五节 扫描电子显微镜的生物样品制备技术 …… 272
一、常规制备技术 …… 272
二、冷冻传输技术 …… 279
复习思考题 …… 279

第十二章 生物显微摄影及显微图像分析系统 …… 280

第一节 生物显微摄影 …… 280
一、普通光学显微摄影 …… 280
二、数码显微摄影 …… 280
三、显微图像分析系统 …… 281
第二节 生物显微图像分析系统 …… 281
一、生物显微图像分析系统的类型和功能 …… 281
二、生物显微图像分析系统的组成部分 …… 281
三、生物显微图像分析的主要流程 …… 283
四、显微图像分析中的数字图像基础知识 …… 283
五、几个主要的显微图像分析系统软件简介 …… 285
复习思考题 …… 309

参考文献 …… 310

第一章 概论

第一节 生物显微技术的基本内容

生物显微技术是用各种显微镜观察和辨认微小生物（动物、植物和微生物及其结构、组织等）的形态和显微、亚显微结构以及细胞内染色体技术与原位杂交等的方法和技术。生物显微技术主要包括各种显微镜的使用方法，各种层次生物标本切片的准备与制作技术，以及观察结果的记录、分析技术等。

生物的一切生命活动，都是以细胞作为基本结构和功能单位进行的。因此，对生物的组织、器官的研究就显得非常重要。生物显微技术是从事生物技术、细胞生物学、生殖生物学、发育生物学等研究的必要技术基础。如石蜡切片法是动物、植物和病理组织切片制作上最重要、最常用的一种方法。除某些材料确实经不住石蜡切片法中各种药剂的处理或加温而不能应用外，一般的材料都可以采用石蜡切片法来制成装片在显微镜下观看或长期保存。

显微摄影是通过显微镜来拍摄的方法，是显微成像技术和显微成像艺术的有机结合。一幅好的图像具有极佳的说服力，是对实验结果毋庸置疑的体现。显微摄影能客观而生动地记录下生物体的细微结构或形态，它常与生物绘图技术配合，起到相辅相成的作用。显微摄影的目的是获得清晰、真实的生物图像，用于阐明动植物的形态发生、发育规律。

显微标本的制作技术是组织学、胚胎学、生理学及细胞学等学科研究观察细胞、组织的生理、病理形态变化的一种主要方法。大多数的生物材料，在自然状态下是不适合显微观察的，因为材料较厚，光线不易透过，以致不易看清内部的结构，另外细胞内的各个结构，由于其折射率相差很小，即使光线可透过，也难以辨明。但在经过固定、脱水、透明、包埋等步骤后就可把材料切成较薄的片子，再用不同的染色方法以显示不同细胞、组织的形态及其中某些化学成分含量的变化，就可以在显微镜下清楚地看到其中不同的区域组分状态，同时，切片也便于保存，所以切片是教学和科研中常用的方法。

第二节 生物显微技术的发展简史

生物显微技术的发展历史和显微镜的发明密切联系，显微镜的发明和显微观察技术的不断提高，推动了生物显微技术的发展。显微镜（microscope）最早发明于16世纪晚期，至今已有400多年的历史，它是一种借助物理方法产生物体放大影像的仪器。在17世纪，虽然发明了在许多现代实验科学中十分重要的仪器，如气压计、温度计、摆钟和气泵等，但是对科学界产生影响最大的无疑是显微镜和望远镜，它们为人类探索地球上无限小的世界和无限大的宇宙提供了最新的手段。可以说，显微镜是所有促进生物学进步的仪器中最重要的仪器之一。正因为有了它，人们才开创了细胞学、组织学和微生物学等学科，在生物、化学、物理、冶金、酿造等许多领域，人们利用显微镜进行着各种科研活动，它已成为一种极为重要的科学仪器，对人类的发展做出了巨大而卓越的贡献。

一、16世纪的显微技术

罗马人在4世纪就把玻璃应用在门窗上，我国人民在公元前用水晶材料创造出了透镜制造技术。

马可·波罗将中国的眼镜传入欧洲，欧洲人学会了磨制眼镜的技术，他们发现凸透镜能够产生物体的放大影像，将其称为放大镜，由于只有一个透镜又称为单式显微镜。人们开始使用凸透镜来观察细小的物体，凸透镜在科学研究中开始发挥它巨大的作用。但单式显微镜也存在缺点，即它的焦距与透镜直径成正比，与放大倍数成反比。焦距越短，放大倍数越大，透镜直径也越小，当时的技术很难制造直径过小的透镜，所以放大的倍数最多为 25 倍。而体积较小的生物，如纤毛虫的长度只有 0.1 mm，即使放大 25 倍后也只有 2.5 mm，难以看清它内部的细微结构。1595 年，荷兰的著名磨镜师詹森（Janssen）发明了第一台简单的复式显微镜。这个显微镜由三个镜筒连接而成。中间较粗的镜筒，是手握的地方。另外两个镜筒分别插入它的两端，可以自由伸缩，从而达到聚焦的目的。在镜筒的两端的镜头都是凸透镜，物镜是只有一个凸面的单凸透镜，目镜是有两个凸面的双凸透镜。当这个显微镜的两个活动镜筒完全收拢时，它的放大倍数是 3 倍；当两个活动镜筒完全伸出时，它的放大倍数是 10 倍。可观察一些整体小昆虫如跳蚤等，故有“跳蚤镜”之称。自此，掀起了一个显微镜研究以及以显微镜为工具、以实验和观察为目的的生命科学研究热潮，为生命科学的发展开拓了一个崭新的世界。复式显微镜与单式显微镜相比，它可以把几个放大倍数较小的凸透镜组合起来，放大率大幅度提高。此外，也不必磨制一个个极小的透镜，制造工艺较简单。人类从此开始认识微观世界。但由于技术条件不成熟，16 世纪的显微镜放大倍数都不高，因此人类在探索微观世界方面的工作比较简单。

二、17 世纪的显微技术

17 世纪制造的单式显微镜，镜头在中部，两个金属手柄一长一短，长的为手握的地方。载物台是 6 个圆孔可以转动的圆盘。使用时，将切成薄片的样品放到载物台的圆孔上，将圆孔对准光源，进行观察。从这个显微镜镜头的大小就可以看出它的放大率比较大。当时的显微镜非常精美，制造者所追求的并不是高的性能，而是视觉上的享受。

1665 年，荷兰人列文虎克（Antonie van Leeuwenhoek，1632—1723）用自己磨制的玻璃透镜组成光学显微镜，观察了许多动植物的活细胞与池塘水中原生动物。他制造的显微镜其实就是一个凸透镜。而不是复式显微镜，磨制的单式显微镜的放大倍数将近为 300 倍，超过了以往任何一种显微镜。1675 年，列文虎克观察雨水，他发现了极小的虫子，经过反复观察和思考后给英国皇家学会写信，向全世界公布他的发现。后来他又第一次看到了血液里红色的红细胞（直径约 7 μm）。1683 年他在显微镜下模模糊糊地看到了在牙垢中比红细胞还要小的细菌。列文虎克见过的细菌，长度约为 1 μm，差不多是当时光学显微镜所能看到的最小的东西，从而开创了微生物学。列文虎克还描述了微生物的形态有球形、杆状和螺旋状等，证实了毛细血管的真实存在而结束了有关血液循环的争论，首次观察并描述了蛙肠内的原生动物、人类和哺乳类动物的精子，认为在所有露天积水中都可以找到微生物。列文虎克通过事实证明了当时流行的生物自然发生论的错误，改变了人们的观念。

列文虎克一生磨制了约 550 个透镜，装配了 247 架显微镜。它们都非常小，设计和功能也相似。他的显微镜的尺寸几乎是一个常数：长 5.08 cm（2 in），宽 2.54 cm（1 in）。镜身大多是用黄铜制造。显微镜是由两个螺钉（其中较长的一个是手柄，其长度可以调节；通过调节较短的那个螺钉可以改变标本与透镜的距离）、几个铆钉、一个镜头、一个宽大的镜身、一个针形载物台构成。镜身首先在两块同样形状的黄铜薄板上对称地凿两个孔，然后把镜头放在其中一个孔上，再把另一块黄铜板放在上面，对齐这两块黄铜板，使这两个孔刚好把中间的透镜镶住，最后用铆钉固定住铜板即可。使用时先将标本固定在针尖上，后拿起显微镜对着光源，调节那两个螺钉来移动标本的位置，使影像达到最佳。列文虎克的显微镜的透镜制作方法至今尚不为人知。它们的厚度仅为 1 mm，曲率半径为 0.75 mm。它们有很高的放大率和分辨率，制作十分精巧，至今保留下来的有 9 架，现存于荷兰尤特莱克特大学博物馆（University Museum of Utrecht）中的一架的放大倍数为 270 倍，分辨率为 1.4 μm。在当时，这个水平是很高的，这是他为人类创造的一批宝贵的财富。

1665年，英国人胡克（Robert Hooke）在伦敦皇家学术年会上提出他用显微镜观察软木（栎树皮）的薄片的研究结果，发现其中许多小室状如蜂窝，并首次借用拉丁文 cellar（小室）这个词，来称呼他所看到的类似蜂巢的极小的封闭状小室（实际上只是观察到纤维质的细胞壁）。后来英文用 cell 这个词来称呼细胞。他曾通过计算，推算每立方英寸约有10亿个小室。他在《显微图谱》中说，这可能是史无前例的发现。

意大利的马尔比基（Malpighi）是动物和植物材料显微技术的创始人。他通过极其原始的显微镜对血液循环和毛细血管、肺和肾的细微结构、大脑皮层等进行了细致的观察和研究。

三、18世纪的显微技术

18世纪是欧洲科学复苏的时期，各种新的科学理论层出不穷。但是，由于当时人们对光学知识掌握较少，再加上玻璃制造技术还存在一些缺陷，显微技术不被重视。18世纪使用最广泛的显微镜是英国显微镜设计师 John Cuff 在17世纪中叶设计的一种新型显微镜，即卡夫（Cuff）显微镜。它的特色在于：新式的底座为带抽屉样式，材料为橡木、桃木或其他果木等，抽屉内可存放镜头或实验用具。镜臂由互相紧靠的两根金属管构成。镜身靠一个金属夹钳固定在镜臂上，在金属夹钳的一侧还插有一个长螺钉。载物台是由两块黄铜片叠在一起构成的，每个黄铜片的中间都有一个小孔称为通光孔，上面的通光孔直径较大，一个小的培养皿刚好可以被放在孔中，并由下面的那个黄铜片托住。在显微镜黄铜载物台下方有一较大的凹面镜，其作用是为显微镜观察透明样品时提供透射光线。当观察不透明的样品时，就使用载物台上方一侧较小的聚光镜，将光线聚焦在样品表面以达到足够的亮度。卡夫显微镜采用当时最先进的聚光方法，功能在当时也是最多的，可进行活体观察，而活体观察在当时是复式显微镜特有的。在培养皿里面装上一些带小虫子的水样或一些活的小昆虫，就可以观察它们的生活习性，很有特点。尽管卡夫显微镜的功能在当时是最多的，但它的光学性能较差，它的最低放大倍数为45倍，最高为100倍，有很严重的色差和球面像差，分辨率只有10 μm（现在的光学显微镜最低分辨率也在1 μm以下）。虽然 Adam 在1780年就能够切削组织细胞的薄切片到约0.1 μm（1/2 000 in左右），但在18世纪光学显微镜的发展或细胞的新发现甚少，因为大多数研究者把他们的研究重点放在了动植物的分类与自然史方面。

四、19世纪的显微技术

19世纪，随着工业革命的进行，机械的使用使透镜的质量大大提高，光学的发展使显微镜的结构更加符合光学原理，显微科学技术也同其他学科一起飞速发展起来。在这个世纪里，人们制造出了没有色差和像差的高质量显微镜以及分辨率极高的暗视野显微镜，从而带来了生物学和显微科学技术的革命。如制造出高质量光学玻璃的卡尔·蔡司（Carl Zeiss），设计制造了高度消色差物镜和高分辨率物镜的阿贝（Abbe）等人，为科学发展做出了巨大贡献。在19世纪中叶还出现了显微摄影，这使得对微生物的记录更加准确。1850年，在显微摄影技术水平极低、条件困难重重的情况下，科赫拍摄了至今还能清晰辨认的细菌照片，这一成果被视为显微摄影史上的奇迹之一。高质量消色差浸液物镜的出现使显微镜观察微细结构的能力大为提高。比较具有代表性的显微镜有齿轮调焦装置，这一装置在今天仍然被大多数光学显微镜所使用。这个显微镜的镜臂上多了一个聚光镜。显微镜的大体结构与今天的显微镜基本相同，19世纪的显微镜是今天光学显微镜的雏形。19世纪还出现了结构新颖的水生生物显微镜，它的镜身是水平放置的，因为这个显微镜是用来观察水族箱中的微生物，所以它同样使用齿轮调焦装置来完成调焦工作。新式的齿轮升降装置使观察者可以观察到不同深度的情况。

19世纪30年代，显微镜制造技术有了明显的改进，分辨率提高到1 μm以内；同时由于切片机的成功制造，使显微解剖结构的观察取得许多新进展。1831 年，布朗（R. Brown）在兰科植物和其他几种植物的表皮细胞中发现了细胞核，德国的植物学家施莱登（M. J. Schleiden）把他看到的核内的小结构称为核仁。19 世纪后半期是对细胞结构观察迅速发展的时期，这一时期相继发现了细胞的许多结构和细胞器，人类对细胞的认识加深了，使细胞的概念更为确切。大量的显微观察结果使细胞与生物体的研究取得重大进展，施莱登发表了《植物发生论》，指出细胞是构成植物的基本单位。一年以后，德国动物学家施旺（T. A. H. Schwann）发表了《关于动植物的结构和生长的一致性的显微研究》，指出动物体也是由细胞组成的。施莱登和施旺总结了前人的工作，提出了细胞学说，它有力地推进了人们对整个自然界的认识，促进了自然科学和哲学的进步。恩格斯曾对细胞学说给予高度评价，把它列为 19 世纪的三大发现之一。

细胞学说的建立，很自然地掀起了对多种细胞进行广泛的观察与描述的高潮，19 世纪下半叶通过显微观察相继发现了许多重要的细胞器和细胞活动现象，如原生质、原生质体、细胞质、鸡胚血细胞分裂、有丝分裂、卵和精两个核的融合、减数分裂等。19 世纪末期，随着显微镜原理和装置的重大发展，显微镜的分辨能力大为提高，并发明了石蜡切片法和若干重要的染色方法，继而各种细胞器相继被发现。如 1883 发现中心体，1894 年发现线粒体、高尔基体等。大家通过这些发现对细胞结构的复杂性有了更深入的理解。这一时期主要是进行显微镜下形态的描述，同时以细胞为中心，建立了实验胚胎学、细胞遗传学、实验细胞学等。在显微镜本身结构发展的同时，显微观察技术也在不断创新，1850 年出现了偏光显微技术，1893 年出现了干涉显微技术，推动了生物学的飞速发展。

五、20 世纪的显微科学

20 世纪初出现了双目显微镜，这使观察者可以有更广阔的视野而且也更加符合人的视觉习惯，减轻眼部疲劳。这种结构被后来的高级显微镜广为采用。

最经典的双目显微镜是 Zeiss 实验室显微镜，这种显微镜与我们今天所使用的一些普通显微镜一模一样。事实上，我们现在所使用的一些普通型显微镜的结构都是以它为模板的。由于这种显微镜性能好，价格低廉，出现了转换器，使一个显微镜变换出更多的放大倍数，所以得到了人们的青睐，成为至今为止最畅销的复式显微镜，为科学的发展做出了巨大贡献。

20 世纪初，胶片和相机的制造技术取得了重大突破，显微摄影开始被广泛应用，成为记录显微图像的主要方式之一。

20 世纪，由于在物理、数学和材料科学等领域取得了非常大的进展，显微镜的质量大大提高，各种新型的显微镜也应运而生。如倒置显微镜，这种显微镜的特点是其物镜的方向是朝上的，而标本放在物镜上方，也就是说，这种显微镜是从下面观察样品的。它适用于观察培养皿中的样品，因此广泛地应用于细胞培养领域中。使用了相差技术的这种显微镜称为相差倒置显微镜。偏振光显微镜用于检测具有双折射性的物质，如纤维丝、纺锤体、胶原、染色体等。和普通显微镜不同的是偏振光显微镜的光源前有偏振片，使进入显微镜的光线为偏振光，镜筒中有检偏器（一个偏振方向与起偏器垂直的起偏器）。这种显微镜的载物台是可以旋转的，当载物台上放入单折射的物质时，无论如何旋转载物台，由于两个偏振片是垂直的，显微镜里看不到光线，而放入双折射性物质时，由于光线通过这类物质时发生偏转，因此旋转载物台便能检测到这种物体。暗视野显微镜的聚光镜中央有当光片，使照明光线不直接进入物镜，只允许被标本反射和衍射的光线进入物镜，因而视野的背景是黑的，物体的边缘是亮的。暗视野显微镜能见到小至 4～200 nm 的微粒子，分辨率可比普通显微镜高 50 倍。荧光显微镜是利用强烈的经过滤光器过滤的激发光线（紫外光或蓝紫光）激发标本产生荧光来进行观察的一种显微镜。由于其成像对比强烈，色彩鲜艳，分辨率高，可以观察到一般不可见的物质（如 DNA 等分子）的分布情况等，现在广泛用于免疫荧光技术和基因芯片技术。细胞中有些物质，如叶绿素等，受紫外光照射后可发荧光；另有一些物质本身虽不能发荧光，但如果用荧光染料或荧光抗体染色后，经紫外光照射亦可发荧光。荧光显微镜就是对这类物质进行定性和定量研究的工具之一。微分干涉显微镜的优点是能显示结构的三维立体投影影像。与相差显微镜相比，其标本可略厚一点，折射率差别更大，故影像的立体感更强。

进入20世纪80年代以来，光学显微镜的设计和制作又有了很大的发展，其发展趋势主要表现在注重实用性和多功能方面的改进。在装配设计上趋于采用组合方式，集普通光学显微镜与相差、荧光、暗视野显微镜以及新兴的数码成像技术装置于一体，使显微科学与数字技术的发展牢固地结合起来，使用方便，更是把显微摄影技术推向了一个新高峰，为人类的科学发展做出贡献。

电子显微镜和各种新技术的相继出现，人们发现了细胞的各种精细结构（如细胞骨架，遗传物质RNA和DNA），各种病毒粒子和蛋白质分子也被人们看到。

第三节　现代生物显微技术

在20世纪上半叶，由于光学显微镜受光源性质的限制，其分辨率和放大倍数难以提高，必然让位于以电子显微镜为先导的各种现代生物显微技术。21世纪，以纳米技术为代表的新兴科学技术将会给人类带来第三次工业革命。纳米技术正不断渗透到现代科学技术，如物理学、化学、电子学、材料学、生物学、医学、机械学等领域，必将迅速地改变物质产品的生产方式，提高产品的质量，拓宽它们的应用范围，从而使人类社会发生巨大变化。在纳米时代中，纳米电子学技术使人类第一次直观地看到物质表面的单个原子及其排列状态，并研究相关的物理、化学、生物等的性能，作用极大，应用前景广阔，涉及各行各业，为人类发展做出巨大的贡献。

一、透射电子显微镜

1933年，Ruska等人根据电子光学与光学的相似性和光学显微镜的结构，在西门子公司设计制造了第一台电子显微镜——透射电子显微镜（transparent electron microscope，TEM）。其性能远远超过了光学显微镜。电子显微镜的放大倍数比光学显微镜要高得多，可达几十万倍。电子显微镜的出现大大推动了人类的科学研究。电子显微镜的发明和应用又把生物学带到一个新的发展时期。电子显微镜自出现以来，在生物学、医学、材料学及其他学科方面有着广泛应用，促进了科学的发展。20世纪50年代以来，电子显微镜与超薄切片技术相结合，产生了细胞超微结构学这一新兴领域，对亚细胞成分的分子结构研究使人们对细胞的认识水平又进入了一个新的境界。20世纪中叶，由于电子显微镜标本固定技术的改进，积累了大量的细胞超微结构的资料，加深了人们对细胞的认识，70年代以来，科学家越来越重视从分子结构上来揭示细胞生命活动的机制。

二、扫描电子显微镜

Knoll等在1935年制成了让电子束在材料表面扫描的仪器，把这个装置作为电子显微镜使用，首次提出扫描电子显微镜的概念。受电子束直径所限，当时的分辨率只有100 μm左右。1965年英国剑桥仪器公司生产出了扫描电子显微镜（scanning electron microscope，SEM），从此开创了扫描电子显微镜的新纪元。扫描电子显微镜可以从各个角度来仔细观察，图像放大倍数还能方便地从几倍连续地增大到几十万倍。现在扫描电子显微镜不但在科学研究中而且在工农业生产中得到了广泛的应用，特别是电子计算机产业的兴起使其得到了飞速发展。扫描电子显微镜成为半导体集成电路芯片的常规检测工具。环境扫描电子显微镜（ESEM）是近年来发展起来的一种新型扫描电子显微镜，它使在电子显微镜下直接观察“活”的生物结构成为可能。这种新型电子显微镜一出现，就被各国学者广泛应用在生物、医学、材料、化工、石油、地质、食品、轻工等领域，观察了各种含水含油样品和新鲜生物样品，得到了许多令人鼓舞的结果，显示出良好的应用前景。

三、近场光学显微镜

近场光学显微镜亦称扫描近场光学显微镜（scanning near-field optical microscope，SNOM）、近场扫描光学显微镜（near-field scanning optical microscope，NSOM）。与用电子束进行成像的扫描电子显微镜和扫描隧道显微镜不同，近场光学显微镜用光束（光子）成像。光子与电子不同，可以在空气和介质中传播，对材料即使是生物样品一般也不易产生直接的损伤。光学显微镜对样品限制极少，对样品环境亦无特殊要求，可在常温常压下工作。近场光学显微技术在生物领域的应用也是很广泛的。利用近场光学显微技术的超高分辨率，可以更清晰地测得生物标本中细胞膜和细胞壁的厚度以及它们的内部存在结构，并且还可以测得细胞膜内部与外部结构在不同环境下的不同变化。

四、X射线显微技术

自从德国科学家伦琴1895年发现X射线以来，X射线因其独特的性能，在医学诊断和工业技术领域上获得了广泛的应用。因为X射线的波长短，穿透能力强，从很早之前科学家就意识到，X射线具有应用于显微技术的巨大潜力。

X射线显微技术是利用了光学显微镜的优势以及X射线较短的波长，用X射线进行显微摄像，在纳米级范围内具有很高的横向分辨率，目前的发展趋势是样品的分辨率更高（20 nm、10 nm），以及降低X射线束对目标的损坏。X射线显微技术具有高分辨率、高穿透性等优点，不仅具有对厚样品进行纳米分辨成像的潜力，而且成像机制多样，如吸收、位相、荧光等，衬度来源丰富，可实现对厚样品的内部三维结构的观察。随着同步辐射技术的发展，基于同步辐射X射线的成像技术也愈来愈受到人们的重视。X射线显微技术正处于蓬勃发展阶段，新技术和新方法也在不断涌现。X射线光电子全息技术、X射线荧光全息技术及高能X射线相衬显微技术、高能X射线相衬全息技术等使得X射线显微技术焕发出新的活力。同步辐射相关成像技术也被喻为“超级显微镜”，在解析生物大分子结构、亚细胞结构、研究细胞中离子的分布以及细胞与外界金属粒子的相互作用等方面提供了新的手段。

五、扫描探针技术

1. 扫描隧道显微镜 1982年，IBM公司位于苏黎世实验室的Ger Binnig和Heinrich Rohrer及其同事利用驱动探针在样品表面扫描的原理方法研制成功了世界上第一台扫描隧道显微镜（scanning tunneling microscope，STM）。

STM的出现，使人类第一次能够实时地观察并且可以操纵单个原子在物质表面的排列状态和与表面电子行为有关的物理、化学性质，在表面科学、材料科学、生命科学等领域的研究中有着十分重大的意义和广阔的应用前景，被公认为20世纪80年代世界十大科技成就之一。STM具有极高的分辨率，使用其可以轻易地看到原子，可以得到实时的真实的样品表面的高分辨率三维图像，此种实时观测特性可用于物质表面动态过程的研究。STM对使用环境不严，既可在真空中工作，亦可在大气、常压甚至溶液中使用。STM的产生为探测单个原子交互作用，为单分子化学的发展奠定了基础。以STM为分析和加工手段几乎贯穿着全部纳米科学，在当今的纳米科技中占有重要的地位。

2. 原子力显微镜 1985年，Ger Binnig在扫描隧道显微镜研究基础上，又研制成功了原子力显微镜（atomic force microscope，AFM），它是利用探针尖端的原子与样品表面的原子之间产生的极微弱的相互作用力作为探测信号并将其放大，从而达到探测样品表面结构的目的，它具有原子级的分辨率，横向、纵向分辨率分别为 0.1 nm 和 0.001 nm。由于原子间相互作用力在所有物质间普遍存在，AFM 的发明成功地将纳米观测对象扩展为包括导体、半导体和绝缘体在内的几乎所有物质，主要用在导电性较差的生物材料表面结构和性质的研究。此外超高真空（UHV）AFM 能够提供物质相关原子间及分子间相互作用的重要信息。

AFM 一般只能用来表征样品的表面形貌，或者在实现原子分辨的条件下，用来观察分子结构。想要测量材料的某些物理性质，就需要一些具有专用功能的原子力显微技术，应用比较广泛的有导电原子力显微镜、压电响应力显微镜等。

AFM 可以对标本进行打磨、转孔、切割等操作，已被广泛应用于生物学研究。它能对液态环境中的活细胞进行动态的观察，使观察结果更加真实可靠，同时可观察到一些细胞生命活动的动态过程。利用它进行细胞及亚细胞观察实验，不仅可以直接观察蛋白质的结构，还可以动态观察蛋白与蛋白之间的相互作用以及蛋白与 DNA、RNA 之间的相互作用，动态观察一些生化反应、细胞结构的变化等是其他手段难以达到的，有着广阔的前景。

STM 和 AFM 是现行两种最为常用的扫描探针显微镜。两者相比之下，AFM 定位精度更高，拥有更高的分辨率精度；成像范围更广，可以对包括导体、半导体和绝缘体在内的几乎所有物质进行纳米成像；成像环境要求更为宽松，能够在真空、大气、常压乃至液体环境中完成纳米尺度上的成像，而且还可以三维成像。

3. 其他扫描力显微镜 与 AFM 相似，其他扫描力显微镜通过控制并检测针尖样品间的相互作用力，如摩擦力、弹力、范德华力、磁力、静电力等，不但可得到样品表面高分辨率形貌的图像，而且还同样可以分析研究样品的表面性质。如研究不同材料引起的表面摩擦力的变化，获得边界增强表面形貌图像的摩擦力显微镜（frictional force microscope，FFM）；能对样品表面的磁分布成像，用于各种磁性材料的分析和测试的磁力显微镜（magnetic force microscope，MFM）；用来研究表面电荷载体密度的空间分布、检测样品的表面电势、电场分布等信息的静电力显微镜（electric force microscope，EFM）等。它们同 AFM 统称为扫描力显微镜（scanning force microscope，SFM）。

4. 其他扫描探针显微镜 如弹道电子发射显微镜（ballistic electron emission microscope，BEEM），是集微弱信号检测技术、自动控制技术、精密机械设计与加工以及计算机图像采集与处理技术为一体的新型表界面显微分析仪器。它能够对界面系统进行直接、实时及无损的探测，并具有纳米级的空间分辨率。目前这种技术已用于金属、半导体界面的研究。扫描离子电导显微镜（scanning ion conductivity microscope），可在生理条件下以高分辨率非接触地研究活细胞的表面形貌，从而帮助人们深入研究细胞微观结构与功能的关系。扫描热显微镜（scanning thermic microscope），可观测材料表面纳米尺度和材料电、摩擦等表面性能，定量测量分子内部及分子外力。上述显微镜大都具有纳米级分辨率，在不同领域各有其独特的作用。

随着科学技术的发展，还有各种观察、操纵微观物质世界的新型仪器出现，如反物质显微镜（antimatter microscope），即正电子探针显微镜（positive electron probe microscope）已经被研制出来。扫描探针显微镜，一般只能应用在无机材料的纳米级成像，不过研究者们很快就把这种技术应用在有生命的有机体生物机械结构成像上，如已经成功得到了弗吉尼亚州赤蛱蝶翅膀的结构图片，分辨率高达 10 nm。人类对微观世界的认识、控制以及对生命、对自身的认识，也必将进一步加深。

5. 激光扫描共聚焦显微镜 激光扫描共聚焦显微镜（confocal laser scanning microscope，CLSM）是一种新型高精度的激光源加共聚焦显微镜，是利用激光作为光源，在传统光学显微镜基础上采用共轭聚焦原理和装置，并利用计算机对所观察分析对象进行数字图像处理的一套观察和分析系统。其最大特点是对标本进行无损伤的实时观察分析，得到细胞或组织内部微细结构的荧光图像，也被形象地称为显微 CT。

CLSM作为生物学荧光分析的顶级实验平台，应用广泛，实验数据可靠，分析处理软件功能丰富。其可对活细胞组织或细胞切片进行连续扫描，进而获得高分辨率的细胞骨架、染色体、细胞器和细胞膜系统的三维图像，可以通过定量软件在亚细胞水平上分析Ca^{2+}、pH、膜电位等生理信号及细胞形态的变化。CLSM在细胞及分子生物学、大脑和神经科学、免疫学、形态学、食品卫生学、发酵学、遗传学、药理学等领域具有不可替代的作用。近几年随着技术的突破，尤其是以超高分辨率、多光子、活体工作站、相干反斯托克斯拉曼散射为代表的新技术使激光共聚焦显微镜平台具备了更强大的功能和更丰富的生物学应用潜力。

6. 显微分离技术 显微分离技术是指在显微镜下分离染色体、细胞或早期胚胎的一类实验操作技术。显微分离技术在动物研究上的应用较为成熟，已广泛应用于动物细胞染色体的微分离、细胞核移植、显微受精、胚胎性别鉴定和胚胎分割等方面。由于植物细胞的特殊性，这类技术在植物中的应用还不是很广泛。近年来在技术方法不断改进的基础上，该技术在植物研究上取得了一定的进展，高等植物染色体的显微分离与微克隆植物染色体的显微分离是显微分离技术在植物研究上运用较多的一个方面。该技术与染色体微克隆技术相结合，对植物DNA文库的建立、基因组结构的研究、基因的分离及物理图谱的构建等方面具有重要意义。

应用植物生殖细胞的显微分离、培养和离体受精技术，不但可以对高等植物的受精机理进一步深入研究，还可以通过异种间的离体受精完成细胞水平上的远缘杂交，在遗传育种上具有巨大应用价值。近年来，显微切割和微克隆在植物（如燕麦、小麦）上的研究日渐活跃，技术也在日臻完善。已有报道，只剥离一条染色体于单管中经一系列操作后，通过PCR扩增，建立微克隆。如果将技术加以改进，应用到合子进一步发育形成的早期胚胎的分离培养上，对于那些因各种原因造成早期胚胎败育而不能产生种子的植物的胚挽救上，无疑是有效的，同时这些显微分离的植物早期胚胎还将是高等植物胚胎发育机理研究的极佳材料。

植物显微分离技术在植物遗传育种、基因功能、有性生殖机理、细胞周期调控、基因工程等方面上的研究必将具有广阔的应用前景。

7. 染色体分带技术 染色体研究是近代和现代植物分类学研究的重要内容之一，染色体分带技术之所以适于作为研究各种（包括同种不同细胞类型以及不同种属）生物学材料的基因组结构的技术，在很大程度上依赖于中期染色体易于分离并展开，方便进行显微镜分析。自从细胞核型分析应用于植物研究以来，利用染色体形态学证据，有力地促进了系统与进化植物学研究的深入和发展，尤其是在科间、属间及种间的分类中发挥了重要作用。而染色体分带技术应用于植物研究后，则在种下等级分类、物种变异和分化及形成等方面，获得了一些令人满意的实验结果。属及属下等级的分类处理以往主要根据生殖器官的特征，染色体分带技术出现之后，人们将其应用于属及属下等级的分类，并取得了成效，这对于从细胞和分子水平真正揭示植物进化的遗传机理具有重要意义。

8. 染色体核型研究 染色体核型是指某一物种所特有的一组染色体或一套染色体的形态学。核型模式图是用示意图来表示的染色体形态，通常是用显微摄影技术拍摄的染色体照片进行剪贴整理而成一个体细胞的核型，一般可代表该个体的核型。核型如果用模式图表示则称为组型核型图，是以臂比作为纵坐标、相对染色体长度作为横坐标所作的图解。核型图可以用来表示组内的染色体变异，也可用于对不同物种的染色体组成进行比较。核型是依据处于细胞分裂中期浓缩的染色体的形态来建立的，不同的物种具有不同的核型，所以核型是区别物种的基本遗传学依据。通过对染色体核型进行分析，可确定物种亲缘关系的远近，揭示遗传进化的过程和机制。核型研究对于细胞遗传学和分子生物学的研究工作都有指导作用。

人类生殖细胞在遗传因素和外界环境因素的作用下不断有新的染色体的数目异常和结构畸变的产生，引起人类的染色体异常核型的携带。随着产前诊断技术的不断发展，异常核型携带者也不断被发现，染色体核型研究可以在产前诊断中预防出生缺陷。

9. 植物原位杂交技术 原位杂交（*in situ* hybridization，ISH）是一项利用标记的DNA或RNA

探针直接在细胞质、细胞器、细胞核或染色体上定位特定靶核酸序列的分子细胞遗传学技术，它为宏观的细胞学与微观的分子生物学研究架起了一座桥梁，并形成了一门新的交差学科——分子细胞遗传学（molecular cytogenetics）。

原位杂交技术主要应用在重复序列和多拷贝基因家族的图谱构建、基因组分析和外源染色质检测、低拷贝或单拷贝序列的定位。原位杂交技术已在植物分子细胞遗传学和植物分子生物学等领域中发挥着重要的作用，随着各种模式植物（拟南芥、玉米和水稻等）DNA 序列测序计划的完成，植物原位杂交技术将在功能基因组学等研究领域中展示其独特的魅力。

10. 生命科学数字显微图像分析技术 图像分析技术产生于 20 世纪 60 年代，70 年代迅速发展，广泛应用，很快引入生命科学，使传统显微检测设备向数字化、信息化、智能化发展，目前已成为研究生命科学的重要技术。数字显微图像分析系统由科学级 CCD、高级研究用显微镜、计算机与功能强大的分析软件组成。在数字图像摄影系统中，现代所有数码相机均由 CCD 芯片构成。在数码相机中，CCD chip/sensor 代替了常规的胶卷，由其记录图像，将图像转变为计算机能够处理的数字图像。显微图像分析技术已运用在生物学研究的许多领域。

复习思考题

1. 简述生物显微技术的发展简史。
2. 说明生物显微技术在科学研究中的重要性。

第二章
生物制片的基本原理

在研究自然界生长的生物过程中，通过观察生物的外部特征，只能了解生物的外部形态结构，如植物体根、茎、叶、花、果实等器官的形态结构观察，而通过制片却能在显微镜下研究生物体内部的构造。研究生物组织结构的制片方法很多，最简单的方法为徒手切片法，最复杂的方法为石蜡切片法，如果研究生物的细胞结构，则可以利用超薄切片法等。生物制片的方法虽有简单和复杂的区别，但是它们的基本步骤和原理是一样的。在制作永久切片的过程中，基本上需要经过选材、固定、冲洗、切片、染色、脱水、透明、封藏等主要步骤，这些主要步骤是相互制约、相互影响的，每一步骤对于制片的质量都有极大的影响，操作时都应予以重视。任何一个实验步骤不符合其相应的基本原理与方法，就有可能导致整个制片过程的失败，所以了解生物制片的基本原理和步骤尤为重要。只有在生物制片操作过程中，遵从制片的基本原理和方法，才能获得圆满的组织制片效果。

第一节　材料的采集与处理

在生物制片技术中，实验材料的选择是制片成功与否的关键步骤之一。一般地，实验材料的选择是由制片者的研究目的决定的。但是在选择实验材料过程中，也要注意以下事项：选择新鲜的、健康的、有代表性的实验材料；在保证材料完整性的条件下，注意实验材料要“精而小”，而不是“大而多”；注意实验材料的生长季节和发育时期；选用刀刃锋利的刀片，切割时用力应均匀，避免组织破裂，影响制片效果；选择好实验材料后，应在极短的时间内进行杀死和固定。

一、植物材料的采集与处理

植物材料的采集要注意发育时期与生长的季节性，而发育时期的选择应依据研究目的确定。有的植物材料的采集还要注意采集时间，例如花的开放、气孔的开闭在 24 h 之内是不同的。

野外采集的植物标本若不能及时固定，应将其放在塑料袋或包裹在湿纸内，待带回实验室后再进行固定，但要尽量防止标本变干、生霉或损伤，注意放置的时间不能过久，否则导致材料组织受损伤，观察不到准确的结构特征。

采集苔藓植物时，应连底土一起采集，然后放在潮湿的容器内使其膨胀后，在实体显微镜下将所需要的材料分离再进行固定。分离时要避免损伤植物组织。

藻类标本要带水采集。有些丝状藻类很快会衰老死亡，因此采到后应立即固定。

在切取植物器官时，应先确定切取哪一种切面，因为不同的切面对于细胞的形状、排列以至在结构上均存在差异。所以参照研究目的，针对不同的植物器官确定不同的切面。植物器官切面一般可分为两类，即横切面和纵切面。植物器官的各种切面对于研究植物组织细胞的形态特征甚为重要，很多植物材料往往需要制作各种切面以全面了解其整体结构。下面以植物营养器官为例来探讨植物材料的切取。

（一）根与茎

在植物的营养器官根和茎中，横切面是指刀的切向横越根、茎横断面的切面。在横断面的切片中，可观察到材料由外向内的各种组织横切面的结构，以及构成组织的各种细胞的形态特征与所占的比例。切取纵切面时应使刀的切向与根、茎的长轴方向平行。这种切面又可分为两种：①径切面，刀穿越根、茎中心点，并使之与相应的半径相吻合，这种切面可以观察到各种组织细胞纵向排列的情况；②切向切面（弦切面），刀沿根、茎的表面与其相应的半径成直角所切的切面，通过切向切面也可以观察到植物茎轴方向组织与细胞的形态特征，对于径向切面所观察的结构特征起到互为补充的作用。

（二）叶

取材植物叶片时，必须切成许多小块。由于叶片的形状、大小不同，其切割的方法也不一样。对于扁平的叶片来说，往往都是制作横切面来进行观察，一般很少制作纵切面。当然，一些特殊的观察目的，譬如观察叶表皮的形态特征往往不需制作切片，只需要撕片观察即可。

1. 细长的叶片 水稻、小麦等禾本科植物的叶片以及某些双子叶植物的叶片，其宽度为 5 mm 左右，可以用刀片切成 4 mm 的小段。

2. 大而宽的叶片 这类叶片在取材时，首先明确具体的实验目的，根据实验目的的需要来选择适当的部分。一般地，叶片的取材应自叶片的主脉中部处开始切取约 5 mm 长、8 mm 宽的小片，主脉两侧的叶片应相等。但在特殊的研究目的中，如研究叶片受真菌的危害时，应注意真菌危害的部位。同时应设法表明叶的长轴及两侧，以便以后切片时容易辨明切面。

（三）芽

在温带和亚热带地区生长的植物中，植物的芽有鳞芽和裸芽的区分。一般地，鳞芽外围有许多芽鳞片包裹，裸芽外围虽然无芽鳞片的结构，但在未伸展的幼叶上附生大量的表皮毛，因此在植物芽的固定过程中，应根据研究目的的需要，尽可能地剥离外围的芽鳞片和幼叶，同时注意芽的大小，迅速地投入固定液内进行固定。

二、动物材料的采集与处理

（一）动物材料的采集

从活体动物体上采集材料一般应施加麻醉剂。因为在不加麻醉剂的条件下，有的动物会收缩（如蚯蚓和水蛭），但所用的麻醉药品必须是不影响细胞结构的药品。常用的麻醉剂有水合氯醛、氯丁醇、薄荷脑、可卡因和乙醇等。

较小的低等动物，如原生动物（草履虫）、腔肠动物（水螅）等，可用加热法或热的固定液直接杀死固定。

一般的组织学制片，可将动物先杀死，然后速取其组织进行固定。动物杀死的方法很多，常根据动物的大小、种别及观察目的而定。体型较小的动物，如蛙类、老鼠等，可用剪刀剪断其颈部，迅速将动物倒提放血。如反射尚未消失，可用金属针插入脊髓管，破坏其脑脊髓。体型较大的动物，如鸡、兔子等，可从耳静脉注射空气，使动物心脏发生急性空气栓塞，导致循环障碍，痉挛而死。不论使用哪种方法，都必须达到快速杀死动物的目的，以免动物细胞发生不良变化而导致病变现象发生。

（二）动物组织的处理

先用剪刀取下所要的器官和组织，放入盛有生理盐水（家畜为 0.85%氯化钠溶液，禽类为 0.9%氯化钠溶液）的培养皿中，用锋利的刀片切下一块材料，置于木板上裁切成所需要的大小。切成的组织块必须小而薄，一般以 0.3 cm×0.3 cm×0.2 cm、0.5 cm×0.5 cm×0.3 cm 或 0.5 cm×0.5 cm×0.5 cm 为宜，最厚不要超过 0.5 cm，尤其细胞学制片，组织块厚度不能超过 0.2 cm。

切取动物材料时，应注意材料块的大小，通常是以不缺少研究的主要部分为原则，同时切取材料越快越好，否则动物体的细胞成分、结构及分布等会发生变化。组织块愈新鲜愈好，胃、肠、肾等器官尤应特别注意，要在动物死后立即采取。组织块取下后，要经过温生理盐水以除去血液及其他污物。胃、肠等管状器官必须用生理盐水将管腔内的内容物冲洗干净。

第二节　固定与固定液

生物制片技术的第一步，就是应用某种方法以最快的速度，将生物细胞或组织杀死，投入某类化学药液中，借助化学药品的作用使细胞组织保持原来的形状与结构，这一步骤称为固定。所使用的化学药液称为固定液。

一、固　　定

固定是制片极为关键的步骤，制片质量的优劣，除与材料的新鲜程度有关外，还取决于最初固定的是否适当和完全。固定有物理方法和化学方法两种。物理方法固定有干燥、高热和低温骤冷等。例如，血液涂片就是干燥固定；细菌涂片可用加热的方法固定；许多组织化学反应的制片是以低温骤冷固定用以制作冰冻切片。化学方法固定是用化学试剂配制成固定液进行固定。

固定的目的和作用在于：防止组织自溶和腐败；使细胞内的蛋白质、糖、脂肪等各种成分沉淀保存下来，从而保存细胞的各种成分，使其保持与生活时相近似的形态和结构；因沉淀和凝固的关系，细胞内的不同成分产生了不同的折光率，造成光学上的差异，使原来在生活状况下看不清楚的结构清晰易见，且有的固定液还有助染的作用，从而使细胞各部分易于染色；固定液还兼有硬化材料的作用，使柔软的组织硬化而不易变形，有利于操作。

二、固 定 液

为了获得较好的固定效果，不仅要考虑到所取材料的质地、位置、大小，还要考虑到固定液的性质、固定的时间、固定后的处理，以及固定液性质与以后所采用的染色方法。固定液必须具备以下几个条件：能够迅速渗入组织的各个细胞中，将原生质杀死，并固定起来；增加组织或细胞中内含物的折光程度，可能使其在不同程度的感应作用中易于区别；不能因固定引起原生质收缩或膨胀，或因固定引起人为的变形；增加细胞对于各种渗透压的抵抗力，不至于固定以后的处理而使已固定的原生质变形；增加组织对某些染色剂的着色能力；促使组织变硬，便于切片，但又不能使材料太坚硬或松脆。

固定液的种类归纳起来可分为两大类：简单固定液和混合固定液。

（一）简单固定液的种类、性质及其应用

1. 乙醇　乙醇（ethyl alcohol，C_2H_5OH）俗称酒精，是一种常用的固定液，它的特点是杀死原生质快，渗透力强，可使材料变硬。酒精为无色透明的液体，依其水分的含量可分为两种：纯酒精和商用酒精。

（1）纯酒精（无水乙醇）。纯酒精的标准浓度为 100%，是一种良好的杀死及固定液。假如材料需要立即杀死与固定，可用纯酒精。但它的缺点是能使原生质发生收缩，故很少单独使用。在应用时，固定的时间要短，一般不超过 1 h。例如小型的菌类仅需 1 min，植物的根尖、茎尖、花药、子房等固定 15～20 min 已足够。用纯酒精不但可以杀死原生质和固定材料，而且还有脱水的作用。固定后只需要更换两次纯酒精溶液，每次更换酒精溶液的时间应视所固定的材料大小和种类而定。将组织

中的水分彻底除去后，即可进行透明。

（2）商用酒精。它的标准浓度为95%～96%，是普通的杀死剂与固定液，有时可兼作保存液。材料经固定后，不需进行冲洗或换液等步骤就可进行脱水，所以平时应用很多。它的缺点也是能使原生质发生收缩，而对于植物的细胞壁仍能保持原来的形状，一般制作无须保存细胞内含物的切片是很适用的。用95%酒精固定的时间，一般以15～30 min为宜，较大的材料1～2 h即可。若固定时间过长，材料则变脆而易折断，难以切片。要长时间保存，则必须加入等量的甘油而成酒精甘油混合液，材料保存其中可长久不坏。材料经95%酒精杀死固定后，一般常换用70%酒精作保存液。

酒精是还原剂，很容易被氧化成乙醛，再变成醋酸，因此一般不与氧化剂（如铬酸、重铬酸钾、锇酸等）配合使用。但与甲醛、醋酸或丙酸配合使用，固定效果良好。

酒精可使蛋白质凝结，使组织中的蛋白质发生沉淀，而且此种沉淀为不溶性的；酒精也可使核酸发生沉淀，但沉淀为可溶性的，所以酒精不是细胞核的固定液。此外，酒精还可以溶解脂肪、磷脂，所以也不宜用于此两种物质的固定。

2. 甲醛 甲醛（formalin，HCOH）俗称蚁醛。纯甲醛是一种气体，市面上出售的是溶于水中的无色溶液，40%为其最高的饱和度（但由于吸水作用，常为38%的浓度），称为福尔马林。制作切片时，常以40%的甲醛浓度当作100%的福尔马林浓度来配制固定液，但必须是化学纯的甲醛，一般商用的甲醛因含有杂质品质不纯，因此不宜用来配制固定液。

甲醛不使蛋白质凝结，但它能使蛋白质形成稳定的明胶状的胶体而不溶于热水中。甲醛不使核蛋白凝结，但它能够保存细胞核，同时甲醛对脂肪既不保存也不破坏，对于磷脂则有保存的功能，因此可使用甲醛作为线粒体的固定液。如单独使用甲醛作固定液时，其浓度一般以5%～10%为宜。

甲醛是一种强的还原剂，易氧化成甲酸，故不能与铬酸或锇酸等混合使用。此外甲醛贮存过久则会变成甲酸，可加入5%吡啶来中和。

甲醛的蒸气有强烈的气味，能刺激眼和鼻，长久接触，对眼睛有害，使用时应注意。

3. 冰醋酸 醋酸（acetic acid，CH_3COOH）又名乙酸，是具有强烈刺激性的无色液体。醋酸在温度稍低时，即凝结成冰花状结晶，所以称为冰醋酸。通常用1%～5%的浓度作为固定液，但不单独使用。

冰醋酸主要的功用是渗透力强，而且十分迅速，它能溶解脂肪，产生酸性的固定像。醋酸是一种良好的保存剂，除防腐之外，还可保存其中的蛋白质等，使其不至变质。另外冰醋酸能使核蛋白凝结，是染色体很好的保存剂。

冰醋酸的另一个特点是能使组织的细胞发生膨胀作用，可对容易引起收缩的药剂如酒精、甲醛、铬酸等有相互平衡的作用。它还可与水或酒精任意混合成各种需要的固定液。

4. 铬酸 铬酸（chromic acid，H_2CrO_4）为三氧化铬（CrO_3）的水溶液。三氧化铬是一种红棕色的结晶体，十分容易潮解，故平时盛放的容器必须严密封紧。三氧化铬易溶于水及醚，但不溶于酒精。

由于铬酸为强氧化剂，因此不能与酒精或甲醛等还原剂预先配合，混合配好后必须立即使用，否则失效。例如酪酸遇到酒精或甲醛等还原剂，很快还原为绿色的氧化铬（Cr_2O_3）而失去固定的作用。

铬酸可以使蛋白质、核蛋白、核酸等产生良好的沉淀，而且所产生的沉淀不再溶解，它对于脂肪及类脂类等没有作用。用铬酸固定的组织，不能直接暴露在阳光下，否则会引起已固定的蛋白质分解。

铬酸在制片技术上广为使用，尤其在研究细胞学方面是必不可少的药剂，是许多杀死剂与固定液的基本成分。它的缺点是容易使组织收缩，渗透力较弱，且能使组织发生过度硬化，所以它常与作用相反的其他药品混合使用，以克服上述的一些缺点，从而得到良好的固定效果。

铬酸的饱和度可达62%或更高，通常配成2%～10%的水溶液作为基液，应用时可随时稀释至所需的浓度，一般用0.5%～1%的水溶液作为固定液。

由于铬酸的穿透性较弱，一般所固定的材料不宜太大，固定时间为12～24 h，放置在暗处。固定后的材料要用流水冲洗24 h，没有流水条件可用大量水换洗。如将冲洗不干净的材料投入酒精中，组织中的铬酸就被还原成氧化铬，并产生沉淀，给染色造成困难。

用含有铬酸的固定液固定材料时材料会呈现棕黑色，有碍于染色。为此，常常将切片浸入1%的高锰酸钾水溶液中进行漂白，约1 min即可，再用水洗净，然后再浸入5%的草酸中约1 min，用水洗净便可进行染色。

5. 苦味酸 苦味酸［picric acid，$C_6H_2(NO_2)_2OH$］又名三硝基苯酚，是一种淡黄色的结晶，为一种强烈的爆炸药，干粉遇高温或撞击时易爆炸，因此常以过饱和的水溶液进行保存。它在水中的溶解度随着室内温度的变化而变化，一般溶解度为0.9%～1.4%，亦可溶于酒精（4.9%）、二甲苯（10%）中。

苦味酸的渗透力较强，能使组织发生较强的收缩。通常用它的饱和水溶液作为固定液。它可使蛋白质、核蛋白及核酸发生沉淀作用，对于胚囊自由核时期的材料固定效果很好，并且可以防止过度硬化，还能增进以后的染色效果。

苦味酸很少单独使用，常与其他溶液配合用作固定液。用苦味酸溶液固定后，材料必须用50%或70%酒精洗涤，不能用水冲洗，否则沉淀物将会被破坏（除非原来的固定液中所含的其他药品不能溶解沉淀物，才能用水冲洗）。用酒精也不必洗涤很久，因为在脱水时，要经过一系列不同浓度的酒精，在这过程中酒精依然有洗涤的作用。即使在组织中存留着黄色，此种颜色对于后期切片染色效果也无多大妨碍。

6. 锇酸 锇酸（osmic acid，OsO_4）即四氧化锇，是一种淡黄色的结晶。它能溶于水，溶解度为7.24%。它不是一种酸类，其水溶液呈中性反应。

锇酸是一种价格昂贵药品，通常将0.5 g或1 g的结晶封储在小玻璃管内，配制溶液时，连同小管在瓶中击碎。它是一种强氧化剂，不能和酒精、甲醛混合。平常配成1%～2%的母液备用。配制时要特别小心，所用的蒸馏水要绝对纯净，如果所用的蒸馏水及盛具含有极微量的有机质存在时，也可使其还原成黑色，而失去固定的效力。储存时应用棕色瓶盛装，用黑色纸袋密封好，置于暗处或冰箱中。

锇酸是目前制片技术中最好的固定液，尤其在细胞学研究方面，此种固定液最为优良。在电子显微镜技术的超薄切片中也用此药品作为主要固定液，对细胞内的细微构造能固定良好。锇酸不使蛋白质凝结，可使蛋白质产生凝胶化，以后用酒精脱水也不会产生沉淀，因此是细胞质的良好固定液。锇酸还是脂肪及类脂唯一的固定液，经锇酸固定后，脂肪和类脂类物质变成黑色，也不溶于酒精及苯等有机物，但可微溶于二甲苯，能迅速溶于松节油，在制片中应以苯代替二甲苯。因此锇酸是线粒体及其他细胞器常用的固定液。

锇酸的渗透力很弱，且不易固定均匀，往往材料外面固定过度而里面尚未固定完全。所以材料应愈小愈好，待材料已全部呈现棕黑色时，表示固定作用完成。

固定以后的材料在脱水之前，必须在流水中彻底洗涤，约需一昼夜的时间，染色前可用过氧化氢（1份H_2O_2加入10份70%～80%酒精中）漂白，以免影响染色。经锇酸固定的材料用碱性染料染色比酸性染料效果好。

7. 重铬酸钾 重铬酸钾（potassium dichromate，$K_2Cr_2O_7$）是一种橙色的结晶粉末，为一种强氧化剂，不能与酒精、甲醛等配合使用。其不溶于酒精，但能溶于水，溶解度大约为9%。它的水溶液略带酸性，常用作固定液的浓度为1%～3%。此外，重铬酸钾又为一种强烈的硬化剂，但它的渗透力较弱，被固定的材料以小为宜。重铬酸钾很少单独使用，常与其他药品配合作固定之用。

重铬酸钾和其他药品混合时，因为配合后的酸碱度不同，对于组织的固定可以产生两种固定像。当它和酸性液体混合后，pH在4.2以下时，其固定性能如同铬酸，可以固定染色体，细胞质及染色质则沉淀为网状，但不能固定细胞质中的线粒体；如果 pH 在 5.2 以上，染色体被溶去，染色质的网状不明显，但是细胞质则保存的均匀一致，尤其对线粒体固定有着很好的效果，因此是线粒体良好的固定液之一。

用重铬酸钾固定的材料也需要流水冲洗 24 h，或用亚硫酸洗涤。若将固定后的材料直接进入酒精可形成氧化铬沉淀于组织之中。

在染色时，多采用酸性染料染色，碱性染料对重铬酸钾固定的材料染色效果较差。

8. 氯化汞 氯化汞（mercuric chloride，$HgCl_2$）又名升汞，是一种剧毒的白色粉末状或针状结晶，通常使用它的饱和溶液，常与醋酸等混合使用。氯化汞是一种杀死力强、渗透迅速、对于蛋白质有很强烈的沉淀作用的固定剂，它的缺点是容易引起细胞发生收缩现象。

氯化汞是蛋白质强有力的沉淀剂，并且沉淀以后不会全溶于水，它对类脂和糖无固定作用也无破坏作用。

用氯化汞固定的材料，必须彻底洗净，因氯化汞易留存于组织中形成结晶体。可以使用氯化汞饱和水溶液，有时也用 70%酒精为溶剂。用水溶液固定后要用水冲洗干净；用酒精溶液固定后则要用同浓度的酒精冲洗，并加少许碘液便于将汞盐提出。洗净汞盐后，再用 0.2%硫代硫酸钠溶液将碘洗去，然后再用水或酒精洗净。

应用此液固定的材料，要迅速进行包埋，以免材料经久会变坏。固定后的材料，使用碱性和酸性染料染色，效果都很好。

9. 聚甲醛 聚甲醛（polyformaldehyde）是单功能试剂，不起交联作用。它的最大特点是穿透力强，因而可较好地固定大块组织。聚甲醛可保存蛋白质、脂类和一些糖原，但不能保存多糖。用此固定液固定的组织可用于细胞化学实验研究。聚甲醛固定的组织呈可逆反应，因此漂洗时要注意。

（二）混合固定液的种类、性质及其应用

上述各种单纯的固定液，各有其优缺点，只有用两种或两种以上的药品混合使用，才能达到互相取长补短的效果。在混合使用时，要注意它们的特殊性，所用的各种药品之间要有一种平衡作用。如醋酸，它渗透很快，并能产生良好的视差，但它使材料膨胀，因此常和能引起材料收缩的酒精混合使用。另外强的氧化剂不能与强的还原剂混合，若需混合应用的，则两者分别配制，待使用时再进行混合，混合过久即会失去固定效果。

目前混合固定液的种类很多，每一种固定液都有优缺点及使用的范围。因此选择适合的固定液是制片工作的第一步。常用的混合固定液由于选用的药品不同可以分成以下几类。

1. 酒精-甲醛固定液 酒精-甲醛（AF）固定液可作为一般生物组织的固定液，且不易发生收缩现象，作用相当好，尤其对于花中柱头上萌发的花粉管的固定，可以得到良好的结果。动物组织中的肝糖亦可用此液固定。固定后的材料可以立即用作观察，通常固定的时间为 24 h，也可以将材料放在此液中长久保存，其中福尔马林的含量可视材料而定。其配方为：70%酒精 100 mL、福尔马林 4～10 mL。

2. 甲醛-醋酸-酒精固定液 甲醛-醋酸-酒精（FAA）固定液是生物制片中最常用的一种固定液和保存液。一般植物的器官和组织均可用此混合液来固定，也适用于昆虫和甲壳类动物的固定，都可得到很好的效果，故又称之为标准固定液或万能固定液。植物组织除单细胞生物、丝状藻类外，其他材料均可用此固定液固定，但不适用于细胞学研究材料的固定，因为其中含有酒精，易使原生质发生收缩现象。FAA 固定液的配方为：50%或 70%酒精 90 mL、冰醋酸 5 mL、福尔马林 5 mL。

冰醋酸及福尔马林的比例，可根据所固定的材料而略加改变，这要根据制片者的经验来决定。如发现原生质有收缩的现象则应增加冰醋酸的比例，减少福尔马林的比例。一般说来，容易引起收缩的材料则宜多加冰醋酸而减少福尔马林的量；坚硬的材料可略减少冰醋酸而增加福尔马林的量。如用在植物胚胎的材料上，可改用下列配方：50%酒精 89 mL、冰醋酸 5 mL、福尔马林 6 mL。

至于酒精的浓度，通常应用的原则是：固定柔弱幼嫩的材料用低度酒精，即50%的浓度为好；固定老年或较坚硬的材料则以70%酒精为佳。

材料在此固定液中，通常固定24 h即可进行后续的脱水步骤。同时70%酒精配制的FAA固定液又是良好的保存液，材料在此液中放置很久也无妨碍，甚至保存数年仍可用于制作切片。

如果固定的材料比较坚硬，可在上述的配方中加入5%甘油，能防止蒸发及材料变硬，并能促进材料软化，可增进保存性能。经此固定液固定的材料，用50%或70%酒精换洗两次即可进行脱水。

3. 甲醛-丙酸-酒精固定液 甲醛-丙酸-酒精（FPA）固定液，可固定一般的植物组织，通常固定1 d，也可将材料长期保存在固定液中。其配方为：福尔马林5 mL、丙酸5 mL、50%或70%酒精90 mL。

4. 酒精-醋酸固定液 酒精-醋酸固定液又称为卡诺（Carnot）固定液。此种固定液的主要成分是纯酒精和冰醋酸，但有时还加入氯仿、氯化汞等化学药剂。该固定液适用于固定细胞质和肝糖原，尤其适用于固定染色体、中心体、脱氧核糖核酸，故多用于细胞学研究制片。该固定液对腺体、淋巴组织的固定效果也较好，并能固定原生动物的胞壳、昆虫卵和蛔虫卵等。常用的配方有下列几种：

甲法：无水酒精15 mL、冰醋酸5 mL。

乙法：无水酒精30 mL、冰醋酸5 mL、氯仿15 mL。

上述两种配方的渗透力都非常强，常作为动植物组织及细胞的固定。材料在此固定液中固定时间很短，如根尖只需15～20 min，花药只需1 h，动物组织需1.5～3 h。固定时间不能太久，以不超过1 d为宜，否则材料将受到破坏。此液固定作用完成后，需用纯酒精洗涤3次，至材料不含冰醋酸及氯仿的气味为止，即可进行透明。如果材料用此固定液固定后，不能及时进行下一步操作，必须更换保存液进行保存。

5. 铬酸-醋酸固定液 铬酸-醋酸固定液在生物制片中应用甚广，一般都可得到很好的效果，但多用于藻类、菌类、蕨类及其他植物组织的固定。铬酸与醋酸的比例有几种不同的配方，主要根据材料和经验而加以变更。用此固定液固定时用量要多，以不少于25倍材料体积为宜。固定时间为24～48 h，材料在此液中可放置几天无甚妨碍，但也不能放置太久。脱水前必须在流水中彻底洗净铬酸成分，否则染色困难，颜色模糊。

铬酸是极易受潮解的物质，每次配制时称量颇为不便，故常配成不同浓度的水溶液作为基液，以便随时应用。

该固定液的配方为：10%铬酸7 mL、乙酸1 mL、蒸馏水92 mL、麦芽糖2 g。

6. 铬酸-醋酸-甲醛固定液 铬酸-醋酸-甲醛固定液又名纳瓦申（Nawashin）固定液，此固定液为细胞学和胚胎学最适用且效果良好的固定液，尤其对于涂抹小孢子的材料如花药以及根尖都很适合。在固定植物材料时，一般先用卡诺固定液固定5～10 min，然后再换此液，因有些材料外部密被茸毛，如小麦的子房、芽等，用水溶液的固定液不易渗透，采用上述方法则可获得成功。

纳瓦申氏固定液系纳瓦申于1912年首创，此液到目前为止，经许多学者加以变更，因此种类很多。常用的改良的纳瓦申固定液配方如下：

（1）冷多夫（Randoph）改良纳瓦申固定液。此液应用甚广，比纳瓦申原液更佳，对于根尖、花药、子房等的固定都可得到理想的效果，尤其对于细胞有丝分裂过程，能把染色体、纺锤丝等显示出来。其配方如下：

甲液：铬酸1.5 g、冰醋酸10 mL、蒸馏水90 mL。

乙液：福尔马林40 mL、蒸馏水60 mL。

上述甲、乙两液中的铬酸为强的氧化剂，甲醛则为还原剂，因此不能预先混合配备，需分盛于两个容器中，用时甲、乙两种溶液等量混合。材料在此液中固定12～48 h，如固定液呈现暗绿色时，即表示固定能力已经消失，这是因固定液中铬酸被还原的缘故，仅有保存的作用。固定后可用水或70%酒精冲洗两次，然后再进行脱水。

（2）贝林（Belling）改良纳瓦申固定液。

甲液：铬酸 5 g、冰醋酸 50 mL、蒸馏水 320 mL。

乙液：福尔马林 200 mL、蒸馏水 175 mL、皂素 3 g。

此液如果用作固定细胞分裂的中期及后期分裂的涂片时，则将乙液中的福尔马林改为 100 mL，蒸馏水改为 275 mL，固定 3 h 即可，固定后可将涂片移入 0.5%铬酸水溶液中几分钟，以除去甲醛再进行染色。常用的纳瓦申固定液列于表 2-1 中。

表 2-1 常用的纳瓦申固定液配方

单位：mL

成分	纳瓦申原液	Ⅰ	Ⅱ	Ⅲ	Ⅳ	Ⅴ
1%铬酸	75	20	20	30	40	50
1%醋酸		75				
10%醋酸			10	20	30	35
冰醋酸	5					
福尔马林	20	5	5	10	10	15
蒸馏水			65	40	20	

表 2-1 所示的 5 种配方中，最常采用的为Ⅲ、Ⅳ两种，究竟哪种效果好，取决于材料和制片者的经验。

7. 铬酸-醋酸-锇酸固定液 铬酸-醋酸-锇酸固定液又称为弗莱明（Flemming）固定液，它对一般材料的固定都较适合，均可得到满意的效果，特别是在细胞学的研究方面。但由于锇酸十分昂贵，且锇酸极易氧化，配时要特别小心。此液目前有多种配方，常用的配方如下：

（1）强型。先分别配制甲液和乙液，用时混合。

甲液：1%铬酸 45 mL、1%冰醋酸 3 mL、蒸馏水 40 mL。

乙液：2%锇酸 12 mL。

（2）弱型。先分别配制甲液和乙液，用时混合。

甲液：1%铬酸 25 mL、1%醋酸 10 mL、蒸馏水 55 mL。

乙液：1%锇酸。10 mL。

锇酸应置于棕色瓶内，或用黑色纸包裹密封于暗处。用于细胞分裂中染色质、染色体与中心体等结构的固定。固定时间为 24～48 h，然后以水冲洗。固定后材料如变黑色，应在染色前用 3%过氧化氢漂白 2～4 h，或用 1%铬酸漂白 3 h。

后来，泰勒（Taylor）将弗莱明固定液原配方加以变化，列出强、中、弱 3 种配方（表 2-2）。

表 2-2 泰勒的铬酸-醋酸-锇酸固定液的几种配方

单位：mL

成分	强型	中型	弱型
10%铬酸水溶液	3.1	0.33	1.5
2%锇酸（用 2%铬酸水溶液配制）	12	0.62	5
10%醋酸水溶液	3	3	1
蒸馏水	11.9	6.27	96.5

强型固定液适合于坚硬的材料，弱型固定液适合于柔软细小的材料，介于二者之间使用中型固定液。值得注意的是，此固定液的原料在应用时混合，不可事先配好，否则引起氧化还原作用而失去效能。固定时间为 24～48 h。此液不能作为保存液，脱水前材料必须在流水中冲洗干净或漂白。

8. 苦味酸混合固定液 苦味酸混合固定液又称为波茵（Bouin）固定液，在动物制片中应用甚广，如一般的动物组织、无脊椎动物的卵和幼虫，以及胚胎学材料的固定，但在植物制片中该固定液常易使材料变得脆硬，造成切片困难，因而很少用原来的配方。目前在植物切片技术上所采用的，均是经过加以改良的配方，对于裸子植物的雌配子体、被子植物胚囊自由核时期及根尖分裂细胞的材料固定效果良好，因此在植物胚胎学的研究方面广为应用。

改良的波茵固定液的配方如表 2-3 所示。

表 2-3 改良的波茵固定液的配方

单位：mL

成分	波茵原液	Ⅰ	Ⅱ	Ⅲ
1%铬酸		50	50	25
10%醋酸		20		40
冰醋酸	5		5	
福尔马林	25	10	10	10
苦味酸饱和水溶液	75	20	35	25

由于这些固定液中含有氧化剂与还原剂，故不能事先配制好贮存，通常是把醋酸和铬酸配成甲液，福尔马林和苦味酸饱和水溶液配成乙液，用时混合。此固定液穿透迅速而均匀，组织收缩较少，不会使组织变硬变脆，且着色良好。一般动物组织需固定 12～14 h，固定后直接放入 70%酒精中洗去黄色，也可在酒精中滴加几滴氨水或加入少量碳酸锂饱和水溶液，以彻底洗去黄色。改良波茵固定液中以配方Ⅰ在植物材料的固定中最常用，适合固定幼嫩的组织，如根尖、茎尖及胚胎等材料，固定时间以 12～48 h 为宜。

9. 重铬酸钾混合固定液 重铬酸钾混合固定液又称林格（Regaud）固定液，适用于观察细胞结构，可固定线粒体与叶绿体。此固定液是氧化还原性很强的药品，应在固定时临时配制。3%重铬酸钾可多配一些备用，但福尔马林必须临用时加入，混合后不能储存。此固定液穿透速度较快，但能使组织变硬。一般组织固定时间为 12～24 h，最好中途更换一次固定液，固定后用流水冲洗 24 h。此固定液配方很多，在动植物制片中常应用的配方为：3%重铬酸钾 80 mL、福尔马林 20 mL。

10. 氯化汞混合固定液 氯化汞混合固定液在植物制片中应用很少，多用于单细胞植物藻类、菌类的固定。其配方及适用对象分述于下。

（1）适于藻类固定的配方。氯化汞饱和水溶液 40 mL、无水酒精 10 mL。

此固定液又称绍丁（Schandinn）固定液。适用于具鞭毛的单细胞藻类、游动孢子和植物精子的固定。

（2）适于菌类固定的配方。60%酒精 50 mL、蒸馏水 40 mL、冰醋酸 2 mL、硝酸 7.5 mL、氯化汞 10 g。

此固定液又称吉尔松（Gilson）固定液，用于固定菌类，尤其是柔软具多胶质的菌类。固定时间为 18～20 h，固定后用 50%或 70%酒精洗涤数次，直到无醋酸的气味即可。

上述两种固定液因含有氯化汞，在材料中会产生黄褐色的沉淀，一般在冲洗的酒精中加入几滴碘液便可去除氯化汞，否则会影响染色和镜检。

11. Zenker 固定液 Zenker 固定液是组织学、细胞学及病理学常用的优良固定液，一般适用于动物组织。固定时间为 12～24 h，然后流水冲洗 12～24 h。此固定液所固定的组织，细胞核和细胞质的染色较为清晰。

配方：氯化汞 5.0 g、重铬酸钾 2.5 g、硫酸钠 1 g（可以不加）、冰醋酸 5 mL（临用时加入）、蒸馏水 100 mL。

配制时，先将氯化汞、重铬酸钾和蒸馏水混合于烧杯中，加热溶解，冷却后过滤于棕色玻璃瓶内避光保存。用时取此液 95 mL，加入 5 mL 冰醋酸即成。

12. Helly 固定液　此固定液除适用于一般动物组织的固定外，尤其适用于细胞线粒体的固定，并使之容易染色。经此固定液固定后的组织，细胞质和细胞核的染色清晰。

配方：氯化汞 5.0 g、重铬酸钾 2.5 g、硫酸钠 1 g（可以不加）、福尔马林 5 mL（临用时加入）、蒸馏水 100 mL。

福尔马林必须在临用时加入，加入 24 h 后即产生沉淀而失去效用。其固定时间和固定后的处理同 Zenker 固定液。

三、固定时应注意的事项

在固定时为了使材料尽量维持原状，还必须注意下列因素：

1. 固定的材料　固定的材料越新鲜越好。因此采集或割取后的材料必须立即投入预先准备好的固定液中，切勿耽误。固定时要防止固定材料发生变形，特别对一些动物的组织，要进行一些预处理工作。如肠管固定后，黏膜会外翻，取材时材料可取的大一些，在固定 2～3 h 后，修除外翻的部分，再投入固定液中进行固定。

2. 固定材料的大小　固定的材料大小以直径不超过 0.5 cm 为宜，材料与固定液的比例以 1∶20 为准，使材料四周有均匀的固定液为好。

3. 固定液的选择　不同的组织和细胞结构，对于化学药剂有着不同的反应，须根据观察的目的和不同的对象选用不同的固定液。要考虑到固定液的渗透力的大小以及材料的大小和组织的紧密度。

4. 固定的时间　固定液对于不同材料，完成固定的时间是不同的。时间过短不能完成固定作用，过长则有些固定液对材料有不良的影响或不易着色等。

5. 固定液的使用　对含有氧化剂、还原剂混合的固定液，最好现配现用，必要时中途还应更换一次新液。

6. 材料抽气处理　生物组织常有气体存在，使材料不能沉入固定液中，从而妨碍固定液的渗入。因此，在固定时一定要抽气，使得固定液很快渗入组织和细胞内。

最简便的抽气法是用一个 10 mL 或 20 mL 的注射器（除去针头），将材料连同固定液倒入注射器内，插入注射器手柄，仰起注射器，轻轻将管内空气排出，用左手食指紧按住注射器的孔口，右手向外拉出注射器手柄，使管内压力减小，这时可见到材料上有气体排出，如此反复数次直到材料下沉，即表示抽气完成。抽气时用力不能过猛，否则会损伤材料。此法的优点是简便易行，无须其他设备，并可根据材料的性质掌握用力的大小，其缺点是对于大批的材料不能同时进行抽气。

7. 固定材料的记录　在材料固定完毕后，必须在固定的容器外面贴上标签，记录固定材料的名称、时间，并与实验记录本上的记录吻合。

第三节　冲洗与脱水

一、冲　　洗

所谓冲洗，即用冲洗剂渗透到材料组织中去，把固定液洗掉。一般地，材料经固定完毕后，从固定液中取出来，下一步即用不同的冲洗剂将多余的固定液冲洗干净。

1. 冲洗剂　常用的冲洗剂是水或低浓度酒精，这主要是根据配制固定液的溶剂而定。一般用水配制的固定液是用水来冲洗；用酒精配制的固定液则用同浓度的酒精来冲洗。

2. 冲洗方法　根据所使用的固定液的不同，可采用不同的方法对固定后的材料进行冲洗。

一般不需流水特殊洗涤的材料，就在固定瓶（或小指形管）内更换数次冲洗剂，每次隔 1～2 h 即可洗净固定液。

若需用流水冲洗的，可将材料从固定瓶中取出，放在一块纱布上包扎好，然后将纱布捆扎在一根玻棒上，将玻棒斜放在水槽内的烧杯中，使材料悬浮在水中。然后将一根橡皮管的一端连接在水龙头上，另一端插在烧杯的底部，打开水龙头后水流可向上流动，即可达到冲洗固定材料的目的。但流水不能太急，以免损坏材料。流水冲洗一般以 12～24 h 为宜。

如果以酒精为冲洗剂，则需要将材料从固定液中取出后，直接投入适度酒精的小瓶中，材料和酒精的比例以 1∶10 为好。常振动小瓶，洗涤的次数与时间的长短，依组织的性质和组织块的大小、固定液的种类和固定时间等情况而定。一般是固定是 24 h，冲洗也应 24 h。开始 1～2 次之间换洗的时间要短一些，15～30 min 一次，以后几次可延长到 1～2 h 换一次。

不同固定液固定的材料所需的冲洗剂及冲洗的方法不相同，具体要求如下：

（1）用 FAA 固定液固定的材料，不必经过特别冲洗，用同浓度的酒精更换两次即可进行脱水。在脱水过程中，梯度浓度酒精溶液还有逐渐洗涤的作用。

（2）纳瓦申或其他弱酸类的固定液，固定后的材料用水冲洗数次即可。

（3）用苦味酸或苦味酸类的混合固定液（苦味酸-甲醛固定液除外），在固定作用完成后，用较高浓度的酒精（如 70%）冲洗，不宜用水冲洗，因水能使这种固定液的作用消失。用苦味酸固定液固定后，也不宜多冲洗，因组织易浸渍分散而影响效果。

（4）用弗莱明或锇酸类的固定液，材料经过固定后，要用流水冲洗，必要时还要进行漂白。

（5）用氯化汞混合固定液，固定后的材料用水或低浓度酒精冲洗均可。冲洗时可略加一些碘液，以试验氯化汞是否已洗去，如已全部洗去，则加入碘后在短时间内不致变色。

（6）关于冲洗的时间，要根据固定液及材料的性质和大小而定，一般 1～6 h 即可。

二、脱　　水

（一）脱水的目的

所谓脱水，就是用一种药品把材料中的水分全部去除干净。脱水的目的是在组织中的水分完全去净后便于透明剂的透入。

脱水的方式有两种，一种是组织固定之后，如做石蜡切片则是在包埋之前要进行一次脱水。因为水和石蜡不能混合，组织内含水分就不能用石蜡包埋，只有经过脱水的过程才能进一步透明处理，最后透蜡完成包埋过程。另一种是对所制作的切片染色之后封藏之前进行脱水，因为含有水分的切片透明度低，只有通过脱水，才能增加透明的效果，再通过封藏达到制作永久切片的目的。总之，脱水的作用不外乎下述两点：①使材料变硬，形状更加稳定；②除尽材料中的水分，才能使包埋剂和封藏剂渗透到组织中。因为包埋剂和封藏剂多不能与水混合，必须把水除尽，才能进行包埋或封藏。

（二）脱水剂及其应用

用作脱水剂的药品，应具备两个特性：其一必须是亲水性的，能与水以任何比例混合，以便代替细胞中的水分；其二必须能和其他有机溶剂互相混合和取代。在制片技术中，常用的脱水剂有以下几种。

1. 酒精　酒精是最常用的一种脱水剂，实际上它并不是最理想的脱水剂，因为它容易引起组织发生收缩或硬化，而且在脱水后还必须再用其他有机溶剂除尽酒精，然后才能与石蜡、火棉胶等混合，操作比较繁杂。但是，由于酒精应用已久，方法上比较容易掌握，而且经济实惠，因此，目前应用仍很普遍。

在制片技术中所用的酒精有两种，即 95%酒精和纯酒精（由 95%酒精再经蒸馏而制成，因制作过程较为复杂，所以价格较贵，用时要注意节约)。纯酒精有时也含有水分，可在纯酒精瓶内放入烧过的生石灰以去除水分。

脱水的过程应从低浓度酒精开始，逐渐替换为高浓度酒精，不能操之过急。如果在开始时将材料置于高浓度酒精中，则会使细胞发生收缩或损坏材料。用酒精配制成的混合固定液，应从同浓度的酒精开始脱水。而用蒸馏水配制的固定液，一般是从30%酒精开始。细胞学研究用的材料，应从10%酒精开始脱水，依次经过30%→50%→60%→70%→80%→90%→95%→100%酒精。

材料在各级酒精中所停留的时间，须根据材料的性质、大小而定。材料体积较大的相应脱水时间也较长一些，反之亦然。在植物材料的制片过程中，一般根尖、生长点、小叶片等每个梯度各级可停留1～2 h；草本的茎和比较坚硬的叶子要停留2～4 h，木质材料可停留4～8 h。即大的或较坚硬的材料，各级停留的时间要延长些，否则材料中央部分渗透不佳，影响除尽水分。在操作时，低浓度酒精可稍快些，到高浓度酒精时则不能过快，这样才能脱净水分。对于已切成的切片，因材料已被切得很薄，则只需1～2 min即可。总之，材料在低浓度的酒精中停留的时间不宜过长，否则组织易变软或使组织解体，在高浓度酒精中停留的时间不宜过长，否则会使组织收缩变脆，以后在切片时会增加困难。为了使材料在100%酒精中彻底将水分脱净，要更换两次。100%酒精脱水后再逐步过渡到二甲苯，如果产生乳白色的混浊，即表明水分未彻底脱净，应再回到100%酒精中重新脱水。

另外，如果材料的体积过小，当材料脱水至95%酒精时，需加入少许番红或曙红，把材料染成红色，这样便于包埋在石蜡或火棉胶中而易于识别。

配制低浓度酒精时，从经济上考虑，一般不用无水酒精，而是用95%酒精稀释而成。酒精稀释公式如下：

(所需浓度/原有浓度)×需要量数＝应用原浓度酒精的量

例如：用95%酒精配制100 mL 70%酒精，所用的量为

$$(70/95)\times 100=73.7\ (\mathrm{mL})$$

即用73.7 mL的95%酒精，加蒸馏水至100 mL，就为100 mL的70%的酒精。

一般制片时，如果对各级酒精的浓度要求不太严格的话，可采用简便的方法来配制所需浓度的酒精。配制的方法是所需稀释的浓度是多少，就量取多少毫升的95%酒精，再加蒸馏水至95 mL即可。

例如，从95%酒精稀释为50%酒精，则先量取50 mL的95%酒精，然后用蒸馏水加至95 mL即为50%酒精。

2. 正丁醇　正丁醇（normal butyl alcohol）作为脱水兼透明剂，首先应用于植物组织制片技术。其优点是脱水彻底，组织收缩较小，且能直接溶于石蜡。正丁醇适宜于组织学与胚胎学标本的透明，对鸡胚与猪胚的连续切片效果更佳。

在制片过程中，正丁醇一般与酒精混合成一定比例脱水，最后才使用纯正丁醇。它的优点是不必再经过透明，可直接浸蜡，并且很少引起组织的收缩和变脆。各级正丁醇的配方见表2-4。

表2-4　各级正丁醇的配方

单位：mL

试剂	级别					
	Ⅰ	Ⅱ	Ⅲ	Ⅳ	Ⅴ	Ⅵ
蒸馏水	50	30	15	5	0	0
无水酒精	40	50	50	40	25	0
正丁醇	10	20	35	55	75	100

3. 叔丁醇　叔丁醇（tertiary butyl alcohol）也称第三级丁醇，可与水、酒精及二甲苯等试剂混合，可单独或与酒精混合使用，是目前应用较广的一种脱水剂。此剂的优点是不会使组织收缩或变

硬，同时也不必经过透明剂，并且由于它比熔融的石蜡轻，所以在包埋时很容易在组织中除去，可直接浸蜡包埋。应用此剂可以简化脱水、透明等步骤，因此已逐渐代替酒精，但叔丁醇的价格较贵，一般实验不常使用。各级叔丁醇的配方见表 2-5。

表 2-5 各级叔丁醇的配方

单位：mL

试剂	级别					
	Ⅰ	Ⅱ	Ⅲ	Ⅳ	Ⅴ	Ⅵ
蒸馏水	40	30	15	0	0	0
无水酒精	50	50	50	50	25	0
叔丁醇	10	20	35	50	75	100

叔丁醇的处理方法与正丁醇相似，只是在最后一次换纯叔丁醇后要经过一次等量的叔丁醇与石蜡油混合液，停留 1～3 h，然后进入纯石蜡换两次，约 4 h 即可包埋。

4. 丙酮 丙酮（acetone）是很好的脱水剂，可以代替酒精，作用和脱水方法与酒精的相同。它的优点是脱水作用比一般脱水剂快，但它不能溶解石蜡，所以仍需经过二甲苯或其他透明剂，然后才能进行浸蜡和包埋。

5. 甘油 甘油（glycerin）也是一种良好的脱水剂，尤其适用于细小柔软的材料。用甘油脱水可以避免原生质发生收缩现象，但在用甘油脱水前，必须将材料中所含的固定剂完全洗净，否则在包埋及染色时将发生困难。利用甘油脱水，可从 50%浓度开始，逐渐过渡至纯甘油，再换纯酒精。

第四节 透明与透明剂

一、透　　明

在制片技术中，除了应用一些既能脱水及透明，又能与包埋剂或封藏剂相混合的脱水剂外（如正丁醇），一般应用酒精脱水的制片，都要经过透明的步骤。透明是采用苯类有机溶剂，取代组织或切片中的水溶剂，并且达到透明的目的。由于这种溶剂能使材料透明，因此这个步骤称为透明。

透明分为两种，即包埋前的透明和封藏前的透明。材料在非石蜡溶剂（如酒精、丙酮）中除尽水分后，还要经过一种既能与脱水剂混合又能与包埋剂（如石蜡、火棉胶）混合的溶剂来处理，以便于包埋剂的渗入。包埋前的材料通过透明剂的透明，可增加它的折光系数，便于在显微镜下观察。染色后的透明，目的是增加透明度，不仅可便于观察，而且可以溶解封藏剂，使封片均匀紧密。

二、透 明 剂

透明剂的种类很多，常用的有二甲苯、甲苯、苯、氯仿、香柏油和丁香油等，它们的性质和用法如下。

1. 二甲苯 二甲苯（xylol）是目前应用最广的一种透明剂，市场价格较便宜，能迅速与酒精和丙酮混合，透明作用迅速，能溶解石蜡、加拿大树胶，但缺点是易使材料发生收缩变脆。使用二甲苯时材料必须彻底脱尽水分，否则会发生乳状混浊。

为了避免材料的收缩，采取逐步从纯酒精过渡到二甲苯的方法。一般步骤是：2/3 纯酒精＋1/3 二甲苯→1/2 纯酒精＋1/2 二甲苯→1/3 纯酒精＋2/3 二甲苯→二甲苯。其中每级停留的时间以材料的大小和性质确定，一般为 0.5～2 h；在纯的二甲苯中应更换两次，每次约 2 h，大的组织块可多换一次。而染色后的切片，透明 5～10 min 即可。

二甲苯极易吸收空气中的水分，使用过程中一定要注意随时将瓶盖盖好。必须保持二甲苯中无水分。检查的方法是在二甲苯中滴加1～2滴石蜡油，如出现云雾状，即表明其中含有水分，不能再用。

2. 氯仿　火棉胶法的制片，都采用氯仿（chloroform）作为透明剂，石蜡法也可应用，但它的挥发性能要比二甲苯强。氯仿的渗透力较弱，对材料的收缩性能也较弱，浸渍的时间应予延长。此外，氯仿能破坏染色，所以对于已经染色的切片作透明时不宜使用。

用氯仿作透明剂与二甲苯一样，必须经过各种梯度，其配方和步骤与二甲苯相同。

为了缩短透明和透蜡的作用时间，可先用苯胺油进行透明，然后再换两次氯仿，这样每次透明的时间可缩短为0.5～1 h。

3. 甲苯　甲苯（toluene）的性能与二甲苯相同，用法相似。国内生产较多，价格亦较便宜，可作二甲苯的代用品。甲苯的特点是沸点较低，透明较慢，但组织在其中停留12～24 h亦不会变脆。

4. 苯　苯（benzene）的性能与二甲苯相同，用法相似，对组织的收缩性能较弱，为较理想的透明剂。

5. 香柏油　纯的香柏油（cedar oil）多用于显微镜油镜的显微观测。普通的香柏油常混有杂质（如二甲苯等），此种可用作透明剂，并且不易使材料收缩变硬，但它的作用很慢，透明的时间较长，较小的植物材料也要放置12 h以上。应用时可从纯酒精放入。香柏油能溶于酒精，但不易为石蜡所代替。香柏油不易挥发，因此在浸蜡前最好多用二甲苯透明一次，以便除净香柏油，加速石蜡的渗透。

6. 丁香油　丁香油（clove oil）的透明效果比二甲苯及香柏油好，并且不会像二甲苯那样必须在酒精内完全无水的条件下才能透明。它在无水的条件下能发挥透明作用，即便酒精中含有少量水分，也可发挥透明作用。丁香油一般为切片经染色后，在用树胶封藏以前最好的透明剂。例如固绿、橘红G等可在丁香油中溶成饱和液。待染色到最后一步时，可以染色、分色、透明，三步合并使用，效果很好。经丁香油透明后的制片，尚需经二甲苯处理一下，将组织中的残油除净，否则昏暗不清。另外丁香油蒸发很慢，如不经二甲苯透明，制片不易干涸。丁香油的价格高，应用时往往采用滴剂，处理后多余的可回收再用。

7. 冬青油　冬青油（winter-green oil）可作整体制片的透明剂。尤其对于显示植物维管系统的制作，效果很好。但由于此透明剂渗透很慢，并具有毒性，平时较少应用，一般采用其他试剂代替。

8. 苯胺油　苯胺油（aniline oil）能溶于酒精及乙醚，微溶于水，不仅有透明作用，还有脱水作用，所以常和酒精混合使用。对于用酒精脱水容易变硬变脆的材料如纤维细胞多的植物，可以用苯胺油进行脱水和透明。苯胺油与酒精混合使用配方见表2-6。

表2-6　苯胺油与酒精混合使用配方

试剂	级别			
	Ⅰ	Ⅱ	Ⅲ	Ⅳ
酒精	1份（70%）	1份（83%）	1份（95%）	0
苯胺油	1份	2份	2份	纯

在每一级苯胺油与酒精溶液中停留2～6 h，移入纯苯胺油中直到材料完全透明为止。在浸蜡之前，还必须经过二甲苯换洗两次，其时间与比在纯苯胺油中略长0.5 h。

9. 环保透明剂　常规组织石蜡制片技术中，组织透明、脱蜡、封藏等各项操作均需要使用透明剂。二甲苯是应用较为广泛的一种透明剂，其优势体现在价格低廉，透明效果好，且作用时间长等方面。但是在应用过程中，二甲苯有一定毒性，而目前国内市场上环保透明剂品种也较多。有研究表明，相对于二甲苯，有的环保透明剂对组织的渗透较柔和，即使透明时间过长也不会造成组织明显的收缩和硬化，便于切出更薄的切片和延长刀片的寿命，处理的标本可以展现更多的细节。有的环保透明剂在苏木精-伊红染色中可提高伊红背景的亮度和改善苏木精染色的效果。也有的环保透明剂与二甲苯各环节的组织脱水浸蜡时间无明显增减，切片脱蜡时间存在一致性，脱蜡时间相对较短，两组梯度酒精脱水时间无明显差异。两者的组织透明效果基本一致，染色鲜亮，有较强的对比度。环保透明剂不仅具备二甲苯的物理特征，同时也弥补了二甲苯使用过程中产生毒性的缺点，对组织的收缩作用相对较小，可以真实地反映出组织的结构特征。环保透明剂最大的优势在于安全、无毒、无味，不含甲苯、二甲苯类物质，从根本上改善了制片的劳动条件，并且加热后也不会对人体造成伤害。

第五节　包埋与包埋剂

一、包　　埋

包埋是将熔化的包埋剂连同浸透包埋剂的材料，一同倾倒于特制的容器内的过程。被固定的材料经脱水、透明后，用包埋剂透入整个组织并将其包围起来，以便进行切片及以后制片程序的操作。一般包埋用的容器为纸盒，纸盒常由质地较厚、硬而光滑的纸张制作而成。

二、包 埋 剂

在制片过程中常用的包埋剂有石蜡、火棉胶、聚乙二醇、酯蜡、明胶等。

1. 石蜡　石蜡为提炼石油的副产品，熔点固定、均匀，无杂质的石蜡是最常用的包埋剂。石蜡的熔点为 42～60 ℃，熔点高的石蜡较硬，熔点低的则较软。石蜡的性质，对于切片的成败有着密切的关系。因此，对于石蜡的选择应予以注意。包埋材料所用石蜡的熔点，因材料的性质和室温的高低而异。一般动物材料常用石蜡的熔点为 52～56 ℃，植物材料常用石蜡的熔点为 54～58 ℃。切较厚的切片可用熔点 52～54 ℃的石蜡。此外室温高时应该用高熔点的石蜡，室温低时应用熔点低、较软的石蜡。另外，在石蜡制片技术中，如果应用 2 种或 3 种不同熔点（如 54 ℃、56 ℃及 58 ℃）的石蜡配合使用，则可得到较好的效果。此外，采用石蜡混合剂进行浸蜡和包埋，也可达到很好的使用效果。因为纯粹的石蜡质地疏松，虽然可以将它放在容器中较长时间煮炼，使它变得紧密，但是无论如何，其中还是有微小的空隙存在。因此，常采用石蜡和少许蜂蜡（黄蜡）混合（至于加入蜂蜡的比例，要根据材料的性质来决定，一般为石蜡 5 份、蜂蜡 1 份），因为蜂蜡质地柔软润滑并带有黏性。

用过的废蜡，可以回收再利用。这样处理不仅是为了节约，更是因为旧蜡比新蜡更好用。回收的废蜡经熔融、过滤等手续即可再利用。

2. 火棉胶　火棉胶是一种硝化纤维，很容易着火，但是不容易爆炸。能溶于乙醚、无水酒精、丙酮及丁香油，遇氯仿即变硬。所以火棉胶包埋时可利用氯仿蒸气硬化火棉胶块。制片上应用火棉胶的地方较多，不宜用石蜡作包埋剂的材料，例如木材、种子等解剖制片中，常利用火棉胶溶液包埋。但火棉胶操作的时间过长，因此切片上常受到限制，现在应用不多。

3. 明胶　明胶有吸水性，很难单独用于切片。但是，在冰冻切片时，常因材料不同可先包埋在各种浓度的明胶中做成冰胶块，然后制作冰冻切片。许多新鲜的材料可放入明胶中直接包埋。切片染色时，明胶也不会染上颜色。

4. 聚乙二醇　聚乙二醇（PEG）是一种人工合成的化学物质，其物理性质因分子量大小的不同而有差异。分子量小的呈液体状，分子量大的为白色固体，熔点与石蜡接近。但 PEG 能溶于水，因此也称为水溶性的石蜡。PEG 包埋法主要用于比较坚硬或易破碎的材料如树皮等。由于 PEG 能溶于水，所以制片过程相对比较简单，可以避免使用二甲苯等有毒的药剂。

5. 酯蜡　酯蜡为一种二甘醇二硬脂盐，熔点较低，为 45～47 ℃。用此包埋剂包埋的材料制作切片时，切片厚度可以切至 1 μm。酯蜡可溶于二甲苯、正丁醇和 95%酒精，与石蜡相比不易引起收缩。

6. 乙二醇甲基丙烯酸酯 乙二醇甲基丙烯酸酯（glycol methacrylate，GMA）是一种人工合成的水溶性塑料包埋剂。20 世纪 80 年代初被应用到医学和生物学领域，以替代传统的石蜡切片中的石蜡。其优点是无毒，操作过程简单，能够制作厚度为 1 μm 的切片；缺点是很难切成连续的切片。GMA 包埋剂由两种混合液组成，包埋前混合使用。

先配制 A 液和 B 液。

A 液：GMA 97 mL、蒸馏水 3 mL。

B 液：甲基丙烯酸丁酯（含稳定剂）98 mL、过氧化苯酰 2 mL。

最终混合液：A 液 7 份、B 液 3 份。

第六节 切片与粘片

一、切 片

包埋完毕后，下一步即可进行切片，这是生物制片技术的最重要步骤之一，它的成功与否，关系到能否获得清晰、完整的切片，所以应仔细操作。在切片时需要应用切片机、切片刀和温台等仪器装置，初学者应详细了解这些基本设备的结构特点及使用方法。

（一）切片机

切片机起到主导作用，因此在切片之前，必须了解切片机的类型与装置。常用的切片机有以下几种。

1. 旋转切片机 旋转切片机为转动式，又称转动切片机（图 2-1）。旋转切片机在切片过程中，夹物部可上下移动和前后推进，而刀架部分是固定的。由于适合制作各种组织的连续切片，旋转切片机应用广泛，常用于制作石蜡切片。目前市场可供选用的型号和规格很多。切片的厚度范围一般为 1～25 μm，片厚最小调节分度值为 1 μm。

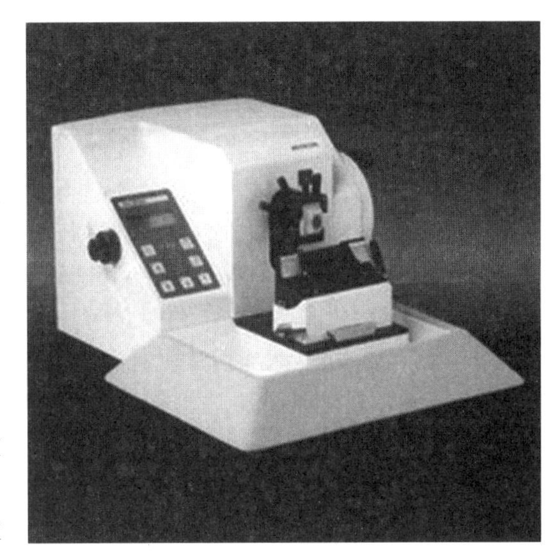

图 2-1 GQ2-HM340E 电脑程控旋转切片机

旋转切片机使用步骤如下：

（1）将粘有蜡块的载蜡器装在切片机的夹物部上。

（2）将切片刀装在夹刀部上，调整切片刀的角度，一般以 5°～8°为宜。调节切片刀的角度时，如刀口取过分直立的方向，在切片时石蜡往往成粉屑粘在刀口的内面，即使切成片子，也都粘贴在刀上；若刀口倾斜太过，则不能切取成片。因此，刀口倾斜角度必须合适，才能切得厚薄合适的切片。刀口倾斜角度在切片机上常有数据标出。

（3）注意蜡块的切取面和刀口平行，但两者间要有一定的距离，使刀口恰好邻近蜡面，切忌蜡块超过刀口。

（4）调整厚度计，一般石蜡切片以 5～12 μm 厚度最为适宜，当然这也要根据材料的性质、制片者的目的以及石蜡的特点来决定。在调节厚度时，必须对准刻度，绝不能调在两个刻度之间，否则不仅会损坏机器，也会导致切片厚度不均匀。

（5）完成上述各步骤后，即可摇动飞轮，进行切片。摇动时用力要均匀，速度要适宜。初次切的片子往往不完整，这是由于蜡块的面不平所致。待切数片后，就能得到完整的蜡带。在蜡带长度达到

20～30 cm 时，即可用毛笔挑起安放于实验盘中的白纸上，按顺序排好，便于以后检查。操作时要敏捷准确。

（6）切片工作完毕，要注意清理仪器和工具。切片刀上的石蜡，可蘸取少许二甲苯擦去，再用清洁、干净的绒布擦干，放入盒内保存，以免生锈。切片机要仔细擦拭，保护机件以延长使用寿命。

2. 滑走切片机 滑走切片机为推拉式，又称滑动式切片机（图 2-2）。滑走切片机夹刀的部分可以前后滑动，而夹物的部分只能上下移动。滑走切片机多用于木质茎等较硬材料的切片，切片的厚度可调节为 2～40 μm。冷冻和火胶棉切片也常用这种切片机。缺点是不能够切制连续的切片，所一般石蜡包埋的材料不用滑走切片机切片。

图 2-2　H/I 滑动式切片机

在进行切片前，先准备毛笔一支、培养皿一个，培养皿内盛水以便放置切片。把所要切的材料准备好，切片时按以下操作步骤进行：

（1）先把切片刀固着在切片刀固着器上。

（2）将材料固着在物体固着器上。坚硬的材料如枝条可以直接夹在切片机的物体固着器上，柔软的材料也可先夹于萝卜或土豆块中，再进行安置。

（3）调好材料的高度，使刀刃靠近材料的表面，并确保材料和刀刃平行。

（4）调整厚度调节器，使所指刻度适合切片的厚度要求。

（5）切片时用右手扶着切片刀固着器，往自己方向拉，切片便被切片刀切下而附着于切片刀的表面上。

（6）用毛笔蘸水把切片取下放于培养皿中，然后把切片刀推回，如此来回推拉，便可获得厚度均匀的完整切片。

如切片不够成功，应检查切片刀是否太钝，或切片切得太薄，对应加以改善。较硬的材料最好经过软化处理，如硬的木材和竹材等在进行滑走切片时常需要适当软化处理。普通木材可以用水煮的方法，或水煮后投入甘油-酒精（1∶1）软化剂中数天。检查软化是否合适可用刀片切割材料，如较容易切下，表明软化成功。

3. 冰冻切片机 冰冻切片机是在上述两种机器装置的基础上，附加了冷冻调节装置，即在切片机构造的基础上添加了低温恒温控制系统（图 2-3）。冰冻切片机包括半导体式冰冻切片机和恒冷箱式冰冻切片机两类，目前后者使用较多。恒冷箱有立式与卧式两种，一般用立式。它是将转动切片机安装在低温的冰箱内，切片机的手柄与旋转轮在恒冷箱体外的右侧面，切片时通过观察窗操作，可获得较薄的切片。冰冻切片一般在细胞免疫化学及病理学研究中应用广泛。下面以恒冷箱式冰冻切片机的使用程序为例，说明冰冻切片机的使用方法。

图 2-3　冰冻转切片机

（1）首先把切片机和切片刀安装好，并准备好工具，即可开机。

（2）打开制冷开关，一般 4 h 后即可冷冻切片。

（3）根据所切材料的性质，调节所需的低温，如脑组织，一般在－15～0 ℃，胰脏在－30～－15 ℃。植物组织在－20～－10 ℃。

（4）开机 4 h 后，打开观察窗盖，在切片机的样品台上首先滴加少量包埋剂，把准备切片的材料直接放样品台上的包埋剂上，样品立即被冻结，再滴加一些包埋剂，使材料被包埋其中。

(5) 将已经冻结材料的样品台放在切片机夹物的部位。

(6) 调整材料与切片刀位置、所需切片的厚度即可进行切片。

在冰冻切片的过程中，用酒精固定的材料在切片前需经水冲洗，用其他固定液固定的材料，不经处理可直接切片。植物材料经过液氮速冻处理后，组织结构的损伤度较小。另外，冷冻切片机在使用后需进行除霜处理。除霜后应将机器擦干净，涂上机油，防止生锈。

(二) 切片刀

切片刀是切片机的重要部件，生物切片制作效果与切片刀密切相关。因此对于初学者来讲，有必要了解常用切片刀的种类及其必备的附件。

常见的切片刀依据形状有以下几种：

(1) 双凹形刀。刀的两面内凹，一般用于石蜡切片。

(2) 平凹形刀。刀的一面平直，另一面内凹。平凹形刀又可分为深平凹形刀、浅平凹形刀。深平凹形刀由于凹面较深，刀面较薄，切制硬质材料时会振动，故仅适用于火棉胶切片。浅平凹形刀可用于石蜡切片，也可用于火棉胶切片。

(3) 平楔形刀。刀的两面平直无凹度，切片时可减少振动，用于石蜡切片及冰冻切片。

(4) 刨刃形刀。刀的一面平直，另一面也平直，但在刀刃处成倾斜角，适用于切坚硬的材料，如木材、塑料和未脱钙的硬骨。

(5) 剃刀和单面保安刀片。这些日常生活中用于剪发和剃须的刀片也可以应用于植物组织的徒手切片中。目前一些切片机制作公司还开发了活动刀片，通常一次性使用，无须磨刀。

(三) 温台

为了展平蜡带或烤干制片一般都需要温台，温台一般也称为展片台。现在普通实验室可配备电热温台，一般可以调控温度，也可以用电热水浴锅添加金属板来代替。

二、粘　　片

(一) 粘片

切好的切片经显微镜检查合格后，即可用粘片剂将切好的切片粘贴在载玻片上。这个步骤称为粘片。粘片时首先在清洗干净的载玻片上滴加一点粘片剂，一般用小指头均匀涂抹，再加上水或3%的甲醛水溶液，放置在温台上，待切片展平、变干，如此制作的切片即可黏附在载玻片上。

在石蜡切片制作中，粘贴切片时一定要注意蜡带的正反面，正面比较粗糙无光泽，反面比较平滑有光泽，将反面与载玻片接触才比较牢固，否则在后续的染色过程中，切片容易滑落。

(二) 粘片剂

常用的粘片剂有下列几种。

1. 明胶粘片剂 明胶粘片剂又称郝伯特 (Haupt) 粘片剂，能粘贴蜡带，也可以粘贴单细胞的藻类或花粉等。

配方：明胶 1 g、蒸馏水 100 mL、甘油 15 mL、石炭酸 (结晶) 2 g。

先将明胶溶于微温的蒸馏水中，在 36 ℃的温箱中使其慢慢溶解，加入石炭酸和甘油，搅拌使其溶解。然后过滤，将滤液储存在有塞玻璃瓶中备用。

2. 蛋白粘片剂 蛋白粘片剂又称梅氏 (Mayer's) 蛋白粘片剂，应用较为普遍。其特点是黏性比明胶粘片剂黏性低，容易着色，但在切片染色时，易保留着色时粘片剂的痕迹。

配方：新鲜鸡蛋清 25 mL、甘油 25 mL、石炭酸 0.5 g。

配制时先将鸡蛋打孔，倒出蛋清，加入甘油及石炭酸，然后用力摇动。此时即产生很多泡沫，放置一些时候使泡沫上升到液面，倒去此部分或用细纱布过滤即成。

此粘片剂为制片技术上常用的一种粘片剂，特别是在动物制片上应用甚广。放置时间也不能太久，可保存几个月，约半年的时间就逐渐失去黏附性能而不能使用。

3. 火棉胶粘片剂 木材、种子等的连续切片，一般切片较厚，如果只用普通粘片剂黏附后，在染色时往往易脱落。在经过上列粘片剂黏附后，再用1%～2%火棉胶溶液滴敷一薄层使其完全干燥，则在染色时不致脱落。染色时可用石炭酸-二甲苯（1∶4）以除去石蜡，再入纯酒精中，按顺序进行染色。

配方：火棉胶1 g、无水酒精50 mL、乙醚50 mL。

第七节 染色原理及染色剂

粘贴在载玻片上的切片等其完全干燥后，即可进行染色工作。生物的组织结构，如果不经染色，在一定限度内，由于组织各部分的折光率存在着差异，置显微镜下也可以进行观察，但这只限于新鲜含有色素的组织，但对于十分透明的组织，则很难观察到清晰的效果。此外，在制成永久制片时，要用加拿大树胶封藏，这样使得折光率变得均匀，如果不染色，则组织各部分的细微结构分辨不清，而难以进行镜检。因此，在制片技术上应用染色方法，使组织与组织之间的各部分显示出不同颜色，而达到清晰镜检的效果。

一、染色原理

目前已逐渐认为生物的细胞之所以能够染成各种颜色，是物理因素与化学因素综合作用的结果。生物制片上的染色原理比较复杂，根据染料着色情况的不同，综合起来可以从物理和化学两个方面做出解释，即物理作用说与化学作用说。

（一）物理作用说

此种理论的主张者将所有的染色现象都用物理上的理论来解释，主要认为有以下3种学说。

1. 吸收学说 吸收学说又称溶液学说。这种学说认为，某些组织能被染上颜色主要是由于吸收作用所致。它的理论依据是将组织染成与该染色剂在溶液中相同的颜色，与该染色剂干燥后的颜色完全不一致。例如，品红在干燥时为绿色，其溶液则为红色，用它所染得植物组织也似红色，即使组织变得干燥，但红色仍然不变。所以对某些组织的染色可用吸收学说来说明，但这种说法对于分色的染色法就很难解释。

2. 吸附学说 吸附作用是固体物质的特性，它能从周围溶液中吸附一些微小颗粒物质（化合物或离子）。同时由于各种蛋白质或胶体有不同的吸附面，因此可以吸附不同的离子，也就是说对离子吸附有选择性，即有的容易吸附某些物质，有的则不容易吸附。吸附作用也受离子浓度的影响。吸附学说可用来解释吸收学说不能解释的分色染色现象。所以，各种组织之所以有特具的染色反应，是因为不同组织、细胞具有不同的吸附表面，即对离子的吸附是有选择性的，因此各种组织能选择某种吸附的染料，而产生一定的反应。

3. 沉淀学说 在植物组织染色的过程中，有的染色剂可以均匀渗入植物组织中，但有的组织中的染色剂很容易被吸出来，有的组织则不容易吸出，因此认为染色剂渗入细胞中，仅是一种吸收作用与扩散作用。但有时由于细胞内存在酸、碱或其他化学物质而发生沉淀，一旦沉淀形成就不易被简单的溶媒将它提取出来。此沉淀作用虽有可能是化学作用，但一般不认为是染料与组织之间有真正的化学结合。沉淀学说对媒染作用的解释极为合适。

上述3种解释，可以说明染色上一些问题，例如组织或细胞中分化染色的现象、媒染剂作用、染色溶液的浓度影响染色的速度、酸性或碱性染色剂受酸碱度的影响等问题，但是单独的用物理现象来解释仍不能全面说明染色中存在的问题。例如一种染料均匀地渗入细胞之后，有些部分很容易再离析出来，但是有些部分则不太容易，此种现象最好用化学反应来解释。

（二）化学作用说

化学作用说主要根据细胞学上的研究结果，了解到在组织或细胞中有些部分具有酸性的反应，而有些部分却具有碱性的反应。酸性的部分能够与所接触溶液中的阳离子结合，而碱性的部分能够与阴离子结合。染料中之所以显现各种颜色，乃是由于含有不同阳离子（碱性染料）或阴离子（酸性染料）成分的关系。如此很容易说明组织或细胞中各部分染色的不同。例如细胞核为细胞中的酸性部分，对于碱性染料苏木精、碱性品红、结晶紫、番红等就有极大的亲和力；细胞质为细胞中的碱性部分，所以对酸性染料如快绿、亮绿、酸性品红等就有极大的亲和力。将这种亲和的说法用于解释分色染色法尤为合适。

这两种情况仅是细胞染色的表面现象，如果改变染色条件，如在染色剂中加酸或碱等，都会得出相反的结果。只有染色剂接近中性时，才能得到上述两种结果。

从上述两种有关染色原理的理论来看，各有其优缺点，都不能全面说明问题。其实在染色过程中，化学化合和吸附作用是可以同时进行的，化学作用说和吸附学说也不是互相冲突的。对于染色机制问题，目前只是从现象进行推理，很难得出结论性论据。无论如何，在学习制片染色的时候，能够了解一下各种理论的内容，对于选择染料及预期得到的结果，是可以起到帮助作用的。

二、染 色 剂

具有一定的亲和力，能使被染物着色的物质称为染料，将染料溶解于溶剂内成为溶液，能使细胞和组织着色，则这种溶液称为染色剂。生物学染色剂与一般染料有所不同，它专供生物学使用，其制造过程特别严格，而且更加精致与细微，使生物组织经染色后变得清晰可见，便于观察。

（一）染料分类

随着科学的发展，在生物制片中所应用的染料种类越来越多。根据它们的化学性质及对生物组织着色的情况和用途等，可分为下列几类。

1. 根据化学性质分类 根据化学性质，通常把染料分成3类：碱性染料、酸性染料和中性染料。酸性染料和碱性染料，并不是指染色剂中的氢离子浓度，主要是依据染料的主要有色部分是阴离子还是阳离子。若为阴离子即为酸性染料；若为阳离子即为碱性染料；若它们的阳离子和阴离子都有颜色则称为中性染料（复合染料）。染料和染色剂的酸碱反应并无直接关系。例如碱性染料结晶紫的溶液呈酸性反应；而曙红为酸性染料，但其染色剂则呈碱性反应；中性红系一种微碱性染料，而其染色剂则为中性，遇酸呈鲜红色，遇碱呈黄色。

（1）碱性染料。此类染料具有一种有色的有机盐基，能与无色的醋酸盐、氯化盐或硫酸根等结合，一般都能溶于水或酒精，如番红及苏木精等。

（2）酸性染料。此类染料具有通常为钠和钾的金属基，能与一种有色的有机酸根结合。该类染料也能溶于水及酒精，如固绿、曙红等。

（3）中性染料。中性染料是由酸性染料和碱性染料结合而成，所以也可称为复合染料。这类染料中，阳离子和阴离子都各有一个发色团。它也能溶于酒精和水，如吉姆萨。

2. 根据对生物组织细胞、着色情况分类

（1）细胞核染料。用于细胞核染色的染料有苏木精、洋红、番红、结晶紫、硫堇、甲苯胺蓝、甲基绿等。

（2）细胞质染料。用于细胞质的染料有曙红、亮绿、橘黄G、酸性品红、苦味酸和水溶性苯胺蓝等。

（3）脂质染料。用于显示脂质的染料有苏丹Ⅲ、苏丹Ⅳ、硫酸尼罗蓝和油红等。

3. 根据染料的来源分类

（1）天然染料。天然染料是由动物或植物体中所提取出来的，为天然产物，产量少。在生物制片中所用的天然染料的种类虽不很多，但是因经常使用而十分重要。目前很少能用人工的方法合成（地衣红已有合成品）。目前常用的天然染料有苏木精、洋红、地衣红和靛蓝等。

（2）合成染料。合成染料用人工方法从煤焦油中的一种或数种物质提炼制备而得，因此又称为煤焦染料。合成染料全是由芳香性的杂环化合物所构成。常用的人工合成的染料有番红、苯胺蓝、碱性品红、快绿、苦味酸、甲基橙、刚果红、酸性品红、甲基紫、曙红等。

（二）染料和染色剂的配制

1. 苏木精　苏木精（hematoxylin）也叫苏木素、苏木紫，是生物制片中最常用、最重要的一种染料。它是由豆科植物洋苏木（*Hematoxylon campechianum* L.）的木材（心材）用乙醚浸制提取出来的一种色素，这种植物特产于美洲墨西哥地区。

苏木精多为浅黄色或浅褐色粉末状结晶，易溶于酒精，加热也溶于水。其分子式为 $C_{16}H_{14}O_6$。配好的苏木精溶液，经过一段较长的时间，由于氧化作用成为有色的氧化苏木精，此时分子式即变为 $C_{16}H_{12}O_6$。苏木精本身没有染色能力，必须经过氧化后才能染色。氧化的方法有两种：一种是在配制的苏木精溶液中不加氧化剂，而将配制的溶液暴露于日光中，使其自然氧化成熟，但需要的时间长，此液配制的时间越久则染色能力愈强；另一种在配制时加入强氧化剂，如氧化汞、高锰酸钾等，使其急速氧化，此种溶液须随配随用，不能多配，配后久置染色效果会减弱。

苏木精不仅是一种很好的核染料和染色质染料，而且还有明显的多色性。由于细胞结构的不同，在一个切片上只要经过适宜的分色作用，就能得到好几种由蓝到红的不同色调。由于苏木精本身对于组织的亲和力很小，它必须借助于金属盐（如铁、铝、铜盐等）的媒染，才容易沉淀而附于组织内。因此在应用苏木精时，需要一种媒染剂。通常用的媒染剂，有硫酸铝铵（铵明矾）、硫酸铁铵（铁矾）、铜盐等。

苏木精的染色效果，取决于所用的媒染剂性质及染色后的处理方法，遇酸呈红色，遇碱则呈蓝色。常用的苏木精浓度是0.5%（水溶液），也可将苏木精溶解于纯酒精中制作成10%的基液，需要时再稀释到0.5%。苏木精的配制方法很多，而且不同的配制方法其染色作用不同，下面介绍几种常用的配方。

（1）海登汉氏苏木精。海登汉氏苏木精（Heidenhain's hematoxylin）是生物制片技术中非常重要的一种染色剂。约在1842年被海登汉首先发现，不久即被广泛采用，现在仍然是研究细胞学、胚胎学等方面所普遍采用的染色剂，用这种染色剂进行染色可以得到良好的效果，尤其对于染色体、蛋白质核（淀粉核）、线粒体等，可与番红或曙红做二重染色，不但染色效果好，而且颜色可保存长久。其配方如下：

甲液：为媒染剂，2%～4%硫酸铁铵水溶液。此液应藏于暗处，数日后易生黄棕色薄膜，过滤后仍可用，放置过久染色性能减退，最好临时配制新鲜液使用。

乙液：0.5%苏木精蒸馏水溶液。将苏木精放入盛放蒸馏水的大烧杯内，杯口用纱布盖严，置阳光下并使空气流通，每日搅拌数次，使其氧化至深红色，一周后即可过滤使用。或先以10 g苏木精溶于100 mL纯酒精中，待其成熟为储藏苏木精，用时取此酒精溶液4～5 mL用蒸馏水稀释。

（2）代拉飞特氏苏木精。代拉飞特氏苏木精（Delafield's hematoxylin）（简称代氏苏木精）也是生物制片中常用的良好染色剂。初学制片技术的人员也易掌握，同时能得到良好的染色效果，用其他染色剂发生染色困难或失败时，若改用代氏苏木精染色常能获得成功。

代氏苏木精对于纤维素的细胞壁染色效果较好，在染色质及造孢细胞等分色染色时多加注意，也可得到满意的效果，可用曙红或番红做二重染色。

配制方法：硫酸铝铵溶解于 100 mL 蒸馏水中，获得饱和溶液，另取 1 g 苏木精溶于 10 mL 纯酒精中，以此液缓慢滴于硫酸铝铵饱和溶液内，装此液于广口瓶中，束以纱布。曝于空气中约一周后过滤，加 25 mL 甘油及 25 mL 甲醇，使其成熟，直至颜色呈现葡萄酒色（约两个月）方成，时间越久，功效越佳。

成熟后的代氏苏木精是极强的染色剂，在使用时要用蒸馏水稀释。

（3）Harris 苏木精。Harris 苏木精适用于动物、植物组织染色，特别适用于小型的材料整体染色。用 Zenker 固定液固定的组织染得最为理想。

Harris 苏木精配方：苏木精 1 g、无水酒精 10 mL、硫酸铝铵（或硫酸铝钾）20 g、蒸馏水 200 mL、氧化汞 0.5 g、冰醋酸几滴（临用时加入）。

配制时，分别将苏木精溶于无水的酒精中，将硫酸铝铵（或硫酸铝钾）溶于蒸馏水中，待全部溶解后，将两液混合于大的烧杯中，然后加热煮沸。烧杯离开火焰后，缓缓加入氧化汞，注意此时溶液会沸腾，用玻棒搅匀，溶液颜色呈深紫色。隔日过滤，临用时加入几滴冰醋酸，可增强核的染色。

此染色剂现配现用，不需较长的成熟期，配制后可保存一两个月。但每次使用前均需过滤，因为液面上会出现一层金黄色的膜。若不过滤掉，染色时会有染色剂的沉淀物出现。

2. 洋红 洋红（carmine）也叫胭脂红，是由一种热带昆虫即胭脂虫（*Coccus cacti*）的雌虫体经干燥后研磨提炼得来的胭脂虫红（cochineal）加上硫酸铝钾（钾明矾）处理后除去一部分杂质后制备的。洋红为一种复杂的化合物，它的分子式为 $C_{22}H_{22}O_{13}$，略呈酸性，其中颜色的主要成分为洋红酸（carminic acid）。

洋红具有极强的渗透力，能把整块的材料着色。对于幼嫩或小型材料（如花粉母细胞等），染色后可直接用甘油胶或糖浆封存，不必进行切片，所以非常适用于涂抹制片。洋红可使细胞核染成深红色，细胞质染成浅红色，且能长久保存不褪色。

洋红对组织的亲和力甚微，因此通常要和铁盐、铝盐或某些其他金属盐一并使用，即以这些金属的盐类，先进行媒染或与洋红同时染。其配方很多，现列两种常用的配方。

（1）醋酸洋红。这种染色剂对花粉的染色效果十分好，用新鲜的材料加上醋酸洋红，有着固定和染色的作用，但只染细胞核。

醋酸洋红配方：洋红 4～5 g、冰醋酸 45 mL、蒸馏水 55 mL。

将冰醋酸、蒸馏水混合后煮沸，再加入洋红到饱和为止，冷却后过滤即可应用，并可长期保存。

贝林（Belling）对此法进行了改良，称为贝林铁醋酸洋红液，其配方是在上述液中再加入铁冰醋酸（在 50 mL 蒸馏水中加 50 mL 冰醋酸再加氢氧化铁，直到溶液变为蓝红色而不发生沉淀为止）数滴。这种溶液对于涂抹制片的染色，如花粉粒最为有效，染色体显现清楚。但它的缺点是只能保存数天，因此作为临时制片观察效果很好。

（2）铁矾醋酸洋红。细胞学制片染色时用铁矾醋酸洋红，可获得极好的效果。其配制方法也较简便。

铁矾醋酸洋红配方：洋红 1 g、冰醋酸 45 mL、蒸馏水 55 mL、4%铁矾水溶液 1～2 滴。

将洋红溶解在 100 mL 煮沸的冰醋酸溶液中，冷却后过滤，再加 1～2 滴 4%铁矾水溶液（不能多加），过几小时后即可使用。

这种染色剂对于临时染色和涂抹制片是十分理想的。在观察小麦的花粉粒形成过程时，用铁矾醋酸洋红染色可获得良好效果，染色体与细胞核显示十分清楚，被染成深红色，细胞质染成浅红色。对其他材料如洋葱根尖及其鳞茎表皮细胞染色都可以得到很好的效果。

（3）酒精洋红。此染色剂为染动物整体装片的优良染色剂，如水螅、绦虫类、吸虫类等均可使用。

酒精洋红配方：洋红 2 g、50%酒精 100 mL、氯化钙 0.5 g、氯化铝 0.5 g。

将以上试剂混合后慢慢加热煮沸，再加入冰醋酸 10 mL 及硝酸 8 滴。染色时用 50%酒精稀释一倍后使用。

3. 地衣红 地衣红（orcein）是从茶渍地衣（*Lecanora tinctoria*）中提取出来的，可在酸性及碱性溶液中染色，但通常是溶于醋酸后染色。该染色剂在植物细胞学中应用较多。该染色剂用作花粉母细胞及根尖等的固定和染色，其优点是细胞质着色较浅，效果较醋酸洋红佳（目前已常用其合成染料）。其配制方法与醋酸洋红相似，用法亦同。

配方及配制方法：取地衣红 1 g，溶于 45%醋酸 100 mL 中，加热搅拌至沸，即离开火焰，再继续加热 5～10 min，冷却后过滤即成。

4. 番红 番红（safranin）为碱性染料，分子式为 $C_{20}H_{19}N_4Cl$ 或 $C_{21}H_{21}N_4Cl$。它是动物或植物组织切片常用的染色剂，尤其在植物组织制片上甚为重要，可以染木质化、角质化、栓化的细胞壁，也可将染色体、核仁、中心体等染为红色，染色时间为 2～24 h。如时间太长，有可能会将结晶体、淀粉粒除去。该染色剂常与固绿、亮绿、苯胺蓝做二重染色，或与结晶紫、橘红 Q 做三重染色。

番红有下述 4 种配方，其中配方 1 最为常用。

配方 1：番红 1 g、50%酒精 100 mL。

配方 2：番红 1 g、95%酒精 100 mL。

配方 3：番红 1 g、蒸馏水 100 mL。

配方 4：番红 4 g、甲赛璐素 200 mL、蒸馏水 100 mL、95%酒精 100 mL、醋酸钠 4 g、福尔马林 8 mL。

在配方 4 中，先溶 4 g 番红于 200 mL 甲赛璐素内，至完全溶解再加 100 mL 95%酒精及 100 mL 蒸馏水。加醋酸钠可使染色效力增加，甲醛起到媒染作用。

5. 结晶紫 过去常将结晶紫（crystal violet）与龙胆紫混为一谈，其实龙胆紫为复合物（多种紫色染剂的混合物），结晶紫则较纯，生物制片中常用的是结晶紫。

结晶紫为碱性染料。一般碱性染料染色较慢，而结晶紫染色却很快，为细胞学、组织学上的常用染色剂，可将细胞核、细胞质、纺锤丝和鞭毛等染成紫色。结晶紫易溶于水和酒精，通常将其配制成 1%的水溶液使用。结晶紫有以下 3 种配方。

配方 1：为 1%结晶紫水溶液。结晶紫 1 g、蒸馏水 100 mL。

配方 2：结晶紫 1 g、95%酒精 100 mL。

配方 3：结晶紫 0.5 g、纯酒精（或丁香油）100 mL。

染色前若将材料浸入 5%高锰酸钾水溶液中 5 min，或于染色后将材料浸入碘液（碘 1 g 与碘化钾 2 g，溶于 300 mL 水中）中染色效果会更好。

结晶紫与番红做二重染色，可使真菌的菌丝体和子实体着色。结晶紫与番红、橘红 G 做三重染色，是细胞学上重要的染色方法，也为细菌学上革兰氏反应的重要染料。

6. 亮绿 亮绿（light green）为酸性染料，可与番红或玫瑰红（rose red）做二重染色。亮绿极易将番红溶去而代之，此时可将材料浸入盐酸酒精中褪色，以 95%酒精洗净，在 90%、80%、70%、60%酒精中浸几分钟，然后染番红，经脱水至 95%酒精再染亮绿。木质化细胞壁染成红色，纤维素细胞壁与细胞质染成绿色。

常用亮绿染色剂有以下 3 种配方。

配方 1：亮绿 0.2 g、95%酒精 100 mL。

配方 2：亮绿 1 g、丁香油 100 mL。

配方 3：亮绿 1 g、丁香油 15 mL、纯酒精 25 mL。

7. 固绿 固绿（fast green）又名快绿，是一种酸性染料，为绿色粉末，能溶于水和酒精。它在植物组织及细胞染色上应用很广，是细胞质和纤维素的染色剂。它的优点是不易脱色，染色时间很短，因此应用甚广。配制方法与亮绿相同。

8. 孔雀石绿 孔雀石绿（malachite green）有两种配方，染色时间 1 min，可染纤维素细胞壁，多与刚果红做二重染色。

配方 1：孔雀石绿 1 g 或 3 g、水 100 mL。

配方 2：孔雀石绿 0.5 g、95%酒精（或丁香油）100 mL。

9. 碘绿 碘绿（iodine green）为碱性染料，染木质化细胞壁、细胞核或染色体，染色 0.5～24 h，脱水须迅速，每一脱水梯度 1～5 s 即可。碘绿可与真曙红（erythrosin）、酸性品红、曙红等做二重染色或进行活体染色。

碘绿配方：碘绿 1 g、70%酒精 100 mL。

10. 甲基绿 甲基绿（methyl green）是一种碱性染料，为绿色粉末。甲基绿是较好的细胞核染色剂。在细胞制片中，常用来染染色质，并可与酸性洋红作对比染色。此外，在植物组织制片中，甲基绿可与酸性品红合作用于木质部染色，但所染的切片不能久存。

甲基绿配方：甲基绿 1 g、水 100 mL。

此种染色剂在使用时若加醋酸数滴则效果更好，多用于活体染色。

11. 苯胺蓝 苯胺蓝（aniline blue）是一种酸性染料，为深蓝色粉末，是一类染料的混合物，分为水溶性和醇溶性两种。水溶性苯胺蓝用于动物组织的对比染色，能显示细胞质，对神经细胞及软骨的染色特别好。它和酸性品红、橘黄 G 可用于结缔组织的三重染色。水溶性的苯胺蓝常配成 1%水溶液。

在植物制片技术上，常用醇溶性苯胺蓝溶液，对纤维素细胞壁、非染色质的结构、鞭毛等很有效，染丝状藻类效果尤其好，多与真曙红或麦格打拉红做二重染色，用于高等植物时多与番红做二重染色。

醇溶性苯胺蓝配方：苯胺蓝 1 g、85%或 95%酒精 100 mL。

12. 酸性品红（复红） 酸性品红（acid fuchsin）是一种酸性染料，为红色粉末，能溶于水和 70%的酒精。它是很好的细胞质染色剂，应用很广。在植物组织制片中，多用 70%酒精溶液溶解，染胚囊需要 2～3 min；染花粉粒需 1～2 h，用饱和苦味酸的 70%酒精溶液分色，以 70%酒精洗去黄色为止。在动物组织制片中，它可用于染色，也可用它和苦味酸染色鉴别平滑肌和结缔组织。

酸性品红配方：酸性品红 1 g、水（或 70%酒精）100 mL。

酸性品红很易与碱作用，所以染色后，易在碱性水中脱色。切片先浸入酸性水中后再染色，可增强着色的能力。此染色剂的缺点是色泽不能长期保存。

13. 碱性品红（复红） 碱性品红（basic fuchsin）是一种碱性染料，为暗红色粉末和结晶，能溶于水和 95%的酒精。此染色剂对细胞核的着色能力较强，常用于细胞学上的孚尔根染色。

孚尔根染色剂的配方：碱性品红 0.5 g、蒸馏水 100 mL、1 mol/L HCl 10 mL、偏亚硫酸钾 0.5 g。

将碱性品红放入蒸馏水中煮沸，冷却至 50 ℃时过滤，加 HCl 和偏亚硫酸钾搅拌均匀，倒入棕色的试剂瓶中，于黑暗中放置 18 h，待染色剂为淡茶色时即可使用。

在一般生物组织制片中，可以使用 0.5%碱性品红的水溶液进行染色。但此染色剂易褪色，很少用于永久制片。

14. 刚果红 刚果红（Congo red）为酸性染料，多用于细胞学研究，在组织学研究中则用其饱和水溶液，一般与苯胺蓝或孔雀石绿做二重染色。

刚果红配方：刚果红 0.5～1 g、水 100 mL。

15. 曙红 曙红（eosin）为酸性染料，是细胞质、胶原纤维、肌纤维和嗜酸性颗粒等的常用染色剂，种类较多，常用有两种：曙红 B（eosin bluish）和曙红 Y（eosin yellowish）。在植物组织制片中较少使用，多以番红代之，易溶于高浓度酒精中。在甘油制片法中，需用 1%曙红溶液染色 24 h，再以 2%醋酸水溶液处理 5～10 min，更换数次，洗去多余曙红，再浸入 10%甘油溶液中，浓缩后封藏。

曙红配方：曙红 1 g、水或 70%酒精 10 mL。

在石蜡切片中，用 1%曙红（95%酒精配制），染 5～50 min，可与苏木精或甲基蓝做二重染色。

16. 俾斯麦棕 俾斯麦棕（bismarck brown）为碱性染料，一般在徒手切片或是活的整体材料染色中使用，染色后进行细胞结构的观察。可与龙胆紫做二重染色，对不透明材料染色效果最好。可配制成酒精溶液，也可配制成饱和水溶液。

俾斯麦棕酒精溶液配方：俾斯麦棕 2 g、70%酒精 100 mL。

这种染料不能加热溶解，否则就会导致染色失败。

17. 橘红 G 橘红 G（orange G）是一种强酸性染料，为橘黄色粉末，能溶于水、酒精和丁香油。它可作为细胞质的染色剂，多用作衬染染色，如可与苏木精作对比染色。常用的配方有下述 3 种。

配方 1：橘红 G 1 g、蒸馏水 100 mL。

配方 2：橘红 G 1 g、95%酒精 100 mL。

配方 3：橘红 G 1 g、丁香油 100 mL、纯酒精 50 mL。

橘红 G 在丁香油中溶解较慢，可以将 1 g 橘红 G 放入 100 mL 纯酒精中，保持温度在 52 ℃左右，使其逐渐溶化，待酒精蒸发至 50 mL 时，可加 100 mL 丁香油后静置，在其全溶过滤后使用。用时滴数滴于材料上，用后将多余者回收，以便再次使用。橘红 G 多与番红、龙胆紫做三重染色，或与铁矾、苏木精并用。

18. 中性红 中性红（neutral red）为弱碱性染料，溶解度在 26 ℃水中为 5.46%，在酒精中 2.45%。由于它近中性又无毒，常用作活体染色剂。在植物组织制片技术中，其也可以用作指示剂，以显示植物活细胞的反应。通常中性红在弱碱溶液中为黄色，在弱酸溶液中为红色，在强酸中溶液为蓝色。中性红染色，一般用于显示生物组织中活细胞的结构，其配方常为 1/10 000～1/1 000 的水溶液。

19. 苏丹Ⅲ 苏丹Ⅲ（Sudan Ⅲ）为弱酸性染料，不溶于水，在酒精中的溶解度为 0.15%，但能溶于油类，所以是一种脂肪染色剂，也可以染蜡质或角质等构造。通常用 70%酒精配制苏丹Ⅲ饱和溶液。

20. 苏丹Ⅳ 苏丹Ⅳ（Sudan Ⅳ）为弱酸性染料，性质与苏丹Ⅲ相似，不溶于水，在酒精中的溶解度为 0.09%，现在多用于代替苏丹Ⅲ使用，效果更好，也可以染树脂道、乳汁管等构造，叶绿体可被其染成红色。一般也是用 70%酒精配制苏丹Ⅳ饱和溶液。

第八节　封藏与封藏剂

制片过程中最后一步操作为封藏。封藏的目的是将已经过染色、脱水、透明的材料，用某种具有较大黏性，而且透明度较高、折光率大的溶剂进行封藏，制作成永久切片，便于以后随时观察和研究。

根据封藏剂的性质可以分成两类，一类为水溶性的，一类为脂溶性的。

（一）水溶性封藏剂

1. 水及甘油 水是暂时封藏的常用封藏剂，观察完备即弃去，不能保存。与水相比，甘油可以作较长时间的封藏剂，一般使用浓度为 50%。为了保存较长的时间，必须在盖玻片的周边用凡士林或石蜡密封。

2. 甘油明胶 甘油明胶（glycerine jelly）也只适用于作半永久性制片的封藏剂，其配方为：明胶（gelatin）5 g、蒸馏水 35 mL、纯甘油 30 mL、石炭酸 1 g。

将明胶泡于水中，放在水浴锅加热至 55 ℃（或放在 40～50 ℃温箱中）使明胶完全溶解后，加入纯甘油，最后加入石炭酸，不断搅拌至完全均匀。经过滤盛于瓶内而冷后为凝固胶冻状，用时再经水浴微热便可溶化使用。用时最好只取一小部分，不要时常加热，以免变坏。

用甘油胶封藏后，在盖玻片的四围可用石蜡-蜂蜡、磁漆等封边。

3. 糖浆 对于不能经酒精及二甲苯处理的材料，常用糖浆进行封藏。其配方为：糊精 3 g、麦芽糖 0.25 g、蒸馏水 3 mL、0.1%石炭酸 1 滴。

（二）脂溶性树胶

1. 加拿大树胶 加拿大树胶（Canada balsam）是用加拿大盛产的胶冷杉（*Abies balsamea*）树皮内分泌的树脂经过加工提炼而成的纯胶。加拿大树胶是淡黄色固体，能溶于二甲苯、苯、氯仿和叔丁醇等有机溶剂。这种树胶的折光率为 1.523，与玻璃的折光率接近（1.515），在显微镜下观察切片时比较清晰，因此是最常用的封藏剂，一般溶于二甲苯中。用于滑走切片时，需要稍浓一些；用于石蜡切片时则需稀些。该染色剂不需加热，绝对不能混入水或酒精。配制好的树胶，可装入特制的树胶瓶中，不用时放于暗处，避免阳光直接照射。

2. 合成树胶 合成树胶 Claritex 是一种无色透明的中性胶，折光率为 1.57，易干凝固，一般可用 80%的二甲苯配制树胶溶液。该胶比加拿大树胶使用的效果好，不会使碱性材料褪色。

1. 如何采集与处理实验材料？
2. 固定液分为哪两大类？常用的固定液有哪些？
3. 透明有何作用？常用的透明剂有哪些？
4. 简述切片的操作步骤。如何才能切出满意的切片？
5. 苏木精有哪些配方？说明各配方在染色中的作用。
6. 常用的封藏剂有哪些？

第三章 常用生物制片的基本方法

生物显微制片方法可分为两大类：切片法和非切片制片法。

切片法包括徒手切片、石蜡切片、冰冻切片、半薄切片、滑走切片、火棉胶切片等。其特点是必须用刀把材料切成能透过光线的薄片。

非切片制片法包括整体制片法、离析法、压片法、涂片法、透明法等。其特点是不需要用刀把材料切成透光薄片，能保持原有状态。制作方法比较简便，需用新鲜材料。

第一节　切 片 法

一、徒手切片法

（一）概述

徒手切片（free hand section）是用手直接握住小刀，把选取的材料切成适于用显微镜观察的薄片。

优点：这种切片方法比较简便，有一把锋利的刀片在短时间内就可以完成；新鲜材料不经固定液处理也能切片，有利于观察组织的生活状态及原有结构。因此，在植物解剖和组织化学等方面的观察研究中常用此法。

缺点：难以把过干硬或过柔软的材料制成薄片；对需制作连续切片且厚度要求在几个微米时，此法无能为力。

（二）徒手切片法常用器具

1. 培养皿　盛清水及放切片用。

2. 切片刀　刀口非常锋利的单面刀片或双面刀片。

3. 夹持物　可选用软硬适当的物体，如向日葵茎的髓、甘薯的块根、萝卜或胡萝卜的肉质直根、马铃薯的块茎等。有些较小或柔软多汁的制片材料，直接用手夹持进行切片比较困难，则可把材料夹在夹持物中进行切片，这样在切片时，材料就不致弯曲、压坏或破裂，能切出较完整的切片。

（三）徒手切片的方法

1. 取材　选取待观察的植物材料，初步切取大约 3 cm 长的小块，再依切片的具体要求，将组织块修整为边长为 0.5 cm 的材料块。

2. 切片　用左手拇指和食指夹住材料，拇指在上，食指在下，且材料顶端略高于拇指 2～3 mm，中指顶托材料的下端，以右手执刀片，刀口自左前方向右后方斜切。切片时两只手要紧靠身体或压在桌上，动作用臂而不用腕，最忌拉锯时切割。刀片由左前方向右后方移动时，中途不要停顿。切片时，刀片和材料上都应不时地沾上水，以保持湿润。切下的薄片立即用毛笔蘸水后沾取移入盛有清水的培养皿内。

3. 选片　切片完毕，在培养皿中选择薄而均匀且切面完整的组织切片，用小镊子把它移放在载玻片中央，滴一滴清水，盖上盖玻片，就可用显微镜进行观察。如有必要，也可经过固定、浸洗、染色、脱水、透明和封藏等步骤，制成永久玻片标本。

（四）注意事项

（1）载玻片、盖玻片必须清洗干净，平放在吸水纸上。

（2）刀口要保持锋利。刀口不锋利时，应及时更换刀片。

（3）切扁薄的叶片、微小的花蕊或柔软多汁的材料时，可将夹持物劈开夹住材料来切。若材料稍大不易夹稳，可在夹持物中央挖一大小相当的凹沟，把材料夹入凹沟中再切。

（4）若材料切面不平，必须及时矫正，否则切不出好切片。

二、石蜡切片法

（一）概述

用石蜡将处理的材料经浸透、包埋、切片，制成玻片标本的方法称为石蜡切片法。它是生物制片中最常用的一种方法。

优点：其操作比较容易；能够切成较薄（2～10 μm）的连续切片。

缺点：脱水与浸蜡后组织易收缩；坚硬易碎和易变脆的材料以及较大的材料不适合制作石蜡切片。

（二）石蜡切片常用器具及药品

固定液、染色剂、各级酒精（脱水）、二甲苯（透明）或制片专用透明剂、石蜡、梅氏蛋白粘片剂、道林纸、单面保安刀片（修蜡块用）、包埋台、烫片台、旋转切片机、刀片（切片用）、毛笔等。

（三）石蜡切片的方法

石蜡切片一般需经过取材、固定、冲洗、脱水、透明、浸蜡、包埋、切片、粘片、脱蜡、复水、染色、脱水、透明、封藏等步骤。

1. 取材　根据研究目的进行取材。

2. 固定　材料取好后应立即进行固定。固定液的种类很多，根据不同的研究目的、不同的动植物种类和组成部分，以及今后将使用的染色剂不同，加以选择。

3. 冲洗　植物组织经固定后，必须用冲洗剂将组织、细胞中的固定液洗去，以利于染色或材料的保存。一般由水配制的固定液，特别是含铬酸的固定液所固定的材料，要用水（最好是流水）冲洗，每隔 0.5～1 h 换水一次，共需 12～24 h；固定液中含有酒精的，则必须以同浓度酒精更换 3～4 次，每次间隔 2～3 h；经氢氟酸处理的材料，要用水洗净。

4. 脱水　脱水剂既要能与水互溶，又要能与溶解石蜡的有机溶剂相溶。酒精、丙酮、正丁醇、叔丁醇均可作为脱水剂。前二者为非石蜡溶剂，在浸蜡前一定要经过透明剂透明；后二者为石蜡溶剂，不需另用透明剂透明。酒精为最常用的脱水剂。

酒精脱水时的第一级最低浓度与固定液的种类有关。如固定液由水配制的，一般可按 10%、20%、30%、50%、70%、85%、95%、100%酒精浓度依次脱水。如果固定液由酒精配制的，则从相同等级的酒精浓度开始脱水。

各级酒精脱水的时间，一般为 1～4 h。在低浓度和高浓度的酒精中，每级停留的时间均不宜太长。材料可 70%的酒精中过夜。无水酒精要置换 2 次，以使脱水干净，但 2 次的总时间不能太长，以免材料变脆。实际操作中，酒精的脱水等级和时间，还应依据材料的性质、大小等加以调整。

5. 透明 材料脱水后，必须继续经过既能与脱水剂相溶又能与包埋剂（石蜡）相混合的溶剂处理，以便石蜡渗入细胞、组织之内，从而使材料呈现透明状态。

透明剂有二甲苯、氯仿、苯等。前二者较为常用。不过，目前已有专用于制片的透明剂。透明时，透明剂的浓度逐步增高。以二甲苯为例，步骤如下：3/4 无水酒精和 1/4 二甲苯混合液→1/2 无水酒精和 1/2 二甲苯混合液→1/4 无水酒精和 3/4 二甲苯混合液→纯二甲苯（2 次）。

对于容易收缩的材料，或制片工作要求更为精细时，在换用纯二甲苯前，还可将无水酒精和二甲苯混合液增加为 4～6 级梯度。然而，对于一般的材料，有时却只要经过 1/2 无水酒精和 1/2 二甲苯的混合液，即可进入纯二甲苯中。二甲苯的穿透力较强，每级的处理时间为 0.5～3 h，不要放置其中过久，否则易引起材料收缩或硬脆。

6. 浸蜡 这一步骤是使石蜡溶解于透明剂而逐渐进入组织、细胞之中。最后，纯石蜡将透明剂完全取代出来，待石蜡冷凝后，组织、细胞中则被石蜡均匀填满，以后进行切片时，材料才不致切碎。

在石蜡切片中所用的石蜡，其熔点一般在 50～60 ℃。其中，52～58 ℃的最为常用。当室温较高、材料较硬或切片较薄时，宜用熔点较高的石蜡；反之，则用熔点较低的石蜡。

浸蜡时，为了尽量避免纯石蜡与材料直接接触，以免损伤材料，可采用纸桥法。在浸有材料的透明剂中，先放入折成弓形的纸条，再将削成极细的石蜡薄片陆续地投入其中。在室温下，加蜡使石蜡缓慢溶解，直至不再溶解时为止。此段浸蜡时间可延续数小时至 1 d。有时也可将室温下浸蜡的步骤省略，加蜡后直接放入 30～35 ℃的恒温箱中 1～3 h 或过夜。继续加少量石蜡，并将温度逐渐提高到 45 ℃左右，保持溶解状态 1～3 h。最终，将材料换入刚达熔化状态的纯石蜡中。为了石蜡能充分熔解，可将恒温箱的温度调至比所用石蜡熔点高 1～2 ℃。每隔 0.5～3 h 换一次纯蜡，共换 2～3 次。浸蜡的时间也常因材料的性质和大小不同要做相应的改变。加温浸蜡过程也可采用蜡杯分级的方法。不同蜡杯分别盛 50%蜡（40～42 ℃）、75%蜡（46～48 ℃）、纯蜡 1、纯蜡 2、纯蜡 3（52～54 ℃或 56～58 ℃）。50%蜡与 75%蜡是用二甲苯溶解调配。植物组织块可直接投入蜡杯中浸蜡。

7. 包埋 包埋就是用纯石蜡将整个材料凝固埋藏起来的过程。包埋前，先将包埋时要用的纸盒、小镊子、解剖针、酒精灯、冷水等准备好。用质地比较厚实的纸张按材料块的大小折成纸盒，盒上注明材料名称、切片方向或材料代号等。纸盒的折叠方法如图 3-1 所示。

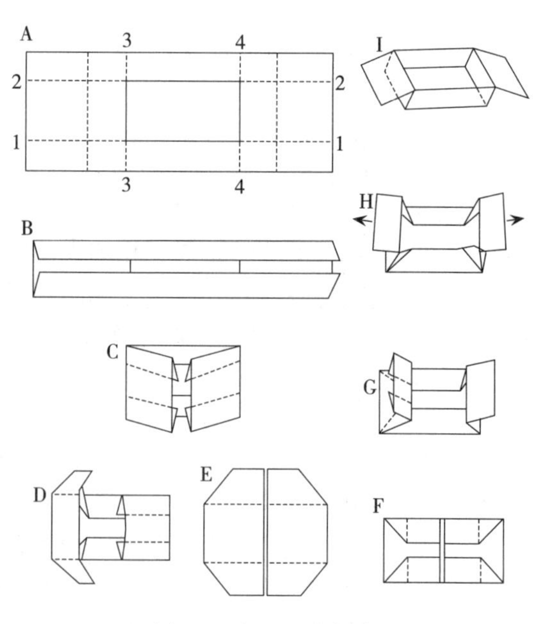

图 3-1 包埋盒的制作

A～I 为制作顺序，1～4 为折纸顺序

（引自王灶安，1992）

将纸盒放于恒温台上待用。恒温台的温度以保持石蜡不会立即凝固为宜，不能过热。将材料连同熔化了的石蜡倒入纸盒内，将小镊子在酒精灯上稍许加热后，用温热的小镊子插入纸盒内的石蜡中，赶出材料四周的气泡，并轻轻拨动材料，迅速排好位置。每份材料之间要保持一定的距离，将要切的材料面对向纸盒底部。最好能掌握在纸盒底层的石蜡稍有凝结时，再使材料下沉而接近底层，这样，材料的上下四周便都有一定厚度的蜡层包裹。然后，两手执纸盒的两端，轻轻提起，将其平放在冷水面上。当石蜡表面凝结出现薄膜，即将纸盒平稳地全部压入冷水中，使石蜡迅速凝固。石蜡的冷凝不可太慢，否则会产生结晶，给切片带来困难。总之，操作过程中要尽量做到干净利落。纸盒在水中经 0.5～1 h 后，取出晾干。蜡块材料可长期保存。

纸盒上应记上组织名称、固定方法等以备将来切片。除纸盒包埋法外，亦可用金属框架法，但不如纸盒法方便。

8. 修切蜡块　包埋好的蜡块在切片前必须先进行修整，一般修切成梯形或长方形，将材料块以外的多余石蜡修去，但注意勿太靠近材料，让材料四周留有少许石蜡（2～3 mm），这样不致因材料周围留蜡过少而致切片破碎或困难，同时切片标本之间的距离不致过远而镜检不便。长方形的蜡块在切片前可切去一角，便于以后分割蜡带。

根据下一步蜡块装在切片机上的方位，将蜡块的上下两边（与切片刀平行的两边）修成平行状态，可避免切下的蜡带弯曲。

9. 固着蜡块　将已修好的蜡块下部和金属坐盘或小木块上的石蜡熔烫一下，立即把石蜡块黏附在金属坐盘或小木块上，并在蜡块与坐盘（或小木块）交接处，再用热刀稍加熔烫，使蜡块粘得更牢固。冷却后装在切片机上，要使材料切面与刀面平行，使切面稍离刀面为止，切片刀须略向内倾斜，切片刀必须固定牢固。

10. 切片

（1）在开始切片前做好一切准备工作，如毛笔、盛蜡带的玻璃纸盒（或木盘）、刀的拭布和二甲苯等零星用品放在手边。

（2）从盒中取出切片刀，用布擦去油迹，必要时在显微镜下检查刀锋，决定了要使用的部位后用红色铅笔画上杠，装上切片刀。注意，如用平凹面刀，则平的一面必须向着切片机，凹面向外。将预定使用的刀口部位移至蜡块的下方，注意：刀的倾角不宜过大，亦不宜过小，一般使切片刀（双面刀）的刀口与石蜡的平面保持在 10°～15°。如倾角过大则切片上卷；过小则刀背刮到蜡块，切片皱起。

（3）固定好切片刀后，松开转轮固定器，转轮缓缓下降，使蜡块稍离刀口为止，然后按下列步骤进行。

①调整刻度指针到要求的厚度，如要检查细胞内部微细结构时要薄切；要了解器官发生或某一器官各部之间的相互关系时，就要厚切。一般组织器官切 5～10 μm 即可。

②用右手握转轮把柄，摇转切片机，左手持毛笔托住蜡带。随着切片机的转动，轻轻把蜡带拉开。转动切片机时不可太快（以每分钟转 40～50 次为宜），用力宜均匀，也不可时快时慢，防止机器振动太厉害，以致切片厚薄不均匀，也可用笔抵住蜡带以防切片上卷。

③用毛笔托住蜡带，挑断后顺序放在玻璃纸盒内，这在制作连续切片时更要注意，免得搞乱次序。

（4）切片出现的各种问题，应找其原因加以解决，举例如下。

①切片分离不能形成蜡带：可能是室温过低、石蜡过硬、蜡边过小或不平所致。针对具体问题，室温过低时应提高室温，可在切片机旁加点酒精灯；或加快切片速度。如果是蜡块问题，可重新包埋。

②蜡带弯曲：蜡块上下面不平行、刀钝、蜡块与刀刃不平行，均可产生此种现象。可修切蜡块使上下平行或移动刀口至锐利处。

③蜡片上卷：刀口太钝或不清洁、刀的角度过大或石蜡过硬，蜡片均会卷起，应及时纠正。

④蜡片易粘在切片刀上或切片皱缩：室温过高或石蜡太软所致，可用冷水冷却 0.25～0.5 h 或冰块冰一下即可。刀片角度过小也能使切片皱缩。

⑤切片厚薄不一：其原因是刀或蜡块未固定紧、切片机磨损或发生故障，应查明具体原因，采取相应措施。

⑥切片出现裂隙或碎裂：其原因是组织浸蜡不足、浸蜡温度过高，或在透明剂中时间过久已发脆，此时无法补救。

⑦切片出现纵口：其原因是刀有缺口或石蜡内有些硬物质或钙盐物质，或刀口不洁。可清洁刀

口，磨去缺口，或移动刀口至锐利处。

⑧切片时有沙沙声，切成之片其中有小孔：其原因是组织在透蜡时温度过高，组织已受损害，此时无法补救。

⑨切成之片，其中的组织自动脱落或与石蜡分离：其原因是透蜡不足，必须重新熔化，再费一较长时间使石蜡透入，重新包埋。

⑩蜡块底面成白色：这是由于刀片的角度过小，被刀碰撞的结果，应适当调整刀片角度。

11. 粘片和烘片 石蜡切片的粘片方法主要有两种：一种是用温台，一种是在温水中捞取。但在制作少量切片时无须这两种方法，可在涂有甘油蛋白的载玻片上滴加少量蒸馏水，将切片放在上面，载玻片直接在酒精灯上加温，至切片完全展平为止，倒去多余水分入温箱中烤干。

（1）温台法。温台式样很多，均由金属板制成，用水或用电加温，用恒温水浴锅也可以。

粘片前取干净载玻片，滴甘油蛋白一小滴于载玻片中央，用小指轻轻涂抹均匀，滴加蒸馏水数滴，用小镊子夹取预先用刀片割开的蜡带，使其浮在水面上，摆正位置（一般稍偏于玻片的一端，留下地方以备粘贴标签），然后把载玻片放在温台上（温度保持在40～55 ℃）；蜡带变热便能自动展开。也可用细针轻轻拉开。待切片完全张开后，倒去多余的水分（防止蜡带滑动），放在温箱中（37 ℃）一昼夜使其干燥，蜡带即被粘牢。为了快速制片，节约时间，载玻片也可不涂甘油蛋白，直接用蒸馏水或50%酒精贴片，但载玻片必须干净无油脂，否则也不易粘牢。

此法特别适用于连续切片的贴片。贴连续切片时要切取较长的蜡带，按从左到右的原则贴片，小的组织可以贴2～3条。

（2）温水捞取法。以器皿盛温水，或用恒温水浴锅使温度保持在40 ℃左右，将预先割开的蜡片摊于水面上，蜡片受热便自然张开浮在水面上（也可用细针帮助褶皱张开）。最后用载玻片伸入水中把蜡片移至载玻片上，拨正位置，倒去多余水滴，入37 ℃温箱中烤干，6～19 h即可取出染色。载玻片同样必须干净，否则也不易贴牢。

12. 染色 染色的方法很多，最常用的有以下几种。

（1）番红-固绿法。这是研究植物体一般形态结构的主要染色方法。番红可将细胞核染成红色，对于木质化、栓质化、角质化的细胞壁也有很好的染色作用。固绿能将细胞质、纤维素细胞壁染成绿色。

染色步骤：

①取已干燥的切片放入二甲苯中脱蜡10～15 min（要注意蜡带必须完全干燥，否则在水洗染色、脱水过程中容易脱落）。脱蜡时间和室温高低有一定关系，室温高，脱蜡时间可短些，反之时间就要延长。脱蜡必须彻底。如室温过低也可入温箱中脱蜡，否则脱蜡未尽会影响下一步的进行。切片在二甲苯中共需2次脱蜡。

②入1/2二甲苯与1/2纯酒精混合液中5 min。

③依次入100%→95%→85%酒精中各1～2 min。根据所选用番红溶液的种类（70%酒精配制或蒸馏水配制），将切片材料下降至某一相应配制浓度的酒精或蒸馏水，再转入番红染液，染4～24 h。

④自低向高递换不同浓度酒精。从30%或85%开始，浓度逐级增高，每级1～2 min，经95%酒精后染固绿（95%酒精配）10～60 s。固绿着色很快，当肉眼观察切片材料刚刚转绿，立即停止染色，随即进入无水酒精中分色和脱水。无水酒精要经2次，每次时间略长一些（3 min左右），最后入二甲苯。固绿复染时间和番红着色深浅与切片材料的性质和厚薄有关，要根据具体情况加以掌握。

（2）铁矾-苏木精染色法。此法在细胞学及胚胎学上广为应用，是显示细胞一般结构及细胞分裂的良好染色方法，能将细胞核及细胞分裂时的染色体染成蓝黑色，且能长久保持颜色。

①脱蜡，具体操作与番红-固绿染色的①～②相同。

②依次入100%→95%→85%→70%→50%→30%→10%酒精中，最后放入蒸馏水中，每级各1～2 min。

③入4%铁矾媒染0.5～4 h或更长时间。

④用蒸馏水换洗数次。

⑤用2%铁矾分色。一般半分钟至数分钟。在进行分色时，要随时在低倍显微镜下检查，直至分色满意为止。

⑥流水冲洗30 min，最后换蒸馏水数分钟。在水洗过程中，还可经过氨水（1∶100）1 min蓝化。

13. 脱水 番红-固绿复染的，只需经过无水酒精脱水。苏木精染色和孚尔根染色的，则要经30%→50%→75%→85%→95%→100%（2次）酒精逐级脱水，每级2～3 min。

14. 透明 经1/2二甲苯+1/2无水酒精→纯二甲苯（2次）透明，每级2～3 min。

15. 封藏 用清洁软布擦去切片材料四周多余的二甲苯，滴上中性树胶，盖上盖玻片。树胶用量要适当，正好充满盖玻片下面，避免产生气泡。

（四）石蜡切片的注意事项

1. 取材与固定时注意事项

（1）所取材料不宜太大，以0.5 cm×0.5 cm×0.2 cm或1.0 cm×1.0 cm×0.9 cm较适当。

（2）切取的材料应能代表整个器官的结构，即器官的各部分结构都能看到，否则便无意义。

（3）取材时刀要锋利，要注意不要挤压器官以免损伤内部组织。宜轻轻用镊子夹住，后用剪刀或刀片切下，被镊过的部分不要，切取的材料可稍大些。尤其是柔软的材料，经固定数小时待其稍为硬化后再修切成小薄片，继续固定。

（4）修正材料块时要注意切面平整，要先考虑好作横切面还是纵切面，各种材料应多切几块，留有余地，以备必要时应用。

（5）固定液的用量一般为材料体积的10～15倍或稍多。含水分多的材料，固定液的用量即使增至材料体积的50倍，也不算多，因其含水分多可冲淡固定液的浓度而影响固定液的作用。在同一玻璃管或瓶内，材料不能放得太多以免贴在管壁或瓶壁上造成固定不良。

（6）如固定超过12 h，或固定液混浊不清就须更换新液继续固定。

（7）不同的组织材料应分别装入小瓶，其中事先装好固定液，写好标签纸贴于瓶身。

固定时间一般为12～24 h，须视材料块的大小和性质及固定液的性质而定。

2. 脱水与透明时注意事项

（1）组织在85%酒精中可保存较长时间，当天如来不及做完可以暂时在85%酒精中保存一晚，次日再继续做下去。70%酒精可做组织较久的保存剂。

（2）每更换一次酒精要把材料块用吸水纸吸干，并更换干燥的瓶子，以免把水分带到高度酒精中去，而致脱水不干净。

（3）材料块入二甲苯后见材料块透明即停止操作，以免使材料发脆。材料块的透明以光线基本能透过材料为宜。

（4）整个脱水和透明也可在温箱内进行，速度可更快些。

（5）脱水与透明时瓶口必须随手盖紧，以免空气中水分吸入影响效果，尤其在阴雨天空气湿度很大时更要注意。

3. 切片时注意事项

（1）蜡块修切整齐，切片刀的倾度适宜切出的蜡带笔直。

（2）操作要仔细，耐心，不要对着蜡带讲话，要防风，以免把蜡带吹散。放蜡带时光滑面是反面，应朝下放。有皱纹面是正面，应朝上放。

4. 染色封藏时注意事项

（1）切片从二甲苯中取出来，准备封藏时动作要快，尤其在阴雨天湿度较大，封藏剂容易吸入水分。封藏时也要避免口鼻呼出的气体接触到切片上的封藏剂以致影响切片质量。

（2）切片如在二甲苯中有白雾发生即表示脱水未尽，应退回酒精，重新脱水。否则切片呈云雾状，难以镜检。

（3）切片在染色缸内必须认定一个方向，通常把有组织的一面向着自己，以免搞错。

（4）切片在染色过程中有脱落的现象，其主要的原因是载玻片未洗净，有油污；切片未贴平，切片与载玻片间有空隙；切片未烤干。

（五）石蜡切片及其染色程序总结

石蜡切片的程序见图 3-2，染色程序见图 3-3。图中所示时间，仅供参考，在实际操作中，根据需要和具体情况确定。

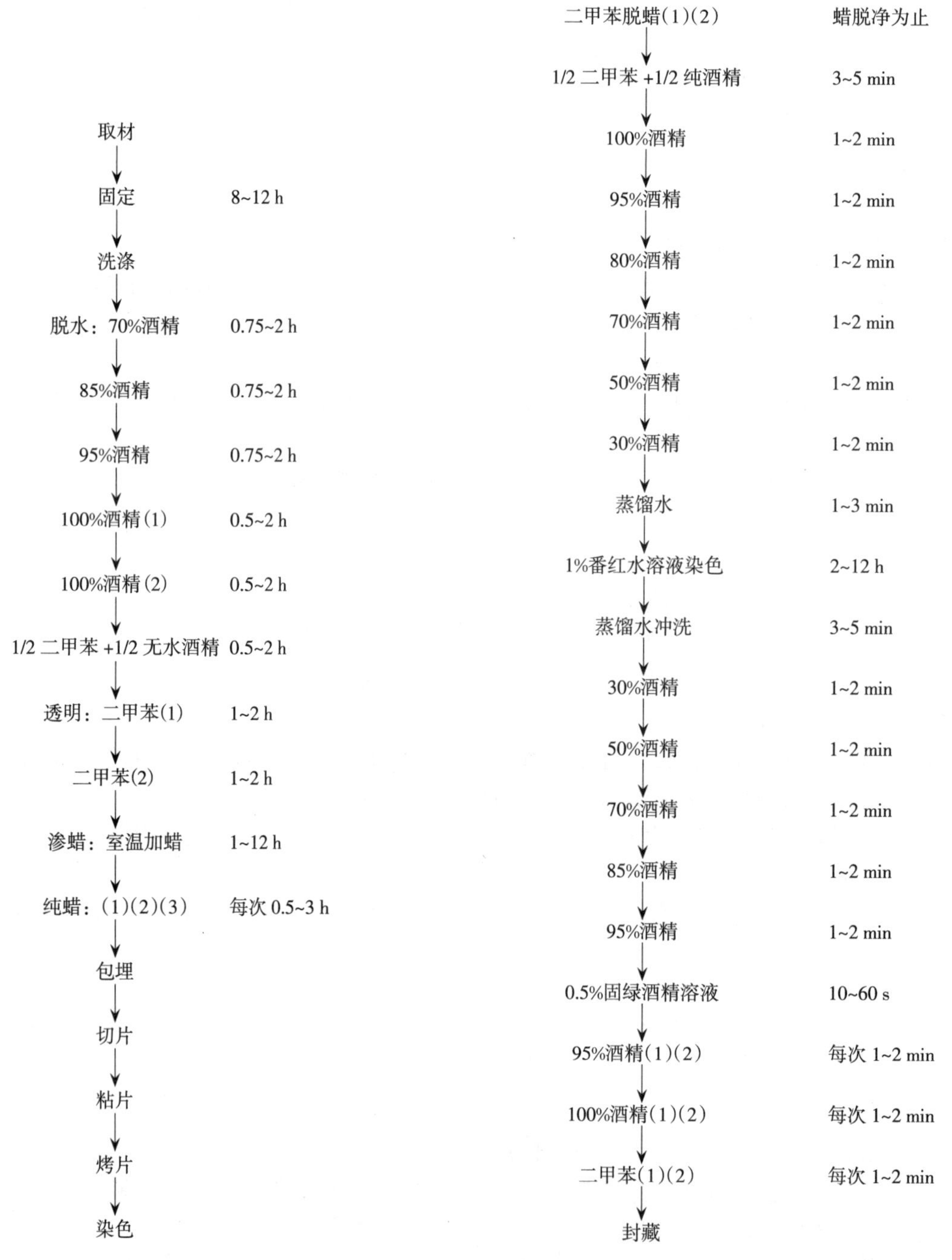

图 3-2　石蜡切片的程序

图 3-3　石蜡切片染色程序（以番红-固绿染色为例）

三、冰冻切片法

（一）概述

冰冻切片法是将已固定或新鲜的材料不经脱水先进行冰冻，然后在切片机上进行切片的一种方法。这种切片法常用于临床上病理组织和组织与细胞化学的制片。此法有两个优点：①制片速度快。在临床上，手术的摘出物需要急速诊断时，用此法从采取标本到切片制成，可以在 15 min 内完成。②保存组织内某些易被有机溶剂所溶解的物质，如脂肪和酶。此外，还可防止材料的收缩保持原形。

此法的缺点是：所切的片子较厚，不能连续切片，容易破碎。为了避免这些缺点，切片前，可先进行明胶包埋。

（二）冰冻切片的主要仪器和用具

冰冻切片的仪器和用具主要有切片机及其附件、贮备液体二氧化碳的钢筒等。

1. 冰冻切片机 滑走切片机和旋转切片机，装上冰冻附着器后，都可作冰冻切片用。也有专用的冰冻切片机，其主要部分有：夹刀部（用于固定切片刀，并与操纵切片的把手连接）、载物台（在机身的中部，为一个圆形盘，在盘的中央有个圆柱形的孔，冰冻附着器可插在里面）、调节器（在机身的下部，为有刻度的微动装置，用于调节切片的厚度）、固着部（为固定机身用的螺旋装置）。

2. 冰冻附着器 冰冻附着器由标本台（或称冰冻盘）、输气管及二氧化碳气的开关 3 部分组成。标本台是一个直径 3～4 cm 的圆台，上面有纵横的沟，是专供安置组织块用的。标本台的内部是空的，它与输气管相连。输气管的一端与二氧化碳钢筒相连接，另一端与标本台相连接。输气管与标本台连接处由二氧化碳气的开关控制。当开关打开时，液体二氧化碳放出，由于压力减少而汽化，并吸收周围大量的热，使温度立即降低，因而使标本台上的组织块冰冻。

3. 液体二氧化碳钢筒 液体二氧化碳钢筒为圆柱形的钢筒，内贮液体二氧化碳，它的一端开口与输气管连接通向切片机上的标本台。钢筒上亦装有开关，不用时应将它关紧，以免气体逸出。

（三）冷冻切片的方法

1. 固定 在冰冻切片机上进行切片的材料，一般都先经过下列各种不同的处理：

（1）新鲜的材料，不加任何处理就可进行冰冻切片。

（2）固定的组织块，经水洗后再进行冰冻切片。最常用的固定液为福尔马林，也可用布安固定液或津克尔固定液固定，但必须经过水洗或去汞后才能切片。

（3）如果是容易破碎的组织块，则在固定水洗后，再经明胶包埋，才能进行切片。

2. 切片 根据冷冻源的不同，冰冻切片可分为二氧化碳法、氯乙烷法和半导体制冷器法。

（1）二氧化碳法。利用液体二氧化碳由钢筒借输气管通至标本台，由于液体二氧化碳汽化时吸热而使标本台上材料迅速冻结变硬。

切片时操作步骤如下：

①安装好切片机，将冰冻附着器连接在切片机与二氧化碳钢筒之间，把标本台后的开关旋开。这时即可将钢筒口上的开关打开，随即不时地开、闭标本台后的开关，借以检查气体喷出的程度。当气体喷出时，能听到“嘘嘘”声，同时看到标本台上有白霜状附着物时，即证明钢筒中所贮存的确系液体二氧化碳，这时可将钢筒开关紧闭待用。若喷出气体时，只能听到很高的金属性噪声而又无白霜状物出现，这就表示贮存的液态气体已用尽，应重新贮入后再用。

②将标本台用水湿润到适宜的程度后，立即将材料（新鲜的或固定的）放在上面。关闭标本台后的开关，并将二氧化碳钢筒上的开关稍微打开，随后再有节奏地来回开、关标本台后的开关，使汽化的二氧化碳不时从标本台喷出来，使材料冻结。

③在冻结材料的同时，标本台侧面的小孔应对着切片刀，使刀片的温度亦随着下降，并调节好切片的厚度（15～20 μm）和转动标本台的升降把手，待冰冻的组织块的上端与切片刀相接时为止。

④当材料表面呈现轻微的融化时即可开始切片。材料冻结的硬度与切片的成败有密切的关系，故在开始切的几片须特别当心。如切后在刀片上出现白色而脆的飞散的碎片，即表示冻结的组织块太硬，若为软弱的粥状则又太软。在这两种情况下切的片子放入水中后即破碎不能用。为了避免这两种情况，可将材料冻结得稍过硬，然后用手指按在块上，待表面轻微融化即可连续的切下几片，就可取得适用的切片。

⑤切下的切片附着在刀片上，可用湿润的毛笔将它扫在盛有水的培养皿中。切片应平摊在水面或沉于水底。如切片卷起，应用毛笔将它摊平。准备染色或贴片后再染色用。

如需贴片而又不用湿毛笔取下切片时，也可以将涂有蛋白甘油的载玻片预先加温到 60～70 ℃。每切下一片时，立即取一片预热的载玻片靠近切片刀上的切片，切片便会被吸附在载玻片上。

(2) 氯乙烷法。方法基本与二氧化碳法相同，只是用氯乙烷代替二氧化碳作为冷冻源。氯乙烷在临床上用作皮肤局部麻醉药，为液体，用稍厚的安瓿管装，每管 100 mL，在管的一端装有一压开活塞。切片时先把安瓿管细的一端敲掉，对准组织，打开活塞，氯乙烷喷射而出。喷数秒钟后，稍停，再喷射。如此喷射 2～3 次，材料块即可冰冻变硬。适合切片时，迅速切片。此法简便，但冰冻程度不如二氧化碳法，在炎热夏季冻结效果更差。

(3) 半导体制冷器法。半导体制冷器是近几十年来被广泛应用于冰冻切片上的新装置，使用方便，而且冷冻能力强，可冷冻到－30 ℃。切片时，先接通电源线路和进出水橡皮管，将材料块按二氧化碳法置于冷冻台上，并加蒸馏水。然后通电并调节整流电源控制温度。材料块冰冻合适时迅速切片。

3. 粘片 冰冻切片可以不粘片进行染色，也可以贴片后染色。最好是当天染色，长时期的浸入水中会引起切片的松弛，如在不得已的情况下只好放入冰箱或浸入 5%福尔马林中，第二天再染色。冰冻切片最主要的缺点是容易破损，但如在染色和封藏时能小心操作，则切片在载玻片上不加任何贴附剂亦可粘牢。通常采用的贴片法有两种。

(1) 蛋白甘油粘片法。先将载玻片上涂一薄层蛋白甘油粘片剂，然后将载玻片插入水中用弯头细小玻棒帮助把切片捞起拨正位置，以滤纸吸干水分，放在 37 ℃温箱内烤干，入 70%酒精 5 min，即可染色。

(2) 明胶粘片法。将切下的切片浸入 1%明胶水溶液中数分钟。用载玻片把切片托起，拨正位置，倾去余液，再浸入 5%福尔马林中 5 min，使明胶固定。蒸馏水洗 10 min，洗去福尔马林后便可进行染色。这种粘片法无须烤片。

4. 烤干 烤干时，温度不能太高，不可超过 40 ℃。烤干的时间也不宜过久，否则切片易破碎。

5. 明胶包埋 有些材料在切片时容易破碎，所以在切片之前须用明胶包埋。具体过程如下：

(1) 固定、冲洗。

(2) 将材料浸入 10%明胶溶液（明胶 2 g 加入 1%苯酚水溶液 20 mL），在 37 ℃温箱中放置 24 h，使明胶能充分透入。

(3) 移入 20%明胶溶液（明胶 4 g 加入 1%苯酚水溶液 20 mL）中，在 37 ℃温箱中放置 12 h。

(4) 用 20%明胶包埋。其方法与石蜡包埋相同。

(5) 将冷凝的明胶块用刀片修整，把材料四周的明胶修去，越接近材料越好。

(6) 修整好的材料在冰冻切片之前应经水洗 10～20 min，需再浸入 10%的福尔马林中 24 h，以便使组织硬化。

(7) 在冰冻切片机上切片。具体操作如前文所述。

(8) 将切下的片子漂浮在冷水面上，随后移到涂有蛋白的载玻片上，将水淌去并微微加热使蛋白凝固。

（9）将载玻片放在温水中溶去明胶后即可进行染色。

6. 染色 切片烤干后立即取出，用70%酒精及蒸馏水稍洗，便可根据需要进行染色。

7. 脱水、透明、封藏 按常规进行脱水、透明和封藏。

（四）注意事项

（1）在切片时要注意冰冻不能过度，冰冻过度切片易碎也易损伤刀口；冰冻不足切片会成粥糜状，因此冰冻程度须有效掌握。但这也是一件较难的工作，由于各种材料本身软硬程度的不同，必须根据经验来掌握。

（2）切片的动作要敏捷，勿误时间，因冰融即失去切片功效。如遇切片破碎时，宜检查材料中部，若中部尚软，表示冰结不足，宜继续冰冻；若冰冻过硬，稍等片刻再切，如仍切碎或不完整，应检查刀口，更换位置再切片。

（3）进行冰冻切片时最需注意防止二氧化碳输气管的爆破，因此要在材料已被冰包埋后，立即将二氧化碳的开关关闭然后再将余气放出，这样就不致发生意外了。

（4）材料块不宜过大、过厚，否则不易冰冻，亦浪费物品。脂肪过多的组织不适于制片。含黏液过多的组织冰冻缓慢。

四、半薄切片法

（一）概述

用超薄切片机切出1～2 μm厚的切片，称为半薄切片，又称光学切片。这种切片放在滴有蒸馏水的载玻片上，在酒精灯上加热至60～70 ℃，切片展开、烘干，滴上一滴甘油，盖上盖玻片，可直接用光学显微镜观察。也可在染色后，加一滴甘油封藏观察。

半薄切片法在制作电子显微镜超薄切片时，须确定包埋块切片方向和部位，判断组织固定和包埋的质量。

优点：半薄切片比石蜡切片薄，细胞重叠少，结构清晰度高，在高倍显微镜下视野清楚，细胞界限分明；切片制作起来较容易、简单，组织收缩小。

缺点：染色较难；材料块面积小，不能切成连续的切片。

（二）半薄切片常用器具及药品

固定液、各级浓度酒精、丙酮、环氧树脂812、切片机、玻璃刀、染色剂、中性树胶等。

（三）半薄切片的方法

1. 取材 取材与一般石蜡切片相同，只是取材块小些，厚2～3 mm，长3～4 mm。

2. 固定 固定的要求与石蜡切片相同。半薄切片目前尚无最适固定液，一般用福尔马林或波茵固定液进行固定。锇酸、戊二醛等用于电子显微镜超薄制片的固定液不适用，因为它们穿透大块组织能力有限，并使切片组织内的着色基团受到封闭，影响染色效果。国外常用甲醛磷酸缓冲液固定材料。

甲醛磷酸缓冲液的配方：磷酸二氢钠18.6 g、氢氧化钠4.2 g、蒸馏水900 mL、福尔马林100 mL。

先将前三者混合溶解后，再加入福尔马林，使溶液的最终pH为7.4。该溶液可保存半年之久。在此溶液内固定时，至少4 h。用此液固定石蜡切片材料时可延长数周。

3. 脱水 半薄切片的脱水剂是酒精和丙酮。材料固定后先经50%、70%、85%、95%、100%各级酒精脱水，脱水时间因材料块的大小及硬度不同而异，一般每级需30～40 min。然后入1/2无水酒精+1/2无水丙酮混合液和无水丙酮（2次）继续脱水，每级需20～40 min。材料脱水后用环氧树脂包埋。注意采用的脱水剂不同，包埋剂亦有区别。

脱水一般在 4 ℃条件下进行，也可在室温下进行，需不断振荡。

4. 包埋 制作半薄切片，目前还没有适合的包埋剂。有的用环氧树脂 812（Epon-812）或环氧树脂 618（Epon-618），有的用石蜡与十二烷基琥珀酸酐混合液进行包埋。

国外用于半薄切片的包埋剂是 2-羟乙基甲基丙烯酸酯（2-hydroxyethyl methacrylate，HEMA）。

（1）HEMA 树脂包埋剂。这种包埋剂由两种溶液组成，这两种溶液可在 4 ℃下保存近一个月。用前恢复至室温。

溶液 A：HEMA 80 mL、2-丁氧基乙醇 15 mL、过氧化苯甲酰 0.3 g。

溶液 A 既是包埋剂又是透明剂，可用磁力搅拌器使之溶解。

溶液 B：聚乙二醇 400 10 mL、N，N-二甲胺 1 mL。

包埋剂：溶液 A 10 份、溶液 B 0.2 份。

固定后的材料经各级不同浓度酒精脱水至无水酒精，在溶液 A 中进行 3 次透明。可在室温下包埋，但不能与空气接触，包埋容器需封闭。因 HEMA 是水溶性包埋剂，材料固定后便可不经酒精脱水，直接用 30%→50%→75%的溶液 A 进行浸透，每级需 30～45 min。再入溶液 A 浸 3 次，每次需 45～60 min，最后进行包埋。包埋一般需 4 h 聚合完毕。如次日材料块黏软，用无水酒精在 60 ℃恒温箱中浸泡一段时间，变硬后取出材料块。

（2）国产 HEMA 包埋剂。

溶液 A：HEMA 10 mL、过氧化苯甲酰 64 mg。二者混合均匀，完全溶解后即成溶液 A，在 4 ℃下保存。溶液 A 也兼做浸透剂。

溶液 B：聚乙二醇（GEP-400）10 mL、二甲基苯胺 0.5 mg。

包埋剂：溶液 A 10 份、溶液 B 1 份，混合，临用前配制。

材料经酒精脱水至 95%酒精时，入溶液 A 浸透 2 h，用包埋剂进行包埋，需 2 h 聚合，都在 4 ℃下进行。

（3）Epon-812 包埋剂（一般用于超薄切片）。

①Epon-812 包埋剂的配方。Epon-812 4.9 mL、十二烷基琥珀酸酐（DDSA）3 mL、甲基内次甲基四氢钾苯二甲酸酐（MNA）2.7 mL、2，4，6-三（二甲氨基甲基）苯酚（DMP-30）0.2 mL。

②氧化丙烯-环氧树脂溶液的配方。氧化丙烯（propylene oxide）50 mL、Epon-812 包埋剂 50 mL。

包埋剂应保存在 4 ℃下，使用前恢复至室温，随配随用。过度的潮湿及水的污染都会影响包埋的效果。

材料块入各级浓度酒精脱水后，经 2 次氧化丙烯溶液浸透，每次 20 min 左右，然后浸入氧化丙烯-环氧树脂溶液（1/2 氧化丙烯＋1/2 Epon-812 包埋剂）内 1 h，再浸入 37 ℃的 Epon-812 包埋剂 1 h，使材料块透明。将材料块放入新的 Epon-812 包埋剂中包埋，此包埋剂不需与空气隔绝，只要放于 60 ℃的恒温箱内浸透一夜即可完成包埋。

5. 切片与粘片 材料块包埋后，可用加有半薄附件调节器的 AO-821 型手摇切片机，用钨钢刀或玻璃刀进行半薄切片，厚度 1～2 μm。

用国外 HEMA 包埋剂包埋的材料块切出的切片，放入 60 ℃水浴中，使其浮在水面上，用干净载玻片捞附于其上，放入 80 ℃的恒温箱内 1 h，即可干燥。

用环氧树脂包埋的材料块切片后，先放入冷水中，再放于 60 ℃水浴中漂浮，用干净载玻片将切片捞附于其上，然后进行干燥。

国产的 HEMA 包埋的材料块切片后，放入蒸馏水中展平，用干净载玻片捞附于其上，在室温下晾干。

6. 染色 用 HEMA 包埋的切片，可直接常规染色，水溶性与醇溶性染料能透过包埋介质，使组织着色，尤其是对比明显的色彩最适合。环氧树脂包埋的切片，需用氢氧化钠饱和的无水酒精溶液，溶去包埋剂后进行染色。有的染料如甲苯胺蓝或亚甲蓝可穿透包埋剂而着色，复杂的染色必须在室温下溶去包埋剂（需 1 h），经无水酒精浸洗，入各级浓度酒精复水，入蒸馏水浸洗后，进行染色。因为切片薄，不易着色，染色时间比石蜡切片长，一般需 30～60 min。

7. 封藏 可用树胶封藏，树脂包埋也可用松节油封藏。

五、塑料厚切片法

（一）概述

塑料厚切片（thick section）一般是指其厚度界于石蜡切片和超薄切片之间的塑料包埋的生物切片。由于采用较优良的固定液和包埋剂，植物组织的形态和细胞的细微结构能完整而真实地被保存下来。此外，由于塑料包埋剂能切出 1～2 μm 的薄切片，因此，在光学显微镜下观察，其分辨率和清晰度有了很大的提高。

（二）塑料厚切片常用器具及药品

磷酸缓冲液、戊二醛固定液、锇酸固定液、各级浓度酒精、环氧丙烷、Epon-812、梅氏蛋白粘片剂、染色剂、切片机、玻璃刀、中性树胶等。

（三）塑料厚切片的方法

以环氧树脂为包埋剂做塑料厚切片时，可按照超薄切片的方法进行取材、固定、漂洗、脱水、浸透与包埋，制作成环氧树脂包埋块，然后加以切片和染色等处理。在多种环氧树脂中，包埋植物材料最好的是 Spurr 包埋剂，因为它的黏度低、渗透力强，切片稳定。

1. 切片 切制厚切片，可以使用三角形玻璃刀。如果用石蜡切片机切制厚切片，还需要在切片机上配备一个放置玻璃刀的架子。所有现代超薄切片机都能够切制塑料厚切片。

切片大小主要受制于刀口的可用宽度。较厚的切片（如 2 μm）可用干刀（无水槽）切，其中较大的切片可用镊子尖夹住其一角后转移，较小的切片可用水润湿的细画笔来黏附和转移。较薄的切片必须用水槽来收集和展平，否则切片易皱，可用细画笔、细竹签或者金属（铂、铜、合金）丝做的有柄环圈（直径 1～2 mm）从水面下向上捞取后转移到载玻片上。金属丝环从载玻片上的水滴中掠过，切片便漂浮在水滴上或者滑落到水滴的边缘上。每张载玻片上可放一至数个水滴，每个水滴上可放一至十几张切片。

把载玻片放在 70 ℃的热板上加热，或用酒精灯火焰温和地加热，切片伸展、水分蒸发。载玻片干燥后，切片便粘贴在玻璃表面上。如果这样做粘贴得不牢（常在染色时脱落），可预先在载玻片表面上涂筛一薄层梅氏蛋白粘片剂或明胶-铬钾矾粘片剂。

明胶-铬钾矾粘片剂的制法是：将 0.5 g 明胶溶解在 100 mL 温热的蒸馏水中，然后加入 0.05 g 铬钾矾。

为了使切片牢固地黏附到载玻片上，完全干燥是必要的。

2. 染色 用 1%甲苯胺蓝在 1%硼砂中配制的弱碱性溶液染色简便而快速。具体操作是：把一大滴过滤的这种染色剂滴在载玻片的切片上，在 60～80 ℃的热板上加热大约 1 min，经水洗及干燥后，即可用光学显微镜观察。在光学显微镜中可以看到组织被染成不同层次的红色、紫色和蓝色，细胞质的细节与树脂的无色背景区别开来。锇酸渗透力很弱，渗透速度为 0.5 mm/h，只有被锇酸渗透过的组织才能染上色，因此可以根据材料的着色范围来估计锇酸固定的程度和渗透能力。

3. 封藏 如果要封藏可以使用中性树胶、香柏油或环氧树脂包埋剂等。最好在封藏前或封藏后立即进行显微照相，因为时间长了染色的切片会慢慢褪色。平时则把载玻片放在切片盒内保存，避免阳光照射。

染环氧树脂厚切片的方法很多，除上述甲苯胺蓝染色法之外，还可以用天青B、碱性品红和亚甲蓝、苏丹黑B染色等。

六、滑走切片法

（一）概述

滑走切片法是用滑走切片机对植物进行切片的方法。主要用于切较坚硬的材料，如乔木、灌木等植物根和茎（枝条）的木质部。可切新鲜的或固定的材料，也可切石蜡包埋的材料。

（二）滑走切片常用器具和药品

滑走切片机、切片刀（或一次性刀片）、各级浓度酒精、二甲苯、染色剂、软化剂、中性树胶等。

（三）滑走切片的方法

1. 取材 要有3个切面：横切面、径切面和弦切面。取材呈长方块，长、宽、高一般为1 cm、1 cm、20 cm，横切面至少有一个完整的年轮。

2. 软化 软化是木材制片的关键。因各种木材硬度不一，软化时间各不相同。

（1）水煮法。水煮法是最简易的软化方法。浸泡温度以90～98 ℃为宜，用冷水交替浸泡可加速软化，质轻的木材煮3～4 h即可，一般材料沉底后再泡7 d。如果材料比较软，可用重物将其压入水中浸泡2 d。此法软化效果虽好，但所需时间较长，坚硬的材料需要几周，甚至几个月才能达到效果。硬材最好在烘箱里（80 ℃以下）浸泡1～2个月，然后再将样品放到丙三醇-95%乙醇（1∶1）溶液里浸泡，直到软化至适合切片的程度。如果材料（如阔叶材、具有分泌结构的针叶树材、早晚材细胞壁厚度及细胞大小相差很大的木材等）含有大量的薄壁组织，软化时要以薄壁细胞完整为依据，不可软化过度，否则薄壁细胞易破碎。对于特硬重材，用一般方法难以软化，只能采用化学药剂法处理。

（2）化学药剂法。化学药剂法包括甘油-乙醇法、氨水-乙酸法、乙酸-过氧化氢法、聚乙二醇-乙酸软化法和乙二胺法等。各处理必须在通风橱里进行（除甘油-乙醇法外）。

①甘油-乙醇（1∶1）法。此法适用于新鲜或硬度不大的材料。现在普遍用作软化之后的保存剂。

②氨水-乙酸法。将样品放入乙酸和清水各半的混合液中，煮40 min后取出，用清水冲洗至无气味，再放入氨水和清水各半的混合液中，煮40 min，取出用清水冲洗至无气味后，进行切片。

③乙酸-过氧化氢法。将样品放入乙酸和过氧化氢各半（或1∶2）的混合液中，每隔20 min或0.5～1 d，用镊子取出材料，流水冲洗10 min后，用刀片试切一次，如手感柔软，即可投入水中冲洗1.5 d后切片；也可保存在甘油-乙醇各半的混合液中待用。此法软化速度一般，软化不均匀。软化时间要掌握好，否则易造成纤维离解。

④聚乙二醇-乙酸软化法。将聚乙二醇（熔点在55 ℃左右）在水浴中熔融，并加入10～15 mL的乙酸。样品放入该溶液中水浴30 min后，即可切片。

⑤乙二胺法。乙二胺作为软化剂渗透快，软化均匀，毒性小。将乙二胺用水稀释成10%或4%两种浓度。坚硬的木材用10%溶液浸泡3～5 d；松软的木材用4%溶液浸泡3～5 d。急需使用时，可在密闭后置于60 ℃的恒温箱中，软化时间可大大缩短。此种溶液有氨水挥发，不宜配制太多，否则软化效果会降低。

3. 修块 将样品在解剖镜下修出3个切面。切面大小一般为0.5～0.7 cm^2。修横切面时，要使切面与纵轴垂直；修弦切面和径切面时，除考虑与纵轴平行外，弦切面还应注意与木射线垂直，径切面与木射线平行。

4. 固定并调整切片刀 切片刀的刀面中线与木块之间的角度一般为20°～30°（24°时切片效果最

佳)。切硬木材时，角度要小一些；切软木材时，角度要大一些。角度过大，切片表面毛糙，因为切片不是被切下，而是被刮下；角度过小，切面与木块相挤，切出的是碎片。

5. 固定样品与切片　将样品和切片刀分别固定在相应的固着器上。调整好材料高度，将刀刃靠近材料的切面且相互平行。切片厚度一般为 8～16 μm。用毛笔从切片刀上取下切片，并转入盛水的培养皿中备用。

6. 染色　用1%的番红水溶液染色，可将木质化的细胞染成红色。番红也可与苏木精进行二重染色，将未木质化的细胞染成淡蓝色。番红-固绿法可将硬材中胶质纤维自纤维中区分开。

7. 脱水、透明、封藏　切片经系列浓度酒精（50%、70%、85%、95%、100%）脱水，进入二甲苯中透明。中性树胶封藏。

第二节　非切片制片法

非切片制片法包括整体制片法、离析法、压片法、涂片法、透明法等。

一、整体制片法

不经过切片，将整个微小或透明的生物体或器官封藏起来，制成玻片标本的方法称为整体制片法。此法适用于小的或扁平的材料，如浮游植物或动物，丝状或叶状的菌类，蕨类的原叶体，孢子囊，纤细的苔藓植物，被子植物的表皮、花粉粒、幼胚及其幼小的器官。

此法简便易行、效果较好，可制成临时、半永久或永久玻片标本。

整体制片法因所用的脱水剂、透明剂和封藏剂不同而有多种不同的方法。

(一) 临时和半永久性整体制片法

1. 水封制片法　用吸管吸取浮游植物、浮游动物、菌类或花粉培养液等含有材料的液体，滴 1～2 滴（视吸管口径大小而定）于载玻片中央，按石蜡切片时的方法加盖玻片，使盖玻片与载玻片之间形成水封状态。若盖玻片下出现气泡，应该重做。若盖玻片下液体多，可用吸水纸从一侧吸去少许，而后用显微镜观察。

丝状藻类、菌丝、苔藓、蕨类和昆虫等材料，制片时先将样品置于载玻片中央，而后在样品上滴一滴水，使其散开（或先滴水后放材料），盖上盖玻片即可观察。

水封制片适合短时间内观察，待盖玻片下的水分蒸发，出现气泡时，不宜再用。

2. 甘油法　甘油法是用甘油作为脱水剂和透明剂，并将材料封藏于甘油中，方法简便，可保存植物的自然颜色。甘油法又分为不染色与染色两种制片方法。

（1）不染色制片法。

①将少许材料置于载玻片中央，加 1～2 滴 10%的甘油水溶液，盖上盖玻片（盖玻片下不能出现气泡），平放于培养皿或干燥器内让水分蒸发。

②当其中的部分水分蒸发后，从盖玻片一侧加一滴 20%的甘油水溶液，继续让水分蒸发。然后再加一滴 40%的甘油水溶液，直至蒸发浓缩到纯甘油为止。制成后的玻片，可长期保存。但必须平置，用时亦须十分小心。

（2）染色制片法。染色方法有多种，常用的是铁矾-苏木精染色。经固定→浸洗→染色→封藏等步骤。

①固定。取好的材料放入铬酸-醋酸固定液中固定 12～24 h。固定液约为材料体积的 20 倍。

②浸洗。固定好的材料放入缓慢的流水中冲洗 24 h，或将材料放在培养皿中，换水洗 5～6 次，然后再用蒸馏水洗一次。

③染色。浸洗后的材料经4%铁矾水溶液媒染（0.5～1 h）→自来水冲洗（20～30 min）→0.5%苏木精水溶液染色（1～2 h）→自来水冲洗（10～20 min）→2%铁矾水溶液分色至适度颜色→自来水冲洗（20～30 min）。

④封藏。材料置于培养皿内，加10%甘油水溶液（溶液量应在材料体积10倍以上）后放入干燥器中，进行自然脱水，或盖上滤纸，放于通风处直至蒸发浓缩成纯甘油为止。

（3）注意事项。

①蒸发速度不可太快（可盖在培养皿中进行），且加入的甘油浓度亦应逐渐增加，否则材料易收缩。

②10%的甘油用量不能少于材料体积的10倍，以便在蒸发至纯甘油时仍能浸润材料。

③载玻片上不宜放置太多材料，否则材料重叠，影响观察。

3. 甘油明胶法 此法与甘油法的区别，是用甘油明胶代替甘油封藏材料。制片步骤如下：

（1）将选好的材料入固定液12～24 h后，洗净。坚韧的材料可用流水冲洗，柔软的材料可用扩散的方式洗涤。

（2）如需染色，可按甘油法中的染色方法进行。

（3）将材料入10%的甘油水溶液中，置于干燥器内使水分蒸发，进行自然脱水。直至成为纯甘油状态为止。

（4）取一小块甘油明胶（约火柴头大小），放在干净的载玻片中央，加热溶解。与此同时，从甘油中取出材料，用吸水纸吸去多余的甘油，放在已溶解的甘油明胶上，按正确方法盖好盖玻片。如材料不脆，可轻轻压盖玻片，把多余的甘油明胶溶液挤出来。待明胶凝结后，小心地清除盖玻片四周的明胶。而后用树胶或封藏剂封藏盖玻片四周。此法制的装片可保存几年，但盖玻片下的甘油明胶仍是软的，使用时须小心。

4. 乳酸-酚法 乳酸-酚与甘油混合后，可配成一种很好的封藏剂。其配方为：甘油40 mL、蒸馏水20 mL、乳酸10 mL、石炭酸20 mL。

先用水把石炭酸溶解后，再加入其他试剂。

藻类、菌类、蕨类原叶体或其他小而柔软的材料，用此剂封藏效果较好。封藏前材料需经10%→30%→50%甘油水溶液脱水。染色制片与不染色制片均适用。如材料需染色，可用乳酸-酚溶液配成1%苯胺蓝染色剂。

（二）永久性整体制片法

与半永久性整体制片法相比，永久性整体制片法封藏的片子既坚实又经久耐用，且制片速度不慢。

基本过程：杀生与固定→冲洗→染色→脱水与透明→封藏。

1. 杀生与固定 可选择最适合的固定液进行。

2. 冲洗 具体操作与其他方法相同。

3. 染色 最适宜的染色剂为苏木精溶液。染色时可将材料放入染色剂中0.5～1 h，染色颜色可较深，取出后在蒸馏水中冲洗至水中无颜色。此时即可在盐酸酒精（100 mL无水酒精中加一滴浓盐酸）中脱色。材料可放在小酒杯或染色皿中，摇动1～2 min后即可将盐酸酒精倒出来，用清水洗涤，再在显微镜下检查其结果。如染色不达标，可再在盐酸酒精中处理，直到细胞核与淀粉核呈蓝色为止。

4. 脱水与透明 按石蜡切片方法进行。

5. 封藏 可用下列各种方法进行封藏。

（1）威尼斯松节油法。

①按一般方法固定和染色。

②按甘油明胶法将已染色的材料移入10%甘油水溶液内，暴露于空气中，逐渐蒸发到纯甘油为止（需3～4 d）。

③用95%酒精洗去甘油，应换洗几次，每次10～30 min（如需对染，可在此时进行）。

④移入无水酒精中10～15 min。

⑤移入10%松节油纯酒精液中，放在干燥器内待蒸发至纯松节油为止。

⑥用松节油或中性树胶封藏（以后者为佳，用松节油封藏的，往往会产生结晶体）。

（2）叔丁醇树胶法。

①染色及冲洗操作同前。

②经10%→30%→50%→70%酒精脱水，每级停留20～30 min。

③加对染剂（曙红Y、真曙红B或固绿的纯酒精饱和溶液）数滴于70%酒精中进行对染。为了使对染的颜色较深，可染4～12 h。

④在70%酒精中洗涤后，再移入下列各级溶液中（每级为0.5～1 h）：纯酒精3份+叔丁醇（无水）1份→纯酒精2份+叔丁醇2份→纯酒精1份+叔丁醇3份→叔丁醇（2次，每次15 min）。

⑤将材料移入贮有5%叔丁醇树胶的矮广口瓶或小酒杯中，置于约35 ℃的温度下，让它徐徐蒸发。

⑥当树胶的浓度蒸发到较普通封藏用的树胶稍为稀薄时将适当量的材料取出进行封藏。

（3）二氧六环树胶法。

①固定和染色操作同前。

②将已染色的材料，依次经过20%、40%、60%、80%、90%、100%的二氧六环中脱水，逐级上升，在每级中停留1～2 h。

③在100%二氧六环中再换洗2次，每次1～2 h。在进行到这一步时，可将材料取出在显微镜下检查。如无收缩现象，可进行下一步。若发现细胞有质壁分离现象，则须将材料退回到浓度低的二氧六环中使它膨胀恢复原状后，再逐级慢慢上升至100%二氧六环中。

④将材料移入10%的树胶（用二氧六环配制）中。这种带有材料的稀薄树胶可盛在不加盖的广口瓶或酒杯中，置于无灰尘处或温箱内，其温度宜控制在35 ℃左右，使其慢慢蒸发，时间需2～8 h（若材料易变脆则可自5%的树胶开始蒸发，并在瓶口稍加盖以控制其蒸发速度）。

⑤蒸发到适当浓度后，进行封藏。

二、离析法

为了观察某种组织单个细胞的形态和结构，常用一些化学药剂将细胞之间的中层物质溶解，使其彼此分离，这种方法就是离析法。利用离析法可做成临时或永久装片。

1. 铬酸-硝酸解离法 此法又称杰弗里氏法（Jeffey's method），适用于木质化组织，如木材、草本植物坚实的茎。

（1）取材与解离。将材料切成如火柴一样粗细的小条，长1～2 cm，装入指管内，倒入铬酸-硝酸解离液（要多于材料体积20倍），盖好瓶塞。浸渍1～2 d或更长。

检查材料是否已经解离的方法是：取出材料，用解剖针分离，若纤维细胞不能分散，需换新液继续解离。

解离液的配方：10%铬酸、10%硝酸两溶液等量混合。

（2）冲洗。材料解离后，用流水冲洗12～24 h，入蒸馏水中浸洗1～2 h后做临时装片，或放入甘油内保存，或经下列步骤做成永久装片。

（3）分散。蒸馏水浸洗后，将材料分散成单个细胞，倒入离心管内，离心后倒出上清液。

（4）染色、脱水、透明、封藏。可在1%的番红水溶液中染2～6 h。按石蜡切片法中酒精逐级脱水、二甲苯透明，用中性树脂封藏。

2. 盐酸-草酸铵离析法 此法又称麦克莱恩和艾维米-库克法（McLean and Ivimey-Cook method），适用于草本植物的髓、薄壁细胞、叶肉组织等。

（1）将材料分割成小块（约 1 cm×0.5 cm×0.2 cm）。

（2）放入浓盐酸（1 份）与 70%酒精（3 份）混合溶液内浸 24 h（若材料有空气，则需抽气，抽气后再换一次溶液）。

（3）用水冲洗，去除离析液。

（4）放入 1%草酸铵水溶液中，到离析为止。后用水洗涤，进行后续的染色、封藏等步骤。

3. 酒精-盐酸离析法 此法可用来离析非常柔软的材料，例如根尖、茎尖和幼叶等。

用等量的 95%酒精和浓盐酸（1∶1）混合，在 50 ℃左右恒温下离析 24 h。如果材料已成半透明状态，表示已离析完全，即可用水洗涤，进行后续的染色、封藏等步骤。

三、压 片 法

压片法是将材料放在载玻片上，用解剖针或小镊子将材料拨散后盖上盖玻片，然后再用解剖针的木柄末端或铅笔带橡皮头的一端轻压盖玻片并微微振动，使材料压散成为适于显微观察的薄层。观察后再经过系列处理，也可制成永久装片。该法常用于观察细胞形态，有丝分裂过程，染色体数目、组型和结构等。

（一）压片法的步骤

压片法大致包括取材、预处理（前处理）、固定、离析、浸洗、染色、压片和做成永久制片等过程。

1. 取材 分析研究植物的染色体，通常多用根尖或茎尖，或有丝分裂时期的幼叶细胞和减数分裂时的幼小花药。例如，洋葱鳞茎和蚕豆种子萌发时的根尖生长区，玉米孕穗期幼小花药内的花粉母细胞，一般在上午 8—11 时均能采到适于观察细胞分裂的材料。

2. 预处理（前处理） 多数植物的细胞有丝分裂时染色体细长，且数目多的染色体常聚集成团，彼此重叠难于计数。固定前进行预处理，可使染色体缩短、变粗和分散，较易观察计数。可用下述方法之一：①放入 0.04%～0.1%秋水仙素水溶液内处理 2～4 h，自来水冲洗后固定；②放入 0.001～0.003 mol/L 8-羟基喹啉水溶液，处理 3～4 h 后固定；③放入对二氯苯的饱和水溶液内处理 3～5 h 后固定；④放入蒸馏水内，在 0～3 ℃的低温下处理 24 h 后固定（此法尤其适用于禾本科植物）。

观察幼小花药或孢子囊内的孢子母细胞减数分裂，可不进行预处理。

3. 固定 植物组织的压片材料常用卡诺固定液。固定时间不宜太长，一般固定根尖约 15 min，幼嫩花药 15～30 min。固定后，用 95%酒精换洗一次，再经不同梯度的酒精逐级复水，每级30 min，至 70%酒精内保存。

4. 离析 植物组织的细胞具有细胞壁，并由胞间层结合在一起，压片时，细胞往往不能分散，所以必须经过离析。

常用的简便方法是：将材料置于 1 mol/L HCl（或 10%盐酸）内，放在 60 ℃水浴中处理 5～15 min，或用 95%酒精和浓盐酸的等量混合液处理 2～10 min，使细胞的胞间层水解后细胞容易分离。离析的时间长短要适当，时间不足，则细胞很难分离；时间过久，则染色体不易着色。

5. 浸洗 用 50%酒精浸洗 3～4 h，中途换酒精一次，洗去盐酸，以免影响染色体的着色。

6. 染色 用核染料进行染色，种类较多。常用的是苏木精、碱性品红或结晶紫。

7. 压片 染色后进行压片，使材料散布均匀；然后用显微镜检查，材料好的可用吸水纸将其周围的水分吸去，滴 10%甘油，制成临时装片。

若需长期保存，可在涂片或压片后再经过以下几个步骤制成永久装片：

8. 粘片 为防止材料在脱水和透明过程中脱落，可用火棉胶或甘油明胶将材料粘固在载玻片上。火棉胶粘固法是在压片后，擦干载玻片上材料以外的水分，停置数分钟，使材料表面稍干，滴1%火棉胶一滴，立即倾去材料上多余的火棉胶液，再停2～3 min，材料即可粘固在载玻片上；甘油明胶粘固法是在压片前，在载玻片上涂一薄层甘油明胶，再滴一滴4%福尔马林液，然后放上材料，进行压片，随即倾去多余的福尔马林液。放在38～40 ℃下冷却数分钟，材料即可粘固在载玻片上。

9. 脱水、透明 操作方法按常规进行。但用火棉胶粘固的材料，因无水酒精能溶解火棉胶使材料脱落，故可用无水酒精与氯仿的混合液进行脱水透明：95%酒精→2/3无水酒精+1/3氯仿→1/2无水酒精+1/2氯仿→氯仿（2次）→二甲苯（2次）。每级中浸5 min。

10. 封藏 按常规进行封藏。

（二）几种常用的压片方法

1. 铁矾-苏木精染色法 染色体被染成紫蓝黑色。在一般根尖细胞有丝分裂染色体计数中，它是比较令人满意的一种方法。

取好的材料经预处理、固定、离析和水洗后，进行铁矾-苏木精染色。

媒染：离析、水洗的材料投入4%铁矾水溶液中，媒染20～30 min，然后用水洗净。

染色：投入0.5%的苏木精水溶液中染色3～5 h，如果需要染色较久（如过夜），则可将苏木精溶液进行稀释。

压片时，用镊子将材料放在载玻片上，滴一小滴45%醋酸，迅速捣碎材料，盖上盖玻片，用铅笔的橡皮头轻击，使材料散布均匀。

2. 醋酸洋红（或醋酸地衣红）**压碎法** 这个方法很简便，它将杀生、固定和染色联合在一起。刚制成的暂时封片既可对染色体进行计数也可用来研究其中的结构。为了研究方便起见，也可制成永久封片。

（1）暂时封藏法。

①将新鲜的材料如花药，解剖出来放在清洁的载玻片上。

②在材料上加一滴醋酸洋红，然后用玻棒的一端将材料轻轻压碎，均匀分散后盖上盖玻片。

③将载玻片在酒精灯上烤几次，其温度以不灼手为度。

④在盖玻片的一侧加一滴45%醋酸，进行脱色。此时在其对侧用吸水纸将盖玻片下的醋酸洋红吸掉，代之以无色的醋酸。用另一吸水纸放在盖玻片上面，轻轻压一下，将盖玻片四周多余的醋酸吸去。

⑤待盖玻片四周的醋酸晾干后，即可用石蜡或甘油胶冻将盖玻片的四周封起来。此片存放在冰箱中，可观察1～2周，如时间过长，颜色变深就无法鉴别了。

（2）永久制片法。

①用石蜡或甘油胶冻将盖玻片暂时封藏的片子取出，用刀片刮去盖玻片四周所封的石蜡，再用毛笔蘸二甲苯少许将残留的石蜡擦去（或用45%醋酸以除去水溶的封藏剂）。

②将载玻片反过来（盖玻片向下）放在盛有脱盖玻片液的培养皿中（在其中可安置U形玻棒，以便将载玻片放上）。

脱盖玻片液配方：45%醋酸1份、95%酒精1份。

③待盖玻片掉下后，即可将载玻片及盖玻片（因在它的上面也粘有材料）一起移入无水酒精的染色缸中。

④按照一般方法透明后，即可把盖玻片上粘材料的一面对着载玻片，在原来的位置上进行封藏。

3. 孚尔根压片法 该法常用于根尖的压片。染色体被染成鲜艳的紫红色。

（1）将固定后的材料经80%→70%→50%酒精复水，每级10 min。然后放入蒸馏水中浸洗。

（2）水解。将材料放入1 mol/L盐酸水溶液内，置于60 ℃恒温箱中，水解10～15 min。

（3）席夫试剂染色。材料水解后，用蒸馏水浸洗2～3次，入席夫试剂染色0.5～24 h，至根尖变成紫红色为止。

（4）冲洗。材料染色后入漂洗液（1 mol/L 盐酸5 mL、10%偏亚硫酸氢钠水溶液5 mL、蒸馏水100 mL）浸洗3次，每次5～10 min，洗去浮色。用流水冲洗10～15 min，再用蒸馏水浸洗1次。

（5）压片与冷冻处理。取冲洗后的根尖，置于载玻片中央的一滴45%醋酸中，用刀片将其染成紫红色的尖端切下。盖上盖玻片，在盖玻片上再放一小块吸水纸。拇指垂直按在吸水纸上向下压，然后用解剖针钝端或铅笔带有橡皮头的一端轻轻敲击盖玻片，使材料分散均匀。用显微镜检查压片，选出合格的用蜡笔于盖玻片四周的载玻片上画出标记，放入冰箱内进行冷冻。冷冻后，用解剖刀将盖玻片轻轻取下来，放在载玻片上无材料的地方。

（6）烘干与封片。将载玻片排列于木托盘内，放入38～40 ℃的恒温箱内烘干。然后将树胶溶液滴压在材料上，把盖玻片按原位盖好，放入烘箱内继续烘干。

四、涂片法和透明法

1. 涂片法 涂片法是将植物比较疏松的组织或细胞均匀地涂布在载玻片上的一种非切片的制片方法。这种方法很简便，对单细胞生物、小型群体藻类、细菌、高等植物较疏松的构造如花药等都很适用。特别是在细胞学上对染色体形态和数目的观察应用较多，效果也很好。

（1）固定液。固定液的选择因不同材料和不同目的而异，一般固定液如纳瓦申固定液、卡诺固定液、布安固定液、津克尔固定液等均适用，也可采用一些特殊的固定液。

（2）固体材料（如花药）的涂布顺序。

①将花药取出放在清洁的载玻片上。

②用刀片压在花药上面向一边抹去，将其中的细胞压出来，使之成为一平坦的薄层均匀分布在载玻片上。

③立刻将涂布好的片子反过来，以水平方向放入盛有固定液的培养皿中的玻棒上，使涂布面与固定液接触。

④在固定液中的时间为5～20 min。

（3）液体材料（如浮游藻类）的涂布顺序。用滴管吸取经浓缩的浮游藻类滴在载玻片的一端，用另一载玻片斜向接触一下水滴，这样水滴就沿两载玻片间隙，展成一线，将上面的载玻片沿30°斜角向另一端推去，务必使水滴均匀涂成一薄层。此即待染色的涂片，制成后置于空气中自然干燥。

上述这些涂布片在固定完毕后可先在显微镜下检查，如合适时，可按照各自的制片目的进行染色、脱水、透明及封藏，或不封藏。

2. 透明法 透明法是应用一种试剂，使材料变为透明直接显示内部结构的一种制片方法，例如维管束在组织或器官中的分布。此法可用于新鲜材料，亦可用于保存的标本。

（1）乳酸-石炭酸透明法。把材料放于载玻片上，直接加一滴乳酸-石炭酸溶液，然后放在酒精灯上加热，以除去材料中的空气，并使透明液浸透材料而使其变为透明。冷却后加盖玻片即可观察。此法不适用于较大材料。

乳酸-石炭酸溶液配方：石炭酸结晶10 g、蒸馏水10 mL、乳酸10 mL、甘油10 mL。

配制时使石炭酸先溶于蒸馏水，待溶解后再加入乳酸和甘油，搅匀即成。

（2）氢氧化钠透明法。把材料浸于2%～10%（通常为5%）的氢氧化钠水溶液中，溶去细胞内的物质，使材料透明。溶液的用量，约为材料体积的50倍。浸渍的时间，需根据材料的大小、柔嫩的程度来决定，柔嫩的材料无须加热，大约浸渍24 h。坚厚的材料必须放入45～60 ℃的温箱中，约24 h换一次新鲜的溶液，至材料透明为止。

细小的材料如小叶片、花瓣等，可以整体透明，但较大的材料如一般的叶片，必须切成小块。新鲜的叶片中有许多空气和叶绿素，在透明前最好先用热的酒精除去。

透明后的材料用蒸馏水洗净，一般无须染色即可观察。必要时，可以滴入 1 滴 1%的番红酒精溶液或 1%结晶紫水溶液染色。

这样的材料也可做成永久制片，也可保存在 50%酒精中以后观察。但保存在 50%酒精后往往变成不透明，这时可以经 95%酒精→100%酒精→1/2 100%酒精+1/2 二甲苯→纯二甲苯来透明。

（3）冬青油透明法。茎、叶等材料，可以在透明剂中浸较长时间，逐渐达到透明，以显示其维管束的系统。冬青油、甘油、丁香油等用作整体透明标本制作，可以得到很好的效果。例如，用冬青油可按下列步骤制作油菜幼苗维管系统联系的透明标本。

①截取带有 3～4 片小叶的油菜幼苗，立即插入盛有 0.05%碱性品红水溶液（0.05 g 碱性品红溶于 2 mL 95%酒精中，加水 98 mL）的试管中，在溶液中用锋利的刀片在茎下端切去约 0.5 cm，放于见光处，1 d 后即见茎端所有叶脉都呈暗红色，即表示染料已由导管吸入，且把维管束染了色。若 1 d 后仍未见染色，则可把茎下端再截去 0.5 cm，重复上述操作。

②取出材料，用水洗净，用刀片截取材料（如目的在显示叶迹者，则可取长约 3 cm、有 2～3 片叶子的茎，并把叶子从离叶柄基部 0.5 cm 处切掉，放于一标本管中）。加入 30%酒精，洗掉材料上多余的染料。

③经过下列各级浓度酒精脱水：30%→50%→70%→85%→95%→100%→100%，每级时间按材料大小、老嫩而定（如嫩的茎尖或直径为 0.5 cm 的茎，需 1 d 的时间）。

④换入 1/2 纯酒精+1/2 冬青油，然后用纯冬青油透明，最后用蜡封好瓶口。

注意事项：至纯酒精以后所用的药品较贵，用量只需浸过材料即可。材料若至 70%酒精时，整个仍显红色时，则应多换几次 75%酒精或退回 50%酒精，将材料多余染料洗净至只有维管束部分染红时为止。透明剂可用二甲苯或丁香油代替冬青油，但二甲苯使材料过于脆硬，易碎；丁香油效果良好，但价格太昂贵。

必要时，此法亦可适用于整个幼小植株，只需把每步停留时间延长即可。

（4）甘油透明法。

①截取材料同冬青油透明法，把材料放在试管内，用氢氧化钠透明法透明。

②水洗 5～6 次，彻底把碱洗掉，至呈中性为止。

③材料浸在蒸馏水中，加入 2～3 滴 1%结晶紫水溶液或 1%番红（用 50%酒精配制）染色 1 d（染色宜淡，时间不宜太长；时间太长，薄壁细胞也会染上色，便不能分别显示维管束）。

④用水洗去多余染料，至仅维管束呈紫色或红色为止。

⑤倒去水分，加入 10%甘油至满，打开瓶塞，盖以滤纸，放在通风处或温箱顶上蒸发至甘油浓度约为 50%。

⑥换新的 50%甘油，加入少许麝香草酚（百里酚）以免染菌。

⑦用蜡封瓶口。

1. 徒手切片法有哪些步骤？
2. 石蜡切片法切片可能出现哪些问题？如何解决？
3. 说明冰冻切片的主要仪器和用具。与石蜡切片法比较，冰冻切片法有哪些优点？
4. 简述半薄切片法的基本过程。
5. 非切片制片有哪些方法？请详细说明。

第四章

常用植物制片技术

第一节　整体制片法

整体制片法适用于封藏小型植物整体，或植物体的某一部分，如藻类、苔藓类、蕨类的原叶体或孢子囊，以及被子植物的表皮、花粉粒幼胚等。

整体制片法的操作简便，所需用的仪器、药品都比较简单，而且可以显示出植物或小型器官的全貌，因此在制片上应用得很普遍。

一、念珠藻装片

念珠藻属蓝藻门念珠藻科念珠藻属，细胞圆形如珠，单行连接成丝，细胞列中有异形胞。体外为胶质鞘包围，常组成木耳状或发丝状的胶质团块。多生于潮湿土表、草地或荒漠。

1. 取材、固定　春、夏季的雨后，在潮湿土表或草地常易寻到念珠藻的胶质团块。用清水将胶质团块外面的泥沙污物漂洗干净，固定于FAA固定液中24 h。

2. 粘片　将固定的藻体先移入50%酒精中，再入蒸馏水中漂洗，各经0.5 h。用尖头小镊子从藻体上撕离约绿豆大小的薄片材料，置于事先涂有甘油明胶粘片剂（将1 g明胶粉徐徐溶于35～40 ℃的100 mL蒸馏水中，待完全溶解后再加入2 g苯酚和15 mL甘油，搅拌使完全混合，然后过滤）或蛋白粘片剂（鸡蛋打孔，倒出蛋白，用玻棒充分搅拌成泡沫状，然后用粗滤纸或双层纱布约经一昼夜过滤出透明的蛋白液，按25 mL蛋白液加入25 mL甘油和0.5 g石炭酸振荡至完全混合）的载玻片中央，加水压薄吸去多余水分，放在展片台上展片后移入40 ℃左右的温箱中，使其干燥。

3. 染色　贴好材料的载玻片经4%铁矾水溶液媒染2 h，水洗2～4次，用0.5%苏木精染2 h，2%铁矾水溶液分色片刻，自来水洗2 h，中途换水多次，直至蓝化为止。

4. 脱水、透明、封藏　经30%→50%→60%→70%→80%→90%→95%→100%（2次）酒精脱水，每级10 min。1/2无水酒精+1/2二甲苯→二甲苯（2次）透明，每级5～10 min。当材料上二甲苯尚未挥发时，加一滴加拿大树胶或中性树胶于材料上，盖玻片要选大于材料块的面积，如漏出一部分不久将会褪色。用右手执镊子夹住盖玻片右侧，将盖玻片左侧边缘与树胶滴的侧边缘重叠，然后左手以食指抵住盖玻片的左边，右手将镊子逐渐下降，待盖玻片接触树胶后将镊子慢慢抽出，完成封藏。如胶量过少或盖片速度过快在盖玻片下材料的关键部位留有气泡影响观察，可将封藏后的载玻片置于酒精灯火焰上来回摆动2～3次，以除去气泡。

二、水绵装片

水绵属绿藻门水绵科水绵属，是最普通的淡水绿藻，分布极为广泛。

1. 取材　水绵通常生长于湖泊、水沟、池沼或稻田中，其营养时期标本全年均可采到，5—6月和秋末则较易采到接合生殖时期的标本。

2. 培养　采回的水绵，如果暂时不固定，也可在室内进行培养。培养的容器口面要宽敞，用池水或 Knop 液（蒸馏水 1 000 mL＋磷酸二氢钾 0.25 g＋硫酸镁 0.25 g＋硝酸钙 1.00 g＋硝酸钾 0.25 g＋磷酸铁微量）培养。置于窗口向光处，但不宜阳光直晒，可经常辅以较强灯光照射。逐渐减少培养缸中的水分，并在缸外用黑纸遮挡，往往能促使水绵进行接合生殖。

3. 固定 将水绵营养时期及接合时期的丝状体分别放于培养皿中。以清水漂洗数次后，固定于 Licent 固定液（1%铬酸 80 mL＋冰醋酸 5 mL＋福尔马林 15 mL）中 24 h。

4. 浸洗 以蒸馏水浸泡换洗多次，约经 12 h，每 3 h 换一次蒸馏水。接合生殖的材料，其接合管处常积有污物，不易除去，可用 5%氢氧化钠水溶液浸洗 3 h，再以流水（或换水）冲洗干净。

5. 染色 用 4%铁矾水溶液媒染 2 h，水洗 5 min，用 0.5%苏木精液染 2～4 h，然后用 2%铁矾水溶液分色至适度为止。分色之后，用自来水换洗多次。

6. 脱水 经 30%→50%→60%→70%→80%→90%→95%→100%（2 次）酒精脱水，每级 20 min。

7. 复染 用 0.2%固绿酒精（0.2 g 固绿溶于 100 mL 无水酒精中）复染约 10 min。

8. 透明 4/5 无水酒精＋1/5 叔丁醇→3/5 无水酒精＋2/5 叔丁醇→1/2 无水酒精＋1/2 叔丁醇→2/5 无水酒精＋3/5 叔丁醇→1/5 无水酒精＋4/5 叔丁醇→叔丁醇透明，每级 20～30 min。

9. 透胶、封藏 将加拿大树胶或中性树胶逐滴加入叔丁醇中，直至树胶浓度适度为止。在树胶内将水绵藻丝适当切短。然后，挑取少量藻丝于载玻片上，再加胶少许，并用针拨好藻丝的位置，避免相互重叠。经镜检，若材料符合要求即可盖上盖玻片。

三、葫芦藓整体装片

葫芦藓属苔藓植物门葫芦藓科葫芦藓属植物，生于阴湿含有机质或氮素丰富的地方，常现于森林火烧迹地及群落附近。植株体绿色丛生，成片分布，犹如地毯。

1. 取材与固定 用小铲选取配子体上带有孢子体的植株，用流水冲洗 1 d，去净假根间夹杂的泥沙。浸入 FAA 固定液内固定 24 h，换 70%酒精保存备用。

2. 脱水 将材料夹在两载玻片之间，使叶片自然伸展，摆平后轻轻加压，再用细线扎牢。经 70%→80%→90%→95%酒精脱水，每级 2 h。

3. 染色 用 0.3%固绿乙醇染色液（95%酒精配制）染色 1 h。

4. 脱水、透明 经 95%酒精和无水酒精（2 次）脱水。再经 4/5 无水酒精＋1/5 二甲苯→3/5 无水酒精＋2/5 二甲苯→2/5 无水酒精＋3/5 二甲苯→1/5 无水酒精＋4/5 二甲苯→二甲苯（2 次）透明，每级 2 h。

5. 封藏 将材料放入稀加拿大树胶或中性树胶中透胶 1 d，然后放置在载玻片中央，滴一滴浓树胶，加盖盖玻片封藏。

四、葫芦藓原丝体装片

葫芦藓植物的原丝体在路旁、墙脚、园圃、山坡及林地的湿润土壤表面经常可以看到，但其幼芽只在早春时才易找到。

要获得原丝体的材料也可以用葫芦藓植物的孢子来培养。成熟后的孢子生活期可以长达几年，但以当年的萌发最好。

培养液的配方：硫酸钾 0.5 g，硫酸镁 0.5 g，硫酸钙 0.5 g，硝酸铵 1.0 g，磷酸铵 0.5 g，硫酸亚铁 0.01 g，10%氢氧化钾水溶液几滴，蒸馏水 1 000 mL。

培养液放入高压灭菌锅中，在 121 ℃下消毒 30～60 min。然后将培养液倾入已消毒的垫有吸水纸的培养皿内，以完全润湿为宜。

将成熟的孢蒴表面用灭菌水冲洗干净，切开蒴壁，把其中的孢子均匀地撒布在培养液上，置于光亮处，在 20 ℃左右的室温下培养几小时至数天，孢子即萌发出原丝体，生长迅速但不生芽体。

要使原丝体长出芽体，须取其生态环境所要求的土壤，装入耐热透气的塑料袋中，放入微波炉内用高火加热 10 min，然后从微波炉中取出，双手抓住袋子反复晃动，使袋中的土壤充分翻动后，再放入微波炉内用高火加热 5 min。消毒后的土壤冷却 3 h 后放入木炭垫底的培养缸中。土壤与木炭各厚 3 cm 左右。沿缸壁浇灌一定量的清水，以保持土表湿润。然后将培养出的原丝体用滴管移放在缸内的土面上，置室内向光处使其生长，可培养出芽体。

1. 取材 刮取原丝体放入小皿内，滴进清水少许后微微振荡，使其附着的泥沙及杂质散落下来。换清水数次，至清理干净为止。

2. 固定 用 FAA 固定液或 FPA 固定液固定。

3. 染色 Ehrlich 苏木精（先将苏木精 2 g 溶于 100 mL 无水酒精中，再加冰醋酸 10 mL，混合后加蒸馏水 100 mL 和甘油 100 mL，然后加 10 g 左右硫酸铝钾至饱和，搅拌均匀，倒入瓶中。将瓶口用 1 层纱布包着的棉花塞塞上，放在暗处通风的地方，并经常摇动促进成熟，成熟时间为 2～4 周，直到液体颜色变为深红色为止。若加 0.4 g 碘酸钠可加快成熟）与固绿双重染色。

4. 脱水 经 30%→50%→60%→70%→80%→90%→95%→100%（2 次）酒精脱水，每级 20 min。

5. 透明 经 2/3 无水乙醇+1/3 冬青油→1/3 无水乙醇+2/3 冬青油→冬青油（2 次）→2/3 冬青油+1/3 二甲苯→1/3 冬青油+2/3 二甲苯→二甲苯（2 次）透明，每级 20 min。

6. 封藏 用加拿大树胶或中性树胶封藏。

五、蕨孢子囊装片

蕨孢子囊取材，需在孢子囊成熟、颜色已由灰褐色转为淡棕褐色时，选取孢子囊群最佳的孢子叶，切成 3 cm 长的小段，浸入 FAA 固定液或 FPA 固定液内固定 1 d。再用水洗净固定液，经番红固绿双重染色、酒精脱水、二甲苯透明。然后用实体显微镜观察，以解剖针或刀尖剔下完整的孢子囊，移置于载玻片中央，滴以树胶，加盖盖玻片封藏。

装片结果：孢子囊结构完整、清晰。环带棕褐色，孢子紫红色或黄褐色，其余部分蓝绿色。

六、蕨原叶体装片

蕨类植物的原叶体于春末在原野或园圃阴湿的石壁及土表偶尔可见，也可人工培养，许多真蕨的孢子成熟后采收，秋季或初春适时播种，一般培养 3～6 周可获得原叶体。

1. 简便的人工培养 在小花盆的底孔上垫瓦片 1 块，盆内盛菜园土或山地土。将花盆置于稍大的玻璃缸中，缸内装入清水，保持水深 3 cm 左右，让水从花盆底孔进入以润湿土壤。然后在缸口边缘铺一圈棉絮，盖上玻璃，但需使缸内与外界通气且保持一定的湿度。经 103.43 kPa 高压蒸汽消毒 1 h，冷却，至次日将孢子稀播在盆内的土壤表面，仍将玻璃盖好。然后放在阳台或窗边的散射光下，使盆内受光均匀。适时加水于缸内，以利原叶体的生长发育。

培养器具不消毒也可培养原叶体。但消毒后能避免有害生物污染，培养效果较好。

2. 整体制片法制片

（1）取材与固定。将原叶体以清水浸洗，去净泥沙，用 FAA 固定液固定。

（2）脱水。经 70%→80%→90%→95%酒精脱水，每级约 1.5 h。

（3）染色。用 0.3%固绿酒精染色液（95%酒精配制）单染染色 1 h。

（4）脱水、透明。经 95%酒精和无水酒精（2 次）脱水。再经 4/5 无水酒精+1/5 二甲苯→3/5

无水酒精+2/5二甲苯→2/5无水酒精+3/5二甲苯→1/5无水酒精+4/5二甲苯→二甲苯（2次）透明。每级2 h。

（5）封藏。将材料放入稀加拿大树胶或中性树胶中透胶1 d。然后移置在载玻片中央，滴一滴浓树胶，加盖盖玻片封藏。

七、禾本科植物叶表皮装片

1. 取材 选取新鲜、无病虫害的禾本科植物叶一片，洗净，微带水置于载玻片上用单面刀片刮去不要的上或下表皮和叶肉，至透明。

取黄豆大小的透明表皮放置在载玻片中央，滴一滴碘液或醋酸洋红，染5～10 min，盖上盖玻片。

如需制作永久封片，先将切下的透明表皮用镊子尖夹挑于小培养皿或40 mm×25 mm有盖的小称量瓶中。

2. 脱水、透明 经10%→30%→50%→60%→70%→80%→90%→95%→100%（2次）酒精脱水。再经2/3 100%酒精+1/3二甲苯→1/2 100%酒精+1/2二甲苯→1/3 100%酒精+2/3二甲苯→二甲苯透明。每级5～10 min。

3. 染色 经100%酒精→95%酒精→1%番红酒精溶液（95%酒精配制）染色。

4. 透明 经1/2 100%酒精+1/2二甲苯→二甲苯（2次）透明。

5. 封藏 将材料移至载玻片中央，展平，滴加拿大树胶或中性树胶，加盖盖玻片封藏。

八、蚕豆叶下表皮装片

蚕豆叶的下表皮，取材时易自叶肉下方剥离。表皮细胞之间的气孔器明显，是双子叶植物示气孔的典型材料。

1. 取材与固定 春末夏初，蚕豆开花期的晴天上午9—12时或雨后突然转晴时，气孔开放较大，这是取材的最佳时刻。取材时携带清洁水一盆、载玻片一个、毛笔两支、培养皿一套、显微镜一台、100%酒精及卡诺固定液各一瓶，到蚕豆植株生长旺盛的农田，选取无病虫害、充分伸展的健康叶片，放入清水中漂洗干净，再将叶片背面向下平放在载玻片上，左手托住载玻片，用大拇指压紧叶尖；右手捏住叶片前端，向后将叶肉组织撕下，使下表皮仍平贴于载玻片上。用毛笔刷净下表皮上残留的叶肉细胞，放在显微镜下检查。若气孔完全开放，则不要移动它在载玻片上的位置，以另一支毛笔蘸100%酒精于材料上，使下表皮紧贴在载玻片上固定1～2 min。然后移入卡诺固定液中固定20 min，再换入100%酒精中保存备用。

2. 复水 经100%酒精→95%酒精→90%酒精→80%酒精→70%酒精→50%酒精→30%酒精→蒸馏水复水，每级15 min。

3. 染色 经Ehrlich苏木精染色液染24 h。

4. 分色 用0.5%盐酸酒精分色，时间约10 s。在自来水中蓝化6～12 h，中途多次换水，去净盐酸，并使材料呈现鲜蓝色。

5. 脱水 经10%→30%→50%→60%→70%→80%→90%→95%→100%酒精脱水。一定要慢慢逐级增加酒精浓度，这一点很重要，否则会引起气孔器收缩，使气孔变小或关闭。

6. 复染 用固绿染色液复染30 s左右。然后经100%酒精迅速漂洗一次，约1 min。

7. 透明 经2/3 100%酒精+1/3冬青油→1/3 100%酒精+2/3冬青油→冬青油（2次）透明，每级浸10 min左右（第二缸冬青油内可停留数小时以上）。

材料从100%酒精内取出浸入叔丁醇时，需逐渐增加透明剂的浓度，否则气孔周围的保卫细胞也会发生收缩，而使气孔变小或完全关闭。

8. 透胶 将已透明的材料用厚纸片托起来，并把材料连同纸片剪成小方块，再把小方块的材料挑出浸入二甲苯中。换一次二甲苯，然后逐渐将树胶滴入二甲苯中，使树胶逐渐透入材料。每隔 4 h 增满树胶一次，可透 2～3 d。当树胶透到近于封藏用的树胶浓度时，便可进行封藏。透胶这一步骤非常重要，如不经透胶便直接封藏，由于树胶透不进保卫细胞会引起细胞收缩并使其在显微镜下呈黑色。

9. 封藏 将透过胶的小方块材料用小镊子移至载玻片上，经镜检合格，即滴上树胶并盖盖玻片。

九、洋葱鳞片叶表皮装片

1. 取材 选取新鲜、无病虫害的洋葱鳞茎，用刀切成两半，自外向内逐层剥下鳞片叶。然后用小镊子撕下鳞片叶的内表皮放在清洁的载玻片上，将靠叶肉的面朝上展平，使内表皮紧贴载玻片，放在盛有清水的培养皿内用毛笔蘸水洗净附着的叶肉细胞。

2. 固定 用纳瓦申固定液固定 6～12 h。

3. 浸洗 在蒸馏水中浸洗 6 h 以上，每隔 0.5 h 换一次水。

4. 染色 用 Ehrlich 苏木精染色液染色 24 h。

5. 分色 用 0.5%盐酸酒精分色，时间约 30 s。再经自来水蓝化 6～12 h，直至材料带鲜蓝色为止。

6. 脱水 经 30%→50%→70%→80%→90%→95%→100%酒精脱水，每级 10 min。

7. 透明 经 1/2 100%酒精+1/2 二甲苯→二甲苯（2 次）透明。

8. 修剪 用表面光滑、清洁的纸片把材料从二甲苯中托出，迅速用剪刀将材料连同纸片剪成小方块，放入滴有稀加拿大树胶或中性树胶的二甲苯内。

9. 封藏 将材料移至载玻片中央，滴一滴浓树胶，加盖盖玻片封藏。

十、马尾松花粉粒装片

马尾松在秋季小孢子叶球成熟，小孢子叶背面有呈黄色的花粉囊。当花粉囊壁破裂，其中的花粉粒即随风飘散。

1. 取材 当小孢子叶球成熟、花粉囊呈黄色，但花粉囊壁尚未破裂时取下小孢子叶球，放入 FPA 固定液中固定 24 h。

2. 浸洗 浸入 70%酒精→50%酒精→30%酒精→蒸馏水浸洗，每级 2 h 左右。

3. 染色 用镊子取下带花粉囊的小孢子叶，浸入 Ehrlich 苏木精染色液内 24 h。

4. 分色 蒸馏水浸洗 2 h，再用 0.5%盐酸酒精分色，再用蒸馏水浸洗 6 h，换水数次，至水中无染液逸出后移入自来水中蓝化 2～12 h。

5. 复染 用苯胺番红液（番红 5 g 完全溶于 50 mL 95%酒精中，然后加蒸馏水 450 mL 和苯胺 20 mL，混合后充分摇动均匀，过滤后使用）复染 1 d。经各级酒精脱水至无水酒精，每级 1 h。再经 0.3%固绿酒精染色液（固绿 0.3 g+无水酒精 100 mL）复染 30 min。用 0.1%固绿酒精（固绿 0.1 g+无水酒精 100 mL）、0.1%固绿等量无水酒精二甲苯溶液分色（固绿 0.1 g+无水酒精 100 mL+二甲苯 100 mL）分色，各 30 min。

6. 透明 经 3 次二甲苯透明，每次 30 min，以除净花粉粒中的无水酒精。若花粉粒中有酒精残存，不但透明不佳，而且时间过久会引起褪色。

7. 封藏 将小孢子叶放在盛有二甲苯的小培养皿内，用解剖针撕裂花粉囊壁，漂洗出花粉粒。再用滴管将花粉粒吸入加拿大树胶或中性树胶中混合均匀。然后以细玻棒蘸含花粉粒的树胶一滴置于载玻片中央，加盖盖玻片封藏。

十一、百合花粉粒萌发装片

1. 取材 7月，百合花盛开时，当花药裂开后，将清洁的纸放在花下轻轻振动花朵，使花粉粒散落纸上，收集花粉粒进行培养。培养花粉粒时，将花粉粒均匀撒布在20%乳糖水溶液（乳糖20 g+蒸馏水100 mL）液面上，不能使其下沉。置于室温下培养4～6 h即可萌发长出花粉管。

2. 固定 将冷多夫改良纳瓦申固定液倾入花粉粒培养液（或琼脂培养基）内，其用量是花粉粒培养液的两倍，固定12 h。

3. 浸洗 用蒸馏水浸洗数次，洗净固定液后，再经30%→50%酒精脱水，每级1 h。

4. 染色 用Ehrlich苏木精染色4 h以上。若不上色，可先用2%丙酸酒精溶液（50%酒精配制）浸1～2 h。

5. 分色 用蒸馏水浸洗数次，每次10 min左右。再用0.5%盐酸水分色，时间约10 s。用蒸馏水浸洗后经自来水蓝化4～6 h，使细胞核呈深蓝色，花粉管呈浅蓝色。

6. 脱水 经30%→50%→70%→80%→90%→95%酒精脱水，每级20 min。

7. 复染 用0.25%曙红酒精溶液（95%酒精配制）染色2 h。

8. 脱水 经2次无水酒精继续脱水，每次浸10 min。

9. 透明 经2/3无水酒精+1/3冬青油→1/3无水酒精+2/3冬青油→冬青油（2次）透明，每级20 min。为避免褪色，可在无水酒精溶液中加几滴0.1%曙红酒精溶液，再经2/3冬青油+1/3二甲苯→1/3冬青油+2/3二甲苯→二甲苯（2次）透明，每级20 min。

10. 封藏 用滴管将材料吸入加拿大树胶或中性树胶中，混合均匀。滴一滴含材料的树胶于载玻片中央，加盖盖玻片封藏。

第二节 石蜡切片法

石蜡切片法是生物制片中最常用的一种方法，操作比较容易，能够切成较薄（2～10 μm）的连续切片。

一、项圈藻制片

满江红项圈藻可作为项圈藻属植物的代表，其藻丝与念珠藻很相似，但藻体没有胶质鞘包被。满江红项圈藻生于水生蕨类植物满江红叶片的共生腔中，制片材料较易获得。

1. 取材、固定 从生有满江红的池塘或稻田的水面采集生长旺盛的满江红个体装入盆内，换清水多次，洗净泥沙污物。再用小镊子从满江红植物体上选取着生叶片的若干分枝用FAA进行固定，固定24 h。固定时应进行抽气，使满江红叶片腔隙中的气体逸出而沉入固定液内。

2. 脱水 经50%→70%→80%→90%→95%→100%（2次）酒精脱水，每级2 h。在90%、95%酒精中加入少量番红染色液，使材料着色，以便包埋和切片时掌握材料的放置方向。

3. 透明、浸蜡、石蜡包埋 按石蜡切片法常规进行。

4. 切片 由于满江红项圈藻存在于满江红漂浮叶裂片内侧的共生腔中，因此，切片时要特别注意方位。一般宜沿满江红分枝长轴的方向作纵切，这样可以比较完整地看到满江红叶片的结构及共生腔中的满江红项圈藻。切片厚度为10～12 μm。

5. 粘片、烤片、脱蜡 按石蜡切片法常规进行。

6. 染色 用Ehrlich苏木精染色液染色24 h，经分色、蓝化、脱水，再以固绿酒精复染30 s左右，用无水酒精速洗一次。

7. 透明、封藏　用二甲苯透明，然后用树胶封藏。

二、地衣原植体横切制片

地衣是藻类和菌类共生的复合原植体植物。依其外形和生长状态可分为壳状地衣、叶状地衣、枝状地衣三大类。地衣分布极广，常附生于树皮、岩石或土面上。

1. 取材、固定　枝状地衣取材较易，用刀片将原植体切为4 mm长的小段，即可固定。而对于叶状地衣，则需用小刀从树干表面采下，小心地剔除原植体上附着的树皮组织后才能固定。幼嫩的地衣材料，用FPA固定液固定。如果材料干、老，先浸于5%福尔马林与甘油各半的溶液中24 h以上，使其软化，然后再用FAA固定液固定24 h。

2. 脱水、透明　步骤宜细而渐进，经30%→50%→60%→70%→80%→95%→100%酒精脱水，每级2 h；再经1/4氯仿+3/4 100%酒精→1/2氯仿+1/2 100%酒精→3/4氯仿+1/4 100%酒精→纯氯仿透明，每级经24 h。

3. 浸蜡、石蜡包埋　按石蜡切片法常规进行。

4. 切片　通过地衣原植体作横切面，以显示藻类和菌类共生的分层现象。一般切10 μm厚。切片时，如果材料过硬则易碎，可将蜡块材料的切面浸入甘油酒精中1 d以上再切片。

5. 粘片、烤片、脱蜡　按石蜡切片法常规进行。

6. 染色　用番红和固绿染色液进行双重染色。

7. 脱水、透明、封藏　按石蜡切片法常规进行。

三、蕨地下茎横切制片

蕨广布于我国各省份，世界热带及温带其他地区也有，生长在荒山草坡或林缘灌丛中。蕨的地下茎具有多环网状中柱，木质部为中始式，是观察中柱类型常用的最佳实验材料之一。

1. 取材与固定　挖取二三年生的蕨根状茎，用清水冲洗，去净泥沙，切成3 mm长的小段，在FAA固定液中固定2 d。

2. 软化　自FAA固定液中取出，用50%酒精、蒸馏水各浸洗2次，每次3～4 h。移入盛有15%氢氟酸水溶液的塑料瓶内，浸泡7 d。

3. 浸洗　将材料放入自来水中浸洗1 d。换蒸馏水洗两次，每次1～2 h。然后在50%～70%酒精中保存。

4. 脱水、透明、石蜡包埋　按石蜡切片法常规进行。

5. 切片　用滑走切片机切片。切横切面，厚12 μm左右，一般都很容易获得成功。

6. 染色　用番红固绿双重染色。

7. 脱水、透明、封藏　按石蜡切片法常规进行。

四、蚕豆石蜡切片示线粒体

线粒体普遍存在于生活的细胞质中，是直径0.2～1 μm、长1～2 μm的线状、杆状或颗粒状的无色小体。线粒体的永久玻片标本的制片法很多，而以Regaud染色法效果为好，步骤如下：

1. 取材　植物体生命活动旺盛的部位，细胞质中的线粒体特别丰富。将蚕豆种子播撒在装有湿润锯木屑的白瓷盆中，置温暖处（18～25 ℃），保持湿润5～7 d后，初萌发的幼根细胞内的线粒体很多，且不含质体和晶体，是制作实验用标本的好材料。取材时，选择粗壮平直的幼根，用锋利的刀片自根毛区切下长6～8 mm的根尖放入固定液中。

2. 固定 含酒精和酸类的固定液会溶毁线粒体，不能采用。适用的固定液为重铬酸钾福尔马林液，临用时配制。

重铬酸钾福尔马林液配方：3%重铬酸钾水溶液 80 mL、福尔马林（中性）20 mL。

材料浸入固定液内 4 d，每天更换新液 1～2 次。移入 3%重铬酸钾水溶液内 1 周，每日更换新液 1 次，以去净福尔马林并兼有媒染作用。

3. 浸洗 用蒸馏水浸洗 24 h，去净浮色。

4. 脱水、透明、石蜡包埋、切片（厚 5 μm 左右）、**粘片、烤片、脱蜡、复水** 按石蜡切片法常规进行。

5. 媒染 用 4%铁矾水溶液媒染 48 h。

6. 染色 用 0.5%苏木精染色液（0.5 g 苏木精溶于 10 mL 95%酒精中，瓶口用双层纱布包扎使其充分氧化后，加入 100 mL 蒸馏水，塞紧瓶盖置冰箱中保存）浸染 48 h。

7. 分色 在蒸馏水中浸洗片刻，移入 2%铁矾水溶液中 15 min 左右。置显微镜下观察，细胞核及线粒体的颜色褪至棕黄色，细胞质近乎无色。再多换几次自来水浸洗 12 h 以上，直至细胞核及线粒体均转为蓝黑色或灰黑色。

8. 脱水、透明、封藏 按石蜡切片法常规进行。

五、桑石蜡切片示皮孔

1. 取材与固定 选取桑树二年生的枝条，在皮孔明显的部位，用刀片在皮孔上下方各切一刀，深达木质部，再沿形成层区剥下带皮孔的树皮。将其切成 3～5 mm 长的小段，放入 FAA 固定液内固定 1 d。

2. 软化 用蒸馏水浸洗 2～4 h，中途换 2 次水，然后放入 15%氢氟酸稀释液中浸 10～14 d（因氢氟酸能腐蚀玻璃，因此需用塑料或瓷容器盛装，同时在通风橱中操作，操作人员戴上医用手套，若沾上氢氟酸则要用水冲洗或浸入小苏打溶液中，中和洗去）。

3. 浸洗、染色等 用自来水浸洗 24 h，然后用蒸馏水换洗两次。用苯胺番红染色液整块染色 2 d，最后按石蜡切片法常规进行脱水、透明、浸蜡、包埋。

4. 切片 横切，厚 14 μm。

5. 粘片、烤片、脱蜡、复水、复染、脱水、透明、封藏 按石蜡切片法常规进行。

六、洋葱根尖纵切制片

1. 取材 将洋葱鳞茎置于盛满清水、外面包裹黑塑料袋的广口瓶上，使洋葱鳞茎底部浸入水中，置温暖处（18～25 ℃），并注意每天换水，3～8 d 后，即可长出嫩根，根长 1～3 cm 时可用。

一般在上午 9—12 时、下午 2—5 时，取生长健壮的根尖端 3 mm 左右。

2. 固定 浸入铬酸-醋酸固定液中固定 1 d。固定后，将材料放入自来水内浸洗 24 h，中途换水 6～7 次，去净铬酸。若未洗净铬酸，在酒精中将被还原为绿色的氧化铬，并发生沉淀，以至造成染色困难。然后用蒸馏水洗两次，再经 30%、50%酒精各浸 2 h。

3. 染色 将 Ehrlich 苏木精染色液用 50%酒精稀释一倍。材料放入稀释后的染色液内染色 3 d。染色后，用蒸馏水浸洗 6 h，中途换水 4～5 次，直至水中无颜色褪出时为止。

4. 蓝化 移入自来水中，蓝化 24 h。

5. 镜检 取一根尖置于载玻片中央，加一滴甘油，盖上盖玻片，用压片法制成临时装片，置显微镜下观察，见中部组织的细胞核呈鲜艳蓝色，细胞质呈淡蓝色即可。

6. 脱水 经 30%→50%→70%→80%→90%→95%→100%酒精脱水，每级酒精中浸 2 h。

7. 透明 1/4 氯仿+3/4 100%酒精→2/4 氯仿+2/4 100%酒精→3/4 氯仿+1/4 100%酒精→纯氯仿（2 次）透明，每级 2 h。

8. 浸蜡与包埋 用刀片把石蜡切成小碎末，慢慢加入盛有材料的纯氯仿瓶中，等碎石蜡溶完后再加少许，直至饱和。

材料放在室温下加盖浸蜡 6～12 h，再移入 35 ℃的温箱内，揭盖并继续添加碎石蜡，使材料在 35 ℃的石蜡氯仿饱和溶液内浸蜡 1 d。然后经 1/2 石蜡+1/2 二甲苯→3/4 石蜡+1/4 二甲苯→纯石蜡（2 次）各浸 1 h，最后用石蜡包埋。

9. 切片 纵切，厚 8～10 μm。

10. 粘片、烤片、脱蜡、封藏 按石蜡切片法常规进行。

材料若在包埋前已染色，切片在烤干后只要通过二甲苯（2 次），石蜡完全溶解并切片透明即可进行封藏。

七、毛茛根初生构造横切制片

根的初生构造起源于根尖的原始分生组织。至伸长区时，细胞已逐渐停止分裂并纵向伸长，根毛区的细胞停止伸长并逐渐分化成熟。因此，根的初生构造通常以根毛区的横切面来阐明。

一般双子叶植物的初生构造基本相同，可用毛茛或扬子毛茛根的根毛区横切面为代表。其制片方法如下：

1. 取材 春季取毛茛或扬子毛茛根尖端约 3 cm 左右。选取初生构造的典型部位，洗净表面杂质后用刀片切成 3～5 mm 的小段，放入固定液内固定。

2. 固定 用铬酸-醋酸固定液固定 12～24 h。

3. 浸洗 用自来水浸洗 24 h。每隔 2～4 h 换水一次，直至组织中不含铬酸为止。然后用蒸馏水换洗 2 次。

4. 脱水 经 30%→50%→70%→80%→90%→95%→100%（2 次）酒精脱水，每级 2～4 h。可在 70%～80%酒精内过夜。

5. 透明 经 1/4 氯仿+3/4 100%酒精→2/4 氯仿+2/4 100%酒精→3/4 氯仿+1/4 100%酒精→纯氯仿（2 次）透明，每级 2～3 h。

6. 浸蜡、包埋 逐步加碎石蜡于盛有材料的氯仿中，使材料在室温下浸蜡 6 h，然后移入 37 ℃的温箱中，在石蜡氯仿的饱和液内继续浸蜡 1～2 d。

7. 切片、粘片、烤片、脱蜡、复水、染色、脱水、透明、封藏 按石蜡切片法常规进行。横切，厚 8～10 μm，用番红固绿双重染色。

八、南瓜茎横切、纵切制片

1. 取材与固定 在南瓜生长季节，取茎顶部第三片展开叶以下的节间。做横切的，切割成 4～6 mm 长的小段；做纵切的，切割成 6～8 mm 长的小段。放入 FAA 固定液中固定 48 h。

2. 软化处理 材料固定后，用 70%酒精冲洗，再经 50%酒精→30%酒精→蒸馏水进行复水，每级 1～2 h。然后放入 20%氢氟酸水溶液内浸泡 1 周，使材料软化。氢氟酸对玻璃有腐蚀作用，软化处理需在塑料瓶内进行。

3. 冲洗与整染 材料软化处理后，用流水冲洗 48 h，再用蒸馏水浸洗 2 次，每次 2 h，将软化剂洗净，然后放入苯胺番红溶液中染色 48 h。

4. 脱水与透明 南瓜茎整染后经 20%→30%→50%→70%酒精脱水，每级 1～2 h（可在 70%酒精中过夜）。把要选行纵切的材料从纵轴正中一劈两半，刀刃要锋利，切面要平直、光滑。然后继续经 85%→95%→100%（2 次）酒精脱水，每级 1 h。脱水后将材料放入二甲苯（2 次）中进行透明，每级 1～2 h。

5. 浸蜡与包埋 材料透明后，放入恒温箱中进行两级石蜡浸透，每级 1～2 h。包埋时横切的茎段竖着放，纵切的茎段劈开的面朝下横着放。

6. 切片、粘片与烤片 横切片厚度 10～15 μm，纵切片厚度 15～20 μm。粘片和烤片按石蜡切片法常规进行。

7. 复染周缘与封藏 按石蜡切片法常规进行。

九、向日葵茎横切制片

向日葵茎的基本组织发达，具有双子叶草本植物茎的典型构造，是一种常用的植物学实验材料。

1. 取材 选茎内组织充分成熟、横切面不过于粗大的向日葵茎为好。因此，可将向日葵种子播在盛有土壤的花盆里，少施肥料。当茎高达 35 cm 时，取其中部切成 3～5 mm 长的小段。

2. 固定 用 FAA 固定液固定 24 h。然后用 70%酒精浸洗 4 h，再换一次 70%酒精保存。

3. 染色 各块染色材料经 50%酒精→30%酒精→蒸馏水浸洗，各浸 2 h。然后移入苯胺番红染色液中浸染 48 h。

4. 脱水、透明、浸蜡、包埋 方法与南瓜茎横、纵切制片的操作方法相同。

5. 切片 横切，厚 10～14 μm。

6. 粘片、烤片、脱蜡、复染固绿、透明、封藏 按石蜡切片法常规进行。

结果：木质化细胞壁呈红色，其余部分为绿色。

十、木槿根（茎）的次生构造横切制片

木槿根（茎）和其他双子叶植物的根（茎）一样，在完成初生生长之后，由于形成层和木栓形成层的活动，就会产生次生维管组织和周皮，形成次生构造。木槿为常见的绿篱或观赏花卉，根（茎）的次生构造非常明显，是容易获得的常用制片材料。

1. 取材与固定 挖取木槿距根（茎）尖 4 cm 左右、直径 3 mm 左右的根（茎），用流水洗去表面的泥沙，切成长 3～5 mm 的小段，放入 FAA 固定液中固定 24 h。材料的细胞间隙和导管中常含有空气，有碍制片过程中试剂和石蜡的透入。此时应使用注射器进行抽气，直至材料沉底止。

2. 脱水 经 70%→80%→90%→95%→100%（2 次）酒精脱水，每级 2～3 h。

3. 透明、浸蜡、包埋、切片、粘片、烤片、脱蜡、复水、染色、脱水、透明、封藏 与向日葵茎横切制片的操作方法相同。

十一、水稻茎横切制片

水稻茎成熟后，表皮有较多的栓质和硅质，表皮内方的机械组织发达，使茎的外围坚韧，切片时容易发生破损或裂隙。因此，取材部位的组织既要充分成熟，但又不宜过老，这样才有利于制片。

1. 取材与固定 在水稻扬花期，选择茎基部露出水面的节间部分，剥去外围的叶鞘，用锋利的刀片切去基部幼嫩部分，取节间中段切成 3 mm 长的小段，浸入 FAA 固定液内固定 1 d。

2. 浸洗、抽气 经 50%酒精→30%酒精→蒸馏水浸洗，每级浸 2 h。之后用抽气装置抽气 2 h 左右，直至水中的材料无气泡逸出为止。

3. 软化 浸入 10%氢氟酸稀释液内 15 d。

4. 浸洗 用自来水浸洗 24 h，多换几次水，最后用蒸馏水换洗两次。

5. 整块染色 整块浸入1%苯胺番红液内染色1～2 d。

6. 脱水、透明、浸蜡、包埋 按石蜡切片法常规进行。

7. 切片 横切，厚12～14 μm。

8. 粘片、烤片、脱蜡、复水、固绿复染、脱水、透明、封藏 按石蜡切片法常规进行。

十二、蕨孢子叶横切制片

蕨类植物孢子繁殖阶段，植物体上都生有孢子叶，孢子囊通常在孢子叶上聚生成孢子囊群。贯众属的孢子叶是制作显示孢子囊切片的最佳材料。风尾蕨属、蕨属等的孢子叶也是制作显示孢子囊切片的好材料。

1. 取材与固定 蕨的孢子囊开始成熟呈淡棕色时，选取孢子叶上有孢子囊群聚生较多的部位，用锋利的刀片将它切成5 mm长的小段，在FAA固定液中固定1 d以上。

2. 浸洗、软化 用70%酒精浸洗数次，每次1 h。经各级浓度酒精逐步复水至蒸馏水。然后用10%氢氟酸水溶液浸泡4～6 d，使材料软化。再用自来水浸洗2 d，换水数次，最后换蒸馏水浸洗2次。

3. 整块染色 用1%苯胺番红液染色2～3 d。

4. 脱水 经50%→70%→80%→90%→95%→100%酒精脱水，每级2 h。

5. 透明 经四级氯仿透明，每级2 h。

6. 浸蜡、包埋 按石蜡切片法常规进行。

7. 切片 横切，厚8～12 μm。

8. 粘片、烤片、脱蜡、复水 按石蜡切片法常规进行。

9. 固绿复染、脱水、透明、封藏 按石蜡切片法常规进行。如果切片的红色较淡，复染固绿前可经苯胺番红染色液加染5 min。

十三、松针叶横切制片

松针叶的角质层较厚，表皮及下皮层的细胞壁均木质化，质地坚韧；其内部的叶肉细胞壁薄，质地较软。制片时，材料经脱水后组织硬而脆，切片容易碎裂。若采用下述方法，则可获得良好的效果。

1. 取材与固定 当年的新叶最适于制片，可按下列步骤进行。夏季，在针叶刚成熟时，选取叶片中部以扩大镜检查，将符合要求者切成3 mm长的小段，浸入FAA固定液内固定一周。移入70%酒精内浸洗数天，每天换一次酒精，以溶去叶片内的叶绿素和树脂。

2. 整块染色 用苯胺番红染色液（70%酒精配）浸染2 d。

3. 脱水 经70%→80%→90%→95%→100%（2次）酒精脱水，每级2 h。

4. 透明 经四级氯仿透明，每级3 h。

5. 浸蜡、包埋 透明后的材料换氯仿1次，置室温下加入碎蜡，直至饱和，经6 h左右。然后按常规进行浸蜡和石蜡包埋。

6. 切片 横切，厚12 μm。

7. 粘片、烤片、脱蜡、复水、固绿复染、脱水、透明、封藏 按石蜡切片法常规进行。

十四、白车轴草叶片横切制片

1. 取材和固定 白车轴草常称为三叶草，一年四季都可以取得叶片。取材时，选择色泽鲜绿、无病虫害、完全长大的成熟叶片，用刀片在中脉两边各 4 mm 处切开，再沿中脉纵轴方向切成长 4 mm 的小段，在 FAA 固定液中固定 1 d 以上。

2. 脱水 经 70%→80%→90%→95%→100%（2 次）酒精脱水，每级 2 h。

3. 透明、浸蜡、包埋、切片、粘片、烤片、脱蜡、复水、染色、脱水、透明、封藏 横切，厚 8～12 μm，其余与毛茛根初生构造横切制片的操作方法相同。

十五、地钱生殖托纵切制片

地钱为雌雄异株，人们肉眼所见的植物体是它的配子体。春季地钱进行有性生殖，配子体上产生生殖托：雄配子体产生精器托，雌配子体产生颈卵器托，均呈伞状，由托盘与托柄两部分组成。精器托的托盘初期近圆形，边缘波状浅裂；成熟期体积增大，边缘的裂片向外平展，转为深裂。托盘上表面有许多小孔，每个孔腔内有一精子器。成熟后精子器壁开裂，精子全部逸出。

颈卵器托的托盘初期为圆形帽状，以后边缘逐渐形成指状深裂。在指状裂片之间产生一列顶端朝下的颈卵器，每列颈卵器的两侧各有一片薄膜状的蒴苞。每个颈卵器外又有一鞘状假被围绕。卵细胞受精后，合子在颈卵器内发育成胚，并进一步长成孢子体。孢子体由孢蒴、蒴柄和基足三部分组成，外观呈圆形颗粒状，用体视显微镜可观察清楚。

1. 取材与固定 在自然环境保护较好的水库、湖泊、溪流潮湿处，自地钱生殖托顶部以下 3～5 mm 处切取连有托柄的托盘。再沿托柄切去相对两边的托盘边缘，使生殖托的切面成 T 形。切去托盘边缘部分时，应仔细观察，注意保留精子器、颈卵器或孢子体着生的最佳部位。用 FPA 固定液固定 24 h。

2. 脱水 经 70%→80%→90%→95%→100%（2 次）酒精脱水，每级 2 h。

3. 透明 经四级氯仿透明，每级 2 h。

4. 浸蜡、包埋 按石蜡切片法常规进行。

5. 切片、粘片、烤片、脱蜡、染色、脱水、透明、封藏 按石蜡制片法常规进行。纵切，精子器托切 5～6 μm 厚，幼颈卵器托切 5 μm 左右厚，老颈卵器托切 10～15 μm 厚。用番红固绿双重染色，制成永久玻片标本。

十六、葫芦藓精子器和颈卵器纵切制片

1. 取材与固定 夏秋季节，在自然环境保护较好的水库、湖泊、河流潮湿空旷处，取葫芦藓用体视显微镜观察，雄枝顶端叶较大，聚生成花朵状，中央着生多数精子器。精子器之间杂生隔丝，外围覆以苞叶。雌枝顶端叶较小，聚生成渐尖的圆锥状，中央着生多数颈卵器，颈卵器之间也生有隔丝，外围覆以苞叶。选用精子器或颈卵器已增大成熟，苞叶丛中央鲜灰绿色的枝顶部分最为适合。颜色深绿者过幼，绿褐者太老，均不适用。材料选好后，自枝顶端切下 4 mm 长的小段，削去两侧的叶片和苞叶，使枝的两切面互相平行。用 FAA 固定液固定 24 h。

2. 脱水 经 70%→80%→90%→95%→100%（2 次）酒精脱水，每级 2 h。

3. 透明 经四级氯仿透明，每级 2 h。

4. 浸蜡、包埋 按石蜡切片法常规进行。

5. 切片 石蜡包埋后纵切。切片一般厚 8～10 μm。但受精初期的颈卵器，颈部常弯曲，较难切得完整，故切 15 μm 以上的厚度较为适宜。

6. 粘片、烤片、脱蜡、染色、脱水、透明、封藏 按石蜡切片法常规进行。染色用 Ehrlich 苏木精染色或番红固绿双重染色。

十七、湖南山核桃花序纵切制片

湖南山核桃常生于贵州东部、湖南西南部、广西东北部，花单性，雌雄同株，雄花序为几十朵花构成的柔荑花序，生于去年枝叶腋或新枝基部，稀生于枝顶而直立，常 3 个簇生，无花被，具 1 个大苞片、2 个小苞片，雄蕊 3～10。雌花序为 2～3 朵花构成的柔荑花序，1～10 朵集生枝顶成短穗状，无花被，无苞片。用湖南山核桃茎尖（顶芽）制作纵切片，可以观察穗状花序花芽分化过程。

1. 取材 雄花序的发育时间为 5—11 月及次年 2—4 月，制作连续玻片需一年的不同时期，代表性的样品可在 6 月 20 日左右取材。雌花序的发育时间为 1—4 月，制作连续玻片需 4 个月的不同时期，代表性的样品可在 2 月 15 日左右取材，这时花序纵切视野中可观察到花序轴及小花。

2. 固定 经 FPA 固定液固定 2 d，用 70%酒精浸洗 4 h，换 70%酒精保存。

3. 软化 将材料浸于 5%NaOH 溶液中，溶液的量为材料的 20～50 倍。浸渍 24 h 换一次新液，雌花序 1～2 d 即可，雄花序有大小苞片，需 5～8 d。

4. 脱水 经 70%→80%→90%→95%→100%酒精脱水，每级 2 h。

5. 透明、浸蜡、包埋 经四级氯仿透明，每级 2 h。在 35 ℃石蜡氯仿饱和液内浸蜡 1 d，再按常规进行包埋。

6. 切片、粘片、烤片、脱蜡、复水、染色、脱水、透明、封藏 纵切，厚 8～10 μm，其余与毛茛根初生构造横切制片的操作方法相同。

十八、百合花药横切制片

1. 取材与固定 当百合花已成熟快开放时（野生 6～7 月、栽培一年四季），摘取未开的花朵，剥去花被后浸入 FPA 固定液中固定 2 d。

2. 浸洗 用 70%酒精浸洗 12 h，每 4 h 换一次酒精，用镊子将花药从花丝上取下，

3. 脱水、透明、浸蜡、包埋、切片、粘片、烤片、脱蜡、复水、染色、脱水、透明、封藏 横切，厚 8～12 μm，其余与毛茛根初生构造横切制片的操作方法相同。

十九、百合子房横切制片

1. 取材与固定 百合开花后 24 h 以内的胚囊有 1～2 核，开花后 24～48 h 的胚囊有 2～4 核，开花后 48～72 h 的胚囊有 4～8 核。取材时，用锋利的刀片将子房切成长 4 mm 左右的小段，放入卡诺固定液内固定 1 d。

2. 浸洗 经 95%→90%→80%→70%酒精浸洗，各经 4 h。

3. 脱水、透明、浸蜡、包埋、切片、粘片、烤片、脱蜡、复水、染色、脱水、透明、封藏 横切，厚 8～12 μm，其余与毛茛根初生构造横切制片的操作方法相同。

二十、荠菜角果纵切制片

荠菜常见于周围，3—5 月开花结实。总状花序，花蕾自下而上顺序开放。幼胚生长迅速，温暖地以卵细胞受精后仅 10 余天即可成熟。花开后 14 d 左右果实成熟开裂，散出种子。由于同一果枝上的角果是下部的先成熟、上部的后出现和成熟，且同一角果内，胚胎发育的进程亦有快慢不一致的现象，因此，采取一个果枝即可得到胚胎发育不同时期的材料。

1. 取材与固定 摘取一个果枝，将其浸入 FPA 固定液内固定 1 d。

2. 脱水　经 70%→85%→95%→90%→100%（2 次）酒精脱水，每级 2 h。

3. 透明、浸蜡、包埋、切片、粘片、烤片、脱蜡、复水、染色、脱水、透明、封藏　横切，厚 6～8 μm，其余与毛茛根初生构造横切制片的操作方法相同。

二十一、葡萄胚纵切制片

葡萄早中熟品种于 5 月 10 日左右开花，晚熟品种于 6 月初开花。葡萄胚的发育在开花后约 15 d 开始，在子房中 20 d 左右可找到原胚，35 d 左右找到中胚，45 d 以后成熟胚出现。

1. 取材与固定　取目的期花朵，将子房浸入 FAA 固定液中固定 2 d 以上。

2. 浸洗　用 70%酒精浸洗 12 h，每 4 h 换一次酒精。

3. 软化　将材料浸于 5%NaOH 溶液中，溶液的量为材料体积的 20～50 倍。浸渍 24 h 换一次新液，早中期子房软化 2～5 d，晚期需剥去子房壁和种皮在 5%NaOH 溶液中软化 4～7 d。

4. 脱水、透明、浸蜡、包埋、切片、粘片、烤片、脱蜡、复水、染色、脱水、透明、封藏　横切，厚 8～10 μm，其余与毛茛根初生构造横切制片的操作方法相同。

第三节　徒手切片法

一、柿胚乳细胞胞间连丝的制片

胞间连丝是穿过相邻细胞的胞间层和初生壁的原生质丝。一般植物组织的制片，在普通光学显微镜下很难观察到它们的存在。即使材料选用得当，但制片方法欠佳，胞间连丝仍会隐而不显。常用于胞间连丝的制片材料有柿、君迁子、马钱子、枣、椰子等种子的胚乳。这些材料用镀银法或苏木精染色法制片，常可达到良好的效果。现以柿为例介绍如下：

（一）镀银法（组织整块浸染）

1. 取材　柿核（成熟的种子），其胚乳细胞近似棱柱状，呈辐射排列；相邻细胞侧壁的横剖面有许多胞间连丝相通，彼此排列成纺锤状；纵剖面有数量较少的胞间连丝，彼此横向并列。因此，取材时应自柿核顶部或四周沿表面平行方向，切成厚 2 mm 左右的小块。

取材不能过厚，过厚的材料整块浸染时，材料中部细胞的胞间连丝往往不能着色。

2. 固定　用 10%福尔马林液固定完整的柿核（可刮去部分种皮），固定 1 周；厚 2 mm 以下的小材料块，固定 12～24 h 即可。

3. 去油脂　柿核含有丰富的油脂，对胞间连丝染色有一定的影响。材料固定后，经下述步骤去净油脂，可提高染色的效果。

材料经 95%乙醇→无水乙醇→1/2 乙醚+1/2 无水乙醇→乙醚→无水乙醇→50%乙醇→蒸馏水去油脂。每级中停留 1～2 h，但在乙醚中应浸 1 d 以上，而且应换一两次乙醚，这样可使油脂彻底脱去，以利镀银。

4. 浸染　浸染方法有两种，一种是用硝酸银水溶液浸染，另一种是用氨银溶液浸染。两种方法的具体操作如下：

（1）2%硝酸银水溶液浸染。需用棕色瓶装，置 35 ℃恒温箱内浸染 5～10 d，中途换一次新液，浸染时间长一点效果较好。

（2）氨银溶液浸染。先将材料浸入 1%氨水中 6 h，然后用氨银溶液浸染 7 d 左右。

氨银溶液的配制：徐徐滴加氨水于 2%硝酸银水溶液中，轻摇溶液，使氨水均匀扩散，溶液渐由澄清变为混浊；继续滴加氨水，直至溶液开始转回澄清为止。这时，Ag^+ 就与 NH_3 结合成较稳定的银氨络离子，硝酸银水溶液就成为氨银溶液了。

5. 还原处理 材料用蒸馏水浸洗一下，立即放入还原剂内，置于室温下还原 2 d。

还原剂配方：焦性没食子酸 2～4 g，10%福尔马林 100 mL。

6. 浸洗 用蒸馏水浸洗 4 h。

7. 切片 徒手切片检查，选用符合要求的材料块。可见其细胞壁呈棕黄色，胞间连丝呈黑色。经石蜡假包埋，然后切片，切片厚 15 μm。

由于材料不经过浸蜡，所以切出的材料很容易与包埋的石蜡分离。因此，可用小镊子将切片材料从蜡带中挑选出来，无须经过脱蜡步骤。

8. 脱水、透明 经 10%→30%→50%→60%→70%→80%→90%→95%乙醇各脱水 1 次，无水乙醇脱水 2 次。继经 2/3 无水乙醇+1/3 二甲苯→1/2 无水乙醇+1/2 二甲苯→1/3 无水乙醇+2/3 二甲苯→二甲苯透明。每级经历时间为 5～10 min。

9. 封藏 以加拿大树胶或中性树胶为封藏剂，加盖盖玻片封固。

（二）苏木精染色法

1. 取材 选取完整饱满的柿核，将其切成厚 2 mm 左右的小块。

2. 固定 固定方法与上法相同。

3. 切片 用滑走切片机切片或经石蜡假包埋后用旋转切片机切片。切片厚度为 15 μm 左右。

4. 脱水、去油脂 经 30%→50%→70%→85%→95%乙醇各脱水一次，无水乙醇脱水 2 次，1/2 乙醚+1/2 无水乙醇浸洗，每级经 2 h，乙醚再浸 1 d。

5. 复水 按常规经无水乙醇和各级乙醇下行复水至蒸馏水。

6. 染色

（1）将材料浸入 4%铁矾水溶液中媒染 1 d。

（2）用蒸馏水浸洗 1 min。

（3）浸入苏木精染色液中染 1 d。

（4）用蒸馏水浸洗数分钟。

（5）浸入 2%铁矾水溶液中分色。镜检，至细胞壁近无色，胞间连丝紫色，隐约可见为止。

7. 蓝化 浸入自来水中 2～4 h，至切片材料由淡紫色转变为淡蓝色或淡蓝黑色为止。

8. 脱水、透明、封藏 按石蜡切片法常规进行。

二、橘果皮分泌腔制片

橘等芸香科植物的果皮，能很好地显示溶生分泌腔的结构。若采用石蜡切片，分泌腔中的油滴往往在制片过程中被有机溶剂溶去。因此，可用徒手切片、石蜡假包埋切片或冰冻切片，苏丹Ⅳ染色制片。

1. 取材 选无病虫害、组织结构紧密的果皮，切成 3 mm×7 mm 的小方块。

2. 固定 用 20%福尔马林液固定 24～48 h。

3. 浸洗 用蒸馏水浸洗 4 h。

4. 切片 用徒手切片法切片，也可用石蜡假包埋后徒手或切片机切片。作纵切（取径向切面），切片厚 20～25 μm。

5. 脱水 将切片浸入 50%乙醇中 5 min。

6. 染色 移入苏丹Ⅲ或Ⅳ染色液内，置 37 ℃温箱内染色 1 h，或置于室温下染色 24 h。

染色液配方：苏丹Ⅲ（或苏丹Ⅳ）1 g、95%乙醇 100 mL、甘油 100 mL。

先将苏丹Ⅲ（或苏丹Ⅳ）粉末充分研细，再加入乙醇、甘油使之混合均匀，盛入细口玻瓶中，置于 50 ℃温度下并时时振摇。经 1～2 h，待染色液中的染料充分溶解后过滤使用，或静置 12 h 取其上清液使用。

7. 浸洗 材料染色后，用 50%乙醇浸洗 2 min。

8. 复染 Ehrlich 苏木精染色液以 50%乙醇稀释 2～3 倍，用稀释液染色 2 h。

9. 蓝化 用蒸馏水浸洗片刻，以洗净切片上残余的染色液。然后浸入自来水或微碱性清水中 1 h 以上，使切片由淡紫色转为淡蓝色。

10. 封藏 用阿拉伯树胶-甘油封藏剂（阿拉伯树胶 40 g、蒸馏水 40 mL、甘油 20 mL）封藏，或将切片移入 10%甘油内，置于 35 ℃下 2～3 d，使水分蒸发后，用柏油（沥青）或磁漆沿盖玻片边缘密封。

第四节 压片法、涂片法和离析法

一、玉米花药减数分裂制片

1. 取材 在玉米雌穗未抽出前 7～10 d，而雄花序即将抽出（手摸植株上部喇叭口处有松软感觉），以上午 9—11 时取样为好，此时减数分裂较盛。剥去雄穗外部叶片，露出幼穗，取 3～4 mm 小穗，花药涂在载玻片上，用醋酸洋红染色临时检查分裂情况，分裂相多即行固定（此法亦适用于小麦、水稻、棉花等植物花药）。

2. 固定 采用卡诺固定液固定 1～24 h。

3. 保存 若不即刻制片，可换入 70%乙醇中，放入 5 ℃冰箱 2 个月以上仍可以使用，但须重新固定。新鲜材料固定 6 h 以后涂片制作效果良好。

4. 染色

(1) 大批染色。将花药取下大批装入有 1%醋酸洋红［将 100 mL 45%的醋酸水溶液放入 200 mL 的锥形瓶中煮沸，然后慢慢地加入 1 g 洋红粉末（注意不要一下倒入，以防溅出，沸腾时间不超过 30 s），过 1～2 min 后，加入一锈铁钉，再过几分钟后取出铁钉（使染色剂略含铁质，以增强染色性能），继续用微火加热 1 h 后，冷却过滤，保存于棕色瓶中（避免阳光直射）备用］的小皿中 8～12 h，染色偏深。

(2) 片上染色。将花药挑上载玻片，滴少量醋酸洋红浸没，涂片，盖盖玻片后再滴染色液充满载玻片染色。

5. 涂片 将花药挑上载玻片时，染色液刚好浸没在花药周围，再用具弹性尖嘴镊压花药挤出花粉小孢子母细胞，使其均匀分布于载玻片中央，夹去花药等杂质，盖盖玻片，此时可适当加滴醋酸洋红，使盖玻片下没有气泡。

6. 烤片 在酒精灯上微微来回晃动加热，可以稍微煮沸冒泡（但不可烤干发焦）。

7. 压片 盖一张小滤纸用食指压片，力要均匀，既使染色体分散又使细胞质扩展，细胞间界限尚能分清。若是片上染色，一次烤压染色尚浅，可再滴染料、再烤、再压至镜检合适为止。

一般临时观察制片到此为止。石蜡封边便可观察几天。

8. 分色 将载玻片放入卧式染缸（内盛 1/2 95%乙醇+1/2 54%醋酸）中，5～10 min 后盖玻片脱落（可以再盖上盖玻片，擦干后镜检）。

9. 脱水、透明 95%乙醇→1/2 95%乙醇+1/2 叔丁醇→纯叔丁醇，每级 3 min。

10. 封藏 用加拿大胶或中性树胶封藏。

二、洋葱根尖细胞有丝分裂制片

1. 取材 将洋葱鳞茎置于盛满清水、外面包裹黑塑料袋的广口瓶上，使洋葱鳞茎底部浸入水中，置温暖处（18～25 ℃），并注意每天换水，3～8 d 后即可长出嫩根，根长 1～3 cm 时可用。

2. 固定和离析 一般在上午 9—12 时、下午 2—5 时，取生长健壮的根尖端 3 mm 左右，立即投入固定离析液中（等量浓盐酸和 95%乙醇混合液）10～20 min（最长不超过 30 min），取出放入清水中漂洗 10～20 min 即可制片。也可经过 30%、50%乙醇各 1 h 后将其保存在 70%乙醇中备用。

3. 染色 取经过固定、离析的根尖一个，放在干净的载玻片上，用镊子尖端将此根尖压裂，滴上 2 滴醋酸洋红或 0.5%龙胆紫水溶液（将 0.5 g 龙胆紫溶于 100 mL 2%醋酸水溶液中），放置 4 min。

4. 压片 盖上盖玻片，用铅笔或玻璃吸管上的橡皮头对准盖玻片轻轻敲击，使材料压成均匀的、单层细胞的薄层。

5. 镜检 用吸水纸吸去溢出的染色液，镜检。如细胞核染色体的颜色还不是暗红色（龙胆紫染成紫色），可持载玻片在酒精灯上微加热，温度以不灼手为度，有增进染色和使细胞伸展的效果，必要时可反复烘烤多次。如染色液干涸，可再补加一滴染色液，直至细胞核或染色体着色清晰为止。如果染色较深，可加一滴 45%醋酸进行分色（龙胆紫染色则不必烘烤，着色效果通常比醋酸洋红醒目）。

6. 脱水、透明 95%乙醇→1/2 95%乙醇＋1/2 叔丁醇→纯叔丁醇，各 3 min

7. 封藏 用加拿大胶或中性树胶封藏。

三、导管分离装片

1. 取材 乔木、灌木或藤本植物的茎都适于作导管分离装片的材料。取材时将稍老的枝条切成 1 cm 左右的小段，再将其木质部纵切成薄片或切成火柴梗样的小条。导管是被子植物木质部的输导组织，成熟后是一种管状的死细胞。因此，取材后制作导管分离装片时，不必经过固定步骤。

2. 离析 采用铬酸-硝酸离析液（10%铬酸和 10%硝酸等量混合液），溶液用量为材料体积的 20 倍。材料浸入离析液后将容器盖好，置于 30～40 ℃恒温箱内离析 1～2 d。草本植物只需在室温下离析，而且离析时间较木本植物短。

3. 镜检 取 1～2 个薄片或小条材料，放清水中浸洗片刻，置于载玻片中央，盖上盖玻片，以解剖针末端轻轻敲打盖玻片使材料充分离散。用低倍显微镜检察，若材料尚未离散，需换新溶液再浸一些时间；如材料已经离散，则表明离析时间已够，即可进行下一步骤。

4. 浸洗 材料用清水浸洗 1 d，多换几次清水，去净离析液，然后保存在 50%乙醇中备用。

5. 染色 采用 1%番红水溶液染色 2～6 h。

6. 浸洗 在蒸馏水内浸洗 5 min，洗去材料上多余的染色液。

7. 精选 在显微镜下检查，用小镊子或解剖针剔去材料中的杂细胞。

8. 脱水、透明 经 10%→30%→50%→60%→70%→80%→90%→95%乙醇脱水一次，无水乙醇脱水 2 次，每级约 2 h。继经 2/3 无水乙醇＋1/3 二甲苯→1/3 无水乙醇＋2/3 二甲苯→二甲苯透明，每级 5～10 min。

9. 封藏 滴加拿大树胶或中性树胶，加盖盖玻片封藏。

1. 老根、老茎、枝条（一至多年生的枝条均可）等木材材料做石蜡切片时，应注意哪些问题？
2. 简述用石蜡切片法制作向日葵茎横切制片的基本程序。
3. 简述花药制片的基本过程。
4. 如何制作马尾松的花粉粒装片？应注意哪些问题？
5. 简述葡萄胚纵切制片的基本步骤。
6. 简述念珠藻装片的基本过程。

第五章 常用动物组织制片技术

普通光学显微镜下观察动物组织的玻片标本，其制作方法一般分两类：一类是切片法，包括石蜡切片法、火棉胶切片法和冰冻切片法等；另一类是非切片法，包括涂片法、印片法、骨磨片法、撕片法和整体制片法等。体内主要细胞、组织和器官的制片方法存在差异。

第一节 涂 片 法

有些动物组织应用涂片法来检查其形态结构，如血液、红骨髓、神经细胞、精液等。也有应用印片法以检查动物某些器官的内容物和上皮，如肝、脾、胃、肠等。印片法与涂片法基本上是相同的，只是印片法不需要涂而已。根据临床检查工作的需要，这里重点介绍血液的涂片法。

涂血片用的载玻片和盖玻片必须先用清洁液处理，然后用乙醚浸泡以除去其表面的脂肪。擦好的载玻片和盖玻片勿用手摸，用前要保存在有盖的瓷盘内。

于动物耳部皮肤处，剪去一部分毛，以酒精棉球消毒，用外科手术刀或刺针刺破皮肤，使血液外流。右手持一涂血片用的盖玻片，以其下部边缘自出血处蘸少许血液，自左手所持载玻片之后端以45°倾斜角，先向右微拖一下，再向左端以均衡的力量平推过去。涂片时血膜不应过厚，而要均匀，使涂片在空气中干燥迅速。血片干后应及时染色，放置时间不应过久。

血片的染色方法有多种，兹列举常用的几种如下：

1. Giemsa 染色法

（1）在干燥的血片上滴数滴甲醇，作用1～3 min使其固定，然后取出使干燥。

（2）用稀释的Giemsa染色液染约15 min。Giemsa染色液的稀释配方为：Giemsa原液0.3 mL、缓冲液10.0 mL。

①Giemsa原液的配制。取Giemsa染色粉0.5 g，加33 mL化学纯甘油摇匀，置60 ℃温箱中2 h，再加33 mL化学纯甲醇，摇匀过滤即成Giemsa原液，密封瓶口，可永久保存。

②缓冲液配的配制。

甲液配方：磷酸氢二钠5.938 g、重蒸馏水500.0 mL。

乙液配方：磷酸二氢钾4.539 g、重蒸馏水500.0 mL。

临用时取甲液6份、乙液4份互相混合，再加10～20倍的重蒸馏水稀释，这样配制的缓冲液pH约为6.98。两种溶液混合的比例不同，可以得到不同pH的缓冲液（表5-1）。

进行试染，以确定染色的适宜时间。先安排几个不同的时间如15 min、20 min、25 min，先取数个玻片按这3个时间试染，并用显微镜检查，确定最佳的染色时间。根据畜种不同，缓冲液的pH与染色时间都应有所不同。优良的血片，红细胞呈橘黄色至粉红色，白细胞核呈清亮紫色，嗜酸性颗粒呈深粉红色，淋巴细胞的细胞质呈浅蓝色，单核白细胞的细胞质呈灰粉红色。

（3）用蒸馏水冲洗，分化到适宜程度。

（4）用吸水纸或滤纸吸去水分，使干燥。

（5）干燥后封藏于中性树胶或浓香柏油中。

表 5-1　不同 pH 缓冲液的配方

欲配 pH	甲液/mL	乙液/mL
6.24	2.0	8.0
6.48	3.0	7.0
6.64	4.0	6.0
6.81	5.0	5.0
6.98	6.0	4.0
7.17	7.0	3.0

2. Wright 染色法

（1）取干燥的血片（未固定者），滴上数滴或数十滴 Wright 染色液，静置 1 min。

Wright 染色液配方：Wright 染色粉 0.1 g、甲醇 60.0 mL。

（2）加等量蒸馏水，使其与染色液混合，经 2 min 后用蒸馏水冲洗，用吸水纸吸去水分，干燥后即可检查。

Wright 染色法的结果与 Giemsa 染色法的结果相似，但色较深，偏灰蓝。

（3）用中性光学树脂或浓香柏油封藏。

血片染色皆应在平放的瓷盘上进行，瓷盘上架两条平行的玻棒，玻片置于两条玻棒上进行染色。不应采用染色缸染色法。

3. Giemsa-Wright 混合染色法

染色液配方：Giemsa 染色粉 0.03 g、Wright 染色粉 0.3 g、甲醇 100.0 mL。

先将两种染色粉放于小乳钵中，加少许甲醇研磨，磨细。磨后再分次加甲醇，将染色粉全部倒入玻璃瓶中，补足甲醇全量，备用。

染色方法同 Wright 染色法，染色时间经试验后确定。

本法所需缓冲液的配方：磷酸二氢钾 0.063 g、磷酸氢二钠 0.033 g、重蒸馏水 1 000.0 mL。

溶解后加适量 1%碳酸钾，将 pH 校正为 6.4～6.5。

第二节　无丝分裂（膀胱印片）法

（1）将小鼠放血处死，剖开腹腔，剪开膀胱内壁，将膀胱黏膜面朝载玻片上轻轻印贴一下，细胞即被印在载玻片上。

（2）将载玻片插入盛有 Bouin 固定液的染缸内固定 0.5～1 h。

（3）移入 70%酒精中浸 0.5～1 h，更换酒精 1～2 次洗去黄色。

（4）将载玻片放入 50%→30%酒精中各 3～5 min，然后放入蒸馏水中。

（5）用苏木精染色 5～15 min，用自来水蓝化。

（6）用酸性水分化，用自来水蓝化，镜检。

（7）经 30%→50%→70%→80%酒精脱水，每级 3～5 min。再用伊红酒精复染 1～3 min。

（8）经 95%酒精→100%酒精→酒精-二甲苯→二甲苯透明，每级 3～5 min。用树胶封藏。

第三节　间皮硝酸银染色制片法

（1）取蛙或蟾蜍小肠，剪断后连同肠系膜平铺于干净的载玻片上。

（2）滴加 1%硝酸银水溶液于肠系膜上，连同载玻片一起放在日光下晒至溶液呈金黄色为止，约 5 min。

(3) 在低倍镜下检查染色深浅，以细胞界限显黑色胞核白色轮廓清楚为度。如果色太浅可以再晒。

(4) 用蒸馏水洗净硝酸银，以免继续作用而染色过度。

(5) 用刀片切除肠管，留下系膜，再把系膜切成小块分别摊平于载玻片上，晾干。

(6) 待全部干燥后移入100%酒精中脱水，经酒精-二甲苯、二甲苯透明，然后进行封藏。

(7) 欲显示细胞核可用苏木精染色。

第四节 纤维性结缔组织与细胞的制片技术

纤维性结缔组织分布于器官、组织以及细胞之间。结缔组织纤维分三类，即胶原纤维、弹性纤维和网状纤维。纤维之间分布着不等量的成纤维细胞、巨噬细胞、浆细胞和肥大细胞等。

一、胶原纤维

新鲜的胶原纤维呈白色，成束排列而较粗，其间可见其分支并互相交织，纤维束周围即基质。胶原纤维易被酸性染料染色。

1. Heidenhain AZAN 三色法

(1) 取材与固定。取兔、鼠肠系膜或皮组织铺片，或皮肤、肠等组织块，均可用Zenker、Helly、Susa固定液固定，然后用流水冲洗、石蜡包埋切片。

Zenker固定液配方：重铬酸钾2.5 g、氯化汞5 g、硫酸钠1 g、蒸馏水100 mL，临用前加冰醋酸5 mL。

Helly固定液配方：重铬酸钾2.5 g、氯化汞5 g、硫酸钠1 g、蒸馏水100 mL，临用前加甲醛5 mL。

Susa固定液配方：甲醛20 mL、冰醋酸4 mL、氯化汞4.5 g、氯化钠0.5 g、三氯醋酸2 g、蒸馏水80 mL。

(2) 切片按常规下行入蒸馏水。

(3) 偶氮卡红染色液于37 ℃下染色4～8 h。

偶氮卡红原液的配方：偶氮卡红（azocarmine B或G）1 g、蒸馏水100 mL。

临用时取上液10 mL，加蒸馏水90 mL、冰醋酸0.5～1 mL，即成染色液。

(4) 切片冷却后入蒸馏水漂洗。

(5) 1%苯胺（95%酒精配制）分色至淡红色。

(6) 0.5%磷钨酸水溶液媒染3～5 min。

(7) 放入苯胺蓝-橘黄G染色液中染色0.5～1 h。

苯胺蓝-橘黄G染色液的配方：苯胺蓝0.5 g、橘黄G 2 g、冰醋酸8 mL、蒸馏水92 mL。混合后煮沸，冷却过滤。

(8) 用滤纸吸去多余染色液，干燥后在95%酒精中分色0.5～1 min。

(9) 经75%（3 min）→80%（3 min）→95%（5 min）→100%（5 min）酒精脱水。

(10) 用二甲苯（5 min）透明。

(11) 树胶封藏。

结果：胶原纤维呈蓝色，弹性纤维及肌纤维为不同深度的红色，红细胞（RBC）呈橘红色，细胞核呈红色。

2. AZAN 改良法

(1) 取材、固定、切片、染色、分色操作同Heidenhain AZAN三色法。

（2）用地衣红染色液染 8～12 h。

地衣红染色液配方：地衣红 1 g、浓盐酸 1 mL、80%酒精 100 mL。地衣红溶解后过滤即可使用。

（3）水漂洗后入磷钨酸液 5 min。

（4）苯胺蓝-橘黄 G 染色液染 1 h 以上。

（5）干燥、脱水、透明、封藏等操作同 Heidenhain AZAN 三色法。

结果：胶原纤维呈蓝色，弹性纤维呈亮红色，肌纤维呈红色，RBC 呈橘红色。

偶氮卡红染色液可用 1%酸性复红或 0.5%荧光桃花代替，结果与 AZAN 改良法一致。

3. Mallory 三色法

（1）取材后固定，以含升汞的固定液为首选（如 Helly 固定液、Zenker 固定液等），Bouin 固定液也可以。

（2）切片常规下行入水。

（3）在 0.5%酸性复红水溶液中染色 1 min。

（4）蒸馏水漂洗后，入染色液染色 1～2 h。

所用染色液配方：苯胺蓝 0.5 g、橘黄 G 2 g、磷钼酸或磷钨酸 1 g、蒸馏水 100 mL。

（5）蒸馏水漂洗后，在 95%酒精中分色。

（6）常规法脱水，透明，封藏。

结果：胶原纤维呈蓝色，RBC 呈橘黄色，细胞核呈红色。

4. 武兆发改良 Mallory 一步三色法

（1）切片及前面操作同 Heidenhain AZAN 三色法，切片下行入水。

（2）在以下染色液中一次性染色 5～15 min。

所用染色液配方：酸性复红 1.5 g、苯胺蓝 0.5 g、橘黄 G 1.0 g（可增至 2.0 g）、磷钼酸或磷钨酸 0.5 g、蒸馏水 100 mL。

（3）蒸馏水漂洗后在 95%酒精中分色至胶原纤维呈蓝色，细胞核呈深红色。

（4）常规法脱水，透明，封藏。

结果：与 Mallory 三色法相同，但节省时间。

5. Masson 染色法

（1）切片及前面操作同 Heidenhain AZAN 三色法，石蜡切片下行至水。

（2）5%铁矾水溶液室温媒染 8～12 h，或在 37 ℃下媒染 1 h。

（3）流水冲洗后换蒸馏水漂洗。

（4）Regaud 苏木精染色液染色 8～12 h，或在 37 ℃下染色 4 h。

Regaud 苏木精染色液配方：苏木精 1 g、无水酒精 10 mL、甘油 10 mL、蒸馏水 80 mL。配好后成熟 1 周即可使用。

（5）流水冲洗后放入蒸馏水中漂洗。

（6）用 2.5%铁矾水溶液分色至细胞核清晰。

（7）蒸馏水漂洗后，放入苦味酸-酒精液中 2 min。

苦味酸-酒精液配方：饱和苦味酸水溶液 20 mL、95%酒精 10 mL。

（8）流水冲洗后在 1%酸性复红的 1%冰醋酸水溶液内染色 5 min。

（9）蒸馏水漂洗后在 0.5%磷钨酸水溶液内分色 5～10 min，至胶原纤维呈无色，肌肉及 RBC 呈红色。

（10）在苯胺蓝饱和酸染色液内染色 2～5 min。苯胺蓝饱和水溶液内含 2.5%冰醋酸。

（11）1%冰醋酸水溶液洗去多余的苯胺蓝。

（12）脱水，透明，封藏。

结果：胶原纤维呈蓝色，肌肉及神经胶质纤维呈红色，嗜银颗粒呈黑色或红色，细胞核呈蓝黑色。

6. 改良 Masson 染色法

（1）切片及之前的操作同 Heidenhain AZAN 三色法。

（2）切片脱蜡下行入水后经地衣红染色液染色 0.5～1 h 显示弹性纤维。

（3）流水冲洗后换蒸馏水漂洗。

（4）Weigert 或其他苏木精染色液染细胞核 15～30 min，然后充分水洗并分色。

（5）在丽春红-复红染色液中染色 5～10 min。

丽春红-复红染色液配方：丽春红（ponceau）0.8 g、酸性品红 0.4 g、1%冰醋酸水溶液 100 mL。

（6）切片经滤纸吸干水及染色液后，在 0.5%冰醋酸水溶液中分色 0.5～1 min，再经蒸馏水漂洗。

（7）在亮绿-冰醋酸水溶液中染色 3～5 min。

亮绿-冰醋酸水溶液配方：亮绿 1 g、1%冰醋酸水溶液 100 mL。

（8）滤纸吸干切片上的染色液后，脱水，透明，封藏。

结果：胶原纤维呈绿色，弹性纤维呈棕褐色，肌纤维呈红色，细胞核呈灰黑或蓝黑色。

7. Van Gieson 染色法

（1）切片及之前的操作同 Heidenhain AZAN 三色法。所用固定液不限，常规石蜡切片下行入水。

（2）Weigert 或其他苏木精染色液深染，不必分色。

（3）蒸馏水漂洗后，经 Van Gieson 液染色 1～2 min。

Van Gieson 液配方：1%酸性品红水溶液 10 mL、苦味酸饱和水溶液 90 mL。

（4）水略洗，经 95%酒精分色，时间勿长。

（5）脱水时间要短，否则黄色褪掉。透明，封藏。

结果：胶原纤维呈红色，肌纤维呈黄色，细胞核呈灰黑色。

二、弹性纤维

1. Schmorl 染色法

（1）组织固定采用常规方法，石蜡切片下行入水。

（2）石炭酸-品红染色液 37 ℃下染色 1 h，或室温下染色 24 h。

石炭酸-品红染色液的配方：碱性品红 2 g、无水酒精 50 mL、熔化石炭酸 25 mL。在 37 ℃温箱中过夜，冷后过滤。

（3）70%酒精漂洗。

（4）Weigert 间苯二酚-品红液染色 20～30 min。

Weigert 间苯二酚-品红液的配制：取碱性品红 1 g、间苯二酚（resorcin）晶体 2 g、蒸馏水 100 mL，在锥形瓶内煮沸，加 29%三氯化铁水溶液 12.5 mL 搅拌并继续煮沸 2～5 min。冷后过滤，弃上清液，烘干滤纸及沉淀，放入烧瓶内并加 95%酒精 100 mL 在水浴中加温至染料全溶，待液体冷后过滤，并补足因加热蒸发的 95%酒精至 100 mL。最后加浓盐酸 2 mL，摇匀备用。

（5）无水酒精分色约 0.5 h，如染色过度也可改用 0.5%盐酸（95%酒精配制）分色。

（6）流水冲洗后换蒸馏水漂洗。

（7）常规苏木精染色液染细胞核 5～10 min，水洗后转入 Van Gieson 液复染 3～5 min。

（8）蒸馏水漂洗后以 95%及无水酒精各 1～2 min 来分色及脱水。

（9）二甲苯透明，合成树脂封藏。

结果：弹性纤维呈蓝黑色，胶原纤维呈红色，肌纤维呈黄色，细胞核呈蓝色。

2. 台盼蓝活体染色荧光观察法 用正常饲养的大鼠1只（体重150～200 g），在无菌条件下，由腹部皮下组织注射1%台盼蓝的生理盐水溶液，每天1次，共3 d。第1、2天各注射5 mL，第3天3 mL。24 h后处死，放血，取材，用皮下组织铺片。亦可用大动脉或肺冰冻切片，厚10～15 μm，直接粘片后晾干。滴加0.1 mL磷酸盐缓冲液（pH5.3～5.9），盖盖玻片后在荧光显微镜（激发滤片BG12，阻断滤片515～530 W）下镜检。也可将切片烘干后用封藏剂DPX封藏。

结果：弹性纤维显亮红荧光。

3. Masson三色染色法

（1）常规方法固定，石蜡切片法切片。以Zenker固定液、Helly固定液或Bouin固定液固定，石蜡切片下行至水。

（2）Weigert铁矾-苏木精染色液染色5 min。需将苏木精与媒染液等量混匀成工作液。

（3）流水冲洗5 min。

（4）Masson染色液染色5 min。

Masson原液配方：丽春红2 g、橘黄G 2 g、酸性品红1 g、0.2%冰醋酸300 mL。配制后再以0.2%冰醋酸水溶液等量稀释，即染色液。

（5）0.2%冰醋酸水溶液换洗2次，每次1 min。

（6）5%磷钨酸水溶液媒染2 min。

（7）再用0.2%冰醋酸水溶液换洗2次。

（8）阿利新蓝染色液染色2 min。

阿利新蓝染色液配方：阿利新蓝（alcian blue）2.5 g、蒸馏水100 mL、冰醋酸2 mL。

（9）1%冰醋酸水溶液分色2 min。

（10）95%酒精上行脱水，透明，封藏。

结果：弹性纤维呈粉红色，胶原纤维呈蓝色。

4. Verhoeff碘-苏木精染色法

（1）常规方法固定，石蜡切片法切片。以Zenker固定液、Helly固定液或10%福尔马林液固定，石蜡切片下行入水。

（2）Verhoeff染色液染色10～15 min。

Verhoeff染色液配方：5%苏木精（95%或无水酒精溶液配制，须放置1周以上，带成熟使用）30 mL、10%三氯化铁水溶液12 mL、Verhoeff碘液12 mL（Verhoeff碘液配方为碘1 g、碘化钾2 g、蒸馏水50 mL）。

（3）流水冲洗。

（4）2%三氯化铁水溶液分色数秒钟，镜检至弹性纤维呈黑色，其他纤维、组织呈灰色或无色。

（5）流水冲洗再入95%酒精洗除碘及多余染料。

（6）流水冲洗3 min，换入蒸馏水1 min。

（7）Van Gieson染色液复染3～5 min。

（8）蒸馏水漂洗后用滤纸将切片吸干。

（9）95%及无水酒精速分色，分色时间0.5～1 min，常规脱水，然后经二甲苯透明，合成树脂封藏。

结果：弹性纤维呈黑色，胶原纤维呈红色，肌纤维呈黄色，细胞核呈灰黑色。

用本法染色操作简便，时间短。如用汞液固定，就不必经碘液脱汞，切片下行入水后直接进入Verhoeff染色液染色。

三、网状纤维

网状纤维具有嗜银性，因而在制片操作时多靠镀银技术，其中又以氨银法最常用。

(一) 氨银法的特点和要求

氨银法是由多个过程来完成的。为了在制片各环节不失误，都能获得满意的效果，特简要介绍这些过程的特点和要求。

1. 固定与切片 组织的固定几乎不受什么限制。首选的固定液是10%中性福尔马林液或普通10%福尔马林液，其他如Helly固定液、Zenker固定液、Orth固定液、Bouin固定液、Carnot固定液及酒精等均可用。切片则以石蜡切片最通用，冰冻切片、恒冷箱切片及火棉胶切片也都可行。但由于在操作步骤中要经过强碱液处理，为防止切片脱落，也应考虑用1%火棉胶液覆膜保护，覆膜后经80%酒精硬化。

2. 保持清洁 所用的玻璃器皿都需经清洁液处理，保持化学纯净，操作过程中要避免直接与金属器械接触，如用的金属镊子可将前端沾以薄层熔蜡，蜡凝固后即有隔离效应。所涉及的各试剂也应纯度较高和新鲜。

3. 切片上的组织全部处理过程的反应特点

(1) 氧化作用。目的是加强网状纤维的染色效应。各种方法所用的氧化剂不同，有磷钼酸、高锰酸钾、过碘酸等。

(2) 致敏作用。为使在进入银液镀银之前能促使银与组织形成银的有机化合物，多在这一步以某种金属盐作为致敏剂，随后该致敏剂的金属为银化物中的银所置换。致敏剂有铁矾、硝酸铀、硝酸银的稀释液等。

(3) 氨银液处理。配制氨银液是将强碱性的浓氨液（NH_4OH）逐滴加于硝酸银水溶液（约pH5）中，可见生成棕黑色的氢氧化银（AgOH）沉淀。继续慢慢滴加氨液，沉淀渐渐消失趋于透明而形成了二氨银络合物 $[Ag(NH_3)_2]^+$。当然，在操作中应随时摇匀溶液至该液达到略显混浊为止。在加氨液时，如见银液转变为清澈透明，说明氨液已加过量，不妨再慢慢滴加银液，使之恢复极轻度的混浊状态，此时其酸碱度为pH11～12，已达到二氨银络合物浓度高而银离子浓度低的水平。将该银液过滤，滤过液即可使用。

(4) 还原作用。此即显影。在二氨银法中，多用甲醛作还原剂。在还原过程中，甲醛本身氧化成甲酸，而二氨银络合物在组织结构上还原成可见的金属银呈棕黑色。反应式是

$$2Ag(NH_3)_2OH + HCHO \longrightarrow 2Ag\downarrow + HCOOH + H_2O + 4NH_3$$

(5) 调色。对还原后形成的金属银棕黑色沉淀，继续用氯化金（$AuCl_3$）处理，使之成为紫黑色金属金，即调色。金属金比金属银稳定且显示较好的对比度而清晰。

(6) 消除未反应银。将切片浸入硫代硫酸钠溶液。硫代硫酸根离子可使切片上尚残留的银络合物及未反应的离子成为可溶性，再用水洗除，同时也洗去多余的氯化金。这一步骤在于防止未反应银以后因受光照发生非特异性还原成为金属银。

(7) 复染。相应的复染视需要而定，它只是显示其他组织成分。

(二) 具体方法

1. Gordon-Sweet 法

(1) 切片下行入水。

(2) 1%高锰酸钾水溶液氧化1～5 min。

(3) 流水冲洗3 min。

(4) 1%草酸水溶液漂白1～2 min。

(5) 流水冲洗3 min。

(6) 2.5%铁矾水溶液浸15 min。

(7) 蒸馏水换洗3次，每次2 min。

(8) 在氨银液内停留 10～30 s。氨银液的配制：用 5 mL 10%硝酸银水溶液逐滴加入浓氨液直至产生的沉淀恰好溶解，再用 3%氢氧化钠 5 mL 滴入，沉淀又发生。随后又滴加浓氨液使银液微显混浊。加蒸馏水至 50 mL，即氨银液。

(9) 蒸馏水换洗数次。

(10) 10%中性福尔马林液内还原 1～2 min。

(11) 流水冲洗 3 min。

(12) 0.2%氯化金水溶液调色 1～2 min。

(13) 蒸馏水换洗 3 次，每次 2 min。

(14) 5%硫代硫酸钠水溶液浸 3 min。

(15) 蒸馏水多次漂洗。

(16) Van Gieson 染色液复染 2 min。

(17) 常规法脱水，透明，封藏。

结果：网状纤维呈黑色，细胞核呈灰黑色，细胞质呈黄色，肌肉呈黄色，胶原纤维呈红色。

2. Gomori 法

(1) 切片下行入水。

(2) 1%高锰酸钾水溶液氧化 1～2 min。

(3) 流水冲洗后以 3%偏重亚硫酸钾水溶液漂白至切片呈白色。

(4) 流水充分漂洗。

(5) 2%铁矾水溶液浸 2 min。

(6) 流水充分冲洗后，蒸馏水换洗 2 次。

(7) 在氨银液中停留 1 min。氨银液的配制：往 20 mL 10%硝酸银水溶液中加入 10% KOH 4 mL，充分摇荡生成沉淀。逐滴加入浓氨液，边加边摇荡至沉淀全溶，再逐滴加入 10%硝酸银溶液微显混浊。用等量蒸馏水稀释，过滤后即使用。

(8) 蒸馏水漂洗。

(9) 10%中性福尔马林液还原 3 min。

(10) 流水充分冲洗，换蒸馏水冲洗。

(11) 0.2%氯化金水溶液调色约 10 min。

(12) 流水冲洗，换蒸馏水洗后以 2%偏重亚硫酸钾水溶液处理 1 min。

(13) 蒸馏水漂洗后以 2.5%硫代硫酸钠水溶液处理 1～2 min。

(14) 流水冲洗。

(15) 脱水，透明，合成树脂封藏。

结果：网状纤维呈黑色，细胞核呈灰黑色。

注：①凡经含有重铬酸钾固定液固定的组织，可不必经高锰酸钾液氧化处理而直入氨银液。②切片以 Coplin 染色缸较好。即经氨银液后倒掉该银液，改用蒸馏水摇荡 5 s 再倒掉，直接将还原液倒入该染色缸，让镀银切片还原。这一过程能大大降低切片上银沉淀的可能性。③以上两点（①及②）均适于上列两法镀银。

3. Nassar-Shanklin 法

(1) 固定与切片，要求用 10%中性福尔马林液固定，石蜡切片（5 μm）。切片下行入水。

(2) 用 0.5%高锰酸钾水溶液与 0.5%硫酸水溶液等量混合液氧化 1～2 min 至切片呈褐色。

(3) 经水漂洗后，用 2%草酸水溶液漂白切片 2 min，再流水冲洗 5 min，急转入 95%酒精内漂洗。

(4) 切片入 2%硝酸银水溶液，并在该液每 10 mL 内加吡啶（pyridine）3 滴，于 50 ℃处理 0.5～1 h。在此液内时间稍短（如 30 min），有助于镀染细纤维。如时间过长（如 60 min），则粗纤维数量增多。

(5) 用 95%酒精速漂洗后，转入以下配成的氨银液内，于 50 ℃下停留 5 min。

氨银液的配制：在 1 mL 浓氨液内，快速加入 10%硝酸银水溶液 7 mL，随即逐滴加入 10%硝酸银水溶液，边加边摇荡，至银液略显混浊，再以等量蒸馏水稀释，即氨银液。每 10 mL 氨银液内滴加吡啶 3 滴。

（6）用 95%酒精迅速漂洗后，在等量的 2%中性福尔马林与无水酒精的混合液内还原 2 min。

（7）蒸馏水充分漂洗后在 0.2%或 0.1%的氯化金水溶液内调色，至切片转成灰色，约 1 min。

（8）蒸馏水漂洗后，放入 5%硫代硫酸钠水溶液内 2 min。

（9）流水冲洗后，钾明矾-苏木精染色液染细胞核。

（10）脱水，透明，合成树脂封藏。

结果：网状纤维呈黑色，胶原纤维呈灰色，细胞核呈蓝色。

四、巨噬细胞

巨噬细胞（组织细胞）具有吞噬功能，活体注射台盼蓝后，定时取材即可见这类细胞在器官、组织内的分布。

1. 注射台盼蓝显示法

（1）动物注射。1%台盼蓝水溶液煮沸灭菌，以无菌手术作动物（大鼠较适用）分点皮下或腹腔注射 2～5 mL/kg，每日一次，注射一周（第二日后可略加大注射量）。几天后见皮肤略显蓝色即可取材。如出现炎症（一般不会），也可经臀部肌肉每天注射青霉素 20 万～40 万单位消炎。

（2）取材。皮肤组织或皮下组织铺片，肠系膜铺片。其他（如肝、脾、淋巴结）均可用。

（3）固定。组织块以 10%中性福尔马林液按常规要求固定。铺片则固定 1～2 h 即可。

（4）染色。组织块常规石蜡切片或铺片固定后均下行入水，苏木精-伊红常规染色。但苏木精宜淡染，水洗后返蓝即可。不必深染后再经酸酒精分色，以免使细胞所吞噬颗粒褪色。

（5）切片。脱水要快，或用滤纸吸干水分后直入 95%酒精及无水酒精脱水，然后透明、封藏。

结果：巨噬细胞内充满不等量、大小不等的蓝色颗粒。成纤维细胞的细胞质呈灰蓝色，有的可见含有少许蓝色颗粒。

注：①此法也可用其他结缔组织染色法（如 Van Gieson、地衣红、沙黄等法）于苏木精染细胞核后予以复染，即同时能显示结缔组织纤维。②如用卡红或中性红复染细胞核代替苏木精，可致细胞核呈红色，而与巨噬细胞所显示的吞噬颗粒蓝色成鲜明对比。

2. 天青-伊红-瑞氏染色法

（1）组织固定、切片或铺片处理同台盼蓝显示法。

（2）常规苏木精染色。

（3）在以下复染液内染色，37 ℃下 1 h 或室温下 6～12 h。

所用复染液配方：0.5%天青Ⅱ（azure Ⅱ）水溶液 5 mL、0.5%伊红水溶液 5 mL、已配好的新鲜瑞氏（Wright）染色液 5 mL、蒸馏水 25 mL。

（4）蒸馏水急漂洗，洗去多余染液。

（5）滤纸吸干水分，95%酒精分色、脱水。

（6）脱水，透明，封藏。

结果：巨噬细胞的细胞核呈蓝色，细胞质呈淡红色，有蓝紫色颗粒。成纤维细胞呈灰蓝色，细胞核呈蓝色。

五、浆 细 胞

1. 甲基绿-派洛宁染色法

（1）固定与切片。10%福尔马林液或 Zenker 固定液固定，如用卡诺固定液亦较好。石蜡切片。

切片按常规下行入水。

（2）甲基绿-派洛宁染色液染色 0.5～2 h。

甲基绿-派洛宁染色液配方：甲基绿（氯仿抽提过的）0.25 g、派洛宁 0.3 g、酒精-甘油（95%酒精 3 mL 溶于 7 mL 甘油内）10 mL、0.5%石炭酸水溶液 100 mL。

（3）蒸馏水漂洗，用滤纸吸干水分。

（4）纯丙酮分色。

（5）丙酮-二甲苯等量混合液脱水。

（6）二甲苯透明，合成树脂封藏。

结果：浆细胞细胞质呈红色，细胞核呈深绿色。

2. 天青 A-伊红染色法

（1）固定与切片。10%福尔马林液固定，石蜡切片。切片常规下行入水。

（2）天青 A-伊红染色液染色 1～2 h。

天青 A-伊红染色液配方：0.1%天青 A 水溶液 4 mL、0.1%伊红水溶液 6 mL、0.2 mol/L 醋酸 1.7 mL、0.2 mol/L 醋酸钠 0.3 mL、丙酮 5 mL、蒸馏水 25 mL。

（3）滤纸吸干水分后用丙酮-无水酒精等量混合液分色数秒钟。

（4）无水酒精脱水，二甲苯透明，封藏。

结果：浆细胞细胞核呈深蓝色，细胞质呈灰蓝色。

六、肥大细胞

肥大细胞可由取材的结缔组织铺片或切片中显示，也可由腹腔液离心沉淀取得。一般经 10%中性福尔马林液固定。至于肥大细胞所含的多巴胺、组胺、肝素或血清素（5-HT）等多种成分，可借助组化技术显示。以下介绍几种方法。

1. 中性红染色法

（1）组织固定后按常规入水。

（2）在 0.5%中性红的 50%酒精溶液内染色 0.5～1 h。

（3）脱水，透明，封藏。

结果：肥大细胞颗粒呈红色。

注：在中性红染色后，可用苏木精染细胞核。

2. 硫堇染色法

（1）组织固定后按常规入水。

（2）0.2%～0.3%硫堇水溶液染色 3～5 min。

（3）脱水，透明，封藏。

结果：肥大细胞颗粒呈紫红色。

注：染色后可借 0.2%醋酸水溶液分色后直入 95%酒精上行脱水。

3. 甲苯胺蓝染色法

（1）铺片不经固定，直入下述染色液染色 10～15 min。

染色液配制：往苯胺油 2 mL 中倒入蒸馏水 50 mL，加热煮沸，混匀冷却（至 40～50 ℃），加入甲苯胺蓝 1 g，待溶解后再加入无水酒精 50 mL。半小时后即可用。

（2）流水略冲洗，去除多余染料即用滤纸吸干水分。

（3）用石炭酸-二甲苯液（1∶3 或 1∶4）脱水并透明 1～2 min 后，滤纸吸干。

（4）入二甲苯换洗 2～3 次，至完全透明后用合成树脂封藏。

结果：肥大细胞颗粒呈紫红色，细胞核呈淡蓝色或无色。

4. 肥大细胞的腹腔液离心沉淀法

(1) 将大鼠麻醉后，打开腹腔尽量抽取腹水，加入少量10%中性福尔马林液混匀固定。

(2) 将该液放入10 mL离心管内，以1 500～3 000 r/min离心3～5 min。

(3) 将离心管在冰箱(4 ℃)内静置2～3 d或稍长时间后，小心去掉上清液。

(4) 将沉淀物按常规脱水、透明、石蜡包埋，切片厚5～6 μm。或涂片晾干。

(5) 切片或涂片用中性红或甲苯胺蓝染色后，脱水、透明、封藏。

结果：肥大细胞较密集。根据所用染料染色，颗粒明显。

5. 阿利新蓝-番红法

(1) 10%中性福尔马林液固定，石蜡切片。

(2) 阿利新蓝-番红染色液染色15 min。

阿利新蓝-番红染色液配方：阿利新蓝(alcian blue) 900 mg、番红(safranin) 45 mg、铁矾1.2 g、醋酸盐缓冲液(pH 1.42) 250 mL。

(3) 流水漂洗。

(4) 叔丁醇(tert-butyl alcohol)脱水。

(5) 二甲苯透明，DPX封藏。

结果：肥大细胞含生物胺显蓝色，肥大细胞含肝素显红色。

6. 肥大细胞颗粒酸性品红染色法

(1) 10%中性福尔马林液固定，石蜡切片。

(2) 切片常规下行入水。

(3) 酸性品红(acid fuchsin)的1%水溶液染色30 s。

(4) 蒸馏水快速漂洗。

(5) 放入0.8%溴水溶液(容器密封)内5 min。

(6) 经蒸馏水漂洗后以1%盐酸的70%酒精溶液分色1～3 min至紫红色。

(7) 快速脱水，透明，合成树脂封藏。

结果：肥大细胞颗粒呈深红色至棕色。

第五节 软骨和骨制片技术

一、软　　骨

软骨组织包括透明软骨(分布于上呼吸管道、肋骨内侧端、长骨关节、短骨关节面等处)、弹性软骨(分布于外耳壳、会厌等处)及纤维软骨(主要位于椎间盘)。在制作切片过程中，组织固定除特殊需要外，几乎不限于哪种固定液，通常也多用石蜡切片法切片。至于切片的染色，除常规苏木精-伊红染色法外，一般以纤维性结缔组织染色法即能分别显示它们的结构特点。

1. 透明软骨茜素红-亚甲蓝染色法

(1) 80%～90%酒精固定12～24 h，石蜡包埋切片。

(2) 切片常规下行入水。

(3) 1%茜素红(alizarin red)水溶液染5～6 min。

(4) 蒸馏水漂洗后，在Unna碱性染色液中复染1～3 min。

Unna碱性染色液配方：亚甲蓝(methylene blue) 1 g、碳酸钾(无水) 1 g、蒸馏水100 mL。

此染色液配好后应使放置数月成熟，临到使用时以4～5倍蒸馏水稀释。

(5) 脱水，透明，封藏。

结果：软骨基质呈深紫色，钙盐沉着处呈红色，细胞核呈蓝色，细胞质呈黄色。

2. PAS法 PAS法可显示软骨的钙化现象及含有糖原的早期成骨细胞，并有助于转移性肿瘤（含黏蛋白）及某些原发性骨瘤（含糖原）的病理诊断。操作时除不宜用强酸长期处理外，一般并不会受骨的脱钙影响。具体方法参照本章第七节的过碘酸Schiff反应（PAS）。

3. 弹性软骨染色法 弹性软骨染色法即可显示软骨内含有的弹性纤维。具体方法见本章第四节的弹性纤维显色。

4. 纤维软骨染色法 纤维软骨染色法即可显示这种软骨内的胶原纤维。具体方法见本章第四节胶原纤维染色的各种方法。

二、骨

在组织学中，骨标本有两种方式制作，一是将骨磨成薄片，二是将骨脱钙后切片。

（一）磨骨

取干枯或新鲜长骨骨干，用细齿锯或电动锯将骨干横断及纵断锯成薄片，不经脱钙磨骨。磨骨片时，可用磨研器，也可手工磨。前者操作方便，省时省力，质量好。手工磨骨则用粗磨石和细磨石来磨。磨研器设备尚不够普遍，以下仅介绍手工磨骨的操作。

（1）手工磨骨时，现在手指与骨磨片间垫以橡皮或胶带，开始用粗磨石加水磨骨。将骨磨至半透明时，改用细磨石用液体石蜡研磨至200 μm后，充分流水冲洗，洗去残渣。

（2）将骨片浸入1%～2%硝酸银水溶液，瓶底垫以纱布，放入37 ℃温箱，镀银数日（也可在较高温温箱内处理）。

（3）水略洗，在还原液内12～24 h。

还原液的配方：焦性没食子酸1～1.5 g、福尔马林8 mL、蒸馏水100 mL。

（4）流水冲洗，可继续在细磨石上磨至骨片厚40～50 μm。

（5）流水冲洗，经上行酒精脱水，二甲苯透明，封藏。

结果：各型骨板呈黄色，哈氏管骨限窝及骨小管呈黑色。各层相间骨板也可区分。

（二）脱钙骨

为将骨组织做切片观察，需将骨的钙质除尽，仅保留软组织才便于切片，这一过程即脱钙。脱钙时须用某些试剂与钙反应，如用酸类使之成为可溶性钙或螯合物提出钙离子。

1. 脱钙过程中要考虑的因素

（1）脱钙剂的浓度。浓度较高的脱钙剂其脱钙速度也快，但对组织的破坏严重。这在酸类脱钙剂内尤其如此。虽然可加用各种附加剂（如缓冲液）来保护组织，但也降低了脱钙速度。因此，各个设计的配方，常都要求在脱钙速度与其他不良效应之间有一定的平衡性。

脱钙时所使用的作用液容量，一般与组织的容量比为20∶1，以使之不能因与钙的反应而容量减少。此外，更应在脱钙过程中换新液数次。例如，用强酸时应在24 h内换新液2～3次，弱酸则每日换1次，乙二胺四乙酸（EDTA）可每周换一次。

（2）脱钙时的温度。脱钙时如提高脱钙剂的温度，可加快化学反应，但也增加了酸类对其他组织成分的破坏作用。如在60 ℃脱钙时，可使骨组织完全解体。虽然用酸类脱钙的最适温度尚不能确定，但仍以实验室的室温比较合适（一般不超过25 ℃）。低温脱钙（如4 ℃）会降低脱钙速度而需要更多的时间，且对甲酸脱钙并不合适。

在EDTA液内脱钙温度稍高（如60 ℃），尚不致出现骨解体的风险（Brain，1966），但亦不可取。

（3）振荡脱钙液。骨在容器内脱钙时，如摇荡该容器太频繁并不一定能获得加快物质交换的好效果。一般是每日用手摇荡1～2次已够，这样可防止形成停滞的人为晶体物质。

(4) 脱钙时悬吊骨组织。将骨悬吊于脱钙液内以使脱钙液能与骨的各面充分接触。在平底容器内放置多个骨片很不利于骨液的充分接触。

(5) 离子交换树脂的应用。用阳离子交换树脂有利于消除从溶液释出的钙而可致脱钙较快，Dotti等（1951）提出用各种浓度甲酸和标准量铵盐的磺化树脂，与所用13%柠檬酸钠的45%甲酸溶液的脱钙结果相比较，发现用树脂脱钙确比对照者快，且组织结构也保存良好。

(6) 电解脱钙。电解脱钙是用直流电，将骨固着于阴极，当电流通过时，迫使钙离子经电解液移向阳极而脱除骨的钙。

操作时用8%HCl与10%甲酸混合液于30～45 ℃下脱钙2～6 h最有效。但也有人对电解脱钙持不同意见。这是因为，组织接触电极后，带来的组织破坏、烧损、膨胀与水解而致本法不一定能取得预想效果。

(7) 超声波加速脱钙。Thorpe等（1963）曾提出用频率约10 250 Hz的超声波在7.5%醋酸水溶液内脱钙，可提速10倍且对组织及染色无损。Brain（1966）重复该试验却未能获得同样结果。

(8) 脱钙完成的测定——草酸钙测试法（Clayden，1952）。骨是否已完成脱钙，对制作切片是否成功很重要，故脱钙后应予测试。以下是一种较精确的化学测试法：往用过的脱钙液5 mL内逐滴加入浓氨液，边加边摇荡至石蕊试纸显碱性，即加饱和草酸铵水溶液0.5 mL（有资料提出要加5 mL），加后摇匀。如此时溶液混浊，说明仍有钙存在（如在此之前加氨液时即混浊，指明钙未脱尽，就不必再进行下去）。此时应将标本换入新鲜脱钙液继续脱钙，经过一定时间再按上法测试。如脱钙液在加氨及草酸铵，放置30 min后即呈清澈透明，说明已脱钙完成。

本法不适用于10%以上浓度的强酸脱钙液的操作。在此情况下，虽可将被测试的脱钙液稀释，但却降低了测试的灵敏度，或加用氢氧化钠溶液使pH在4.5以上。

(9) 脱钙后骨标本的处理。脱钙后的骨组织需经流水冲洗过夜，以洗除所含的酸类，然后再以梯度酒精上行脱水（也有助于酸的洗除）。

对于准备做冰冻切片或EDTA脱钙的组织，最好在脱钙完成流水冲洗后，用中性福尔马林液固定过夜，再按常规处理。

成功的脱钙处理要确保能达到三项要求：①钙盐已完全消除。②细胞和结缔组织未发生畸变。③对染色反应无有害影响。

2. 脱钙剂与脱钙 骨组织在脱钙剂内脱钙的时间长短，要看骨块大小。例如，在强酸类内脱钙，一般厚2～3 mm的骨片1～2 d即可，在弱酸或螯合剂内脱钙常需时间较长，甚至长达数周才能完成。以下介绍几种常用的脱钙剂分类。

(1) 强酸类。如硝酸、盐酸。用量不超过10%，使用时多附加其他中和性试剂（如尿素、甲醛等）以平衡骨组织的解体。脱钙后均置入70%酒精中。

配方1：浓硝酸5 mL、尿素3～5 g、蒸馏水100 mL。

配方2：浓硝酸5 mL、甲醛5 mL、甘油5 mL、蒸馏水85 mL。

配方3：浓硝酸5 mL、70%酒精95 mL。

配方4：10%硝酸40 mL、无水酒精30 mL、0.5%铬酸30 mL。用前临时配制，适于常规通用。

配方5：浓盐酸15 mL、氯化钠175 mg、蒸馏水1 000 mL。使用时每200 mL每日加盐酸1 mL。

(2) 弱酸类。如甲酸、醋酸等，较常用的是5%～10%甲酸水溶液，或附加甲醛或缓冲剂。

配方1：90%甲酸5～10 mL、甲醛5 mL，用蒸馏水加至100 mL。

配方2：柠檬酸钠（结晶）10 g、90%酒精25 mL、蒸馏水75 mL。

配方3：85%甲酸100 mL、95%酒精（或99%异丙醇）100 mL、柠檬酸钠（结晶）20 g、三氯醋酸1 g、蒸馏水100 mL。

(3) 螯合剂。广泛用作脱钙的螯合剂是乙二胺四乙酸（EDTA，实系其二钠盐）。它与骨的作用是仅与钙离子结合，且只作用于磷灰石表层，形成可溶性的非离子性化合物，待表层缺失，遂由内部的钙离子结合溶出。故在脱钙过程中，该晶体逐渐减少，直至脱钙作用完成。这一过程作用较缓慢，但对组织成分及染色影响很小或无，并可用于显示碱性磷酸酶。

配方 1：EDTA 二钠盐 5.5 g、蒸馏水 90 mL、福尔马林液 10 mL。

配方 2：EDTA 二钠盐 250 g、蒸馏水 1 750 mL。

配制时溶液常显混浊，须用约 25 g 的氢氧化钠使之中和到 pH 为 7 即显透明。

3. 染色

（1）脱钙骨块染色法。

①骨脱钙后经流水冲洗 12～24 h，直接浸入下列染色液染色 2～3 d。

染色液配方：硫堇 60 mg、蒸馏水 100 mL、浓氨液 1～2 滴。过滤后使用。

②蒸馏水漂洗后，在苦味酸饱和水溶液内复染 1～2 d。

③经水略漂洗，入 95%酒精分色 1～2 d，然后取出晾干。

④蒸馏水漂洗 3～5 min 或略长，冰冻切片或恒冷箱（－17～－15 ℃）切片，厚 10～20 μm。

⑤切片经 70%酒精略漂洗后，常规粘片，晾干后封藏。

结果：骨小管、骨陷窝及哈佛氏管呈棕色或棕黑色，背景呈浅棕色。

（2）脱钙骨切片后染色。

①骨组织脱钙完成后经流水略冲洗，冰冻切片如脱钙骨块染色法。

②切片经 70%酒精漂洗后，甘油蛋清粘片，温箱烘干。

③切片经下述染色液染色 3～5 min。

所用染色液配方：硫堇 25 mg、蒸馏水 100 mL、浓氨液 1～2 滴。配好后过滤使用。

④水略洗后经饱和苦味酸复染 1～2 min。

⑤蒸馏水漂洗，95%酒精分色 1～2 min。

⑥晾干切片（可不经脱水、透明），合成树脂封藏。如火棉胶切片需脱水、透明。

结果：同脱钙骨块染色法。

4. 电子显微镜超微结构骨组织标本制备法

（1）取材与固定。取小于 2 mm^2 骨片，在等量 5%戊二醛与 3%聚甲醛混合液（pH7.2～7.4）中室温下固定 5～7 d。

（2）经 0.1 mol/L 磷酸缓冲液冲洗 24 h，换洗 2 次。

（3）在 80%及 95%酒精内脱脂各 2 h 后，在 EDTA 脱钙液（pH7.2～7.4）中脱钙 2 周，其间换液 2 次。

EDTA 脱钙液配方：EDTA 二钠盐 4 g、蒸馏水 50 mL、0.2 mol/L 氢氧化钠 35 mL、蔗糖 7 g。溶解、混匀后加蒸馏水至 100 mL，使 EDTA 最终浓度为 0.2 mol/L。

（4）将骨组织修成约 1 mm^3 小块，再入 EDTA 脱钙液脱钙 3～4 d。

（5）0.1 mol/L 磷酸缓冲液内漂洗 3～4 次，每次 10 min。

（6）放入磷酸缓冲液（PBS，pH 7.4）与 2%锇酸水溶液等量混合液内，再固定 2～3 h。

（7）0.1 mol/L 磷酸缓冲液漂洗 3～4 次，换液两次，每次 10 min。

（8）各级丙酮脱水后入丙酮与环氧树脂 812（Epon-812）等量混合液中 12～24 h，换纯环氧树脂 812 浸 1～2 h，经环氧树脂 812 包埋。

（9）入 45 ℃温箱聚合 24 h 后，转入 60 ℃温箱聚合 24～48 h。

（10）修块及超薄切片，厚 60～70 nm。

（11）分别经饱和醋酸铀水溶液及柠檬酸铅水溶液染色，各 10～20 min。

（12）按常规经透射电子显微镜（TEM）观察。

结果：骨胶原原纤维及骨细胞清晰。

5. 骨碱性磷酸酶与磷酸盐显示法（Lorch 法）

（1）取新鲜长骨骨片，厚 2 mm，在 80%酒精或纯丙酮内于 4 ℃下固定 24～48 h。

（2）脱钙于柠檬酸脱钙液（柠檬酸钠 10 g、90%甲酸 25 mL 溶于蒸馏水 75 mL 中）内 3～5 d。

（3）蒸馏水漂洗后，按常规冷冻切片或脱水、透明、石蜡切片（石蜡切片按常规下行入水）。

（4）切片经蒸馏水漂洗后，入 2%硝酸钴水溶液 5 min。

（5）蒸馏水漂洗 2～3 次，每次 1～2 min。

（6）入新配 1%硫化铵水溶液 10～30 s。

（7）流水冲洗 3～5 min。

（8）放入下述溶液中在 37 ℃温箱内孵育 1～2 h。

孵育溶液配方：2%硝酸钙水溶液 10 mL、2%氯化镁水溶液 10 mL、4%β-甘油磷酸钠水溶液 10 mL、1%巴比妥钠水溶液 70 mL、硫化铵 1 滴。

（9）经 1%硝酸钙水溶液略漂洗。

（10）经棓酸胺蓝饱和液（pH7.0），染色 10 min。

棓酸胺蓝饱和液配方：0.1 mol/L 盐酸 18.6 mL、0.1 mol/L 巴比妥钠液 21.4 mL，两液混合后加入棓酸胺蓝（gallamine blue）配成其饱和液。

（11）经 0.5%氢氧化钠水溶液漂洗数秒钟。

（12）蒸馏水漂洗，经 95%及无水酒精脱水，再用二甲苯透明，合成树脂封藏。

结果：碱性磷酸酶呈黑色，磷酸盐呈蓝色。

第六节　肌纤维、神经纤维分离法

一、肌纤维的分离法

1. 解离液　常见的解离液有 30%～40%氢氧化钾水溶液、10%～20%硝酸、马克凯郎（Mac Callmn）解离液（硝酸 1 份、甘油 2 份、蒸馏水 2 份）。

2. 分离法

（1）将小片肌纤维（如青蛙的腿部肌肉、心肌或肠壁、膀胱和血管等处的平滑肌），浸泡于上述 3 种解离液中任何一种均可。若用第一种解离液，可将肌纤维浸泡于 33%的氢氧化钾水溶液中 0.5～1 h。

（2）用镊子将肌纤维取出，置于载玻片上，再加几滴氢氧化钾溶液，然后在体视显微镜或放大镜下观察，同时用两枚解剖针沿着肌纤维的纵轴，如梳理毛发一样，进行分离。两针必须平行纵分，切不可将纤维横断。

（3）在梳理时，必须选择适宜的背景。如肌纤维为无色时可选用黑色背景；若有色则可选白色背景。

（4）分离完毕后，随即将肌纤维平行展开在载玻片上用卡诺固定液固定，钾明矾洋红进行染色 1～2 h，然后用吸水纸将染色剂吸去，用甘油进行暂时封藏。

（5）在染色后也可继续经脱水剂、透明剂（如酒精与二甲苯），最后封藏在树胶中。

二、神经纤维（郎飞氏节）分离法

1. 解离液　0.5%硝酸银溶液（盛于棕色瓶中）。

2. 分离法

（1）截取较细的神经（如青蛙的坐骨神经），将其两端暂时缚于火柴梗上，投入 0.5%硝酸银溶液中 24 h。

(2) 将材料取出在蒸馏水中冲洗，再移入70%酒精中。

(3) 将材料放在载玻片上，置于解剖镜下，用解剖针将神经纤维逐条加以分离。

(4) 同肌纤维的分离法一样，在载玻片上加固定液、染色剂（钾明矾洋红）、脱水剂、透明剂，最后用吸水纸吸干，封藏于树胶中。

结果：郎飞氏节呈黑褐色，细胞核呈红色。

第七节　血管注射技术

为了观察脊椎动物某些脏器（如肺、肝、肾、小肠等）内的血管分布及其相互之间的关系，常用不同颜色的胶体灌注于血管，并做成切片，还可了解毛细血管网的分布。常用的注射胶液以卡红、普鲁士蓝与墨汁等分别配制成红、蓝、黑等颜色。实验动物可选用豚鼠与大鼠做整体注射。较大的动物不宜做整体注射，可分别做单个脏器注射。

(一) 器械准备

手术刀、剪、弯头钳与直头钳、电热恒温板与注射器。注射器视动物大小而定。大鼠与豚鼠可选用10～20 mL注射器2副、头皮针3支或5～6号注射针各2支。兔与猫等较大的动物，则准备50～100 mL注射器与16～18号注射针。

(二) 注射胶液的配制

1. 红色胶液配制　将卡红4 g、蒸馏水100 mL混合后置研钵内研磨均匀，然后逐滴加入浓氨水，边加边磨，至卡红全部溶解成透明状。再逐滴加入2.5%醋酸溶液，仍边加边磨或搅拌，可见透明卡红液又逐渐成混浊状，继续加至无氨刺激气味为止。此时配好的溶液既无氨味也无酸味。如氨味浓，注射后，颜料将渗透出血管扩散，将邻近组织染红；如酸味浓，会有沉淀，使小血管堵塞而导致注射失败。

另取粉状明胶10 g，加少量蒸馏水，待明胶吸水膨胀后，再加蒸馏水，总量不超过80 mL，置于45 ℃水浴内使明胶溶化，呈淡黄色透明胶体。

将上述制备好的卡红液逐渐加入热胶内，充分搅拌均匀，静置于水浴内，使气泡慢慢升至液表面为止。

2. 蓝色胶液配制　取成品普鲁士蓝（Prussian blue）或柏林蓝（Berlin blue）4 g加水10 mL，可略加数滴浓盐酸。

依照上述红色胶液配制中的热明胶配制方法配制热明胶，然后将已制备好的普鲁士蓝液加入热明胶中并搅拌均匀待用。

3. 黄色胶液配制　依照上述红色胶液配制中的热明胶配制方法配制热明胶。制备好的明胶用等量4%硝酸银水溶液混合后加热搅拌，再加焦性没食子酸0.5 g，最后加甘油10～20 mL、水合氯醛3～5 g。

4. 黑色胶液配制　10%明胶液50 mL与研磨后的墨汁（或碳素墨水）50 mL混合。

(三) 注射过程

1. 整体注射　整体注射适用于豚鼠和大鼠等小动物。

(1) 将麻醉动物置于恒温电热板上，剖胸，从右心房放血。

(2) 由左心室注入热（37 ℃）0.2%～0.5%亚硝酸钠生理盐水溶液，冲净血管，也有扩张毛细血管及其他小血管的作用。但也有报道不用生理盐水而直接进行色胶注射，也能达到预期效果。

(3) 将动物置于45 ℃的电热恒温板上，换用较大的空针，仍由左心室注入色胶。注入色胶时，用力需缓慢、均匀。

(4) 注射完毕，用血管钳夹住邻近心脏的大血管，防胶液倒流。

(5) 取肺、肝、肾等固定于10%福尔马林或10%酒精福尔马林（70%酒精配制）内12～48 h。

(6) 火棉胶包埋，切片，厚20～60 μm。

(7) 如需细胞核染色，则可置入苏木精染色液内短时复染。

(8) 常规脱水、透明、封藏。

2. 单个脏器注射 此法适用于猫、兔等较大的动物。

动物经麻醉后，取出所需脏器，如肝的血管注射，则将肝取出，按上述整体注射法的注射过程第(2)步起处理，只是将左心室换成门静脉，并从肝静脉放血。如采用双色注射，则从门静脉注入红色胶液，从肝静脉注入蓝色胶液。注意动、静脉之间的压力平衡，并以肉眼观察颜色。如显示肾血管，则从腹主动脉注射。显示小肠绒毛血管则从腹主动脉或肠系膜动脉注入，显示肺血管则从肺动脉注入。

第八节 消化器官制片技术

消化系统由消化管和消化腺两大部分组成。它们的结构较复杂，细胞种类繁多，功能多样，除用常规苏木精-伊红染色法可显示一般形态结构外，其各种特殊性细胞均需经特殊染色法、镀银法或组织化学技术分别处理才能显示。

一、常规苏木精-伊红染色法

作为一般观察用的苏木精-伊红（H-E）法，常规固定液固定后，石蜡切片，染色后在光学显微镜下所能观察到的结果如下：

消化管与消化腺全部细胞的细胞核均染成蓝紫色，纤维性结缔组织红色，肌肉组织为较深红色。黏膜下及肌间神经丛的胞体色淡。

口腔、咽、食管及肛门黏膜均由复层扁平上皮衬成，胞浆均染成红色。味蕾细胞为淡红色。轮廓乳头固有层内的味腺系浆液性，染成红色。食管固有层内贲门腺为黏液性，均染色很淡。

牙的取材常用恒牙干枯标本，除磨片外须经充分脱钙后石蜡切片，H-E染色。因已无细胞胞体存在，染色后各部结构呈红紫色；釉质、牙本质及牙骨质均可分辨。

胃的黏膜上皮细胞为柱状，胞浆内的黏原颗粒未被保存，染色呈很淡的红色。幽门腺与贲门腺主要由黏液细胞构成。胃底腺中的主细胞胞质顶部含酶原颗粒，已被溶除而呈泡沫状，但该类细胞基底部嗜碱染色较强显蓝色。腺内可见较特殊的壁细胞，胞体为锥形，胞质嗜酸性较强被染成鲜红色，很易鉴别。其他如颈黏液细胞和内分泌细胞，利用本染色法不易鉴别。

小肠绒毛表面的柱状细胞游离面可见明显的纹状缘，细胞胞质染成红色，它们是小肠的吸收细胞。这些吸收细胞之间夹杂有杯状细胞分泌黏液，胞质呈泡沫状，染色很淡。绒毛基底部与肠腺相续，腺管基底部可见有若干潘氏（Paneth）细胞，胞质顶部所含的粗大嗜酸性颗粒染成鲜红色。未分化细胞与内分泌细胞，不能用本染色法鉴别。在十二指肠黏膜下层的十二指肠腺是黏液腺，染色淡。

大肠黏膜上皮的柱状细胞和夹杂其间的杯状细胞均属黏液性，染色结果同上。

唾液腺腺泡分浆液性、黏液性和混合性三种类型，其腺泡细胞有两种，为浆液性腺细胞和黏液性腺细胞。浆液性腺泡由浆液性腺细胞组成，其细胞质游离部含丰富的嗜酸性染色颗粒，呈红色，基底部嗜碱性较明显，染成蓝色。黏液性腺泡由黏液性腺细胞组成，其细胞中的黏液颗粒不能显示，呈空泡状，染色淡。混合性腺泡由两种细胞共同组成，主要由黏液性腺细胞构成，腺泡外围的“半月”则是由浆液性腺细胞组成。

胰腺的外分泌部腺泡细胞，颗粒染成红色，基底部染成蓝色。胰腺的内分泌部即胰岛，在 H-E 法染色呈较淡的大、小不等团块，不能区分其中的细胞种类，须经特殊染色法显示。

肝小叶在切片上可见肝细胞成索状排列，即肝索，细胞染成红色。肝索之间裸线空隙是肝血窦。除血窦内皮外，可见到多突的星状细胞（即肝巨噬细胞或 Kupffer 细胞），染色淡，在胞质内可见到有吞噬物，它与扁平的肝血窦内皮易于区分。至于肝细胞内所含的糖原等物质、贮脂细胞以及肝细胞之间的胆小管均需用特殊染色法才能显示。

注：苏木精-伊红染色时，如用 Ehrlich 苏木精，可致某些酸性黏蛋白（如大肠和小肠杯状细胞、大肠黏膜上皮、唾液腺的黏液腺细胞等）染成蓝色。

二、过碘酸 Schiff 反应

（1）10%福尔马林生理盐水溶液固定，石蜡切片。切片下行入水。

（2）在 1%过碘酸水溶液内氧化 5 min。

（3）流水冲洗 5 min 后再用蒸馏水漂洗。

（4）放入 Schiff 反应剂中 10～20 min（15 min 即可）。

（5）流水冲洗 10 min。

（6）Harris 或 Delafield 苏木精淡染细胞核。

（7）水洗，脱水，透明，封藏。

结果：胃黏膜上皮、小肠面膜上皮的纹状缘及细胞衣、胃腺颈黏液细胞胞质、上皮基膜、十二指肠腺、杯状细胞、食管腺、唾液腺的黏液性腺细胞等均显红色，细胞核淡蓝色。

三、阿利新蓝染色法

（1）福尔马林液固定，石蜡切片按常规下行入水。

（2）阿利新蓝染色液染色 5～10 min。

阿利新蓝染色液配方：阿利新蓝 1 g、3%醋酸水溶液 100 mL。

（3）流水冲洗。

（4）0.5%中性红水溶液染细胞核 3～5 min，不宜过染。

（5）蒸馏水漂洗数次。

（6）经 95%及无水酒精快漂洗、脱水，然后透明，封藏。

结果：上皮性黏蛋白染成蓝色，细胞核染成淡红色。

四、黏液卡红染色法

（1）切片下行入水。

（2）苏木精染色液（避免用 Ehrlich 苏木精染色液）染细胞核后，酸酒精分色 1 min，充分水洗至返蓝色。

（3）卡红染色液染色 30～45 min。在 37～56 ℃恒温箱内染色可减少时间。

卡红染色液的配制：以 1 g 优质卡红充分研磨后，倒入 50%酒精 100 mL，混溶。加氢氧化铝 1 g 混溶后再加 0.5 g 氯化铝，加热煮沸（可用热水浴）2.5 min。待冷后过滤，4 ℃贮存备用。

（4）水漂洗数次后经无水酒精脱水，透明，封藏。

结果：黏蛋白呈红色，细胞核呈蓝色。

五、小肠潘氏细胞染色法

在苏木精-伊红染色的小肠切片上，已可见到潘氏（Paneth）细胞及其颗粒。如用焰红（phloxine）染色液来代替伊红染色液复染，则其颗粒更明显、鲜艳。染色 20 min，以后处理步骤按常规方法操作。

焰红染色液配方：焰红 0.5 g、氯化钙（$CaCl_2$）0.5 g、蒸馏水 100 mL。

六、闭锁堤染色法

两个相邻上皮细胞膜之间，常有一些特化的连接结构。如小肠绒毛的柱状上皮细胞侧面的连接结构有紧密连接（闭锁小带）、中间连接（黏着小带）桥粒（黏着斑）和缝隙连接等。这些结构在电子显微镜下均能清晰观察。两类以上的连接结构即名连接复合体。它们在实体中，其将细胞游离端侧面之间封闭成网状，在早年的组织学中常命名为密锁堤（terminal bar）。但在光学显微镜下所能见到切片的上皮细胞游离端侧面的连接复合体所在处，常被切成其局部的点状。一般经 Helly 固定液、Zenker 固定液、福尔马林或 Susa 固定液等处理的石蜡薄切片，以铁矾-苏木精如 Heidenhain 染色液染色即能观察到。

七、消化管的内分泌细胞染色法

在胃肠消化管各段的黏膜上皮细胞之间，散布着大量的内分泌细胞，它们分泌的激素统称为胃肠激素（gut hormone）。在形态结构方面，可见细胞呈锥形、卵圆形、梭形或不规则状，细胞顶端或通向管腔或全细胞介于上皮细胞间，因而用开放型或封闭型来表示。细胞基底端均较膨大，含有丰富的分泌颗粒，说明它们与血流有密切关系。激素的化学性质多属肽类、生物胺或相关产物。有的细胞不只分泌某一种激素，而是分泌两种激素或一种激素和一种胺。早期曾广泛使用 APUD（amine precursor uptake and decarboxylation，摄取胺前体并脱羧）细胞系列代表胃肠内分泌细胞的统称，是根据其含胺、摄取胺前体、脱羧或具一定的异染性而命名。近些年来，先后又有各种分类、命名，如胃肠胰内分泌系统和弥散性神经内分泌系统等。这也是由于在显示这类细胞的技术方法上，在不断取得进展所然。这类细胞有的显亲银性（argentaffin）反应或嗜银性（argyrophil）反应，电子显微镜下观察到颗粒大小、形状、致密度以及晕轮的有无或某种组化技术，也只是依据多肽激素侧链反应存在的信息。对区分或鉴别一部分胃肠内分泌细胞均尚不够全面。因此，可认为，早期的这些显示技术所能提供的有限信息，尚属于半特异性的粗选技术，很少能确定某种细胞的特异性，而常是几种细胞都可能出现某一方法的混淆结果。近年来，有这类细胞的生理现象、生化反应和发生起源等各方面，用更精确的各种免疫组化及电子显微镜技术（如免疫组织化学、免疫细胞化学等结合免疫荧光和免疫过氧化物酶等技术）对多肽激素或生物胺的鉴定。目前对内分泌细胞的深入探讨，不仅使胃肠道的内分泌细胞的分类和内容更充实，也涉及其他一些内分泌器官及结构，如胰岛、甲状腺、垂体和肾上腺等。可以预见到，今后在这方面的内容与种类会更丰富。

1. 铅苏木精法（Solcia，Capella 和 Vassallo，1969）

（1）福尔马林、戊二醛或 Helly 固定液固定。

（2）石蜡切片按常规下行入水。

（3）铅苏木精染色液染色 2～3 h（37 ℃）或 1～2 h（45 ℃）。

配制染色液：先配制稳定的铅液，然后配制铅苏木精染色液。

稳定的铅液：5%硝酸铅蒸馏水溶液 100 mL、硫酸铵（或醋酸胺）饱和蒸馏水液 100 mL。混合，过滤，再加 40%甲醛液 4 mL。此贮存液可保持数星期不失效。

铅苏木精染色液：稳定的铅液 10 mL、0.2 g 苏木精溶于 1.5 mL 的 95%酒精、蒸馏水 10 mL，依次混合，充分搅拌，待停留 30 min 后再过滤。将过滤液加蒸馏水至 75 mL。配后立即使用。

（4）蒸馏水冲洗。

（5）常规法脱水，透明，封藏。

结果：消化管内的 EC（5-羟色胺）、G（胃泌素）、L（肠高血糖素）、S（促胰液素）细胞皆染成蓝黑色。

注：①经戊二醛或 Helly 固定液固定的组织，染色时间需增加。②染色前如经酸液水解，染色效果较好。水解用的酸液是 0.2 mol/L HCl，戊二醛或 Helly 固定液固定者在 60～65 ℃水解 12 h，其他固定液水解 3～4 h。③染色结果除上述几种内分泌细胞外，也可显示胰岛的 A 细胞及 D 细胞，甲状腺 C 细胞，垂体的 ACTH（促肾上腺皮质激素）、MSH（促黑素细胞激素）细胞。

2. 重氮法显示亲银细胞（Lille 等，1973）

（1）中性缓冲液福尔马林或福尔马林生理盐水溶液固定。

（2）石蜡切片 5 μm，常规下行入水。

（3）在下述预冷（4 ℃）染色液中染色 10～15 min。

染色液配方：1%坚牢红 B（fast red B）水溶液 5 份、饱和碳酸锂水溶液 2 份。

（4）蒸馏水漂洗后，流水冲洗 2～3 min。

（5）苏木精染色液淡染 1～2 min（避免用 Ehrlich 苏木精）。

（6）流水冲洗使细胞核着色返蓝，或用酸酒精分色后再流水冲洗返蓝。

（7）脱水，透明，合成树脂封藏。

结果：亲银细胞颗粒橘红色，细胞核淡蓝色。

注：①组织要取材新鲜并须经福尔马林液固定。②也可用坚牢石榴红（fast garnet GBC）染色。③本法主要显示 EC 细胞。

3. 还原银法显示嗜银细胞（Pascual，1976）

（1）10%福尔马林生理盐水溶液固定。

（2）石蜡切片按常规下行入水。

（3）放入新鲜配制的 0.5%硝酸银蒸馏水溶液中，于 60 ℃停留 2 h，或在室温下过夜。

（4）经蒸馏水略洗后转入预热至 60 ℃的还原液内 5 min。

还原液的配方：无水硫酸钠 5 g、对苯二酚（hydroquinone）1 g、蒸馏水 100 mL。还原液在临用时现配。

（5）流水冲洗 3 min，再经蒸馏水漂洗。

（6）再入 0.5%硝酸银蒸馏水溶液中镀银，60 ℃下 10 min。

（7）蒸馏水漂洗。

（8）按步骤（4）和（5）再还原一次。

（9）核坚牢红染色液复染 3 min，

核坚牢红染色液配方：核坚牢红（nuclear-fast red）0.1 g、硫酸铝 5 g、蒸馏水 100 mL。

（10）流水冲洗后脱水，透明，封藏。

结果：嗜银细胞（内分泌细胞）黑色，细胞核红色。背底无色，对比度好。

注：第二次镀银［即步骤（6）］时间可增加至满意为止。

4. 显示嗜银细胞的 Grimellus 还原银法（Vassalo 等，1971）

（1）于 10%中性缓冲液福尔马林中固定。

（2）石蜡切片 5 μm，常规下行入蒸馏水。

（3）放入硝酸银液中于 37 ℃过夜，或在 60 ℃温箱中 4 h。

硝酸银液配方：硝酸银 50 mg、蒸馏水 90 mL、醋酸盐缓冲液（pH5.6）10 mL。

（4）配制还原液 1%对苯二酚水溶液及 5%亚硫酸钠水溶液，分别置于 60 ℃温箱内预热 1 h，用时等量混合。

（5）镀银切片不经水洗，略吸干，直接放入等量混合的还原液内，60 ℃下停留 5 min 左右，至显棕褐色。

（6）蒸馏水漂洗。

（7）取配好的下述亮绿染色液 10 mL，加蒸馏水 50 mL 稀释后复染 3 min 左右，至切片显绿色。

亮绿染色液配方：亮绿 0.1 g、蒸馏水 50 mL、冰醋酸 0.1 mL。

（8）蒸馏水漂洗后，脱水，透明，封藏。

结果：EC、ECL、G、S 等细胞黑色颗粒明显，细胞质绿色。

注：①可不复染。②胰岛 A（α_2）细胞、甲状腺 C 细胞、肾上腺产生肾上腺素及去甲肾上腺素细胞，以及垂体有关促肾上腺皮质激素（ACTH）细胞均显为黑色颗粒。

5. 原发性荧光检测亲银细胞法（Culling，1974）

（1）于中性缓冲液福尔马林中固定。

（2）石蜡切片 5 μm，按常规下行入水。

（3）滴加无荧光性水溶封藏剂后加盖玻片。

Aphthy 水溶性封藏剂（R. I. 1.52）配方：阿拉伯胶（gum acacia）50 g、精蔗糖 50 g、蒸馏水 50 mL、麝香草酚（thymol）0.05 g。

略加热溶解后密封，防止蒸发及凝固。

（4）荧光显微镜下镜检，用 300 nm 激发滤片及使紫外线无色的阻断滤片。

结果：亲银细胞颗粒显亮金黄色荧光。

八、肠肌丛（Auerbach 神经丛）镀银法

（1）取幼年动物，处死后，速剖腹取一段小肠（空、回肠较好），用温热生理盐水将肠内容物冲洗洁净。结扎肠段两端。

（2）用注射空针将固定液缓慢注入肠段，尽量使肠段膨胀，固定 1 周左右。

固定液配方：60%酒精 90 mL、福尔马林液 10 mL。

（3）固定后将肠段剪成 1 cm 长的小段，在流水中冲洗过夜。然后浸入蒸馏水中 24～36 h，换水 3～4 次。在此期间，可每 12 h 取一小段进行各层剥离操作。

（4）将肠管小段纵向剪开，铺平。用眼科细镊轻轻剥离黏膜、黏膜下层及环形肌层。这一操作可在蒸馏水内进行。剥离各层后，检查纵形肌层，取其上存留的神经丛较完整者予以镀银。

（5）在 20%硝酸银水溶液内 37 ℃避光处理 5～20 min（或用 5%硝酸银水溶液于 37 ℃下处理 1 d）。

（6）蒸馏水漂洗 1 次。

（7）放入还原液中于 37 ℃下处理 5～10 min。

还原液配方：对苯二酚 1.5 g、中性福尔马林液 3 mL、蒸馏水 100 mL。

（8）蒸馏水略漂洗后置分色液中分色 2 min。

分色液配方：硫氰化铵 3 g、蒸馏水 100 mL。硫氰化铵溶解后加氯化金水溶液 1～2 mL，可略加多。

（9）流水冲洗 10 min 后，常规脱水、透明及封藏。脱水前也可经伊红复染。

结果：神经细胞胞体、突起及纤维黑色。

九、肝血管双色注射显示法

取小动物（如大鼠）肝，注意保持出入于动物肝的血管。将肝放入 40 ℃左右的水中，用生理盐

水由肝门静脉灌入将血液冲净。然后由门静脉注入红色明胶，至全肝变红，结扎门静脉及肝动脉。再用蓝色明胶由肝静脉倒注入肝，至肝表面呈现蓝色点状，结扎肝静脉。注射时要求注入力量平衡，注蓝色明胶时更不可用力过大。注射完毕用10%福尔马林液将全肝固定（室温阴凉处）至少1周。然后取材冰冻切片或火棉胶切片，脱水，透明，封藏。

结果：肝小叶中央静脉及其周围血窦蓝色，肝小叶间的动脉因倒流现象而呈红色，肝小叶外周血窦红色。

十、肝血窦内星状细胞（Kupffer细胞）活体注射显示法

用大鼠、小鼠、兔或豚鼠等动物，以台盼蓝或台盼红水溶液作活体注射。经一定时间后，取该动物肝，固定，切片，即可观察到星状细胞细胞质内含有吞噬的蓝色或红色颗粒。

（1）台盼蓝或台盼红溶液。配制台盼蓝或台盼红0.5%水溶液50 mL，染料溶解后过滤，用锥形瓶封好后，在沸水浴内消毒10～15 min，冷后备用。

（2）对体重300 g左右的动物，腹腔内注射台盼蓝或台盼红水溶液总量约10 mL。第一次用0.5 mL，以后每次从1 mL逐次加至1.5 mL，每日1次，注射1周或稍久至皮肤、巩膜、鼻尖等处显较深蓝色（或红色，取决于所用染料）。

（3）取肝组织在10%福尔马林水溶液中固定24 h。

（4）组织按常规脱水、透明、石蜡包埋切片，厚8 μm。烘干切片，脱蜡下行入水。

（5）卡红染色液（注射台盼蓝者）或苏木精染色液（注射台盼红者）染核数分钟。

卡红染色液配方：卡红2 g、5%铵明矾液100 mL。

将卡红加入5%铵明矾液中，煮溶，待冷却后备用。

（6）水洗，脱水，透明，封藏。

结果：用台盼蓝注射、卡红染核的肝组织，血窦内的星状细胞细胞质内含有大小不等所吞噬的颗粒，细胞核红色。台盼红注射者，星状细胞所含颗粒为红色，苏木精染核为蓝色。

注：动物的其他组织内所含的巨噬细胞均可见吞噬的着色颗粒。

十一、肝细胞间的胆小管显示法

1. Gomori-Takamatsu钙钴显示碱性磷酸酶法 碱性磷酸酶反应后，用Van Gieson复染，结果胆小管黑色，胶原纤维鲜红色，肝细胞黄色，对比清晰。

2. Kopsch的Golgi镀银改良法

（1）肝组织（厚度3 mm左右）固定于下述固定液中24 h。

固定液配方：3.5%重铬酸钾水溶液80 mL、中性甲醛20 mL。

（2）再浸入3.5%重铬酸钾水溶液中2 d。

（3）蒸馏水漂洗5 min。

（4）1%硝酸银水溶液漂洗，换液2次后，再在新液内浸染1～2 d，于室温（20～25 ℃）下处理。

（5）蒸馏水急洗后，梯度酒精快速脱水（各1～2 h），经乙醚-无水酒精（1∶1）2 h。火棉胶包埋切片，厚20～30 μm。

（6）切片脱水，透明，封藏。

结果：胆小管显棕黑色，背底淡黄色。

注：浸银后的脱水时间尽量要短。

3. 胆小管的铁苏木精染色法

（1）取犬（或其他动物）肝，厚度3 mm。

(2) 于乙醚-无水酒精 (1∶1) 中固定 24 h。

(3) 经 2%、4%火棉胶液各 24 h。

(4) 包埋块经氯仿透明后浸蜡双重包埋。

(5) 切片，厚 5～7 μm。常规脱蜡下行入水。

(6) 用 2.5%铁矾 (硫酸铁铵) 水溶液媒染 1～3 h。蒸馏水急洗一次。

(7) 苏木精染色液染色 1～3 h。

苏木精染色液配法：苏木精 1 g 溶于 95%酒精 10 mL 中，再加蒸馏水 90 mL (可加热至全溶)，冷后过滤。临用时再以等量蒸馏水稀释后进行染色。

(8) 2.5%铁矾 (硫酸铁铵) 水溶液分色，分色前须用蒸馏水漂洗 1 次。分色至对比清晰。

(9) 流水冲洗 15～20 min。

(10) 可经 0.1%伊红的 80%酒精染色液复染 2～3 min。

(11) 常规脱水，透明，封藏。

结果：充盈胆汁的胆小管染成蓝黑色条索状，如无胆汁的胆小管则管壁显黑色细纹。细胞核黑色，细胞质浅红色。

注：①脱水及透明时间要快速短暂。②媒染及分色于铁矾内的时间可延长至 12 h。③人的材料可取自病理解剖，也可获得满意效果。④建议组织用石蜡包埋切片，可切 10 μm 以下的切片，效果满意。

十二、肝贮脂细胞显示法

贮脂细胞位于窦间隙内和肝细胞之间，细胞质内含有较多的脂滴是其特征。目前认为此种细胞具有贮存脂滴、维生素 A 和生成胶原纤维的作用。在发生慢性肝病和肝硬化时，贮脂细胞增生，纤维也增多。如给动物大量注入维生素 A，贮脂细胞也大量增生。

(1) 取兔肝厚约 3 mm 的组织块，于 5%中性福尔马林液 (碳酸钙中和，pH6.5) 中在 4 ℃下停留 24～48 h。

(2) 冰冻切片，厚 15～20 μm，用 1%明胶粘片。

(3) 粘片后用滤纸吸干水分。含水分会影响染色。

(4) 在 0.01%～0.02%氯化金水溶液中于 26～28 ℃下浸染 4～8 h，再置 4 ℃冰箱中浸染 15～18 h。

(5) 5%硫代硫酸钠水溶液漂洗 10～15 s。

(6) 蒸馏水漂洗，直入 95%及无水酒精荡洗两次，再经无水酒精-二甲苯 (1∶1) 5 min，然后二甲苯透明，合成树胶封藏。

结果：贮脂细胞呈紫褐色。

注：①经硫代硫酸钠漂洗及蒸馏水漂洗后，可用苏丹Ⅲ加苏丹Ⅳ染脂滴，但需用 1%明胶封藏。②如本法改用波形蛋白 (vimentin) 或结蛋白 (desmin) 免疫组化法，显示贮脂细胞则较稳定。

十三、胰岛 A 细胞、B 细胞及 D 细胞显示法

1. 醛-品红染色改良法

(1) 取动物的新鲜胰尾组织厚约 3 mm，于福尔马林生理盐水或 Bouin 固定液中固定 24 h。

(2) 石蜡切片，厚 5～8 μm。

(3) 切片常规下行入水。

(4) Lugol 碘液氧化 10 min。或用 0.5%高锰酸钾水溶液加等量 0.5%硫酸水溶液氧化 2 min。

(5) 流水冲洗后在 2.5%硫代硫酸钠水溶液内漂白至无色。或经高锰酸钾-硫酸氧化后在 2%亚硫

酸钠水溶液内漂白至无色。

（6）流水冲洗 5～10 min 后放入 70%酒精中。

（7）醛-品红染色液染色 15～30 min，

醛-品红染色液配方：碱性品红（basic fuchsin）0.5 g、70%酒精 100 mL、浓盐酸 1 mL、三聚乙醛（paraldehyde）1 mL。

碱性品红溶解后混匀，在室温置放 1～3 d 至溶液呈深紫色即可用。如暂时不用，可在 4 ℃下保留数周。

（8）95%酒精漂洗后转入蒸馏水内。

（9）苏木精染色。染色后可略在酸酒精内分色，然后水洗使核返蓝色，其他结构无色。

（10）蒸馏水漂洗后在复染色液内染色 45～60 s，可延长至 10 min。

复染色液配方：亮绿 0.2 g、橘黄 G 1.0 g、磷钨酸 0.5 g、冰醋酸 1.0 mL、蒸馏水 100 mL。

（11）在 0.2%醋酸水溶液内略漂洗，转入 95%酒精漂洗并开始脱水。

（12）快速脱水，透明后封藏。

结果：胰岛 A（α_2）细胞颗粒黄色，胰岛 B（β）细胞颗粒深红紫色，胰岛 D（α_1）细胞颗粒绿色。其他如胶原绿色，某些黏多糖红紫色。

2. 银染及三色法

（1）组织经 Bouin 固定液固定后再经流水冲洗 1 h。

（2）经常规石蜡包埋切片，下行入水再流水冲洗 1 h，洗除苦味酸的黄色。

（3）经 95%酒精漂洗 2 min，95%和 100%酒精脱水各 5 min。

（4）入银液浸银于 37 ℃下过夜。

银液配方：硝酸银 10 g、蒸馏水 10 mL、95%酒精 90 mL、1 mol/L 硝酸 0.1 mL。

用氨水调节银液的 pH 至 5.0。

（5）95%酒精速漂洗 1～2 次，勿超过 10 s。

（6）入还原液 1 min。

还原液配方：焦性没食子酸 5 g、95%酒精 95 mL、福尔马林液 5 mL。

（7）95%酒精漂洗 1 min，换 3 次。

（8）蒸馏水急洗后，经苏木精淡染细胞核，经酸酒精分色至背景无色，或流水冲洗至细胞核返蓝。再用蒸馏水急漂洗。

（9）酸性品红染色液染色 5 min。

酸性品红染色液配方：酸性品红 0.5 g、冰醋酸 0.5 mL、蒸馏水 100 mL。

（10）蒸馏水漂洗 2 min。

（11）1%磷钼酸水溶液分色约 5 min。

（12）将切片用滤纸条吸干水分。

（13）置 2.5 mL 2%甲基蓝冰醋酸染色液中，染色 2～5 min。然后蒸馏水漂洗。

（14）1%醋酸水溶液分色，镜检至分色程度适宜。

（15）脱水，透明，封藏。

结果：胰岛 A（α_2）细胞颗粒红色；胰岛 B（β）细胞颗粒蓝色；胰岛 D（α_1）细胞颗粒黑色。

注：此法特别强调胰岛 D 细胞着色，如不需要，则在步骤（9）之前，脱水透明后则只见胰岛 D 细胞。

3. Grimellus 还原银法　前面介绍的 Grimellus 还原银法也可用于对胰岛 A 细胞的强调显示。

4. 偶氮卡红三色法

（1）取豚鼠或猫胰尾部组织，Bouin 固定液固定 24 h，石蜡切片，厚 6 μm。切片常规下行入水。

（2）偶氮卡红染色液染色，于 60 ℃下染 60～90 min。

偶氮卡红染色液配方：偶氮卡红 G 0.5 g、冰醋酸 1 mL、蒸馏水 100 mL。

(3) 流水冲洗后再经蒸馏水漂洗。

(4) 滤纸吸干水分后用1%苯胺油（95%酒精配制）溶液分色，控制于镜下至胰岛A细胞成红色，其他细胞几无色。时间约5 min，或可能需1 h。

(5) 1%醋酸水溶液漂洗1 min后略水洗。

(6) 5%铁矾水溶液媒染30 min。

(7) 蒸馏水漂洗2～3次，每次1 min。

(8) 入橘黄G染色液，于40 ℃下染30 min。

橘黄G染色液配方：橘黄G 2 g、蒸馏水100 mL、冰醋酸1 mL。

(9) 蒸馏水洗2～3次，每次1 min。再用1%醋酸水溶液漂洗1 min。

(10) 苯胺蓝染色液染色5 min。

苯胺蓝染色液配方：苯胺蓝0.5 g、蒸馏水100 mL、0.05%醋酸水溶液5～7滴。

(11) 染色后进入95%酒精漂洗2 min。

(12) 经95%、100%酒精脱水，常规法透明，封藏。

结果：胰岛A细胞颗粒红色，胰岛B细胞颗粒黄色，胰岛D细胞颗粒蓝色。

第九节 呼吸器官制片技术

一、取 材

(1) 鼻黏膜呼吸部位于鼻腔前部中央，深部有透明软骨。取材时可剪下鼻翼，取下鼻中隔，固定后修整，连同软骨做横断面切片。

(2) 鼻黏膜嗅部位于鼻中隔深部及上鼻甲处。固定后用刀片轻取鼻黏膜，勿附带骨组织。取材以犬的嗅黏膜含嗅细胞较丰富较好。

(3) 将动物杀死后取喉，固定后从前、后位纵切，包埋后取冠状切面的切片。

(4) 气管可横切整个断面或前、后位只取一半横切。

(5) 肺取材自支气管以下。以肺下1/3附有被膜较完整的组织为宜。

二、固 定

常规甲醛液、Zenker固定液、Helly固定液以及Susa固定液等均适用。特殊染色按要求选择固定液。

固定时因肺内充气，宜用抽气机在固定液内缓慢抽气，或使肺在固定液内沉底，在37 ℃温箱内固定12～24 h，随时翻动也可使气泡逸出。

三、嗅细胞及神经显示法

(1) 将嗅黏膜固定于5%氨液（95%酒精配制）内48 h。固定后蒸馏水略漂洗。

(2) 入纯吡啶液内24 h。

(3) 流水冲洗1 d。

(4) 放入2%硝酸银水溶液内于37 ℃下处理3 d。

(5) 蒸馏水略漂洗，在下述还原液内还原1～2 d。

还原液的配制：4 g焦性没食子酸（pyrogallic acid）溶于100 mL 5%福尔马林水溶液内。

(6) 流水充分冲洗后，脱水，透明，石蜡包埋切片，厚约 8 μm。

(7) 石蜡切片烘干后，常规透明，封藏。

结果：无髓嗅神经纤维黑色，嗅细胞棕黑色。

四、肺的弹性纤维染色法

具体操作参见结缔组织弹性纤维染色法（本章第四节）。

五、肺的网状纤维染色法

具体操作参见结缔组织网状纤维染色法（本章第四节）。

六、肺泡毛细血管网注射显示法

首先用 0.2%～0.5%亚硝酸钠生理盐水溶液经肺动脉进行冲洗，再用红色明胶注射液灌注。之后冰冻切片或火棉胶切片，用苏木精染核，再按常规封片。

七、肺泡上皮镀银法

(1) 将大鼠或豚鼠麻醉后，连同气管取下全肺，用注射器针头插入气管并用线扎牢。慢慢注入新配的 0.5%硝酸银水溶液，使肺泡充满银液至胀，但勿加压过大、过快，以免肺泡胀破。

(2) 注射后将全肺浸入 0.5%硝酸银水溶液中，放置暗处 6 h，经蒸馏水略漂洗，将肺切成小块又放入 0.5%硝酸银水溶液中，放置暗处再浸 6～12 h。

(3) 经蒸馏水漂洗后，冰冻切片，厚 30～50 μm。

(4) 切片在下述还原液内还原至镜检时肺泡上皮成棕黑色。

还原液配方：对苯二酚 0.2 g、0.5%福尔马林水溶液 100 mL。

(5) 蒸馏水漂洗后入氯化金液调色 5～15 min。

氯化金液配方：蒸馏水 10 mL、1%氯化金水溶液 5 滴、冰醋酸 2 滴。

(6) 蒸馏水漂洗后入 5%硫代硫酸钠水溶液数分钟。

(7) 流水充分冲洗，梯度酒精上行脱水，透明，封藏。

结果：肺泡上皮细胞界限为棕黑色。

注：切片在流水洗后可复染细胞核及弹性纤维染色。本法也可用石蜡包埋切片。

八、肺泡Ⅱ型细胞显示法

(1) 用大鼠新鲜肺组织，切成约 2 mm 长的小块，在室温下浸于锇酸-碘化钠液中 24 h。

锇酸-碘化钠液配方：2%锇酸水溶液 10 mL、3%碘化钠水溶液 30 mL。

另取 1 份肺组织只经锇酸固定作对照。

(2) 经蒸馏水洗后，脱水，透明，石蜡切片。

(3) 切片不必太薄。切片化蜡后透明，封藏。

结果：用锇酸-碘化钠液固定的肺泡Ⅱ型细胞的板层小体棕黑色。只用锇酸固定者不着色。

注：取材以幼小动物为宜，成年或老年动物常因细胞吞噬异物，易与板层小体混淆。

九、分离气管上皮细胞法

（1）取动物一段气管，用生理盐水将气管内、外冲洗干净后，在30%酒精内摇荡约45 min，上皮细胞即可全被分离。将气管的其他结构去掉。

（2）细胞沉淀后，尽量倾掉上清液，再将细胞连同酒精滴于载玻片上，稍晾干后改用Bouin固定液固定。

（3）用70%酒精滴若干次以洗去黄色。此步宜小心缓慢以免洗掉过多细胞。用H-E染色。

（4）常规法梯度酒精脱水，透明，封藏。

结果：细胞核蓝色，细胞质红色。

第十节 泌尿器官制片技术

泌尿系统包括肾、输尿管、膀胱及尿道。后三者因无特殊结构，一般按常规石蜡切片、苏木精-伊红染色。

一、肾的常规染色

肾为实质性器官，分皮质及髓质。取材时可纵切（前后向）或横切成块；如无特殊需要，肾的切片则应将肾椎体及小盏包括在内，经短时间固定后加以修整再继续固定。

肾在动物死后应立即固定，否则细胞出现自溶现象。因此取材应动作迅速，尽可能保持组织的新鲜。常用的固定液以含升汞的液体如Susa固定液、Zenker固定液或Helly固定液较好。甲醛固定效果不佳，忌用Bouin固定液。

固定后按常规处理，脱水，石蜡包埋、切片，苏木精-伊红染色。如果经PAS-苏木精染色，则可显示肾小球及各段肾小管的基膜和近曲小管的刷状缘。

二、球旁细胞颗粒染色

球旁细胞（JG）所含颗粒的染色较特殊，用常规染色不易辨认，其上皮样细胞也与小动脉平滑肌关系密切而不易区分。以下是两种通用和较稳定的颗粒染色法。

1. Bowie 法（Smith，1966）

（1）薄片组织经Helly固定液固定48 h。固定后流水冲洗过夜，从60%酒精开始脱水，经透明、石蜡包埋、切片（厚4 μm），粘片时蛋清、甘油用量要少，否则影响染色。

（2）切片脱蜡下行经酒精液，不超过3 min。

（3）经5%硫代硫酸钠水溶液除碘。

（4）流水冲洗至少5 min。

（5）经2.5%重铬酸钾水溶液媒染，于40 ℃下过夜。

（6）蒸馏水漂洗。

（7）取Bowie储备液10～15滴于20%酒精100 mL中，用于对材料染色，室温下染色12～24 h，或40 ℃下染3 h。

Bowie储备液的配制：

①Biebrich猩红1 g溶于250 mL蒸馏水中，过滤。

②乙基紫2 g溶于500 mL蒸馏水中，摇荡全溶过滤。再将过滤液逐次少量加入Biebrich猩红液

中，即见颜色由红变紫的沉淀生成，加至颜色不再变化，即为此以中和作用的终点。勿加多，否则破坏该中和沉淀反应。

③过滤沉淀液，并将沉淀在滤纸上晾干，约 24 h。

④晾干的沉淀按 0.2 g 可溶于 20 mL 95%酒精的比例，即配成 Bowie 储备液。

（8）切片染色后用滤纸吸去多余染液。

（9）快漂于丙酮 2～3 次，并换丙酮 2 次以洗去多余染液。

（10）在 1∶1 的二甲苯-丁香油混合液内分色，使切片显红紫色。

此时镜检可见肾皮质、髓质为红色，与血管的弹性组织的紫蓝色形成对比。球旁细胞颗粒也应呈与弹性组织相同的紫蓝色。血红细胞由于重铬酸钾媒染而常显琥珀色。

（11）二甲苯漂洗换 2 次，合成树脂封藏。

结果：球旁细胞颗粒紫色，背底淡紫色。

2. Harada 法之一（Harada，1970）

（1）用升汞-中性福尔马林液固定效果最好。

（2）石蜡包埋，切片，厚 5 μm。

（3）切片下行入水及脱汞后，换水洗。

（4）用滤纸吸去多余水分。入 0.5%结晶紫（70%酒精配制）染色液染色 1～3 min。

（5）流水略漂洗，用滤纸充分吸去多余水分。

（6）在安尼林油-二甲苯等量混合液内，多次蘸入分色至切片几乎无色，约数分钟。

（7）二甲苯透明，合成树脂封藏。

结果：球旁细胞颗粒深紫色，背景呈不同色调的淡紫色。

3. Harada 法之二（Harada 改良法）

（1）固定与切片等处理如 Harada 法之一。

（2）切片经水洗后，在 0.5%高锰酸钾水溶液与 0.5%硫酸水溶液的等量混合液内氧化 5 min。

（3）入 1%草酸水溶液中脱色 2 min。

（4）流水冲洗后用滤纸吸去多余水分，入酸性结晶紫染色液或碱性结晶紫染色液中染色 1～3 min。

酸性结晶紫染色液的配制：0.1 mol/L 盐酸 100 mL 加结晶紫 0.1 g。

碱性结晶紫染色液的配制：0.01～0.1 mol/L 氨液 100 mL 加结晶紫 0.1 g。

（5）流水略漂洗，用滤纸吸去多余水分。

（6）入安尼林油-二甲苯等量混合液进行分色数分钟。随时检查分色结果，每次取出切片吸去多余分色液后，再继续分色，直至色调几乎不显。

（7）二甲苯透明，合成树脂封藏。

结果：经酸性结晶紫染色液染色后，球旁细胞颗粒及弹性纤维均显深紫色；经碱性结晶紫染色液染色后，球旁细胞颗粒及血红细胞为深紫色。背底均应为淡紫红色。

第十一节　生殖器官制片技术

生殖系统的主要器官是雄性的睾丸（产生精子）、雌性的卵巢（产生卵细胞），在组织学范畴均可借常规染色如苏木精-伊红法及三色法显示一般结构。但在临床检验方面，常依一些检验诊断的要求采用相应的方法。

一、精液内的精子检测

检测精子的死活，采用伊红染色法。伊红染料可使已死精子染成红色，活精子不着色，从而可测定精子的存活率。下列两种方法选其一。

(1) 在洁净载玻片上加 1 滴 0.5%伊红 Y 水溶液后，加 1 滴新鲜精液，混匀后加盖盖玻片 1～2 min 后镜检。

(2) 取新鲜精液用 0.01 mol/L 磷酸盐缓冲液（pH7.4）洗 2 次，配成密度为 $50\sim60\times10^6$ 个/mL 的精子悬浮液。再取精子悬浮液 15 μL 滴于洁净载玻片上，加盖盖玻片置于玻璃或塑料容器内，37 ℃水浴处理 30 min。取出后加 4%伊红生理盐水溶液 4 μL，盖盖玻片后继续孵育 2 min。高倍镜下镜检。

结果：计数 200 个精子，检查不着色活精子与染成红色的死精子的百分率。

二、三 色 法

三色法适用于对精子存活率的检测，可显示精子是否存活及顶体的染色结果。

1. 试剂及染色液

(1) 2%台盼蓝染色液，用磷酸盐缓冲液配制。

(2) 0.8%俾斯麦棕（bismark brown）水溶液。

(3) 0.8%玫瑰红（rose red，二碘曙红或四碘四氯荧光素）染色液，用 0.01 mol/L Tris 缓冲液（pH5.3）配制。

(4) 3%戊二醛二甲胂酸钠缓冲液（pH7.4）。

2. 染色步骤

(1) 取新鲜精液 0.5 mL，加等量 2%台盼蓝染色液混匀后，于 37 ℃水浴孵育 15 min。

(2) 以 0.01 mol/L 磷酸盐缓冲液（pH7.4）将精液漂洗，以 2 000 r/min 离心 5 min，上清液透明，沉淀精子呈蓝色。

(3) 弃去上清液，以沉淀物入 3%戊二醛二甲胂酸钠缓冲液 3 mL 固定，于 4 ℃下固定 2～12 h。

(4) 蒸馏水漂洗 2 次以去除固定液，离心后以沉淀涂片。

(5) 入 0.8%俾斯麦棕水溶液，于 40 ℃下染色 5 min。

(6) 蒸馏水漂洗多余黄色。

(7) 入 0.8%玫瑰红染色液，室温下染色 20～45 min。

(8) 水洗，梯度酒精脱水，二甲苯透明，合成树脂封藏。

结果：活精子顶体淡红色，顶体后区黄色。死精子的顶体脱落区无色，顶体后区蓝色。

三、巴氏精液涂片染色法

传统的巴氏（Papanicoloau）染色法系对脱落细胞的染色法，用于精子的形态学分析，也可用于未成熟生殖细胞检查。

1. 染色液配制

(1) OG-6 染色液。先配制 OG-6 储存液，然后配制 OG-6 工作液。

OG-6 储存液的配制：橘黄 G 10.0 g、蒸馏水 100.0 mL，摇匀全溶后，贮于棕色瓶存室内一周备用。

OG-6 工作液的配制：OG-6 储存液 50.0 mL，加 95%酒精至 1 000.0 mL，再加磷钨酸 0.15 g，充分溶解和混匀后，装入棕色瓶于室温下保存，使用前过滤。此液保存 2～3 个月可维持稳定。

(2) EA-36 染色液。其配方为：伊红 Y 1.0 g、俾斯麦棕 1.0 g、亮绿 SF 1.0 g、蒸馏水 30.0 mL、95%酒精 200.0 mL、磷钨酸 0.4 g、碳酸锂饱和水溶液 0.05 mL。

2. 染色步骤

(1) 取精液涂片晾干后，用乙醚与无水酒精等量混合液固定 5～10 min。

(2) 经梯度酒精速洗下行入蒸馏水。

（3）Harris 苏木精染色液染色 5～10 min。

（4）流水漂洗 1 min。

（5）0.5%～1%盐酸酒精分色 1～2 min。

（6）流水冲洗 5 min。

（7）经 70%及 90%酒精各 1 min。

（8）入 OG-6 工作液染色 1～2 min。

（9）95%酒精漂洗 2 次。

（10）入 EA-36 染色液染色 2～3 min。

（11）95%酒精漂洗 1～2 次。

（12）经无水酒精漂洗，换洗一次，共 2 min。

（13）二甲苯透明，合成树脂封藏。

结果：镜检不少于 100 个精子，并进行分类，对未成熟精子的类别、数量分别记录，如不同形态的精子以百分率（%）计，特殊者用“个/100 精子”表示。

精子分类可参照正常大小、卵圆头、尖头、梨形头、双头、无定形头、尾部缺陷、细胞质微少以及未成熟的生殖细胞（如精原细胞、初级精母细胞等）等。

四、精子核的苯胺蓝染色法

苯胺蓝（aniline blue）能与生精细胞和精子核组蛋白中的赖氨酸特异性地结合而显示蓝色。其染色深度与赖氨酸含量呈正相关，因而可在光学显微镜下分类计数或定量检测。

1. 溶液配制

（1）苯胺蓝染色液。配方：苯胺蓝 5 g、4%醋酸水溶液 100 mL。

（2）戊二醛固定液。配制方法：取 0.2 mol/L 磷酸盐缓冲液（pH7.4）50 mL、25%戊二醛原液 16 mL 混合，加蒸馏水至 100 mL。

2. 染色步骤

（1）取正常动物精液在 37 ℃下液化 30 min。液化后，以磷酸盐缓冲液洗涤，2 000 r/min 离心 5 min，离心两次。弃去上清液，再加少量磷酸盐缓冲液混匀，即吸取精子悬液一滴在载玻片上推平涂片。

（2）吹干精液涂片，或经戊二醛固定液固定 20 min。

（3）用水漂洗涂片 1～2 min。

（4）经苯胺蓝染色液染色 3～5 min。

（5）流水冲洗 5 min 后再用蒸馏水漂洗。

（6）梯度酒精上行脱水（注意各批涂片脱水时间要一致）。

（7）二甲苯透明，树胶封藏。

结果：精子核深蓝色，阳性。精子核浅蓝或仅局部呈蓝色者，半阳性。不显色或呈极浅淡蓝色者属阴性。

睾丸组织可按本法固定后，常规石蜡切片，苯胺蓝染色。睾丸曲细精管内的精子形成过程中，各级生精细胞经成熟分裂后，细胞内富含赖氨酸的组蛋白遂由精氨酸及胱氨酸转化为鱼精蛋白所取代。在切片上可以观察到：精原细胞及精母细胞，其核染色呈阳性反应，早期精子细胞核为圆形，显阳性但色略浅，至晚期长形精子细胞及精子呈阴性。

五、精子核的萘醌磺酸钠染色法

1. 溶液配制 萘醌磺酸钠（1,2-naphthoquinone-4-sodium sulfonate，NQS）溶液，临用时配制。

其配方为：0.4 mol/L 氢氧化钠（1.6%NaOH）水溶液 10 mL、1.0 mol/L 氯化钡（24.4%$BaCl_2 \cdot 2H_2O$）水溶液 10 mL、蒸馏水 20 mL、NQS 100 mg。

2. 染色步骤

（1）取材及处理按苯胺蓝法的步骤（1）～（3）进行。经水漂洗后转入 NQS 溶液。

（2）入 NQS 溶液 10 min。

（3）入 1%醋酸钠水溶液 1 min。

（4）水漂洗 10 min。

（5）梯度酒精上行脱水，二甲苯透明，合成树脂封藏。

结果：高浓度精氨酸精子核红至褐色，低浓度者淡红至橘黄色。

睾丸石蜡切片可见晚期长形精子细胞核及精子核阳性反应，次级精母细胞核内可显弱阳性颗粒。

六、精子顶体的结晶紫染色法

1. 溶液配制

（1）结晶紫饱和液。以结晶紫 14 g 溶于 95%酒精 100 mL 中。

（2）结晶紫工作液。用结晶紫饱和液 20 mL 与 1%草酸水溶液 80 mL 混匀。

（3）Lugol 碘液。取碘化钾 2 g、蒸馏水 100 mL、碘 1 g，待溶解后加蒸馏水至 200 mL。

2. 染色步骤

（1）取新鲜精液在室温下液化 15～30 min，液化后离心（500*g*）10 min，弃去上清液。将沉淀用生理盐水洗 2 次，取一滴精液涂片并晾干。

（2）滴结晶紫工作液染色 1～3 min 后用水漂洗去除多余染液。

（3）滴 Lugol 碘液，染色 1 min 后水洗，略吸去水分，再滴加 95%酒精分色，摇荡载玻片至不再出现多余染液，需 0.5～1 min。

（4）流水冲洗 3～5 min 后镜检。

结果：按以下Ⅰ、Ⅱ、Ⅲ型计数，最后统计顶体的完整率。Ⅱ、Ⅲ型均属顶体不完整。

顶体完整率＝顶体完整的精子数/精子观察总数×100%

Ⅰ型：精子外形正常，顶体边缘清晰、完整，着色均匀，较精子核染色浅。

Ⅱ型：精子外形正常，着色不均匀，边缘不整齐，出现疏松膨大或皱缩。

Ⅲ型：精子形态异常（如大头、小头、双头、双尾、卷尾、短尾等），顶体破坏或脱落，精子核裸露等。

七、精子顶体的酶活性检测——底膜法

（1）制备明胶底膜。用纯洁明胶 1 g 在 20 mL 蒸馏水中浸泡后，经 40～50 ℃水溶解。取 0.1 mL 明胶溶液滴于洁净载玻片上并推成 5 cm×2.5 cm 薄膜，随即保持水平在 4 ℃下凝固（约 3 min）。取出涂膜玻片，在室温下充分干燥（常需 1 d 以上）。

（2）将已干燥的涂膜玻片在 0.05%戊二醛水溶液内固定 2 min。

（3）转入醋酸巴比妥-HCl（pH7.0）缓冲液漂洗 2 次，共约 20 s。

醋酸巴比妥-HCl（pH7.0）缓冲液配制方法：取巴比妥钠 2.943 g、醋酸钠 1.943 g、蒸馏水 100 mL 混合。待各成分溶解后，取混合液 5 mL 加入 8.5% NaCl 液 2 mL、0.1 mol/L HCl 6 mL，最后再加蒸馏水 12 mL 混匀，即成。

（4）蒸馏水漂洗，洗除缓冲液后，晾干。

（5）入 0.5%台盼蓝水溶液或滴染 10 s，滤纸吸去多余染液，室温晾干（或 4 ℃下储存）。

(6) 采集精液。对预约对象采集精液，要求于禁欲数日后进行，且应在间隔1～2周复查2～3次。

精液液化、离心及弃去上清液等处理与上述精子顶体的结晶紫染色法相同。

用pH 7.3磷酸盐缓冲液冲洗沉淀精子2次后，换新鲜磷酸盐缓冲液于36 ℃恒温箱内放10～15 min。取含有活精子的悬浮液按下述步骤孵育及镜检。

(7) 取1滴精子悬浮液滴于胶膜玻片上，小心推平。将推片放于衬有湿滤纸的培养皿内加盖，在37 ℃温箱内孵育，分别孵育15 min、30 min及1 h、3 h。到时间取出晾干，镜检。

镜检时，统计其阳性反应率并借测微尺测量反应区直径。

结果：经孵育15 min，就可观察到精子顶体前部出现的小亮环。孵育时间加长，亮环阳性率增加，反应区直径也增大。3 h后可达到高峰。

有研究曾对有生育力的雄性精液38例所测得顶体酶活性反应是：孵育15 min阳性率为65.5%，1 h阳性率87.1%，3 h阳性率达95.5%。亮环直径平均为44.3 μm。仅供参考。

八、动物精子头部膜的超薄切片改进染色法

精子头部结构经常规染色技术处理，其染色质及顶体经超薄切片电子显微镜观察，均显现很暗，因而难于观察精子头部膜。改进染色方法后，效果较好。

(1) 精子固定于2%戊二醛二甲胂酸盐缓冲液（pH7.4）中，在4 ℃下停留60 min。

(2) 经0.2 mol/L蔗糖溶液漂洗。

(3) 再经1%锇酸二甲胂酸盐缓冲液（pH7.4）溶液后固定，在4 ℃下停留60 min。

(4) 600*g* 离心5～10 min。

(5) 收集精子，经梯度酒精脱水。

(6) Epon-812包埋，超薄切片。

(7) 切片经7%醋酸铀的甲醇溶液染色20 min。

(8) 经甲醇漂洗后，又经柠檬酸铅染色8 min。

柠檬酸铅配制方法一：取柠檬酸铅0.25 g、蒸馏水（煮沸，加盖待冷）50 mL混合，摇荡，待柠檬酸铅溶完加颗粒型NaOH一颗，再摇荡至溶液透明。使用时取上液10 mL，经低温（4 ℃）以1 800 r/min离心20 min。储备液存入冰箱。

柠檬酸铅配制方法二：取硝酸铅1.33 g、柠檬酸钠1.76 g、蒸馏水（煮沸，加盖待冷）30 mL混合，充分摇荡1 min后即形成白色沉淀。继续每隔5 min摇荡1次，共计30 min，以促使硝酸铅转化成柠檬酸铅。此后，加1 mol/L NaOH 8 mL，摇荡并用蒸馏水稀释至50 mL，至此白色沉淀已全被溶解，即可使用。储备液存入冰箱。

在柠檬酸铅配制过程中，方法一、二所用容器要封盖严密，避免空气中CO_2进入，否则将形成碳酸铅白色沉淀污染切片。故蒸馏水应先煮沸，NaOH亦不含碳酸盐成分。

(9) 收集切片，常规装网，用电子显微镜检查。

结果：此法可大大降低精子头部染色质的不透明度，而使核膜、内外顶体膜及浆膜等清晰，有良好的对比度。

第十二节　全鸡胚制片法

(1) 将新鲜受精卵用温水洗净，轻轻擦干，放入37～39 ℃孵卵箱内孵化。温箱内以皿盛水使保存一定的湿度，孵化48 h取出。

(2) 将孵化48 h的卵取出，手持鸡蛋使大端向上，用小镊子头轻敲蛋壳凿成一孔，再用小镊子

仔细将蛋壳去掉（当心勿损及内部胚胎），露出卵黄。若系受精卵则可见白色胚盘位于卵黄表面。

（3）用小剪刀沿胚盘的边缘将胚盘剪下。

（4）用小镊子将剪下的胚盘拉入预先盛有温热（40 ℃左右）生理盐水的染色碟内（卵黄膜面向下）。轻摇染色碟或用吸管吸取少量生理盐水，轻轻冲去胚下的卵黄，尽量去尽，否则胚盘易碎，同时影响观察。倒出余液换新生理盐水过洗一次，用滴管吸出生理盐水，注意保持胚盘平坦。

（5）用滤纸剪一与胚盘大小相仿的中空圆圈压在胚盘上，以防止胚盘在固定时起皱折。

（6）用滴管吸取 Bouin 固定液（或 Helly 固定液）自胚盘中央逐渐滴入，固定 30 min。

（7）入 70%酒精中洗 2 次，每次洗 15 min，再移入 50%、90%酒精各洗约 15 min。

（8）入蒸馏水洗 2～3 次。

（9）入硼砂洋红染色液染色 1～2 d。

硼砂洋红染色液配制方法：取 4%硼砂水溶液 100 mL、洋红 2 g，混合后加温至溶解，冷后过滤，加 70%酒精 100 mL。

（10）入 0.5%～1%盐酸酒精（70%酒精）褪色，至无红色溢出为止。

（11）自 50%→70%→80%酒精脱水，每级 20～30 min。

（12）换入 95%→100%酒精中，各 40 min，各浓度酒精之间均换液一次。

（13）用苯、冬青油或香柏油透明。用滴管将苯逐渐滴入至约占纯酒精之 1/2 为止，等待 45～60 min。

（14）换入纯苯至鸡胚透明为止（0.5～1 h）。

将胚盘移上载玻片，速滴树胶封藏。

第十三节 动物组织石蜡切片的改进方法

石蜡切片是组织学和病理学制片技术中最为常用的方法，广泛应用于临床诊断和科研教学中。石蜡切片制作步骤烦琐，影响因素众多，要经过取材、固定、洗涤、脱水、透明、浸蜡、包埋、切片、粘片、烤片、染色等一系列连续复杂的步骤，每个操作环节的失误都将影响切片的最终质量。下面介绍一种经过改进以后的制作高质量动物组织石蜡切片的方法。

（一）材料与药品

新鲜动物组织块、Bouin 固定液（苦味酸饱和水溶液 75 mL、福尔马林 25 mL、冰醋酸 5 mL）、各浓度梯度酒精（95%以下各级酒精加 ddH_2O 稀释）、无水酒精、蛋白甘油（新鲜鸡蛋的蛋白加入等量甘油，搅拌均匀，加一小粒麝香防腐）、苏木精染色液、0.5%伊红溶液、盐酸酒精（100 mL 70%酒精中加入 1 mL 盐酸）、1%氨水、二甲苯、石蜡、中性树胶等。

（二）操作方法

1. 取材与固定 将新鲜动物组织快速投入固定液中，固定时间为数小时至 24 h，视组织大小和性质而定。

2. 冲洗 将固定好的材料取出，不可水洗。可先入 50%酒精中，静置 1 h，然后移入 70%酒精中（此法可长期保存材料）。

3. 脱水 脱水时，先从低浓度酒精开始，递增浓度直至无水酒精。即 80%酒精（40 min）→90%酒精（20 min）→95%酒精（15 min）→无水酒精（10 min）。

4. 透明 将脱水后的材料依次移入 1/2 无水酒精+1/2 二甲苯混合液（20 min）→二甲苯（30 min）→二甲苯（20 min），各级时间可根据组织块大小和性质不同而定，一般为 0.5～2 h，务必使组织达到透明。

5. 浸蜡 将装有56～58℃石蜡的4个蜡杯放在恒温箱中熔化，将透明的材料分别依次放入1～4号蜡杯中，浸蜡时间依次为：蜡杯Ⅰ 60 min，蜡杯Ⅱ 60 min，蜡杯Ⅲ 30 min，蜡杯Ⅳ 30 min。一般总的浸蜡时间为2～4 h。

6. 包埋 将浸蜡后的材料包埋于石蜡中，并且使其凝固成块。

7. 切片 将蜡块修整成切面约为1 cm^2 大小的正方体或长方体，然后粘在木块上。将木块固定在切片机上，调节刀片和蜡块的距离以及角度。试切，先调节到7～8 μm，当切到组织块的时候调节到3～4 μm。用毛笔轻轻取下蜡带。

8. 粘片和烤片 用小玻棒蘸取一点蛋白甘油于一干净的载玻片上，用手指涂匀，并加几滴蒸馏水，将蜡带切成适当长度，然后用小镊子将蜡带放在载玻片上。将载玻片放在展片台（45℃）上，待完全展平后将切片位置拨正，倾去多余水，烤干（50℃）。

9. 脱蜡 经二甲苯2次脱蜡，每次10 min，溶去切片上的石蜡。

10. 复水 将脱蜡后的切片经各级浓度酒精溶液逐渐下降到蒸馏水的过程：无水酒精（5 min）→95%酒精（5 min）→80%酒精（5 min）→70%酒精（5 min）→60%酒精（5 min）→蒸馏水（5 min）。

11. 苏木精-伊红染色 苏木精染色液染色15～20 min，使细胞核着色；蒸馏水冲洗片刻，洗去残余染色液。1%盐酸酒精分色5 s，褪去细胞质不应着色部分的颜色。放入1%氨水中浸洗7～10 s，使之蓝化。蒸馏水冲洗5 min，切片依次放入60%酒精（5 min）→70%酒精（5 min）→80%酒精（5 min）。放入0.5%伊红染色液中染色3～5 min，使细胞质着色。

12. 脱水 载玻片依次放入95%酒精（5 min）→无水酒精（5 min）→无水酒精（5 min）。

13. 透明 载玻片依次放入二甲苯（10 min）→二甲苯（10 min）。

14. 封藏 滤纸擦去材料周围的二甲苯，在材料中央滴一滴中性树胶，用镊子加盖盖玻片，干燥。

经上述方法制作的动物组织石蜡切片，成功率高，达到了科学研究的目的。

复习思考题

1. 动物材料石蜡切片法和植物材料石蜡切片法在方法上有何异同？
2. 简述血液涂片的常用染色方法。
3. 如何制作成年实验动物的管状骨磨片？
4. 在进行全鸡胚制片法时应注意哪些问题？
5. 什么是金属镀染法？具体有哪些方法？

第六章

常用微生物制片技术

微生物是一类形态微小、结构简单的单细胞和不表现组织分化的多细胞，甚至没有细胞构造的生物总和。微生物的制片技术包括微生物的培养、微生物的制片和微生物的染色等环节。用于微生物染色的染料主要有碱性染料（如亚甲蓝、结晶紫、碱性复红、孔雀绿等）、酸性染料（如伊红、酸性复红、刚果红等）、中性染料（如伊红亚甲蓝、伊红天青等）。微生物的制片过程需在无菌操作下进行。常用的微生物制片技术主要有细菌的制片技术、放线菌的制片技术和真菌的制片技术等。

第一节　细菌的制片技术

细菌是原核微生物的类群，一般为单细胞，个体形态小，有球状、杆状、螺旋状等形态。细菌的细胞小而透明，在普通光学显微镜下不易识别，必须进行染色，使菌体与背景形成色差，从而能观察其形态和结构。有些细菌有荚膜、鞭毛、菌毛、芽孢等特殊构造，不同的特殊构造有不同的制片染色方法。

一、简单染色法

（一）实验原理

简单染色法是利用单一染料对细菌进行染色的一种方法。此方法操作简便、染色简单，只能辨别细菌形态，不能辨别细菌构造。

（二）实验材料

1. 菌种　大肠杆菌（*Escherichia coli*）、金黄色葡萄球菌（*Staphylococcus aurous*）。

2. 试剂　结晶紫染色液或番红染色液、二甲苯、香柏油。

3. 器材　载玻片、擦镜纸、显微镜等。

（三）实验步骤

1. 涂片　在洁净的载玻片中央滴一小滴无菌水，用接种环以无菌操作的方法挑取少量菌苔与水滴充分混匀，涂成极薄的菌膜，涂布面积约 1 cm^2。

2. 晾干　让涂片自然晾干或者在酒精灯火焰上用文火烘干。

3. 固定　将已干燥的涂片有菌膜的一面朝上，迅速通过酒精灯火焰 3～4 次。

4. 染色　加适量结晶紫或番红染色液覆盖菌膜，染 1～2 min。

5. 水洗　倾去染色液，用细流水自载玻片一端轻轻冲洗至流下的水中无染色液的颜色时为止。

6. 干燥　自然干燥或用吸水纸盖在涂片部位以吸出水分。

7. 镜检　用油镜观察菌体的形态。

（四）注意事项

（1）载玻片要洁净。

（2）涂片要薄。

二、革兰氏染色法

（一）实验原理

革兰氏染色法是1884年丹麦理学家C. Gram创立的。革兰氏染色法是根据细菌细胞壁结构和成分的不同，将所有的细菌区分为革兰氏阳性菌（G^+）和革兰氏阴性菌（G^-）两大类，是细菌最常用的鉴别染色法。G^-菌的细胞壁中含有较薄的肽聚糖层（且肽聚糖交联度较低）和脂类物质的外壁层，用95%乙醇脱色时，可溶解外壁层的脂类物质，增加细胞壁的通透性，使结晶紫和碘的复合物易于渗出，结果细菌被脱色，再经番红复染后就染成红色。G^+菌细胞壁中含有较厚的肽聚糖层且肽聚糖的交联度较高，经95%乙醇脱色后反而使肽聚糖层的孔径缩小，通透性降低，虽经番红复染，但细菌内仍保留初染时的紫色。

（二）实验材料

1. 菌种 大肠杆菌（*Escherichia coli*）、金黄色葡萄球菌（*Staphylococcus aurous*）。

2. 试剂 结晶紫染色液、碘液、95%乙醇、香柏油、二甲苯、番红染色液等。

3. 器材 载玻片、擦镜纸、显微镜等。

（三）实验步骤

1. 涂片 在洁净的载玻片中央滴一小滴无菌水，用接种环挑取少量菌体与水滴充分混匀，涂成极薄的菌膜。涂布面积约1 cm^2。

2. 晾干 让涂片自然晾干或者在酒精灯火焰上用文火烘干。

3. 固定 将已干燥的涂片有菌膜的一面朝上，迅速通过酒精灯火焰3～4次。

4. 染色

（1）初染。加适量结晶紫染色液覆盖菌膜1～2 min，倾去染色液，用细流水自载玻片一端轻轻冲洗至流下的水中无染色液的颜色时为止。

（2）媒染。加适量碘液覆盖菌膜1～2 min，倾去碘液，用细流水自载玻片一端轻轻冲洗，用滤纸吸干残余水分。

（3）脱色。将涂片倾斜置于烧杯上端，滴加95%乙醇，直到流下的染色液刚刚出现无色时停止（0.5～1 min）。脱色完毕，水洗，用滤纸吸干水分。

（4）复染。加番红染色液覆盖菌膜，染2～3 min，倾去染色液，用细流水自载玻片一端轻轻冲洗至流下的水中无染色液的颜色时为止。

5. 干燥 自然干燥或用吸水纸盖在涂片部位以吸去水分。

6. 镜检 用油镜观察，结果大肠杆菌菌体红色，金黄色葡萄球菌菌体紫色。

（四）注意事项

（1）革兰氏染色成败的关键是脱色时间。如脱色过度，革兰氏阳性菌也可被脱色而被误认为是革兰氏阴性菌；如脱色时间过短，革兰氏阴性菌也会被误认为是革兰氏阳性菌。脱色时间的长短还受涂片的厚薄及乙醇用量多少等因素的影响，难以严格规定。

（2）染色过程中勿使染色液干涸。用水冲洗后应吸去载玻片上的残水，以免染色液被稀释而影响染色效果。

（3）选用幼龄的细菌。一般以培养16～18 h的细菌为宜。若菌龄太老，由于菌体死亡或自溶常使革兰氏阳性菌转呈阴性反应。

三、芽孢染色法

（一）实验原理

芽孢是某些细菌的特殊结构，是细菌生长到一定阶段在菌体内形成的一个圆形或椭圆形的休眠体。芽孢具有厚而致密的壁，不易着色，对不良环境具有很强的抗性等。在适宜的条件下，芽孢可吸水萌发，重新形成一个新的菌体。芽孢的大小、形状及其在菌体内的位置是鉴定细菌的重要依据。

（二）实验材料

1. 菌种 培养 36 h 的枯草芽孢杆菌（*Bacillus subtilis*）。

2. 试剂 5%孔雀绿水溶液、0.5%番红水溶液、香柏油、二甲苯等。

3. 器材 试管（75 mm×10 mm）、烧杯（300 mL）、滴管、载玻片、擦镜纸、显微镜等。

（三）实验步骤

1. Schorffer-Fudton 染色法

（1）涂片。在洁净的载玻片中央滴一小滴无菌水，用接种环挑取少量菌体与水滴充分混匀，涂成极薄的菌膜。涂布面积约 1 cm^2。

（2）固定。手执载玻片一端，菌膜的一面朝上，通过酒精灯火焰 3～4 次。

（3）染色。加 5%孔雀绿水溶液于涂片处（染色液以铺满涂片为宜），然后将涂片用文火加热至染色液冒蒸汽时开始计算时间，约 5 min，加热过程中要随时添加染色液，切勿让涂片干涸。

（4）水洗。待涂片冷却后，用细流水自载玻片一端轻轻冲洗至流下的水中无孔雀绿颜色时为止。

（5）复染。用 0.5%番红水溶液染色 5 min。

（6）水洗。用细流水自载玻片一端轻轻冲洗至流下的水中无番红颜色时为止。

（7）干燥。自然干燥或用吸水纸盖在涂片部位以吸去水分。

（8）镜检。用油境观察，结果芽孢为绿色，芽孢囊和菌体为红色。

2. 改良的 Schorffer-Fudton 染色法

（1）制备菌液。加 1～2 滴无菌水于小试管中，用接种环从斜面上挑取 2～3 环的菌苔于试管中并充分混匀，制成浓稠的菌液。

（2）加染色液。加 5%孔雀绿水溶液 2～3 滴于小试管中，用接种环搅拌使染色液与菌液充分混合。

（3）加热。将试管浸于沸水浴（烧杯）中，加热 15～20 min。

（4）涂片。用接种环从试管底部挑数环菌液于洁净的载玻片上，涂成薄膜，晾干。

（5）固定。手执载玻片一端，菌膜的一面朝上，通过酒精灯火焰 3～4 次。

（6）脱色。用细流水自载玻片一端轻轻冲洗至流下的水中无孔雀绿颜色时为止。

（7）复染。加 0.5%番红水溶液，染 2～3 min 后，倾去染色液，不用水洗，直接用吸水纸吸干。

（8）镜检。用油镜观察，结果芽孢为绿色，芽孢囊和菌体为红色。

（四）注意事项

（1）供芽孢染色用的菌种应控制菌龄，使大部分芽孢仍保留在芽孢囊内。

（2）改良 Schorffer-Fudton 染色法在节约染料、简化操作及提高标本质量等方面都较常规涂片法优越，可优先使用。

（3）用改良 Schorffer-Fudton 染色法时，欲得到好的涂片，首先要制备浓稠的菌液，其次是从小试管中取染色的菌液时，应先用接种环充分搅拌，然后再挑取菌液，否则菌体沉于管底，涂片时菌体太少。

四、荚膜染色法

（一）实验原理

荚膜是包裹在细菌细胞壁外的一层厚度不定的透明胶状物质，其成分通常是由多糖和少量蛋白质组成，可分为荚膜、微荚膜、黏液、菌胶团等。荚膜具有保护细胞免受干燥环境的影响，使细胞附着在基质上；能保护细胞免受寄主吞噬细胞的吞噬，增强毒力；是细胞外的贮存物质；具有抗原性，是细菌分类鉴定的依据。荚膜与染料的亲和力弱，不易着色，通常采用负染色法染荚膜，使菌体和背景着色而荚膜不着色将其衬托出来。荚膜的含水量在90%以上，制片时一般不用热固定，以免荚膜皱缩变形。

（二）实验材料

1. 菌种 胶质芽孢杆菌（*Bacillus mucilaginosus*）。

2. 试剂 绘图墨水（用滤纸过滤后贮藏于瓶中备用）、6%葡萄糖水溶液、1%甲基紫水溶液、甲醇、Tyler法染色液（结晶紫0.1 g、冰醋酸0.25 mL、蒸馏水100 mL）、20%$CuSO_4$水溶液、香柏油、二甲苯等。

3. 器材 载玻片、擦镜纸、显微镜等。

（三）实验步骤

1. 湿墨水法

（1）制菌液。先加1滴墨水于洁净的载玻片上，并挑少量菌体与其充分混合均匀。

（2）加盖玻片。放一清洁盖玻片于混合液上，然后在盖玻片上放一张滤纸向下轻压，吸去多余的菌液。

（3）镜检。用低倍镜或高倍镜观察，结果背景灰色，菌体较暗，在其周围呈现一明亮的透明圈即荚膜。

2. 干墨水法

（1）制菌液。加1滴6%葡萄糖水溶液于洁净载玻片一端，挑少量菌体与其充分混合，再加1环墨水，充分混匀。

（2）制片。左手执载玻片，右手另拿一光滑的盖玻片（作推片用），将盖玻片一端的边缘置于菌液前方，然后稍向后拉，当与菌液接触后，轻轻地向左右移动，使菌液沿盖玻片接触后缘散开，然后以30°角迅速而均匀地将菌液推向载玻片的另一端，使菌液铺成一薄膜。

（3）干燥。空气中自然干燥。

（4）固定。用甲醇浸没涂片，固定1 min，立即倾去甲醇。

（5）干燥。在酒精灯上方，用文火干燥。

（6）染色。用甲基紫水溶液染1～2 min。

（7）水洗。用自来水轻轻冲洗，自然干燥。

（8）镜检。用低倍镜或高倍镜观察，结果背景灰色，菌体紫色，荚膜为一清晰透明圈。

3. Tyler法

（1）涂片。在洁净的载玻片中央滴一小滴无菌水，用接种环多挑些菌苔与水充分混合并将黏稠的菌液尽量涂开，但涂布的面积不宜过大。

（2）干燥。在空气中自然干燥。

(3) 染色。用 Tyler 法染色液染 5～7 min。

(4) 脱色。用 20% $CuSO_4$ 水溶液洗去结晶紫，脱色要适度（冲洗 2 遍），用吸水纸吸去溶液，并立即加 1～2 滴香柏油于涂片处，以防止 $CuSO_4$ 结晶的形成。

(5) 镜检。先用低倍镜再用高倍镜观察，结果背景蓝紫色，菌体紫色，荚膜无色或浅紫色。

(四) 注意事项

(1) 加盖玻片时不可有气泡，否则会影响观察。

(2) 在采用干墨水法时，涂片要放在离火焰较高处并用文火干燥，不可使载玻片发热。

(3) 在采用 Tyler 法染色时，涂片经染色后不可用水洗，必须用 20%$CuSO_4$ 水溶液冲洗。

五、鞭毛染色法

(一) 实验原理

细菌的鞭毛细，直径一般为 10～20 nm，只有用电子显微镜才能观察到。但如采用特殊的染色法，则在普通光学显微镜下也能看到。鞭毛的染色方法有很多，但其基本原理都是在染色前先经媒染剂处理，让媒染剂沉积在鞭毛上，使鞭毛直径加粗，然后再进行染色。常用的媒染剂由丹宁酸和氯化高铁或钾明矾等配制而成。

(二) 实验材料

1. 菌种 在斜面上培养 12～16 h 的荧光假单胞菌（*Pseudomonas fluorescens*）或枯草芽孢杆菌（*Bacillus subtilis*）。

2. 试剂 硝酸银染色液（A、B 液）、Leifson 染色液（A、B、C 液）、香柏油、二甲苯等。

3. 器材 载玻片、擦镜纸、吸水纸、接种环、显微镜等。

(三) 实验步骤

1. 银染色法

(1) 清洗载玻片。选择光滑无裂痕的载玻片，最好选用新的。为了避免载玻片相互重叠，应将载玻片插在专用金属架上，然后将载玻片置洗衣粉过滤液（洗衣粉煮沸后用滤纸过滤，以除去粗颗粒）中，煮沸 20 min。取出稍冷后用自来水冲洗、晾干。放入 1%～2%盐酸溶液中浸泡 5～6 d，再用流水冲洗 24 h，将水沥干后，放入 95%乙醇中浸泡备用。

(2) 配制硝酸银染色液。

A 液的配制：取丹宁酸 5 g、$FeCl_3$ 1.5 g、蒸馏水 100 mL，待固体溶解后，加入 1%NaOH 溶液 1 mL 和 15%福尔马林溶液 2 mL。

B 液的配制：硝酸银 2 g、蒸馏水 100 mL。待硝酸银溶解后，取出 10 mL 做回滴用。往 90 mL B 液中滴加浓氢氧化铵溶液，当出现大量沉淀时再继续加氢氧化铵直到溶液中沉淀刚刚消失变澄清为止，然后用保留的 10 mL B 液小心地逐滴加入，至出现轻微和稳定的薄雾为止（此操作非常关键，应格外小心）。在整个滴加过程中要边滴边充分摇荡。配好的染色液当日有效，4 h 内效果最好。

(3) 菌液的制备及涂片。菌龄较老的细菌容易失落鞭毛，所以在染色前应将菌种在新配制的牛肉膏蛋白胨培养基斜面上连续转接 3～4 代，以增强细菌的活力。最后一代菌种置 37 ℃恒温箱中培养 12～16 h，然后用接种环挑取斜面与冷凝水交接处的菌体数环，移至盛有 1～2 mL 无菌水的试管中，使菌液呈轻度混浊。将该试管放在 37 ℃恒温箱中静置 10 min（放置时间不宜太长，否则鞭毛会脱落），让幼龄菌的鞭毛松展开。然后吸取少量菌液于洁净的载玻片一端，将载玻片倾斜，使菌液缓慢地流向另一端，用吸水纸吸去多余的菌液，放空气中自然干燥。

（4）染色。

①滴加 A 液，染 4～6 min。

②用蒸馏水充分洗净 A 液。

③用 B 液冲去残余水分，使 B 液充满载玻片，在文火上加热至冒气，维持 0.5～1 min（加热时随时补充蒸发掉的 B 液，不可使载玻片出现干涸）。

（5）水洗。用蒸馏水冲洗，自然干燥。

（6）镜检。用油镜观察，结果菌体为深褐色，鞭毛为浅褐色。

2. Leifson 染色法

（1）清洗载玻片。具体操作与上述银染法相同。

（2）配制染色液。

A 液：碱性复红 1.2 g、95%乙醇 100 mL。

B 液：丹宁酸 3 g、蒸馏水 100 mL（如加 0.2%苯酚可长期保存）。

C 液：NaCl 1.6 g、蒸馏水 100 mL。

染色液分别贮藏于磨口玻璃瓶中，在室温下较稳定。使用前将上述各溶液等体积混合，此混合液贮藏于密封性良好的瓶中，置冰箱中可保存数星期。在较高温度下因混合液易发生化学变化而使着色力减弱。

（3）菌液的制备及涂片。

①菌液的制备。具体操作与上述银染法相同。

②用蜡笔在洁净的载玻片上画分 3～4 个相等的区域。

③放一环菌液于每个小区的一端，将载玻片倾斜，让菌液流向另一端，并用滤纸吸去多余的菌液。

④干燥。在空气中自然干燥。

（4）染色。加染色液于第一区，使染色液覆盖涂片。隔数分钟后染色液加入第二区，以后以此类推（相隔时间可自行决定），其目的是确定最合适的染色时间，且节约材料。在染色过程中要仔细观察。当整个涂片出现铁锈色沉淀和染色液表面出现金色膜时，即用水轻轻地冲洗。一般染 10 min。

（5）水洗。在没有倾去染色液的情况下，就用自来水轻轻地冲去染色液，否则会增加背景的沉淀。

（6）干燥。自然干燥。

（7）镜检。用油镜观察，细菌和鞭毛均染成红色。

（四）注意事项

（1）银染色法染色液必须是现配现用。

（2）Leifson 染色法受菌种、菌龄和室温等因素的影响，染色液须经多次过滤，要掌握好染色条件必须经过一些摸索。染色液可保存较长时间。

（3）细菌鞭毛极细，很易脱落，在整个操作过程中，必须仔细小心，以防鞭毛脱落。

第二节　放线菌的制片技术

放线菌也是原核微生物的类群，典型结构有基内菌丝、气生菌丝、孢子丝和分生孢子等。基内菌丝生长在培养基内不易被挑起，需用特殊的培养、制片技术方可观察。气生菌丝和孢子丝的形态是放线菌分类鉴定的重要依据，观察它们也需用特殊的制片技术。

一、插 片 法

（一）实验原理

在接种过放线菌的琼脂平板上，插上盖玻片，使放线菌的菌丝体沿着培养基与盖玻片的交界线上生长蔓延，从而附着在盖玻片上。待培养物成熟后轻轻地取出盖玻片，就能获得放线菌在自然生长状态下的标本，将其置于载玻片上即可观察到放线菌的个体形态特征。

（二）实验材料

1. 菌种 灰色链霉菌（*Streptomyces griseus*）。

2. 试剂 高氏1号琼脂培养基。

3. 器材 培养皿、盖玻片、载玻片、镊子、接种工具、显微镜等。

（三）实验步骤

1. 倒平板 取熔化的高氏1号琼脂培养基，冷却至50 ℃左右后倒平板，冷凝待用。

2. 接种 取含有灰色链霉菌分生孢子的菌悬液涂布在平板上，接种量可适当大些，以利于插片。

3. 插盖玻片 用无菌镊子取无菌盖玻片，在上述涂菌悬液的平板上以30°～45°的角度斜插入培养基内（插入深度约占盖玻片1/2长度）。

4. 培养 将插片平板倒置于28 ℃温箱中，培养3～5 d。

5. 镜检 用镊子小心取出盖玻片，并将其背面附着的菌丝体擦净，然后将盖玻片有菌的一面向上放在洁净的载玻片上，用显微镜观察。

（四）注意事项

（1）平板宜厚些，每皿约20 mL培养基，以利于插盖玻片。

（2）镜检前将盖玻片背面附着的菌丝体擦净，便于观察。

二、印片染色法

（一）实验原理

放线菌的孢子形状和孢子排列情况是放线菌分类的重要依据，为了不打乱孢子的排列情况，常用印片染色法进行制片观察。

（二）实验材料

1. 菌种 培养5～7 d的灰色链霉菌（*Streptomyces griseus*）。

2. 试剂 高氏1号琼脂培养基、石炭酸复红染色液等。

3. 器材 培养皿、载玻片、小刀、酒精灯、显微镜等。

（三）实验步骤

1. 制片 用小刀切取灰色链霉菌的培养体一块（带培养基切下），放在一干净载玻片上，另取一洁净载玻片置火焰上微热后盖在菌苔上，轻轻按压，使培养物（气生菌丝、孢子丝或孢子）黏附在后一块载玻片的中央，然后将载玻片垂直拿起。

2. 固定 将印有灰色链霉菌的一面朝上，通过酒精灯火焰2～3次加热固定。

3. 染色 用石炭酸复红染色液染色1 min。

4. 水洗 倾去染色液，用细流水自载玻片一端轻轻冲洗至流下的水中无染色液的颜色时为止。

5. 干燥 自然干燥。

6. 镜检 先用低倍镜再用高倍镜观察，最后用油镜观察孢子丝、孢子的形态及孢子排列情况。

（四）注意事项

（1）在制片中，在用另一块干净载玻片对准菌块的气生菌丝轻轻按压后，应将载玻片垂直拿起，不要使培养体在干净载玻片上滑动，否则会打乱孢子丝的自然形态。

（2）干燥只能用自然干燥，以免打乱孢子丝的自然形态。

三、凹载玻片培养法

（一）实验原理

凹载玻片培养法是一种集培养与观察为一体的制片技术，其原理是将丝状菌的孢子（或菌丝）接种在凹载玻片内的琼脂薄层培养基上，并盖上盖玻片，造成一个让微生物仅能在凹载玻片与盖玻片之间的狭窄空间内生长的生境，因而在培养过程中，可随时用不同放大倍数的显微镜观察孢子的萌发、菌丝的生长及孢子的形成等各个阶段，亦不会因观察而造成培养标本的污染。用此法制备的镜检标本，其视野清晰，形态逼真，在丝状菌的培养和形态观察中获得较广泛的应用。

（二）实验材料

1. 菌种 灰色链霉菌（*Streptomyces griseus*）。

2. 试剂 高氏 1 号琼脂培养基。

3. 器材 凹载玻片、盖玻片、培养皿、U 形载玻片搁架、镊子、接种工具、显微镜等。

（三）实验步骤

1. 凹载玻片培养系统 取熔化的高氏 1 号琼脂培养基（约 0.2 mL），冷却至 50 ℃左右后倒入无菌的凹载玻片的凹槽内，盖上盖玻片，冷凝待用。

2. 接种 取少许灰色链霉菌分生孢子或菌丝接种到凹载玻片的凹槽内。

3. 培养 将凹载玻片的凹槽处盖上盖玻片，并放入含有 U 形载玻片搁架的培养皿内，置于 28 ℃温箱中，培养 3～5 d（在培养皿内放少许水）。

4. 镜检 在培养过程中，可随时用不同放大倍数的显微镜观察孢子的萌发、菌丝的生长及孢子的形成等各个阶段。

（四）注意事项

（1）倒培养基、接种需在无菌操作下进行。

（2）接种量要小，以免凹载玻片内菌丝长得太多影响观察。

（3）培养时一定要在培养皿内放少许水，以免凹载玻片内的培养基干涸。

第三节　真菌的制片技术

真菌是真核微生物的类群，有丝状的霉菌和单细胞形态的酵母菌等。霉菌因其菌丝体有特化形态，在制片观察时需找到其特化形态。单细胞酵母菌形态的制片观察可用细菌的简单染色法或水浸制片法。上述介绍的放线菌的凹载玻片培养法也可用于霉菌和酵母菌的制片。真菌有有性繁殖和无性繁殖世代交替的现象，需用特殊的制片技术才能观察到有性繁殖及产生有性孢子的过程。

一、水浸制片观察霉菌的菌体形态

（一）实验原理

霉菌菌丝较粗大，细胞易收缩变形，且孢子容易飞散，制片时常用乳酸石炭酸棉蓝染色液处理。此染色液制成的霉菌装片的特点是细胞不变形，具有杀菌防腐作用，不易干燥，能保持较长时间；染色液呈蓝色，有一定染色效果。

根霉的菌丝没有横隔，有部分菌丝分化成匍匐菌丝和假根。无性繁殖产生孢囊孢子，它着生在孢子囊内。根霉的孢子囊较大，其形状因菌种不同而异。孢子囊成熟后囊壁破裂，释放出大量的孢囊孢子，并显示出囊轴（孢子囊梗与孢子囊间隔凸起，膨大成球形或锥形的结构）和囊托。

曲霉的菌丝有横隔，无性繁殖产生分生孢子，它着生在顶囊外，呈放射状。分生孢子分离后可见较大的顶囊，顶囊上有初生小梗和次生小梗。与顶囊相对应的菌丝分界处有时可见足细胞。

青霉的菌丝有横隔，无性繁殖产生分生孢子，它着生在分生孢子梗上。菌丝呈轮生状，有对称和不对称之分。

（二）实验材料

1. 菌种 在马铃薯葡萄糖培养基平板上培养 3～4 d 的根霉（*Rhizopus* sp.）、曲霉（*Aspergillus* sp.）、青霉（*Penicillium* sp.）。

2. 试剂 马铃薯葡萄糖培养基、乳酸石炭酸棉蓝染色液、50%乙醇等。

3. 器材 剪子、镊子、载玻片、盖玻片、接种针、显微镜等。

（三）实验步骤

1. 制片 在载玻片上滴加一滴乳酸石炭酸棉蓝染色液或蒸馏水，用接种针从生长有霉菌的平板中挑取少量带有孢子的霉菌菌丝，用 50%乙醇浸润，再用蒸馏水将浸过的菌丝洗一下，然后放入载玻片上的液滴中，仔细地用接种针将菌丝分散开来，盖上盖玻片。

2. 镜检 用低倍镜和高倍镜观察。

（四）注意事项

（1）挑取霉菌的菌丝，仔细地用接种针将菌丝分散开来，以利于菌丝体特化形态的观察。

（2）盖上盖玻片，勿产生气泡，且不要再移动盖玻片。

二、根霉接合孢子的培养与观察

（一）实验原理

根霉的有性繁殖是以同型配子囊结合方式进行，即是两个在外形上很难区分的不同的性细胞（这种性细胞是不能运动的）相互结合，分为同宗配合和异宗配合。同宗配合为同一菌丝体上的不同性细胞结合的有性过程，异宗配合为不同菌丝体参与的有性过程。产生的有性孢子为接合孢子。形成接合孢子的菌，大多数为异宗配合，少数为同宗配合。

在适宜的培养温度下，接种在同一平板培养基表面的两个异性根霉菌株，在生长过程中，相邻近的异性菌丝能各自向对方伸出极短的侧枝，当两者相互接触后，各自顶端膨大成两个原配子囊，然后经质配和核配发育成配子囊和幼接合孢子，最后成为成熟的接合孢子，采用适当的接种和培养，可观察到接合孢子形成过程中不同阶段的形态特征。

(二)实验材料

1. 菌种 葡枝根霉(*Rhizopus stolonifer*)的“+”“-”菌株各1支。

2. 试剂 马铃薯蔗糖培养基、乳酸石炭酸棉蓝染色液、50%乙醇等。

3. 器材 培养皿、载玻片、盖玻片、显微镜、镊子、记号笔和接种工具等。

(三)实验步骤

1. 倒平板 无菌操作将熔化的马铃薯蔗糖培养基冷却至45 ℃以下倒入无菌平板中,凝固待用。

2. 标接种线 在培养皿底的外侧,用记号笔标明接种“+”“-”菌株及其接种线的位置。

3. 接种 用接种环分别挑取葡枝根霉的“+”“-”菌株在对应的标记位上划一直线。

4. 培养 将平板倒置于25 ℃温箱内,培养3~5 d。

5. 制片 取一块干净载玻片,滴加一滴蒸馏水或乳酸石炭酸棉蓝染色液,用接种针挑取“+”“-”菌株的菌丝少许,用50%乙醇浸润,并用水洗涤后放于其中,小心分散菌丝,加盖盖玻片。

6. 镜检 先用低倍镜再转换高倍镜观察。或打开皿盖,在接合孢子带上压一块载玻片,轻轻按一下,使载玻片贴近培养基表面的接合孢子层,然后将平板培养物直接放在显微镜的载物台上,用低倍镜或高倍镜沿着接合孢子带上下观察接合孢子的形态特征。

(四)注意事项

(1)接种时“+”“-”菌株不要混淆,以免影响实验结果。

(2)制备培养接合孢子的平板时,培养基不宜倒太多,以免平板过厚而影响观察。

(3)培养温度勿超过25 ℃,否则不利于接合孢子的形成。

(4)注意观察接合孢子形成的不同时期,以及接合孢子和配子囊的形态。

三、酵母菌子囊孢子的培养与观察

(一)实验原理

大多数酵母菌是单细胞生物,形态较简单,因此在分类鉴定上除了观察细胞形态及测定生理特性外,还要观察其能否产生有性孢子和孢子形状等特征,并以此作为鉴定酵母菌的重要依据。

酿酒酵母的生活史中既存在单倍体阶段又存在双倍体阶段。有性繁殖产生子囊孢子,其形成过程是两个营养细胞相接触,经质配和核配,形成双倍体核的合子,此细胞可以进行芽殖。在适宜的条件下,合子减数分裂,形成含4个子核的细胞,原来的双倍体细胞即成为子囊,而4个子核最终发展成单倍体的子囊孢子。单倍体的子囊孢子经无性繁殖后又成为单倍体细胞。

为了促使酿酒酵母产生子囊孢子,可先将它接种到营养丰富的培养基上繁殖几代后,再将它移到合适的产孢子的培养基上,即可形成子囊孢子。通常选用醋酸钠培养基作为诱导酿酒酵母形成子囊孢子的培养基。

(二)实验材料

1. 菌种 酿酒酵母(*Saccharomyces cerevisiae*)。

2. 试剂 麦芽汁培养基、醋酸钠培养基、石炭酸复红染色液、亚甲蓝染色液、3%酸性酒精等。

3. 器材 培养皿、载玻片、盖玻片、接种环、滴管、镊子、显微镜等。

(三)实验步骤

1. 酿酒酵母的活化 将酿酒酵母接种至新鲜的麦芽汁培养基上,置28 ℃下培养2~3 d,然后再活化 2～3 次。

2. 子囊孢子的培养 将酿酒酵母用麦芽汁培养基活化 2～3 代后，转接于醋酸钠培养基上，于 25 ℃ 培养 3～5 d，即可形成子囊孢子。

3. 制片 于载玻片上加蒸馏水一滴，取子囊孢子培养体少许，放入水滴中制成涂片，干燥固定后用石炭酸复红染色液加热染色 5～10 min。倾去染色液，用酸性酒精冲洗 30～60 s 以脱色，再用水洗去酒精，最后加亚甲蓝染色液染色，数秒钟后用水洗去染色液，用吸水纸吸干水分。亦可不经染色直接制水浸片观察。水浸片中的酵母菌的子囊为圆形大细胞，内有 2～4 个圆形的小细胞即子囊孢子。

4. 镜检 先用低倍镜再转换高倍镜观察，结果子囊孢子为红色，菌体为青色。

（四）注意事项

（1）用于活化酵母菌的麦芽汁培养基要新鲜，培养基表面要湿润，以保证酿酒酵母得到良好的生长。

（2）干燥固定后用石炭酸复红染色液加热染色 5～10 min，不能沸腾。

四、伞菌子实体的压片观察

（一）实验原理

担子菌亚门的伞菌属子实体形如伞状，有性繁殖是以菌丝联合方式进行的，产生的有性孢子为担孢子。其担子和担孢子着生在菌盖下面菌褶两边的子实体上，用石蜡切片法等制成玻片标本，可在显微镜下观察到担子和担孢子的形状、颜色及其着生方式。用压片制片方法，可对伞菌子实层进行较为细致的观察。

（二）实验材料

1. 菌种 双孢蘑菇、香菇、平菇等（也可用其干标本）。

2. 试剂 50 g/L KOH 溶液、蒸馏水等。

3. 器材 载玻片、盖玻片、镊子、接种针、显微镜等。

（三）实验步骤

1. 制片 取一洁净载玻片在中央加一小滴蒸馏水，再用镊子在子实体菌褶中间部分夹取一块米粒大小的褶片置于载玻片的蒸馏水中，并用接种针将褶片分散。

2. 压片 取一盖玻片，先使一边浸在载玻片上的溶液中，慢慢将盖玻片加盖在分散的褶片上，尽量不要有气泡分散在盖玻片内。用铅笔上的橡皮头轻压或者轻轻敲打盖玻片至观察材料呈极薄的膜状分散。

3. 镜检 先用低倍镜再转换高倍镜观察担子、担孢子或其他结构的大小、形状和排列状态。

（四）注意事项

（1）载玻片和盖玻片一定要洁净，否则会影响制片效果。

（2）如选用干标本作观察材料，可用 50 g/L KOH 溶液代替蒸馏水，能使干缩的担子及担孢子等组织结构复原到原来大小并要稍等浸润后才能将褶片分散。

（3）注意用铅笔上的橡皮头轻压或者轻轻敲打盖玻片时不要把盖玻片敲碎。

第四节 螺旋体、支原体、立克次体和衣原体的制片技术

螺旋体、支原体、立克次体和衣原体都属于原核微生物，除支原体没有细胞壁外，其他均有细胞

壁；螺旋体介于细菌与原虫之间，多数不致病，仅少数对人致病；立克次体大小介于病毒与细菌之间，专性细胞内寄生；衣原体介于病毒与立克次体之间，严格细胞内寄生。

一、螺旋体的染色及观察

（一）实验原理

螺旋体是一类细长、柔软、弯曲成螺旋状、运动活泼的原核细胞型微生物，其基本结构与细菌类似，对抗生素敏感。螺旋体广泛分布于自然界中，常见于水、土壤及腐败的有机物上，有的亦存在于人体口腔或动物体内。

螺旋体利用普通染色法染色时不易着色，通常采用镀银法染色或在暗视野显微镜下直接镜检。

（二）实验材料

1. 试剂

（1）Fontana 染色液。包括甲、乙、丙液。

甲液（固定）：1.5 mL 冰醋酸＋2.75 mL 福尔马林，定容至 100 mL

乙液（媒染）：5 g 单宁酸＋1 mL 酚，定容至 100 mL

丙液（银氨液）：1%硝酸银溶液中滴加稀释的氨水，至咖啡色混浊恰好变清。

（2）香柏油。二甲苯等。

2. 器材 载玻片、显微镜、牙签等。

（三）实验步骤

（1）用牙签取牙垢，放置于载玻片上涂片。

（2）涂片微热固定后，滴加甲液固定 1～2 min，流水冲洗。

（3）加乙液覆盖涂片 1 min，微加热至涂片冒蒸汽，染色 30 s，稍冷，流水冲洗。

（4）加丙液覆盖涂片 1 min，微加热，染色 30 s，稍冷，再次流水冲洗，干燥，加香柏油进行油镜检查。

（四）结果

染色后背景为黄色，螺旋体及细菌被染成深褐色，呈螺旋状的为螺旋体，暗视野检查见有典型形态和运动方式的螺旋体即为阳性。

二、支原体的染色与观察

（一）实验原理

支原体是一类无细胞壁、呈高度多形性、能通过滤菌器、可用人工培养基培养的最小的原核细胞微生物。

吉姆萨染料由天青Ⅱ和伊红组成。嗜酸性颗粒为碱性蛋白质，与酸性染料伊红结合被染成粉红色；嗜碱性物质如细胞核蛋白和淋巴细胞胞质蛋白为酸性，与碱性染料亚甲蓝或天青结合被染成紫蓝色；中性颗粒呈等电状态，与伊红和亚甲蓝均可结合而被染成淡紫色。吉姆萨染色法常对细胞核着色较好，染成紫红色或蓝紫色，而对胞质和中性颗粒则染色较差，染成粉红色或淡紫色。

（二）实验材料

1. 材料 猪肺炎支原体。

2. 试剂

(1) 吉姆萨染色液。称 0.6 g 吉姆萨染料粉末，加到 50 mL 甘油中，于 55～60 ℃加热 1.5～2 h 后，再加甲醇 50 mL，过滤后即可获得原液，放入深棕色瓶内，室温放置，待用。

(2) 甲醇、pH7.2 磷酸盐缓冲液、丙酮、二甲苯、香柏油等。

3. 器材 载玻片、显微镜等。

(三) 实验步骤

1. 取样固定 将猪肺炎支原体培养物制成均匀悬液，吸一滴在清洁载玻片上，推成薄层，干燥后用甲醇固定 3 min。

2. 染色 用 pH 7.2 的磷酸盐缓冲液将吉姆萨染色液稀释 20 倍，染色 15～30 min。

3. 脱色镜检 用 pH 7.2 的磷酸盐缓冲液冲洗载玻片，干燥后，丙酮脱色 10 s，待干燥后在油镜下观察支原体形态特征。

(四) 结果

通过显微镜油镜观察，支原体的形态多为小颗粒和丝状体。

三、立克次体的染色与观察

(一) 实验原理

立克次体有明显的多形性，是一类微小的杆状或球杆状、天然寄生在如蚤等节肢动物体内的、只能在寄主细胞内繁殖的原核微生物，有类似细菌的结构，在电子显微镜下可见细胞壁和细胞膜。革兰氏染色阴性，但不易着色，多不采用。常用的染色方法有 Giemsa 染色、MacChiavello 染色等，前者可将立克次体染成蓝色，后者染成红色。

(二) 实验材料

1. 材料 被斑疹伤寒立克次体、恙虫病立克次体感染的小鼠。

2. 试剂 Giemsa 染色液、蒸馏水、甲醇、香柏油、二甲苯等。

3. 器材 载玻片、显微镜等。

(三) 实验步骤

1. 取样固定 取被斑疹伤寒立克次体、恙虫病立克次体感染的小鼠腹腔液涂片，自然干燥后用甲醇固定 5 min。

2. 染色 取蒸馏水 2 mL，加入 Giemsa 染色液 6 滴，配成新稀释的 Giemsa 染色液，将其加热沸腾后，用滤纸过滤。将过滤的 Giemsa 染色液滴至标本上染色 10 min。

3. 镜检 水冲洗，自然干燥后油镜下观察。

(四) 结果

镜下可见有完整的或破碎的细胞，细胞核染成紫红色或紫色，细胞质染成浅蓝色，立克次体均呈紫红色，多为球杆形。斑疹伤寒立克次体常散在细胞质中，而恙虫病立克次体常大量堆积在核旁的胞质中。

(五) 注意事项

不同的立克次体在细胞内的分布位置不同，借此可对其进行鉴别，如普氏立克次体在细胞质或细胞核内均可找到。

四、衣原体的染色与观察

（一）实验原理

衣原体是一类能通过滤菌器、能量代谢酶系统不完善、需严格细菌内寄生的原核微生物，具有独特发育周期，在发育的不同阶段可出现原体和网状体两种形态。原体是成熟的、有感染性的、可在宿主细胞外存活的形态；网状体是由原体演变而来，以二分裂方式繁殖（类似细菌），是衣原体的增殖形式，不具感染性，增殖的结果是吞噬体内有大量的网状体生成，其所形成的微小集落称包涵体。

沙眼衣原体在宿主细胞胞质内形成包涵体，Giemsa染色显深紫色，可呈帽形、桑椹形等。

（二）实验材料

1. 试剂　Giemsa染色液、香柏油、二甲苯等。

2. 器材　载玻片、显微镜等。

（三）实验步骤

1. 标本采集　用拭子在沙眼包涵体结膜炎病人的结膜上穹隆或下穹隆用力涂擦，或取眼结膜刮片。

2. Giemsa染色　标本涂片干燥后，经Giemsa染色镜检，原体染成紫红色，网状体染成蓝色。此法简单易行，但敏感性较低。

由于衣原体在宿主细胞内出现包涵体，用光学显微镜观察有一定预诊意义，特别在眼结膜、尿道及子宫颈上皮细胞内发现典型包涵体，更有沙眼衣原体感染的参考意义。包涵体的检出对急性、严重的新生儿包涵体性结膜炎的诊断价值大，而对成人眼结膜和生殖道感染的诊断意义次之。

（四）结果

油镜下观察衣原体包涵体，如标本中有沙眼衣原体，染色后可见蓝色、深蓝色或暗紫色的包涵体。

注：也可以免疫荧光检查，用直接法荧光抗体（DFA）染色检测上皮细胞内的典型衣原体抗原。

1. 细菌制片技术有哪些方法？
2. 放线菌制片技术有哪些方法？
3. 如何培养与观察酵母菌子囊孢子？
4. 写出压片观察伞菌子实体的基本步骤。
5. 微生物制片应该注意哪些问题？
6. 绘制螺旋体、支原体、立克次体和衣原体的形态结构。

第七章
植物染色体技术

第一节　植物染色体常规压片技术

所谓染色体常规压片技术，是指与近代发展起来的染色体分带和电子显微镜技术相区别，只显示染色体的一般形态和结构的技术。如果从1921年贝林（Belling）配制的醋酸洋红用于染色体涂片算起，至今已有100年的发展历史了。经过人们的长期实践和不断改进，这一技术至今仍是细胞遗传学和细胞分类学研究中应用最为普遍的基本技术，是其他新技术所不能完全取代的。随着生命科学的迅速发展，染色体的研究显得愈来愈重要了。对于从事细胞学工作者来说，这也是首先应该掌握的一项最基本的实验方法。

目前，国内外常用的技术可分为两种，即压片法和去壁低渗火焰干燥（又称低渗法）法，两者的主要操作程序见图7-1。

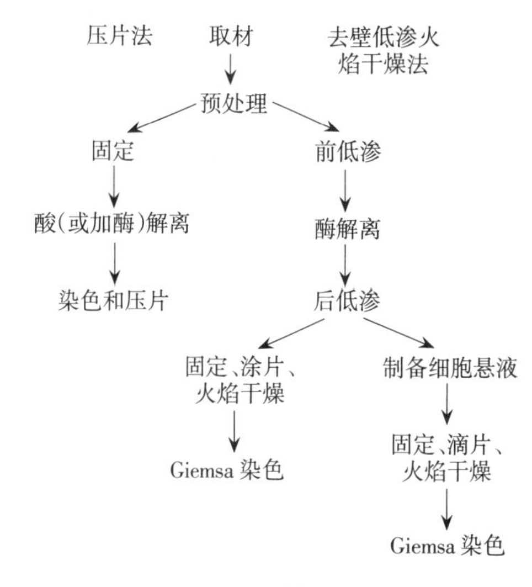

图7-1　植物染色体常规压片流程

从图7-1可以看出，两种技术的取材和预处理的要求、操作是一样的，即材料的基础条件是相同的。两种技术各有优缺点：压片法操作快速简便，节省材料；去壁低渗火焰干燥法操作稍繁且需要酶制剂，但染色体易于展开而不易导致染色体变形，尤其对一些含较多成熟细胞的组织，如芽、愈伤组织等，其制片效果则明显优于压片法。

需要特别强调的是两种技术成功的基础和关键是一致的，即首先应获得大量的染色体缩短适宜的分裂细胞，在此基础上，熟悉掌握任一种技术都不难做出优良的染色体标本。

植物染色体常规压片技术，按照其操作的先后顺序，包括取材、预处理、固定、解离、染色、压片和封藏等步骤。

一、取　　材

一般来说，凡是能进行细胞分裂的植物组织或单个细胞，都可以作为观察染色体的材料，如植物的顶端分生组织（根尖和茎尖）、幼小的花、居间分生组织、愈伤组织、幼胚及胚乳、大孢子母细胞和小孢子母细胞的减数分裂时期以及小孢子发育成雄配子过程中的两次细胞分裂等，都是常用于观察染色体的适宜材料。

在一个被子植物的生活史中，存在两个不同世代的交替过程，即孢子体世代和配子体世代的交替。在植物的生长发育过程中，各器官的分生组织或细胞的分裂活动，既有其自身发育的阶段性，又受外界环境条件的影响。只有充分掌握这些组织的一般结构和生长发育的一般规律，了解每一具体植物的生长发育特性，创造适宜的环境条件，才便于取得合适的材料。而适宜的取材，是制作优良染色体标本的基础。

1. 根尖 在植物体细胞染色体的研究中，根尖分生组织为最主要的材料，因为其取材方便，分生区易于识别，如以种子萌发取根，则不受季节的影响，这是其他材料所不及的。根尖材料可以从多种途径获得，要根据具体情况从优选择。这些途径主要有：①以种子萌发取根；②从鳞茎水培取根；③扦插取根；④从植株上直接取根。

综上所述，无论以什么方式取根，注意使根的生长处于最佳条件，同时在根的生长势最强时取材是成功的基础，不可忽视。

2. 茎尖 茎尖的取材，主要适用于一些难以获得种子或种子不易发芽的木本植物。例如，许多果树、竹类、木本花卉等，常常取茎尖为材料。此外，许多禾本科植物的根尖往往比较坚硬而难于制片，其茎尖细胞则更柔嫩和易于制片，尤其是用压片法，是比根尖更为优良的材料。

但是，茎尖取材困难、操作烦琐。因为，首先，其有生长季节的严格限制，休眠芽是不适于取材用于细胞学观察的。其次，取材时一般需要在放大镜下剥去幼叶，切取生长锥和叶原基部分，但也常常难免带有一些成熟细胞或木质分子、结晶等。所以，许多茎尖材料不适于用压片法，而宜用去壁低渗火焰干燥法制片。

3. 幼叶 从叶原基发育至成熟的叶片，其生长发育的早期主要以细胞的分裂活动而增加其体积。所以，在幼叶期也可作为染色体研究的材料。

幼叶的取材，大小因植物而异，总的原则是越小越好。以麦类植物为例，以 0.5～1 cm 长的幼叶为宜，取其叶片基部制片最好。

4. 幼小子叶 在双子叶植物中，在胚的发育早期，亦有非常旺盛的细胞分裂活动，是观察染色体的良好材料。子叶的取材，以胚发育早期的幼小子叶为宜，越小越好。作为取材标准，以子叶细胞尚未积累淀粉之前最为适宜，大小则因植物的种子大小不同而异。例如，蚕豆的幼小子叶长 1.5～3 mm、小巢菜 1～1.5 mm、菜豆 1.5～2.5 mm 者均适宜。如果以去壁低渗火焰干燥法制片，其取材的长度可增大，不过其细胞分裂指数会随子叶的增大而急骤下降。幼小子叶优于幼叶，是很有应用价值的材料。

5. 居间分生组织 禾本科植物茎的生长，除有顶端分生组织的细胞分裂和伸长之外，还有居间分生组织的活动。当用居间分生组织为材料观察染色体时，以禾本科植物的叶鞘应用最广泛。取材时一般选用幼苗（2～3 叶时期）或幼小分蘖，剥除外部的叶片，取其心叶，切取叶鞘基部 1～2 mm 部分，进行预处理。

6. 茎的形成层 形成层为茎的侧生分生组织，双子叶木本植物形成层的季节性分裂活动导致了茎的加粗。由于形成层位于木质部和韧皮部之间，取材极不方便，故很少用于观察染色体。但是，在特殊需要时，也可以采用以下方法取材：在生长季节，用凿子在树皮上打一个边长约 1 cm 的小方洞，直至木质部，除去树皮，在其外边包扎上一层塑料薄膜，以防干燥。几天之后，可见到由木栓形成层产生的愈伤组织，然后，取该愈伤组织进行预处理。

7. 愈伤组织 这是指在人工培养条件下产生的愈伤组织。植物组织培养在理论研究和育种实践中应用时，常常需要检查所培养的愈伤组织的染色体数目或结构的变异。

在一块愈伤组织中，细胞分裂比较集中的部位通常难以确定，同时细胞的分裂活动受培养条件的影响较大，所以，准确取材比较困难。以转移到新鲜培养基上 3～7 d 后取材较为合适，此时容易获得较多的分裂细胞。同时应在解剖镜下仔细辨认正在生长和已老化了的细胞群。通常，老化的细胞群比较疏松而呈透明状，这是因为细胞体积较大而且高度液泡化；分生细胞群的细胞较小，含较大的细胞核和浓厚的细胞质，故外观上显得致密而折光性较强，所以，应取此类细胞群进行预处理。

8. 花蕾 从花芽开始形成至进入减数分裂之前的幼小花蕾，包括花瓣、雄蕊和雌蕊都正在发育，进行着旺盛的细胞分裂活动。这是除根尖之外最为理想的材料，尤其是对一些难以获得根尖材料的木本植物而言，更是如此。它的最大优点是在植物的孕蕾时节，可以从植株上取得大量的材料。幼小的花药和子房也是较为理想的材料，往往比某些根尖便于制片操作。

9. 花粉 花粉母细胞减数分裂之后，所形成的小孢子至发育成为成熟的花粉（雄配子体），要经过一次或两次有丝分裂过程，形成具二细胞或三细胞花粉。利用小孢子发育中所进行的有丝分裂过程来观察染色体，有其独特的优点：染色体数目是单倍数（n），为计数或做核型分析提供极大方便；可同时获得大量材料或分裂细胞；一般不需要进行预处理和细胞的解离等操作。因此，对难以获得种子或种子萌发困难的植物来说，是可供选择的材料来源。

10. 生殖核在花粉管中的分裂 含二细胞的花粉，生殖核的分裂是在萌发的花粉管中进行的，可以此为材料进行染色体观察。它的优点是易于获得大量材料；花粉用冷冻干燥和真空保存，能贮存相当长时间；可以人工控制和直接观察细胞分裂过程。缺点是不同植物花粉萌发的条件不一致，实验操作也相对繁杂。不过，在许多木本植物中，还是有一定应用价值的。观察花粉管中生殖核的分裂包括花粉采集、保存、培养和观察等步骤。

11. 胚乳 用胚乳作为观察染色体的理想植物是裸子植物，如松、柏、银杏等。因其胚乳及后期雌配子体含单倍的染色体数目，细胞分裂的时间持续较长，传粉受精之后即可取材。被子植物中，大多数植物都是核型胚乳，即在胚乳发育的早期，核进行有丝分裂，但不形成细胞壁，有一段游离核时期，然后再形成细胞壁。一般传粉后 3 d 即可开始取材。通过 LinBor-Yaw（1977）对玉米胚乳染色体的研究，从植株上取下胚珠，胚乳极易变质，因此，取材后应立即浸入含蔗糖的预处理液中，否则，将很难观察到细胞分裂。

二、预 处 理

在植物体细胞染色体的观察研究中，无论是进行染色体计数，还是核型分析以及分带，一般均以有丝分裂中期的染色体最为合适。因为此时期的染色体高度浓缩，形态和结构也比较清晰。但是，在有丝分裂周期中，分裂中期的持续时间很短，一般只有 10～30 min。因此，在正常条件下，中期分裂相所占比例很小。此外，分裂中期的染色体紧密排列在细胞的赤道面上，又有纺锤丝的牵连，所以，在制片时，是很难将其分散开的。尤其是染色体较大或数目较多的材料，染色体很容易发生严重重叠，不仅不能识别单个的染色体形态，有时甚至连计数也很困难。为了克服上述困难，体细胞染色体制片一般采用化学的或物理的方法对材料进行预处理。这些方法的作用机理在于阻止或破坏纺锤体微管的形成。由于不能形成纺锤体，有丝分裂过程被阻抑在分裂中期阶段，这样便可以累积比较多的处于分裂中期的染色体。预处理的另一个作用是可以导致染色体高度浓缩，使染色体变短，从而利于染色体的分散，所以可以说，预处理是染色体制片技术中最关键的操作步骤。如果预处理的效果优良，则即便是初学者也不难做出优良的制片；反之，如果预处理失败，即便是很有经验的人也难以做出好的制片。因此，它在染色体制片中的各个环节中居重要的地位。

（一）预处理的化学药品

可用于染色体预处理的化学药品，主要有生物碱、苷类、酸类及其他物质。现将最为常用的，比较有效的药品介绍于下。

1. 秋水仙素 秋水仙素（colchicine）是从百合科秋水仙属的秋水仙（*Colchicum autumnale*）的种子和鳞茎中提取的一种生物碱。

纯的秋水仙素为针状结晶，一般商品为白色或淡黄色粉末，熔点 155 ℃，味苦，易溶于冷水、酒精、氯仿和甲醛，但在热水中的溶解度较差，不易溶于苯和乙醚。秋水仙素毒性极强，能引起眼睛暂时失明和使中枢神经系统麻醉而导致呼吸困难。因此，使用时应特别注意安全。

秋水仙素阻止纺锤体微管组装的作用力很强，而且适用于各种不同生物和不同组织或器官的预处理。其有效浓度范围为 0.001%～1%，用于处理细胞和组织培养的材料，可用较低的浓度；而处理某些藻类或松柏类植物材料，则可用较高的浓度。不过，对绝大多数植物材料而言，通常用的浓度为0.05%～0.2%。

秋水仙素溶液的配制方法很简单，将药品溶于常温下的蒸馏水中即可。一般配成0.2%的水溶液，装入棕色试剂瓶中，贮存于冰箱中备用，使用时稀释至所需浓度。

2. 对二氯苯 对二氯苯，或对二氯代苯（p-dichlorobenzene，p-DB），为一种苯的衍生物，商品性的对二氯苯为无色结晶，大块时呈白色，具特殊臭味，常温下即可升华。易溶于乙醇、乙醚、苯等有机溶剂，难溶于水。易燃，有毒，通常用作防腐剂。

自从1945年迈耶（Meyer）首先用对二氯苯水溶液处理植物根尖获得成功，实验表明它是一种有效的预处理液，适用于各种植物。其配制方法是：称取5 g结晶放入棕色试剂瓶中，加入100 mL加温至40～45 ℃的蒸馏水，振摇约5 min，静置约1 h后即可使用。

对二氯苯的适用范围极广，无论是对较大的染色体（如蚕豆、洋葱），还是对中等大小的染色体（如玉米、茄等），或是对小染色体（水稻、棉花等）都很有效。此外，对二氯苯不仅对纺锤体微管的组装有较强的阻抑效果，还可能对其他的微管蛋白及某些细胞器有分解作用，可极大地改变细胞质的黏滞度，对细胞质有清除作用。因此，使染色体更易于分散，尤其是对含染色体数量多的细胞（如甘蔗、山药等），其作用往往为其他药物所不及。

但是，应该注意的是，对二氯苯对细胞代谢活动的毒害作用较大，预处理液温度过高或处理时间过长，很容易产生染色体断裂、粘连等类似辐射畸变的效应（因而曾被用作植物的化学诱变剂）。因此，严格控制预处理时间和温度条件是很必要的。

3. 8-羟基喹啉 8-羟基喹啉（8-hydroxyquinoline）为白色结晶或粉末，溶于酒精而难溶于水。

8-羟基喹啉不仅具有秋水仙素的特点，而且所显示的染色体缢痕以及随体等结构，往往比秋水仙素处理更为清晰。尤其是在处理具中、小染色体的材料时，这一优点表现得更为明显。

用于染色体预处理的8-羟基喹啉，常用0.002 mol/L的水溶液，也有人曾用0.004 mol/L。8-羟基喹啉难溶于水，配制时需将溶液置60 ℃左右的温箱中数小时，待其完全溶化后，取出冷却至室温贮存备用。

4. α-溴萘 α-溴萘（α-bromonaphthalene）为萘酚的一种衍生物。α-溴萘为一种无色或淡黄色液体，易溶于乙醇和苯，微溶于水。配制方法：在100 mL蒸馏水加入一滴α-溴萘，充分振摇，使其混匀，配成饱和的水溶液使用。一般以新配制的溶液效果最好。

Schmuck（1939）首先用α-溴萘的饱和水溶液处理黑麦和小麦染色体获得成功。由于其配制方便，效果良好，至今仍被广泛使用。α-溴萘饱和水溶液的作用也比较缓和，对染色体的缩短效果缓慢，即使延长处理时间，也不易对染色体产生严重的损伤。一些试验结果认为α-溴萘最适合用于禾本科和高等水生植物染色体的预处理。近年来，国内一些试验发现，用α-溴萘处理后的植物染色体，对显示G带有良好的作用。α-溴萘饱和水溶液作为预处理液，宜现配现用，根尖以不离母体而浸入溶液中处理为好。如切取根尖处理，则以在低温（4～8 ℃）下延长作用时间效果更好，从而可获得较多的分裂中期的染色体。

（二）处理方法

处理方法的选择和操作，容易被忽视。许多预处理失败，究其原因，大多是预处理方法不当。

就植物材料本身而言，处理方法可分为两类，即离体处理和非离体处理。前者是指将所要处理的器官或组织从母体上切除下来，浸没在预处理液中进行处理；后者则处理材料不与母体分离，而只把所处理的部分浸入预处理液中进行活体处理。

1. 离体处理 离体处理时，预处理药物作用迅速，因此，所需时间较短，操作比较简单方便，是最常用的处理方法。通常是把根尖和茎尖等切下，投入有预处理液的指形管中处理。良好的预处理效果是在细胞的某些合成作用受到抑制，而前期分裂过程又能正常进行的条件下获得的。但是，在离体处理条件下，细胞是处于严重缺氧和有毒害的恶劣环境中；此外，由于材料较小而又脱离了母体，细胞代谢活动所需的能源被中断。如果毒害严重或处理时间太长，细胞将死亡。因此，为了得到较好的预处理效果，具体操作时应注意以下几点：①每一指形管中处理的材料切忌过多，一般较大的根尖或茎尖不超过 10 个，小根尖或茎尖不超过 15 个。②预处理的材料宜小，例如，根尖以长 2～3 mm 为宜。③在处理期间，如能更换新鲜溶液更好。④经常振摇，如果有可能，向溶液中通气将是很有利的。⑤尽可能在避光条件下处理。

此外，如果材料较多，改用培养皿作处理容器，可显著改善处理的环境条件，效果良好。其方法是在培养皿中铺 1～2 层滤纸，加入一浅层预处理液，然后将切取的根尖隔一定距离均匀地放在滤纸上，加盖置暗处处理。

2. 非离体处理 在这种处理方法中，由于分生组织不与母体分离，其抗药物毒害的能力比离体者强。但也正因为如此，药物的作用也相应减缓，所以，这类处理的持续时间便随之延长。如处理得当，非离体处理能比离体处理累积更多的中期分裂细胞。但是，如果持续处理的时间过长，则又常会导致产生多倍化细胞，在计数染色体时，要考虑到这一特点。

非离体处理方法很适合处理一些具大染色体的植物材料，如百合、贝母、重楼及裸子植物等。水稻、萝卜、白菜等体积小的材料，可采用上述培养皿处理的方法，只要将根尖分生区浸没在预处理液中即可。较大的材料，如鳞茎或根状茎上萌发的根尖，则可用合适的烧杯或广口瓶作为预处理容器。此外，还可以将药物配制在琼脂培养基中进行处理。

非离体处理的药物，一般以秋水仙素和 α-溴萘处理的效果较好。

（三）预处理的持续时间

关于预处理持续时间的长短，取决于以下诸因素的变化。

1. 染色体的大小 染色体大的材料预处理时间宜长，染色体小的材料预处理时间宜短。

2. 材料的大小 材料大者宜长，材料小者宜短。

3. 处理方法的不同 离体处理宜短，非离体处理宜长。例如，百合以 0.05%秋水仙素为预处理液，离体处理 3～4 h，而非离体处理则需要 12 h 以上。

4. 植物的耐药性不同 不同的植物对不同的预处理药物的反应是不相同的。例如，同样以对二氯苯饱和水溶液液处理，谷子、高粱、白菜、剑麻等的离体根尖只宜处理 1～2 h，超过 2 h 就易于出现染色体粘连或聚缩等毒害现象；玉米、水稻、马铃薯和芝麻等则可以处理 3～4 h，此时染色体虽缩得很短，但仍看不到明显的毒害现象。

5. 处理液浓度 高浓度宜短，低浓度宜长。

6. 温度 高温宜短，低温宜长。

以上诸因素中，植物染色体的大小是应着重考虑的因素，因为这是一个固定的因素，其他因素一般是可以人为地加以控制的。一般情况，具小染色体的植物，离体处理 1～2 h，非离体处理 4～5 h；具大染色体的植物，离体处理 3～5 h，非离体处理 12～20 h。

要掌握好最合适的处理时间，主要还需通过试验来确定，有效的办法是定时取样镜检。例如，可以每隔 1 h 取 1～2 个根尖，直接投入 1 mol/L HCl 中，于室温下处理 5～10 min 后染色和压片镜检。

（四）预处理液的温度

温度对细胞的合成和代谢活动以及细胞周期都有直接的影响。正如前述，常用的预处理药物，虽然所用浓度很低，但它们对植物细胞都有毒害作用，这种毒害作用的强度随温度的变化而不同，高温时增强，低温时减弱。总的原则是以较低的温度处理，温度范围在 10～20 ℃。温度稍低些则可以使预处理的持续时间相应延长，这有利于累积较多的分裂中期的细胞。温度超过 25 ℃，对多数植物的预处理都是不利的，所以，在高温季节，要采取降温措施。

（五）低温预处理

低温也可以阻抑纺锤体微管的组装，与预处理药物有异曲同工之效。但是，低温作为一种预处理方法或条件，并不适用于所有植物。这是因为不同植物的分生组织细胞对低温的反应是不同的，细胞的合成和代谢以及细胞分裂都有不同的临界低温，尤其是在离体的条件下，情况更复杂。

（六）细胞同步分裂的处理方法

用5-氨基脲嘧啶处理植物根尖，可以使分生组织的细胞趋于同步分裂，然后再用秋水仙素处理，使分裂停止在中期阶段，这样便可以获得大量的中期染色体。

（七）关于取材预处理的时间问题

这里所说的取材时间，系指一天中什么时间取材。一些人认为，应在一天中植物有丝分裂的高峰时间取材处理，否则将难以成功。

不同的植物、不同的个体之间以及不同的温度条件下，细胞的分裂周期是可变的，不是恒定的。大量的试验表明，只要植物的分生组织处于良好的活动状态，在一天中什么时间取材均可。更重要的是，预处理的各种条件是否合适，即使取材时细胞分裂频率较低，预处理得当，同样可以获得较多的中期染色体。反之，即使有高频率的细胞分裂材料，预处理不当，也是徒劳的。通常，良好的预处理所累积的中期分裂相的频率，会几倍或十几倍地超过自然状况下中期分裂相的频率。

三、压 片 法

（一）固定

固定的目的是利用化学药品将生活细胞迅速杀死，并使构成染色体的核蛋白变性和沉淀，以保持染色体的固有形态和结构。

用于染色体的固定液，主要是用卡诺固定液，有下述两种配方：

配方Ⅰ：冰乙酸1份、无水乙醇3份。

配方Ⅱ：冰乙酸1份、氯仿3份、无水乙醇6份。

通常，多用配方Ⅰ，且在应用中也常有改动，例如，用95%乙醇或甲醇（常用于动物材料）代替无水乙醇。此外，冰乙酸和无水乙醇的比例亦可改变，对某些较硬化的材料，用1∶2甚至可用1∶1。配方Ⅱ则主要用于某些含油脂类物质或某些需要更加硬化的组织的固定。

固定时间一般为2～24 h，材料小者可短，大者宜长。进行孚尔根染色、地衣红或卡宝品红染色等，固定时间可短；如用苏木精染色，则宜长。

通常，以低温（4 ℃左右）条件下固定的效果较好，但不是必需的条件。

如需长时间保存，通常将固定材料保持在70%酒精内于冰箱中存放。有人认为，95%乙醇更适于长久保存。如果材料只需保存几天，则不必换用酒精而只存于固定液中即可。

此外，在用卡宝品红染色和压片时，有时可以省略固定步骤。经预处理后的材料，直接用盐酸解离，即可染色压片，因为卡宝品红染色液（含有醋酸）本身也是固定液。而不经固定的材料，细胞松软，更易于压片，同样也可制作出优良的制片。只是不经固定的材料，解离条件需严格控制，否则，染色体形态很易被破坏。至于用其他染色方法，则均需固定后才宜于进行后续的操作。

（二）解离

在压片技术中，组织的解离主要用盐酸。其目的是使细胞壁之间中层的果胶物质以及部分细胞质分解，而使细胞易于分散。此外，也可以使细胞壁适度软化而易于压片。

常用的解离方法是，固定后的材料经50%酒精放入蒸馏水中，然后在预热至60℃的1 mol/L盐酸中处理5～10 min。某些禾本科植物根尖则可延长至20～25 min。如果是进行孚尔根染色，则温度应严格控制在（60±1）℃的条件下。如果用其他染色方法，则对温度的要求并不严格，甚至也可以在室温下解离，不过，解离时间应相应延长1～2倍。

对于某些难以解离和软化的材料，也有用浓盐酸-95%乙醇（1∶1或1∶2）在室温下处理5～20 min的。但这一方法所用盐酸浓度很高，控制稍有不当，很容易导致染色体严重损伤，甚至完全分解，远不如上法之安全可靠。

某些细胞壁比较坚硬而难以软化的材料，其细胞难以压平，染色体也不易分散。这些材料可以采用盐酸解离和酶处理相结合的方法，实践证明其效果很好。

（三）染色剂及染色方法

用于植物染色体染色的方法很多，各种方法都有其自身的特点及适用的材料，或用于显示染色体的某一结构或成分，或用于染色体制片的特殊染色。因此，没有一种染色方法是普遍适用的而完美无缺的。现将各种染色剂和染色方法及其优缺点分述如下：

1. 洋红 洋红（carmine）是从胭脂虫（*Coccus cacti*）的雌虫中直接提取的一种染料，为非结晶的紫褐色物质。在胭脂虫的提取物中加入铝或钙而成为深红色的洋红。洋红并不是真正的化合物，而是一种混合物。由于制作方法的不同其成分也常有变化。洋红中具有染色活性的是洋红酸。但如果只用洋红酸染色，则染色效果不如洋红染色。

洋红酸可按一定比例溶于水，为一种二元酸。在它的等电点（pH 4～4.5）时，几乎不溶于水。如果溶于其等电点酸性的一边，则成为一种类似碱性染料，可对染色质染色。但如果溶于碱性溶液中，则具有酸性染料的性质。通常，并不用纯洋红酸作为染色体的染色剂。

用于染色体染色时，将洋红配成铁-乙酸洋红，其配制方法如下：先将100 mL 45%的冰乙酸装入约200 mL的锥形瓶或短颈平底烧杯中加热煮沸，然后缓缓加入1 g洋红粉末，并不断搅动使其溶解。在此操作过程中应特别注意防止溅沸。待完全溶解后，重新置于火上加热煮沸1～2 min，此时，可用细线悬一生锈的小铁钉浸入染色液中，约1 min后取出，也可加入氢氧化铁的50%乙酸饱和液1～2滴（不能多加，以免产生沉淀）。铁为媒染物，染色液中含微量铁离子，可明显增强洋红的染色能力。配制完毕，在室温下静止约12 h后过滤于一棕色试剂瓶中，贮存备用。

2. 地衣红 地衣红（orcein，C. I. 7091）是从石蕊地衣（*Racella tinctoria*）和另一种地衣（*Ecanora parolla*）中提炼出的一种紫红色染料。其化学结构尚不清楚。

天然产物地衣红和人工合成的地衣酸，经试验证明对染色体的染色同样有效，但后者不及前者优良。

地衣红溶于水及酒精。其配制方法与乙酸洋红相同，但无须加铁作媒染物，也无须回流。通常，是用45%乙酸配成1%地衣红使用。

3. 树脂蓝 树脂蓝亦称间苯二酚蓝（resorcin blue，Lacmoid，C. I. 51400），为一种氧氮杂蒽类的人工合成染料。树脂蓝为一种酸碱指示剂，其溶于碱性溶液呈蓝色，溶于酸性溶液则显红色。树脂蓝溶于乙酸后则具有一种典型的碱性染料的特性，能对细胞核和染色体进行分化染色。

4. 甲苯胺蓝 甲苯胺蓝微溶于酒精，但溶于水。其为一种噻嗪类的碱性染料，蓝紫色。

甲苯胺蓝过去曾用于真菌类的细胞学研究，在动物的染色体制片中也偶尔应用。近年加以改良，也可适用于植物染色体的染色。其主要优点是快速，分色清晰。整个染色过程只需30～40 min，很适用于快速的细胞学筛选工作以及一般细胞分裂的观察。

染色液的配制方法如下：称取0.05 g甲苯胺蓝结晶溶于100 mL柠檬酸-磷酸氢二钠缓冲液（pH=4.0）中即可。

5. 碱性品红 碱性品红（basic fuchsin）为一种混合的三苯甲烷类的碱性染料。近年来的样品几乎主要是由副品红（pararosaniline）或蔷薇苯胺（rosaniline）组成。旧的样品一般除含有以上两种染色料外，还加少量的新品红（new fuchsin）和品红Ⅱ（magenta Ⅱ）。

碱性品红用于染色体染色，有两个最重要的配方，一是卡宝品红（carbol fuchsin），亦称苯酚品红或石炭酸品红；二是席夫（Schiff）试剂。

(1) 卡宝品红。这是目前在国外应用最为广泛的一种优良的细胞核和染色体的染色剂。它既具有乙酸洋红染色简便、快速的特点，又具有孚尔根反应分色清晰的优点。此外，染色剂的耐保存和稳定性以及制片后颜色的持久不褪色等优点，都是前两种方法所不及的。该染色剂的配制方法如下：

原液 A：称取 3 g 碱性品红结晶溶于 100 mL 70%乙醇中（此液可以无限期保存）。

原液 B：取 10 mL 原液 A 加入 90 mL 5%苯酚水溶液中，充分混匀，置 37 ℃温箱中温溶 2～4 h（此液不稳定，限两周内使用）。

原液 C：取原液 B 55 mL，加入冰乙酸和甲醛各 6 mL，充分混溶。

染色液：取原液 C 10～20 mL，加入 80 mL 45%乙酸和 1 g 山梨醇（sorbitol）。

该染色液配制后为淡品红色，如果立即使用，染色较淡。放置两周以后，染色能力会明显增强，而且放置的时间越久，染色效果会更好。此液可保持两年不变质。

(2) 孚尔根染色法。孚尔根染色法是 R. Feulgen 和 H. Rossonbeck 于 1924 年创用的一种鉴别细胞中 DNA 的细胞化学方法。通常，认为它的基本原理是细胞核经过温和的盐酸的水解作用，将核糖核酸（RNA）提取出来而保留脱氧核糖核酸（DNA），同时也分解 DNA 的糖苷键上的嘌呤，从而使脱氧核糖的醛基游离。这些游离的醛基再与脱色的碱性品红（席夫试剂）反应，形成紫红色的加成复合物。

席夫试剂的配制方法如下：称取 0.5 g 碱性品红结晶于 100 mL 煮沸的无离子水中，搅动，使其充分溶解，冷却至 58 ℃，过滤于一棕色试剂瓶中。待滤液冷却至 26 ℃时，加入 10 mL 1 mol/L HCl 和 0.5 g 偏重亚硫酸钠，振摇使其溶解混匀，密封瓶口，置黑暗和低温（10 ℃）处，4～12 h 后检查，待染色液透明无色或呈淡茶色时，即可使用。

材料经席夫试剂染色后，需用 SO_2 水漂洗，以除去残留于组织中的试剂，以免污染其他的细胞结构。

漂洗液的配方如下：1 mol/L HCl 5 mL、10%偏重亚硫酸钠水溶液 5 mL、蒸馏水 100 mL。

孚尔根染色法的优点是通常只对细胞核和染色体着色，染色也比较均匀一致，背景清晰，组织软化较好，易于压片。缺点是染色体经染色后，由于染色时间一般需 1～2 h，席夫试剂中所含的盐酸往往使其过度软化。因而，在压片时，染色体分散困难而易发生重叠。这是它不及卡宝品红染色的主要缺点。

6. 苏木精　苏木精（haematoxylin，C. I. 75290）为一种天然染料，是从产于墨西哥的一种豆科木本植物洋苏木（*Haematoxylon campechianum*）的心材中提取而得。苏木精的分子式为 $C_{16}H_{14}O_6$，相对分子质量 302.272。配制后的苏木精溶液经过一段时间的氧化（成熟）作用，即变为苏木精素，其分子式为 $C_{16}H_{12}O_6$，相对分子质量为 300.256。

一般认为，具有苏木精染色性能的是它的氧化产物——苏木精素。

苏木精至今仍为最优良的核染色剂。它的显著优点是适用范围极广，几乎所有植物的任一组织中的细胞核或染色体均能为苏木精强烈地着色，而且颜色的保存性也好。经苏木精染色后，如果分色适宜，染色体很易于分散。

苏木精本身与细胞的亲和力很差，不能直接染色，必须依靠媒染剂的作用才能对细胞染色。最常用的媒染剂有硫酸铁铵和硫酸铝铵等盐类。

最常用的苏木精染色液配制方法如下：取 0.5 g 苏木精结晶，溶于 100 mL 煮沸的蒸馏水中，静置 1 d 以后即可使用。

代氏苏木精的配制方法如下：

甲液：苏木精 1 g、无水乙醇 6 mL。

乙液：硫酸铝铵饱和水溶液（约 1∶11）100 mL。

丙液：甘油 25 mL、甲醇 25 mL。

将甲液一滴一滴地加入乙液中，并随时搅匀。然后敞开瓶口，蒙上纱布使其氧化 7～10 d，再加入丙液。混匀，静置 1～2 个月至颜色变为深色，过滤备用。使用时一般用蒸馏水稀释成各种适用的浓度。

综上所述，各种染色体的染色方法中，综合评价，首选是卡宝品红染色法，其次是地衣红和孚尔根染色法。在用以上染色法都难以获得良好效果时，可选用苏木精染色法。

（四）压片操作及制作永久制片

1. 压片操作 植物染色体压片法，仍为目前国内外最普遍采用的方法。但具体的操作方法和所用的工具，并无一定之规，各人的操作手法不尽相同。常用的主要用具及操作方法如下：

用具包括一把不锈钢的游丝指钳（钟表修理用具）和一支竹质毛衣针（一头削尖一头平整）。盖玻片宜用 22 mm×22 mm 或 24 mm×24 mm 大小的。载玻片则需标准厚度（1.1～1.5 mm）的，切不可用过厚的载玻片。盖玻片和载玻片需用 95%乙醇-盐酸（9∶1）清洗干净。此外，尚需酒精灯和滤纸等用品。

操作时，取根尖置于洁净的载玻片上，用镊子截除伸长区部分，只留分生区，加 1 滴染色液或 45%乙酸（切不可多加染色液，否则，细胞易在压片操作时随多余的染色液逸出盖玻片之外），用镊子将根尖压碎并使之染色，加盖玻片，在酒精灯上微热，加热的目的是使染色体充分染色和软化，以及破坏细胞质的染色。之后，在盖玻片的一角压一硬纸片，并用左手食指压紧，以免盖玻片错动。右手持毛衣针并用尖头部分轻轻敲击盖玻片，使细胞均匀分散。然后，换用平头一端先轻后重地敲击盖玻片，使细胞分离压平。最后，在盖玻片上加滤纸，用大拇指紧压即可。

2. 制作永久制片 目前通用的是半导体冷冻制冷器将制片进行低温冷冻，然后用刀片将盖玻片掀开，置温箱中烘干。此外低温冰箱或双层冰箱的上层也可用作制片的冷冻处理。

干燥后的盖玻片和载玻片，可浸入叔丁醇和二甲苯中透明 10～20 min，然后用光学树脂胶封藏。

四、去壁低渗火焰干燥法

制备植物染色体标本的去壁低渗火焰干燥法，是以酶消化细胞壁而获得无壁的裸体细胞，继而参照哺乳动物染色体的低渗、火焰干燥制片方法发展而来的，又称去壁法。Mourus 等（1978）对烟草、Kuratu 等（1978）年对水稻的染色体制片，均采用上法进行了初步试验并取得了成功。陈瑞阳等（1979、1980）用上述方法对 37 科 105 种植物的根尖、茎尖材料进行广泛的试验和研究，均取得了良好的效果，积累了丰富的经验，并确立了实用而完整的操作程序。其后，这一技术在国内得到了普遍推广和应用，成为目前国内制备植物染色体标本的主要方法之一。现将其操作程序概述如下：

（一）前低渗处理

经预处理后的材料，倾去预处理液后即可直接转入 0.075 mol/L KCl 或双蒸水中进行前低渗处理，一般在 25 ℃左右的条件下处理约 30 min。

（二）酶解去壁

吸除低渗液，直接加入 2.5%的纤维素酶和果胶酶（1∶1）混合蒸馏水溶液，材料与酶液的体积比例是 1∶20。置约 25 ℃下消化 2～4 h，其间最好振摇几次，使酶解更充分而均匀。

(三) 后低渗处理

用同温的蒸馏水将材料轻轻清洗 2～3 次，洗除酶液，然后在双蒸水中停留 10～30 min 进行后低渗处理。

(四) 后续操作方法

后续的操作则根据制备标本的方法不同，可分为悬液法和涂片法两种。

1. 悬液法

(1) 制备细胞悬液。倒去双蒸水，用镊子立即将材料充分夹碎制成细胞液。

(2) 固定。向细胞液中加入新配制的 3∶1 甲醇-冰乙酸固定液 2～3 mL。

(3) 去沉淀。静置片刻使大块组织沉淀，倒取上清液，除去沉淀物。

(4) 静置。将上清液静置约 30 min，细胞已基本上下沉瓶底。用吸管吸除上清液（主要含细胞碎片），留约 1 mL 细胞悬液制备标本。

(5) 标本制备。取一片经过充分洗刷脱脂、预先在蒸馏水中冷冻的洁净载玻片上，加 2～3 滴细胞悬液于其上，立即将载玻片一端抬起，并轻轻吹气，促使细胞迅速分散，然后在酒精灯上微微加热烤干。

(6) 染色。干燥片用 20∶1 或 40∶1 的 Giemsa 染色液（pH 6.8）染色至适宜。自来水淋洗，晾干。一般不封藏而直接观察，也可用树胶封藏。

2. 涂片法 涂片法是悬液法的简化，其操作程序比较简单而易掌握，具有压片法的不丢失细胞以及可以对单个材料进行观察和研究等优点，这已成为目前应用最为广泛的方法。其操作程序如下：

(1) 固定。将经后低渗处理的材料，用新配制的甲醇-冰乙酸（3∶1）固定液固定 30 min 以上。

(2) 涂片。将材料转移至冷湿的洁净载玻片上，加 1 滴固定液，然后用镊子迅速将材料压碎涂布，并去掉大块组织残渣。

(3) 火焰干燥及染色。将载玻片在酒精灯上微热烤干。接着进行染色，具体操作同悬液法。

五、减数分裂制片

1. 取材 植物减数分裂压片的取材，一般以花粉母细胞为观察材料，因其数量大，取材方便和易于制片。胚囊母细胞也可以作为观察材料，但操作繁杂，不易观察，故很少应用。

减数分裂压片的取材，比一般体细胞压片的取材要复杂得多，并无共同的规律和标准可循，需根据不同植物的开花特点适时取材，这些特点主要是参照植物的开花时间和相应的某些形态特征。以植物的某些器官的发育状况作为形态指标取材，其优点是排除了一些外界环境条件的影响，适用性较强，不受地区的季节差异的限制。例如，小麦植株开始挑旗，旗叶与下一叶的叶耳距为 3～5 cm（各品种之间的差异约在 1 cm 之内），穗长 3～4 cm 时为减数分裂时期。玉米植株形成喇叭口前一周，为减数分裂时期。

水稻，以北京地区栽培的粳稻为例，旗叶与下一叶的叶耳间距从－5～－6 cm 至＋5～＋6 cm，均为减数分裂时期。其中又以叶耳间距为 0（即旗叶与下一叶的叶耳重叠）时，为减数分裂盛期。如以穗长为指标，6～8 cm 长时开始，14～15 cm 时为盛期，达到穗的生长时为终止期。如以颖花的长度而言，则其长度为成熟谷粒长的 45%时开始减数分裂，达 55%～60%时为盛期，达 80%～90%时终止。一般品种的颖花实际长度为 3～6 mm 时，为减数分裂时期。稻穗的发育顺序也是由顶部向基部推移的。每一枝梗上的各小穗则是最顶部和最基部的小穗先发育，其余小穗则由基部向顶部推移。

2. 固定 通常用乙醇（或甲醇）-冰乙酸（3∶1）固定液固定，以低温条件固定较好，1～2 h 后便可压片。如果材料在 2～3 d 内制片，可保存于固定液内置冰箱中待用。如需保存更长时间，可换入 70%或 95%乙醇中保存。

处于减数分裂时期的材料，除非特殊目的，是不需或应避免如体细胞染色体那样进行预处理的。因为，减数分裂处于所要观察的内容是全分裂过程中染色体的结构和行为的变化。如经预处理则会破坏其自然的结构和行为活动，导致产生假象。

3. 压片操作 植物处于减数分裂时期的材料，经固定 1～2 h 后便可取出直接进行压片，无须解离，因为小孢子母细胞是分离的。但是，如果小孢子母细胞的细胞质很浓厚，染色体分色不清晰，或其胼胝质壁较厚而妨碍染色时，则需用 1 mol/L 盐酸进行适当的处理，其目的是使细胞质水解和增加细胞壁的透性。

压片时，取出固定的花药，浸入 70%乙醇中，用镊子将花药取出，置于滤纸上，吸除乙醇，再转移到洁净的载玻片上，加一小滴卡宝品红染色液，用镊子或刀片将花药截断，并用镊子轻轻挤压花药，使母细胞从切口逸出。然后，用镊子把花药壁残片拣除干净。

加盖玻片后，在酒精灯上加热（地衣红或乙酸-铁矾苏木精染色不能加热），以不热沸为度。冷却片刻，在盖玻片上加一层滤纸，用拇指紧压即可。

减数分裂过程中的第一次分裂，以计数和观察单个染色体的形态和行为为主，一般需重压。而第二次分裂则需保持细胞的完整性，故宜轻压，否则，将会导致二分体或四分体细胞的分离，破坏其完整性。但如果染色体较小且母细胞也小的材料，则可以重压，有时甚至可以敲击使其压平。不过，多数情况下，是不宜敲击的，以免引起染色体排列的混乱和结构的破坏。

关于植物减数分裂压片所用染色剂的选择，试验表明，卡宝品红是首选的染色剂，其优点是使用简便，染色体着色深，分色清晰。其次是地衣红和孚尔根染色。如果需要真实显示减数分裂前期的核仁的数目和动态，则需用洋红染色或地衣红染色。卡宝品红和孚尔根染色均不能显示核仁。

减数分裂永久制片的制作，与前述的体细胞染色体压片法相同。

第二节 植物染色体分带技术

植物染色体的分带方法分为两大类：荧光分带和 Giemsa 分带。荧光分带是最早用于染色体的研究方法。但是，由于观察时需用荧光显微镜和荧光染料，分带不能长期保存，使荧光分带远落后于后来发展起来的 Giemsa 分带。因此，当前用于植物染色体分带的主要是 Giemsa 分带。

一、Giemsa 带

(一) C 带

在植物染色体的分带技术中，应用最为广泛的是 C 带技术，C 带（组成异染色质带）主要显示着丝粒、端粒、核仁形成区，或染色体上某些部位的组成异染色质。进行过 C 带研究的植物种类最多，而且各种改进的 C 带流程也最多，积累了较丰富的经验。为方便起见，下面按步骤叙述。

1. 取材和预处理 取材和预处理基本上与常规制片相同，各种预处理药物并不影响分带。但要注意掌握染色体的缩短程度，这比常规制片的计数和核型分析要严格。染色体太长则不易分散，带纹难以辨认；太短则一些邻近的带纹互相融合，致使带型不准确。此外，由于在分带流程中，制片需长时间多次水洗和高温处理，染色体的丢失在所难免。所以，用于分带的制片，应尽可能具有较多的分裂细胞，否则将不适宜用以分带。总之，材料生长状况良好，细胞分裂指数高，预处理适宜，是分带成功的重要基础。

2. 固定 用于分带的材料，固定是必需的。试验已证明，不经固定的材料是不能分带或不能正常分带的。所用固定液与常规制片相同，压片法常用乙醇-冰乙酸（3∶1），去壁低渗火焰干燥法则常用甲醇代替乙醇。两种制片法所需固定的时间也略有差异，前者要求固定的时间略长，一般为 2～24 h，以使染色体充分凝固和硬化，利于防止后续用盐酸解离对染色体的破坏；后者则固定的时间可短，一般只需 30～60 min。许多试验表明，染色体被固定之后，组蛋白会被不同程度地抽提或完全被抽提，这主要是冰乙酸的作用。至于 DNA，当用固定液固定分离的 DNA 时，大部分 DNA 发生变性。但固定细胞中的 DNA 时，DNA 并不变性。不过，长时间的固定，是否会导致 DNA 变性则仍缺乏定量研究。然而，实际经验表明，长时间地保存在固定液中的材料，分带是极难成功的。及时转入 95%乙醇中保存，是很必要的。但时间仍不宜太长，否则，对大多数植物材料而言，分带也是不利的。

3. 解离 解离的直接作用是促使细胞易于分离。但在分带技术中，解离的条件不同，对后续的分带处理以及分带的质量也会产生不同的影响，这是与常规的染色体制片不相同的。不同的分带流程，其解离的条件也是有差别的，概括起来，主要有以下几种解离方法和控制条件。

（1）45%乙酸解离。室温下处理时间一般在 1～6 h，如果在 60 ℃下解离，则只需 10～30 min。乙酸对细胞中层的水解能力很弱，它的主要作用是使细胞壁充分软化，便于压片。但它有明显的缺点，处理时间短则软化不够，不易压片；处理时间过长，则往往导致染色体过度膨胀。所以，只用 45%乙酸解离，通常较难获得染色体形态清晰而分散良好的制片。一种替代方法是用乙酸洋红或地衣红染色液软化和染色 4～12 h，然后用 45%乙酸压片，这种方法应用于一些禾本科作物的分带中，获得了良好的效果。此外，有些植物，如百合、小麦、小黑麦、玉米、烟草等，经 45%乙酸解离和压片后，用 2×SSC（sodium chloride-sodium citrate）盐溶液处理，Giemsa 染色，即可显示 C 带。此即植物染色体分带的 ASG 流程。但某些植物，如郁金香和燕麦，不经盐酸解离，用 ASG 流程则不能分带。

（2）1 mol/L HCl-45%乙酸混合液解离。为了克服只用 45%乙酸解离时所遇到的上述困难，Tanaka 等（1975）用 1 mol/L HCl-45%乙酸（2∶1）混合液处理了 10 种植物材料，于 60 ℃处理 10～30 s，然后用 BSG 流程，所有材料均可分带。该混合液即盐酸分带（Hy-banding）所用的处理液，是很好的一种解离液。但在实际应用中，处理的时间并不是固定的，对某些植物，如禾本科植物，解离时间可以延长到 1～5 min。

（3）1 mol/L HCl 解离。用这样高浓度的 HCl 解离时，需格外小心，使用不当会破坏分带。用 1 mol/L 盐酸解离时，一般材料只宜在 60 ℃下处理 10～30 s，或在室温下处理 1～2 min。但在某些植物中，如郁金香于室温下处理 8 min，燕麦在室温下或 60 ℃下处理 10 min，大麦在室温下处理 6 min，均可以正常分带。而在 Feulgen 分带技术中，1 mol/L HCl 于 60 ℃解离则是一个必要条件，甚至可以用 5 mol/L HCl 于室温下处理 15 min（Morks，1980）。值得注意的是，盐酸的浓度、处理温度和持续时间不同，分带的效果也往往不同。

（4）0.1 mol/L HCl 解离。1 mol/L HCl 解离存在两个主要缺点：①用 1 mol/L HCl 于 60 ℃处理 10～30 s，时间太短，压片仍比较困难，而且难以使组织深部的细胞得以解离；②可以解离几分钟而对分带无影响的植物种类很少。因此，把盐酸浓度降低 10 倍，而解离时间则可以相应延长。实践表明，0.1 mol/L HCl 于 60 ℃解离 5～10 min，对绝大多数植物的分带是没有影响的，而且很易于压片而使细胞分散，这是目前大家乐于采用的一个合适的解离条件。

（5）酶解离。这是一个应用较广泛的方法，是去壁低渗火焰干燥法制片的主要方法，也可以用于压片法。一般用两种酶，一种是果胶酶（pectinase），分解细胞之间的中层，使组织中的细胞分离；一种为纤维素酶（cellulase），分解细胞壁，便于染色体自由散开。常用浓度为 2%～6%，两种酶以 1∶1 混合或根据需要而改变二者之间的比例。可用缓冲液或半等渗液配制，但也可以用蒸馏水配制（pH 约为 5.5）。酶解温度为 28～37 ℃，时间则根据酶液浓度以及材料大小和种类不同确定。

酶解离法具有明显的优点，可完全避免盐酸对分带可能产生的各种影响。更重要的是酶破坏了细胞壁对染色体的覆盖，使之完全裸露，便于分带，这是去壁低渗火焰干燥法制片分带效果比较好的主要原因。但是，采用酶解离时，酶的纯度是一个值得注意的问题。尤其是粗制的纤维素酶，常含有少量其他的酶，若酶解离时间过久，往往会部分地消化染色体，使之形态失真，也影响正常分带。

(6) 酶-盐酸混合解离。这种解离方法很适合用于压片法分带。通常用2%的混合酶溶液处理30～60 min，蒸馏水洗几次，然后用0.1～0.2 mol/L HCl于室温下处理5～10 min，以45%乙酸压片。也可以将材料先以0.1～0.2 mol/L HCl解离之后，只用2%纤维素酶溶液处理即可。这种解离方法既便于压片操作，对显带也无不利影响。

4. 制片

(1) 压片法。压片的基本操作方法与前文介绍的常规染色的压片方法基本相同，但也有某些特殊要求。用于分带制片所用的载玻片和盖玻片应十分洁净，不容许有任何油污，否则染色体很容易在以后的高温和流水冲洗等一系列处理中脱落。为防止此现象发生，除保持载玻片和盖玻片的洁净外，常有人在载玻片上涂一层贴片剂，常用的是明胶-铬钾矾贴片剂。

压片时，先在载玻片上涂抹薄薄一层上述贴片剂，加一小滴45%乙酸，放上材料，用镊子或解剖针将材料压散成小块，加盖盖玻片，用解剖针尖轻轻敲击盖玻片，使细胞均匀分散，然后用木柄端顺序重敲紧压。务必尽可能使染色体破壁而散出细胞之外，这样才便于分带。所以，需要加大压力才能达到这一目的。此外，加力紧压还可以使染色体与玻片的黏力增强，避免分带处理过程中脱落。

(2) 去壁低渗火焰干燥法。基本操作与制备植物染色体标本的去壁低渗火焰干燥法基本相同，但是，用于分带的制片，陈瑞阳等（1985年）做了如下改进，即用蒸汽干燥法代替传统的火焰干燥法展片。需注意的是，喷出的蒸汽流的不同高度上的温度是不同的，需用温度计预先测试，一般以60～80 ℃为宜，这一方法的优点是温度控制恒定，制片受热程度也易保持基本一致，因此，分带的可重复率较火焰干燥法为高。

5. 脱盖玻片 脱盖玻片方法与一般常规染色制片相同，盖玻片脱下后，通常经95%乙醇和无水乙醇各处理30 min，脱水并将乙酸洗净。但也有不经以上处理而直接让其空气干燥的。以下的改进对分带有明显的优良效果。

脱盖玻片后，将盖玻片和载玻片置于60～80 ℃的热板上，使有细胞的一面朝上，随即加几滴新配制的卡诺固定液重新固定1～2 min。加热有利于破坏细胞质，对分带有利。

6. 空气干燥 通常，新鲜的制片需要存放一段时间后才能分带。这一过程称为成熟，原理还不十分清楚，可能是一种缓慢的氧化过程。成熟的时间长短常因植物种类不同而略有差异，也因制片方法不同而有区别，但对绝大多数植物来说，制片后经过24～48 h的贮存，即可正常分带。个别植物如郁金香，需要贮存5 d以上才能分带。而洋葱则变化较大，贮存24 h后即可显示端带，但不显示着丝粒带；贮存半个月后，着丝粒带比端带更为清晰；而贮存半年后，则整个染色体染色模糊，带纹极为浅淡，而细胞质则染色更深。不过，有试验发现，如果用0.1 mol/L盐酸于60 ℃解离8～10 min之后压片，其后用HSG（hydrochloride-saline-Giemsa）流程分带，则只需24 h的空气干燥即可显示端带、中间带和着丝粒带。这表明空气干燥也可显示端带、中间带或着丝粒带。这表明空气干燥所需时间与制片时的解离条件也是密切相关的。

制片的干燥法，一般是把制片贮存于切片盒中，盖严，于室温下贮存。较好的方法是把制片贮存于玻璃干燥器中。制片在37 ℃温箱中干燥1 h以后再贮存效果似乎更好。

总之，空气干燥包括3个条件：温度（一般室温贮存即可）、方法（一般并无严格的要求）、贮存延续时间的长短（这是影响分带类型和质量的一个主要因素）。

7. 分带处理 能显示植物C带的技术流程很多，但应用较多的是BSG（barium-saline-Giemsa）流程、HSG（hydrochloride-saline-Giemsa）流程、ASG（acetic-saline-Giemsa）流程、HCl-NaOH流程等。其他尚有一些在上述流程的基础上做了一些改进的流程。

(1) BSG流程。该流程的主要步骤包括氢氧化钡［$Ba(OH)_2$］处理→水洗→盐溶液处理→水洗→Giemsa染色。

BSG流程既适用于各类植物，也适用于哺乳动物染色体的分带，而且分带质量也较好。所以，它是显示动、植物染色体C带的最主要流程，在此，我们将对每一步骤作较为详细的分析介绍。

①氢氧化钡处理。

A. 药品质量：实践经验表明，药品的质量与分带的优劣或成功与否密切相关。所谓质量，包括两方面的含义，一是纯度，二是不同厂家的产品的差异，后者实际上也是纯度问题。但是，或许是因为检测条件或其他因素，事实上存在着不同厂家生产的同一纯度等级的产品，应用于分带时，往往也存在着明显的差异。所以，药品的选择对试验是十分重要的，在引用他人的技术流程中往往难以完全重复的原因之一便是所用氢氧化钡质量并不相同。此外，即使同一厂家生产的不同纯度的产品，其处理条件也是不同的。

B. 药品的浓度和配制：常用5%～8%氢氧化钡水溶液，也有用饱和水溶液的，甚至也可用0.064 mol/L的稀释溶液。无论用哪一种浓度的溶液，一般均宜新鲜配制，配制的方法有多种。其一是药品用50～60 ℃蒸馏水配制，振摇使充分溶解后，过滤使用，或者静置过夜，取用上清液。其二是药品用80 ℃蒸馏水快速振摇洗涤几秒钟，立即倾去水溶液，然后再加入定量的60 ℃的蒸馏水，4 h以后使用。

C. 处理温度：通常包括3个温度等级，即室温（20 ℃）、40～50 ℃和60 ℃。根据国内外大量试验资料分析，处理温度并不是十分严格的条件，不同的植物材料可用同样的温度处理，而同一种植物材料也可以用不同温度条件进行处理而分带。但是，总的看来，高温作用比较强烈，一般处理时间宜短；室温处理作用温和，处理时间可稍长。到底用什么温度条件处理，下列因素可作参考依据。药品纯度高，用室温；纯度低，宜用高温。溶液浓度高，用室温；浓度低，用高温。一般用45%乙酸压片者，用室温；用乙酸洋红或地衣红染色压片者，宜用高温。以显示着丝粒带为主的材料，用高温；以显示端带或中间带者，用室温。如发现高温处理引起染色体严重扭曲变形或粘连，可改用室温处理；反之，如室温处理后，分带模糊，带区和非带区反差小，可改用高温试验。以上诸因素应根据具体材料和试验结果加以综合考虑，灵活掌握。

D. 处理时间：一般以5～10 min者居多，也有长达20～30 min的，也有短至几十秒的。

②水洗。用氢氧化钡处理后的水洗过程，是一个十分重要的环节。由于氢氧化钡溶液与空气接触的时间稍长，很容易形成不溶于水的碳酸钡膜，就很难洗净。而只要在染色体上残留有钡，就不能分带。因此，操作务必迅速，切不可粗心大意。

水洗的具体操作方法如下：如果是在室温下进行氢氧化钡处理，则可将染色缸连同制片移至水龙头下，用自来水将染色缸内连同氢氧化钡溶液全部冲洗干净。1～2 min后移入蒸馏水中静置，每隔4～5 min换水一次，共5～6次，共约30 min。用这种方法操作，氢氧化钡溶液虽然只能使用一次，但能保证制片不受污染。

如果是加温处理，则应尽量避免用冷水冲洗，因为骤然降温常会导致氢氧化钡在制片上沉淀而污染制片。所以，应该用与处理温度相近的热蒸馏水冲洗1～2 min后，再换常温蒸馏水漂洗，具体操作同上。

也可以一片片地把制片取出，用盛有同温蒸馏水迅速冲洗，然后置蒸馏水中漂洗，具体操作同上。这种操作方法可以保留氢氧化钡溶液继续使用。

由于经过氢氧化钡溶液的处理和较长时间的水洗，染色体通常会软化和膨胀，而后续步骤又是在高温下长时间处理，染色体往往易于脱落而丢失。所以，经水充分洗净之后，最好将制片放在37 ℃恒温箱中干燥约30 min，然后再转入下一步骤处理。

③盐溶液处理。通常，植物材料多用2×SSC盐溶液（即0.3 mol/L氯化钠和0.3 mol/L柠檬酸钠）处理。早期，曾将此处理过程称为DNA复性，但后来的研究表明，在2×SSC盐溶液处理过程中，还会导致有相当量的染色体DNA和蛋白丢失（McKenzine，1973）。因此，用复性机制来表达这一处理步骤就欠准确性，现在已很少使用这一术语。

盐溶液处理过程应注意以下几点：

A. 所用氯化钠和柠檬酸钠的质量不能低于分析纯的等级。应取用无离子水配制溶液。药品最好配成 12×SSC（1.8 mol/L 氯化钠和 0.18 mol/L 柠檬酸钠）的母液于冰箱中存放。使用前用无离子水稀释成 2×SSC 溶液（pH 7.0）。

B. 溶液应预先加热至 60～65 ℃，然后再放入制片处理。

C. 就植物材料而言，处理时间绝大多数为 1 h，少数植物只需处理 2 h，但很少有超过 2 h 的。原因是此过程绝大多数植物 DNA 可复性，少数植物 DNA 变性后还没有还原，但 2 h 后基本复性。

D. 处理后的制片，最好用约 60 ℃的蒸馏水换水洗几次，共 10～30 min。之后，宜在 37 ℃温箱中或室温下温育 1 h 后，再进行染色。

E. 2×SSC 盐溶液的 pH 对分带也有明显的影响。一般以 pH 为 7.0 时分带最为正常；低于 7.0，带纹反差小而不清晰；pH 如果达到 8.0，所处理过的染色体会明显膨胀，而且通常不分带。此外，2×SSC 盐溶液在温育（适当温度反应）过程中，往往会变得偏碱性，尤其是一次处理的制片过多，多次使用的情况下则更是如此。所以，在使用之前应注意检测 2×SSC 盐溶液的 pH，这是切不可忽视的。

④Giemsa 染色。

A. 染色液及其配制：Giemsa 为碱性和酸性染料混合而成的一种具有新的染色特性的中性染料，由亚甲蓝（methylene blue）及其氧化产物天青（azure）和曙红 Y（eosin Y）所组成。由于组成 Giemsa 各成分的质量差别，以及配方的差异，不同厂家的产品之间乃至同一工厂生产的不同批号的产品都可能有差别，在使用时均需预先试验。在国外，多数研究人员喜好使用 Gurr R66 的改良 Giemsa 以及 E. Merck 的产品。

国内外市售的 Giemsa 商品有两种剂型，一种为贮存液，即已配制好的液体染料，这种染料的质量更可靠，使用也方便，用时以缓冲液稀释即可。另一种为粉剂，需自行配制成原液备用。原液配方如下：Giemsa 干粉 1 g、甘油（分析纯）66 mL、甲醇（分析纯）66 mL。

将 1 g Giemsa 干粉倒入研钵内，加少量甘油，仔细研磨约 30 min，至无颗粒状为止。再把全部剩余甘油倒入研钵内，磨匀，装入棕色试剂瓶中，置约 56 ℃温箱中保温约 2 h，加入甲醇，混匀贮存备用。

在没有优良的 Giemsa 染料时，有人自行配制，常用的配方如下：天青Ⅱ-曙红盐 3.0 g、天青Ⅱ 0.8 g、甘油 250 mL、甲醇 250 mL。

取 3 g 天青Ⅱ-曙红盐和 0.8 g 天青Ⅱ结晶置干燥器中充分干燥后，倒入研钵中加少量甘油，充分研磨混匀，再加入剩余甘油。以后的操作与上述的 Giemsa 原液的配制相同。

B. 稀释用缓冲液：用于分带技术的 Giemsa 染色，常用 Sorenson 磷酸缓冲液把原液稀释成所需要的浓度。

缓冲液的配法如下：分别配制 0.067 mol/L 或 1/15 mol/L 磷酸氢二钠（Na_2HPO_4）和磷酸二氢钾（KH_2PO_4）溶液，使用前按所属 pH 以表 7-1 中的比例混合而成。

表 7-1 磷酸氢二钠与磷酸二氢钾混合使用时的比例（体积比）

pH	Na_2HPO_4	K_2HPO_4	pH	Na_2HPO_4	K_2HPO_4
6.0	1.4	8.6	7.0	6.1	3.9
6.2	2.0	8.0	7.2	7.0	3.0
6.4	3.0	7.0	7.4	7.8	2.2
6.6	4.0	6.0	7.6	8.5	1.5
6.8	5.0	5.0	7.8	9.1	0.9

染色液宜现用现配，配制时应充分振摇使混匀，并静置片刻，然后才用以染色。新配制的染色液一般可连续染色几次，有些人为了保证分带质量或显色比较一致，主张只用一次即废弃。但试验表

明，如果染色时间短，连续染色 2～3 次是可以保证质量的，但如果一次染色时间超过 12 h，则应废弃。

Takayama（1974）曾试验过用不同缓冲液和盐溶液来配制 Giemsa 染色液，以观察和分析其对分带的影响，结果如下：

用无离子水稀释 Giemsa 原液，无论用何种浓度和染色时间，均不能显示任何带纹。用无离子水稀释 30 倍的 Giemsa 染色液染色 5 min 后，再用磷酸缓冲液（pH 7.0）稀释 30 倍的 Giemsa 染色液染色 5 min 同样不分带。但把制片用无水乙醇褪色后，用 0.02%胰酶处理 2 s，再用同上的磷酸缓冲液稀释的 Giemsa 染色液染色，则可清晰分带。

用 Tris 缓冲液（1/10 mol/L，pH 7.0）稀释的 Giemsa 染色液染色也能分带，但质量欠佳。

其他用以稀释 Giemsa 的盐溶液诱导分带的效果见表 7-2。

表 7-2　用以稀释 Giemsa 的盐溶液诱导分带效果

盐	浓度/(mol/L)	pH	结果
KCl	1/10	6.5	+
NaCl	1/10	6.8	+
$CaCl_2$	1/10	7.0	−
LiCl	1/10	7.3	+
Li_2CO_3	1/10	11.4	−
Li_2CO_3	1/80	11.0	+
$KHCO_3$	1/10	8.5	+
KSCN	1/10	7.3	±
CH_3COOH	1/10	7.5	+
CH_3COONH_4	1/10	6.9	+

注：稀释的 Giemsa 溶液浓度均为 1/60。

C. 染色液浓度：Giemsa 染色液的浓度，常用 1%～10%。如用 1%～2%为淡染法，染色时间由几小时至十几小时不等。优点是不会过度染色，分带比较精细，同时也节省染料。用 5%～10%为浓染法，染色时间为 10～30 min。延长染色时间常会导致染色过度，需进行褪色处理。褪色方法有两种，一种为用 pH 相同的 Sorenson 磷酸缓冲液褪色，此法需时较长，靠经常镜检至适度为止。另一种为用 10%酒精褪色，此法迅速，只要几秒即可。有些试验表明（Takayama，1974），高浓度的 Giemsa 染色液，有阻止分带的表现，因此，用淡染法是更可靠的。

D. pH：常用的 pH 为 6.8～7.2。用 BSG 流程处理的制片用 pH 6.8，用 HSG 流程的用 pH 7.2，而用胰酶法的则用 pH 7.0～7.2。一般原则是用碱处理者，pH 宜偏低；用酸处理者 pH 宜偏高。由于 Giemsa 染色液中的曙红很容易在酸性条件下沉淀出来，当 pH 低于 6 时是不能分带的，因为染色液中的曙红大部分沉淀了。此外，在分带过程中，由于 2×SSC 溶液的 pH 改变，甚至 Sorenson 磷酸缓冲液的改变，镜检时常易发现偏色，如偏蓝色，可适当提高染色液的 pH；偏红时则可适当降低染色液的 pH。重要的是，在配制染色液中，应检查 Sorenson 磷酸缓冲液的 pH 是否准确。

E. 染色方法：常用的染色方法有两种，一种是用玻璃染色缸染色，这种方法操作和镜检比较方便，但是由于制片不洁净［尤其是当 $Ba(OH)_2$ 被污染时］，或染色液中不溶物较多，或染色时间太长，常常会使制片为沉淀物所污染，而尤其是取出制片进行长时间镜检时，污染更为严重。为克服以上弊病，操作时应注意以下几点：前面的各项处理后，务必用蒸馏水充分洗净制片；染色液配制后，充分振摇混匀并静置 30 min 以上使用；染色之前，制片预先在 pH 相同的 Sorenson 磷酸缓冲液中浸泡约 10 min 后再进行染色；在缓冲液中洗去制片上的残余染料和沉淀物后，再进行镜检。如注意仔细做好以上每个操作，污染情况将会大为改善。

另一种染色方法是在一块洁净的玻璃板上，根据制片的大小放置两根牙签，将制片有材料的一面倒扣在牙签上，使制片和玻璃板之间有一空隙，然后用滴管吸取染色液加满其空隙，进行染色。这种染色方法，避免了染色液的沉淀物污染，染色的制片就比较洁净，效果很好，缺点是操作和镜检比较麻烦。

F. 快速的 Giemsa 染色法：Lichtenberger（1983）介绍了一种可在 3 min 内完成分带染色的方法，由于该染色液对染色体形态和带级没有任何不良影响，可在同一制片上进行重复染色。如果一次染色不满意，可将染色液洗去，再用不同浓度的染色液或甚至不同的染料染色。

该方法所用的稀释液配方如下：蒸馏水 100 mL、柠檬酸钾 2 g、尿烷（urethane）1 g、氯化钠 0.25 g、1%曙红 Y 水溶液 0.8 mL。

该混合染色液的主要成分是曙红，它也是 Giemsa 染色液中的主要成分，其他的成分仅是为了使染色液保持在一个适宜的 pH 范围，以防止染色体变形。

染色时，取 1 mL Giemsa 原液，用 3～6 mL 上述混合染色液稀释，充分混匀，立即染色约 150 s，用自来水冲洗掉染色液，并用滤纸把水分吸干。初步试验时，通常在此时于制片上加一滴蒸馏水，加盖盖玻片后在显微镜下检查染色效果。如果染色较深，带纹不清晰，则可增加上述稀释液的比例，使 Giemsa 的浓度降低，再重复染色。如果染色太浅，只见到少数浅淡的带纹，则表示 Giemsa 浓度太低，应降低上述稀释液的比例。

注意事项：快速 Giemsa 染色法所用的该稀释液是不稳定的，不能长久保存，需在临用前配制。而与 Giemsa 原液混合的染色液，则仅能保存约 10 min。如果需要在同一制片上再用其他染料（如荧光染料）染色，则可将制片用甲醇或卡诺固定液褪色，约几分钟即可使 Giemsa 颜色褪尽。再用蒸馏水充分漂洗干净，便可进行任何新的染色流程。

（2）ASG 流程（Evans，1971）。该流程为分带技术的早期用以显示哺乳动物染色体 C 带的流程，也有人将其引入植物染色体分带。不过，在植物材料中，所显示的仍然是 C 带而不是 G 带，而且其分带质量也比不上后来发明的 BSG 流程，所以已很少应用。

该流程比较简单，主要步骤如下：①按常规方法进行根尖的预处理和固定。②在 45%乙酸中于 50～60 ℃下软化约 1 h。③45%乙酸压片，冰冻脱盖玻片。④空气中干燥 24 h 以上。⑤在 2×SSC 盐溶液中于 60～65 ℃下处理 1～24 h，水洗。⑥Giemsa 染色。

（3）HSG 流程。这是用盐酸代替氢氧化钡处理的流程。操作比较简单，虽不及 BSG 流程应用广泛，但已在许多不同类型的植物材料中应用成功，分带质量也很好，是至今仍为人们乐于采用的一个有价值的流程。

通常，用 0.2 mol/L HCl 于 25～30 ℃下处理 30～60 min，少者只需处理 10 min（如黑麦）；多者达 180 min（如玉米）。其他步骤与 BSG 流程相同，不再赘述。

值得注意的是，盐酸的浓度、处理温度和处理时间，如果有较大的改变，则往往会改变分带的类型。例如，李懋学（1982）对蚕豆染色体的处理试验表明，0.2 mol/L HCl 在室温下处理材料 60～80 min，可显示着丝粒带、中间带和次缢痕带。而同样浓度在 60 ℃下处理材料 25～30 min，则只显示着丝粒带和次缢痕带而无中间带；改用 1 mol/L HCl 处理，则无论是在室温下还是 60 ℃下处理，均只显示着丝粒带和次缢痕带。因此，在该流程中，保持盐酸浓度和温度等条件的恒定，是获得分带结果比较一致的关键。

另一种 HSG 的变异流程，是把 0.2 mol/L HCl 用于解离步骤，然后用 45%乙酸压片，气干片用 2×SSC 处理，Giemsa 染色。现以 Merker（1973）用于小黑麦染色体分带的程序为例，介绍如下：①根尖在冰水中处理 20 h。②用甲醇-苦味酸固定液（Ostergren，1962）固定。③根尖在 0.2 mol/L HCl 中于室温下处理 1 h，之后再用 10%果胶酶溶液处理 3～4 h。④45%乙酸压片，10 min 后冰冻脱盖玻片。空气干燥过夜或更长时间。⑤置于 2×SSC 盐溶液中于 60 ℃下处理 1 h。⑥蒸馏水冲洗。

⑦Giemsa 染色。

(4) 胰酶-Giemsa 分带流程。①按常规进行材料的预处理和固定。②用 0.1 mol/L HCl 于 60 ℃下处理 12 min，或用 45%乙酸软化 2 h。③用 45%乙酸压片。④冰冻脱盖玻片，酒精脱水，空气干燥 1 周以上。⑤干燥制片预先在磷酸缓冲液（pH 7.2）中浸泡 30 min，然后转入 0.025%胰酶（以上述缓冲液配制）溶液中于 25～37 ℃下处理 15～30 min。⑥用蒸馏水洗几次。⑦于 10%Giemsa（pH 7.2）染色液中染色 10～15 min。⑧用自来水冲洗，空气干燥。⑨用中性树胶封藏。

注：亦可用木瓜蛋白酶代替胰酶，用 0.1%木瓜蛋白酶（以 pH 7.0 的磷酸缓冲液配制）溶液于 25～30 ℃下处理 50～70 min。其他条件不变。

张自立等（1981）曾用以上流程显示洋葱和蚕豆染色体 C 带获得成功。

(5) Feulgen-Giemsa 分带流程。①按常规进行材料的预处理和固定。②固定后的材料用蒸馏水稍洗，转入 1 mol/L HCl 中于 60 ℃下处理 8 min。③在席夫试剂中染色 2 h，漂洗液漂洗。④转入 2%果胶酶水溶液中于 27 ℃下处理 2～3 h，水洗。⑤材料在 45%乙酸中转化 15 min，再用 45%乙酸压片。⑥冰冻脱盖玻片，无水乙醇脱水。⑦制片在干燥器中干燥几天。⑧在 2×SSC 盐溶液中于室温下处理 5～6 h，或在 0.5×SSC 盐溶液中处理 10～12 h。⑨用 1/15 mol/L Sorenson 磷酸缓冲液（pH6.5）稍洗。⑩用 2%Giemsa（pH6.8）染色 5～20 min。

Gostev 等（1979）曾用该流程对 14 种植物染色体进行了分带，但所显示的带纹不精细。

(6) NaOH-SSC-Giemsa 分带流程。①按常规进行材料预处理和固定。②用 45%乙酸软化及压片。③冰冻脱盖玻片，无水乙醇脱水。④空气干燥 1 d 以上。⑤干燥制片在 0.05 mol/L NaOH 水溶液中处理 30 s。⑥水洗 3 次。⑦在 2×SSC 盐溶液中于 60 ℃下处理 1 h。⑧水洗几次。⑨Giemsa（pH6.8）染色 8 min。

Viinikka（1975）曾用该流程对茨藻（*Najas marina*）染色体 C 带分带成功。

(7) HCl-NaOH-Giemsa 分带流程。①按常规进行材料的预处理和固定。②固定后的材料在 1 mol/L HCl 中 60 ℃处理 7 min。③用 45%乙酸压片。④冰冻脱盖玻片，无水乙醇脱水。⑤空气干燥 1 d 以上。⑥干燥片在 1 mol/L HCl 中于 60 ℃下处理 6 min。⑦水洗 10 min。⑧空气干燥半天以上。⑨干燥片在 0.07 mol/L NaOH 水溶液中于室温下处理 35 s。⑩水洗几次，晾干。⑪用 2%Giemsa（pH 6.8）染色。

Nocla 等（1978）及李懋学、商效民（1982）均用该流程对大麦染色体显示 C 带成功。

(8) 尿素-Giemsa 分带流程。①按常规进行材料预处理和固定。②在 0.2 mol/L HCl 中于 60 ℃下处理 5 min。③45%乙酸压片。④冰冻脱盖玻片。⑤空气干燥 2 d。⑥干燥片在 6 mol/L 尿素溶液中于室温下处理 30 min。⑦浸入 1/15 mol/L Sorenson 磷酸缓冲液（pH7.2）中 5 min。⑧2%～4%Giemsa（pH 6.8）染色 8～12 min。

Dobel（1973）曾用该流程对蚕豆染色体显示 C 带。

(9) BSHG 分带流程。①按常规进行材料预处理。②用去壁法制备染色体标本。③空气干燥 3 d。④干燥片在 $Ba(OH)_2$ 饱和水溶液中于 50 ℃下处理 30 s。⑤无离子水冲洗 1 min，晾干。⑥在 2×SSC 盐溶液中于 60 ℃下处理 35 min。⑦水洗，晾干。⑧在 0.2 mol/L HCl 中于室温下处理 1 h。⑨水洗，晾干。⑩0.5%Giemsa（pH7.0）染色 10 min。

林兆平等（1985）曾用该流程对川谷（*Coix lacrymajobi* var. *mayuen*）和薏苡（*Coix lacryma-jobi*）的染色体显示 C 带获得成功。

(10) HBSG 分带流程。①按常规进行材料的预处理和固定。②45%乙酸压片。③冰冻脱盖玻片，无水乙醇脱水 1～2 h。④空气干燥 1 d 以上。⑤干燥片在 0.2 mol/L HCl 中于 60 ℃下处理 3 min。⑥蒸馏水洗几次。⑦在 $Ba(OH)_2$ 饱和水溶液中于室温下处理 10 min。⑧蒸馏水洗 30 min。⑨在 2×SSC 盐溶液中于 60 ℃处理 1 h。⑩3%Giemsa（pH 6.8）染色。

Giraldez（1979）用该流程对黑麦花粉母细胞减数分裂染色体显示 C 带获得成功。

8. 分带效果的鉴别和处理 影响染色体分带的因素很多，有时是单因子的影响，有时是多因子的综合影响。此外，分带的精确机制仍不很清楚，所以，分带效果的技术性鉴别和分析也具有相当大的困难，只能根据一些经验加以判断，总结于下。

（1）染色体分带正常时，染色体上的带纹呈深红或紫红色，而非带区的常染色质则染成淡红色，呈透明或半透明状，间期核中的染色中心明显可见，甚至有时可以准确地计数。此外，有时会发现染色体的带纹浅红而非带区呈浅蓝或整个染色体均呈蓝色，但也可见到带纹。这种现象，如果水洗充分而染色液的 pH 也是正确的话，则表明这是染色时间不够的结果，这在淡染时常见，只要延长染色时间，其颜色就会转变为红色。

（2）染色体在 Giemsa 染色液中很快且均匀地染成紫红色，间期核也均匀着色，有如卡宝品红染色的效果，这种现象主要是由于 DNA“变性”（早期认为染色体经碱酸盐处理，可以使 DNA 分子的双链分开，称为变性）处理不足的缘故。这类制片可以用 45%乙酸或卡诺固定液褪色、水洗，干燥 1 d 以上，重新进行“变性”处理，将“变性”时间延长（一般延长一半时间），往往可以获得分带正常的效果。

（3）染色体分带，但染色体上的非带区也染上较深的颜色，使带纹的反差大为降低。这些制片通常是因为染色过度所致，可用前述的方法褪色，或者用无水乙醇全部褪色之后，重新淡染，如仍无效，可考虑延长“变性”时间。

（4）带纹极淡或甚至无带，而染色体只能隐约可见轮廓，这主要是“变性”处理过度所致，此类制片只能作废。

（5）可分带，但是细胞质也染成红色，这是制片高温干燥或高温染色很常见的现象，应尽可能避免。

（6）如果制片为 Giemsa 染料的沉淀物所严重污染，可用无水乙醇褪色、水洗，然后再重新染色。

（7）分带的制片，切忌长时间浸在香柏油中观察，尤其是不加盖玻片封藏的制片，用油镜观察后应及时用二甲苯洗净，否则将会导致褪色。不过，即便完全褪色的制片，也可以重新染色而恢复正常。

（8）在分带过程中，有时会发现制片中有大量的杆菌出现，被染成红色。这是从久存的 Giemsa 原液中带来的，如将其过滤之后使用即可避免。

（二）N带

N 带是指核仁组成区带——核仁组成区的异染色质与其他部位的异染色质有所区别。用 N 带技术（热磷酸盐处理）可专一地显示核仁组成区。

1. 三氯乙酸（TCA）-盐酸处理流程（Matsui 等，1973） ①空气干燥片在 5%三氯乙酸水溶液中于 85～90 ℃下处理 30 min。②蒸馏水淋洗。③在 0.1 mol/L HCl 中于 60 ℃下处理 30～45 min。④自来水冲洗。⑤Giemsa（pH 7.0）染色至分带。

2. 磷酸钾处理流程（Stack，1974） 该处理流程可以同时显示植物染色体的核仁组成区（NOR）和着丝粒带。①预处理后的根尖不经固定，而直接用 45%乙酸压片。②冰冻脱盖玻片，空气干燥。③空气干燥片在 0.12 mol/L 磷酸缓冲液（pH 6.8）中于 90 ℃下处理 10 min。④转入 0 ℃的上述磷酸缓冲液中 30 s，再转入 60 ℃的上述磷酸缓冲液中 1 h。⑤Giemsa 染色。

3. 磷酸二氢钠处理流程（Funaki 等，1975） ①空气干燥片在（96±1）℃的 1 mol/L NaH_2PO_4 水溶液中（用 1 mol/L NaOH 调 pH 至 4.2±0.2）处理 15 min。②自来水洗约 30 min。③40%Giemsa（pH 7.0）染色。

该流程为目前应用最为广泛的流程，Funaki 等用该流程对 27 种动植物染色体进行处理，均获得了显示 N 带的显著结果。但是，该流程中所用的温度和处理时间，并非是恒定的，不同的植物材料往往有所变动，部分实例见表 7-3。

表 7-3 不同植物在磷酸二氢钠处理流程中所要求温度和处理时间

植物材料	温度/℃	时间/min
蚕豆	96±1	15
水仙	96±1	15
玉米	96±1	15
黑麦	96±1	15
黑麦	90	1～2
小麦	90	2
小麦	94～96	10～12
大麦	94～96	8～10

此外，该流程应用于大麦、小麦和山羊草等禾本科植物的染色体处理时，所显示的并不只是核仁组成区，还能显示部分染色体的着丝粒、端粒和中间异染色质，与C带技术所显示的带纹有一定程度的相似性。所以，该技术并非是显示核仁组成区的专一性技术，但是，在许多双子叶植物或部分单子叶植物中，则表现出比较稳定的专一性，其原因尚不清楚。

Jewell（1981）曾对该流程的各个处理步骤进行了大量试验，其试验结果对于我们了解该流程中的各种因素对分带的影响，是很有益的。其结果如下：

①冰冻脱盖玻片，制片在酒精中的停留时间以不超过1 h为宜，延长时间则需减少在1 mol/L NaH_2PO_4 中的处理时间，而且分带质量也会降低。

②空气干燥时间如超过1周，同样也需减少在1 mol/L NaH_2PO_4 中的处理时间，而且分带质量同样会受到影响。

③1 mol/L NaH_2PO_4 溶液的pH也对分带有影响，pH应在3.5～4.5，低于或高于此值则只显示N带的淡浅轮廓。

④1 mol/L KH_2PO_4、1 mol/L $NH_4H_2PO_4$ 和2×SSC（均调pH至4.2）也都能显示N带，但质量不如1 mol/L NaH_2PO_4。稀磷酸（H_3PO_4）则不能分带，这可能是由于它具较弱的缓冲能力的缘故。

⑤1 mol/L NaH_2PO_4 的处理时间十分重要，时间太短则染色体均匀染色，时间太长则只能见到染色体轮廓。

⑥处理温度也重要，高于96 ℃，能分带但染色体结构受损，细胞易于脱落；温度降低则要相应地延长处理的时间。

⑦对于处理时间不够而均匀染色的制片，可以重新处理，只需延长处理时间则可分带，但处理过度的制片只能废弃。

（三）G带

G带（即Giemsa带）分布于染色体的全部长度上，以深浅相同的横纹形式出现。现已证明，有丝分裂中期染色体上的G带、唾腺染色体上的横纹、粗线期染色体上的染色粒，三者的部位是准确一致的。因此，G带所显示的实际上就是染色粒。

1. 胰酶-Giemsa分带（陈瑞阳等，1986） 试验材料为川百合（*Lilium davidii*）、华山松（*Pinus armandii*）和七叶一枝花（*Paris polyphylla*）。

（1）根尖用酶解去壁低渗和蒸汽干燥法制备染色体标本。

（2）空气干燥2～7 d。

（3）制片在0.05%～0.2%的胰酶（以Ohanks配制，用3%缓血酸胺调pH至7～8）中处理。

处理时间，川百合为10～60 s，华山松为1～3 min，七叶一枝花为1～2 min。

(4) 立即转入0.85 mol/L NaCl溶液中，充分洗去酶液。

(5) 蒸馏水冲洗，风干，镜检。

该流程处理以上3种植物所显示的G带效果很好，带纹在染色体的全长上分布。例如，川百合的第一对染色体，经扫描显微分光光度计扫描和微机记录，在中期有14条带，早中期有16条带，晚前期有23条带，前期则有41条带。与哺乳动物染色体的G带性质极为相似。以上也说明，利用早中期或前期的染色体，可以获得更多的带纹，更便于做精确的带纹比较和分析。

在该流程中，染色体避免用盐酸处理以及用蒸汽干燥代替传统的火焰干燥法，对显示G带可能起到重要的作用。

2. AMD-地衣红式Giemsa分带（詹铁生等，1986；朱凤绥等，1986）

(1) AMD-地衣红分带。试验材料为玉米。①取约1 cm长的根尖，在AMD（actinomycin D，放线菌素D）70 μg/mL的水溶液中，于室温下在黑暗中处理1 h。②转入Ohnuks溶液（0.055 mol/L KCl、$NaNO_3$、乙酸钠以10∶5∶2混合）中，于室温下处理1.5～2 h。③卡诺固定液固定30 min。④自来水洗1 h。⑤转入6%果胶酶和纤维素酶（pH 4～5）水溶液中，于37 ℃恒温下处理1.5 h。⑥在卡诺固定液中于4 ℃固定过夜。⑦2%醋酸地衣红于40～45 ℃下染色10～16 min。⑧压片。所显示的G带较好。

(2) AMD-胰酶和AMID-高锰酸钾分带。①根尖用AMD的70 μg/mL水溶液于室温下暗处理1 h。②转入秋水仙素水溶液（最终浓度为0.05%）中处理1 h。③卡诺固定液固定24 h。④自来水洗净根尖。⑤转入果胶酶溶液（以2×SSC稀释，浓度为10 μg/mL）中，于37 ℃处理4～5 h。⑥水洗。⑦卡诺固定液再固定20 min。⑧60%醋酸软化根尖，打散成悬浮液，再用卡诺固定液固定，离心，制成气干片。⑨染色，可选用下述两种方法中的一种。

改良的Seabright法：气干片片龄1 d以上，用0.2 mol/L HCl处理5 min，蒸馏水冲洗，转入无钙镁离子的Hanks液中1 min，再转入4%$FeSO_4$水溶液中处理5 min，用0.01%胰酶溶液于室温下处理20～40 s，卡诺固定液固定5 min，以8% Giemsa（以0.01 mol/L磷酸缓冲液稀释，pH 6.8～7.0）染色8～10 min，水洗，气干。

改良的Ulaboii法：气干片片龄1 d以上，直接浸入高锰酸钾-硫酸镁溶液（高锰酸钾浓度为10 mmol/L，硫酸镁为5 mmol/L，用33 mmol/L磷酸缓冲液配制，pH 7.0）中于室温下处理10～25 min，卡诺固定液固定2 min，蒸馏水洗几次，1%Giemsa染色至分带，水洗，气干。

3. 尿素-Giemsa分带　①干燥片在8 mol/L尿素与1/15 mol/L Sorensen磷酸缓冲液的混合液（3∶1）中于37 ℃处理5～15 s。②在Hanks BSS中淋洗，再经70%和95%的酒精淋洗，空气干燥。③在2%Giemsa（以0.01 mol/L磷酸缓冲液稀释，pH 7.0）中染色约2 min。④蒸馏水淋洗，干燥。

4. ASG技术分带（宋运淳等，1987）　试验材料为玉米。①根尖用α-溴萘饱和水溶液于28 ℃下预处理3.5 h，用甲醇-冰乙酸（3∶1）固定30 min。②蒸馏水洗30 min。③1%纤维素酶水溶液于27 ℃ 下处理3.5 h。④去酶液，再加入固定液，置冰箱（4 ℃）中过夜。⑤火焰干燥法制片。⑥干燥片在90 ℃处理50 min。⑦在2×SSC溶液中于60 ℃下温育40 min。⑧用（40～50）∶1的Giemsa溶液（pH 6.9）中染色。⑨蒸馏水淋洗，干燥。

二、荧光分带

（一）材料处理

用于荧光分带的材料的预处理和固定，可按常规的制片方法。

（二）制片

用于荧光分带的材料，不能用盐酸进行解离。即使短时间的处理，也将导致荧光的消失。因此，如用压片法，通常是用45％乙酸软化1～5 h，再用45％乙酸压片。最好用酶解去壁法制片，制片干燥或不干燥均可。

（三）染色方法

1. Q带 制片浸入95％乙醇，再转入无水乙醇中浸润。转入0.5％Quinacrine（阿的平）的无水乙醇溶液中，染色20 min。在无水乙醇中稍加洗涤，空气干燥。用水封藏，在荧光显微镜下观察，所需激发光波长为430 nm，产生荧光的波长为495 nm。

2. H带 干燥制片浸入50 μg/mL Hoechst-33258的磷酸缓冲液-盐混合液（0.15 mol/L NaCl＋0.03 mol/L KCl＋0.01 mol/L Na_3PO_4，pH 7.0）中，染色10 min。用磷酸缓冲液（0.16 mol/L Na_3PO_4＋0.04 mol/L柠檬酸钠，pH 7）清洗和封藏。也可经缓冲液洗后，再用蒸馏水洗净，以甘油封藏，石蜡封边。

3. D带 制片浸入0.5 mg/mL的道诺霉素溶液（用0.1 mol/L磷酸钠缓冲液配制，pH 4.3）中染色15 min。用同上缓冲液清洗6 min（换3次），缓冲液封藏；所需激发光波长为430～485 nm，产生荧光的波长为545～565 nm。

4. R带 制片浸入1 mg/mL橄榄霉素的磷酸缓冲液（pH 6.8）中染色20 min。磷酸缓冲液清洗2次，共2 min，封藏。所需激发光波长为405～440 nm，产生荧光的波长范围是525～532 nm。

R带所显示的带纹与Q带相反，为富含GC碱基对的区段。

5. 快速的Q带染色技术

（1）阿的平染色液的配制。其配方为：蒸馏水120 mL、柠檬酸钠10 g、柠檬酸2 g、阿的平0.25 g、0.25％亚甲蓝水溶液2 mL。

该染色液比较稳定，在低温条件下至少可保持一年之久。

（2）染色。在制片上加一滴上述的阿的平染色液，染色约10 s，转到水龙头下用自来水冲洗10 s。再用Sorenson磷酸缓冲液（pH 5.2）稍加淋洗，用吸水纸吸干制片上的水分，然后，用以下的蔗糖封藏剂封藏。

封藏剂配方：蔗糖40 g、蒸馏水10 mL、Sorenson磷酸缓冲液（1/15 mol/L，pH 5.2）10 mL。

配制时，在80～90 ℃的水浴中将蔗糖溶解，用脱脂棉过滤，以防止重新结晶。

该封藏剂可以很好地保存制片（至少可达6周）而不变质，而且尚有改进染色质量的优点。

三、分带机制

分带机制是一个非常复杂的问题，既有染色体自身结构和成分问题，又有处理条件相互作用以及染料的分子结构与染色体的互相作用问题。有关分带机制的研究，虽然已有相当数量的资料，但是基本上仍属于探讨性的，许多问题仍是不清楚的，提出的疑问远比已知的事实多得多。在此，只能摘其主要观点和问题简单介绍。

1. C带 早期认为，染色体经碱［NaOH、$Ba(OH)_2$］或酸（HCl）处理，可以使DNA分子的双链分开，称为变性（denaturation）。以后在SSC盐溶液中温育，使单链的DNA分子间又重新形成氢键，恢复原来的双链结构，称为复性（renaturation）。异染色质变性迟而复性快，早复性的异染色质便为Giemsa深染而分带。

但是，进一步的研究发现，其分带机制并非如此简单，一些试验观察结果表明与上述的解释是矛盾的。例如：①某些C带区并不包含高度重复的DNA或卫星DNA（SAT-DNA）。②用吖啶橙

(acridine orange) 染色的研究表明，C 带区并不一定是双链，非带区也并不一定是单链。③双链 DNA 并不一定比单链 DNA 结合更多的染料。④经胰酶或尿素的简单处理，也能分带。胰酶处理后，用吖啶橙染色，着丝粒区和臂区均显绿色荧光，表明 DNA 均为双链结构，未发生任何变性。

因此，后来一般认为，变性-复性并不是 C 带分带的主要机制。

核蛋白是构成染色体的重要成分，它与染色体分带是否相关？

当用极少量（20 μg）的抗组蛋白的抗体对分带机制进行研究时，发现组蛋白 H_2A、H_3 和 H_4，在用甲醇-冰乙酸固定仅 5 s，就被完全除去了。如果固定延长到常规的固定时间，则 H_1 也被除去了，只有 H_2B 仍留在染色体上。如果把已经分带处理过的染色体，再用 H_1 和 H_2A 溶液处理，就会消除分带。因此，在染色体的固定过程中，有选择地消除 H_1 和 H_2A 是分带所必需的。但是，另有试验表明，如果染色体不用甲醇-冰乙酸固定，而只用甲醛或酒精固定，这种染色体也是均匀强染的。

只要浓度适宜，所有的组蛋白都能消除 Giemsa 对染色体的分带作用。

在早期的 C 带分带流程中，包括用 0.2 mol/L HCl 的处理，由于盐酸可以除去染色体中的大部分组蛋白，但也不影响 C 带的产生，在 HSG 分带技术中，盐酸起了主要作用。而且，Comings 也认为，0.2 mol/L HCl 的处理对于获得优良的 C 带是很重要的。因此，人们排除了组蛋白在分带中的重要作用。

关于 C 带与染色体 DNA 的含量和浓缩程度的关系，也进行过研究。Comings 等人用放射性同位素标记研究发现，在 C 带的分带流程中，有 60%的 DNA 从染色体上被提取出来。用 Feulgen 染色对被提取的和未被提取的 DNA 用 CsCl 离心分析，以及用电子显微镜的观察都表明，DNA 是从非带区优先被提取的，而 Giemsa 染料是简单地堆积在残留的 DNA 侧面而分带。Holmquist 认为，染色体经酸、碱、盐处理后，常染色质区的 DNA 易于丢失（或被提取），是因为常染色质 DNA 含有丰富的腺嘌呤碱基，在脱嘌呤位置上 DNA 极易断裂之故。

由限制性核酸内切酶所分离的绿猴的 SAT-DNA 中有明显的非组蛋白成分，其电泳特性和核基质蛋白相似。当以酸处理以消除组蛋白，再用 DNA 酶消化时，发现 SAT-DNA 对酶的消化作用有较大的抗性。Burkholder 用 DNA 酶处理小鼠或人类染色体，用 Feulgen 反应也能显示 C 带和某些 G 带。试验结果也表明，带区比非带区更能抵抗 DNA 酶的消化作用。此外，还发现浓缩而致密的染色质比疏松的染色质更能抵抗 DNA 酶的消化作用。分析其原因，认为主要是非组蛋白能更紧密地与浓缩的染色质结合，而保护了 DNA 不被酶消化。因此，Burkholder 指出蛋白质与核酸的相互作用，是形成带的重要因素。

综上所述，带区的染色质更能抵抗分带过程中的各种处理，这是比较一致的观点，但是，它是一种 DNA 与组蛋白的复合物还是 DNA 与非组蛋白的复合物，仍不能肯定。

2. G 带　在 G 带研究的早期，人们首先提出这样一个问题：染色体上所显示的 G 带带纹，是人为诱导而产生的呢？还是原先存在于染色体上的带纹夸大呢？

后来的精确观察表明，G 带的特征和减数分裂过程中染色体上的染色粒很相似。染色粒是由于染色体配对以后得以夸大而显示的，G 带也可能是染色粒的夸大。

如果染色体经甲醇-冰乙酸固定后，不用分带处理而直接在电子显微镜下观察，可见到染色体的电子密度是均匀一致的，并无分带特征。但如果用胰酶处理之后，虽然不经 Giemsa 染色，也可以看到电子密度高的带区和电子密度低的非带区。即便在扫描电子显微镜下观察，也可见到带纹状结构。那么，胰酶起了什么作用？经胰酶处理后用 Feulgen 染色，表明染色体上只有很少量的 DNA 丢失。因此推断，胰酶处理可能引起了染色质的重排，带区紧缩，非带区拉开。但是，仅仅是染色质的重排仍不能完全解释 G 带的特征，因为经胰酶处理后未染色的染色体在电子显微镜下所见带区和非带区的密度差异远远小于 G 带带区和非带区的差异。显然，Giemsa 染色剂对于 G 带的显示起了直接的夸张作用。

Giemsa 属噻嗪类染料，由亚甲蓝及其氧化产物天青和曙红组成。当用 Giemsa 染料中的单一成分染色时，发现除曙红外，其他成分均能分带。说明甲基在分带中起了重要作用。但张自立等的试验指出，亚甲蓝和天青的单一成分并不能很好地分带，而只有天青-曙红盐才能很好分带，说明曙红在分带中也是不可缺少的成分。

那么，为什么带区能结合较多的染料而非带区很少或不染色呢？一种可能是非带区染色疏松，含DNA较少，或者是胰酶或盐溶液处理，消化或提取了非带区的DNA；另一种可能是非组蛋白的覆盖，使非带区DNA无法与染料分子相结合。

综上所述，G带的可能机制是，染色体中具有染色粒结构，这种结构在G带分带过程中引起染色质的某种重排而被夸大，同时，可能有某些非带区的DNA被消化或提取，或者由变性的非组蛋白所覆盖，或者两种同时存在，然后通过Giemsa染料在可作用的DNA侧面堆积，从而显示带纹。

第三节　植物染色体的银染色技术

一、银染色技术的应用

银染色技术（$AgNO_3$ 染色）自1975年应用于染色体研究以来，已在人类和动植物细胞遗传学研究中，特别是医学应用研究中得到了广泛应用和迅速发展。银染色技术是继Giemsa和荧光分带技术之后新兴的一项重要染色体研究技术。银染色技术在植物染色体研究中的应用主要有几个方面：①染色体端部核仁组成区（NOR）；②NOR的数目、位置和变异；③NOR在种间杂种中的竞争；④核仁周期的研究；⑤联会复合体（SC）的研究；⑥染色体轴心的研究；⑦核基质网络结构。

二、染色体的银染色原理

（一）银染物质的性质

一些研究人员用DNA酶、RNA酶、三氯乙酸（TCA）、稀硫酸、稀盐酸、氢氧化钠或氢氧化钡处理染色体，均不影响银染而显示Ag-NOR，但用蛋白质水解酶如链霉蛋白酶（pronase）、胰酶或木瓜酶等处理后，染色体则不能显示Ag-NOR。这就表明，NOR的银染物质不是DNA而是蛋白质，不是碱性蛋白而是酸性蛋白。

（二）染色体选择性银染色的机制

在银染色技术应用于染色体研究的过程中，曾经出现过以下几种现象：①NOR特异性染为黑色；②在杂种细胞和异源多倍体细胞中，某些NOR不能显示银染色正反应；③如果掌握好银染色条件，除NOR外在着丝粒、端粒，甚至臂内也可显示银染色正反应，但不同区域的银染色强度不一样。这些选择性银染色现象表明其染色机制是十分复杂的。目前提出的机制有以下两种。

1. 染色体银染色与rDNA转录活性相关　这是最早的染色体银染色机制假说。Goodpasture等（1975）应用Ag-AS染色技术，使9种哺乳动物的NOR特异性染为黑色，经Hsu等（1975）用原位杂交技术证明，所谓银染色区就是18S＋28S rDNA基因的分布区。具有转录活性的rDNA基因分布区显示银染色正反应，而不具转录活性的rDNA基因分布区不显示银染色正反应。从此，确定了银染色反应与rDNA基因转录活性的平行关系。但该假说无法解释c现象，即不含rDNA区也可显示银染色正反应。Haaf等（1984）用和AT特异结合的物质诱导染色体形成聚缩不足区，尽管这些区不含rDNA，但也可显示银染色正反应。尽管黑麦的14条染色体上都显示银染色点，大麦染色体所有着丝粒和多数端粒显示银染色正反应，可是，黑麦的18S＋5.8S＋26S rDNA基因仅位于具随体染色体上，其核型也仅有1对具随体染色体，大麦的rDNA基因仅位于NOR，即第6、7对染色体的次缢痕位置。

2. 染色体银染色与染色质非聚缩有关 Medina 等（1983）观察到中期 NOR 的结构是异质的，既有聚缩的染色质核心，又有非聚缩的染色质纤维，这和间期核仁纤维中心相似，他指出银染性与染色质的非聚缩有关。由此可以推测，染色体的非聚缩或聚缩不足，使嗜银蛋白在这些区域聚集，而嗜银蛋白的聚集使非聚缩或聚缩不足状态得以维持，从而在这些区域显示银染色正反应。非聚缩或聚缩不足也许是银染色反应发生的起码条件。这一假说可以解释前述的 3 种现象。

NOR 的活性可以受到遗传因素的控制和影响，在杂种中这种遗传控制表现为显隐性程度的变化。例如，还阳参属植物在种间的杂交是可育的，对一系列的不同种间杂交结果进行观察，发现在这些杂种中都只有一个 NOR 能组织形成核仁，而另一个受到抑制，不形成核仁，同时次缢痕也不出现。NOR 形成核仁的能力表现出明显的显隐性关系，并且在一系列不同物种间的杂种，NOR 在显隐强度上表现出梯度差异。在同一细胞中，一个物种的 NOR 对另一物种的 NOR 活性有抑制作用。已经确知在这些物种中有一个 NOR 显隐程度有差别的等位基因序列存在。尽管 NOR 之间如何进行抑制的详细机制尚不了解，可抑制 NOR 的同时次缢痕也不出现是确定的，这就可以解释为什么杂种细胞和异源多倍体细胞中，某些 NOR 不能显示银染色正反应，因为这些 NOR 是聚缩的。如普通六倍体小麦，有 4 对具 rDNA 基因的染色体，而仅 1B 和 6B 显示银染色正反应，1A 和 5D 不能被银染色显示其 NOR，也看不到 1A 和 5D 次缢痕的形成，说明这些 NOR 是聚缩的。

着丝粒和 NOR 都是染色体缢痕形成区，其中都含有松散的纤维，即聚缩不足，因此可以银染色。端粒是染色体的一个特殊结构，其中的染色质纤维是无规则折叠的，看不到末端，聚缩紧密。因此，一般情况不能被银染色，但经低渗法处理，端粒解螺旋松开而使聚缩程度降低，从而显示银染色正反应。

嗜银蛋白是带负电荷的酸性蛋白，依 DNA 中 AT 碱基对的多少和染色体的凝聚状态而呈不均匀分布，具活性的 NOR 中密度最高，着丝粒和端粒次之，其他臂内区域的密度差异较小。适当的诱导剂可使染色体聚缩程度改变，从而诱导嗜银蛋白的反应基团暴露，有效密度提高，从而显示银染色点。由于化学反应速度和反应物浓度成正比，在一定时间内银离子在不同区域的沉淀量不同，从而表现出选择性银染色。

三、染色体银染色技术分类及技术流程

（一）Ag-NOR 染色技术

Ag-NOR 染色技术在各类银染色方法中是最有价值的方法，可以对 NOR 的数目、位置及其变异进行定性和定量的研究。主要技术流程介绍如下。

1. Ag-Ⅰ染色流程 Ag-Ⅰ染色流程即 $AgNO_3$ 一步染色流程。干燥制片上加几滴 50% $AgNO_3$ 水溶液，加盖盖玻片，置潮湿培养皿中于 37 ℃下温育 18 h，或 50 ℃下温育 2～5 h。至 NOR 显示黑色。Ag-Ⅰ染色流程程序简便，应用也最为广泛，在此基础上改进的流程和染色方法也很多，现举例介绍如下：

（1）蚕豆、芍药和牡丹的 Ag-NOR 染色流程。①按常规进行根尖的预处理和固定。②去壁低渗火焰干燥法制备染色体标本。③室温下干燥约 7 d。④气干片用 0.2 mol/L HCl 于室温下处理 2 h。⑤水洗后风干。⑥在气干片上加几滴 50% $AgNO_3$ 水溶液，加盖盖玻片，置潮湿培养皿中，于 60 ℃温箱中约 6 h。⑦蒸馏水淋洗，彻底洗净 $AgNO_3$。⑧空气干燥，树胶封藏，镜检。

染色结果：核仁和 NOR 呈棕黑色，染色体呈不同程度的黄色，但也可能是无色。

（2）银杏的 Ag-NOR 染色流程。①按常规进行去壁低渗火焰干燥法制片。②室温空气干燥 2 d 以上。③在气干片上加数滴 8% $AgNO_3$ 水溶液，其上覆盖一张擦镜纸，置潮湿培养皿中，加盖密封，于 60～70 ℃温箱中处理 2 d。④用无离子水洗净 $AgNO_3$ 溶液。⑤空气干燥，树胶封藏，镜检。

染色结果：核仁和 NOR 呈棕黑色，染色体呈黄色。

（3）小麦的Ag-NOR染色流程。①根长约1 cm时切取根尖，于冰瓶中处理24 h。②材料用卡诺固定液于冰箱中固定24 h。③蒸馏水浸泡约1 h。④用2.5%纤维素-果胶酶混合液（pH 5.2）于25 ℃下酶解2～2.5 h。⑤蒸馏水浸泡40～60 min。⑥卡诺固定液再固定。⑦制备细胞悬液，滴片，火焰干燥。⑧制片置干燥器中干燥1周左右。⑨气干片用0.2 mol/L HCl处理2 h（室温），蒸馏水洗净残余HCl。⑩在室温下气干。⑪在制片上加入几滴50% $AgNO_3$ 水溶液，加盖盖玻片。置潮湿培养皿中，于60 ℃下温育6 h。镜检，当染色体呈金黄色，NOR呈黑色，用蒸馏水冲洗，洗净残留 $AgNO_3$ 液。⑫5%Giemsa染色液复染3 min或不复染。⑬二甲苯透明，存暗处保存。

（4）黑麦的Ag-NOR染色流程。①用去壁低渗火焰干燥法制备染色体标本。②空气干燥3～7 d。③在气干片上加2～3滴50%～70% $AgNO_3$ 水溶液，加盖盖玻片或加2层擦镜纸。④制片置于垫有潮湿滤纸的培养皿中，加盖。置50～60 ℃温箱中染色12～24 h或更长时间。⑤镜检，见NOR呈黑色、染色体呈黄色即可用蒸馏水冲洗干净，空气干燥后观察。如果染色体无色，则经充分水洗后，用1%Giemsa（pH 6.8）染色1～2 min，使染色体染上淡红色。

如果干燥7 d后的制片，用0.2 mol/L HCl于室温下处理2 h，水洗后再稍风干，然后进行上述 $AgNO_3$ 染色，则可以明显缩短染色时间。

值得指出的是，用去壁低渗火焰干燥法制备染色体标本，只适用于显示Ag-NOR，而不适用于显示核仁以及在细胞周期中NOR和核仁的动态变化。因为经低渗处理后，核和核仁往往扩散而失去固有形态特征。但是，用去壁低渗火焰干燥法制片的一些禾谷类作物，经长时间的高温染色，往往可以显示着丝粒或端粒，这是其优点。

2. Ag-AS染色流程 配制下列溶液：50%（质量体积分数）$AgNO_3$ 水溶液、AS溶液（ammonium-silver）（4 g $AgNO_3$ 溶于5 mL无离子水中，再加5 mL NH_4OH，充分混匀后置冰箱中保存备用）、3%中性甲醛（每100 mL该溶液中加入2 g无水乙酸钠，使用时用甲酸调pH至5～6）。

（1）百合的Ag-NOR染色流程。①根尖用0.02%的秋水仙素水溶液处理4～5 h。②95%乙醇-冰乙酸（3∶1）固定1 h。③经蒸馏水洗几次后，用0.1 mol/L HCl于60 ℃下解离8～14 min，或在室温下解离4～7 min。④水洗几次后，用45%乙酸压片。⑤冰冻脱盖玻片，空气干燥1 h。⑥在气干片上加4滴50% $AgNO_3$ 水溶液，加盖盖玻片，置潮湿的培养皿中，于65～70 ℃下温育15～20 min。⑦无离子水淋洗几次，空气干燥1～4 h。⑧在气干片上加4滴AS溶液和4滴3%甲醛，充分混匀，加盖盖玻片。⑨制片可放在低倍显微镜下，监视染色进程，当核仁和NOR显示黑色时为适宜。⑩蒸馏水淋洗几次，用1%Giemsa（pH 6.8）复染至染色体呈淡红色。⑪自来水洗几次，干燥，中性树胶封藏。

注意，固定的时间不宜过长，HCl处理时间要严格控制，处理过度会破坏Ag-NOR染色的专一性。

（2）红花菜豆的Ag-NOR染色流程。①根尖用0.02 mol/L 8-羟基喹啉水溶液于16～18 ℃处理3～4 h。②用96%乙醇-冰乙酸（3∶1）固定并在冰箱中存放12～48 h。③45%乙酸压片，冰冻脱盖盖玻片后，制片置37 ℃温箱中干燥12～24 h。④气干片转入2×SSC盐溶液中于60 ℃下处理1～3 h，水稍洗。⑤在气干片上加1～4滴50% $AgNO_3$ 水溶液，加盖盖玻片或擦镜纸，置潮湿的培养皿中，于65～70 ℃下温育15～20 min。⑥蒸馏水洗后，空气干燥1～4 h。⑦加1～4滴AS溶液和1～4滴3%甲醛，混匀，加盖盖玻片，置显微镜下监视染色，当NOR或核仁呈黑色或深棕色时，用蒸馏水冲洗干净。⑧再用2%～4%Giemsa（pH 6.8）复染30～60 s，水洗，干燥，中性树胶封藏。

染色结果表明，红花菜豆根尖细胞染色体有6个Ag-NOR染色区，与C带的大型端带数相同，因此，确认其具6个NOR。

（3）柠檬酸钠-$AgNO_3$ 染色流程。①当小麦种子根长约1 cm时，切取根尖置入自来水中，于0 ℃ 下处理36～48 h。②无水乙醇-冰乙酸（3∶1）固定2～24 h。③45%乙酸压片。④冰冻脱盖玻片，空气干燥。⑤加1滴上述固定液于气干片上，火焰干燥。⑥配制柠檬酸钠-$AgNO_3$ 溶液：1 g $AgNO_3$

溶于 1 mL 柠檬酸钠溶液（每 500 mL 蒸馏水中加入 0.02 g 柠檬酸钠，再用甲酸调 pH 至 3）。⑦在气干片上加 1～2 滴柠檬酸钠-$AgNO_3$ 溶液，加盖盖玻片。⑧置潮湿的培养皿中于 55～60 ℃下处理 30 min 至几小时。⑨当染色体呈黄色、NOR 呈黑色时，用蒸馏水充分洗净。空气干燥后转入二甲苯中停留约 5 min，用 DPX 中性树胶封藏。

（二）非专一显示 NOR 的银染色技术

银染色法专一地显示 NOR 是有条件的、相对的。如果掌握好银染色条件，除 NOR 外在端粒、着丝粒甚至染色体臂中间也能显示一定的黑色银染区。张自立等（1990）为了探明染色体标本制备技术对银染色的影响，采取了酶解-去壁低渗火焰干燥、酶解-去壁低渗空气干燥、盐酸水解涂片、盐酸水解涂片火焰干燥四种方法，制备大麦染色体标本，然后银染色。结果表明，染色体标本制备技术对银染色效果影响极大，只有合适的酶解和火焰干燥处理才能促使着丝粒和端粒显示银染色正反应，同时延长银染色时间也是十分必要的条件。

1. 同时显示 NOR 和着丝粒的银染色技术

（1）HCl-Ag-Ⅰ染色流程。该流程对植物材料很有应用价值，有人曾对蚕豆等 15 种植物进行了银染色试验，均获成功。其主要操作程序如下：①按常规进行根尖预处理。②95%乙醇-冰乙酸（3∶1）固定（5 ℃）1 h。③材料经 70%→30%→15%乙醇脱水（每级 10 min），转入蒸馏水。④将根尖置载玻片上，加 2～3 滴新配制的纤维素酶和果胶酶混合液（均为 4%）（用稀 HCl 调 pH 至 3.9～4.1），于 37 ℃下温育 50～60 min。⑤用无离子水漂洗几次。⑥加卡诺固定液 2～3 滴固定约 1 min。⑦再加 1 滴固定液，将根尖压碎，分散，再加 1 滴固定液，火焰干燥。⑧空气干燥 1 d。⑨气干片在 0.2 mol/L HCl 中于 20 ℃下处理 2 h。⑩蒸馏水洗 3 次，每次 5 min，室温下干燥 1 d。⑪在载玻片上加 2～3 滴新配制的 50%$AgNO_3$ 溶液于 50 ℃下温育 1～6 h。等核仁和 NOR 呈黑色时，蒸馏水淋洗，晾干，树胶封藏。NOR 和着丝粒均被 $AgNO_3$ 染成黑色。

注意：在该流程中，延长固定和气干时间，对显示着丝粒不利。

（2）NaOH-Ag-AS 染色流程。①在空气干燥片上加 4 滴 0.01%NaOH（用蒸馏水稀释至 pH 为 8.5，约为 10^{-5}mol/L）水溶液，处理 30～40 s。②蒸馏水充分洗涤后，空气干燥。③在气干片上加几滴 33.3%$AgNO_3$ 水溶液，加盖盖玻片。置强照明灯下照射 10 min（温度为 50～70 ℃），冷却，蒸馏水洗，空气干燥。④在气干片上加 2 滴 AS 溶液和 2 滴 3%中性甲醛，混匀，染色 1～3 min。⑤蒸馏水洗，空气干燥，中性树胶封藏。

注意：在该流程中，严格控制 NaOH 的 pH 和处理时间，是成功的关键。

2. 同时显示 NOR、着丝粒和端粒的银染色技术

（1）在 25 ℃培养种子，当初生根长至 1 cm 左右时，将材料放入冰箱于 0～4 ℃下预处理 36～58 h。

（2）切下根尖分生组织，经甲醇-冰乙酸（3∶1）固定 2 h。

（3）在 25 ℃酶解（果胶酶和纤维素酶各占 3%）2～2.5 h。

（4）双蒸水中低渗 1～3 h。

（5）弃去双蒸水，用镊子将根尖捣成糊状，加甲醇-冰乙酸（3∶1）固定液制成悬浮液。

（6）滴片，火焰干燥，10 d 后备用。

（7）在制片上加 3 滴 $AgNO_3$ 溶液（0.7～0.8 g $AgNO_3$ 溶于 1 mL 无离子水中），盖上盖玻片，放入铺有湿润滤纸的培养皿中，于 60 ℃温育 12～14 h。

（8）双蒸水冲洗，干燥后镜检。

染色结果：NOR、着丝粒和端粒均显示出银染色正反应，但在银染色过程中，最早被染成黑色的地方是 NOR，然后才出现着丝粒区和端粒区的银染色反应，且 NOR 银染色反应的强度也较其他两区稍强。

3. 诱导染色体臂内银染区的银染色技术

（1）在25℃条件下培养种子，待幼根长到0.2～0.5 cm时，在加入药液（50 μg/mL BrdU或100 μg/mL Hoechst 33258）的培养皿中，于25℃下继续培养12 h。

（2）将材料放入冰箱于0～4℃下预处理24 h。

（3）经预处理后的根尖，用新配制的甲醇-冰乙酸（3∶1）固定30～60 min，蒸馏水冲洗。

（4）用纤维素酶和果胶酶混合液（均为3%）于25℃下解离1 h。

（5）去掉酶液，充分水洗，在无离子水中停留15～30 min。

（6）倒去无离子水，加入上述新鲜固定液。

（7）火焰干燥制片，空气干燥7 d以上。

（8）在气干片上加4～5滴80% $AgNO_3$ 水溶液，用擦镜纸覆盖，使 $AgNO_3$ 溶液均匀分布。置于垫有潮湿滤纸的培养皿中，加盖。在55～60℃的温箱中染色15～24 h。

（9）无离子水冲洗，Giemsa复染或不复染，镜检，拍照。

经上述流程处理，BrdU和Hoechst 33258能有效地诱导出臂内银染色正反应区，使黑麦染色体的NOR、着丝粒、端粒和臂内同时出现银染色点。

（三）研究核仁和NOR在细胞周期中动态的银染色技术

李懋学教授通过用创新的混合解离液，改进了一种称为HAA-Ag-Ⅰ的适于压片法制片，尤其适于对核仁和NOR在细胞周期中的动态进行研究的快速银染色法，已在蚕豆、芍药和牡丹等多种植物中应用成功。其主要操作程序如下：

（1）根尖或幼嫩子房（芍药和牡丹）用0.05%秋水仙素水溶液或对二氯苯饱和水溶液预处理2～4 h。

（2）蒸馏水洗约10 min。

（3）用95%乙醇-冰乙酸（3∶2）固定液于4℃下固定2 h或过夜。

（4）材料经50%和30%酒精（两级浓度各5 min）转入蒸馏水中。

（5）转入1 mol盐酸-95%乙醇-冰乙酸（按5∶3∶2新鲜配制）混合解离液中，于室温下处理5～10 min，或在60℃下处理4～5 min。

（6）蒸馏水洗3次，共约10 min。

（7）用45%乙酸压片。

（8）冰冻脱盖玻片，在95%乙醇中洗5 min。

（9）室温下干燥2 h以上至过夜。

（10）在洁净的载玻片上，加1滴1%明胶溶液（含1%甲酸）和2～3滴50% $AgNO_3$ 溶液（用双蒸水新配制，再用0.2 μm的微孔滤膜过滤），混匀，加上附有细胞的气干盖玻片。如用附有细胞的载玻片染色，则加洁净盖玻片或擦镜纸覆盖。

（11）放入垫有潮湿滤纸的培养皿中，在室温下静置约5 min。转至60～65℃的恒温箱中温育5～10 min，待明胶-银溶液变为深黄色时，取出冷却，置显微镜下检查。

（12）当核仁和NOR染成黑色或深棕色、染色体呈淡黄色时，即表示染色完成。

（13）用蒸馏水稍加淋洗后，浸入5%硫代硫酸钠水溶液中，定影约5 min。

（14）蒸馏水淋洗几次，彻底洗净定影液，然后在0.001%亚甲蓝水溶液中复染10～30 s。

（15）蒸馏水稍洗，空气干燥，用中性树胶封藏。

对于小麦及大麦等禾本科植物的根尖，用上述解离液处理后，压片仍较困难，宜用2%纤维素酶溶液于室温下处理30～60 min，水洗后再以解离液处理。或压片，或以火焰干燥法展片，染色方法同上。

正确的染色结果是：染色体和细胞核呈浅绿或淡蓝色，核仁和NOR呈黑色或深棕色，细胞质呈浅黄或黄色。既染色清晰、美观，又能保持细胞结构的完整性。

注意：①如果细胞质或染色体染色呈深黄色，则可减少明胶溶液用量，但染色时间需相应延长。也可以不加明胶溶液，而置 50～60 ℃温箱中染色 4 h 或过夜。②如果片龄超过 2 d，染色困难，可采用以下两种处理方法：用 0.2 mol/L HCl 于室温下处理 30～60 min；或用 0.07 mol/L NaOH 水溶液 6 mL+2×SSC 溶液 44 mL 的混合液于室温下处理 1～5 min。水洗后空气干燥 4 h 或更长时间，再行 $AgNO_3$ 染色。

（四）联会复合体的银染色技术

植物联会复合体（SC）银染色技术的关键是制备染色体充分展开的标本。SC 银染色技术流程可分为两类：一类适于具薄壁花粉母细胞者，不需进行酶处理；另一类适于具厚壁花粉母细胞者，需要进行酶解去壁。

1. 适于具薄壁花粉母细胞的银染色流程 该类 SC 银染色技术流程适用于玉米、黑麦、小麦、紫露草等植物。现举例介绍如下：

（1）玉米的 SC 银染色流程。

①取 3～4 个处于减数分裂粗线期的花药，浸入有铺展剂［0.1%牛血清清蛋白和 2 mmol/L EDTA（必要时，可用 0.5 mol/L NaOH 调 pH 至 7.7）］的凹形载玻片中。

②将花药切开，用解剖针挤压，使细胞溢出药壁，拣除花药壁残渣。

③用微吸管吸取上述细胞悬液，滴入装有 0.5%NaCl 水溶液的衬有黑底的培养皿中，细胞随即炸裂。

④用塑料载膜接触溶液表面以吸附铺展的 SC。

⑤附有 SC 的载膜在以下两种固定液中各固定 5 min：4%聚甲醛［含 0.03%十二烷基硫酸钠（SDS）］、4%聚甲醛。以上两种固定液均用四硼酸钠缓冲液（pH 8.2）配制。

⑥在 0.4% photoflo（pH 8.0）中淋洗 20 s。

⑦空气干燥。

⑧气干片用 Ag-AS 银染色法染色。

（2）黑麦的 SC 银染色流程。

①在有塑料载膜的载玻片上，加 1～2 滴铺展剂（Eagle 细胞培养液，含 2 mmol/L EDTA 和 0.1%牛血清清蛋白）和 2 滴 0.03%Trix 去污剂。

②选取一个处于减数分裂细线至双线期的黑麦花药置于上述铺展剂中，切断，挤出花粉母细胞，拣除花药壁。

③3～4 min 后，加 6 滴 4%聚甲醛（用 3.4%蔗糖溶液配制，pH 约 9），随即将载玻片置于 30～40 ℃ 的热板上干燥至少 4 h。

④用 0.4% photoflo（pH 8.0）洗 2 次，计 2 min。空气干燥。

⑤用 Ag-AS 方法进行银染色。

⑥经银染色后的载玻片在低倍光学显微镜下初检。对铺展好的 SC 进行定位标记，将有标记的塑料载膜分离并转至铜网上，电子显微镜检查并照相。

（3）小麦的 SC 银染色流程。

①在有塑料载膜的载玻片上加 1～2 滴铺展剂（199 细胞培养液，含 0.03%EDTA，pH 8.2）以及 2 滴 0.35%去污剂。

②将处于减数分裂粗线期小麦花粉从花药中挤出，悬浮于上述铺展剂中。

③处理 5～10 min 后，加 6 滴聚甲醛（用 3.4%蔗糖配制，pH 8.2～9.1）。

④在 37 ℃下干燥 4 h 以上。

⑤用 Ag-AS 方法银染色，以下操作与上述黑麦的流程相同。

2. 适于具厚壁花粉母细胞的银染色流程 该类SC银染色技术流程适于番茄、马铃薯、紫万年青、芍药和圆头葱等植物。现举例介绍如下：

（1）番茄和马铃薯的SC银染色流程。

①将处于减数分裂前期的新鲜花药放入凹形载玻片中，加入下述培养液总量约0.1 mL。

培养液的组成：含0.9 mol/L山梨醇、0.6 mmol/L KH_2PO_4、1.0 mmol/L $MgCl_2$，以10 mmol/L柠檬酸钾缓冲液配制，再加0.3%硫酸葡聚糖钾（相对分子质量8 000）。溶液的最终pH以0.1 mol/L KOH或0.1 mol/L HCl调至5.1。

花药在上述溶液中处理5 min后，用刀片将花药横切开，再处理5 min。

②用解剖针挤压出花粉母细胞，拣除花药壁，加约1 mg脱盐β-葡糖苷酸酶（β-glucuronidase）3～5 min后，细胞壁立即被分解。

③用微吸管吸取原生质体悬浮液，滴在洁净的载玻片上或有塑料载膜的载玻片上（供电子显微镜观察用），加盖盖玻片。取约5 mL蒸馏水，缓缓地从盖玻片一侧用吸水纸引流，使水从盖玻片下流过，细胞膜便膨胀炸裂，SC从细胞中游离分散出来。

④冰冻脱盖玻片，空气干燥。

⑤气干片用新配制的4%甲醛（用硼酸缓冲液配制，并调pH为8.4～8.5）在低温下固定10 min。然后浸入4%photoflo 200（pH 8.4～8.5）中几秒，稍干，用前述的Ag-Ⅰ方法染色。

⑥镜检。具塑料载膜的载玻片上的SC，还可用扫描电子显微镜观察。其方法是，先在低倍显微镜下对所选择观察的SC进行定位，然后，在其上覆以50目的铜网，在蒸馏水中漂离载膜铜网，空气干燥，喷碳后观察。

（2）圆头葱的SC银染色流程。

①取一洁净载玻片将花药中挤压出的花粉母细胞在下述溶液中处理4～8 min。

花药处理液：取0.1 g蜗牛酶、0.375 g乙烯吡咯烷酮（PVP）和0.25 g蔗糖，溶于25 mL蒸馏水中。

②在另一洁净载玻片上加1滴低渗液（0.5%Lipsol去污剂）。

③取1滴细胞悬液滴在低渗液上，使SC展开。

④干燥后，以50% $AgNO_3$ 于60 ℃下温育40～60 min。

第四节　植物染色体核型和带型分析

一、核型分析的意义

1. 核型的概念 核型（karyotype），简言之，是指体细胞染色体在光学显微镜下所有可测定的表型特征的总称，主要包括染色体的数目和形态结构特征。

染色体数目包括基数（x）、多倍体、非整倍体、B染色体和性染色体等。由于染色体数目易于判断和鉴别，用以说明问题时简明、方便，所以，它在细胞遗传学研究中，是应用最广泛的核型特征。

染色体形态主要包括染色体的绝对大小和相对大小、着丝粒和次缢痕以及随体的数目和位置等特征。

染色体的解剖学特征是指一般光学显微镜下可观察到的染色体内部结构特征，主要指的是分带特征。由于经分带处理后，染色体上带纹的数目、位置、宽窄与染色的深浅具有相对稳定性，具有一定的种属特异性，突破了染色体形态证据的局限性，从解剖水平（染色体的结构、成分和功能）上，进一步阐明了植物种及种下变异、物种分化和形成的遗传机理。它是染色体形态水平研究之后的一个新的层次，是进一步从分子水平揭示染色体组成、结构、行为和功能的本质基础，可为从微观水平上识别染色体及其变异提供了更精确的信息。这种信息，对于居群水平上分析染色体的结构变异与物种形成，以及在系统演化中物种亲缘关系，是很有价值的。

2. 核型分析的概念 核型分析（karyotype analysis）就是对核型的各种特征进行定量和定性的表述。

核型和带型反映了物种染色体水平上的表型特征。研究和比较各种物种的核型、带型可以确定物种染色体的整体特征，有助于对物种间科、属、种的亲缘关系进行判断和分析，揭示遗传进化的过程和机制。核型分析也是分析生物染色体数目和结构变异的基本手段之一。在杂种细胞的染色体研究和基因定位、单个染色体识别中，核型分析也具有其独特的作用。总之，核型分析是细胞遗传学、染色体工程、基因定位、细胞分类学、现代进化理论等学科的基本研究方法。

二、核型分析

染色体核型分析至少要具备两方面的信息，即染色体的数目和染色体的形态。

（一）染色体数目

1. 材料 计数染色体，一般多以体细胞染色体数目为准，尤其以萌发的种子材料为宜。在体细胞中，染色体的个体性（指不同物种染色体的差异）易于判断，此外，由于在有丝分裂过程中，染色单体均等分离，因此，在同一个体中，其数目易于保持相对的稳定性。减数分裂时期也可用于染色体计数，例如，蕨类植物以孢子减数分裂时期的染色体为主要计数材料，因为取材和制片都比体细胞更为方便。但是，以减数分裂时期的染色体计数，应特别慎重，尤其是多倍体、杂合体以及发生各种数目和结构变异的类型，染色体的配对情况复杂多变，有时甚至在同一花药的不同母细胞之间，也有极大差异，在价体（指染色体构型变化，如单价体、二价体、三价体、四价体等）的准确分配和统计上存在一定困难，容易出现差错。

2. 统计的细胞数 原则上说，观察和统计的细胞数目越多，其准确性越高，也容易发现变异情况。但是，在许多情况下更要考虑观察的个体数目，才更具有代表性，因为从一个个体和从多个个体所得的结果有时不一定相同。考虑到作物杂交育种的实际情况，有些珍稀个体有限，不可能进行大量的细胞学观察，在全国第一届植物染色体学术讨论会上，与会者一致约定计数染色体数目以 30 个细胞以上，其中 85%以上的细胞具有恒定一致的染色体数目，即可认为是该作物的染色体数目。

3. 多倍体 在观察中，常见到同一个体的制片中含有染色体倍性不同的细胞，如二倍体和四倍体细胞，有时后者所占比例也可能很高。但即便如此，该个体只能以二倍体计数，这是由于材料在药物或低温预处理过程中产生的染色体加倍的现象，是人工诱导加倍的产物。只有该个体恒定地均含有多倍细胞时，才可认为是多倍体。注意，鉴定人工诱导的多倍体时，最好不用当代根尖作为观察的材料，而应该用当代植株的花粉母细胞或第二代的种子根为材料，尤其是对幼苗进行芽处理加倍时更是如此，因为芽加倍后根不一定加倍。

有一些倍性较高而染色体数目较多的植物中，如猕猴桃、甘蔗和许多蕨类植物，不同细胞的染色体数目往往不尽相同，难以观察到比较恒定的整倍性。所以，在文献中常见此类材料往往只记录一个大约的数目，这是由于染色体小而多，难以准确计数或本身易于出现差异之故。如果染色体数目非常邻近某一整倍体数，一般均可认为是该整倍体；而如果染色体变异的幅度很大，则可视为混倍体。对于这类高染色体数的作物，一般只宜分析其染色体数目变异，而不适于作核型分析，一则因为其染色体较小，二则它可能含复杂的多个基因组，难以获得准确而有价值的结论。

不要轻易地根据常规核型分析做出同源和异源多倍体的判断，因为染色体形态上相似并不一定是同源。例如，百合属的卷丹，核型分析可以非常整齐一致地将 36 个染色体排成一个同源三倍体的核型图，过去把它当作同源三倍体。后来经染色体分带后发现，有两个染色体具有同一带型，另一个染色体则具另一种带型，所以，确认它是一个异源三倍体。在苹果属、海棠属、梨属等果树的核型研究中，给它们定什么性质的多倍体，应特别慎重。

4. 非整倍体 某一个体恒定地出现某一同源染色体对中多一个或少一个成员，分别称为三体和单体，多两个或少两个则分别称为四体和缺体。三体和四体可以在二倍体或四倍体中产生，而且能存活。单体和缺体，只在多倍体中可以存活，二倍体中虽可能发生但植株不能存活。这类非整倍体，在染色体工程和基因定位研究中，有重要的应用价值。

在一个物种的群体中，某一个或一些个体与其他个体比较，发现恒定地相差一对或几对非重复的同源染色体时，可能表明该物种中存在有染色体基数的非整倍性变异的个体，这类非整倍体称为异整倍体。这是物种分化或新种产生的标志，也是同属植物中产生多基数的原因。

5. 混倍体 不同个体和不同细胞的染色体数目变异幅度较大，出现整倍和非整倍细胞的一系列变异，即为混倍体。常见于许多长期营养繁殖的植物和组织培养的材料。例如，菊花、桑、甘蔗等，多数情况下表现为混倍体。对于此类材料，一般应分别统计不同染色体数目及其所占的比例。

6. B 染色体 当细胞中多出一个或几个小型染色体时，应考虑是否是 B 染色体（或称为超数染色体）。B 染色体的存在，也是容易导致染色体计数有误的原因。鉴别 B 染色体可根据以下特点判断：

（1）一般均小于常染色体，大者约相当于染色体中最小成员的 1/2 大小，小者仅有一个小随体大小。

（2）在同一个体中，其数目是比较恒定的，而且通常每个细胞中均具着丝粒，主要为具中部和端部着丝粒者。在体细胞分裂过程中均存在，无论其大小如何，均正常传递。这些特征易于与染色体断裂所产生的各种断片相区别。

（3）80％出现在二倍体植物中。

由于 B 染色体的存在不能从植物的外观上加以识别，只能靠细胞学观察和机遇而发现，故一旦发现此类材料，应珍惜和尽可能将其保存，以供科研之用。

7. 性染色体 性染色体主要存在于苔藓植物和种子植物的某些雌雄异株植物中，从染色体数目和形态上看，主要有两种类型：①雌雄异株的染色体数目不等，如酸模（*Rumex acetosa*），雌株为 2A＋XX，雄株为 2A＋XYY，雄株多 1 个 Y 染色体；②雌雄异株染色体数目相同，但形态不同，雌株为 2A＋XX（两个染色体是同形的），雄株为 2A＋XY（Y 与 X 异形），例如，大麻和异株女娄菜等。

（二）染色体的形态和结构

1. 供核型分析的染色体 这里所指的染色体是在光学显微镜下所见到的大体结构，而非指超微或分子水平上的结构。

作为供核型分析用的染色体，最好满足以下基本条件：染色体所处的分裂期应准确可辨、染色体纵向浓缩均匀一致、缢痕显示清晰等。据此，以体细胞有丝分裂中期经低温或药物预处理而相对缩短的染色体为准，最为可信，最少产生误差，最能充分满足上述 3 项要求。

对一些染色体较小的重要作物，如水稻、玉米、番茄等，过去多采用花粉母细胞减数分裂粗线期的染色体作核型分析，尤其是在玉米中应用比较成功，一则是其染色体数目较小；二则是其粗线期染色体上有特异性的染色体结构，易于识别。但也存在着染色体不易分散以及着丝粒不易准确判断等缺点。因此，随着染色体技术水平的提高，现已转向主要以根尖染色体作为核型和带型分析研究的材料。

2. 染色体长度 植物染色体的实际长度（或称绝对长度），指经低温或药物处理后的分裂中期染色体的长度，变异于 1～30 μm。其中裸子植物、百合科、石蒜科、禾本科等多含较大的染色体，而十字花科、葫芦科、猕猴桃科和蔷薇科等的染色体普遍较小。测量染色体的实际长度，一般不在显微镜下测量，以减少误差。而是用放大的图像测量，可按下列公式换算成实际长度。

$$实际长度/\mu m=\frac{放大的染色体长度/mm}{放大倍数}\times 1\ 000$$

实际长度只有在一定条件下才有比较价值，例如，染色体大小差异悬殊的种或属间比较。在多数情况下，它不是一个可靠的比较数值。因此，如果要进行染色体实际长度的比较，则需尽可能选择多个个体以及染色体缩短程度不等的多个细胞测量，取平均值。

根据 Limr-De-Faria 的“染色体场”（chromosome field）的理论，把真核生物的染色体按其长度分为 4 个等级。第一级，小于 1 μm 者，称为微小染色体，其含基因较少，染色体场是发育不全的。第二级，染色体长度在 1～4 μm，称为小染色体。已具有正常的着丝粒和端粒，不过，由于二者的距离太近，其基因调动的自由度太小，相邻基因相互影响，其染色体场是严格的。第三级，染色体长度在 4～12 μm，称为中等大小的染色体，其着丝粒和端粒之间的距离适宜，包含 DNA 序列的所有类型，染色体场处于最适宜条件。第四级，染色体长度在 12 μm 以上，称为大染色体，其着丝粒和端粒的距离太大，基因移动的自由度也大，易于改变位置，染色体场是最不稳定的，可塑的。一般认为，第三级即中等大小的染色体是最适宜基因调控和表达的染色体场。大多数生物具有这种大小的染色体，表明这也是长期选择的结果。染色体太大或太小，对生物的进化都有可能有不利之处。

3. 着丝粒 着丝粒一词，以往也称初级缢痕、主缢痕。它是构成染色体的一个不可缺少的重要结构。一个染色体可以丢失一个臂或两个臂的大部分丢失，例如 B 染色体或端体染色体，它照样可以复制和分裂而增殖，但如果没有着丝粒，便成为一个不能复制或自我繁殖的染色体断片，将会自然消失。

着丝粒在核型分析中起着关键性作用，着丝粒清晰与否直接关系到核型分析的结果的准确性。因此，在核型分析，力求做到每个染色体的着丝粒缢痕清晰，才能获得准确的臂比值以及据此做出的染色体类型的命名。而要做到着丝粒清晰，主要取决于预处理药物的选择和处理时间的掌握。此外，制片时染色体的平展度也很重要，尤其是对小染色体类型，只有在很平整的条件下，着丝粒缢痕才易于清晰显示。

（1）臂比值（r）。染色体被着丝粒分开的两个臂，长的为长臂，短的为短臂。臂比值是染色体长臂与短臂的比值。

（2）着丝粒位置及命名。自开展染色体核型研究以来，细胞学家们采用了多种计算方法去确定着丝粒的位置，并用相应的命名描述染色体的基本形态。例如，中部（median）、近中部（nearly median）、亚中部（submedian）、近亚中部（nearly submedian）、亚端部（subterminal）、近亚端部（nearly subterminal）、端部（terminal）着丝粒染色体等。以上这些着丝粒命名中，只有中部和端部着丝粒位置是固定不变的，而介于这两点之间的中间部分，则各家的命名标准不尽相同，从而产生了各种不同的命名系统。下面仅介绍目前应用最为广泛的两点四区命名系统（Levan 等，1964）。

该系统的命名规则是，在两个固定的 M 和 T 之间，均等的分为 4 个区段，每一区段的范围由臂比值确定，据此确定的着丝粒命名如表 7-4 所示。

表 7-4 着丝粒的位置与命名

命名（简称）	着丝粒位置	臂比
M	正中部着丝粒	1.0
m	中部着丝粒区	1.0～1.7
sm	亚中部着丝粒区	1.7～3.0
st	亚端部着丝粒区	3.0～7.0
t	端部着丝粒区	7.0～∞
T	端部着丝粒	∞

该系统在实际应用中，因为两着丝粒区之间臂比的临界值是重叠的，所以，当臂比值恰好是临界值时，由于个人的理解不同，往往出现采用不同命名的混乱现象。例如，臂比值为 1.7，便有命名为

m或sm染色体的不同处理。鉴于此，在第一届全国植物染色体学术讨论会（1984）上，与会者约定稍加修改，在国内推行，于1985年公布发表，见表7-5。

表7-5　修改后的着丝粒的位置与命名

命名（简称）	着丝粒位置	臂比
M	正中部着丝粒	1.00
m	中部着丝粒区	1.01～1.70
sm	亚中部着丝粒区	1.71～3.00
st	亚端部着丝粒区	3.01～7.00
t	端部着丝粒区	7.01～∞
T	端部着丝粒	∞

（3）臂数。臂数（number fundamental），即基本的臂数。在早期，人们把具中部或亚中部着丝粒的染色体称为具两臂的V形染色体，而把具近端和端部着丝粒的染色体称为只具一个完整臂的J或I形染色体，以此来统计核型的总臂数。有些植物中，例如石蒜属的各个种，不管染色体数变化多大，其总臂数总是恒定的，即一个V形染色体可以变为两个J形染色体，反之亦然。此现象称之为罗伯逊变化（Robertson change）。它是某些植物产生基数增加或减少的重要机制。这类植物染色体数目的改变，用统计臂指数较易说明问题的实质。

4. 关于次缢痕、核仁组成区（NOR）**和随体**（SAT）　在染色体核型分析中，次缢痕（或NOR）和随体的识别和判断是非常重要的，因为它们的数目、分布和大小差异，常成为区分某些近缘种或属的主要核型特征。例如，葱、洋葱和蒜，三者的染色体数目和基本形态都相近似，但随体的数目和大小则明显不同，很容易区分。其他如松属（*Pinus*）、百合属（*Lilium*）和贝母属（*Fritillaria*）等，属内种间的核型差异亦如此。

但是，次缢痕和随体的识别和判断往往比着丝粒困难得多，变异也更大，成为核型分析中的难点。下面就将李懋学先生对于这方面的一些观点介绍给大家，以供参考。

（1）次缢痕。在一些植物中，尤其是在具大染色体的植物中，每个细胞的染色体中至少有一对同源染色体除着丝粒（主缢痕）外，还有另一个收缩的部分，即次缢痕（secondary constriction）。估计有很多植物是没有次缢痕的。首先碰到的一个难点是，在一个染色体上怎样区分主缢痕和次缢痕。以下几方面的特征可供识别参考：

次缢痕主要位于染色体的短臂上。根据Lima-De-Faria（1980）对189种生物染色体中次缢痕的分布的统计，位于短臂者占90.5%，只有9.5%位于长臂或中部。

在制片过程中，次缢痕比着丝粒更容易产生人为的分离。

在有丝分裂的中、后期，着丝粒区由于有纺锤丝的牵引，所以染色体容易在着丝粒区弯曲，在次缢痕处则不然。

在有丝分裂的晚前期或早中期，次缢痕区通常显示出贴附于核仁的表面。

用Ag-NOR染色法，可显示其特异的染色——棕或黑色。

此外，曾在少数动、植物中观察到有些次缢痕区并不具备以上后两点特性，其缢痕也不像正常的缢痕区那样明显。为了区分，Schulz-Schaeffer（1961）曾提议将其命名为第三缢痕（tertiary constriction）。

（2）核仁组织区。顾名思义，核仁组织区或称核仁组织者，即细胞中某一对或几对染色体上负责组织核仁的区域，它含有rDNA基因，能合成rRNA。其实，在植物中，前述的次缢痕区即核仁组织区，二者几乎可作为同义词，只是在使用上往往有差别。通常，在对核仁作一般形态结构描述时（例如核型分析时），用次缢痕一词。而在讨论其功能时，常用核仁组织区。Ag-NOR染色法可以作为NOR定性和定位的优良方法。但需特别强调的是，现已查明，许多植物的染色体中有NOR，但并不在次缢痕区。因此，NOR 并不一定在次缢痕区。

（3）随体。随体（satellite）一词，最早由俄国著名的细胞学家 Navashin（1912）所命名，指的是在少数染色体的臂的末端可见到有小而圆球状的附属物，宛如染色体的小卫星，故命名为卫星（satellite），中文译名为随体。

通常，次缢痕区至染色体的末端部分，称为随体。具随体的染色体称为 SAT-染色体。按照现有的概念，随体有大有小。大者和臂的直径相等，但长短不一，例如蚕豆、大麦和小麦的随体，这类随体称为衔接随体或连接随体。小者如小圆球或甚至难以辨认，如洋葱、玉米和牡丹的随体。随体的分布，正如在次缢痕中所述，90.5%位于染色体的短臂上。还有少数植物，例如豌豆、郁金香和芦荟等植物，随体位于长臂上。也有少数植物染色体上的次缢痕是位于染色体的中部和近中部，与着丝粒相邻，中间由一小断片物所隔，由次缢痕区至端粒的臂很长。在这种结构中，哪一部分为随体呢？有两种不同的意见，一种意见认为，从位置上来说，次缢痕区至端粒部分，不论其长短如何，应该通称其为随体或衔接随体，即所谓的具小体-连接丝-大随体结构的染色体；另一种意见则认为，从结构和起源上来说，着丝粒和次缢痕之间的小体或片段，应是随体，可叫作中部随体。从结构上来说，经 Giemsa 分带以及 Ag-NOR 染色均已证明，它和端部随体的反应完全一致。从起源上来说，认为这是端部随体连同其相接的臂发生臂内倒位而衍生而来。具这类随体的植物有百合、大蒜和黄芪等。

根据现代用分带技术和 Ag-NOR 染色技术研究的结果，李懋学等认为随体的现今命名是模糊不清的和不科学的，急需重新命名。实际上，凡是横向直径小于其染色体臂而呈圆球状的随体，均为 Ag-NOR 染色法全部深染，说明它们是真正的 NOR，或称端部 NOR，而不应称之为随体。如大葱、洋葱、大蒜、牡丹等均是。具衔接随体则不然，其随体部分无论是 C 带和 N 带还是 Ag-NOR 染色研究，它们既不分带，也不为 Ag-NOR 染色，与上述的随体性质完全不同。而相反，它的次缢痕区，无论 C 带、N 带，还是 Ag-NOR 染色，均与上述的小型随体反应相同，为 NOR。鉴于两种随体形态及组成成分完全不同，李懋学等指出，应把小型而多呈圆球状的随体改称为 NOR，而只把衔接或连续随体称为随体。这样一来，植物界具真正随体的，只是极少数一部分植物，而绝大部分植物不具随体，而是具端部 NOR。因为 NOR 位于端部，它们的染色体上也就不存在次缢痕了。但是，为了顾及现有状况和引用资料方便，在本书中，描述各种作物的核型特征时，暂时仍沿用随体一词表述端部 NOR。

在核型研究中，NOR（或随体）存在着广泛的变异，种间如此，种内也存在。对这些变异的准确观察、分析和理解，成为核型研究中的一大难点。概括起来有以下特点：

①在一个真核生物细胞的染色体中，至少有一对染色体具有 NOR，没有 NOR 的细胞不能存活。有些染色体的端部 NOR 很小，染色体稍加缩短便难以分辨。因此，不能轻易做出某种植物染色体中没有随体的结论。

②NOR 为核仁组织者，一个 NOR 可以组成一个核仁，但实际上，核仁数与 NOR 并不是完全相符的。通常，核仁数目小于 NOR 数，这是由于核仁易发生不同等级的融合。当以核仁数目的多少作为判断染色体是否已加倍的指标时，要注意以上特点。

③NOR 的数目多少与植物种间的倍性高低没有相关性。同为二倍体，蚕豆具 2 个，豌豆具 4 个，兰州百合具 6 个，大花延龄草具 8 个。在种内，同源多倍化后，NOR 数目也加倍，呈正相关。但在种间杂种或异源多倍体中，则会出现两种情况，一种是杂种的 NOR 数目等于两个亲本 NOR 数目之和。在洋葱和葱杂交种以及百合的杂交种中均见到过。但更多情况下是杂种 NOR 数与两亲本 NOR 数之和不符。例如，小麦与黑麦的各种杂交组合的后代，黑麦的 NOR 均受到抑制，而只有小麦的 NOR 呈显性。因此，在作杂种的细胞学检查时，不能简单地以 NOR 或核仁数目的多少来判断杂交是否成功。

④NOR 的多态性（polymorphism）。在农作物中，同一作物的不同品种或同一品种中的不同个体之间，NOR 的数目和分布位置往往不同。其中，尤以无性繁殖的作物品种间出现的频率较高。如

大蒜，正常者应具 4 个 NOR，但也经常可见到只有 2～3 个 NOR 的蒜头。这种多态性，有时表现为一个品种的细胞学特征，有时只表现出其变异的多样性和不稳定性，与品种特征没有必然联系。在自然界，由于自然选择的结果，NOR 的多态性有时与居群的地理分布有关，成为“地理宗”，有的可稳定地构成一个新的“细胞型”。

⑤NOR 的杂合性（heterozygosity）。这是指同源染色体上 NOR 的位置不同或大小不同的现象。杂合性往往反映出其杂种性质，一般在无性繁殖的作物中易发现此类现象。

⑥NOR 联合（NOR-association），以往也称随体联合。这种现象主要发生在具端部 NOR 的细胞中，在具衔接随体的 NOR 的细胞中则罕见。在有丝分裂或减数分裂时，同源染色体上的 NOR 易于粘连在一起而不分离，其结果便会出现一个同源染色体的 NOR 增大，另一个则丢失。这也是产生 NOR 多态性的机制之一。

⑦NOR 转位（transposition）。NOR 可通过易位或移位到其他非同源染色体上去。

综上所述，NOR（或随体）是核型中最多变的结构，但是，这些变异在遗传学上和进化中的意义，还有待进一步探索。

（三）关于模式核型应分析的细胞数

所谓模式核型，意即从多数细胞分析所得的平均核型，它具有代表一个物种或一个品种或一个居群的植物的核型。因此，应分析一定量的细胞，按照第一届植物染色体学术讨论会约定标准，至少应分析 5 个细胞，并求出各项参数的平均值，根据 5 个细胞的平均值，作为模式核型的参数以及绘制核型模式图。

特别值得一提的是，核型分析和计数染色体数目的要求是不同的，后者要求统计尽可能多的细胞，而前者则不尽然。核型分析要求更准确。所谓准确性，包含有两方面的含义：其一是要求制片的质量高，染色体和结构清晰，以这种细胞进行的核型分析，即便数量较少，其准确性也高。反之，染色体和结构不清，即使分析的细胞数很多，所得出的模式核型也不准确。其二是在核型分析中，同样也强调分析的个体数和材料的代表性，要求 5 个细胞来源于 5 个不同的个体。

同时，在对 5 个细胞的各种参数求平均值时，切记先以一个最清晰的细胞的染色体为标准，其他细胞依次对号入座。在对号入座时，主要以臂比值为参数，长度参数放第二位，当长度与臂比值有矛盾时，以臂比值为准。常常发现一些核型资料提供的模式参数和核型模式图，与所提供的模式照片的实际情况相差甚远，甚至染色体类型也不大相同。究其原因主要是只依据长度排序平均的结果。较准确的核型参数应该是与模式照片基本相符的。

此外，对每一个细胞所测量的核型原始资料的处理，也是一个不容忽视的问题。在做模式核型之前应认真仔细地比较每个细胞的核型资料，确认各细胞的核型结构没有明显差异时，可算其平均值，作为模式核型。而如果有某个体细胞的核型有明显的结构变异，则宜单独列出和加以必要的说明，而不能将其与其他没有变异的核型平均，因为，这样一来不仅掩盖了变异，其模式核型也不准确了。有时发现一些人提供的核型模式图与染色体模式照片不符甚至相差甚远，可能此乃原因之一。

（四）基数和倍性

染色体基数（basic number），通常以字母 x 表示，含有倍性之意。但植物配子体的染色体数目，通常以字母 n 表示，也含有倍性之意。那么两者有什么样的关系呢？

简言之，n 用于个体发育的范畴，而 x 则用于系统发育的范畴，二者可能有联系但更有差别。在植物个体发育的世代交替中，配子体世代为 n，即单倍体，孢子体世代称为 $2n$，即二倍体。它与植物的真实倍性的高低无关。例如，通常把各种植物的花药培养都称为单倍体培养，而把它们的体细胞称为二倍体。x 则不然，它所表示的是某些植物在系统发育中的倍性，即物种演化中的倍性关系。以小麦属（*Triticum*）为例，一粒系小麦的染色体数目为 $2n=14$，二粒系小麦为 $2n=28$，普通小麦为

$2n=42$，其染色体数目表现出后二者约为前者的整倍数，组成一个多倍体系列，这反映了它们在系统发育中的亲缘关系。从这些染色体数目中，可以发现它们有一个共同的最小公约数 7，而 7 正好是一粒系小麦的配子体染色体数目，因而，7 就是小麦属的染色体基数 x。对一粒系小麦而言，n 和 x 相等，$2n=2x=14$，为二倍体；二粒系小麦则可写成 $2n=4x=28$，为四倍体；普通小麦则为 $2n=6x=42$，为六倍体。$2n$ 只表示体细胞的含义，而 x 才表示真正的倍性。上例说明，通常在整倍多倍体系列的属（甚至科）中，就把含染色体数目最少的种的配子体染色体数目作为该属的染色体基数。但如果这个属的基数的数值仍较大，如甘蔗属，现有种的最少的染色体数目 $2n=40$，$x=20$。这些基数都太大，因为根据现今全世界绝大多数研究植物系统与进化的生物学家的意见，认为被子植物的原始基数可能是 7，因此，凡 $x>13$ 的物种，都可能是古多倍体起源的。

关于次生基数 x_2，这是指含两个不同基数的物种杂交并二倍化后形成的双二倍体的染色体基数，它不是任一亲本基数的整倍数，而是一个新组合的基数。此外，对于多基数的属或种而言，一旦确定其原始基数之后，其他基数则称为衍生基数。

（五）核型的表述格式

1. 染色体编号 文献中记载的染色体编号规则，有不同类型，目前应用最广泛的是一律按染色体总长度由长至短顺序排列。如果两对染色体长度相等，则按短臂长度排列，长者在前短者在后。另一规则是按短臂长度编号，也是长者在前短者在后，这种排列主要用于大部分是由 st 型染色体组成的核型中，例如蚕豆和百合等。除非为了与前人的同样排法便于比较外，现已很少有人采用此类规则。还有一种便是分组编号，例如人类染色体的编号，也有极少人在植物中采用。但由于染色体长度往往是连续变异者居大多数，分组的界线并不易确定，所以一般不可取。只有一类核型例外，那就是一个细胞中的染色体可以明显分为长短两群的所谓二型核型（bimodal karyotype），例如中国水仙、芦荟、玉簪花等，长染色体群按 L_1、L_2、L_3 等编号，短染色体按 S_1、S_2、S_3 等编号。

此外，像普通小麦那样的异源多倍体，其亲本的染色体组清楚，并做过相应的核型分析，是根据其亲本的染色体组分别排列的。例如普通小麦，按 $A_1 \sim A_7$、$B_1 \sim B_7$ 以及 $D_1 \sim D_7$ 编号，而不是全部 21 对染色体统一排序编号。

关于具随体或 NOR 的染色体，可将其单独排在最后。多数人仍是按其长短与其他染色体统一排序编号。性染色体和 B 染色体则通常单独排在最后。如果核型中出现杂合性明显的同源对，则应分别测量每一成员的臂长和臂比值，分别列入参数表中和绘制模式图。编号则一般以最长的成员为准，并附加说明。遇到这种情况千万别以二者的平均值为准列入参数表和绘制模式图，以免掩盖变异而得出错误结论。

2. 参数表 核型分析中各项测定的平均数值，通常都列表报道，内容主要包括下述各项。

（1）染色体序号。通用阿拉伯数字。

（2）染色体长度。分为绝对长度（μm）和相对长度（%），应详细列出长臂长度、短臂长度和染色体全长的数值。不同研究人员对染色体长度内容的取舍也不尽相同，主要有 3 种方式：第一种方式是详细列出相对长度值，绝对长度值则只列染色体全长数值，也可简化成在表下注明或在文字描述中说明染色体的变异范围；第二种方式则相反，详细列出绝对长度数值，而相对长度只列出染色体全长的数值；第三种是二者全部列出详细的平均数值。3 种方式中以第一种方式应用最广泛。此外，随体的长度是否计算，需视随体的大小而定，小随体的长度可以不计，大随体一般应计算长度。无论计算与否，均需在表下加以说明。具随体（或次缢痕）的染色体，在表格中通常以星号“*”标记，以便识别。

（3）臂比值。

（4）染色体类型或着丝粒位置。应准确按照命名字母填写。

此外，相对长度和臂比值一律取小数点后两位数，见表 7-6。

表 7-6　薏苡的核型分析参数表

染色体编号	相对长度			臂比值 $\bar{x}\pm s_x$	染色体类型
	长臂 $\bar{x}\pm s_x$	短臂 $\bar{x}\pm s_x$	全长 $\bar{x}\pm s_x$		
1	5.17±0.35	4.70±0.11	9.87±0.45	1.10±0.03	M*
2	6.01±0.50	4.56±0.28	10.57±0.60	1.32±0.18	m
3	5.48±0.21	4.93±0.33	10.41±0.54	1.11±0.05	m
4	5.49±0.n	4.84±0.15	10.33±0.65	1.13±0.09	m
5	5.55±0.44	4.71±0.11	10.26±0.55	1.18+0.06	m
6	5.48±0.08	4.46±0.13	9.94±0.66	1.23±0.04	m
7	5.02±0.04	4.69±0.25	9.71±0.57	1.07±0.02	m
8	5.68±0.03	3.37±0.77	9.41±0.89	1.52±0.06	m
9	5.17±0.25	4.11±0.21	9.28±0.65	1.26±0.11	m
10	6.14±0.06	3.13±0.36	9.27±0.32	1.96±0.14	sm

注：* 表示包括随体长度。

3. 模式照片　一般每种材料最好能附一张质量较高的分裂中期染色体的完整照片，一则能给人以真实感，二则也便于他人评定核型分析的准确度。照片应注明其放大倍数，但最好是直接在照片上标出一个以微米为长度单位的标尺，便于目测出染色体的实际大小。其操作方法是：将在目镜中装入测微尺测出和照片相符的同一模式细胞中的一个平直的染色体的长度，与照片上的同一染色体核实，然后，实测照片上该染色体长度（换算成 μm），再换入下式计算：

染色体实际长度∶照片上该染色体长度＝5 μm∶x

所求得的 x 值，即示应在照片上绘出的标尺长度，并注明其长度相当于 5 μm。

4. 核型图　核型图（karyogram）一般是将与模式照片同一细胞的染色体逐个剪下，参照染色体长度和臂比值，进行同源染色体“配对”，然后，按表格中的染色体序号顺序排列于模式照片的下方或右方，并在每对染色体下方编上序号（图 7-2）。

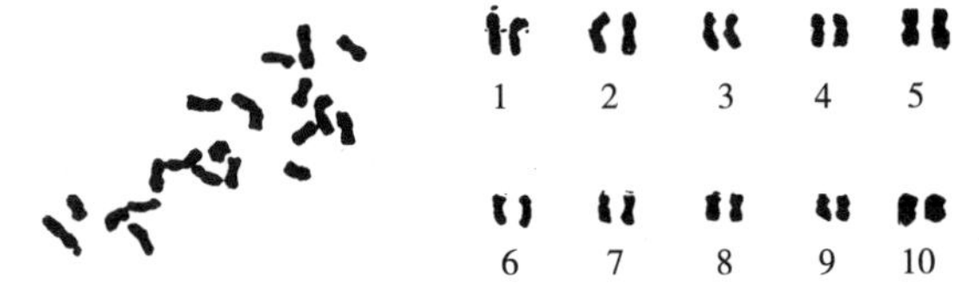

图 7-2　薏苡根尖细胞的染色体及核型图

5. 核型模式图　以上述核型分析表中所列各染色体的长度平均值绘制核型模式图，二者应完全相符，如图 7-3 所示。

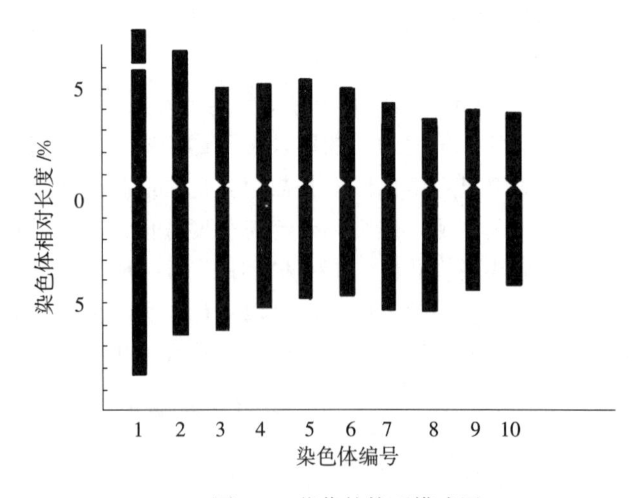

图 7-3　薏苡的核型模式图

6. 核型公式 综合核型分析的结果，将核型的主要特征以公式表示。公式简明扼要，又便于记忆和进行比较，其书写格式如下例：

芍药 *Paeonia lactiflora*

$$2n=2x=10=6\ m+2\ sm+2\ st(SAT)$$

7. 核型分类 Levitzky（1931）最先根据他对毛茛科翠雀族（Helleboreae）的核型研究，提出了核型对称与不对称的概念。所谓对称性核型，指的是细胞中所有染色体大小相近，而且都具有中部或近中部着丝粒。反之，染色体大小的差异加大，或者染色体的臂比值增大，出现 st 或 t（st 表示亚端部着丝粒区，t 表示端部着丝粒区）型染色体，核型便逐渐变为不对称。Stebbins（1950、1971）将这一概念加以丰富和发展，参照生物界现有的核型资料，根据核型中染色体的长度比和臂比两项主要特征，用以区分核型的对称和不对称程度，并将其分为 12 种类型，如表 7-7 中 1A 为最对称的核型，4C 为最不对称的核型。

表 7-7 按对称到不对称的核型分类

（引自 Stebbins，1971）

最长/最短	臂比大于 2 的染色体所占的比例			
	0.0	0.01～0.50	0.50～0.99	1.00
<2	1A	2A	3A	4A
2～4	1B	2B	3B	4B
>4	1C	2C	3C	4C

Stebbins 认为，在植物界，核型进化的基本趋势是由对称向不对称发展的，系统演化上处于比较古老或原始的植物，大多具有较对称的核型，而不对称的核型则常见于衍生或进化程度较高的植物中。但是，在具体应用这一学说时，应取慎重的态度，不能生搬硬套，因为生物进化策略是多样的。现已知某些科、属内，核型的进化表现为由不对称到对称，或者两个相反的过程均存在。

（六）关于小染色体的植物核型分析

所谓小染色体，是指其长度在 2 μm 以下而又不易分辨着丝粒的染色体。植物界具此类染色体的种类很多，有的整个属甚至整个科均属于此类。以往，这类植物所提供的唯一细胞学信息就是染色体数目。为了扩大核型研究的范围，使这类植物可提供比单一的数目更多一些有用的核型信息，可考虑从以下几个方面进行核型分析和比较：①染色体数目；②具随体染色体的数目（如可见的话）；③每对染色体的相对长度值；④最长与最短染色体的长度比；⑤如含有大小差别明显的染色体，可分大小群分别统计其数量和长度，以及各自所占染色体全组总长的百分比。

（七）带型

染色体分带是 20 世纪 70 年代发展起来的一项细胞学新技术，自 1979 年以来，分带技术得到了改进，并利用其对小麦、黑麦、大麦、野大麦、水稻和玉米等重要作物及银杏等特产植物的染色体核型进行了更精确的分析，为从分子水平研究植物染色体的结构、功能、行为以及染色体上的基因定位提供了一种新的技术手段。

植物染色体分带，常用的主要有两大类，即荧光分带和 Giemsa 分带。荧光分带要用荧光染料处理染色体，分带为荧光带，要用荧光显微镜观察。如 Q 带用阿的平处理。荧光分带在国内应用较少。Giemsa 分带则包括 C 带、N 带、G 带等，应用最为广泛。近年来，陈瑞阳等改进分带技术，首次在百合、松、吊兰等多种植物中显示出高分辨的 G 带，带纹也比 C 带丰富，分布于染色体整个纵长轴上。但是，有关植物染色体 G 带尚不像人类染色体那样有正式的命名系统，因此，根据第一届全国植物染色体学术讨论会上商定的结果，以下是C带带型和带型分析。

1. C带的类型 植物染色体C带，根据其分布位置，主要有以下5种类型：

（1）着丝粒带（centromeric band），即着丝粒区的带。

（2）中间带（intercalary band），即分布于染色体两臂上的带。

（3）末端带（telomere band），即位于染色体两臂末端的带。

（4）次缢痕带（secondary constriction band），即位于次缢痕区或核仁组织区的带。用N带分带技术，通常绝大多数植物仅此区域分带，称为NOR带或称N带。但当用C带技术显示时，不称N带，以免相混，而称次缢痕带。

（5）随体带（satellite band）即随体分带。这里需要加以说明的是，以往所说的随体带，实际上是端部NOR分带。像蚕豆、大麦和小麦等具有衔接随体的染色体，也只是NOR分带而随体并不分带。因此，不存在真正的随体带，以后应废止此带名。

2. 分带的模式照片 一般应贴一张该分带植物的分带清晰而染色体完整的模式照片。

3. 带型图 与一般核型图要求相同，即最好是以该植物模式照片上分带的染色体剪下排成带型图。如果模式照片不完全或不理想，也可不附模式照片，但带型图则是必需的。

4. 带型模式图 先绘制核型模式图，然后在其上标示带纹。一般以横的实线标示带纹的位置和大小，用虚线表示多态带或不稳定的带纹。模式图一般以提供的模式照片或带型图上的带纹表示，不要求一定数量的细胞统计。同一个体的不同细胞间出现的带纹差异，可作为不稳定带处理。如果有杂合带存在，则应把杂合的同源染色体的带纹同时绘出。

5. 带型公式 以一定的符号表示带纹的类型和分布，则可将带纹以简明的公式表示。上述5种类型的带纹，均分别以其英文大写字头表示，即C、I、T、N、S。

例如，为表示中间和末端带在染色体上的分布可用“+”表示。如果带只分布在短臂上，则标在字母的右上角标“+”号（I^+T^+）；如带只分布在长臂上，则在字母的右下角标“+”号（I_+T_+）；如长短臂上都有带，则不标明“+”号。

同类型的染色体数目，以符号前的数字表示，不分带的染色体则只以数字表示。

例如，黑麦C带的带型公式可以写成：

$$2n=14=2CT+2CI+2T+6CI_+T+2CI_+FS(或N)$$

6. 描述和统计 除带型图和模式图不能标示或需文字说明者外，应尽量避免对染色体的烦琐描述。因为，它只不过是图照的简单重复而已。带纹通常要进行数量的统计，大致包括：①整个细胞所分带纹的总数和总长度；②不同类型的带纹和长度占整个细胞带纹总数和总长度的百分比；③某一特殊染色体带纹数和总长度占整个细胞带纹总数和总长度的百分比；④整个细胞总带纹长度占所有染色体总长度的百分比。

以上的定量统计，对于区分种间带纹的差异以及探讨异染色质与物种演化的关系，都是很有价值的。

三、染色体图像分析

在获得较好的中期分裂相后应及时固定封片并进行显微摄影，显微摄影所得的染色体图像是进行核型分析的主要依据。目前常用的染色体图像分析方法包括传统人工染色体图像分析法和核型分析软件辅助分析法。

（一）传统人工染色体图像分析方法

传统人工染色体图像分析方法首先要求获得染色体照片，然后人工进行配对和测量，记录长短臂数据，并最终整理得出各项核型参数和核型公式。传统人工染色体图像分析方法主要包括以下步骤：

(1) 用普通胶卷照相机对染色体显微照相。
(2) 暗袋内缠卷，暗盒内显影、停影、定影。
(3) 自来水冲洗胶卷，晾干。
(4) 暗室内用放大机曝光、显影、停影、定影。
(5) 自来水冲洗照片，上光机烤干。
(6) 人工用剪刀将染色体一个一个剪开。
(7) 染色体人工配对。
(8) 用圆规和直尺人工测量染色体的长短臂并记录。
(9) 根据测量结果对染色体的配对和排列进行调整。
(10) 将配对的染色体粘贴于图版上。
(11) 在每对染色体下面粘贴数字。
(12) 模式照片标尺的测量和粘贴。
(13) 数据整理和计算，计算出各项参数及核型公式（工作量大）。
(14) 根据计算结果绘制核型分析数据表。

（二）软件辅助染色体图像分析方法

传统的染色体核型分析完全由人工完成，工作非常烦琐，对染色体的分类完全是定性的，很难获得精确定量的数据，耗费大量人力和时间，效率低，还要求分析人员有丰富的经验和较强的专业知识。不同的研究者利用传统染色体图像分析方法所得的数据往往也会存在较大的差异。

染色体图像自动分析是每个细胞遗传学工作者都梦寐以求的。随着科学技术的快速发展，现在已有大批的相关软件问世，并组合先进的研究级显微镜和计算机工作站，形成了独立的染色体分析系统。从 20 世纪 60 年代就开始了染色体的自动分辨与识别的研究，目前国内外都已开发出不同版本的染色体自动化系统软件。染色体图像自动分析主要是借助于计算机、应用工程学（模式识别、图像处理）、统计学、数学和计算机科学等多门学科技术，对由光学显微镜输入的染色体图像做定量计算与分析，然后对染色体进行分类，并配对输出核型图。由于染色体图像分析专业性很强，单纯依靠软件很难得到满意的结果，因此即便利用专业分析软件也需要专业人员配合完成，故只能称为软件辅助染色体图像分析方法。下面以 Video TesT-Karyo 3.1 软件为例介绍软件辅助染色体图像分析方法。

1. 系统的软硬件平台

(1) 硬件平台。Pentium Ⅲ-700 以上处理器；128 Mb 以上内存，50 Mb 以上自由硬盘空间；43.18 cm (17 in) 以上 16 bit 显示器，可支持 1 024×768 以上分辨率；USB 接口；光驱；研究级显微镜（如 OLYMPUS BX51）；高分辨率 CCD（如 DP71）；激光打印机等。

(2) 软件平台。Microsoft Windows 98/2000/XP 以上操作系统。

2. 系统工作流程和功能模块

(1) 染色体图像获取。染色体图像的获取方式主要通过显微镜配套 CCD 和扫描仪输入。染色体制片在显微镜下经放大聚焦后，通过 CCD 获取图像并存入计算机；经显微摄影所得到的染色体照片，通过扫描仪输入计算机。

(2) 中期分裂相。软件中期分裂相模块的主要功能包括补充染色体、选区裁切、去除杂质、亮度/对比度调整、锐化、彩图转灰度图、负片和计数。

补充染色体功能是针对染色体制片中染色体不能很好地分布于同一平面而设计的，然后通过阈值的调整去除杂质并得到清晰的染色体图像。

(3) 分析。软件中的分析模块的主要功能包括染色体检测、添加/删除轮廓、着丝粒/中线确定、剪刀工具、染色体交叉分割、对比度调整、手动分类和染色体/模式图对比功能。

这一模块中最关键的步骤为着丝粒/中线的确定和染色体交叉的分割。着丝粒/中线的确定直接影响各项核型参数。染色体交叉是染色体制片中很难避免的，尤其在染色体数目较多的物种的制片中更为常见。

（4）核型图。软件中核型图模块的主要功能包括镜像染色体、拉直染色体、染色体分类、标准模式图、插入模式图和显示模式图。

在染色体制片中，许多染色体是自然弯曲的，在确定中线后软件可根据中线长度对染色体拉直，这样可以更直观地对染色体进行观察、比较和分类。

（5）结果。结果模块主要功能为打印、保存和存入数据库。

（6）数据库。数据库模块可方便地进行核型的比较和分析。

通过染色体核型分析软件完成染色体配对和测量后，所得数据可以整理得出染色体核型公式和各项核型参数，目前也开发出了相关软件可以快速完成数据的整理并输出标准的核型分析结果。南开大学染色体实验室设计的 NK-Karyotype 3.0 核型分析计算软件在输入相关原始数据后就可以计算并直接输出核型分析数据表。

目前的染色体分析软件都需要人工干预来完成任务。染色体核型配对的准确性与制备的染色体制片和 CCD 得到的中期染色体图片的质量有关。对于分散良好、长度适中、带型清晰、背景均一清楚、无交叉折叠扭曲的染色体，分类准确率可以接近百分之百。相反，对于质量不太好的染色体图像，则必须依靠专业人员的经验，通过人机交互的方式进行染色体配对和校正。因此，制备染色体分散良好而着丝粒清晰的染色体制片，仍是最重要的基础工作。

复习思考题

1. 植物染色体常规压片包括哪些方法？请写出两种方法的操作程序，并说明其优缺点。
2. 什么叫染色体分带？分带有哪些类型？
3. 植物染色体银染色技术的原理是什么？
3. 简要说明 Ag-NOR 染色技术在细胞遗传学中的应用。
4. 简述植物染色体核型的概念。
5. 核型分析主要包括哪几个层次的内容？
6. 核型分析的表述格式是什么？

第八章 原位杂交

原位杂交（*in situ* hybridization，ISH），也称杂交组织化学或细胞学的杂交，是一种能够从形态学上证明特异性的DNA或RNA序列存在于制备的个别细胞、组织部分、单细胞或染色体中的技术。原位杂交是研究异质细胞群中DNA和RNA序列定位的唯一方法。近年来，随着原位杂交技术的发展和方法的不断改进和完善，出现了一些新的原位杂交技术。

荧光原位杂交（fluorescence *in situ* hybridization，FISH）创建于20世纪80年代，是细胞遗传学和分子生物学相结合的染色体分析方法，具有准确直观等优点。之后产生的多色荧光原位杂交（MFISH）可使多条染色体显示不同颜色以检测多种变异，进行分裂中期和间期染色体分析，精确测定罕见事件发生率，区分双体、二倍体、缺体和未杂交精子，分辨物种的全套核型等，从而具有更强大的生命力。随着分析的高度自动化，其过程将更加简便，成为精确分析先天或后天染色体数目和结构异常的重要手段。

荧光原位杂交技术的应用极大地推动了基因定位技术的发展。但是，由于该技术受到染色体结构的制约，分辨率仅能达到100 kb，在此技术的基础上建立的DNA纤维上的荧光原位杂交（fiber-FISH）的分辨率则能达到数千个碱基对，利用这一技术，可以快速判断探针位置、方向以及多个探针间的相互位置、物理距离和重叠程度，从而更精确地进行基因定位。此外还有基因组原位杂交（genomic *in situ* hybridization，GISH）等。

随着原位杂交技术的不断改进和发展，它已成为植物遗传学、育种学、进化学和发育生物学等学科的重要研究方法。

第一节 原位杂交的基本原理

根据DNA分子双螺旋结构学说，DNA分子由两条反向平行的多脱氧核苷酸链组成，两条链围绕一个共同的轴心，以右手方向盘绕成双螺旋构型。磷酸和脱氧核糖间隔相连，位于螺旋的外侧，构成螺旋的主链。碱基则位于螺旋的内侧。两条链上的碱基必须是腺嘌呤（A）与胸腺嘧啶（T）、鸟嘌呤（G）与胞嘧啶（C）配对。A与T之间以2个氢键连接，而G与C之间以3个氢键连接。有少数DNA分子是左手双螺旋构型。DNA这一线性的高分子化合物靠一些非共价键折叠形成三维空间构象。这些共价键都是比较弱的共价键，键能较低，很容易在外力作用下断裂，导致空间结构被破坏，使有规则结构的DNA变成不规则的线团，这个过程称为DNA的变性。DNA变性时，连接双链的氢键也发生断裂，因此，变性的DNA是单链的。加热至近100 ℃，或pH过高（$pH>10$）、过低（$pH<3$），以及某些化学试剂（如乙酸、尿素和酰胺等）都可引起DNA变性。

根据DNA变性的程度与温度的关系，可绘制熔解曲线。变性的DNA达到总量1/2时的温度称为熔解温度（T_m）。T_m值受溶液中离子的种类、离子强度、DNA中碱基组成的均一性以及GC碱基对含量等因素的影响。

变性的DNA在一定条件下可恢复成原来的结构，这一过程称为复性，又称退火。复性后两条单链又重新按照碱基互补的原则结合起来，形成双螺旋结构。两条DNA单链之间能否复性，并不取决于这两条单链是否同源，而取决于它们的碱基顺序是否互补。如果两条来源不同的DNA单链具有互补的碱基顺序，也同样可以复性，形成一个杂交体，这个过程即杂交，或称分子杂交。

RNA 的化学组成与 DNA 相似，也有碱基、戊糖和磷酸 3 种成分。所不同的是戊糖为核糖，碱基中以尿嘧啶（U）代替了胸腺嘧啶（T），其他 3 种碱基与 DNA 分子的相同。分子杂交不仅可发生在两条单链 DNA 之间，而且也可发生在具有互补碱基的 DNA 和 RNA 片段之间，或 RNA 与 RNA 片段之间。

原位杂交的基本原理是，含有互补顺序的标记 DNA 或 RNA 片段，即探针，在适宜的条件下与细胞内的 DNA 或 RNA 形成稳定的杂交体。无论是 DNA 还是 RNA 探针均能用于定位 DNA 和 mRNA，并且均能用于两个主要类型的标记策略，即直接标记和间接标记。直接标记主要用放射性同位素、荧光及某些酶标记的探针与靶核酸进行杂交，杂交后分别通过放射自显影、荧光显微镜或成色酶促反应直接显示。间接法一般用半抗原标记探针，最后通过放射免疫组织化学对半抗原定位，间接地显示探针与靶核酸形成的杂交体。

原位杂交技术是从 Southern 和 Northern 杂交技术衍生而来的。Southern 杂交是进行基因组 DNA 特定序列定位的方法。一般利用琼脂糖凝胶电泳分离经限制性核酸内切酶消化的 DNA 片段，将凝胶上的 DNA 变性并在原位将单链 DNA 片段转移至尼龙膜或其他固相支持物上，经干烤或者紫外线照射固定，再与相对应结构的标记探针进行杂交，用放射自显影或酶反应显色，从而检测特定 DNA 分子的含量。Northern 杂交是一种将 RNA 从琼脂糖凝胶中转印到硝酸纤维素膜上的方法。由于 RNA 印迹技术正好与 DNA 的相对应，故称为 Northern 杂交。此法是将 RNA 分子在变性琼脂糖凝胶中分离，随后将 RNA 转移至硝酸纤维素膜上，用放射性标记的探针进行 DNA-RNA 杂交，是研究 RNA（特别是 mRNA）的主要方法之一，可测量 RNA 的含量和大小。

原位杂交可以分为染色体原位杂交和 RNA 原位杂交。染色体原位杂交是用标记的 DNA 或寡核苷酸等探针来确定目标基因在染色体上的位置。RNA 原位杂交是用标记的双链 DNA 或单链的反义 RNA 探针，对组织切片或装片的不同细胞中基因表达产物 mRNA（或 rRNA）进行原位定位。

原位杂交是一种在分子水平上研究特定的核酸序列或基因定位以及基因表达调控的最直接有效的分子生物学技术。这一技术最初应用于动物染色体上的基因物理定位和特定 mRNA 在组织中的空间定位，后来又作为诊断工具检测感染病毒的细胞。到 20 世纪 80 年代后期，原位杂交才开始应用于植物基因定位和表达调控的研究。

第二节　染色体原位杂交技术

一、植物核 DNA 的提取

一般禾谷类作物总 DNA 的提取，按常规的 CTAB 法都可以获得满意的效果。但是对于双子叶植物总 DNA 的提取，由于它们的叶中往往含有较多的酚类化合物，这类化合物在抽提时，很易氧化并与 DNA 共价结合，既难以纯化，也抑制内切酶的酶解反应，成为植物材料 DNA 提取的难点。对这类材料，李懋学等以棉花叶 DNA 的提取方法为代表作了介绍。

（一）CTAB 法提取植物总 DNA

1. 从新鲜材料提取

（1）试剂。

①2×CTAB 提取缓冲液。100 mmol/L Tris-HCl（pH 8.0）、20 mmol/L EDTA、1.4 mol/L NaCl、2%（质量体积分数）CTAB、40 mmol/L β-巯基乙醇。

②10%CTAB。10%CTAB、0.7 mol/L NaCl。

③1×CTAB 沉淀缓冲液。50 mmol/L Tris-HCl（pH 8.0）、10 mmol/L EDTA、1%（质量体积

分数）CTAB、20 mmol/L β-巯基乙醇。

④1 mol/L 乙酸铵。

⑤7.5 mol/L 乙酸铵。

⑥CsCl 梯度溶液。取 TE 缓冲液（pH 8.0）25 mL，加入 CsCl 25 g，溶解后按 5 mg/mL 的比例加入溴化乙铵（EB）。

⑦异丙醇溶液。向任意量的异丙醇中加 TE 缓冲液至两相出现，搅拌状态下缓慢加入固体 CsCl 至下相 TE 中出现白色沉淀，将两相混匀。

（2）粗提。

①取 1～50 g 新鲜植物材料，于液氮中研成粉。

②将冻干粉转入预冷的离心管中，立即加入等体积（质量体积分数）65 ℃预热的 2×CTAB 提取缓冲液，充分混匀，65 ℃保温 10～20 min，其间不时摇动。

③加入等体积的氯仿-异戊醇（24∶1），轻缓颠倒离心管混匀，室温下 12 000 r/min 离心 10～20 min。

④将上清液转入另一离心管中，加入 1/10 体积的 10% CTAB，混匀，加入等体积的氯仿-异戊醇，颠倒离心管混匀，室温下 12 000 r/min 离心 10 min。

⑤取上相，重复④操作 1 次。

⑥将上相转入新的经硅烷化处理的离心管中，加入 1～1.5 倍体积的 1×CATB 沉淀缓冲液，混匀，室温下放置 30 min，观察沉淀生成。如无明显沉淀生成，延长放置时间，随放置时间延长，沉淀量增加。

⑦3 500～4 000 r/min 离心 5～10 min，去上清液，沉淀吹干，备纯化用。

（3）粗提物纯化。

①方法一。

A. 按 0.5 mL/g 材料的比例加入 1 mol/L 乙酸铵溶液，使沉淀溶解完全，再加入 7.5 mol/L 乙酸铵至终浓度为 2.5 mol/L。

B. 加入 2 倍体积的异丙醇，混匀，室温放置 10 min。

C. 用细玻璃板缠出 DNA 纤维或 10 000 r/min 离心 5 min，弃去上清液。

D. 用 70%乙醇漂洗沉淀，沉淀溶于适量 TE。

E. 加入 1 μL 1 mg/mL RNA 酶，于 4 ℃放置，备用。

②方法二。

A. 向粗提的 DNA 沉淀加入适量 CsCl 梯度溶液，置 50 ℃水浴中轻搅溶解。

B. 将溶解好的梯度液转入超速离心管中，严格平衡，封管，20 ℃下 50 000g 离心过夜。

C. 取出离心管，置紫外灯下观察 DNA 带，穿刺取出，转至另一离心管中。

D. 加入等体积的异丙醇溶液，轻缓混匀，静置至分层，去上层。

E. 重复 D 抽提数次，至紫红色消失。

F. 去除 EB（用 EB 去除液）的下相中加入 2 倍体积的 TE 缓冲液稀释，混匀，加入 2 倍体积的异丙醇，混匀，室温下放置 10 min。

G. 12 000g 离心 10 min，沉淀溶于适量 TE 缓冲液中。

2. 从冷冻干燥材料中提取

（1）试剂。

①1×CTAB 提取缓冲液。2×CTAB 贮存液稀释 1 倍，使用前每 100 mL 加入 β-巯基乙醇 0.14 mL。

②1 mol/L CsCl 溶液。50 mmol/L Tris-HCl（pH 8）、10 mmol/L EDTA、1 mol/L CsCl、0.2 mg/mL EB。

③7 mol/L CsCl-EB溶液。7 mol/L CsCl、0.1%Sarkosyl、0.2 mg/mL EB。

④其他试剂。与新鲜材料中提取相同。

(2) 粗提。

①称取1 g冷冻干燥材料置研钵中，加入3～4 g铝粉研磨。

②将粉末转入离心管中，加入0.6～15 mL 1×CTAB提取缓冲液，轻缓地搅拌，使材料充分分散，置56 ℃水浴中保温10～20 min。

③冷却至室温，加入等体积氯仿-异戊醇，颠倒离心管混匀。20 ℃下8 000*g*离心10 min。

④将上相转入另一离心管中，加入1/10体积的10% CTAB液，轻轻混合，重复③、④操作。

⑤加入等体积的1×CTAB沉淀缓冲液，轻轻混匀，室温下放置30 min或更长。

⑥室温条件下，1 500*g*离心10 min，去上清液，沉淀纯化。

(3) 粗提物纯化。

①向沉淀加入2.4 mL 1 mol/L CsCl-EB溶液，于56 ℃水浴中溶解。

②将溶液转入Beckman VTi65超速离心管（或其他可替代的离心管）中，加入2.9 mL 7 mol/L CsCl-EB溶液，平衡，密封管口，轻轻倒置混合。

③用VTi65转子58 000 r/min离心4 h，或40 000 r/min离心16 h。

④320 nm紫外光照射，观察DNA的红色带，用16号针头的1 mL注射器从离心管侧面穿刺抽取DNA。

⑤用CsCl饱和的异丙醇溶液反复抽提DNA，至抽提液中无明显红色（去除EB)。

⑥将DNA样品置透析袋中，于4 ℃蒸馏水中透析24 h，其间更换蒸馏水3～4次。

⑦透析液转入离心管中，加入1/10体积的3 mol/L乙酸钠（配制方法为：在80 mL水中溶解408.1 g三水乙酸钠，用冰乙酸调节pH至5.2，加水定容到1 L，分装后高压灭菌)、2倍体积的冷乙醇，混匀，于-20 ℃沉淀过夜（或-70 ℃放置30 min)。

⑧80 000*g*离心15 min，去上清液，真空干燥DNA沉淀，用适量的TE溶解。

采用CTAB法时，操作中需要注意如下问题：①最好使用幼嫩的材料，材料含水量大时，可用70%乙醇擦拭，蒸馏水稍冲洗后用滤纸吸干，于液氮中研磨。如果材料量大（20 g以上)，或所用的材料较老，或材料含有较多的酚类物质，应提高β-巯基乙醇的用量。②CTAB溶液在15 ℃下会沉淀，因此离心和其他操作不可在低温下进行。③氯仿抽提时，要保证抽提液中有一定的盐浓度，否则DNA进入沉淀。④加入沉淀缓冲液应在高于15 ℃的室温下沉淀。如果室温适宜，沉淀时间足够而无沉淀出现，可能是盐浓度高，这时可加入沉淀缓冲液降低盐浓度。离心收集CTAB沉淀缓冲液沉淀的DNA时，不能离心过度，高速度及长时间的离心都会使沉淀过紧，而再溶解困难。⑤采用真空抽干沉淀时，不能抽得太干，抽得太干会使DNA断裂，也可不采用真空抽干。将离心管置通风橱或超净工作台中令乙醇自然蒸干，这样对DNA造成的损伤小。⑥10%的CTAB溶液很黏滞，取液时可将其加热至56 ℃。⑦转移DNA溶液用的枪头要剪去尖，避免对DNA造成机械损伤。⑧所得的DNA应为白色或灰白色，若呈褐色则有多酚物质污染。对于含多酚类物质多的材料，提取缓冲液中可加入1%PVP。对于多糖含量高的材料，提取液中CTAB的浓度可增至3%或更高。

（二）棉花叶总DNA的提取

1. 试剂

(1) 抽提缓冲液。0.35 mol/L葡萄糖、(pH 8.0) 0.1 mol/L Tris-HCl、(pH 8.0) 0.005 mol/L Na_2-EDTA、2%（质量体积分数）聚乙烯吡咯烷酮（PVP_{40})、0.1%（质量体积分数）二乙基二硫代碳酸（DIECA)，加无离子水至1 L（以上各试剂按顺序依次加入即可)

此为乳状溶液，可在4 ℃贮存1～2周有效。使用前加0.1%（质量体积分数）抗坏血酸和0.2%（质量体积分数）β-巯基乙醇，调pH至7.5（用稀HCl调)。

（2）核裂解缓冲液。0.1 mol/L Tris-HCl（pH 8.0）、1.4 mol/L NaCl、0.02 mol/L Na_2-EDTA（pH 8.0）、2%（质量体积分数）CTAB、2%（质量体积分数）PVP_{40}、0.1%（质量体积分数）DIECA，加无离子水至 1 L。

此缓冲液刚配制时为清液，但很快会变为黄色。室温下可存放 1～2 周有效。使用前加 1%（质量体积分数）抗坏血酸和 0.2%β-巯基乙醇。

（3）TE 缓冲液。10 mmol/L Tris-HCl（pH 8.0）、1 mmol/L EDTA。

2. 组织匀浆和沉淀细胞核

（1）加鲜叶 4 g 于 50 mL 离心管中，置冰上，再加 20 mL 冰冷的抽提缓冲液。

（2）转入匀浆器匀浆（约 1 000 r/min）约 20 s。

（3）样品转移至冰上。

（4）在 4 ℃下离心（2 700*g*）20 min。

（5）倾去上清液，收集沉淀物。

注意：叶片也可用一般液氮冷冻研磨法粉碎。4 ℃离心并不是必需的，但就保证 DNA 的质量而言，4 ℃离心比较可靠。

3. 裂解细胞核

（1）加 8 mL 裂解缓冲液至样品中。

（2）重新悬浮沉淀物，充分混合成匀浆溶液。

（3）转入 65 ℃水浴中温育 20～30 min。

4. 氯仿-异戊醇（24∶1）抽提去蛋白质

（1）加 10 mL 氯仿-异戊醇混合液至样品离心管中，加盖封严，颠倒约 50 次，使与样品充分混匀。

（2）离心（2 700*g*）5 min。

（3）上清液转入另一干净离心管中。

如果分层不清或上层水溶液混浊，则需再重复以上步骤。

5. 异丙醇沉淀和 DNA 的重悬浮

（1）上清液转入 15 mL 的 Falcon 管中，加 0.6 倍体积（约 5.4 mL）的冰冷异丙酮，加盖封严，颠倒 20～30 次，直至 DNA 集结。

（2）在 65 ℃水浴中重悬浮 DNA 10～30 min。

（3）离心（10 000*g*）5 min，沉淀杂质（可能是大量多糖类物质）。

（4）悬浮液（含 DNA）转入另一干净管中，沉淀物丢弃。

（5）DNA 可溶于 TE 缓冲液中于 4 ℃贮存几周，如果冰冻则可贮存 1 年或更长时间。也可以用 70%乙醇沉淀并贮存在－20 ℃冰箱中。

6. 注意事项

（1）应取生长 1 周以内的新鲜幼叶。如果将幼叶用液氮速冻后存于－20 ℃冰箱中，也可贮存备用，3 个月内没有影响。

（2）纯合的 DNA 呈丝状而能用玻棒绕出，用 70%乙醇稍洗，再溶于 500 μL 灭菌的 TE 缓冲液中贮存备用。如果 DNA 不能用玻棒绕出，则在 10 000*g* 下离心 10 min 以沉淀 DNA。倾去上清液，再加 1 mL 70%乙醇并轻轻摇动几次洗涤结晶，再离心（2 700*g*）10 min。倒去乙醇，并让残余乙醇蒸发，加 500 μL TE 缓冲液并于 65 ℃重悬浮 DNA 10～30 min。

（3）DNA 在 TE 缓冲液中存放的时间稍长，某些不纯物还会慢慢沉淀出来，可用稍加离心的方法除去。

（4）如果样品 DNA 很难用限制性核酸内切酶降解表明样品中留存酚类化合物。此时，可用酚-氯仿（1∶1）抽提两次，再用氯仿-异戊醇抽提一次。然后用 3 mol/L 乙酸钠（pH 5.2）加冰冷的

70%乙醇（0.1∶2）重新沉淀DNA，再用TE缓冲液重悬浮DNA，除去杂质。

在整个过程中，主要是针对植物叶内高含量的酚类化合物而设计缓冲液。其中的PVP可与酚类物质结合，DIECA可使酚类氧化酶失活，抗坏血酸和巯基乙醇是抗氧化剂。

二、探针及标记

（一）探针的种类

探针（probe）是指能与特定核酸序列发生特异性互补的已知核酸片段，因而可检测待测样品中特定的核酸序列。DNA序列通常可用标记的DNA探针检测。而RNA和DNA探针也可以用于RNA的检测。一般认为，探针的长度以50～300个碱基最为适宜。这样长度的探针不仅组织穿透性好，而且能达到高效的杂交反应。

概括起来，用于染色体原位杂交的探针有以下几种：

1. 克隆的核酸 一个特殊的DNA序列的扩增，通常用克隆的方法，即将DNA序列插入载体上，载体与插入的DNA序列在合适的寄主细胞中扩增。然后，再把扩增的DNA提取出来。常用的载体有细菌质粒、噬菌体黏粒和酵母人工染色体（YAC）。有关DNA序列克隆的方法，请查阅分子生物学教科书，此处省略。

值得注意的是，在进行原位杂交试验之前，必须验证克隆的DNA序列是否与原DNA序列特点相符。因为在克隆的过程中，插入的DNA序列有时会改变或甚至消失。验证的方法通常采用琼脂糖凝胶电泳和Southern杂交试验。

2. 双链DNA探针 在多数原位杂交试验中，用克隆的双链DNA序列标记作为探针，这类探针广泛应用于基因的鉴定和临床诊断等方面。但有时候，如插入的序列很小时，在标记前往往需要从载体上加以剪切。如果使用长探针（例如黏粒或YAC），就可能出现分散的重复序列，结果将产生附加的不需要的杂交信号。这时则需要抑制双链DNA探针的第二条链的竞争性。

3. 单链RNA探针 作为RNA探针的序列，应插入一个具噬菌体聚合酶转录起始位点的载体上。这些位点在标记和不标记的核苷酸作为底物存在的条件下，在体外可以启动转录。所产生的探针便是单链RNA，俗称核糖核酸探针（riboprobe）。

4. 合成寡核苷酸 合成的寡核苷酸序列较短，一般为10～50 bp。通常用末端标记法进行标记。其主要优点是对特殊的序列能精确杂交，可用来检测染色体上的基因、重复序列或RNA。作为探针，较短固然组织穿透性好，但也有杂交反应敏感性低的缺点，而且探针与靶DNA的联结强度也减弱。因此，杂交后的洗脱要小心，以免杂交了的探针被洗脱。

不标记的寡核苷酸也可作为引物，可直接标记染色体上的DNA序列，称为引物原位标记（primed *in situ* labelling）

5. 总基因组DNA探针 总基因组DNA可以标记和作为探针，用来检测和鉴别杂交植物中的原有基因组的染色体。也可用于识别细胞融合的杂种细胞中的单亲染色体。

总基因组DNA探针，可以用随机引物标记法和缺刻平移法进行标记。人们通常选用缺刻平移法，因为它产生的探针片段大小（300～600 bp）易于穿透进组织。当原始探针的DNA相对较大时，这一点尤为重要。注意：在缺刻平移之前，必须对总DNA进行机械剪切至合适DNA聚合酶Ⅰ作用的大小。要产生这种长度（10～12 kb），可以用剧烈的旋涡振荡（Parokonny等，1992）、反复冻融、用直径细小的针抽挤DNA（Mukai等，1936）或者用超声波处理。也可采用另一种方法，即在缺刻平移时加长DNA聚合酶Ⅰ酶消化的时间或增加DNA聚合酶Ⅰ的浓度（Manuelidis，1985）。剪切后DNA的大小可以对照一个DNA相对分子质量标准，在1%琼脂糖凝胶上进行电泳检测。若总DNA有轻微的降解，就不能用于限制性核酸内切酶消化，但是适于作GISH探针。

另外，在杂种植物和杂交细胞中存在着两个甚至两个以上基因组。基因组A和B之间共有的任何高度重复序列能够迅速地将所有与它同源的探针 A 的片段结合，因而减少了由 GISH 鉴定出的 A 和 B 之间的差异。将 B 的总 DNA 用高压灭菌或超声波处理的方法剪切成大约 250 bp 片段后，不加任何标记过量地加入杂交混合液中，能够提高 A 探针杂交的特异性。（未封闭）DNA 中的重复序列能够与 B 中同源序列的位点结合，因此仅留下可供杂交的 A 特异的位点。为了最大限度地区分基因组，人们一般通过试验来确定所需加入的封阻 DNA 的量。已发表的文献中，使用 10～60 倍于探针浓度的封阻 DNA（Schwarzacher 等，1992）。

（二）非放射性标记物

放射性和非放射性标记物都已用于原位杂交，最初人们发现放射性标记探针最为灵敏，但是，由于它需要的检测时间长（有时长达数天甚至数星期），而且信号的分辨率低，因此，现在人们通常用非放射性标记探针。已报告的非放射标记物有 10 多种，常用的有生物素（biotin）、地高辛精（digoxigenin，dig）和荧光素。

1. 生物素 生物素属 B 族维生素，又称维生素 H。它是非放射性原位杂交中应用最广泛的一种非放射标记物。生物素与卵白素（avidin，又称抗生物素）之间有极高的亲和力。这一特性已被用于建立一些敏感性较高的免疫组织化学技术。生物素的羧基经化学修饰后可制成具有各种活性基团的衍生物，成为活化的生物素。活化的生物素能与蛋白质、糖类或核酸等物质偶联。而卵白素可与荧光素、胶体金及一些能用组织化学方法检测的酶类等标记物结合。当带有标记物的卵白素与偶联的生物素之间亲和结合后，与生物素偶联的物质即可被显示。现已有生物素标记的核苷酸（如生物素-dUTP）商品出售。用生物素-dUTP 代替放射性同位素标记的核苷酸，通过酶反应探针标记法，可制备生物素标记的核酸探针。当生物素偶联上一个光敏基团后，即成光敏生物素，它可通过光解反应来标记探针。用生物素标记探针进行原位杂交，杂交体可用生物素-卵白素系统检测，也可用生物素-抗生物素抗体检测。

2. 地高辛精 地高辛精是一种仅存于洋地黄类植物的花和叶子中的类固醇半抗原，又称异羟基洋地黄毒苷配基。Boehninger Mannheim 公司于 1987 年首先推出地高辛精 DNA 标记试剂盒和地高辛精检测试剂盒。从此，地高辛精开始被引入原位杂交技术。由于地高辛精标记原位杂交的敏感性较高，与放射性原位杂交相当，它又克服了生物素标记原位杂交中内源生物素干扰的缺点，因而近年来地高辛精标记探针在原位杂交中的应用愈来愈广泛，似乎有替代生物素标记探针的趋势。地高辛精可通过一个 11 个碳原子的连接臂与尿嘧啶核苷酸嘧啶环上的第 5 组碳原子相连，形成地高辛精标记的尿嘧啶核苷酸。Boehninger Mannheim 出售的地高辛精标记核苷酸有 dig-UTP、dig-dUTP 和 dig-ddUTP，它们分别适用于 RNA 探针、DNA 探针和寡核苷酸探针。用标记探针做原位杂交，杂交体可用特异性抗地高辛精抗体用免疫组织化学技术检测。

3. 荧光素 在原位杂交中常用的荧光素有异硫氰酸荧光素（fluorescein isothiocyanate，FITC）、试卤灵（resorufin，9-羟基异吩噁唑）、羟基香豆素（hydroxycoumarin）、罗丹明（Rhodamine）、氨甲基香豆素醋酸酯（aminomethylcotlmarin aceticacid，AMCA）。荧光素在原位杂交中的主要应用有：①直接标记核酸探针，杂交体用荧光显微镜观察。目前已有各种荧光素标记的核苷酸商品进入市场，如 FITC-dUTP、试卤灵-dUTP 和羟基香豆素-dUTP 等，这 3 种荧光素分别呈黄绿色、红色和蓝色荧光。这些荧光素标记的核苷酸可通过酶反应法制备荧光素标记的核酸探针。原位杂交的结果直接在荧光显微镜下观察分析。这种直接法原位杂交，操作简便，但敏感性要比间接法低。②用荧光素标记抗体做非放射原位杂交（如生物素或地高辛精标记探针的原位杂交的免疫组织化学检测系统）。

（三）探针的标记法

用作探针的 DNA 或 RNA 可以用多种方法进行标记，可以用酶（如缺刻平移法、随机引物标记法、末端标记法、聚合酶链式反应法、体外转录标记法）或者化学修饰（如汞化作用、磺化作用）。

酶标记法使用最为广泛，而且据报道产生的探针更干净（这对于低拷贝序列的检测尤为重要）。对于大于 1 kb 的探针，建议采用缺刻平移法，而随机引物标记法更适用于 100 bp 至 1 kb 的探针。对于寡核苷酸探针（小于 100 bp），则需要用末端标记。本部分列出了用荧光染料、生物素或地高辛精进行标记的操作方法，也可以购买酶标记试剂盒。

如果手头有合适的引物，那么聚合酶链式反应（PCR）不失为一个简单快速的方法，可制备大至 4 kb 的探针。在反应里掺入标记的核苷酸，目的序列就在特异扩增的同时标记上了。载体序列并不会在反应中扩增，因而不必费心除去。

用于原位杂交最合适的探针大小为 300～600 bp。市场上购得的用于缺刻平移的酶（DNA 聚合酶）和随机引物标记的酶（Klenow 酶）已经经过优化，从而可以产生这种长度的探针。如果探针序列大于 1 kb，那么探针穿入材料将会遇到困难。为了避免这一点，大于 1 kb 的探针应当通过剪切或高压灭菌处理得到小一些的片段。

1. dig-11-UTP 体外转录标记 RNA

（1）试剂。

①用于 SP_6、T_7 和 T_3 RNA 聚合酶的 10×缓冲液。0.4 mol/L Tris-HCl（pH 8.0）、0.06 mol/L $MgCl_2$、0.1 mol/L 二硫苏糖醇（DTT）、0.02 mol/L 亚精胺（spermidine）。

②未标记的核苷酸混合液。10 mmol/L CTP、GTP 和 ATP 溶液，分别配制，按 1∶1∶1 混合。

③标记核苷酸。取 1 mmol/L dig-11-UTP 贮存液与 1 mmol/L UTP 贮存液混合，最终浓度为 0.35 mmol/L dig-11-UTP 和 0.65 mmol/L UTP。

④10 单位/μL 的 RNA 酶抑制剂。

⑤线性化的模板 DNA，重悬浮于 1×TE，最终浓度约 1 mg/mL。

⑥SP_6、T_7 或 T_3 RNA 聚合酶，活性 0.4 U/L。

⑦2×碳酸盐缓冲液。80 mmol/L $NaHCO_3$、120 mmol/L Na_2CO_3。

（2）方法。

①混合下列溶液于 1.5 mL 离心管中：3 μL 未标记的核苷酸混合液、2.5 μL 10×RNA 聚合酶缓冲液、2.5 μL RNA 酶抑制剂、1 μL 模板 DNA（最终浓度 40 μg/μL）、2 μL RNA 聚合酶、2 μL dig-11-UTP-UTP 混合液、7 μL 水，总体积为 20 μL。

②于 37 ℃温育 0.5～2 h。

③加入 1～2 μL tRNA（100 mg/mL Sigma 型 XXI）、10 U 去 DNA 聚合酶Ⅰ的 RNA 酶和无离子水至最终体积为 100 μL，37 ℃温育 10 min。

④加入等量的 4 mol/L 乙酸铵和 2.5 倍体积的 100%乙醇，在干冰上 15 min 或−20 ℃过夜，以沉淀 RNA。

⑤恢复至室温（应避免未结合的核苷酸沉淀）并于 10 000*g* 离心 10 min。

⑥倾去上清液，加入 0.5 mL 70%乙醇反复洗涤沉淀，以 12 000 r/min 离心 5 min，去上清液，干燥沉淀物。

⑦加 50 μL 无离子水重新悬浮沉淀物，再加 50 μL 2×碳酸盐缓冲液，于 60 ℃下温育，所需时间按下式计算：

$$t=\frac{L_i-L_f}{K\times L_i\times L_f}$$

式中，t 为时间（min）；K 为常数（0.11 kb/min）；L_i 为起始长度（kb）；L_f 为终止长度（合适为 0.15 kb）。

⑧加入 5 μL 10%乙酸、10 μL 3 mol/L 乙酸钠和 250 μL 100%乙醇。沉淀，洗涤和干燥步骤如④至⑥。

⑨沉淀物在 20 μL 无离子水或 1×TE 中重新悬浮。

⑩以 50%甲酰胺水溶稀释探针至 5×原位杂交试验所需浓度，并于−80 ℃保存。

2. 缺刻平移法标记 DNA 探针

（1）试剂。

①10×缺刻平移缓冲液。0.5 mol/L Tris-HCl（pH 7.8）、0.05 mol/L $MgCl_2$、0.1 mg/mL BSA（去核酸酶）。

②未标记的核苷酸。dCTP、dGTP 和 dATP 分别用 100 mmol/L Tris-HCl（pH 7.5）配成 0.5 mmol/L 溶液，然后按 1∶1∶1 混合。

③标记核苷酸。

A. dig 标记核苷酸：dig-11-dUTP（1 mmol/L 贮存液）和 dTTP（1 mmol/L 贮存液）混合，最终浓度为 0.35 mmol/L dig-11-dUTP 和 0.65 mmol/L dTTP。

B. biotin 标记核苷酸：用 0.4 mmol/L biotin-11-dUTP。

C. 荧光素标记核苷酸：用荧光素-11-dUTP 或罗丹明-4-dUTP（1 mmol/L 贮存液）和 dTTP（1 mmol/L 贮存液）按 1∶1 混合。

④DNA 聚合酶Ⅰ（0.4 U/mL）。

（2）方法。

①在 1.5 mL 微离心管中加入下列溶液：5 μL 10×缺刻平移缓冲液、5 μL 未标记的核苷酸混合液、1 μL dig-11-dUTP-dTTP 混合液或 2.5 μL biotin-11-dUTP 或 2 μL 荧光素标记核苷酸、1 μL 100 mmol/L 二硫苏糖醇（DTT）、1 mg DNA，加水至总体积为 45 μL。

②加 5 μL DNA 聚合酶Ⅰ溶液，轻轻混合并稍加离心（以 1 000 r/min 离心 30 s）。

③置 15 ℃温育 90 min。

④加 5 μL 0.3 mol/L EDTA（pH8.0）终止反应。

⑤加 5 μL 3 mol/L 乙酸钠（或 5 μL 4 mol/L LiCl）和 150 μL 冷却的 100%乙醇。

⑥在−20 ℃过夜或在干冰上冰冻 1～2 h 使 DNA 沉淀。

⑦在−10 ℃下 12 000*g* 离心 30 min。

⑧倾去上清液，加 0.5 mL 冷却的 70%乙醇洗涤沉淀物，如步骤⑦离心 5 min。

⑨倾去上清液，至沉淀物变干。

⑩用 1×TE 重新悬浮 DNA。基因组探针用 10 μL，克隆探针用 10～30 μL。

3. 随机引物标记或寡核苷酸标记

（1）试剂。

①10×六聚核苷反应混合液（用 10×缓冲液配制）。0.5 mol/L Tris-HCl（pH 7.2）、0.1 mol/L $MgCl_2$、1 mmol/L 二硫苏糖醇（DTT）、2 mg/mL BSA（去核酸酶）、260 U/mL 六聚核苷。

②未标记的核苷酸混合液。用 100 mmol/L Tris-HCl 配制 dCTP、dGTP 和 dATP（均为 1 mmol/L）溶液，然后按 1∶1∶1 混合。

③标记核苷酸。

A. dig 标记核苷酸：dig-11-dUTP（1 mmol/L 贮存液）和 dTTP 混合，最终浓度为 0.35 mmol/L dig-11-dUTP 和 0.65 mmol/L dTTP。

B. biotin 标记核苷酸：0.4 mmol/L biotin-11-dUTP。

C. 荧光素标记核苷酸：荧光素-11-dUTP 或罗丹明-4-dUTP（均为 1 mmol/L 贮存液）和 dTTP（1 mmol/L 贮存液）按 1∶1 混合。

④Klenow 酶（6 U/μL）。

（2）方法。

①线形化的 DNA（50～200 ng）在沸水中变性 5 min，转入冰浴中冷却 5 min。

②在一个 1.5 mL 离心管中加入下列溶液：3 μL 未标记核苷酸混合液、1.5 μL 标记核苷酸、2 μL

10×六聚核苷反应混合液、4.5 μL 变性 DNA、8 μL 水，总体积为 19 μL。

③加 1 μL Klenow 酶，轻轻混合并稍加离心（以 1 000 r/min 离心 30 s）。

④在 37 ℃温育 6～8 h 或过夜。

⑤用 2 μL 0.3 mol/L EDTA（pH 8.0）终止反应。

⑥加 2 μL 3 mol/L 乙酸钠（或 2 μL 4 mol/L LiCl）和 60 μL 100%乙醇。

⑦转入−20 ℃过夜，沉淀 DNA。

⑧在−10 ℃，12 000*g* 离心 30 min。

⑨倾去上清液，加 0.5 mL 冰冷的 70%乙醇洗涤沉淀物，如步骤⑧再离心 5 min。

⑩倾去上清液，让沉淀物晾干。

⑪用 1×TE 重新悬浮 DNA，基因组探针用 10 μL，克隆探针用 10～30 μL。

4. PCR 标记 用于插入 PUC、PUB 或其他 M13 亲缘载体的 DNA 序列的标记。

（1）试剂。

①10×PCR 缓冲液。100 mmol/L Tris-HCl（pH8.3）、50 mmol/L KCl、30 mmol/L $MgCl_2$、0.1%明胶。

②未标记的核苷酸。用 100 mmol/L Tris-HCl（pH7.5）分别配制 2.5 mmol/L 的 dATP、dTTP、dGTP 和 dCTP。

③标记核苷酸。1 mmol/L dig-11-dUTP 或 0.4 mmol/L biotin-11-dUTP 或 0.1 mmol/L 荧光素-11-dUTP 或罗丹明-11-dUTP。

④M13 引物。M13 反测序引物（17 bp）、M13 单链引物（17 bp）。

⑤*Taq* DNA 聚合酶（5 U/mL）。

⑥DNA。微量制备 DNA，可用水按 1∶100 稀释，每一反应用 3 mL。

（2）方法。

①在 1.5 mL 离心管中混合下列溶液：5 μL 10×PCR 缓冲液、2 μL dATP、2 μL dCTP、2 μL dGTP、3.25 μL dTTP、1.75 μL 标记核苷酸、9 μL M13 单链引物、2 μL M13 反测序引物、3 μL DNA、23.5 μL 水，总体积为 49.5 μL。

②进行 PCR 第一循环：变性（91 ℃、5 min）→复性（47 ℃、5 min）。

③每管中加 0.5 μL *Taq* DNA 聚合酶，混匀，再加 50 μL 矿物油覆盖，进行第二循环：合成（72 ℃、1 min）→变性（91 ℃、1 min）→复性（47 ℃、1 min）。

④用 Parafilm 去除矿物油，PCR 标记物用乙醇沉淀。

⑤沉淀物溶于 TE 缓冲液中，并用琼脂糖凝胶电泳检查标记产物，标记探针比未标记者移动缓慢。

5. 寡核苷酸（15～50 bp）**3′端末端标记**

（1）试剂。

①5×DNA 加尾缓冲液。1 mol/L 砷酸钾（pH 7.2）、0.125 mol/L Tris-HCl（pH 6.6）、1.25 mg/mL BSA。

注意：砷酸钾有毒，操作时应戴手套。

②25 mmol/L $CoCl_2$。

③10 mmol/L dATP [用 100 mmol/L Tris-HCl（pH 7.5）配制]。

④标记核苷酸。1 mmol/L dig-11-dUTP 或 1 mmol/L biotin-11-dUTP 或 1 mmol/L 荧光素-11-dUTP。

⑤10～15 U/μL 末端转移酶（TdT）。

（2）方法。

①在 1.5 mL 离心管中加入下列溶液：4 μL 5×DNA 加尾缓冲液、4 μL $CoCl_2$、1 μL 标记核苷

酸、1 μL dATP、250～400 ng DNA，加水至总体积为 19 μL。

②加 1 mL TdT，轻轻混合并稍加离心（以 1 000 r/min 离心 30 s）。

③在 37 ℃温育 15 min 或在室温温育 2～3 h。

④乙醇沉淀。

⑤沉淀 DNA 溶于 10～20 μL 1×TE 中。

除上述探针标记方法外，尚有化学标记、引物原位标记等，应用较少。

（四）检查标记掺入探针的方法

为了避免在以后出现问题，在进行原位杂交之前应当检查标记是否成功地掺入了探针。可用点杂交检查生物素的掺入，方法如下。

1. 试剂

（1）10×缓冲液 1。1 mol/L Tris-HCl（pH 7.5）、1 mol/L NaCl、20 mmol/L $MgCl_2$、0.5% Triton X-100。配制时先不加 Triton，待高压灭菌，冷却至室温后再加 Triton X-100。工作浓度为 1×缓冲液 1。

（2）缓冲液 2。3%牛血清蛋白（BSA），用 1×缓冲液 1 配制，过滤灭菌。

（3）10×缓冲液 3。1 mol/L Tris-HCl（pH 9.5）、1 mol/L NaCl、0.5 mol/L $MgCl_2$。等所有沉淀物沉下来，溶液澄清后再倾倒出清液使用。工作浓度为 1×缓冲液 3。

（4）生物素（酰）化的碱性磷酸酶。将 250 μL 碱性磷酸酶缓冲液加入 0.25 g 冻干的生物素化的碱性磷酸酶（Sigma P8024）中，4 ℃保存。

（5）碱性磷酸酶缓冲液（pH 7.3）。3 mol/L NaCl、1 mmol/L $MgCl_2$、0.1 mmol/L $ZnCl_2$。用蒸馏水配 10 mL。过滤灭菌，加 1.86 mg 三乙醇胺。充分溶解后，在 4 ℃保存。

（6）链霉抗生物素缓冲液。无菌的 50 mmol/L Tris-HCl（pH 7.5）、0.2 mg/mL 叠氮化钠。

注意：叠氮化钠（一种防腐剂）有毒，使用时应倍加小心。

（7）链霉抗生物素。将 0.5 mL 链霉抗生物素缓冲液加入 0.5 mg 冻干的链霉抗生物素（Sigma S4762）中，4 ℃保存。

（8）NBT-BCIP 稳定混合液。75 mg/mL NBT、50 mg/mL BCIP。

2. 操作程序

（1）准备一个测试条，即在一小片硝酸纤维素膜上点 1 mL 生物素标记的探针。

（2）在空气中干燥，并在 80 ℃真空中烘烤 30 min。在同一张测试条上可以点若干个样品。

（3）在缓冲液 1 中放 1 min 水化测试条。

（4）在一个小称量皿中放 10 mL 预热至 42 ℃的缓冲液 2，将测试条放入保温 20 min。

（5）取出测试条，轻轻吸干。可以选择在 80 ℃真空中烘烤 15 min。

（6）再次将测试条放入 10 mL 缓冲液 2 中室温下水化 10 min。以下的步骤需要在轻微晃动下进行（例如，放在旋转振荡器上）。千万不能让测试条干燥。

（7）在 Eppendorf 管中，混合 1 mL 1×缓冲液 1 和 2 μL 链霉抗生物素。风干测试条，加上链霉抗生物素溶液，晃动保温 10 min。

（8）加入至少 20 mL 1×缓冲液 1，低速旋转振荡洗涤 3 次，每次 3 min。

（9）在一个 Eppendorf 管中，混合 1 mL 1×缓冲液 1 和 1 μL 生物素化的碱性磷酸酶，放在一个干净的称量皿中，放入洗涤过的测试条，保温 10 min。

（10）在一个干净盘里，至少用 20 mL 1×缓冲液 1，洗涤测试条 2 次，每次 3 min。

（11）如步骤（10），用 1×缓冲液 3 替换 1×缓冲液 1。

（12）将测试条放入一个三边封口、内含 5 mL NBT-BCIP 混合液的塑料袋中。

（13）封上第四边，在黑暗下反应显色。1 μL 生物素化的总 DNA 样品应在 5～10 min 内产生一个深蓝的斑点。

检查地高辛精掺入的方法与此相同，只是要做如下修改：①在步骤（7）中，用抗地高辛的碱性磷酸酶代替链霉抗生物素，在 0.05 mol/L Tris-HCl（pH 7.5）中以 1∶5 000 稀释。②省去步骤（9）和（10）。

检查荧光染料标记核苷酸的掺入，可以吸取 1 小滴（1～2 μL）探针置于显微镜载玻片上。采用正确的滤光镜，在落射荧光显微镜下，整个液滴应在合适的波长下均匀地发出荧光。

三、染色体制备

由于制备物中不同细胞之间原位杂交的效率有所不同。因此，必须通过选择正确的实验材料，并进行染色体预处理等方法来使有丝分裂指数达到最大。对于荧光检测而言，每个载玻片上细胞的绝对数目可能要比用于染色的少一些，这是因为在同一显微镜视野中，荧光材料之间会相互干扰。最好做到样品中没有细胞壁和细胞质，而且载玻片上没有灰尘或其他光散射碎屑。

1. 取材 若有全植株，细胞核应当从分裂旺盛的分生组织中分离，这里累积的代谢物最少，例如离体培养物的根尖，或者是正在完全发育的幼嫩植株的根尖。可以从 24 h 前浇水的盆栽植物上或从水培养的插条上取幼嫩的根尖。也可以直接从原生质体中收集正在分裂的细胞核（Van Dekken 等，1989；Ciupercescu，1991）。

2. 预处理和固定 预处理可以改善染色体的形态特征，使有丝分裂时期同步并积累处于分裂中期的细胞。低温可以促使染色体收缩而改善大染色体（如洋葱、蚕豆）的形态特征。在室温条件下，不经预处理或只进行短时间预处理，往往是小染色体（如菜豆）反应较好。当第一次对某个植物尝试不同的预处理条件时，可以在不同时期间隔取根尖样品进行检查，以获得最佳的保温时间。对于原生质体悬浮而言还有另外的预处理方法，包括羟基脲（Wang 等，1986）和 amiprophos-methyl（Pan 等，1993）。

固定可以防止 DNA 的丢失，还可以保持最佳的染色体形态和通透性。聚甲醛（一种交联固定剂）可使 DNA 丢失减至最少，但是它会降低通透性并破坏 DAPI 的结合。含有乙酸的固定剂可以软化细胞壁，清除细胞质，增强 DAPI 的结合，因而对压片制备非常好。用 3∶1 乙醇-乙酸固定剂在 4 ℃下固定 24 h 后得到的根尖染色体结果最好。固定较长时间（如大于 2 周），会导致 DNA 丢失或者细胞蛋白被固定。性母细胞用 3∶1 乙醇-乙酸固定，可以促使原生质体从花粉母细胞的细胞壁中挤出来，但也会形成黏性的减数分裂染色体。有时，用以减少细胞质的蛋白酶可能也会进一步增加这种黏性。贮存于 70%乙醇中的材料可能需要酶解消化或者在压片前先浸在 45%乙酸中。性母细胞壁有自身荧光，而且可能会阻止探针的穿入。也可以用酶解的方法除掉细胞壁（Dickinson 和 Sheldon，1984）。

预处理和固定的操作程序如下：

（1）用两把尖头镊子从萌发的种子或幼嫩的植株下切下根尖，长度约 1 cm。

（2）把根放入一种表 8-1 中所列的预处理溶液中，经过一定的培养时间之后，将根转至新配制的固定液（96%乙醇∶冰乙酸＝3∶1）中。

表 8-1 积累分裂中期细胞的预处理

处理液	浓度*	时间/h	温度/℃
8-羟基喹啉（有害）	290 mg/L，溶于蒸馏水中，在 60 ℃溶解	2.5～4.5	18
秋水仙素（有毒）	5 mg/L	3.5～4	18
秋水仙素（有毒）	5 mg/L	1.5～2.0	室温

（续）

处理液	浓度*	时间/h	温度/℃
1，4-二氯苯 Aldrich32，933-9（有害）	饱和水溶液	1.5～2.0	4
1-溴代萘 Merk（有害）	在 5 mL 自来水中加入 2～3 滴	20～24	4
冰镇水	充分混匀	20～24 最长到 24	1

注：* 表示所有的溶液在 4 ℃下保存。

（3）4 ℃放置 0.5～1 h。

（4）将根转入新配的固定液中，4 ℃保存 1～14 d。

（5）要长期保存，可将材料放入新配的固定液或 70%乙醇中，存放于－20 ℃下。

3. 玻片的预处理 在原位杂交操作过程中，为了防止材料的丢失，载玻片都要经过处理，或对其进行包被［例如用硅烷、聚赖氨酸或者 Denharclt's 溶液（Huang 等，1983；Mouras，1991；Leith 等，1994）］或对玻璃进行修饰（例如用 Vectabond），使它们具有更好的保持力。载玻片包被物在彻底清洗干净的载玻片上附着效果更好。Vectabond 处理过的载玻片不需要特别清洗，但是如果载玻片看上去有油脂，也可以进行清洗。制备时使用 20 mm 的盖玻片，而在封固杂交后的载玻片时则用 22 mm 的盖玻片。这样能够保证盖玻片的边缘不会损坏周边的细胞。

（1）铬酸处理。

①将载玻片放入用 80%硫酸配制的氧化铬中，在室温下至少放置 3 h。

②流水冲洗 5 min。

③用蒸馏水彻底漂洗，在空气中干燥。

④将载玻片放入 100%乙醇中，按要求去掉乙醇并干燥。

（2）Vectabond 处理。

①在一排 5 个染色缸中依次放入 400 mL 丙酮（1 个）、350 mL 混有 25 mL Vectabond 的丙酮（1 个）、水（3 个）。

②将载玻片放入金属架。在一个标准的 120 mm 的玻璃染色缸中，375 mL 溶液可以刚好覆盖装有 25 个载玻片的架子。不要让载玻片背对背放置，因为这会在干燥步骤时妨碍蒸发。不要使用塑料的器具和架子。

③用夹钳拿起架子并浸入每种溶液中，在 Vectabond 中旋转放置 5 min。水洗时要充分振荡。如果能将架子放在流动的蒸馏水下，那洗涤效果更好。稀释后的 Vectabond 不能贮存，因此一次准备 500 个载玻片。

④将载玻片彻底沥干，晃动去掉所有残留液体，室温下或 37 ℃干燥。

⑤将载玻片放入盒中于室温下存放。

Vectabond 会对人体组织产生严重伤害，要注意安全。必须戴手套和保护眼睛。所有操作最好在通风橱中进行。

（3）盖玻片的处理。

①用剃须刀刀片刮盖玻片两面。

②浸入乙醇中数秒。

③沥干并用无绒布擦拭。

4. 根尖压片制备染色体样品

（1）根据不同材料的根尖大小，从 1～3 个根上切下根尖。

（2）将根尖放在 Vectabond 处理过的载玻片上，去掉根冠。

（3）对于小根尖，加 10 μL 45%乙酸，用挤压针挤压根尖，直到释放出分生组织细胞。对于大根尖，可纵向剖开，用一个小解剖刀将分生组织刮到 10～20 μL 45%乙酸中。然后像上面那样挤压分生组织。

(4) 用皮下注射针或尖头镊子除去碎片（不要让细胞干燥）。

(5) 用皮下注射针头搅拌细胞悬浮，并用 45 ℃乙酸调整体积至 10～15 mL。

(6) 将准备好的盖玻片盖在细胞悬浮液上。

(7) 用滤纸条吸掉多余液体。

(8) 迅速地将载玻片在火焰上过 1～2 次。不要使载玻片过热，即载玻片不应热到拿不住的程度。

(9) 在盖玻片上放上滤纸，轻轻挤压。

(10) 用相差显微镜观察细胞。重复步骤 (8)、(9)，直至细胞分散度合适。

(11) 记下分散良好的分裂中期细胞的坐标，并用金刚钻笔在盖玻片上标记位置。

(12) 将载玻片浸入液氮中（用夹钳）速冻，或者盖玻片向上在干冰块上放置至少 5 min。

(13) 用解剖刀快速掀掉盖玻片，立即将载玻片浸入 96%乙醇中，至少 5 s。

(14) 在空气中干燥。将载玻片放入装有一袋硅胶的密封的塑料玻片盒中，−20 ℃保存。

5. 酶解制备染色体样品

(1) 用解剖刀切下固定好的根尖。

(2) 除去所有坚硬的根冠。

(3) 每个经 Vectabond 处理过的载玻片上放 1～3 个根尖，滴一滴柠檬酸缓冲液。

(4) 用滤纸条吸掉缓冲液，加上一滴酶混合液（2.5%的纤维素酶和果胶酶溶液），不要加盖玻片。

(5) 将载玻片放入湿润的温箱中，37 ℃下最长可达 2 h。

(6) 小心地用一个巴斯德吸管或者微量移液器吸掉酶液（这时的根会非常软），在解剖镜下监控这一过程。

(7) 加入 1 滴 45%乙酸，根应解离。如果有必要，可以轻轻地将根拉开。

(8) 在液滴上加上准备好的盖玻片。

(9) 用低倍（10×）相差物镜观察细胞。如果有必要，可以轻敲盖玻片，直到根解离为单个细胞。

(10) 以下操作与根尖压片制备染色体样品的步骤 (9)～(14) 相同。

6. 减数分裂染色体的制备 进行原位杂交时，采用花粉母细胞（PMC）比采用体细胞组织更具有优越性：①分裂相多而且高度同步化；②在不同时期，染色质的凝聚程度也不同，这往往可以克服与 DNA 密度和压缩程度相关的问题；③可以研究更宽范围的细胞学参数。

(1) 从正在发育的花蕾中取出一个花药，将内容物挤压入 2%乙酸地衣红中，检查分裂时期。

(2) 在 Vectabond 处理过的载玻片上，将花粉母细胞（PMC）从处于减数分裂时期的花药中挤压入 1 滴 45%乙酸中。

(3) 用挤压针搅成花粉母细胞悬液。用一对尖头镊子除去残屑，在细胞悬液上盖上准备好的盖玻片。

(4) 将载玻片放入含有 45%乙酸的湿润温箱中，室温放置 30～60 min。

(5) 将载玻片一个一个拿出。将滤纸边缘放在盖玻片边上，吸去多余的液体。然后把滤纸放在盖玻片上面，轻压，直至细胞壁破裂，始终用相差显微镜检查。

安全注意事项：乙酸产生有害蒸气，在通风橱或通风良好的地方打开盒子。

(6) 当细胞壁破裂后，再用 45%乙酸加在载玻片上，直到原生质体自由漂浮。

(7) 用滤纸轻压盖玻片，压力的大小以使细胞处于最佳的扁平状态为好。

(8) 以下操作与根尖压片制备染色体样品的步骤 (11)～(14) 相同。

四、杂交前处理

杂交前处理其目的有二，一是提高探针的通透性，增加靶核酸的可及性，防止探针与细胞之间的非特异性结合；二是充分干燥和重固定，以防止染色体脱落。

1. 试剂

（1）RNA 酶 A 贮存液的配制。10 mg/mL 去 DNA 酶的 RNA 酶 A［溶于 10 mmol/L Tris-HCl（pH 7.5）和 15 mmol/L NaCl 溶液中］，煮沸约 15 min，冷却，冷冻贮存，临用前用 2×SSC 按 1∶100 稀释。

（2）4%聚甲醛水溶液。取 2 g 聚甲醛置 40 mL 蒸馏水中，加热至 60～80 ℃，再加 0.1 mol/L NaOH 至总量为 50 mL。

2. 操作程序

（1）染色体制片在 40～60 ℃的温箱中干燥过夜。

（2）在气干片上加 200 μL 100 μg/mL 的 RNA 酶 A（用 2×SSC 配制），加盖玻片后置潮湿培养皿中，于 37 ℃下温育约 1 h。

（3）2×SSC 洗涤 3～5 min。

如果制备的染色体上有很多细胞质，建议在这一步进行胃蛋白酶处理。胃蛋白酶可以酶解消化蛋白，使探针和试剂更易进入。反应步骤为：载玻片置于 0.01 mol/L HCl 中 2 min。在 0.01 mol/L HCl 中加 50 μL 5 μg/mL 胃蛋白酶，盖上塑料盖玻片，37 ℃保温 10 min。用无菌蒸馏水洗涤 2 min 以终止反应，然后放入 2×SSC 中，换液 1 次，各停留 5 min。对于不同的材料，可能需要调整蛋白酶处理的时间和浓度。

（4）加新鲜配制的 4%聚甲醛水溶液，室温固定约 10 min。

（5）经 70%→90%→100%乙醇脱水后室温干燥备用。

五、杂交反应

杂交是将杂交液滴于经杂交前处理的玻片标本上，加盖硅化的盖玻片，按所要求的温度进行孵化。虽然杂交反应操作简单，但要注意的环节是很多的，而且相当重要。

1. 杂交混合液的配制 杂交混合液最好是用前新配制。当然，配好的杂交混合液如果在－20 ℃冰箱中也可以保存约 6 个月。其配方见表 8-2。

表 8-2 杂交混合液的配方

序号	溶液	每片用量/μL	最终浓度
1	100%甲酰胺	20	
2	50%（质量体积分数）硫酸葡聚糖	8	50%
3	20×SSC	4	10%
4	探针	4	2×
5	封阻 DNA	*X*	
6	10%（质量体积分数）SDS 水溶液	*Y*	
7	无离子水	加至总量为 40 μL	

注：*X*、*Y* 可任意组合。

配制要点如下：

（1）甲酰胺可使 T_m 降低，以防高温对染色体形态和结构的损害、脱落。应使用去离子的高质量药品（如 Fison's 电泳级），分装保存于－20 ℃下。

（2）硫酸葡聚糖能与水结合而减少杂交液的有效容积，提高探针的有效浓度。其贮存液应以 0.22 mm 的微孔滤膜过滤灭菌，－20 ℃冰箱中保存备用。

（3）Na^+可使杂交率增加，可以减少探针与组织标本之间的静电结合。

（4）探针浓度依其种类和实验要求略有不同，一般为0.5～5.0 μg/μL，最适宜的探针浓度要通过试验才能确定。

（5）封阻DNA的浓度变异较大，所需加入的封阻DNA的量一般要根据经验来确定。可使用10～60倍于探针浓度的封阻DNA（Schwar Zacher等，1992）。

（6）SDS是一种湿润剂，可帮助探针穿透进入。其使用浓度一般为0.05%～1%。

2. 潮湿密闭的容器 原位杂交反应必须在潮湿密闭的容器中进行。由于原位杂交中所应用的杂交混合液成分复杂，为了防止杂交混合液中液体蒸发后造成杂交混合液浓缩，甚至完全干燥，使探针非特异性吸附增多，本底增高，必须使用潮湿密闭的容器。容器底部所加液体必须与杂交混合液中盐的浓度相同，并要防止容器顶部水滴流入玻片上，使杂交混合液中探针过度稀释而影响杂交结果。为了防止杂交混合液的蒸发，还可在杂交混合液上加盖一张硅化的盖玻片，其边缘用橡胶水泥封闭，用石蜡封闭也可以很好地防止杂交混合液蒸发。

3. 探针和靶DNA的变性 在进行杂交反应之前，探针和靶DNA以及封阻DNA都必须变性成为单链DNA。RNA探针虽是单链，但有时也会局部形成分子间的双链，因此，通常也进行变性处理。靶RNA作为单链分子固定在核质中，所以无须变性。变性方法可分为两种，即探针和靶DNA分别变性和共变性，普遍认为后者优于前者。共变性操作如下：

（1）准备一加盖的大培养皿，垫滤纸，用2×SSC浸润，并在水浴或温箱中预热至所需的变性温度。

（2）将杂交混合液于70 ℃预变性约10 min，迅速冰冷约5 min。

（3）每张制片视盖玻片大小加30～40 μL杂交混合液，加盖玻片，置预热的培养皿中。

变性的温度和时间：变性温度可根据双链的解链温度T_m计算其近似值。但实际应用的变性温度应比T_m值高，RNA-DNA杂交，应高于T_m 10～15 ℃；RNA-RNA杂交，应高于T_m 20～25 ℃。DNA双链大于250 bp（在溶液中），T_m的经验式如下：

$$T_m=0.41[GC]+16.6\lg M-500/n-0.61N+81.5$$

式中，[GC]为探针的GC含量（%），如果不清楚，对禾谷类植物一般可按45%计算；M是指杂交混合液中单价阳离子（Na^+）的浓度（mol/L）；n是探针的长度（通常为250～500 bp）；N为甲酰胺体积分数浓度（%）。

在实际工作中，变性的温度变异较大，这是由于靶DNA是在染色体上，因物种不同、细胞类型不同以及固定的不同而变动。因此，各种不同植物或同一植物染色体DNA的变性温度和时间，不同研究人员采用的程序也不尽相同，没有统一的标准，靠试验来确定。

探针变性后，要迅速进行杂交反应。

4. 杂交 探针变性后迅速将培养皿和材料转入所需温度的温箱中，杂交过夜。

（1）杂交温度。杂交温度应低于杂交体的T_m 20～30 ℃。原因是在这一温度下的杂交反应得到的杂交率最高。一般，当杂交混合液含50%甲酰胺、盐浓度为0.75 mol/L左右时，DNA探针的杂交温度约为42 ℃，RNA探针为50～55 ℃，寡核苷酸探针约为37 ℃。

（2）杂交时间。杂交反应的时间可能随着探针浓度的增加而缩短，但在一个相当大的范围内，杂交反应应在4～6 h内完成。但为稳妥起见，一般将杂交反应时间定为16～20 h。为了工作安排方便，可将杂交混合液和标本孵育过夜，从现在的文献看无明显的不良结果。然而，杂交反应的时间不要超过24 h，反应时间过长，形成的杂交体会自动解链，杂交信号反而减弱。

5. 杂交严格度 杂交体双链间碱基的相互配对程度，可影响杂交体的稳定性。在温度较低的情况下，探针不仅可与碱基对完全互补的特异性靶核酸序列相结合，同时也可以与含不相配碱基对的类似序列结合。这种决定探针能否与不相配碱基对核酸序列结合而形成杂交体的条件即为杂交严格度。在高严格度下，只有碱基对完全互补的杂交体才稳定；而在低严格度下，碱基对并不完全互补的杂交体也可形成。影响杂交严格度的主要因素有甲酰胺的浓度、温度和盐浓度等。低甲酰胺浓度、低温度及高盐浓度的条件即为严格度低，反之严格度就高。

用下面的方法可以改变严格度：①盐浓度可以在 0.3 mmol/L 和 15 mmol/L（2×SSC 至 0.1×SSC）之间变动；②甲酰胺浓度可在 10%～60%范围内变动；③改变杂交和杂交后洗涤的温度。这 3 个条件也可结合起来使用。

上述条件，与封阻 DNA 方法结合起来使用，可以对探针和目标之间可检测到的序列同源程度进行微调（Schwarzacher 等，1992；Leitch 等，1994）。原位杂交的一个主要优点就是，其杂交反应的特异性可通过调节反应条件而进行精确的控制。

六、杂交后处理

杂交后处理的目的是除去未参与杂交体形成的过剩的探针，除去探针与组织标本之间的非特异性结合，从而减低背景，提高信噪比。杂交后的处理分为高严格度和低严格度两种。高严格度处理，只有碱基完全互补的特异杂交体得以保存。反之，低严格度处理，染色体上原位杂交的信号会增多，但非专一性的背景信号也随之增强。一般认为，最好先用低严格度洗脱，再根据杂交信号强弱及背景情况决定是否用高严格度处理。

一般的洗脱程序如下：①用 2×SSC 于 42 ℃洗脱盖玻片。②在 20%甲酰胺（0.1×SSC 配制）中于 42 ℃下洗脱 2 次，每次 5 min。③用 2×SSC 于 42 ℃下洗脱 3 次，每次 3 min。④冷却 5 min。⑤室温下，用 2×SSC 洗脱 3 次，每次 3 min。⑥用 2×SSC 于 42 ℃下和室温下洗脱各一次，每次 5 min。

七、杂交信号的检测

标本经杂交后处理，即可对杂交体进行检测，检测的方法因探针的标记物不同而异。20 世纪 80 年代以前，用于染色体原位杂交的探针，主要用放射性同位素标记，杂交信号用敏感性高的放射自显影技术进行检测。80 年代以后，相继发展了一些非放射性标记和检测系统，由于其安全性好，省时方便，而且可以几种探针同时杂交等优点，现已为大家普遍采用。

非放射性原位杂交，由于标记物种类较多，所用的检测方法要根据标记物的性质而定。常用的非放射性标记探针原位杂交信号的检测主要有两个途径：①直接检测探针标记物；②用免疫组织化学或亲和组织化学间接地检测探针标记物。

（一）直接检测探针标记物

如果用荧光素标记探针进行原位杂交，杂交信号可直接在荧光显微镜下观察。如果用辣根过氧化物酶或碱性磷酸酶标记探针，原位杂交的信号可用相应底物的酶促反应来显示。常用的底物与酶的反应为：过氧化物酶与 DAB 成色反应，碱性磷酸酶与 BCIP-NBT 成色反应。直接检测探针标记物的方法，操作简便，但敏感性较低。

（二）用免疫组织化学或亲和组织化学间接地检测探针标记物

生物素标记探针原位杂交，其杂交体可以根据卵白素-生物素亲和组织化学原理，或生物素-抗生物素抗体的免疫组织化学原理进行检测。地高辛精标记探针原位杂交，可用特异性抗地高辛抗体用免疫组织化学技术检测。所用的报告分子可以是辣根过氧化物酶、碱性磷酸酶、荧光素或胶体金等。其主要优点是既可用荧光检测，也可用酶反应检测。此外，检测还可以多级放大。缺点是色彩分辨率较低，并且实验步骤较复杂。

1. 生物素标记探针杂交的检测

(1) 试剂。

①BSA 封阻液。5%(质量体积分数)BSA,用 4×SSC-吐温(0.2%吐温 20,用 4×SSC 配制)。

②偶联的 avidin。稀释适当的偶联物至 BSA 封阻液中,如表 8-3 所示。

表 8-3 偶联的 avidin

检测系统	avidin 偶联物	使用浓度/(μg/mL)
荧光	Texas 红	5
荧光素	藻红蛋白	5
酶	辣根过氧化物酶	10

③正常的山羊血清封阻液。5%(体积分数)山羊血清,用 4×SSC-吐温配制。

④5 μg/mL 生物素标记的抗生物素蛋白。用山羊血清封阻液配制。

(2) 方法。

①制片在 4×SSC-吐温中处理 5 min。

②每片加 200 μL BSA 封阻液,加盖玻片,处理 5 min。

③去盖玻片,甩干 BSA 封阻液,加 30 μL 偶联的 avidin,加盖玻片,于 37 ℃温育 1 h。

④用 4×SSC-吐温于 37 ℃洗涤 3 次,每次 8 min。

⑤在制片上加 200 μL 正常山羊血清封阻液,加盖玻片,处理 5 min。

⑥甩去上述溶液,加 30 mL 生物素标记的抗生物素蛋白,加盖玻片,37 ℃温育 1 h。

⑦用 4×SSC-吐温于 37 ℃洗涤 3 次,每次 8 min。

⑧在 BSA 封阻液中处理 5 min。

⑨同步骤③。

⑩用 4×SSC-吐温在 37 ℃下洗涤 3 次,每次 8 min。

2. 地高辛标记探针杂交的检测

(1) 试剂。

①BSA 封阻液。5%(质量体积分数)BSA,用 4×SSC-吐温(0.2%吐温 20,用 4×SSC 配制)配制。

②抗-地高辛偶联物(取自绵羊)。稀释适当的偶联物在 BSA 封阻液中,如表 8-4 所示。

表 8-4 抗-地高辛偶联物

检测系统	抗-地高辛偶联物	使用浓度/(μg/mL)
荧光	荧光素	5
	罗丹明	10
酶法	过氧化物酶	7.5

③正常的兔血清封阻液。5%(体积分数),用 4×SSC-吐温配制。

④偶联的兔抗羊 IgG。稀释适当的偶联物于正常兔血清封阻液中,如表 8-5 所示。

表 8-5 偶联的兔抗-羊偶联物

检测系统	兔抗-羊偶联物	使用浓度/(μg/mL)
荧光	FITC	25
	罗丹明	25
酶法	辣根过氧化物酶	13

（2）方法。

①制片在 4×SSC-吐温中处理 5 min。

②加 200 μL BSA 封阻液，加盖玻片，处理 5 min。

③去盖玻片，甩干封阻液，加 30 μL 抗-地高辛偶联物，加盖玻片，37 ℃温育 1 h。

④在 4×SSC-吐温中 37 ℃洗涤 3 次，每次 8 min。

⑤加 200 μL 正常兔血清封阻液，加盖玻片，处理 5 min。

⑥甩干，另加 30 μL 标记的兔抗-羊偶联物，于 37 ℃下温育 1 h。

⑦同步骤④。

3. 辣根过氧化物酶检测 辣根过氧化物酶氧化 DAB（diaminobenzidine）可以在杂交原位点形成棕色沉淀。DAB 的沉淀物也可以用银处理加以放大。

（1）试剂。

①DAB 检测试剂。5 mg DAB 溶于 5 mL 水中，再加 9.5 mL 50 mmol/L Tris-HCl（pH7.4）。

②银放大溶液 A。0.2%（质量体积分数）硝酸铵、0.2%硝酸银、1%钨硅酸、0.5%（体积分数）甲醛。

③银放大溶液 B。5%（质量体积分数）Na_2CO_3。

（2）方法。

①从 4×SSC-吐温中取出制片甩干，加 200 μL DAB 检测液，在 4 ℃暗处理 20 min。

②甩干制片，再加 200 μL DAB 检测液（新配制的 30% H_2O_2 贮存液 1 份加 2 份 DAB 检测试剂），4 ℃处理 20 min。

③加过量水终止反应。

（3）DAB 沉淀的银放大。

①银放大溶液 A 和银放大溶液 B 等量混合，立即加 500 μL 至制片上，加盖玻片，置显微镜下监测银粒沉淀。

②加过量水终止反应，并加 1%乙酸处理 2 min。然后复染和封藏。

八、复染和封藏

1. Giemsa 复染和封藏

（1）试剂。

①Sorenson 缓冲液。0.03 mol/L KH_2PO_4 和 0.03 mol/L Na_2HPO_4，pH 6.8。

②4% Giemsa（用上述缓冲液配制）。

（2）方法。

①Giemsa 染色 10 min。

②蒸馏水淋洗，空气干燥。

③DPX 或 Euparal 封藏。

2. 荧光染料复染——DAPI 和 PI DAPI 的激发光（紫外光）和发射光（蓝光）的波长均不覆盖 Texas 红、罗丹明或 FITC 的荧光。此外，PI 也可以用于 FITC 的复染，前者为红色，后者为绿色荧光。各种荧光染料的最大激发光和发射光波长见表 8-6。

（1）试剂。

①Mcllvaine 缓冲液（pH 7.0）。0.1 mol/L 柠檬酸 1.8 mL 与 0.2 mol/L Na_2HPO_4 82 mL 混合。

②DAPI。100 μg/mL DAPI 溶于水，为贮存液，在−20 ℃下保存。贮存液用 Mcllvaine 缓冲液稀释至 2 μg/mL 为工作液。此液也可在−20 ℃下保存。

③PI。100 μg/mL PI 溶于水，为贮存液，在−20 ℃下保存。使用前用 4×SSC-吐温稀释为 2.5 μg/mL。

表 8-6　荧光素的波长和颜色

荧光染料信号发生系统	最大激发光波长/nm	最大发射光波长/nm	荧光颜色
coumarin AMCA*	350	450	蓝
fluoresce* FITC	495	515	绿
R-phycoerythrin	450～570	575	红
Rhodamine*	550	575	红
Texas 红	595	615	红
DNA 复染	430	570	黄
chromomycin A	355	450	蓝
DAPI	356	465	蓝
Hoechst 33258	340～530	615	红

注：* 表示能与核苷酸直接偶联。

（2）方法。

①每片加 100 μL DAPI 或 PI，加盖玻片，处理 10 min。

②用 4×SSC-吐温稍加洗涤，抗衰减剂封藏。

注意：PI 不能与 Texas 红、罗丹明等红色荧光染料复染。

3. 抗衰减剂封藏　荧光染料染色后，为防止荧光快速衰减，可用 90%（体积分数）甘油加 10 mg/mL 对苯二胺配制抗衰减剂封藏。

九、观察和摄影

1. 明视野显微镜观察　褐色的 DAB 用 Giemsa 染色后呈蓝色。

2. 荧光显微镜观察　荧光显微镜检测的原理是用一定波长的光激发荧光染料中的电子，使它们跃迁到外层电子层。这些激发的电子很不稳定，在回到稳定状态的过程中将释放能量，即发射荧光。激发光通常是用高压汞或氙电弧灯产生，它可以发射出高强度的所需波长的光。用滤光镜选择合适的激发波长的光后，即可以显示某一特定的荧光染料。最常用的荧光染料有 DAPI（在紫外光激发下发出蓝色荧光）、FITC（蓝光激发下发出绿色荧光），以及罗丹明和得克萨斯红（绿光激发下产生红色荧光）。

3. 拍摄　拍摄原位杂交荧光可能比较困难，因为通常荧光信号仅占图像的一小部分，并且背景黑暗。显微镜带有的自动照相设备是根据整个拍摄视野的光来计算曝光的，取的是荧光周围黑暗区域的平均值，因此会使拍摄的照片曝光过度。使用点测量设备或者在显微镜照相机上的暗视野设置或者手动控制曝光时间，这个问题即可迎刃而解。还有一种方法，即在预期曝光设置以下至少选两个设置曝光：①对于明亮的原位杂交信号，其曝光时间为 10～30 s；②对于较弱的原位杂交信号，例如低拷贝探针的信号，可能曝光时间要达到 5 min；③DAPI 图像通常比原位杂交信号亮得多，则仅曝光数秒即可。

十、载玻片的再杂交

拍摄之后，载玻片可以进行再次杂交，可以加入另外的探针进行杂交以获得更进一步的信息，也可以用一个已鉴定的探针杂交来确认该染色体。

十一、对　　照

对于任何原位杂交试验，定好合适的对照确定探针杂交的特异性是十分重要的。当试验失败时，对照也有助于找出失败的问题所在。针对试验的各个不同方面，人们使用不同类型的对照。

1. 阳性对照 阳性对照是用来证明所使用的变性、杂交及检测试剂均反应正常。如果阳性反应正常而试验的载玻片失败，就表明试验用的探针有问题，并非是原位杂交反应本身的问题。阳性对照包括那些靶序列已知在试验中以多拷贝存在的探针，如核糖体DNA探针。

2. 阴性对照 一是用来确定非特异性标记的程度。不使用任何探针或者同一个在试验材料中不存在的不相干的探针，或者用来标记的目的DNA序列，以此进行试验。二是用来确定杂交的特异性。在不同的严格度条件下进行试验，随着严格度的增加，杂交位点的数量会减少。在较高的严格度条件下，留下的只有那些与目的序列相对应的特异的杂交位点。

十二、疑难解答

由于原位杂交的时间较长，步骤较多，不可避免地会产生很多问题。表8-7列举出常见的问题，以及这些问题可能产生的原因和解决办法。

表8-7 问题产生可能的原因和解决办法

问　题	可能的原因	可能的解决办法
•实验材料丢失	用于染色体制备的载玻片上有污垢或油脂	用于染色体制备的载玻片必须彻底清洗（例如用铬酸清洗），另一种办法是用能够“附着”染色体材料的溶液包裹载玻片
•信号弱或没有（染色体形态良好）	探针未标记，因而检测试剂无法检测	经常检查探针，确保标记掺入
	如果用高度重复探针时，在样品及阳性对照上均无信号，那么有可能检测试剂不行	配制新鲜的检测试剂，不要储存稀释的抗体或抗生物素蛋白/抗-抗生物素蛋白溶液。尽可能地用与探针点杂交测试相同的检测试剂进行原位杂交，保证检测试剂没有问题
	探针未能完全变性至单链，因而不能与染色体上的靶序列进行杂交	检查一下水浴温度是否为76 ℃。加热后将杂交混合液放在冰上至少放置5 min，防止单链DNA“回咬”形成复合物
	染色体DNA未能完全变性至单链，因此探针无法进入DNA序列	检查变性溶液的温度。可能有必要除去与DNA结合的蛋白，特别是当目的序列接近或位于染色质内时。可用胃蛋白酶处理材料。另一种办法是在同一张载玻片上重复原位杂交步骤，而变性时间延长1 min。重新变性可能有助于探针进入
	严格度过高	如果探针与目的序列不完全相同，那么应降低严格度，让那些虽不相同但很接近的序列杂交上
	用碘化丙锭过度复染可能使原位杂交信号变暗，特别是当原位杂交信号较弱时	移去盖玻片脱色，在BT缓冲液中洗涤2次，每次15 min，然后再封藏
•信号弱或没有（染色体用DAPI复染较弱且边缘参差不齐）	染色体温度变性导致材料中的DNA过量损失。正确的变性条件是由目的序列以及其被DNA结合蛋白保护的程度决定的。要取得最佳的变性效果，不同的序列可能需要略微不同的预处理条件	进行染色体固定可减少变性过程中DNA的损失。例如，在脱水之前，将载玻片放在乙醇-醋酸（3∶1）中固定10 min。另一种办法是使变性时间缩短。需要根据经验确定每一个新材料的条件
	载玻片太旧（大于1个月）且/或保存不正确。在旧载玻片上染色体DNA可能降解，在原位杂交过程中易丢失	载玻片应在−20 ℃条件下干燥保存，保存期不超过1个月
•信号弱或没有（染色体周围有明亮的绿色自发荧光）（在FITC滤光镜下）	有太多的细胞质，阻止探针及检测试剂进入染色体。细胞质还可能妨碍染色体的变性	用胃蛋白酶处理染色体可能对细胞质较多处有所帮助。可能的话，采用无细胞质污染的染色体

（续）

问　　题	可能的原因	可能的解决办法
·有信号，但呈块状	如果试剂未混合充分，或者在保温前盖玻片下面的气泡没有排除，都会造成信号呈块状	用前将所有试剂涡旋振荡，特别是杂交混合液，因为硫酸葡聚糖非常黏稠，易沉于小管底部。盖上盖玻片时应小心，减少气泡的产生。如果出现气泡，轻轻地抬起或放低盖玻片数次，将气泡拉至边缘
·载玻片上遍布背景信号	探针与材料的非特异性结合 检测试剂与材料的非特异性结合	增加洗涤步骤的次数及时间，但是要注意不要过度洗涤，以免损坏或丢失材料 总是使用新鲜稀释的检测试剂，并在用前过滤除菌。降低检测试剂的浓度也可有助于降低背景
	倘若目的序列已经表达，转录的 RNA 与目的序列同源，可与探针结合	RNA 酶 A 处理非常重要，可去除这一个背景来源
·背景信号限于染色体上	严格度太低	提高严格度，排除那些与目的序列部分同源的 DNA 序列与探针的杂交
·ISN 信号和复染剂耀眼闪亮	封闭后，载玻片上残留了太多的甘油 保存了数月的载玻片通常会出现耀眼光亮及背景荧光增强的现象	尽可能地挤出盖玻片下面的封藏剂，因为封藏剂中的甘油会产生耀眼的光 小心地移去盖玻片，用 BT 缓冲液洗涤 3 次，每次 2 min

第三节　RNA 原位杂交技术

RNA 原位杂交与染色体原位杂交相比较，由于 RNA 很容易被 RNA 酶降解，因此对操作过程的要求更为严格。整个操作过程中应尽量避免 RNA 酶污染，耐高温器皿 180 ℃烘烤 8 h 以上，其他器皿用氯仿冲洗；溶液用 0.1%焦碳酸二乙酯（DEPC）处理或 DEPC-I-120（DEPC 处理过的蒸馏水）配制，DEPC 是一种 RNA 酶强烈抑制剂。

一、取材、固定

取材、固定是 RNA 原位杂交非常重要的第一步。其目的在于避免组织中核酸的降解，保存组织的形态结构，以及增加组织的通透性。由于 DNA 比较稳定，而 RNA 很容易降解，所以当检测细胞、组织中 RNA 时，对取材、固定的要求更为严格。

组织应尽可能新鲜。由于很多 RNA 降解速度很快，所以一般新鲜组织和培养细胞应在 30 min 内固定。为了避免外源性 RNA 酶引起靶组织中 RNA 丧失，取材时应戴手套。所用的器械、容器都要经高压消毒，或清洁后用 DEPC 处理水清洗。要避免用含 RNA 酶的手指直接接触组织、器械、容器和溶液等。

化学固定剂有沉淀固定剂和交联固定剂两类，常用的沉淀固定剂有乙醇、甲醇和丙酮等，交联固定剂有聚甲醛、甲醛和戊二醛等。经用沉淀固定剂固定的组织通透性较好，利于探针穿入组织。但是沉淀固定剂可能引起 RNA 活性的丧失，而且组织的形态结构保存也不十分理想。醛类交联固定剂可较好地保存组织中的 RNA，对组织形态结构的保存也优于沉淀固定剂。但是组织经像戊二醛这样的强交联固定剂固定后，通透性很低，致使探针进入组织很困难。一般认为，4%聚甲醛对用 cRNA 探针检测 mRNA 的组织固定较为适宜。它既能有效地保存靶 RNA 和组织的形态结构，又可使组织具有一定的通透性。

固定的时间也很重要。时间太短，组织细胞固定不良，不论是形态结构还是核酸的保存都不理想。时间过长，可能会降低靶核酸对探针的可及性，从而使杂交信号减弱。适宜的固定时间取决于固定剂的种类及组织对固定剂的可透性。

二、标本制备

制片方法有多种，如冷冻切片、石蜡包埋切片、PEG包埋切片、树脂包埋切片以及微小材料的整体制片。冷冻切片的优点是速度快，不需要花太长的固定和包埋时间，尤其对谷粒等坚硬材料有利；缺点是组织切片不容易保持完整性。石蜡包埋切片应用最广泛，因为其切片能较好地保持细胞形态并能长期保存。PEG包埋和树脂包埋切片能够保持更加精细的细胞结构，对胚珠等幼嫩的材料尤为有利。

不论采用哪一种方法制备标本，在制备时要尽量避免RNA酶的污染。操作时要戴手套，要用70%酒精或10%SDS擦洗工作面、切片机的刀架、摇柄和载物台等手常接触的部位，以及镊子、刷子等用具。所用的载玻片要清洗干净，使其不含RNA酶。为了牢固粘贴切片而不至于在脱蜡、脱水、复水、预杂交、杂交、冲洗等一系列复杂过程中脱落，粘片剂的选择是很重要的。一般采用50 μg/mL聚赖氨酸或0.15%～1%明胶+0.01%～0.25%硫酸铝钾。将洁净载玻片浸入粘片溶液中使整个载玻片都涂上粘片剂。

切片厚度可根据具体情况而定。如果靶组织中待测mRNA的量较少，所采用的原位杂术技术敏感性较低，为了能在局部得到较多的信号，切片可厚一些（10～15 μm），反之，切片则可薄一些（2～5 μm）。

如制备石蜡切片，展片时要用含0.04%DEPC的双蒸水。一般都用温台展片。制成的石蜡切片置于52 ℃烤箱过夜，随即可用来做原位杂交。经烤干的切片也可在室温下保存。

冰冻切片可以用恒冷箱切片机制备新鲜组织或固定组织的切片。制成的冰冻切片置37 ℃干燥4 h或过夜后，即可进行原位杂交。也可将切片放在置于装有干燥剂的密闭容器内−70 ℃保存1年，或将切片浸在70%酒精内4 ℃保存1年。用新鲜组织制备的冰冻切片，最好先用固定剂固定（如用4%聚甲醛固定10 min），然后再干燥，−70 ℃保存或在70%酒精中4 ℃下保存。

三、探针及标记

探针有3种类型：DNA探针、RNA探针和寡核苷酸探针。双链DNA探针最先用于原位杂交，其优点是比RNA探针难以降解，分子大（>1 kb），能在细胞内形成网络而放大信号。但DNA探针很少用来做探测细胞内mRNA的原位杂交，这是因为双链DNA有义链和反义链之间的复性会使能与靶mRNA结合的有效探针明显减少，而细胞内的RNA一般拷贝量较少，双链DNA探针检测的灵敏度太低。

RNA探针使用最为广泛。其优点是比双链DNA敏感性强，不需要变性。RNA-RNA杂交体比DNA-RNA杂交体要稳定得多，而且可以使用较高的杂交和洗涤温度以减少非特异性信号。RNA探针的最大优点是反义链和有义链都可以分别体外转录，而有义链可作为非特异性杂交的背景对照。杂交后还可用RNA酶处理，以除去未结合的探针，而RNA-RNA杂交体则不受RNA酶的影响。RNA探针的缺点是，制备过程比较复杂，需要分子生物学的实验条件；它对RNA酶敏感，易受RNA酶破坏，因而在操作时要谨防RNA酶污染。

寡核苷酸探针是单链DNA，很容易化学合成，且方法简便，不需要复杂的分子生物学实验条件；探针一般较小，组织穿透性好；可根据目的基因的特异性序列设计探针，因而特异性强；合成寡核苷酸探针性质上是脱氧核苷酸，所以对RNA酶不敏感，因而它要比RNA探针更稳定，而且便于操作。其缺点是末端标记的量少而影响其敏感性，并因杂交体的热不稳定性而引起杂交特异性的明显降低。

探针标记物大致可分为同位素和非同位素两类。应根据具体要求选择标记物，如敏感性、速度、分辨率和安全性。但是，这些因素有时是相互冲突的。我们一般将分辨率和敏感性作为主要因素来综合考虑。

同位素标记物主要有^{32}P、^{35}S、^{3}H。它们都以不同的动能发射β粒子。^{32}P以高能β粒子引起较宽范围的银粒散射而短期内（3～5 d）产生可检测到的信号，但没有单细胞水平的分辨能力，适合于组织区域性快速mRNA定位。^{3}H具有最低的比活性和β粒子发射穿透力，能获得很高的分辨率但需要长达3～6周的放射自显影过程。原位杂交的敏感性和放射自显影效果最好的是^{35}S，能在较短时间内（5～10 d）获得较高分辨率的细胞RNA定位，应用最为广泛。

非同位素标记物主要有生物素、地高辛精、二硝基苯酚、溴脱氧尿苷等，为半抗原物质，通过免疫酶促显色反应、免疫荧光反应或胶体金来检测信号。以前因非同位素标记探针比同位素标记探针敏感性和分辨率差而较少使用。现在，非同位素标记探针不仅在精确定位方面达到甚至超过了同位素标记探针水平，而且还具有同位素标记探针所没有的优点。例如，免疫荧光系统可以多级放大，提高信号的检出率和信噪比；可与各种显微摄影技术（如共聚焦激光扫描显微镜、数字成像系统等）配合进行精确的比色定量分析；能使用两种以上的探针同时标记不同的靶RNA进行多色荧光原位杂交。另外，非同位素标记探针还有安全、保存时间长、操作方便等优点。DNA和寡核苷酸探针的标记方法有随机引物法、缺刻平移法和PCR法等，RNA探针标记的方法为体外转录。

四、杂交前处理

杂交前处理有两个目的：一是使探针更易接近靶RNA，二是降低非特异性杂交背景。动物组织的预杂交处理包括脱蜡（石蜡切片）、0.2 mol/L HCl处理、70 ℃热处理（冷冻切片）、蛋白酶K处理和乙酰酐处理。脱蜡处理增加探针的穿透性；酸处理打断mRNA二级结构，分离核糖体；热处理使切片粘贴更加牢固；蛋白酶K部分消化蛋白质以及打断蛋白质与RNA的交联；乙酰酐可中和组织中的正电荷以减少探针的非特异性杂交。植物组织原位杂交借鉴了这些处理步骤，但不同的研究者均做了必要的修改。

五、杂交反应

杂交条件对杂交信号的特异性和敏感性影响很大。杂交条件的主要参数包括杂交温度、探针浓度和杂交持续时间，它们随探针长度和溶液与组织对探针的竞争性不同而变化。常用的杂交温度为40 ℃和45 ℃，但其范围可以为37～60 ℃。尽管杂交信号在几小时内就可检测到，但为了方便起见，一般都在湿盒内过夜。杂交混合液成分在不同的研究中有些变化，但都含有盐、甲酰胺、葡聚糖、二硫苏糖醇和RNA传递体［如poly（A）和酵母tRNA］等。高浓度盐促进稳定，甲酰胺降低所需温度，葡聚糖逐渐析出杂交混合液中的水分而相应增加探针浓度以提高杂交效率，二硫苏糖醇减少探针的非特异性杂交背景，RNA传递体使探针均匀分布。另外，还有一些成分如Denhardt's液能使探针的非特异性信号减少，但常被省略。

六、杂交后的处理

杂交后处理的目的是通过严格的清洗而除去过量的探针。对于RNA探针还可以用RNA酶消化。

七、杂交信号的检测和对比染色

同位素标记探针与组织切片中靶RNA杂交后，用X光片或乳胶进行放射自显影。显影时间长短主要取决于mRNA丰度和标记探针的同位素种类。乳胶的稀释既要混匀又要少搅拌，以免产生气泡而增加背景颗粒。可以先将几张空白载玻片浸入乳胶中以除去气泡。乳胶不能重复使用。放射自显影后的切片染色有多种染料。Dow等比较了曙红Y、俾斯麦棕、氯唑黑、固绿、甲苯胺蓝和天青B，结果显示，用天青B和甲苯胺蓝对染获得最好的组织染色和银粒反差。非同位素标记探针杂交后，进行免疫酶促反应或免疫荧光反应。以地高辛标记探针为例，在抗地高辛抗体免疫反应过程中，胎牛血清、正常绵羊血清和正常的兔血清均能起封阻作用。组织中的内源碱性磷酸酶能严重干扰显色过程。Levamisole是哺乳动物碱性磷酸酶的有效抑制剂。但对植物内源碱性磷酸酶的抑制效果不佳。而现在还没有找到一种理想的抑制剂。5-溴-氯-3-吲哚磷酸（BCIP）-氮蓝四唑（NBT）显色反应很慢，导致反应中间产物（吲哚酚）渗出至反应液中，从而干扰杂交位点的精确定位并引起终产物的损失而降低信号。Block等发现，聚己烯醇（PVA）能减少这种渗出而增强信号。他们的试验结果表明，10%的10 ku PVA能增强信号5～10倍，10%的70～100 ku PVA能增强信号至少20倍。

八、RNA原位杂交结果的评定

1. 特异性与敏感性 核酸原位杂交的特异性主要由杂交的严格度所决定。在对mRNA定位的原位杂交中，非特异性杂交最常见的原因之一就是探针与tRNA的非特异性结合。因此在进行原位杂交之前，必须先应用Northern杂交以检测探针的不同严格条件，以此评定原位杂交的结果。除了探针的非特异性结合之外，检测系统亦是导致非特异性结果的原因之一。生物素、地高辛（地高辛或地高辛精均可）标记的探针常用免疫组织化学方法检测，在许多组织和细胞中含有内源生物素和酶，而出现假阳性结果。

高度敏感性是原位杂交的优点之一，用放射性标记的RNA探针可检测到细胞内20个拷贝mRNA，而双链DNA经缺刻标记的探针则需200个以上拷贝的mRNA。同时，固定与杂交的条件则随杂交检测目的而异。不均一组织中mRNA的检测则更为复杂，敏感性更难以评定，因此每一次反应中必须有阳性和阴性对照。取材后若不及时固定，可能会由于mRNA降解而出现假阴性结果。探针的长短、浓度，在组织中的穿透能力，杂交及杂交后处理的严格性，检测系统的灵敏性等都可产生假阳性和假阴性结果。

2. 对照的选择 原位杂交有高度的敏感性和特异性，但这种优点如无确切的阳性或阴性对照则很难评定，因此除探针的选择应经过鉴定之外，必须在每次试验中选择阳性和阴性对照。阳性对照可用：①Northern印迹杂交；②将原位杂交与免疫组织化学联合应用；③用已知阳性组织对照。阴性对照可用：①用已知的阴性组织；②用正义RNA探针；③省去标记探针；④杂交前用RNA酶或DNA酶消化处理切片；⑤标记探针与未标记探针的竞争试验等。此外，核乳胶或其他显色系统应先进行本底检测，以排除假阳性和假阴性。

3. 原位杂交结果的定量分析 原位杂交不仅可以精确确定靶mRNA的时空表达位置而且能定量分析其表达水平。当然现在还不能计算杂交体的绝对量以及与靶mRNA拷贝数的关系。事实上，很难使RNA保存率和杂交率以及控制程序标准化，而只能将供试组织与对照做相对定量分析。通常通过杂交细胞的闪烁计数或核乳胶放射自显影颗粒进行定量分析。Dow等通过乳胶银粒计数对rRNA做定量分析，从而估算出核糖体相对数量。Nurnez等对杂交组织放射自显影的X光片进行光密度分析，将光密度测量数据与校正曲线比较并转换成单位放射活性浓度。

第四节 原位杂交的应用

原位杂交是在组织和细胞内进行DNA或RNA精确定位和定量的特异性方法之一。在植物基因的染色体物理作图、遗传转化材料分析、染色体识别、分子核型构建、异源多倍体物种进化、减数分裂染色体行为分析、外源染色体或染色体片段检测、染色体基因组在细胞中的空间排列以及植物基因表达的规律等研究中，取得了一些重要成果，展示了广阔的应用前景。

一、植物基因的染色体物理作图

植物染色体原位杂交是确定基因在染色体上物理位置的最有效的方法。它已被用于重复序列、多拷贝基因家族、寡拷贝和单拷贝基因的物理定位。玉米的蜡质基因被定位到玉米第九号染色体上，大麦的醇溶蛋白基因被定位到大麦的第五号染色体上，节节麦基因组专化的 DNA 序列被定位到小麦和山羊草物种的 D 组染色体上，决定 18S rRNA、26S rRNA 的成簇基因被定位在小麦、山羊草、黑麦、鹅观草、水稻、松、苏铁的中期染色体上。由于已有多种探针标记程序，因此，同时检测几种 DNA 序列已成为可能。在人类中期染色体上利用组合荧光素与数字图像显微技术已可同时观察到 7 种不同的 DNA 探针。在植物中，Leitch 等在黑麦染色体上同时检测和定位了两个高度重复的 DNA 序列。用生物素、地高辛和荧光素标记已能在一个细胞中检测多种探针并对各种序列进行定位。在小麦的单一染色体上已能以不同颜色检测出 5 种 DNA 探针。

通过原位杂交对 DNA 序列在植物染色体上进行物理定位，现在在植物分子生物学的很多研究领域正变得日益重要。原位杂交可以给人们提供基因和 DNA 序列在染色体上的位置和次序的新信息，这可有助于通过染色体步查分离目的基因的研究，也使人们可以对遗传图谱和物理图谱进行比较。这些结果已越来越多地用于将 DNA 序列与基因组高级结构、基因活性和遗传重组联系起来，并且用于阐明染色体进化的机制。除此之外，人们还用原位杂交来确定植物基因的转化，鉴定 DNA 插入的位点。

二、染色体识别、分子核型构建和异源多倍体物种进化等

用全基因组 DNA 作探针的原位杂交技术称为基因组原位杂交（GISH）。在这一技术中一个物种的 DNA 用作标记探针，而另一物种的 DNA 则不加标记并以高得多的浓度作为竞争者，此技术对于分子水平上识别染色体、构建分子核型、验证异源多倍体的亲本基因组十分有用。徐琼芳应用 GISH 对 Z_6 的中间偃麦草染色体供体亲本无芒中 4 号染色体组成进行了分析，证实 Z_6 的中间偃麦草是 1 对完整的非易位染色体。Schwarzacher 等用非洲黑麦的基因组 DNA 作探针，与杂种 *Secale africanum* × *Hordeum chilense* 根尖染色体进行杂交，在细胞周期的每个阶段都看到染色质呈红、黄两种不同颜色的荧光，杂交上的染色质发黄色荧光，未杂交上的染色质发红色荧光。在细胞分裂中期，有 7 条大的发黄色荧光的染色体和 7 条小的发红色荧光的染色体。长度测量表明，前者来自亲本非洲黑麦，后者来自 *H. chilense*。在间期和前期，来源于双亲的基因组似乎不是随机混合的，而是各自占据一个确定的区域。

异源四倍体的栽培烟草，其染色体数目 $2n=4x=48$，含 S 和 T 两个基因组，S 组的供体种一致公认为林烟草（*Nicotiana sylvestris*，$2n=2x=24$）；T 组究竟是耳状烟草（*N. otophora*，$2n=2x=24$）还是绒毛状烟草（*N. toementosiformis*，$2n=2x=24$），难以定论。用以上 3 个供体种的稀释总 DNA 为探针，分别与栽培烟草 DNA 进行点杂交发现，林烟草表现均一的强标记，耳状烟草和绒毛状烟草也均表现与栽培烟草有广泛的同源性，但标记强度明显低于林烟草。用烟草的特异性 DNA 分散重复序列为探针，与林烟草和耳状烟草的染色体原位杂交，均显示均一的颜色标记；而与绒毛状烟草杂交，则显示杂色标记，如果以 T 组两个种的 DNA 相互杂交，也显示类似的杂色标记染色体。因而认为，栽培烟草的 T 组实际包含两个供体种，即耳状烟草和毛绒状烟草渐渗杂交的产物。

三、减数分裂染色体行为的分析和外源染色体或染色体片段的检测

GISH是研究减数分裂染色体配对和交叉的有力工具。李义文在小麦和簇毛麦杂种减数分裂和染色体易位研究中，利用该技术不仅可以非常容易地分辨小麦和簇毛麦染色体的配对、错分裂以及细胞核中微核，而且可以观察到外源染色体减数分裂过程中形态变化、染色体易位的形成时期和频率。因此，它是揭示染色体易位细胞学机理的重要工具之一。

GISH也是植物远缘杂交中检测和追踪外源染色体或染色体片段的重要手段之一。在小麦-亲缘物种异源易位系的筛选与鉴定方面，以基因组DNA为探针的GISH发挥了很大作用，目前得到的易位系中绝大多数是利用GISH，并结合Giemsa C带分带等其他技术鉴别出来的。在鉴别易位或互换的细胞学技术中，银染联会复合体（Ag-SC）的电子显微镜观察可以准确定位易位的断点，但识别易位的染色体则十分困难。C带分带技术可以较准确地识别小麦-黑麦的易位染色体，但准确确定易位的断点比较难。应用染色体原位杂交技术，染色体易位断点以及易位的外源染色体大小都能清晰地显示出来。但是原位杂交在鉴定易位方面也有局限性，主要表现在无法确定易位所涉及的染色体上。最近发展起来的原位杂交/分带技术，将原位杂交和分带结合在一个试验中，使得经过一次试验就能分辨出易位断点的位置、易位片段的大小以及所涉及的染色体。原位杂交等新技术的应用将会进一步提高其检测外源染色体或片段的能力。

四、基因组的空间分布

基因组和同源染色体在细胞中的空间分布，是随机的还是有序的？这是一个重大的理论问题，因为它与染色体行为、基因的表达、DNA的复制以及基因组的进化密切相关。20世纪80年代以前，已有不少研究者用常规染色的压片法和切片法研究上述问题，但都因缺乏鉴别染色体的精确手段而争论纷呈。1982年，Bennett等采用石蜡和电子显微镜切片结合三维重建技术，研究黑麦×大麦杂种根尖细胞有丝分裂中期染色体着丝粒的空间定位，提出了不同基因组的染色体在分裂中期是呈区域性分布的假说。该假说的提出，再次激发了许多细胞学家的研究热情。基因组DNA分子原位杂交技术，它能准确地鉴别异源染色体组、单个染色体和染色体片段，是至今研究染色体空间分布的最佳技术。属间杂种、种间杂种细胞中的染色体，经各亲本基因组总DNA的探针标记和检测表明，不同种的染色体在杂种细胞中是呈区域性分布，而非随机混合分布的。但在有的属间杂种细胞中，DNA GISH显示，大部分间期核中仍维持有丝分裂后期的Rab构型，即着丝粒附着于核膜，端粒趋于另一极，并不呈现基因组的分离，至中期，两基因组才呈现分离现象。至于体细胞联合现象，李懋学等在芍药的根尖细胞中，戴灼华等在果蝇的神经细胞中都曾报道过此类现象。相反的报道也有不少，在大麦×球茎大麦的杂种根尖细胞中，则没有发现同源染色体联合的倾向。看来，染色体在细胞中的空间分布并不是固定不变的，在不同类型或在不同发育阶段可能有不同构型，因此，这个问题，还有待于更深入和更广泛的研究。

五、植物基因表达的规律

RNA原位杂交技术由于能够精确确定基因表达的时空分布，而得到了越来越广泛的应用。

1. 特异基因表达定位 RNA原位杂交技术从一开始就主要用于特异基因表达的空间定位，不但用于正常植物各种器官的组织发育，还用于体外培养器官发育的基因表达定位。Martineau等用RNA原位杂交技术检测C_4植物玉米，发现磷酸烯醇式丙酮酸羧化酶（PEPCase）mRNA只在叶肉细胞中积累，而1，5-二磷酸核糖羧化酶（RuBPCase）大亚基mRNA局限于维管束鞘细胞中表达。

Uchino 等进一步发现两栖草（*Eleocharis vivipara*）在陆生状态下为 C_4 植物，PEPCase 和 RuBP-Case 小亚基 mRNA 分别在叶肉细胞和维管束鞘细胞中表达；在淹水条件下为 C_3 植物，RuBPCase 小亚基 mRNA 在两种细胞中都表达，PEPCase mRNA 则都不表达。Coen 等通过原位杂交发现，调控金鱼草花序与花芽转型分生组织的 f_{10} 基因，在花芽发育的很早时期短暂地表达。f_{10} 基因最早在苞片原基中表达，然后在萼片、花瓣和心皮原基中表达，但不在雄蕊原基中表达。

2. 非特异基因表达定位 非特异基因虽然没有器官组织的表达特异性，但在植物发育过程中不同阶段有着表达量的时空差异。陈绍荣以钙调素或磷酸化酶反义 RNA 为探针，研究烟草和水稻有性生殖过程中钙调素和磷酸化酶基因的表达特征，发现钙调素基因主要在烟草和水稻花药发育早期强烈表达，集中在绒毡层、药隔维管束、花粉母细胞等部位，到发育成熟阶段则在表皮毛和花粉萌发孔等部位集中表达。水稻雌蕊中的钙调素基因主要在柱头、花粉管通道和退化助细胞中表达。水稻雌蕊中的磷酸化酶基因在柱头、花柱、子房壁以及维管组织中大量表达，而在胚珠中除合点部位外表达都很弱。积累淀粉的胚乳细胞在初期分裂阶段就比其他组织的表达量高，到成熟阶段则强烈表达。Weber 等研究了蔗糖运载体基因（*VfsuT1*）和已糖运载基因（*VfTP1*）在蚕豆（*Vicia faba*）种子发育过程中表达特征。这两个基因表达产物在营养器官和种子中都能检测到。在胚胎中，*VfsuT1* 和 *VfTP1* mRNA 只在表皮细胞中检测到，并有不同的时空特征。*VfTP1* mRNA 在覆盖具有有丝分裂活性的薄壁组织的表皮细胞中积累，而 *VfsuT1* mRNA 则在覆盖传递细胞和储藏组织的表皮细胞中表达。

3. 分离基因的功能分析 当前，RNA 原位杂交技术应用最广泛的方面是结合其他技术对分离的基因进行分析。其主要步骤包括 cDNA 文库构建、文库筛选、Southern 和 Northern 杂交分析、DNA 序列分析以及原位杂交定位分析等。其材料可以是正常植株或转座子、T-DNA 以及其他方法产生的突变体。Tstlchiya 等用水稻小孢子发育阶段的花药建立 cDNA 文库，并通过差异筛选分离出两个小孢子时期花药优势表达 cDNA（*Osc4*、*Osc6*）。cDNA 核苷酸序列和推演的氨基酸序列与已知的分子没有明显的同源性。Northern 杂交表明 *Osc4* 和 *Osc6* 在单核小孢子期的花药中强烈表达，而在二核和三核花粉期的花药中不表达。RNA 原位杂交进一步揭示 *Osc4* 和 *Osc6* 只在单核小孢子期花药的绒毡层中表达。这为 *Osc4* 和 *Osc6* 的功能分析提供了有用资料。Nadeau 等用差异筛选法从不同发育时期的蝴蝶兰胚珠中分离出 7 个 cDNA 克隆（*O39*、*O40*、*O108*、*O126*、*O129*、*O137*、*O141*）。Northern 杂交揭示，4 个克隆仅在胚珠中表达，并具发育阶段特异性克隆；1 个为花粉管特异克隆；另外 2 个为非特异性克隆。再通过序列分析和原位杂交确定了 *O39* 等 5 个基因的功能和时空表达位置。Luo 等从金鱼草中分离出第一个控制花不对称性基因 *cycloidea*。*cycloidea* 基因在非常早的时期就在花芽分生组织的远轴区域表达，此区域直接影响生长原基的起始和生长速率。*cycloidea* 基因在远轴内一直表达到发育后期，从而影响了花瓣和雄蕊的不对称性、细胞大小和形态。目前在结合 RNA 原位杂交技术分离基因的功能方面已积累了相当丰富的资料。

4. 基因家族的功能差异分析 基因家族成员在结构和功能方面既有同源性，又有时空表达差异。乙烯受体基因家族已分离出 5 个成员（*ETR1*、*ERS1*、*ETR2*、*EIN4*、*ERS2*）。Hua 等以拟南芥为材料，用 RNA 原位杂交技术检测这 5 个成员的表达特征，发现它们虽然都属于广泛表达基因，但有明显的时空表达差异。现在研究最为广泛的是 MADS box 和 Homeobox 等基因家族成员。

5. 外源基因在转基因植物中的表达定位 导入外源基因可以引起转基因植物产生各种类型的突变，而这些突变体是用于基因分离和功能分析、植物器官组织发育机制研究以及遗传育种的有用材料。烟草 *TA56* 基因启动子在不同发育时期花药的环形细胞团、裂口和药隔部位有表达活性。Beals 等将细胞毒素 *TA56/barnase* 基因与分别连接于 3 种不同启动子（TP12、TA20、LECTIN）的抗细胞毒素 *barstar* 基因同时导入烟草植株。用原位杂交技术检测含有 *TA56/barnase* 和 *TP12/barstar* 基因的花药。结果指出，*barstar* 和 *barnase* mRNA 均存在于含有 *TA56/barnase* 和 *TP12/barstar* 基因的花药中，*barstar* mRNA 表达水平高于 *barnase* mRNA 表达水平；内源 *TP12* 和 *TA56* mRNA 在

barnase/barstar 复合体存在条件下而免受降解。

6. 外源刺激引起的基因表达定位 外源刺激因素有光照、激素、低温、糖、盐等。Procissi 等用不同光照处理发育过程中的玉米种子，原位杂交试验显示其色素调节基因有光依赖性的时空表达差异。Peck 等用乙烯处理蚕豆，引起豆荚钩状结构顶端不对称性伸长，其基因表达有明显的位置差异。Perata 等发现糖抑制大麦胚胎中赤霉素依赖性信号传递途径，赤霉素诱导的 α 淀粉酶 mRNA 的表达在糊粉层细胞内未受影响，但在胚胎细胞中受到抑制，仅在盾片上皮细胞中表达。

六、荧光原位杂交技术用于微生物多样性和原位功能研究

近几年，应用荧光原位杂交（FISH）技术研究自然环境微生物多样性的报道较多，如河水和高山湖水的浮游菌体、海水沉积物的群落以及土壤和根系表面的寄居群落。FISH 技术也被用于监测环境中的微生物群落动态，如季节变化对高山湖水微生物群落的影响、原生动物的摄食对浮游生物组成的影响等。此外，应用 FISH 技术检测和鉴定未被培养的种属或新种属，如纳米比亚嗜硫珠菌（*Thiomargarita namibiensis*）、未被培养的芽孢杆菌属（*Bacillus*）细菌等。16S rRNA 为靶序列的 FISH 检测技术是快速可靠的分子生物学工具，可以不依赖培养方法监测环境样品中的种群并对其进行系统分类。这种方法用于检测活性污泥微生物群落结构和数目，同时对特异菌群进行空间定位和原位生理学的研究，如动胶菌属（*Zoogloea*）、不动杆菌属（*Acinetobacter*）。Silyn-Roberts 等应用 FISH 技术对废水处理湿地生物膜进行了研究，探明了影响氨氧化的主要功能菌群。Sekiguchi 等研究了升流式厌氧污泥床（UASB）中高温和中温颗粒污泥的厌氧微生物群落，揭示了微生物的空间分布和多样性，并对其原位生理学和功能进行了探讨。大多数专性共生的微生物都未被培养，应用 16S rRNA 能够进行鉴定和分类，然而不能从共生体区分出微生物，而应用 FISH 技术能够在共生体中对微生物进行鉴定和定位分析。

1. 原位杂交的基本原理是什么？
2. 原位杂交有哪些类型？
3. 染色体原位杂交的基本步骤有哪些？
4. 简述 RNA 原位杂交的基本步骤及其注意事项。
5. 原位杂交的主要用途有哪些？

第九章
生物显微化学

第一节 概　　述

生物显微化学亦称组织化学或细胞化学，它是应用化学药剂处理动物、植物的器官、组织或细胞，使其中某些微量的化学物质发生化学变化，从而产生特殊的染色反应，并通过显微镜来鉴定这些物质的性质及其分布状态的方法。显微化学以测定器官、组织和细胞中化学物质的含量和确定它们的分布及所在位置为主要内容。它是以组织学、细胞学、生物化学、分析化学及物理学等原理和技术作为研究手段的。

生物显微化学是组织学、细胞学、细胞形态学与化学、生物化学之间的边缘学科。其特点是不依赖经验的染色技术，而是根据已知的化学反应，在细胞原位上以化学反应显示该细胞的化学成分、性质、变化，从而将结构和机能紧密联系在一起。生物显微化学不仅有利于研究形态结构与功能和代谢的关系，定位显示化学性质和化学成分，而且还有利于确定细胞特征、细胞发生中的特征及化学成分的变化规律，有利于疾病和损伤状态下的诊断、鉴别诊断、病因机理等。因此，生物显微技术已广泛应用于动植物研究、生物医药研究、病理诊断等方面。

近年来，组织和细胞内物质的结构和功能关系的研究被日益重视，因此在生物学的研究中除了经常采用生物化学的分析手段外，还需用组织化学、细胞化学的方法去了解生物组织和细胞内物质的成分和分布情况，以进一步了解生物的生理活动机理。

一、生物显微化学的技术要求

生物显微化学一方面可以用来分辨细胞的结构及其与功能和代谢的关系，另一方面也可以用来定位观察细胞的化学性质和化学成分。它包括组织化学和细胞化学两个方面。为了在保证完好结构的同时显示其化学物质，显微化学技术必须满足下列条件：保持生物细胞在生活时原有的细微结构；保存生活细胞内在生活时的化学成分及酶的活性；所用的方法是已知的化学反应，具有高度的特异性；反应产物应是一种能形成稳定沉淀的有色物质（可供光学显微镜观察）或者电子密度高的物质（以供电子显微镜观察）。

显微化学技术具有在组织、细胞原位上定性和定位方面的特点，但是要完全实现这些特点是相当困难的。如所要显示的化学物质易受与其共同存在的许多其他物质和因素的影响，不如化学反应那样单一、明确；反应产物分布不均匀者很难准确定量。近年来虽然有了高精度显微分光光度计，但可测量的组织结构和化学物质仍然有限。

二、生物显微化学的研究内容

组成生物细胞的化学物质分为无机物和有机物两大类。无机物包括水分和无机盐，有机物包括蛋白质、脂肪、核酸和糖类等。因此，生物显微化学的研究内容如下：

1. 细胞中的无机盐和微量元素　如钙、镁、铁、铜、锌等。

2. 细胞中的有机物

（1）糖类。如葡萄糖、果糖、麦芽糖、蔗糖、淀粉、纤维素、果胶质、半纤维素等。

（2）脂类。如中性脂肪、磷脂、类固醇和萜类等。

（3）蛋白质。某些特定蛋白、某些氨基酸或功能基。

（4）核酸。核糖核酸（RNA）和脱氧核糖核酸（RNA）。

（5）酶。包括消解酶（如磷酸酶、酯酶、肽酶）、氧化酶（琥珀酸脱氢酶、过氧化氢酶、细胞色素氧化酶）、激酶、转移酶等。

（6）生物胺。如5-羟色胺（5-HT）、组织胺（HA）及肾上腺素类物质等。

（7）特异抗原。其化学本质可能是多肽、蛋白等上述化学物质，但为了强调其功能、方法上的特异性和应用而在此并列。

三、显微化学的研究方法与分类

（一）制片方法

生物制片的方法很多，但总的说来可以分为两大类，即切片法和非切片法。

（二）固定方法

固定的目的是将细胞生前的结构和化学物质都保存下来。固定的方法有物理固定法和化学固定法。

1. 物理固定法 如血膜在空气中快速干燥、冻结干燥等。

2. 化学固定法 如甲醇、乙醇、丙酮、甲醛、戊二醛和锇酸等试剂均能对细胞结构和其中的某些化学物质加以固定保存。不同化学试剂所保存的化学成分、对酶活性的影响、保存结构的细腻度均不相同。因此，要根据实验要求和组织化学反应，选择最佳的固定方法和固定剂。例如显示多糖常用乙醇固定，显示酶类多用甲醛丙酮缓冲液固定。

（三）显示方法

1. 纯化学反应 采用已知的化学反应，在细胞上生成有色沉淀以进行定位。绝大部分组织化学方法属此类。

（1）金属沉淀法。利用金属化合物在反应过程中生成有色沉淀，借以辨认所检查的物质或酶活性。如磷酸酶分解磷酸酯底物后，反应产物最终生成CoS或PbS有色沉淀，而显示出酶活性。

（2）偶氮偶联法。酚族化合物与偶氮染料结合后可以形成耐晒染料（即光照不易褪色）。借此，发展出许多细胞化学方法，以显示细胞中多种化学物质，如氨基酸、磷酸酶、酯酶等。

（3）Schiff反应法。细胞中的醛基可使Schiff试剂中的无色品红变为红色。这种反应通常用于显示多糖类（PAS反应）和脱氧核糖核酸（Feulgen反应），也可用以检查蛋白质（茚三酮Schiff反应）和不饱和脂类。

（4）联苯胺反应。利用过氧化氢酶分解 H_2O_2 产生氧，后者再将无色的联苯胺氧化成联苯胺蓝，进而变成棕色化合物。这种反应常用于显示过氧化氢酶。

（5）普鲁士蓝反应。利用三价铁与酸性亚铁氰化钾作用，形成普鲁士蓝。这种反应常用于显示三价铁。

（6）甲臜（formazane）反应。常用于显示脱氢酶。

（7）Nadi反应。常用于显示细胞色素氧化酶。

2. 类化学方法 这种显示方法系某些特异性染色。如Best洋红染色可显示糖原，Baker酸性苏木精染色可显示磷脂，Mayer黏液洋红与Mayer苏木精（黏液苏木素）显示黏蛋白。

3. 物理学方法

（1）脂溶染色法。借苏丹染料溶于脂类而使脂类显色。

（2）荧光分析。借某些物质结构可将紫外光转变为可见光而被显示，如细胞内维生素 A 和卟啉呈红色，脂褐素呈橙黄色，胶原和弹性纤维可显蓝绿色。

（3）放射自显影术。给细胞饲喂以同位素标记的特定化合物，借以探测物质代谢途径和细胞增殖周期。

4. 免疫学方法　大分子物质具有免疫特性因而可制成特异抗体，再用各种标记物如荧光素、过氧化物酶和胶体金属标记该抗体，根据免疫学抗原抗体反应原理，用标记抗体或标记抗原显示相应抗原或抗体。

5. 利用物理化学特性的方法　如改变 pH 可使蛋白质染色改变，而显示不同种类的蛋白质。

6. 显微烧灰法　这种显示方法用以检查有机物燃烧后残留物中的无机物。

近 20 年来，在光学显微镜细胞化学的基础上，又发展起电子显微镜细胞化学、免疫电子显微镜技术、高精度显微分光光度测定、电子显微镜受体标记、流式细胞计以及超微细胞化学结合 X 线衍射定量、微区分析等技术。

四、显微化学的一般注意事项

应用显微化学这种方法的目的是使细胞内和细胞间的内含物在原来的位置出现，因此在各项程序的进行过程中对于研究材料的处理，必须特别小心，绝不可使内含物分散或变换它在解剖学上的位置。现将一般注意事项简述如下：

（1）不仅要直接采用新鲜或生活状态下的材料进行固定，同时还必须注意材料的不同生长时期、器官的年龄以及昼夜的差别等，这些都会影响内含物的改变。

（2）所研究的材料要新鲜，最好是从健全的生物体上取下后立即进行制片工作。

（3）在制片时最好采用徒手切片法与冰冻切片法，以避免研究材料的内含物发生化学上与物理上的改变。

（4）鉴定时所用材料的切片宜较厚，一般为 20～30 μm；过薄的切片反而得不到良好的结果，内含物太少，显示不清晰。但鉴定某些酶的切片，则须切得很薄。

（5）在鉴定时，所观察的材料必须多做几份。这样才不致因生长时期、外界条件和昼夜变动等所引起的变化而得不到正确的结论。

（6）鉴定时所用的试剂必须是对所欲鉴定的某一物质有专化特性。若同时还能对其他物质起反应，就应设法先除去这种物质。

（7）对某些物质，如核酸、酶等的鉴定，需作对照制片进行比较。

另外，工作中所用的溶液和试剂、玻片、移液管，以及其他用具应当保持绝对清洁。

第二节　无机物的鉴定

细胞中的无机盐通常以离子状态存在，如 Na^+、K^+、Mg^{2+}、Cl^-、HPO_4^{2-}、HCO_3^- 等；有些离子是与有机物结合的，如 PO_4^{2-} 与戊糖和碱基组成核苷酸，Mg^{2+} 参与合成叶绿素。有些金属离子也会与一些无机物的阴离子结合形成盐，有些盐是难溶的盐类，如草酸钙沉淀在液泡中可降低草酸对细胞的毒性。

一、钙的鉴定与定位

植物体内的钙有的呈离子状态，有的呈盐形式（草酸钙），有的与有机物（如植酸、果胶酸）结合。鉴定钙的方法很多，在植物组织中，可用硫酸、碳酸或草酸来处理，使它成为硫酸钙、碳酸钙或草酸钙的结晶，很容易被鉴别出来。

(一) 硫酸-酒精鉴定法

1. 试剂 3%硫酸、40%酒精。

2. 操作步骤

(1) 将材料固定于无酸的酒精或无酸的福尔马林中。

(2) 将切片下降到40%酒精中。

(3) 盖上盖玻片，在它的下面加入3%的硫酸，置于显微镜下观察。

3. 结果 如有钙存在时，则有无色的针状硫酸钙结晶。

(二) 硝酸银鉴定法

1. 试剂 5%硝酸银。

2. 操作步骤

(1) 石蜡切片溶去石蜡，下降至水，再在蒸馏水中冲洗。

(2) 移入硝酸银中，置暗处1 h后，在暗处用蒸馏水冲洗。

(3) 移至光处约30 min或稍长。

(4) 在蒸馏水中洗净，脱水、透明后封藏。

3. 结果 有钙存在时，呈现黑色反应。

二、镁的鉴定与定位

镁在生物体内一部分形成有机物，一部分以离子状态存在。下述镁的鉴定方法动植物均适用。

1. 试剂

(1) 醌茜素试剂。将醌茜素（quinalizarin reagent）100 g和醋酸钠结晶500 mg研碎，然后将此混合物500 mg溶于100 mL 5%氢氧化钠中。

(2) 0.2%钛黄。

(3) 10%氢氧化钠。

(4) 0.1%偶氮蓝。

2. 操作步骤

(1) 制备切片。

(2) 滴1～2滴醌茜素试剂，随后加上1～2滴10%氢氧化钠。

(3) 在另外一张切片上加1～2滴钛黄溶液，随后加上1～2滴氢氧化钠。

(4) 再在第三张切片上加上1～2滴偶氮蓝。

3. 结果 如有镁存在时，数小时后，3张切片呈现下列各种不同颜色。

(1) 醌茜素试剂处理的呈现蓝色。

(2) 钛黄处理的呈现砖红色。

(3) 偶氮蓝处理的呈现紫色。

三、铁的鉴定与定位

生物体内的铁是许多有机物（如血红蛋白）、重要酶（如过氧化氢酶、过氧化物酶、黄素蛋白和铁氧还蛋白等）的组成成分而处于被固定状态。在鉴定铁时，材料必须减少与铁器的接触。切片刀须无锈而且不是新磨过的，解剖针应用玻璃针来代替。

1. 试剂

（1）20%亚铁氰化钾（黄血盐）或20%铁氰化钾（赤血盐）。现配现用。

（2）酸酒精。以70%酒精配制10%HCl。

（3）有机铁试剂。等量的1.5%亚铁氰化钾和0.5%盐酸混合液（新鲜配制）。

（4）有机铁转换剂。30%硝酸或4%硫酸酒精液（用95%酒精配制）（硫酸试剂作用较慢）。

2. 鉴定无机铁的操作步骤

（1）材料用95%酒精固定，固定24～48 h。

（2）石蜡切片，脱蜡，并下降至蒸馏水中。

（3）在2%铁氰化钾或亚铁氰化钾中染3～15 min。

（4）在水中冲洗，用曙红或番红对染。

（5）脱水、透明，封藏在溶于苯的树胶中。

3. 鉴定有机铁的操作步骤

（1）材料用95%酒精固定，固定24～48 h。

（2）石蜡切片，脱蜡并下降至蒸馏水中。

（3）将切片在有机铁转换剂中浸24～36 h（温度为35 ℃），使铁从束缚形式中解放出来。

（4）先在水中再在蒸馏水中冲洗。

（5）浸在有机铁试剂中几分钟（不得超过5 min）。

（6）在水中冲洗，用曙红或番红对染。

（7）脱水、透明并封藏在溶于苯的树胶中。

4. 结果 有铁存在时，呈现蓝色反应。

四、磷酸盐的鉴定与定位

生物体内的磷大部分为有机物（如磷脂、核苷酸和核酸等），有一部分仍保持无机物的形式。

1. 试剂

（1）固定液。10 mL 95%酒精（2份）和5 mL福尔马林（1份）的混合液，加几滴冰醋酸。

（2）钼酸盐溶液。0.5 g钼酸铵溶解于20 mL蒸馏水中，并加10 mL浓盐酸（30%），然后再用蒸馏水定容到50 mL。

（3）醋酸联苯胺溶液。25 mg联苯胺溶解于5 mL冰醋酸中，然后用蒸馏水定容至50 mL。

（4）醋酸钠饱和溶液。

2. 操作步骤

（1）将材料在上述固定液中固定，并在水中洗净。

（2）将小块薄的组织在钼酸盐溶液中浸2～3周（温度10～12 ℃），再在20～25 ℃下浸2～3 d（其目的在于使有机磷水解，游离的磷沉淀，同时在低温下组织不易转变）。

（3）在组织上加1滴醋酸联苯胺溶液，约3 min后加2滴醋酸钠饱和溶液。

（4）封藏在甘油中（甘油系保存在贮有结晶的醋酸钠瓶中）。

3. 结果 着强烈蓝色者为磷酸盐。

五、草酸钙结晶的鉴定与定位

植物细胞中的结晶大多为草酸钙，判断这种晶体的性质可以用醋酸和浓的盐酸或硫酸来试验。草酸钙不溶于醋酸，而溶于盐酸、硫酸或硝酸。比较精细的研究可用醋酸铜-硫酸铁法试验。

1. 试剂

(1) 硫酸铁溶液。5 g 硫酸铁溶解在 100 mL 20%醋酸中。

(2) 醋酸铜饱和水溶液。

2. 操作步骤

(1) 材料徒手切片或冰冻切片。

(2) 切片放在载玻片上，滴一滴醋酸铜的饱和水溶液，过 10 min，在显微镜下检查，如果材料中有草酸钙，则草酸钙与醋酸铜反应，形成草酸铜 (cupric oxalate)。

(3) 加入几滴硫酸铁溶液，在显微镜下观察。

3. 结果 如出现黄色结晶表明组织中有草酸钙。

第三节 有机物的鉴定

组成细胞的有机物有糖类、脂类、蛋白质和核酸等，还有微量的生理活性物质。细胞内有机物的鉴定方法原理，是利用一些显色剂与所检测物质中一些特殊基团特异性结合的特征，通过显色剂在细胞中的定位及颜色的深浅来判断某种物质在细胞中的分布和含量。有机物的显微化学方法很多，下面仅介绍一些常见有机物的常用显微化学方法。

一、糖类的鉴定与定位

糖是一大类有机化合物。最简单的糖类是单糖，如葡萄糖、果糖；以单糖为单位，由少数单糖构成寡糖，如麦芽糖、蔗糖等；多数单糖构成大分子的多糖，如淀粉、糖原、纤维素、木质素、果胶质、几丁质和半纤维素等。

(一) 葡萄糖、果糖、麦芽糖、蔗糖的鉴定

此糖类常以溶解状态存在于生活细胞中，不易看到结晶状态。在植物细胞中含有游离状态的葡萄糖，在果实细胞中还含有游离态的果糖。麦芽糖是由 2 个 α-葡萄糖分子失去 1 分子水缩合形成。蔗糖是由 1 分子 α-葡萄糖与 1 分子 β-果糖缩合脱水而成，是高等植物体内有机物运输的主要形式。对于这些糖的测定，没有特别的颜色反应，显微化学试验中常用苯肼试剂。

1. 原理 还原糖在稀醋酸溶液中能与苯肼化合生成脎，不同的还原糖所生成的脎化学结构、晶形、熔点和溶解度不同。因此，成脎反应可用来鉴别各种还原糖。

2. 试剂

甲液：称取 1 g 盐酸苯肼溶于 10 mL 甘油中。

乙液：将 1 mL 醋酸加入 10 mL 甘油中。

甲、乙两液分别装在棕色瓶中贮藏备用。

3. 操作步骤及结果

(1) 取甲、乙两液各一滴，于载玻片上混合。

(2) 将切片放入载玻片的混合液中，盖上盖玻片，然后将此载玻片放在水浴上，沸腾 10 min，葡萄糖及果糖产生黄色成束的针状结晶，麦芽糖形成扇形的针状结晶。当切片在石棉网上或水浴上加热煮沸 30～60 min，蔗糖水解后才能产生和葡萄糖一样的结晶。

(二) 多糖的鉴定

多糖的鉴定常采用高碘酸-席夫反应 (periodic acid-Schiff reaction，PAS 反应)。此种显微化学反应法，可以作为高等植物纤维素细胞壁及淀粉的染色。自 1948 年以来已广泛应用于动物和植物材料

的制备。

1. 原理 此法是利用高碘酸（氧化剂）破坏多糖分子中的C—C键，变为醛基，醛基与席夫试剂相结合，生成一种红色的反应物。高碘酸-席夫反应是测试多糖存在的一种有效指示剂，高碘酸对C—C键的作用和其他氧化剂如$KMNO_4$、$HCrO_4$及H_2O_2的不同之处在于它不能继续氧化新形成的醛基，而充分给予席夫试剂与新醛基化合成为红色物质的机会。

2. 试剂

（1）0.5%高碘酸水溶液。称取0.25 g高碘酸溶于50 mL蒸馏水中。

（2）席夫试剂。称取0.5 g碱性品红和0.5 g偏重亚硫酸钾（或钠）溶于100 mL 0.15 mol/L盐酸中，将盛有这混合物的瓶子塞好塞后，放振荡器上振荡2～3 h（或用手频频摇荡2～3 h）后，静置暗处过夜，至染料变为淡黄色或近于无色。若发现溶液颜色较深，加入0.3～1 g活性炭摇荡至少4 min，用粗滤纸过滤，得无色清液。将盛有无色清液的瓶口密封，置于黑暗阴凉之处或冰箱（4～8 ℃）中保存，可保存数月（注意，此液配制后应是无色或淡茶色）。

3. 操作步骤（以花生子叶为例）

（1）取材与固定。选取长形且饱满的花生子叶，以FAA固定液固定。

（2）切片。采用徒手切片或滑走机切片。

（3）粘片。从培养皿中选取薄而完整的切片，用毛笔（描笔）转移至小培养皿的水中，将一片清洁的载玻片斜插水中，以毛笔将切片慢慢轻移至载玻片上，并将材料摆正平贴载玻片，使多余的水流出载玻片。将有材料的载玻片稍加烘烤，便于材料紧贴，但不能烤太久，以免材料翘起。

（4）染色。滴注高碘酸，5～10 min后流水洗5 min，蒸馏水过一遍。席夫试剂（无色品红）染8～10 min（为加快染色可移至40 ℃温箱、温台或置土温箱中），使材料由无色渐转变为深玫瑰红色。结合镜检，在淀粉粒着色程度适当时，即停止染色，水洗去浮色（在立式染色缸中进行，蒸馏水过一遍）。以滴注方式，漂洗两次（每次5 min）。流水冲洗5 min，蒸馏水冲洗一次。

（5）各级浓度酒精脱水。30%酒精→50%酒精→70%酒精→85%酒精→95%酒精（每级各1～2 min）。

（6）复染。经0.2%橘红G（用95%酒精配制）染色2 min。

（7）透明。滴注无水酒精→1/2无水酒精+1/2二甲苯→二甲苯（2次），每级各1 min。用洁净、无色的布块擦去载玻片上的不洁物，转入二甲苯（卧式）中透明5 min，用加拿大胶封藏。

4. 结果 切片中的深紫色部分为多糖。

注意：该反应所显示的是不溶性多糖。水溶性的糖类经过水液或流水冲洗而失去。

（三）淀粉的鉴定

淀粉是高等植物主要的储藏多糖，它是人类粮食及动物饲料的重要来源，人类和动物在代谢中所需的能量主要是食物中糖类（淀粉）供给。它们在不同的植物细胞中形成各种不同形状的颗粒。一般来说，淀粉本身具有特殊的形状和光学性质，可不必用专门的化学方法来检视。

为了鉴别小颗粒的淀粉或少量的淀粉（如叶绿体中的淀粉），常采用碘-碘化钾测定法，这是一种检测淀粉的典型显微化学反应。

1. 原理 碘与淀粉的作用，形成碘化淀粉，呈蓝色反应。

2. 临时装片

（1）试剂。碘-碘化钾液（称取2 g碘化钾溶于100 mL蒸馏水中，然后再加入0.2 g的碘溶解后即成）。

（2）操作步骤及结果。测定时，取一滴配好的碘-碘化钾溶液滴在切片材料上，盖上盖玻片，置显微镜下观察，如有淀粉存在即呈现蓝色反应。

3. 永久制片 如果要对淀粉染色后制成永久制片，则采用下面的方法。

（1）试剂。

①苯胺品红染色剂。酸性品红 1 g 溶于 10 mL 的苯胺水中。

②5%橘黄精酒精溶液。

③2%单宁。

④1%甲苯胺蓝、龙胆紫或甲基绿。

⑤雷果德固定液。3%重铬酸钾水溶液加入福尔马林 20 mL，配制后立即使用。

（2）操作步骤。

①将植物组织固定于雷果德固定液中，按常规制备石蜡切片。

②在苯胺品红染色剂中染色 5 min，并在橘黄精酒精溶液中分色 1～2 min，取出在蒸馏水中冲洗。

③在单宁媒染液中媒染 20 min，取出在水中洗涤。

④切片在甲苯胺蓝中染色 5～10 min。

⑤在 95%酒精中分色至不掉色为止，在纯酒精中脱水。

⑥二甲苯透明，树胶封藏。

（3）结果。淀粉染成蓝色的颗粒，线粒体染成红色。

（四）糖原的鉴定

糖原（又称动物淀粉）主要贮藏于动物肝和骨骼肌中，除此之外，细菌、酵母、真菌及甜玉米中也发现有糖原的存在。

1. 试剂

（1）酒精-福尔马林固定液。无水酒精 9 份加中性福尔马林 1 份。

（2）洋红常备液。将洋红 1 g、碳酸钾 0.5 g 和氯化钾 2.5 g 加入 30 mL 的蒸馏水中徐徐加热煮沸，直至颜色变深为止，待冷却后加入 10 mL 氨水，静置 24 h 后保存。此液在室温下可保存一个月。

（3）新鲜洋红染色剂。取洋红常备液 10 mL，加浓氨水 15 mL 和甲醇 30 mL 混合。

2. 操作步骤

（1）取新鲜材料 2～3 mm 的小块，固定于酒精-福尔马林固定液中，24 h 后，在纯酒精中漂洗，包埋于石蜡。

（2）切片，脱蜡并下降至水。

（3）新鲜的洋红染色剂中染色 20 min，用甲醇洗 3 次，丙酮脱水，二甲苯透明，树胶封藏。

3. 结果 糖原染成灿烂的红色。

（五）菊糖的鉴定

菊糖（$C_6H_{10}O_5$）存在于植物如大丽花、菊芋等植物的块根中，在生活细胞中以液体状态存在，因而不易观察。菊糖能溶于水，而不溶于酒精和甘油，并在酒精中能形成结晶。

1. 试剂

（1）水合氯醛溶液。10 g 水合氯醛溶解于 4 mL 蒸馏水中。

（2）15%麝香草酚酒精溶液（用 95%酒精配制）。

（3）70%酒精。

（4）浓硫酸。

2. 操作步骤

（1）将材料（如大丽花块根或菊芋等）切成小块，浸泡在 70%酒精中 2～4 d。

（2）用徒手切片法切成薄片，放在载玻片上加 1 滴酒精，盖上盖玻片，即可在显微镜下检查，观察在薄壁细胞中是否有扇形的结晶。并可加 1 滴水合氯醛溶液，以显示结晶的同心层。

（3）在显微镜下加 1 滴 15%麝香草酚酒精溶液和 1 滴浓硫酸，并立即检定菊糖结晶的存在。

3. 结果 若为菊糖，则结晶立即呈现胭脂红色，并很快溶解到溶液中去。注意：制片后应立刻观察。

（六）纤维素的鉴定

在糖类中，纤维素所占的比例最大，占植物界碳元素总量的50%以上，高等植物细胞壁最主要的成分是纤维素。纤维素分子是不分支的长链，由10 000～15 000个β-葡萄糖由1，4-糖苷键连接而成。纤维素能在纤维素酶的作用下水解成葡萄糖。测定细胞壁纤维素的方法很多，常见的测定方法有以下几种。

1. 碘-硫酸法

（1）原理。一般认为，细胞壁的纤维素与硫酸作用，可水解成一种胶体状的水解纤维素而与碘发生反应变成蓝色。在细胞中，纤维素的成分愈多，则蓝色愈明显。

（2）试剂。

①1%碘液。先将1.5 g碘化钾溶于100 mL蒸馏水中，待全部溶解后加入1 g碘，振荡溶解。

②66.5%硫酸。7份浓硫酸加3份蒸馏水。

（3）操作方法。先将1%的碘液滴在切片上，然后再加1滴66.5%硫酸溶液，盖上盖玻片，置显微镜下观察。

（4）结果。纤维素的细胞壁呈蓝色反应。

2. 碘-氯化锌法 碘-氯化锌法又称舒尔策（Schultze）法。在大多数情况下，应用碘-氯化锌法比碘-硫酸法更为有效。

（1）试剂。碘-氯化锌液［称25 g氯化锌、8 g碘化钾，溶于蒸馏水中，再加过量的碘（1～3 g）混合后静置数天，然后将上清液倾注于赤褐色瓶中贮藏备用］。

（2）操作步骤及结果。

①将切片置于载玻片上。

②在切片上滴1滴碘-氯化锌液，纤维素的细胞壁即显出蓝紫色反应。

若测定纸浆纤维素也可采用此法［这种方法通称赫尔茨贝格（Herzberg）法］，但试剂配制略有差异，得先分别配制甲液和乙液。

甲液：碘化钾42 g、碘2 g、蒸馏水100 mL。

乙液：氯化锌200 g、蒸馏水100 mL。

乙液加热使氯化锌溶解后冷却，将甲、乙两溶液混合，过夜，取上清液备用。

3. 碘-碘化锂法 这种方法可以测试各种植物的纤维素，在鉴定纺织品、纸浆及其他纤维成品上有一定价值。

（1）试剂。

①碘溶液。称取碘化钾5 g溶于20 mL蒸馏水中，再加入2 g碘，溶解后加入180 mL含有0.5 mL甘油的水溶液中。

②氯化锂饱和水溶液。将氯化锂加入15 mL的蒸馏水中，在80 ℃时制成饱和水溶液，待冷却后，取上清液。

（2）操作步骤。

①将组织中的纤维撕下来或制成切片。

②加上2～3滴碘溶液，10 s后用吸水纸吸干。

③再加上1滴氯化锂饱和水溶液，盖上盖玻片镜检。

（3）结果。纤维素因材料不同，呈现下列不同颜色：棉、碱纸浆、稻草纤维为淡蓝色，菠萝纤维为深蓝色，亚麻纤维为绿蓝色，剑麻、马尼拉麻、龙舌麻纤维为绿色到黄绿色，木纤维、大麻纤维为黄色，黄麻纤维为黄褐色。

4. 碘-磷酸法［曼金（Mangin）法］

（1）试剂配方。碘化钾 1 g、碘（结晶）少许、浓磷酸 25 mL。

配制时，将上液加热使其全部溶解。

（2）操作步骤及结果。将此液滴在含有纤维素的材料上可呈现深紫色的反应。

（七）木质素的鉴定

木质素是丙酸苯脂类的一种聚合物，浸透在许多细胞的壁上，并且还是一种杂异的物质，可使细胞壁坚硬。木质素的显微化学反应方法虽然很多，但都缺乏准确性，这是由于植物细胞壁上的木质都呈复合状态，所以一般只能显示其可能存在而已。常用的方法有下述几种。

1. 间苯三酚反应法 间苯三酚反应是植物显微化学中鉴定木质化最常用的和最简单的方法。

（1）原理。这个反应实质上并不是直接测定木质素，而是测定香草醛。因为木质化的细胞中有香草醛（它也是木质素氧化后的一种产物）存在。间苯三酚与香草醛作用生成红紫色的间苯三酚草醛的复合物。

（2）试剂。

①1%间苯三酚液。将 0.1 g 间苯三酚溶于 100 mL 95%酒精中。

②盐酸（先试用浓盐酸或用水稀释 1～3 倍）。

（3）操作步骤。

①切片先用一滴盐酸浸透（媒染）（因间苯三酚在酸性环境下才与香草醛起作用）。

②滴 1 滴间苯三酚酒精溶液，盖上盖玻片，置显微镜下观察。

（4）结果。木质化的细胞壁呈现红色反应（樱红或紫红色），木质化程度越强，颜色则越深。

由于颜色随时间会慢慢褪去而变成淡黄色，因此，此法不宜作永久制片。

2. 苯胺反应法 此法又称硫酸化苯胺测定法。

（1）染色液配方。硫酸苯胺 2 份、醋酸 4 份、50%酒精 194 份。

（2）操作步骤及结果。

①将切片置载玻片上。

②加一滴上述染色液，木化的细胞壁即显出鲜黄色反应。

③酒精脱水，二甲苯透明，加拿大树胶封藏。

3. 高锰酸钾-盐酸法 此法又称（Mäule）法。高锰酸钾-盐酸可使大多数双子叶植物的木质化组织呈现出红色，但对单子叶植物和裸子植物不起颜色反应。因此此法只能证明其存在，不能证明其不存在，必须有另外的反应加以肯定。

（1）试剂。1%高锰酸钾、5%碳酸氢钠、盐酸（相对密度 1.06）。

（2）操作步骤。

①将切片先滴上 1%高锰酸钾，处理 10～20 min。

②蒸馏水洗 5 min。

③滴上盐酸（相对密度 1.06），处理 5 min。

④蒸馏水洗多次，约 10 min。

⑤用 5%碳酸氢钠（$NaHCO_3$）封藏。

（3）结果。双子叶植物的木化质组织呈现出红色反应。

4. 甲基红测定法 在切片材料上加 1 滴 0.01%甲基红水溶液，盖上盖玻片，在显微镜下观察，如有木质化的细胞壁则呈现黄色反应。

（八）果胶质的鉴定

果胶是另一类重要的多糖，果胶为半乳糖醛酸及其衍生物的多聚化合物。植物细胞壁之间的胞间层的主要成分就是果胶。果实中的果胶储量也很高。

1. 钌红试剂法 此法为观察果胶质常用的方法。

（1）试剂。0.02%钌红水溶液［称取 0.1 g 钌红结晶溶于 500 mL 蒸馏水中（避光贮存）］。

（2）操作步骤。

①切片置载玻片上，滴 1～3 滴钌红水溶液，染色 30 min。

②水洗去浮色。

③各级酒精脱水，二甲苯透明，加拿大树胶封藏。

（3）结果。胞间层染成红色。此法所表示的是全部果胶物质，而不是指甲基酯化的聚半乳糖醛酸，即果胶。如果要检定果胶时，可用羟胺-氯化铁法。

2. 羟胺-氯化铁法 此法又称里夫（Reeve）法。

（1）主要试剂。此种试剂需用时现配，由下列 2 种试剂混合而成。

甲液：氢氧化钠 14 g 溶于 100 mL 蒸馏水。

乙液：盐酸羟胺 14 g 溶于 100 mL 蒸馏水。

使用时，将甲液与乙液等量混合后，装入滴瓶中备用。

（2）其他试剂。33%浓盐酸、10%氯化铁水溶液（含 0.1 mol/L 盐酸）。

（3）操作步骤。

①将切片材料放在载玻片上，加 5～10 滴上述主要试剂，放置 5 min。

②滴上 5～10 滴 33%浓盐酸（与上述试剂等量），使切片全部酸化。

③倒去多余的溶液，滴上 10%氯化铁水溶液（含 0.1 mol/L 盐酸）。

（4）结果。如中层有酯化的果胶质，则呈现鲜红色。颜色深浅受酯化果胶质的数量、反应时间的长短和氯化铁浓度的影响。如果颜色太浅，可延长反应时间及用 20%氯化铁溶液。

3. 其他方法 果胶质还能用其他的染料染色，例如番红能使果胶质染成橘黄色（栓质和木质同时染成樱红色），用亚甲蓝染成紫色（细胞的其他部分染成蓝色），不过这种染色很不稳定。

（九）单宁物质的鉴定

单宁是酚衍生物的一类杂异物质，广泛存在于植物体内。除分生组织细胞外，几乎所有组织都含有单宁。生活细胞中单宁物质有两种形态，即可溶性单宁和不溶性单宁。可溶性单宁溶解在细胞液中，不溶性单宁形成化合物，或被纤维素性胶体所吸附，以防止单宁物质对细胞质发生沉淀反应。

1. 试剂 10%氯化铁水溶液。

2. 操作步骤及结果 切片放在 10%氯化铁水溶液中（或加一些碳酸钠），单宁物质呈现蓝绿色。

（十）胼胝质的鉴定

胼胝质是一种不分支的β-1，3-葡聚糖，不具双折射性，可用苯胺蓝或间苯二酚蓝染色观察。

1. 配制苯胺蓝液 称取 5 mg 苯胺蓝，溶于 50 mL 50%酒精中。

也可用间苯二酚蓝水溶液（1∶2 500）代替苯胺蓝液。

2. 操作步骤 将新鲜样品放入苯胺蓝液中 4～24 h 后取出用水冲洗，然后放在载玻片上压片，用明胶封藏。如为徒手切片或冰冻切片，则染色时间要缩短。

3. 结果 胼胝质染成蓝色。在紫外光下检视，胼胝质可显示出柠檬黄色的荧光反应。

4. 注意事项 目前还不完全确定胼胝质的化学性质，但可以从它的溶解特性与纤维素、果胶质区分开：①胼胝质不溶解于氨氧化铜（要随配随用），而纤维素、半纤维素则溶于其中；②胼胝质在碱性碳酸盐中，只膨胀但不溶解，而果胶质可溶解。

氨氧化铜又叫什维采尔氏试剂。其配制方法是：取约 2%硫酸铜溶液，用适量的苛性钠或苛性钾处理，析出的氢氧化铜用水洗涤，尽量除去残余的盐类，然后榨出水分，并将其置浓氨溶液中。沉淀硫酸铜用的苛性钾也可以氨液代替。

二、脂类的鉴定与定位

脂类是不溶于水而溶于非极性溶剂（如乙醚、氯仿和苯）的一类有机化合物。脂类包括中性脂肪、磷脂、类固醇和萜类等。

（一）脂类的鉴定

鉴定脂类物质最常用的是苏丹染色液（苏丹Ⅲ、苏丹Ⅳ或苏丹黑B酒精溶液），也可用尼罗蓝染色。

1. 苏丹染色法

（1）配制苏丹染色液。称取0.5～1.0 g苏丹Ⅲ或苏丹Ⅳ或苏丹黑B溶于100 mL 70%酒精中，在温水浴中溶解，使成饱和溶液，冷却后过滤。

（2）操作步骤。

①取新鲜材料切片或用徒手切片法切片。

②将切片放入50%酒精中。

③将切片放入苏丹染色液中浸5～20 min。

④用50%酒精分色，以除去多余的染料（1～2 min）。

⑤用甘油胶封藏观察。

（3）结果。苏丹Ⅲ和苏丹Ⅳ将中性脂肪染成橙至红色，苏丹黑B则将中性脂肪以及游离脂肪酸和磷脂都染成黑至蓝黑色。

（4）注意事项。这是一种物理学方法，利用苏丹染料溶于脂类的特性，而使脂类着色。但反应不能持久，不宜作永久制片。

2. 尼罗蓝染色法

（1）试剂。

①1%尼罗蓝水溶液。

②1%醋酸。

（2）操作步骤。

①新鲜材料或切片放入37 ℃的1%尼罗蓝水溶液中，保温0.5～1 min。

②移至37 ℃保温的1%醋酸中，快速分色30 s。

③蒸馏水洗后，甘油胶封藏观察。

（3）结果。中性脂肪（脂肪、油、蜡）染成红色，酸性脂肪（游离脂肪和磷脂）染成蓝色。

（4）注意事项。尼罗蓝是水溶性染料，它是两种染料的混合物。中性脂肪被染成红色，而酸性脂肪则被染成蓝色。但由于该染料也是一种碱性染料，因此也可和细胞内一些其他成分如核蛋白作用而显蓝色。所以作鉴定时要做对照，方法是用酒精、丙酮、石油醚等脂溶剂提取脂类，然后再作染色反应。在尼罗蓝浓度较高（1%）时红色染料才存在，因它是由Oxazone水解而生成的，所以如只需蓝色染料（染酸性脂肪）时，可用0.02%尼罗蓝水溶液。

（二）角质、栓质的鉴定

1. 苏丹Ⅲ（或Ⅳ）染色法 用苏丹Ⅲ（或Ⅳ）染色后角质化和栓质化细胞壁呈现橘红色反应。但这不是对栓质和角质的特殊反应。

（1）试剂。苏丹Ⅲ或Ⅳ溶于70%酒精中，配制成饱和溶液即可使用。

（2）操作步骤。

①在切片上滴一滴苏丹Ⅲ或Ⅳ的70%酒精饱和溶液，新鲜材料染色20 min。

②用50%酒精去浮色。

③临时观察可在切片上加一滴甘油，在显微镜下观察。

（3）结果。角质和栓质化的细胞壁显橘红色反应。

2. 碘-氯化锌染色法

（1）试剂。

①碘-氯化锌溶液。

甲液：称取1 g碘化钾溶于20 mL蒸馏水中，待完全溶解后加入0.5 g碘振荡溶解。

乙液：取氯化锌20 g溶于8.5 mL蒸馏水中，加热溶解后冷却。

配制时先将乙液微加热至溶解后，冷却，再将甲液1滴滴加入乙液中，加以振荡，至显出碘的沉淀物为止。

②浓氢氧化钠。

（2）操作步骤及结果。

①将切片置小烧杯中，滴入浓氢氧化钠浸泡数小时，其栓质和木质变成黄色，加热使栓质膨胀，黄色变浓，再加温煮沸，木栓酸钾颗粒物出现，冷却后用水洗净。

②将切片置载玻片上，滴1滴碘-氯化锌溶液，栓质化的细胞壁呈紫红色反应，木质化的细胞壁为黄色反应。

3. 氢氧化锌-碘反应法 用碘-硫酸或碘-氯化锌染栓质和角质层，可出现黄色或浅褐色。可是这种反应并不是栓质和角质层专有的，木质、半纤维素、黏质化的细胞壁也有同样的结果。而用氢氧化锌-碘试剂则不同。

（1）试剂。40%氢氧化锌-碘试剂。

（2）操作步骤。切片在40%氢氧化锌-碘试剂中处理，置显微镜下观察。

（3）结果。栓质化的细胞壁能显示紫红色，而木质化的细胞壁仍为黄色。

4. 皮昂涅兹氏测定法

（1）试剂配方。孔雀绿0.5 g、酸性品红0.1 g、马尔契乌斯黄0.01 g、95%酒精50 mL、蒸馏水150 mL。

（2）操作步骤及结果。以上配制的试剂是数种染料的混合液，可以测定细胞壁的多种化学性质。将此液滴于切片上，栓质化细胞壁呈无色。

（三）橡胶的鉴定

橡胶物质大多存在于乳汁管中，如橡胶树和橡胶草，有些存在于液泡中，如银色橡胶菊。存在于液泡中的橡胶用染色方法不易观察。存在于乳汁管中的橡胶，可以用苏丹Ⅲ染色。

1. 试剂 苏丹染色液（其配制方法与脂类鉴定中苏丹染色液的配制相同）。

2. 操作步骤

（1）材料先用10%铬酸和70%酒精等量混合液固定（由于铬酸是一种强氧化剂，所以最好在应用时临时配制，不能预先配制存放），使乳汁管中的橡胶凝固，固定24～48 h。

（2）取出材料，用徒手切片法切片。

（3）切片放在载玻片上，加上苏丹染色液，放置片刻，盖上盖玻片观察。

3. 结果 若乳汁管中含橡胶类物质则染成红色。

三、蛋白质的鉴定与定位

蛋白质是非常复杂的胶体，是构成原生质体的主要成分，也可成为无定形的结晶体或糊粉粒。现在鉴定蛋白质的方法很多，但大多数是针对蛋白质的某种形式或某一组成。

(一) 蛋白质的鉴定与定位

1. 茚三酮席夫反应

(1) 原理。这个反应是茚三酮与 α-氨基酸的游离氨基作用生成蓝色复合物和醛、CO_2，醛与席夫试剂作用再生成红紫色物。

(2) 试剂。

①茚三酮液。称取 0.5 g(水合)茚三酮溶于 100 mL 纯酒精中(也可用 1 g 阿脲代替茚三酮)。

②席夫试剂。

③2%亚硫酸氢钠液。

(3) 操作步骤。

①将切片(如系石蜡切片要先脱蜡下降至蒸馏水中)放入茚三酮液或阿脲液中在 37 ℃下处理 20～24 h。

②用纯酒精洗两次后，蒸馏水洗，每次 2～5 min。

③移切片入席夫试剂中处理 10～30 min。

④蒸馏水洗 1～2 min。

⑤切片放入 2%亚硫酸氢钠液中 1～2 min。

⑥流水冲洗 10～20 min。

⑦脱水，用合成树胶封藏。

(4) 结果。蛋白质显示红紫色。

(5) 注意事项。在进行上述操作时，应另取两张切片分别做下列处理作为对照。

①去氨。将一张切片放入 20 mL 60%亚硝酸钠液和 60 mL 1%硝酸混合液中，在室温下放置 1～24 h，然后放入茚三酮液中按程序进行。

②乙酰化。将另一张切片放入醋酸酐与吡啶液(1∶10)中，在室温下放置 2～20 h，然后放入茚三酮液中按程序进行。

2. 碘-碘化钾测定法

(1) 配制碘-碘化钾液。称取 3 g 碘化钾溶于 100 mL 蒸馏水中，然后再加入 1 g 的碘溶解后即成。

(2) 操作步骤。将切片材料置载玻片上，滴 1 滴碘-碘化钾液，盖上盖玻片，在显微镜下观察。

(3) 结果。含有蛋白质的细胞内呈现黄色。例如观察花生子叶中的蛋白质，用此液染色后，蛋白质和淀粉同时染色，蛋白质呈黄色，淀粉呈蓝色。如在染色前将各切片材料先用水洗去液泡中所含的其他物质，则可保证染色反应更准确。

3. 曙红-酒精-苦味酸法

(1) 染色液配方。伊红 1 g、苦味酸饱和溶液(用 95%酒精配制) 50 mL。

(2) 操作步骤。

①将切片材料置载玻片上。

②滴 1 滴上述染色液，置显微镜下观察。

③从盖玻片边缘加入数滴纯酒精后，球蛋白成为无色，结晶呈现黄色。

④吸去多余的酒精，经丁香油透明后，用加拿大树胶封藏。

(3) 结果。蛋白质呈现黄色，球蛋白呈现粉红色，基质呈现暗红色。

4. 高碘酸-无色碱性品红-苯胺蓝黑法　此方法专为观察蛋白质和总糖类。

(1) 试剂。无色碱性品红、0.1%高碘酸、1%苯胺蓝黑醋酸溶液(用 7%醋酸配制)。

(2) 操作步骤。

①任意选一种植物学上的固定液固定材料。

②切片放入水中。

③切片放入0.5%高碘酸水溶液中20 min。

④流水冲洗10 min后用蒸馏水浸一下。

⑤无色碱性品红染色20 min。

⑥漂洗切片，放入亚硫酸氢钠中1～2 min。

⑦流动自来水冲洗5～10 min。

⑧用1%苯胺蓝黑醋酸溶液染色。

⑨短暂浸入7%醋酸中。

⑩用含5%醋酸的甘油封藏，凡士林蜡混融剂封边。

（3）结果。蛋白质呈黑色，多糖呈红色。

（二）糊粉粒的鉴定——汞-溴酚蓝法

汞-溴酚蓝法是目前鉴定糊粉粒最普遍的方法。

1. 汞-溴酚蓝染色液配方 氯化汞（$HgCl_2$）10 g、溴酚蓝0.001 g、蒸馏水100 mL。

2. 操作步骤

（1）材料用卡诺固定液、乙醇-甲醛或FAA固定液（避免用锇酸）固定。

（2）切片，脱蜡，下降至水。

（3）将切片浸入汞-溴酚蓝染色液中，室温下染色2 h。

（4）0.5%醋酸水溶液洗5 min，以除去附着的染料。

（5）流水冲洗。

（6）叔丁醇脱水，二甲苯透明，加拿大树胶封藏。

3. 结果 蛋白质染成鲜蓝色。

（三）含酪氨酸蛋白质的鉴定——米隆（Millon）试剂鉴定法

用米隆试剂鉴定蛋白质已有很长历史，也有许多改进配方，但因汞剂是剧毒剂，必须在通风橱中进行操作，稍有不慎即可使人中毒，因此目前逐渐用其他试剂代替。米隆试剂用于含酪氨酸的蛋白质鉴定。

1. 原理 在蛋白质中加入米隆试剂（硝酸汞、亚硝酸汞、硝酸及亚硝酸的混合溶液），然后加热，即有砖红色沉淀析出。含有酚基的化合物都有这个反应，故含酪氨酸的蛋白质能与米隆试剂生成砖红色沉淀。

2. 米隆试剂的配制

甲液：100 mL 30%的三氯醋酸中加入5 g醋酸汞。

乙液：配方与甲液同，但用时再加入50 mg硝酸钠。

3. 操作步骤

（1）材料用FAA固定液或含有甲醛的固定液固定。

（2）切片经50%酒精或直接至蒸馏水冲洗。

（3）切片放入米隆试剂甲液中，在40 ℃下保温10 min，然后将切片移入米隆试剂乙液中，在30 ℃下保温1 h。

（4）切片直接移入70%酒精中10 min，更换70%酒精两次，每次10 min。

（5）切片经95%酒精和100%酒精脱水，每级3～5 min。

（6）用二甲苯透明，香柏油封藏，置于显微镜下观察。

4. 结果 含有酪氨酸的蛋白质染成砖红色。

5. 注意事项 这个反应很灵敏，材料宜用甲醛或醋酸酒精固定，切片要薄（15 μm）。米隆试剂是含汞化合物，有毒，操作时要特别小心。

（四）含色氨酸蛋白质的鉴定——罗米乌氏（Romieu's）法

蛋白质中含有色氨酸者用此法鉴定。

1. 试剂 磷酸糖浆。

2. 操作步骤

（1）材料固定于纯酒精或10%福尔马林或布安固定液中，制成石蜡切片。

（2）切成很厚的石蜡切片，溶蜡于二甲苯中，经纯酒精→95%酒精→70%酒精透明。

（3）在每张切片上加上1滴磷酸糖浆，放在56℃保温箱中几分钟直到变干为止。

（4）取出在显微镜下检查。

3. 结果 含色氨酸的蛋白质呈红色或紫色。

（五）含精氨酸蛋白质的鉴定——坂口反应（Sakaguchi reaction-Serra）改订法

1. 原理 精氨酸与α-萘酚在碱性次氯酸钠溶液中发生反应，产生红色的产物。次溴酸钠与次氯酸钠一样有效，且比较方便。过量的次溴酸钠对反应不利，加入尿素，破坏过量的次溴酸钠，可增强颜色的稳定性。

2. 试剂

（1）固定液。取配制好的95%酒精-福尔马林（2∶1）混合液10 mL，加数滴冰醋酸。

（2）1%α-萘酚（溶于95%酒精中）。此液需贮藏于冰箱中，用时以40%酒精稀释，其比例为1∶10。

（3）4%氢氧化钠。

（4）2%次溴酸钠。加2 g或近似0.7 mL的溴到100 mL 5%氢氧化钠中，搅拌，贮藏于冰箱中。

（5）40%尿素。

3. 操作步骤

（1）将材料固定于醋酸-酒精-福尔马林混合液中，然后在水中洗净。

（2）材料移入培养皿中，并在0～50℃水浴锅中处理15 min。

在培养皿中，先加入下列混合液：1%α-萘酚0.5 mL、1 mol/L氢氧化钠0.5 mL、40%尿素0.2 mL。

（3）加2 mL次溴酸钠，3 min后加0.2 mL尿素并搅拌，然后再加0.2 mL次溴酸钠。3～5 min后又用0.2 mL次溴酸钠处理，3 min后即可在显微镜下检查。

（4）将材料经过4个甘油的小酒杯或培养皿中处理，在每个容器中停留2～3 min。在甘油中其颜色可保存数月。如保存在冰箱中可阻止其褪色。

4. 结果 如有精氨酸的蛋白质，则呈现橘红色。

（六）组蛋白的鉴定

1. 试剂

（1）15%三氯醋酸液。

（2）0.1%固绿液（用1 mol/L氢氧化钠调节pH至8.1）。

2. 操作步骤

（1）如为石蜡切片，应脱蜡并下降至水。

（2）将切片放入15%三氯醋酸液内，在水浴中煮沸15 min（目的是去核酸）。

（3）切片移入70%乙醇中，更换3次，每次10 min。

（4）将切片移入固绿液中染30 min。

（5）用蒸馏水冲洗切片5 min。

（6）切片直接用95%乙醇脱水，封藏或透明后封藏。

3. 结果 组蛋白（碱性蛋白）呈绿色

4. 注意事项 鉴定时宜用冰冻干燥或石蜡切片，反应很专一，可用作显微分光光度测定。

四、核酸的鉴定与定位

核酸是遗传物质，普遍存在于生活细胞内，是遗传信息的载体。它们还和蛋白质的合成有密切联系，可使遗传信息表达出来。核酸有两种：脱氧核糖核酸（deoxyribonucleic acid，DNA）和核糖核酸（ribonucleic acid，RNA）。

（一）脱氧核糖核酸（DNA）的鉴定

1. 原理 Feulgen 反应的基本原理是稀 HCl 水解 DNA，破坏嘌呤和脱氧核糖间的配糖键，并在脱氧核糖 C_1 端形成游离的醛基，醛基和 Schiff 试剂结合，形成紫红色的化合物。因此在有 DNA 的部位，就会呈现出紫红色阳性反应。

2. 试剂

（1）卡诺固定液或 10%福尔马林固定液。

（2）1 mol/L 盐酸。浓盐酸（相对密度 1.18）82.5 mL 加蒸馏水 917.5 mL 即成。

（3）无色品红，亦称席夫试剂（Schiff reagent）。

（4）漂白液。此液必须用时配制新鲜的。配方如下：1 mol/L HCl 5 mL、10%偏亚硫酸钾或钠水溶液（或 0.5 g 固体）5 mL、蒸馏水 100 mL。

（5）固绿（或亮绿）对染液。称取 100 mg 固绿（或亮绿）溶于 100 mL 95%酒精中。

3. 操作步骤

（1）切片脱蜡并下降至蒸馏水，1 mol/L 盐酸处理 1 min（室温下），再在 1 mol/L 盐酸（60 ℃）中消解 5～15 min，然后室温处理 1 min，蒸馏水冲洗（过一下）。

（2）无色品红染色液中染色 1～5 h 后，蒸馏水冲洗 2 次。

（3）漂白液中洗 3 次，每次 2～10 min。

（4）流水冲洗 5 min 后，蒸馏水洗。

（5）经 70%酒精后，用固绿（或亮绿）对染液染色，95%酒精分色，二甲苯透明，加拿大树胶封藏。

4. 结果 有 DNA 的部位，就会呈现出紫红色。

对照切片可在 90 ℃的 5%三氯醋酸中处理 15 min，即可除去 DNA 和 RNA，或在 0.1%DNA 酶溶液（溶于 Mcllvane 缓冲液，pH6.5）中处理 7 h，以除去 DNA（在室温中进行）。

（二）核糖核酸（RNA）的鉴定

鉴定核糖核酸（RNA）常用甲基绿-焦宁染色法［又称甲基绿-派洛宁法（methyl green-pyronine method）］鉴定。

1. 原理 甲基绿和焦宁均为碱性染料，它们能分别与细胞内的 DNA 和 RNA 选择性结合而呈现不同颜色。当甲基绿和焦宁作为混合染料时，甲基绿和染色质中的 DNA 选择性结合显示绿色。焦宁和核仁、细胞质中的 RNA 结合显示红色。其原因可能是两种染料有竞争作用，同时两种核酸分子都是多聚体，而其聚合体有所不同。甲基绿易与聚合程度高的 DNA 结合呈绿色，而焦宁则与聚合程度较低的 RNA 结合呈红色。

2. 甲基绿-焦宁染色液的配制

（1）甲液。将 1 g 甲基绿溶于 100 mL 0.05 mol/L 硝酸钠缓冲液（pH5.6）中。在分液漏斗中加入等量的氯仿振荡，重复几次至氯仿层不显颜色为止。

（2）乙液。将 1 g 焦宁 Y（或 C）溶于 100 mL 0.05 mol/L 醋酸钠缓冲液（pH6.7）中。加氯仿，提取方法如上。

测定时取 15 mL 甲液与 25 mL 乙液，充分混合，用 0.05 mol/L 醋酸钠缓冲液（pH5.6）稀释到 100 mL，加入 40 g 氯化镁（$MgCl_2 \cdot 6H_2O$）。

3. 操作步骤

（1）材料用 FAA 固定液（或含酒精、醋酸的固定液）固定。

（2）切片材料放入蒸馏水中除去固定液。

（3）在甲基绿-焦宁染色液中染色 12～16 h。

（4）用蒸馏水冲洗一次。

（5）盖上盖玻片，置显微镜下观察。

4. 结果 核糖核酸（RNA）被染成红色，脱氧核糖核酸（DNA）被染成绿色。

若要做成永久制片，可用正丁醇（或丙酮）脱水，二甲苯透明，加拿大树胶或中性树胶封藏。

五、酶类的鉴定与定位

酶是生物细胞产生的，以蛋白质为主要成分的生物催化剂。酶的特点是：具有极高的催化效率、催化作用具有高度专一性（即酶对底物和所催化的反应都有严格的选择性）、极易失活等。显微组织化学酶的鉴定和定位方法，一般是利用酶与底物反应而生成有色化合物，以显示酶的活性和它所在的位置。这就要求底物和酶在离体状态下能进行反应，同时还要求反应所生成的化合物是有色的。酶的定位比细胞成分的定位在技术和操作上要求更严。要做到准确定位，必须注意以下几点：①在反应过程中保持酶的活性；②尽量不使酶扩散或移位；③反应要有专一性。下面介绍几种酶的显微化学鉴定方法。

（一）细胞色素氧化酶的鉴定与定位

1. 原理 利用 Nadi 原理，以盐酸对氨基二甲基苯胺和 α-萘酚为底物，经过细胞色素氧化酶的作用，产生吲哚酚（蓝色）。因此，显示蓝色的部位即表示有细胞色素氧化酶的存在。

2. 试剂

（1）1%α-萘酚溶液。称取 1 g α-萘酚溶于 100 mL 蒸馏水中加热煮沸，然后逐滴加入 25%的 KOH，直至完全溶解为止，过滤后保存于阴暗处。

（2）1%盐酸对氨基二甲基苯胺溶液。称取 1 g 盐酸对氨基二甲基苯胺（p-amino-dimethylaniline-HCl），放入 100 mL 蒸馏水中，加热煮沸，冷却后保存在冰箱内。该溶液只能保存 1 周，过后则失效，需重新配制。

（3）0.1 mol/L pH5.8 的磷酸缓冲液。

3. 操作步骤

（1）用徒手切片法或冰冻切片法将材料切成薄片，放入 pH5.8 的磷酸缓冲液中，在室温下放置 5～10 min。

（2）用干净的玻棒针将切片移入新鲜配制的 1%α-萘酚和 1%盐酸对氨基二甲基苯胺的等量混合液中处理 5 min，取出放在载玻片上，加 1 滴重蒸水，盖上盖玻片，即可在显微镜下观察。

4. 结果 显示蓝色的部位即表示有细胞色素氧化酶的存在。

（二）过氧化物酶的鉴定与定位

1. 原理 利用联苯胺通过过氧化氢经过氧化物酶的酶促作用脱氢而产生蓝色络合物。因此有蓝色反应的部位表示有该酶的存在。

2. 试剂

(1) 0.1%钼酸铵溶液。称取 0.1 g 钼酸铵溶于 100 mL 蒸馏水中。

(2) 0.1%联苯胺溶液。称取 0.1 g 联苯铵放入 100 mL 蒸馏水中，加热煮沸，冷却后加入 30%的过氧化氢 1 滴。此液只能保存 1 周。

(3) 0.1 mol/L pH7.2 的磷酸缓冲液。

3. 操作步骤

(1) 将切片放入 pH7.2 的磷酸缓冲液中。

(2) 将切片移入 0.1%钼酸铵溶液中，在室温下处理 5 min。

(3) 将切片移入 0.1%联苯铵溶液中，处理 0.5～1 min 后，取出放在载玻片上，加 1 滴蒸馏水，盖上盖玻片，置显微镜下观察。

对照片子可用 0.1 mol/L 氟化钠（NaF）处理，或将样片煮沸 10～15 min 灭活酶类后，按上述操作进行试验。

4. 结果 有蓝色反应的部位表示有该氧化酶的存在。

注意：如果作用时间或观察时间过长，则蓝色络合物在空气中自行被氧化而生成棕色复合物。

（三）多酚氧化酶的鉴定与定位

1. 原理 多酚氧化酶也称儿茶酚氧化酶，由脱氢酶、醌还原酶和酚氧化酶组成，催化多酚类（对苯二酚、邻苯二酚、邻苯三酚）氧化生成红褐色物质。因此，有多酚氧化酶的部位有该颜色反应。

2. 试剂

(1) 1%邻苯二酚。称取 1 g 邻苯二酚溶于 100 mL 蒸馏水中，保存在低温及暗处，此液能使用 1～2 周，不能保存过久。

(2) 0.1 mol/L pH7.2 的磷酸缓冲液。

3. 操作步骤

(1) 新鲜样品切下后立即投入 pH7.2 的磷酸缓冲液中，在 2～5 ℃下放置 5 min。

(2) 将切片移至 1%邻苯二酚中，在 37 ℃下保温 3～15 h，取出观察。

对照片子用煮沸或 0.02 mol/L 氰化钾处理使多酚氧化酶灭活后，再按上述操作进行试验。

4. 结果 有茶褐色反应的部位表明有多酚氧化酶的存在。如以邻苯三酚为底物则棕色反应部位即为多酚氧化酶。

（四）酸性磷酸酶的鉴定与定位

1. 原理 利用甘油磷酸钠与铅离子混合后，在 pH5.8 时，经酸性磷酸酶的作用产生磷酸铅，磷酸铅遇硫化铵生成棕黑色的硫化铅（PbS）沉淀物。因此，有酸性磷酸酶存在的部位显棕黑色沉淀。

2. 试剂

(1) 纯丙酮。

(2) 4%火棉胶-纯酒精（1∶1）溶液。

(3) 二甲苯。

(4) 作用液（用时混合）。配方为：0.1 mol/L pH5.1 的醋酸缓冲液 4 mL、0.1 mol/L 醋酸铅溶液 1 mL、蒸馏水 0.6 mL、3.2%甘油磷酸钠溶液 0.4 mL。

混合沉淀后，取上清液。

(5) 2%硫化铵 [$(NH_4)_2S$]（每次配少量，不宜久放）。

(6) 结晶紫丁香油饱和液（植物用）或 2%曙红水溶液（动物用）。

3. 操作步骤

(1) 将冷藏的（3～4 ℃）新鲜材料切成 2～3 mm 厚的薄片，在纯丙酮中固定，换 2～3 次，共约

24 h，在 4 ℃下进行。

(2) 将材料浸入 4%火棉胶-纯酒精（1∶1）溶液中 24 h，并在贮有氯仿蒸气的干燥器中，24～48 h 使之变硬。

(3) 在二甲苯中透明。

(4) 用快速包埋法包埋于石蜡（使用的石蜡熔点要低）中。

(5) 将包埋的材料切成 4～8 μm 的薄片，不必去石蜡。

(6) 蜡片直接投入作用液中，随即放置在 37 ℃保温箱中 0.5～18 h。

(7) 在蒸馏水中漂洗。

(8) 移入硫化铵溶液中 5 min。

(9) 在蒸馏水中漂洗（动物材料在此对染），经 95%酒精到纯酒精中。

(10) 在二甲苯中溶去石蜡，封藏于中性树胶中。

(11) 如需对染，可在 95%酒精中加入几毫升结晶紫丁香油饱和溶液。

(12) 对照切片的制作。①材料不经作用液而直接在 0.001 mol/L 氟化钠（NaF）水溶液中，在 37 ℃保温箱中放置 0.5～18 h。②移入硫化铵溶液中 5 min。③在沸水中热处理 5 min。④其余步骤同 (9)～(11)。

4. 结果 有酸性磷酸酶存在的部位显棕黑色沉淀。

（五）脱氢酶的鉴定与定位

这里所指的脱氢酶是非特异性的，包括琥珀酸、乳酸、丙酮酸、柠檬酸和异柠檬酸等的脱氢酶。

1. 原理 脱氢酶使底物脱氢，无色的四氮盐接受氢而还原，使四氮唑还原为蓝色的甲臜 (diformazan)；显示蓝色沉淀处即表示有脱氢酶活性的部位。底物不同，表示不同的脱氢酶，例如底物为琥珀酸，则蓝色沉淀为琥珀酸脱氢酶；底物为柠檬酸，则蓝色沉淀为柠檬酸脱氢酶等。

2. 配制反应混合液 在 0.05 mol/L pH7.3 的磷酸缓冲液中含有 0.05 mol/L 的底物（琥珀酸盐、乳酸盐、丙酮酸盐、柠檬酸盐和异柠檬酸盐中的任一种均可），还含有 0.1%的新四氮盐。

3. 操作步骤 将切片放入反应液中（容器必须加盖），在 37 ℃下保温 5～20 min，即可直接观察。

对照片煮沸使酶灭活，也可在反应液中不加底物，或在反应混合液中加入 0.001 mol/L 的 N-乙基马来酰亚胺或 0.2 mol/L 的丙二酯作抑制剂。

4. 结果 显示蓝色沉淀处即表示有脱氢酶活性的部位。

（六）琥珀酸脱氢酶的鉴定与定位

1. 原理 脱氢酶将底物的氢脱下，将氢交给受体四氮唑，使四氮唑还原为甲臜（蓝色）。

最常见的四氮盐为硝基蓝四唑（nitro-BT）。脱氢酶中的琥珀酸脱氢酶以黄素蛋白为辅基。

2. 试剂

(1) 琥珀酸盐缓冲液。在 0.2 mol/L pH7.6 的磷酸缓冲液中加入等量的 0.2 mol/L 琥珀酸液。

(2) 0.1%硝基蓝四唑。

(3) 底物混合液。琥珀酸盐缓冲液 10 mL、0.1%硝基蓝四唑 10 mL。

3. 操作步骤

(1) 将切片放入底物混合液中，在 37 ℃下保温 5～30 min。

(2) 蒸馏水洗 1 min 后即可观察。

(3) 切片材料经一系列酒精脱水、二甲苯透明、树胶封藏后可做成永久制片。

(4) 对照片可煮沸灭活酶，或在混合液中不加琥珀酸钠而用丙二酸钠，或在混合液中加 0.001 mol/L 对苯二胺。

4. 结果 有琥珀酸脱氢酶活性部位显示蓝或深蓝色。

第四节　次生代谢产物的鉴定

次生代谢产物由初生代谢途径衍生而来，是生物体利用某些初生代谢产物为原料在酶的催化作用下，形成一些特殊的化学物质。这些特殊的化学物质常常是药用植物的活性成分，其产生和分布通常有种属、器官、组织以及生长发育时期的特异性。应用显微组织化学定位技术检测次生代谢产物，是研究有效药用成分在植物组织器官中的分布规律和动态积累过程的重要研究手段。

一、生物碱的鉴定与定位

Dragendorff 试剂（碘化铋钾试剂）能较好地与生物碱起显色反应，为生物碱通用显色剂，广泛应用于各类生物碱鉴定和含量的测定中。

1. 原理　碘化铋钾改良试剂与生物碱发生颜色反应，形成橘红色或者黄色沉淀。

2. 碘化铋钾改良试剂的配制

溶液Ⅰ：0.85 g 次硝酸铋溶于 10 mL 冰醋酸和 40 mL 水中。

溶液Ⅱ：8 g 碘化钾溶于 20 mL 水中。

制备液：溶液Ⅰ和Ⅱ等体积混合，置于棕色瓶中储备，可保存较长时间，可作沉淀剂。

显色剂：1 mL 制备液加 2 mL 乙酸、10 mL 水混合，呈黄或橙红色，用于鉴定生物碱。

3. 操作步骤

（1）徒手切片。将材料洗净后，于操作台上放置一装满清水的玻璃皿，手持刀片将新鲜的或固定的实验材料按一个固定方向切成薄片，需保持材料的湿润并洗入玻璃皿中。

（2）选片染色。在其中挑选透明的薄片（厚度 10～30 μm），用显色剂滴染 1～3 min，用低倍镜观察检查。

注：新鲜材料亦可用冷冻切片机进行冰冻切片。也可以使用传统石蜡切片，经固定液固定，梯度酒精脱水，透明剂透明，石蜡包埋，切片厚度 8～15 μm，粘片，脱蜡，染色（以番红-碘化铋钾-固绿染色）。对照切片是将新鲜材料用酒石酸酒精预处理洗净后，用同样方法处理和观察。也可用 FAA 固定液固定一个月以上的材料。

4. 结果　生物碱同碘化铋钾生成淡橙黄色到橘红色的不定形沉淀。

二、皂苷的鉴定与定位

皂苷（saponin）是苷元为三萜或螺旋甾烷类化合物的一类糖苷，是许多中药材的主要有效成分。

1. 原理　皂苷类物质能与强酸（浓硫酸、高氯酸等）发生颜色变化或产生荧光，使羟基脱水、增加双键结构、脱羧、氧化、缩合、双键位移及形成多烯阳碳离子而呈现出颜色。在香草醛参与的反应中，因其显色灵敏，试剂空白颜色浅，常用作人参皂苷、甘草、柴胡皂苷等三萜皂苷的显色剂。

2. 试剂

（1）皂苷显色剂。5%香草醛-冰醋酸和高氯酸混合试剂。

（2）5%醋酸铅水溶液。

（3）FAA 固定液。

3. 操作步骤

（1）取材切片。对实验材料进行徒手切片或用冷冻切片机切片。

（2）预处理。切片置醋酸铅水溶液中浸泡，也可以滴加 5%醋酸铅水溶液浸泡 10 min，使组织中的皂苷沉淀，用吸水纸吸去多余的醋酸铅溶液。

(3) 显色拍照。滴加以等量的5%香草醛-冰醋酸和高氯酸混合试剂，显色5～10 min后，制作临时装片，用显微镜观察并照相。

注：阴性对照采用50%～70%酒精配制的FAA固定液浸泡1个月的材料，以除去皂苷，以同样方法显色制片观察。

4. 结果 含浓硫酸或高氯酸的显色剂能使皂苷产生淡红-红-紫红的系列颜色反应的复合物，颜色的深浅与皂苷的含量呈正相关。

三、黄酮类的鉴定与定位

黄酮类化合物是植物界分布较为广泛的一大类天然酚化合物，是药用植物中主要活性成分之一，也是植物自我防御系统的重要物质基础之一。分布于表皮、厚角组织等外部组织的黄酮，具有防止外界微生物入侵、抗紫外线等保护作用。黄酮类成分一般不具有自发荧光，需要加入荧光诱导剂后进行观察。

(一) NaOH显色法

1. 原理 NaOH溶液常用于催化显色反应或使化合物水解开环便于与显色剂结合，并不能直接显色，但可以与不同黄酮类化合物产生颜色反应。如与二氢黄酮类反应显橙黄色，久置变鲜红色；而与查尔酮反应显红色，久置红色加深。同时NaOH还可以对徒手切片起到一定的透化作用，便于观察。

2. 试剂 5% NaOH溶液。

3. 操作步骤 对实验材料进行徒手切片，并放置于载玻片上，滴加5% NaOH溶液，处理10 min，使切片中黄酮显色，制成临时装片，用显微镜观察并照相。

4. 结果 含有二氢黄酮类物质则呈现橙黄色，久置变鲜红色；含查尔酮则呈红色，久置红色加深。

注意：用NaOH显色法定位黄酮类物质较为简便可行、定性迅速，但碱性溶液也能和羟基醌类发生颜色改变，多呈橙色、红色、紫红色、蓝色，以NaOH溶液显现的颜色来鉴定羟基蒽醌。该法用于其他中草药研究时，要应考虑到羟基醌类和黄酮类同时存在会影响实验结果。

(二) 醋酸镁甲醇溶液显色法

1. 原理 醋酸镁甲醇溶液主要是与二氢黄酮和二氢黄酮醇类反应，产生天蓝色荧光，若具有5-OH，色泽更为明显，黄酮、黄酮醇及异黄酮类则分别呈现黄色、橙黄色、褐色。

2. 试剂 1%醋酸镁甲醇溶液。

3. 操作步骤 取新鲜材料进行徒手切片或冰冻切片，置于载玻片上，滴加1%醋酸镁甲醇溶液，处理30 s，使切片中黄酮类化合物显色，制成临时装片，置于荧光显微镜下（激发波长405～480 nm，发射波长520 nm）观察并照相。

4. 结果 经醋酸镁甲醇显色，呈现黄色荧光或蓝色荧光，显黄色为黄酮类，显蓝色为二氢黄酮类。

(三) NA溶液显色法

1. 原理 二苯基硼酸-2-氨基乙酯（DPBA，其醇溶液称为NA溶液）能和不同黄酮类化合物产生不同颜色的荧光，并对植物组织内木质素等产生的自发荧光也有增强效果。

2. 试剂 NA溶液（用80%甲醇配制，质量浓度为0.1%）。

3. 操作步骤 对实验材料进行徒手切片，以NA溶液对切片进行显色，然后以荧光显微镜的蓝色激发光为激发光源，观察黄酮类物质发出的荧光并照相。

注：也可以冰冻切片，激光扫描共聚焦显微镜观察效果较好，但会使实验时间变长。除了成本上升外，最重要的是甲醇、乙醇易挥发，且溶解黄酮类物质能力很强，作为显色剂的溶剂，染色时会使

黄酮被溶出并扩散，造成黄酮定位不准确。

4. 结果 经NA溶液染色黄酮类物质可产生黄色荧光。

第五节 GUS染色及荧光检测技术

一、GUS染色组织定位

1. 原理 β-葡萄糖苷酶（GUS）相当稳定且不易降解。适宜的反应条件下，β-葡聚糖苷酶可将5-溴-4-氯-3-吲哚-β-葡萄糖苷酸（X-Gluc）水解成蓝色物质，因此具有GUS活性的部位或位点呈现蓝色或蓝色斑点，可用肉眼或显微镜观察到，且在一定程度下根据染色深浅可反映出GUS活性强弱。反映出外源基因在特定器官、组织，甚至单个细胞内的表达情况。

2. 试剂

（1）GUS洗液。0.1 mol/L pH7.0 磷酸盐缓冲液、10 mmol/L EDTA、2 mmol/L 亚铁氰化钾、2 mmol/L 六氰合铁酸钾。

（2）GUS染色液（1 mmol/L）。5 mg X-Gluc 用 100 μL 二甲基亚砜（DMSO）助溶（用前离心3 min），加到5 mL洗液中即成染色液。一次配5 mL染色液，用1.5 mL离心管分装，锡纸包住，置于−20 ℃下保存。

3. 操作步骤

（1）90%丙酮固定材料20 min。

丙酮渗透力很强，能使蛋白质沉淀凝固，但不影响蛋白质的功能基团而保存酶的活性，用于固定磷酸酶和氧化酶效果较好，因此可用于GUS染色前的固定，可防止GUS信号的扩散。缺点是固定快、渗透力强，易使组织细胞收缩，保持细胞结构欠佳。一般以4 ℃下固定20 min为宜。

（2）加1 mL GUS洗液洗去丙酮，洗2遍。

（3）加GUS染色液，冰上抽真空15～20 min。

（4）30 ℃放置，隔一阵观察一下，染上色了就进行下一步。

（5）吸出染色液，加入1 mL 70%乙醇，停止染色反应，脱色。

（6）更换几次乙醇直到脱色完全。

4. 结果 材料上有GUS活性的部位呈现蓝色或蓝色斑点。

二、免疫组织化学检测

免疫组织化学（immunohistochemistry，IHC）技术结合了免疫学、组织学和化学三门学科的基本原理，根据抗原抗体特异性结合，通过化学反应使标记抗体的显色剂（显色剂有荧光素、酶、金属离子、同位素等）显色，使组织切片中的待检抗原与已知的第一抗体先结合，再与显色剂标记的第二抗体结合，通过光学显微镜或荧光显微镜镜检，对组织切片的抗原进行定位、定性及定量研究。

免疫组织化学的特异性强，灵敏性高，既保持了传统形态学（包括光学显微镜和电子显微镜水平）对组织和细胞的观察客观、仔细的优点，又克服了传统免疫学反应只能定性和定量而不能定位的缺点。随着免疫组织化学技术和图像分析技术的发展，免疫组织化学已成为生物学和医学各个领域中应用日益广泛的研究和诊断的方法。

下面以免疫荧光为例介绍。

（一）直接免疫荧光法测抗原

1. 原理 将荧光素标记在抗体上，直接与相应抗原反应。这是最简便、快速、特异性好的方法。

需制备特异性荧光抗体。直接用于细胞或组织抗原的检查。常用于细菌、病毒等病原体快速检查和肾炎活检、皮肤活检的免疫病理检查。

2. 试剂

(1) 0.01 mol/L pH7.4 磷酸盐缓冲液(PBS)。

(2) 荧光标记的抗体溶液(以 0.01 mol/L pH7.4 的 PBS 进行稀释)。

(3) 缓冲甘油。分析纯无荧光的甘油 9 份+pH9.2 0.2 mol/L 碳酸盐缓冲液 1 份。

3. 操作步骤

(1) 固定标本。滴加 0.01 mol/L pH7.4 的 PBS 于待检标本片上,10 min 后弃 PBS,使标本片保持一定湿度。

(2) 染色。滴加用 0.01 mol/L pH7.4 的 PBS 适当稀释的荧光标记的抗体溶液,使其完全覆盖标本片,在室温或 37 ℃下染色 30 min,置入能保持潮湿的染色盒内,防止干燥。

(3) 洗片。取出标本片,置玻片架上,先用 0.01 mol/L pH7.4 的 PBS 冲洗后,再按顺序过 0.01 mol/L pH7.4 的 PBS 三缸浸泡,每缸 5 min,不时振荡。

(4) 封藏与镜检。取出标本片,用滤纸吸去多余水分,但不使标本片干燥,加一滴缓冲甘油封藏。立即用荧光显微镜观察。

4. 结果 观察标本片的特异性荧光强度,一般可用"+""−"表示:"−"表示无荧光;"±"表示极弱的可疑荧光;"+"表示荧光较弱,但清楚可见;"++"表示荧光明亮;"+++−−+++"表示荧光闪亮。待检标本特异性荧光染色强度达"++"以上,而各种对照显示为"±"或"−",即可判定为阳性。

5. 注意事项

(1) 对荧光标记的抗体的稀释,稀释度一般不应超过 1∶20,抗体浓度过低,产生的荧光可能会过弱,影响观察。

(2) 染色的温度和时间需要根据各种不同的标本及抗原而变化,染色时间可以从 10 min 到数小时,一般 30 min 已足够。染色温度多采用室温(25 ℃左右),高于 37 ℃可加强染色效果,但对不耐热的抗原(如流行性乙型脑炎病毒)可采用 0~2 ℃的低温,延长染色时间。低温染色过夜较 37 ℃染色 30 min 效果好得多。

(3) 为了保证荧光染色的正确性,首次试验时需设置对照,以排除某些非特异性荧光染色的干扰。

(二)间接免疫荧光法测抗体

相比直接免疫荧光法,此法的荧光亮度可增强 3~4 倍,是直接免疫荧光法的重要改进。只需制备一种种属间接荧光抗体,可以适用于多种抗体的标记显示,这是现在最广泛应用的技术。

1. 原理 染色程序分为两步,首先用待检抗体标本与抗原标本充分结合,然后洗涤,除去未与抗原结合的抗体。再用间接荧光抗体与结合在抗原上的抗体结合,形成抗原-抗体-荧光抗体的复合物,从而可鉴定未知抗体。

2. 试剂

(1) 0.01 mol/L pH7.4 磷酸盐缓冲液(PBS)。

(2) 缓冲甘油。分析纯无荧光的甘油 9 份+pH9.2 0.2 mol/L 碳酸盐缓冲液 1 份。

(3) 荧光标记的抗人球蛋白抗体(用 0.01 mol/L pH7.4 的 PBS 进行配制)。

3. 操作步骤

(1) 固定标本。滴加 0.01 mol/L pH7.4 的 PBS 于已知抗原标本片上,10 min 后弃 PBS,置于染色湿盒内。

(2) 免疫反应。滴加以 0.01 mol/L pH7.4 的 PBS 适当稀释的待检抗体标本片,覆盖已知抗原标本片。将标本片置于湿盒内,37 ℃保温 30 min。

（3）洗片。取出标本片，置于玻片架上，先用 0.01 mol/L pH7.4 的 PBS 冲洗 1～2 次，然后按顺序过 0.01 mol/L pH7.4 的 PBS 三缸浸泡，每缸 5 min，不时振荡。

（4）染色。取出标本片，用滤纸吸去多余水分，但不使标本片干燥，滴加一滴一定稀释度的荧光标记的抗人球蛋白抗体。将标本片平放在有盖搪瓷盒内，37 ℃保温 30 min。

（5）洗片。重复操作（3）。

（6）封藏与镜检。取出标本片，用滤纸吸去多余水分，滴加 1 滴缓冲甘油，再覆以盖玻片封藏。在荧光显微镜高倍视野下观察

4. 结果 结果判定同直接免疫荧光法。

5. 注意事项 每次试验时，需设置以下 3 种对照。

①阳性对照：阳性血清＋荧光标记物。

②阴性对照：阴性血清＋荧光标记物。

③荧光标记物对照：PBS＋荧光标记物。

三、荧光蛋白标记法

荧光蛋白标记是利用不同颜色的荧光质粒与其他生物结合，直接或者间接将目标蛋白分子用荧光标记，无物种专一性，不需要其他辅助介质发光，能快速标记且检测简单，并能稳定遗传且有最佳的示踪结果。

荧光蛋白主要包括绿色荧光蛋白（green fluorescent protein，GFP）、黄色荧光蛋白（yellow fluorescent protein，YEP）、红色荧光蛋白（red fluorescent protein，RFP）。

确定蛋白质在活细胞内的分布与动态行为是阐明其功能的重要环节，用荧光蛋白标记目标蛋白分子，结合现代显微成像技术，已成为蛋白质研究的重要工具之一。本部分以荧光蛋白融合进行蛋白质的亚细胞定位为例介绍。

（一）原理

克隆目的蛋白编码基因，进行植物表达载体的构建，将该基因序列与荧光蛋白的编码序列融合，使目的蛋白和荧光蛋白串联表达。将获得的融合基因的表达载体转入植物细胞中，通过荧光显微镜或激光共聚焦显微镜观察荧光蛋白的定位情况，从而确定目的蛋白的亚细胞定位。

（二）材料与试剂

1. 材料 EHA105 根癌农杆菌感受态细胞、1302 载体质粒、TransT1 感受态细胞、P19 菌株。

2. 试剂

（1）LB 培养基。酵母提取物 5.0 g、胰蛋白胨 10.0 g 和氯化钠 10.0 g，加纯水充分溶解后，用 2 mol/L 的 NaOH 溶液调 pH 至 7.0，用纯水定容至 1 000 mL，121 ℃高压蒸汽灭菌 20 min。每升加入 15 g 琼脂粉即为固体培养基。

（2）抗生素。卡那霉素（K^+）用无菌水充分溶解，配成 50 mg/mL，经 0.22 μm 水相无菌滤膜过滤除菌后分装，存于－20 ℃冰箱中备用；利福平（Rif^+）和乙酰丁香酮（AS）用二甲基亚砜（DMSO）溶解，配成 50 mg/mL，经 0.22 μm 有机相无菌滤膜过滤除菌后分装，保存。

（3）1/2MS 液体培养基（含 100 μmol/L AS）。

（三）操作步骤

1. 植物真核表达载体构建 采用双酶切方法构建含有绿色荧光蛋白（GFP）基因（*gfp*）的重组植物真核表达载体（基因若在 *gfp* 上游则去除终止子），将目的基因与 1302 载体质粒（自带 GFP

蛋白）进行重组连接，转化 TransT1 感受态细胞，涂布在含 100 μg/mL K^+ 的 LB 平板上，进行初筛，挑菌再进行菌落 PCR 扩增验证后进行测序。

2. 重组质粒转化根癌农杆菌 利用电转法将构建好的重组质粒转化到根癌农杆菌 EHA105 感受态细胞中，取 2 μL 的重组载体质粒与 20 μL 的根癌农杆菌 EHA105 感受态细胞轻混合加入电击杯中，用电转仪在 A9r 模式下电击两次，加入 500 μL 无抗生素的 LB 液体培养基，混合后置于离心管中，28 ℃下 180 r/min 振荡培养 3～5 h，再取出 100 μL 菌液涂于 LB（含 20 μg/mL Rif^+、100 μg/mL K^+）平板上，28 ℃培育 2～3 d，挑单菌落进行菌落 PCR 验证。

3. 活化菌液 取验证正确的菌株和 P19 菌株分别于 LB（含 20 μg/mL Rif^+、100 μg/mL K^+）液体培养基中扩大培养，至外观为果粒橙色，在 600 nm 处的光密度（OD_{600}）为 0.8～1.0。收集上述菌液，在 4 ℃下以 6 000 r/min 离心 10 min 后弃上清，加入 1/2MS（含 100 μmol/L AS）液体培养基悬浮菌体，对重悬菌液调至 OD_{600} 为 0.6～0.8，然后黑暗避光静置活化 3 h。静置后以 V_{EHA105}：$V_{P19}=3/OD_{600}$：$1.8/OD_{600}$ 的比例混合菌液。

4. 农杆菌注射渗透法转化烟草 将无菌注射器去除针头，用手指抵住叶片下表皮，轻轻划一个伤口，将活化后的菌悬液从叶片下表皮处注射并充分延至整个叶面，避光培养 3 d（注射时避开叶脉，一片叶子上注射一个基因且注射孔不宜过多，最多 3 个。空白处理与之相同）。

5. 制片观察 将侵染 3 d 后的烟草叶片进行制片，即取注射孔附近的叶片，将其正面放置于载玻片上，滴入纯水，盖上盖玻片并用吸水纸吸去多余水分，将盖玻片朝下置于荧光显微镜或激光共聚焦显微镜下观察 GFP 荧光信号并判断定位情况，并采集图片。

（四）结果

呈现 GFP 绿色荧光分布区域即目标蛋白。

（五）注意事项

（1）渗透注射时要选取健壮的烟草植株，苗龄不要超过 4 周

（2）选取幼嫩健壮的叶片进行渗透注射，注射区选在叶脉间区域，避开大的叶脉，推压注射器时不要用力太大，在此过程中要戴上口罩，以免菌液溅到脸上。

（3）注射完每个叶片后，要及时做好标记，注明注射的农杆菌所含的质粒。

复习思考题

1. 说明生物显微化学的研究内容。
2. 生物显微化学有哪些研究方法？分为哪些类型？
3. 简述应用显微化学时的一般注意事项。
4. 无机物的鉴定有哪些方法？请详细说明。
5. 有机物的鉴定有哪些方法？请简单说明。
6. 次生代谢产物的鉴定有哪些方法？请简单说明。
7. 简述 GUS 染色及荧光检测技术的原理。
8. 简述通过荧光蛋白标记进行蛋白质亚细胞定位的步骤。

第十章 光学显微镜

显微镜（microscope）是将微小物体或物体某一细微部分进行高倍放大，便于人们观察的精密仪器，是研究动植物微观、超微观结构的必备工具，在工农业生产及科学研究中应用广泛。

显微镜是一个大家族，分类方法很多，按目镜数可分为单目显微镜、双目显微镜、三目显微镜；按成像效果有立体视觉显微镜和平面视觉显微镜之分；按观察对象有生物显微镜与金相显微镜两类；按光学原理的不同可分为偏光显微镜、相差显微镜、微分干涉显微镜等；按光源类型又有使用可见光的显微镜和使用紫外光的显微镜之分；按成像工作原理的不同分为光学显微镜与电子显微镜等。生物学中常用光学显微镜有生物显微镜（BM）、荧光显微镜（FM）、体视显微镜（SM）、倒置显微镜（IM）、微分干涉显微镜（DICM）、激光扫描共聚焦显微镜（LSCM）等；电子显微镜有透射电子显微镜（TEM）、扫描电子显微镜（SEM）、扫描隧道显微镜（STM）、原子力显微镜（AFM）等。

可见，显微镜的品种类型很多。显微镜在细胞生物学、微生物学等生物科学研究中必不可少，本章主要探讨普通光学显微镜、荧光显微观测设备，以及显微镜专属名词和技术参数，电子显微镜将在第十一章中介绍。

第一节　普通光学显微镜

一、生物显微镜

生物显微镜（biology microscope）又称普通显微镜，是观察动植物组织切片、生物细胞、细菌个体的精密光学仪器。其结构上分为光学系统和机械装置两个部分，机械装置部分主要有镜座、镜臂、载物台、推进器、调焦旋钮等；光学系统主要有目镜筒、系列物镜、电光源、聚光镜、可调光阑等。复式双目正置显微镜实物见图 10-1，结构见图 10-2。

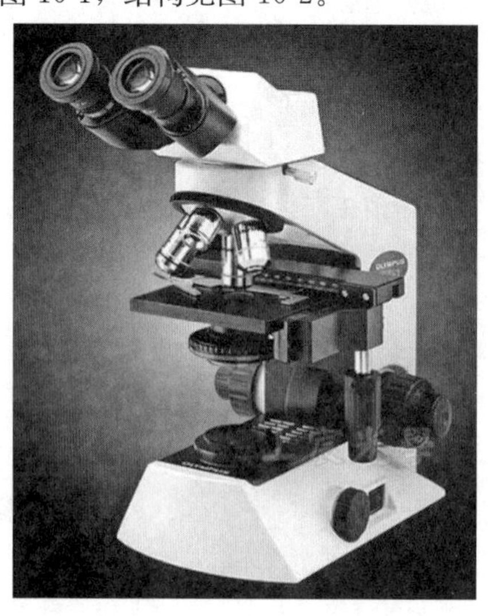

图 10-1　复式双目正置显微镜

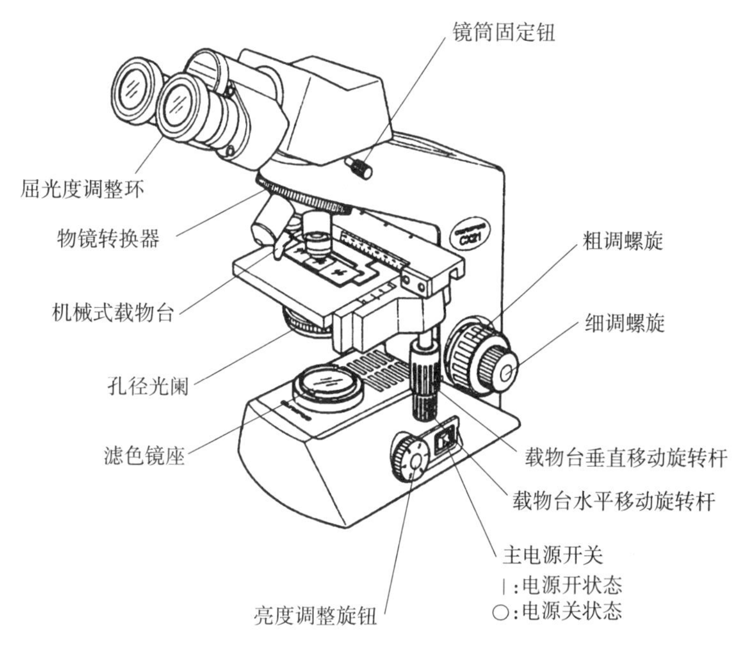

图 10-2 复式双目正置显微镜结构图

（一）生物显微镜成像原理

生物显微镜的成像原理是利用透镜的光学性质逐级放大实物影像。载物台上的样本经过物镜作第一级放大，在光路中形成一个倒置的影像，再经过目镜（组合透镜）进行第二级放大，样木细微部分就呈现在观察者的眼前（图 10-3）。

显微镜的放大倍数是以物镜、目镜放大倍数的乘积来表示。如物镜为 40 倍，目镜为 10 倍，则显微镜的放大倍数为 40×10 倍，即放大 400 倍。

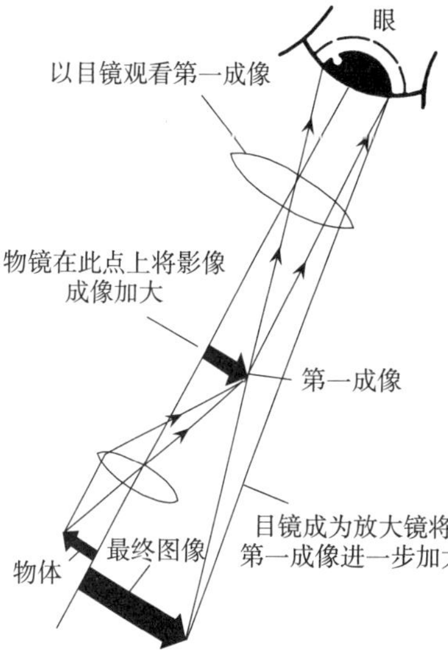

眼
以目镜观看第一成像
物镜在此点上将影像成像加大
第一成像
目镜成为放大镜将第一成像进一步加大
最终图像
物体

图 10-3 生物显微镜成像原理图

（二）生物显微镜配置结构

生物显微镜以复式双目正置显微镜为例，系统配置主要包括生物显微镜、图像传感器（CCD 摄像机、CMOS 摄像头、数码相机等）、电脑及控制分析软件等。显微镜的附件还有物镜系列（4×、10×、40×、60×、100×，以及不同质量级别的物镜系列）、目镜系列(5×、7×、10×、15×、20×，以及选配特殊目镜)、聚光镜等。

早期的单目显微镜由一组透镜组成，结构简单，已逐步被结构复杂、多组透镜组成的复式双目显微镜所取代，放大倍数在 4～1 500 倍。显微镜的机械部分和光学系统各部件功能介绍如下：

1. 机械部分

（1）镜座与镜臂。镜座位于显微镜底部，镜臂在其后部，两者为铸铁联体式结构，是显微镜的重心，起稳固支撑的作用。一般电光源系统、聚光镜固定于镜座；镜筒、转换器、物镜、载物台等悬挂于镜臂上。

（2）镜筒。镜筒是金属制的圆筒，上接目镜，下接物镜转换器。常用的双目镜筒是倾斜式，倾角为 45°。双目镜筒中的一个目镜有屈光度调节装置，以备在两眼视力不同的情况下调节使用。

（3）物镜转换器。物镜转换器位于镜筒与物镜之间，是由两个金属碟合成的一个转盘，其上留有4～6个物镜固定位，可安放不同放大倍数的物镜，每个位置安装的物镜可与镜筒、目镜组成一个放大系统。

（4）载物台。载物台又称镜台，位于物镜下方，是用来放置样本的长方形镜台，中心留有通光孔。载物台上的标本夹用来固定样本，推进器可将样本平面移动。有的推进器上标有刻度，用来标定位置，便于寻找变换的视野。

（5）调焦装置。调焦装置是调节物镜与样本之间距离的齿轮系统，有粗调（大螺旋）和细调（小螺旋）两部分，旋转它们可以使载物台上下移动，当观测样本在物镜和目镜焦点上时，得到的图像最清晰。用高倍镜观察时，允许的调焦范围往往小于微米，可见显微镜的调焦装置极为精密，实际操作时动作应轻而慢。

根据调节幅度大小的不同，调焦装置有粗调和细调两种螺旋结构。

①粗调螺旋。粗调螺旋升降幅度大，调节焦距快。采取控制载物台升降的方法来达到调节焦距的目的。

②细调螺旋。旋转细调螺旋，载物台升降幅度微小，影像精细调焦。显微镜的细调螺旋有杠杆式、齿轮式、同轴式等。

2. 光学系统

（1）物镜。物镜（objective）由一组透镜组成，是实物影像一级放大的光学部件，决定着显微镜的成像质量和分辨能力。物镜上通常标有数值孔径、放大倍数、镜筒长度、焦距等主要参数。如：NA 0.30；10×；160/0.17；16 mm。其中“NA 0.30”表示数值孔径（numerical aperture，NA）为0.30，“10×”表示放大倍数，“160/0.17”分别表示镜筒长度和所需盖玻片厚度（单位为 mm），16 mm 表示焦距，这些信息一般标刻在物镜外壳上。物镜的放大倍数通常为4～100倍，使用时一般选择3～4个物镜组成一个工作系列。

（2）目镜。目镜（eyepiece，ocular lens）由两块及以上透镜组成，是图像进行二级放大的光学镜头，只起放大作用，不提高分辨率。常用的放大倍数为10×（规格有5×、7×、10×、15×、20×等），一般选配原则是按目镜与物镜放大倍数的乘积为物镜数值孔径的500～700倍作为选择参数，最大不宜超过1 000倍。目镜直径越大，视觉观感越好，但切忌片面追求放大倍数而牺牲清晰度、分辨率。目镜按其有效镜片直径的大小分为普通目镜和大视场目镜（或称广角目镜）两类，规格有18 mm、20 mm、23 mm、25 mm等。

（3）聚光镜。聚光镜的主要作用是汇聚光源光线形成光锥照射于样本，为观察样本提供明亮均匀的照明，从而提高物镜的分辨率。聚光镜主要由透镜组成，由薄金属片组成的可变光圈中心形成圆孔，推动手柄可调节通光量的大小。调整聚光镜的高度和可变光圈的大小，可以得到适当的光照、清晰的图像。

使用聚光镜时，应注意把聚光镜的焦点落在载物台的通光孔正中，使整个光照中轴成一直线。用聚光镜上的调节器可以调节聚光镜位置的高低，使其焦点落在被检样本上，但载玻片不能太厚（0.9～1.3 mm），否则会影响镜检的光量。

（4）光源。现代生物显微镜采用电光源照明，光源位于镜座内部。常用电光源有卤素灯和LED光源两种，后者亮度高，光线均匀，热量小，寿命长，唯一的不足是光线不如前者柔和。老式显微镜大多利用镜臂上的反光镜提供照明。反光镜是一个双面镜，一面是平面，另一面是凹面。使用低倍镜、高倍镜时，常用平面反光镜；使用油镜或环境光线较弱时，则用凹面反光镜。

（5）滤光片。可见光是由不同波长的光线组成的，如果样本照明只需要某一波长的光线，就可选用适当的滤光片，提高分辨率，增加图像的反差和清晰度。滤光片有红、橙、黄、绿、青、蓝、紫等各种颜色，分别透过不同的波长，有时需要根据样本自身的颜色，在聚光镜下加上相应的滤光片。

（三）生物显微镜使用方法

1. 观察前的准备

（1）取镜。两手握持镜臂，水平地取出显微镜，平稳地放在自己座位前左侧，镜座前端距离实验台边缘5～9 cm。检查显微镜各部件是否完好、清洁，光源开关应关闭，亮度调节应至最小。

（2）通电。先将电源线与显微镜、电源插座连接，打开电源开关，旋转亮度调节旋钮至亮度适中。

（3）调光。转动物镜转换器，让低倍镜正对镜台孔，使目镜、物镜、聚光镜三者焦点在同一轴线上，转动转换器时要使卡口咬合。然后转动粗调螺旋使载物台上移2 cm左右，此时身体坐正，双眼睁开，调节左右镜筒间的水平距离，以适应自己的眼间距。在目镜视野中调节光亮度直到呈现均匀白色景象为止。

一般观察时坐姿要端正，可用左眼观察，右眼绘图或记录。两眼必须同时睁开，以减轻疲劳，亦可练习左右眼均能观察的能力。

对于用反光镜调光的显微镜对光时应避免直射光源，因为直射光源会影响物像的清晰，损坏光源装置和镜头，并刺激眼睛。若天气阴暗，可用日光灯或显微镜灯照明。

调节光源时，先将光圈完全开放，升高聚光镜至与载物台同样高，否则使用油镜时光线较暗。然后转入低倍镜观察。光源强弱用反光镜调节，光线较强的天然光源宜用平面镜；光线较弱的天然光源或人工光源宜用凹面镜。在对光时，要使全视野内为均匀的明亮度。观察染色标本时，光线应强；观察未染色标本时，光线不宜太强。可通过扩大或缩小光圈、升降聚光镜、旋转反光镜调节光线。

2. 低倍镜观察 低倍镜视野较大，易于寻找目标和确定观察的位置。低倍镜观察标本是显微操作的第一步。

将标本置于载物台上，用标本夹夹住，移动推进器，使观察对象处在物镜正下方，转动粗调螺旋，使物镜与标本相距约0.5 cm，从目镜观察，此时可适当地缩小光圈，否则视野中只见光亮一片，难见到目标物。此时再用粗调螺旋慢慢调整（单目显微镜移动镜筒，双目显微镜移动载物台），直至物像出现后再用细调螺旋调节到物像最清楚为止。然后用推进器平移标本，认真观察标本各部位，找到需要观察的目标物，并将其移至视野中心，准备换用高倍镜观察。

3. 高倍镜观察 低倍镜发现目标，完成调焦后将高倍镜转至光路系统。在转换物镜时，需用眼睛在侧面观察，避免镜头与盖玻片相碰。然后从目镜观察，并仔细调节光圈，使光线的明亮度适宜，先用粗调螺旋慢慢调焦至物像出现，再用细调螺旋调至物像清晰为止（精度高的显微镜物镜转换时物像焦距不变），找到最适宜观察的部位后，将此部位移至视野中心，仔细观察并记录。

若放大倍数不够，需用油镜观察时，请继续如下操作。

4. 油镜观察

（1）用粗调螺旋将载物台降下约2.0 cm，转动物镜转换器，将油镜移入光路系统。

（2）在盖玻片上标本的观察部位滴上一滴香柏油。

（3）从侧面注视，用粗调螺旋将载物台缓缓升起，使油镜浸在香柏油中，其镜头几乎与标本相接。要特别注意不能压在标本上，也不可用力过猛，否则不仅压碎盖玻片，还会损坏镜头。

（4）从目镜观察，进一步调节光线，使光线明亮，再用粗调螺旋将载物台徐徐降下，直至视野出现物像为止，然后用细调螺旋校正焦距。如油镜已离开油面而仍未见物像，必须再从侧面观察，将载物台缓缓升起，重复操作至物像看清为止。

（5）观察完毕，降下载物台。先用擦镜纸擦去镜头上的油，再用擦镜纸蘸上少许擦镜液（乙醚和乙醇7∶3的混合液）或者二甲苯（香柏油溶于二甲苯）擦去镜头上的残留油迹，最后再用干净的擦镜纸吸去残留的二甲苯。切忌用手或其他纸擦拭镜头，以免造成损伤。最后用软布擦净显微镜的金属部件。

5. 显微镜的复原 结束实验之前须对显微镜检查一遍，将物镜转换器上的空位或者 4×物镜对准载物台通光孔，使卡口吻合；将聚光镜上升至最高；载物台下降到最低；光亮调节旋至最小，关闭电光源（反光镜垂直于镜座），收回电源线。

6. 记录测绘工具

（1）图像传感器。显微镜常用的图像传感器包括 CCD 摄像机、CMOS 摄像头、数码相机等。

①CCD 摄像机。CCD（charge coupled device）为电荷耦合器件，是能够把光学影像转化为数字信号的一种传感器中的半导体部件，上面有很多微小感光元件。每个感光元件叫一个像素，像素数越多，提供的画面分辨率也就越高，类似于人的眼睛，可以在 x、y 两个方向上捕捉信号。

②CMOS 摄像头。CMOS（complementary metal-oxide-semiconductor transistor）为互补性金属氧化物半导体，是类似 CCD 在数码摄像机、照相机中记录光线变化的，主要由硅、锗元素制作的半导体。上面共存着带 N（－）和 P（＋）级的半导体，这两个互补效应所产生的电流即可被处理芯片记录和解读成影像。CMOS 尺寸大小影响感光性能的效果，面积越大感光性能越好，缺点是容易出现杂点。

从两种图像传感器工作原理可见，CCD 的优势在于成像质量好，但制造工艺复杂，成本居高不下，大型 CCD 价格昂贵，600 万的像素是现阶段的极限产品。在相同分辨率下，CMOS 价格便宜，所产生的图像质量要低一些，是经济型摄像传感器，优点是速度快、能耗低。

（2）控制软件。控制软件是连接显微镜与电脑工作站的枢纽，不仅可以控制图像传感器，观察成像、拍照摄影，还能控制全自动显微镜的成像过程，一次设定，自动完成放大调焦、拍照储存。控制软件还有图像数据的测量采集、分析统计、优化制作等功能。

（3）测微尺。显微镜测微尺是用来测量视场中被检物体大小、长短的一种测微法，包括目镜测微尺和镜台测微尺两部分，用时二者必须互相配合，才能完成样本的数值测量。目镜测微尺为一个圆形玻璃片，上面有刻度，常用的分为 5 大格，每格再分 10 小格（共 50 小格）；而镜台测微尺为一特制的载玻片，中央粘一圆形小玻璃片，刻有尺度，一般为 1 mm，分 10 大格，每格再分 10 小格（共 100 格），每小格等于 10 μm（图 10-4）。

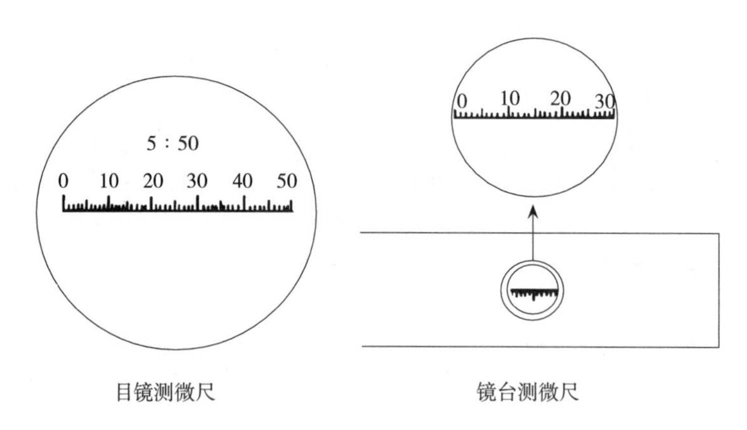

图 10-4 显微镜的目镜测微尺和镜台测微尺

目镜测微尺的标定：①某一倍数物镜下镜台测微尺的 10 刻度线与目镜测微尺的 0 刻度线对齐，右边 40 刻度线正好与镜台测微尺的 62 刻度线重合，记录两个测微尺的格数分别为 40、52。②目镜测微尺每小格长度＝52×10/40＝13（μm）。

（4）游标尺。游标尺是镌刻在载物台上推进器表面的测量工具，研究用显微镜在推进器的纵横边缘上均有。它的作用有两点：①快速测量被检样本的大小；②将观察要点的纵横标尺位置记录下来，以便重复观察。

(5) 描绘器。描绘器是将目镜中的影像进行转移，便于记录的一种光学器件（图 10-5）。形式虽有多样，但原理相同，即将两个不同的视场合并在一起，观察时一方面接受显微镜的成像，同时将显微镜外的绘图纸、笔和手投射进入视场。描绘出来的图像只是一个轮廓图，很难精细美观，需要进一步绘制和取舍，突出观察的重点部分。

图 10-5 显微镜的描绘器

(四) 生物显微镜维护保养

显微镜属精密光学仪器，每次使用前后都要认真检查是否完好。使用时应小心搬动，细心操作，按步骤进行。严禁用手触摸光学镜片，镜头上的指印、油迹将影响成像质量。切勿自行拆卸安装，遇到某些部件失灵或出现阻滞现象，不要强行扭动。平时应避免灰尘、水气、腐蚀性物品对仪器的侵蚀，若灰尘、水气进入镜体内部，会滋生霉菌，导致零件损坏，而一旦出现霉菌后，即便清洁处理也易再次受到污染。维护保养应注意以下几个方面：

1. 保养 使用一段时间的显微镜需要清洁光学部件，调校光轴，润泽机械部件，进行镜头、镜体等部位周期性地保养，以保持显微镜的技术性能和成像质量。

2. 防尘 不工作的显微镜应使用防尘罩，目镜要放在目镜筒内，目镜镜筒不可长时间裸露。如果显微镜较长时间不用，最好取出目镜、物镜，用干净的软布包好，放置干燥器中，干燥剂可选用变色硅胶。目镜筒的孔口用镜头盖盖住，整机套上防尘罩。

3. 防水防潮 显微镜要保持干燥，避开水池、水龙头。显微镜室相对湿度≤85%。切忌试剂、染液长期接触显微镜，尤其是光学部件，若有意外应及时吸干擦净。

4. 镜头维护 镜头表面的灰尘用软毛刷或洗耳球清除，指印、油污应用薄纱布或擦镜纸等蘸点清洁剂（乙醚：乙醇=7：3）轻轻擦拭。特别要注意油镜使用后的清洁，因为残留的香柏油会损伤镜头的镀膜，造成成像质量下降，使用寿命变短。清洁镜面污垢，勿用干棉球、干布块、干镜头纸擦拭，避免划伤镀膜。勿用水剂擦拭镜片，防止水渍滋生霉菌而损坏镜头。

5. 清洁 镜头、镜体保持干净。镜体可用软布擦净金属表面灰尘，光学镜头重污垢需用清洁剂擦拭，清除干净后晾干备用。

6. 移动注意事项 显微镜移动前应锁紧镜头、镜体等调节部件，关闭电源，拔掉插头，固定到位。移动过程中保持竖直状态，轻拿轻放，避免碰撞。

二、体视显微镜

体视显微镜（stereo microscope）也称实体显微镜、解剖镜，是正像显示实物影像、立体观察结构形态、配置长工作距离物镜、最佳放大范围 5～150 倍的显微镜（图 10-6）。体视显微镜主要观察样本的三维状态，建立空间的立体视觉。其特点是：视场直径大、焦深大，便于观察样本的全部层面。在工业生产、科学研究、生物医学、显微外科中微小零件和集成电路的装配、观测、检查等领域应用广泛。

体视显微镜在生命科学研究中的应用优势：①样品的观察影像稳定、清晰、真实、立体感强；②操作简便，系统灵活，成像高效；③工作空间大，使用观察舒适。在动物学、植物学、细胞生物学、遗传学，以及现代分子生物学的基因诊断、转基因动植物鉴定、分子进化系统研究等领域是不可缺少的工具。

（一）体视显微镜成像原理

体视显微镜利用双通道光路系统成像，其目镜筒中的左右两束光线不是平行的，具有一定的夹角（12°～15°），这个夹角称为体视角。共用的初级物镜对实物样品成像，两个光束以体视角被两组中间物镜（变焦镜）分开，再经两组目镜成像。它的倍率变化是由主机（中间镜组）中透镜组之间的距离改变而获得的，是连续变倍的过程（图 10-7）。

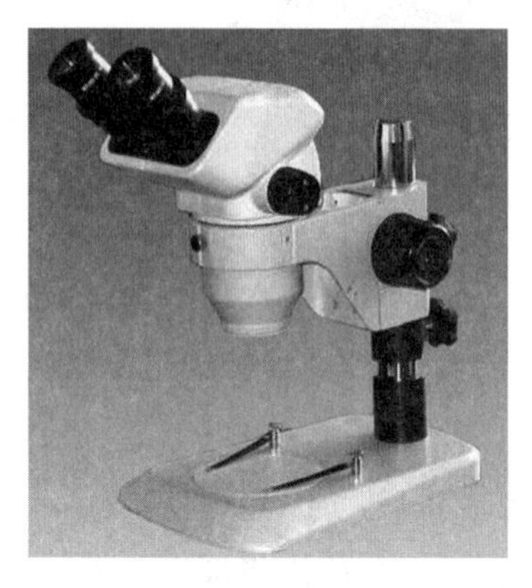

图 10-6　体视显微镜

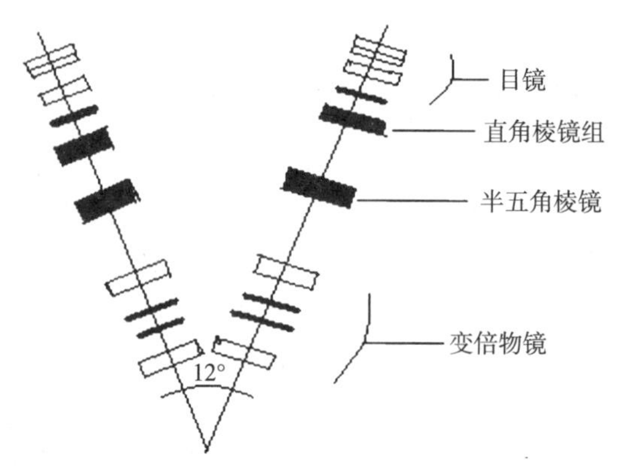

图 10-7　体视显微镜光学原理图

（二）体视显微镜配置结构

体视显微镜系统的主要配置包括体视显微镜、所需放大倍数的物镜和目镜、图像传感器（数码相机、CMOS 摄像头、CCD 摄像机）、电脑及控制分析软件，另外根据不同的成像需要，选择照明光源和灯光，如冷光源、卤素灯、LED 灯，有反射光照明、透射光照明、顶部环形照明、侧面斜射照明、单路照明、多路照明等。结构上体视显微镜由主机镜组、升降调焦机构、底座支架和各类选配附件组成。核心部件是主机，由物镜、目镜两部分组成，共同构成双通道光路系统。下面简要介绍体视显微镜的主要结构。

1. 物镜部分　体视显微镜的物镜有 3 个方面特点：①具有正像立体的双通道光路系统；②具有长工作距离的物镜设计；③具有大变倍比的连续变倍结构。经过物镜放大以后可以获得同直接观察实物一样的立体感、大景深。配上附加物镜，放大倍数可进一步增加。

2. 目镜部分　目镜部分由目镜调焦筒和目镜两部分组成，有双目主机和三目主机之分。

（1）双目主机。有两个目镜调焦筒，目镜放入调焦筒中，观察方向与水平成 45°角。在目镜调焦筒上装有视度调节圈以满足不同视力观察者的需求。

（2）三目主机。除具有双目主机所有的功能、结构以外，在顶端有一个图像输出筒，此处配上数码相机或者 CCD 摄像机后，可拍摄并保存放大的图像。

3. 升降调焦机构　这是调节样本观察焦距的升降机构，安装在底座的立柱上，并支撑显微镜的主机。升降调焦机构上配有锁紧螺钉，完成调焦后可将主机固定在所需的高度上。

4. 底座与底板　这二者起着稳固支撑显微镜和样本观察台的作用。底板中心镶嵌一个可以翻转的黑白两面工作台板或毛玻璃台板等，供不同用途的观察选用。

5. 照明光源　体视显微镜的照明有多种配备形式，根据样本观察的需要进行选择。常用的有底部照明、顶部照明、斜照明、侧照明、环形光照明等。

（三）体视显微镜使用方法

1. 拿取体视显微镜　两手握持镜臂，水平地取出显微镜，平稳地放在自己座位前左侧，显微镜座距离实验台边缘 5～9 cm。检查显微镜各部件是否完好、清洁。

2. 通电及调光　将电源线与显微镜、电源插座连接，打开电源开关，可选择上光源的反射光照明或下光源的透射光照明，调整至适合观察标本的亮度。如使用上光源可以调整照射角度使光斑居于工作台中间。

3. 底板上工作台板的选择 工作台板有黑白两面，一般情况下，白色面放置深色样品，若样本是白色或透明的，应更换黑色面放置，以增加明暗对比和影像反差，使观察效果更清晰。若观察透明样本，需要底部的透射光照明时，可以更换毛玻璃台板。

4. 标本的放置 把标本放在工作台中央，如有必要，用压片夹压住。

5. 眼点的调节 观察时，人眼的眼瞳应与显微镜的眼点重合，因此需要根据观察者自己双眼的距离来调整左右眼点的距离。双手相对方向扳动两个目镜筒座，用以调节眼瞳的距离，适合双目观察。

6. 视度调节与齐焦 转动左右目镜筒上的视度调节圈对准零视度，旋转变倍手轮使放大倍数达到最大。通过左（右）目镜观察，旋转调焦手轮使标本处于最清晰处（焦点处）。旋转变倍手轮使放大倍数达到最小，若样本看不清楚，即为焦点没有调节好，只需旋转右视度调节圈就可以重新调整焦点。

（四）体视显微镜维护保养

体视显微镜结构比较紧凑，镜头数量不多，光学透镜组合在主机中，因此主机是维护保养的重点。物镜、目镜的维护保养与生物显微镜的要求基本一致，可参照操作，这里仅提示几点。

1. 镜体清洁 观察结束后要及时清除显微镜上的水滴、染液、试剂以及样本残留物，擦净手轮、镜体上的汗渍、水渍，不要用有机溶剂擦拭金属部件，以免脱漆。

2. 降低主机位置 使用完毕后要将主机归于低位，降低重心保持稳定，防止长时间高位悬挂造成机械磨损，避免调焦精度下降。

3. 防尘和防潮 显微镜不使用时，应套上布罩，或者放入橱柜，避免落灰。清除镜头灰尘应用干净的洗耳球、毛笔小心操作。镜体要避开水源，保持干燥。放置环境的相对湿度不大于85%。

4. 防腐蚀 显微镜应尽量远离化学药品，尤其是挥发性的试剂，以免侵蚀机械部件和镜头镀膜。

5. 防振动 强烈振动会导致光学部件相对位置发生改变，造成精密装置的损伤，丧失原有的精度。

三、倒置显微镜

倒置显微镜（inverted microscope）是一种把照明系统置于载物台上方，物镜置于载物台下方的显微镜。这种结构设计满足了在培养皿（培养瓶）中观察活体细胞、组培细胞、微生物样本的需要，载物台上方的操作空间大为增加，长工作距离物镜、聚光镜的配备保证了成像质量，这些特点使其成为一款与众不同的显微镜，在生物学、医学、食品科学与检验等领域有着不可替代的实际应用。

由于工作距离的限制，倒置显微镜物镜的最佳高倍物镜为60×，常用的有4×、10×、20×及40×相差物镜。实际工作中多用于无色透明的活体观察，如有特殊需要，也可以配置其他附件来完成微分干涉、荧光以及偏光等观察。实物照片见图10-8，结构说明见图10-9。

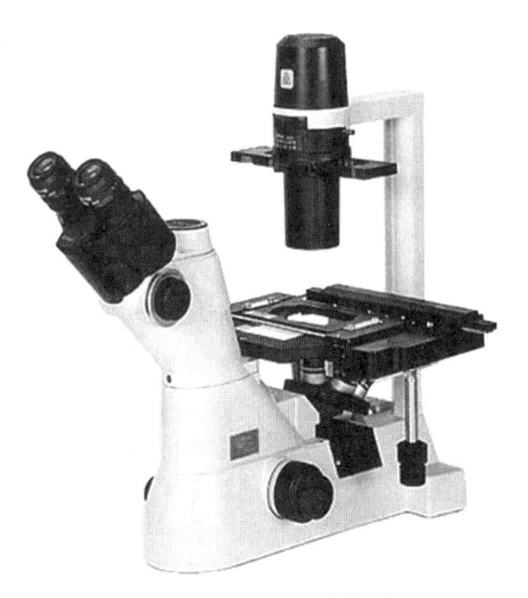

图10-8 倒置显微镜实物照片

（一）倒置显微镜成像原理

倒置显微镜的成像原理与生物显微镜的基本相同，物镜完成实物影像的第一次放大，形成倒置的实像，目镜完

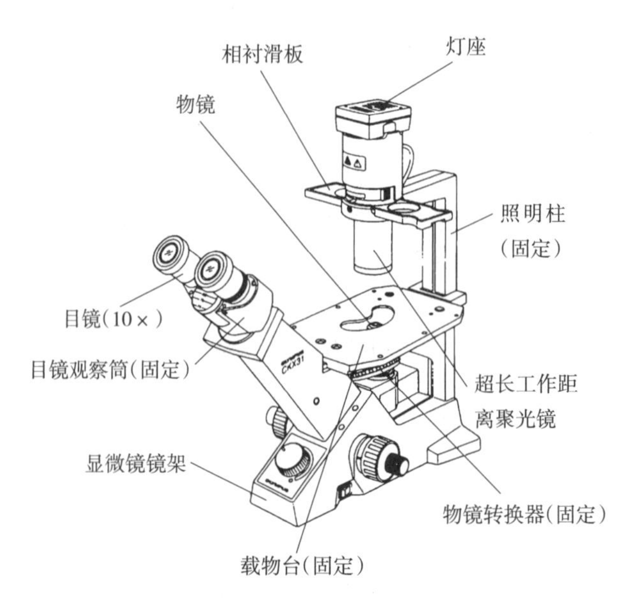

图 10-9　倒置显微镜结构说明

成实像的第二次放大，形成正置的虚像提供人眼观察。其成像过程为：样本置于物镜上方，与物镜的距离在1～2倍物镜的焦距之间，当样本经过物镜以后，必然形成一个倒立且放大的实像 $A'B'$，此实像再经过目镜放大，就成为虚像 $A''B''$。眼睛所观察到的是放大两次之后的虚像。其光路系统见图 10-10。

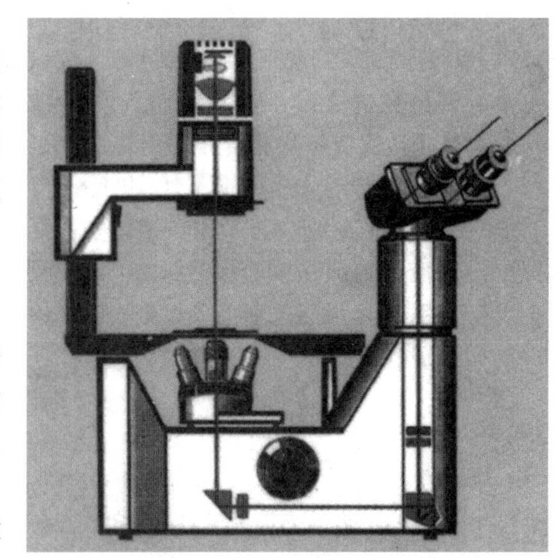

图 10-10　倒置显微镜的光路图

（二）倒置显微镜配置结构

倒置显微镜系统配置主要包括倒置显微镜、图像传感器（CMOS 摄像头、CCD 摄像机、数码相机等）、电脑及控制分析软件等。显微镜的附件还有物镜系列（4×、10×、40×、60×，以及不同质量级别的物镜系列）、目镜系列（5×、10×、15×，以及选配特殊目镜）、聚光镜等。倒置显微镜的结构主要分机械、照明、光学三个部分。

1. 机械部分

（1）镜架。是显微镜的底座，支持稳固整个镜体。

（2）目镜观察筒。上端装配适合的目镜，下端与物镜转换器相连，是第二次成像的地方。

（3）物镜转换器。是安装物镜的部位，位于载物台下方，盘上有 4～5 个物镜安装孔，可 360°旋转，转换物镜倍数时要听到转换器入位的碰叩声（或手感觉到入位的一晃），此时物镜进入光路。

（4）载物台。是放置样本的工作台，中心有通光孔，台面上装有标本推进器，其左侧有弹簧夹，下方有调节手轮，可前后左右移动样本，调整观察部位进入光路。

（5）调节器。是装配在镜架上的粗细两种螺旋，调节载物台的升降，用于样本聚焦。

①粗调螺旋。旋动粗调螺旋，载物台升降幅度大，迅速调节物镜与样本之间的距离，使物像呈现在视野中，通常低倍镜下先用粗调螺旋寻找目标。

②细调螺旋。旋动细调螺旋，载物台缓慢升降，通常在高倍镜下精细调节焦距，使物像更清晰，进一步观察样本不同层次、不同深度的结构。

2. 照明部分　倒置显微镜的光源位于顶部，采用高亮度卤素灯泡，光源光束通过孔径光阑进行调节，以获得亮度合适的光强，为光学系统提供明亮的光线。

3. 光学部分

（1）目镜。装在镜筒的上端，通常备有2～3种，上面刻有5×、10×、15×以表示其放大倍数，常用的是10×目镜。

（2）物镜。倒置显微镜配备的是长工作距离物镜，常用的低倍镜为10×，还配有20×、40×、60×或100×油镜。

（3）相衬滑板与滤光片。根据不同的需要，在相衬滑板中放置合适的滤光片，可以更有效地观察样本和拍照。滤光片选择与用途见表10-1。

表10-1 滤光片选择与用途

滤光片	应用
单色反差滤光片（绿色）	相衬观察中使用，使光线产生相位差
色温转换滤光片	明视场观察中使用，用于普通观察或显微摄影
光强调节滤光片	明视场观察中使用，可调节透光率在6%～25%
吸热滤光片	在显微照相中使用，用于补偿曝光时间

（4）聚光镜。聚光镜的作用是汇聚光源光束，使得明视场观察光线更加明亮，照明效果更佳。

（三）倒置显微镜使用方法

1. 开机 显微镜进入工作状态，接连电源，打开镜体下端的电源控制开关。

2. 使用

（1）准备样本。将观察样本置于载物台上，旋转物镜转换器，由低倍镜寻找观察目标，调节双目目镜，以双眼感觉舒适为宜。

（2）调节光强。旋转镜体下端的亮度调节器至适宜光强。通过调节聚光镜下面的光栅改变通光量的大小。

（3）调节像距。转动物镜转换器，选择合适倍数的物镜；选择合适的目镜（通常为10×）；调节升降机构，消除或减小图像周围的光晕，提高影像清晰度。

（4）观察结果。通过目镜观察样本，移动载物台，选择观察视野，记录观察现象。

3. 关机 取下观察样本，推拉光源亮度调节器至最暗，关闭光源开关，切断电源。旋动物镜转换器使物镜收于载物台下方，防止落灰。

（四）倒置显微镜维护保养

倒置显微镜的维护保养与生物显微镜的原则要求基本一致，不一样的是倒置显微镜的物镜工作方向朝上，容易受到灰尘、溶液的污染和侵害，这里简要概述几点注意事项。

1. 保持清洁，防止落尘 显微镜停用时要盖上防尘罩，防止灰尘落入。物镜、目镜上的浮灰用洗耳球吹去，软毛刷轻掸，严禁嘴吹、手擦，不能用干布块、干镜头纸擦试镜头表面，防止刮伤镀膜、镜片。当镜头表面沾有油污或指纹时，可用脱脂棉蘸点无水乙醇和乙醚的混合液（3∶7）清洁擦拭，不要用水擦试镜头，以免水渍残留，滋生霉菌。

2. 正确操作，防止碰撞 应按操作步骤使用显微镜，不可过分用力。少动、轻放，避免碰撞。不能随意拆卸，安装不到位将影响光路系统的精准性。

四、相差显微镜

相差显微镜（phase-contrast microscope）是利用特殊的相差装置，在光波通过样本时所产生的相位差（光程差）转化为光强差（振幅差）的一种显微镜。其作用可以增大透明样本的明暗反差，用于观察未染色的活体组织、细胞结构以及部分细胞器等。

相差显微镜的产生是近代显微技术进步的重要成就。1935年荷兰学者泽尔尼克（Frits Zernike）提出了相衬法原理，1941年德国蔡司（Carl Zeiss）公司生产了世界上第一台相衬显微镜。它的诞生标志着人类视觉在光学显微镜中又得到新的扩展，从信息利用的角度来说，人们将它视为光学信息处理概念下的第一个产品，因此1953年泽尔尼克获得了诺贝尔物理学奖。

随着科学技术进步的不断推动，20世纪60年代出现了微分干涉相差显微镜，它不仅能观察无色透明的物体，而且图像呈现出浮雕状的立体感，并具有相差显微镜所不能达到的某些优点，观察效果更为逼真。目前微分干涉显微镜在研究级显微镜中已广泛配置，由于其呈现图像的三维立体感好，在细胞内部结构和细胞器观察、显微操作应用（如基因注入、核移植、转基因）等方面受到愈来愈多的青睐。微分干涉相差显微镜照片见图10-11。

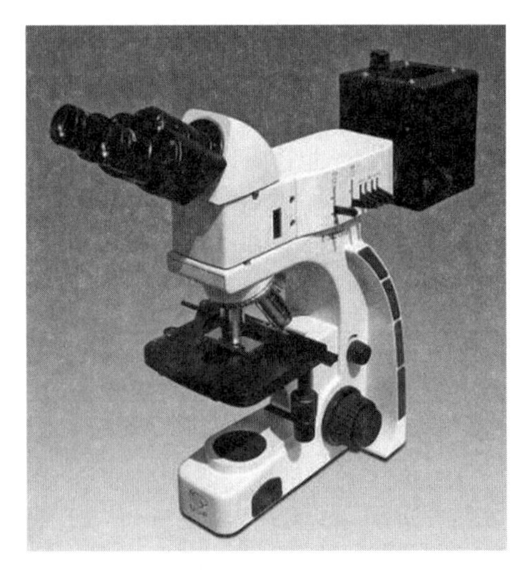

图10-11　微分干涉相差显微镜

（一）相差显微镜成像原理

相差显微技术的原理主要来源于相差法，即把透过样本的可见光的光程差变成振幅差，从而提高样本结构间的对比度，使其影像变得清晰可见。

光线经过比较透明的样本时，光的波长和振幅都没有明显的变化，因此用普通光学显微镜观察未经染色的透明样本（如活细胞）时，样本的形态和内部结构往往难以分辨。然而被检样本各部分的厚度和折射率不同，当光线通过时，会发生不同程度的偏斜，即发生衍射现象。因此直射光（未偏振光）和衍射光（偏振光）的光程就会有差别。随着光程的不同，通过样本和未通过样本的光波相比，其相位会发生改变，产生相位差。相差显微镜是通过其特殊装置——环状光阑和相位板，利用光的干涉原理，将光的相位差转变为人眼可以察觉的振幅差（明暗差），从而使原来透明的样本表现出明显的明暗差异，对比度增强，可以比较清楚地观察到被检样本原先差异并不明显的细微结构。其光学原理见图10-12。

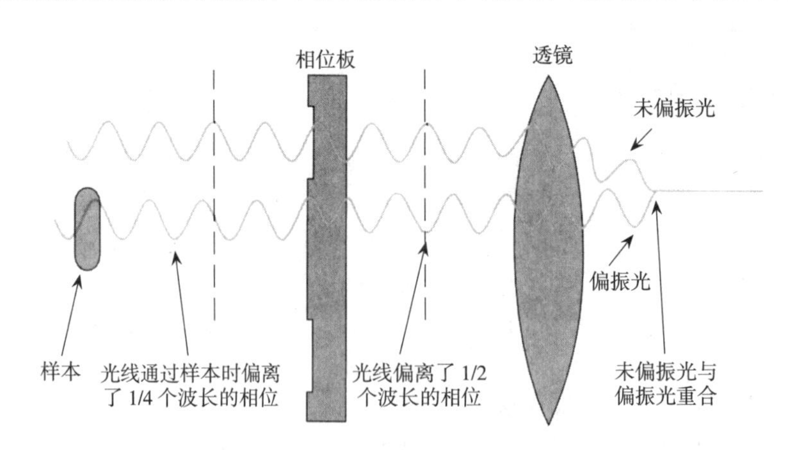

图10-12　相差显微镜光学原理图

（二）相差显微镜配置结构

相差显微镜与生物显微镜的结构基本相同，但有4部分特殊结构，即环状光阑、相位板、合轴调节望远镜以及绿色滤光片等。

1. 环状光阑 环状光阑是具有环形开孔的光阑，位于聚光镜的前焦点平面上，其直径大小是与物镜的放大倍数相匹配的，并有一个明视场光阑，与聚光镜组成转盘聚光镜。在使用时只要把相应的光阑转到光路即可。

2. 相位板 相位板位于物镜内部的后焦点平面上，其上有两个区域，直射光通过的部分叫共轭面，衍射光通过的部分叫补偿面。带有相位板的物镜叫相差物镜，常以“Ph”字样标刻在物镜外壳上。

相位板上镀有两种不同的金属膜：吸收膜和相位膜。吸收膜为铬、银等金属在真空中蒸发而镀成的薄膜，它能把通过的光线吸收掉60%～93%；相位膜为氟化镁等在真空中蒸发镀成，它能把通过的光线相位推迟1/4个波长。

根据需要，两种膜有不同的镀膜法，从而制造出不同类型的相差物镜。如果吸收膜和相位膜都镀在相位板的共轭面上，通过共轭面的直射光不但振幅减小，而且相位被推迟了1/4个波长，衍射光因为通过物体时相位也被推迟了1/4个波长，这样就使得直射光与衍射光维持在同一个相位上。合成光等于直射光与衍射光振幅之和，因背景只有直射光的照明，所以通过被检物体的合成光就比背景明亮。这样的效果称为负相差，镜下效果是暗中之明。

如果吸收膜镀在共轭面，相位膜镀在补偿面上，直射光仅被吸收，振幅减小，但相位未被推迟，而通过补偿面的衍射光的相位则被推迟了两个1/4个波长，因此衍射光的相位要比直射光相位落后1/2个波长。根据相消干涉原理，这样通过被检物体的合成光要比背景暗，这种效果叫正相差，镜下效果是明中之暗。

负相差物镜（negative contrast）用缩写字母N表示，正相差物镜（positive contrast）用缩写字母P表示。由于吸收膜对通过它的光线透过率的不同，可分为高（H）、中（M）、低（L）及低低（LL）4个等级，光的透过率分别为7%、15%、20%、40%，因此构成了负高（NH）、负中（NM）、正低（PL）和正低低（PLL）4种类型相差物镜，这些字符都标刻在相差物镜的外壳上，使用者可根据被检物体的特性来选择不同类型的相差物镜。

3. 合轴调节望远镜 合轴调节望远镜是相差显微镜一个极为重要的结构。环状光阑的像，必须与相位板共轭面完全吻合，才能实现对直射光和衍射光的特殊处理。否则应被吸收的直射光被泄掉，而不该被吸收的衍射光被吸收，应推迟的相位有的不能被推迟，这样就达不到相差观察的效果。由于环状光阑是通过转盘聚光镜与物镜相匹配的，因而环状光阑与相位板常不同轴。因此，相差显微镜常配有一个合轴调节望远镜（在外壳上标有“CT”符号），用于合轴调节。使用时拨去一侧目镜，插入合轴调节望远镜，旋转合轴调节望远镜的焦点，便能清楚看到一明一暗两个圆环。再转动转盘聚光镜上的环状光阑的两个调节钮，使明亮的环状光阑圆环与暗的相位板上共轭面暗环完全重叠。如明亮的光环过小或过大，可调节聚光镜的升降旋钮，使两环完全吻合。如果聚光镜已升到最高点或降到最低点而仍不能矫正，说明载玻片太厚了，应更换。调好后取下望远镜，换上目镜即可进行镜下观察。

4. 绿色滤光片 由于使用的照明光线的波长不同，常引起相位的变化，为了获得良好的相差效果，相差显微镜要求使用波长范围比较窄的单色光，通常是用绿色滤光片来调整光源的波长。

（三）相差显微镜的使用范围、操作步骤及注意事项

1. 使用范围 相差显微镜能观察到透明样品的细节，适用于对活体细胞生活状态下的生长、运动、增殖情况及细微结构的观察。因此，相差显微镜是微生物学、细胞生物学、细胞和组织培养、细胞工程、杂交瘤技术等现代生物学研究的必备工具。

相位差可分为正相差、负相差两种情况，影像观察的效果、应用特点如下：

（1）正相差（暗反差，正反差）。观察效果是明中之暗，即样本结构比周围介质更暗，形成暗反差。常用于物体形态、数量及活体状况的观察。

（2）负相差（明反差，负反差）。观察效果是暗中之明，即样本结构比周围介质更明亮，形成明反差。常用于物质内部细微结构的观察。

2. 操作步骤

（1）根据观察标本的性质及要求，挑选适合的相差物镜。因为相位板上有吸光物质，使光线强度减弱，因此所用的光源要强，为了避免影响活体标本的生理状态，最好用低热光源。因为相位的变化与照明光的波长有关，因此要使相差获得良好效果，最好用波长范围狭小的滤光片，通常是用绿色滤光片。因为它既能调整波长，又能吸收红光，兼有吸热作用。

（2）将标本片放到载物台上。

（3）进行光轴中心的调整。要准确地进行环状狭缝的中心调节，如果环状狭缝产生的环状光从相位板泄出，相位差效果将显著下降。

（4）调焦。

①换上物镜与聚光镜后，应先用明视野调焦。在临界照明或柯勒照明下，用低倍相差物镜对焦。如果是透明标本，应将光圈暂时缩小，以便比较清楚地看到标本。

②开足聚光镜的孔径光阑，转入选用的物镜以及相适应的环状光阑，如为油镜，再在物镜与盖玻片之间加香柏油。

（5）合轴调整。取下一侧目镜，换上合轴调节望远镜，调整环状光阑与相位板上的共轭面圆环完全重叠吻合，然后取下合轴调节望远镜，换回目镜。在使用中，如需要更换物镜时，必须重新调整使环状光阑与相位板共轭面圆环相吻合。

（6）放上绿色滤光片，即可进行观察，观察操作与生物显微镜方法相同。

3. 注意事项

（1）视场光阑与聚光镜的孔径光阑必须全部开大，而且光源要强。因环状光阑遮掉大部分光，物镜相位板上共轭面又吸收大部分光。

（2）不同型号的光学部件不能互换使用。

（3）载玻片、盖玻片的厚度应遵循标准，不能过薄或过厚。

（4）切片不能太厚，一般以 5～10 μm 为宜，否则会引起其他光学现象，影响成像质量。

第二节　荧光显微观测设备

荧光是一种冷光源，经一定波长的光照射激发而发射出的波长增加的可见光（波长为 400～800 nm 的蓝、绿、黄、红光），具有灵敏度高、选择性强的特点。该类设备显微应用的优势体现为：①样本在观测时温度波动小，光毒性小，有益于活细胞；②比可见光灵敏 100 倍以上，筛选甄别灵敏度高，应用范围更加宽广；③有激发光、发射光的双重选择，排除干扰能力强，影像单纯更清晰。

荧光有两种类型：①自发荧光，样本接受紫外线照射后本身就能发出荧光，又称固有荧光；②继发荧光，样本经紫外线照射之后没有荧光产生，或只部分发生微弱的荧光，但经荧光染料处理以后便可出现荧光，也称光化荧光。

荧光标记的应用丰富了生物显微技术，本节探讨荧光显微镜、激光共聚焦显微镜、超高分辨率显微镜、显微分光光度计和成像质谱显微镜的应用。

一、荧光显微镜

荧光显微镜是细胞生物学等生物科学工作研究的基本工具，是在普通光学显微镜基础上加入荧光装置精密融合的光学显微系统。使用一定波长的光激发样本荧光素而发射荧光，通过物镜、目镜两次放大成像来观察样本的荧光影像，实现对荧光物质结构形态、位置分布、移动变化、定性及定量的观测研究。

荧光拓展了光学显微镜的种类，常用的有正置荧光显微镜、体视荧光显微镜、倒置荧光显微镜等种类，正置荧光显微镜又分落射式（图 10-13）、透射式两种类型。下面以正置荧光显微镜为例介绍。

（一）荧光显微镜的成像及特点

1. 落射式荧光显微镜

（1）成像过程。位于显微镜后上方的紫外光源的光通过窄幅激发滤光片后，在二向色镜转向，经过物镜聚光落射在样本上，样本吸收激发光而发出的荧光则反向穿过物镜、二向色镜、阻挡滤光片至目镜成像，呈现样本荧光物质的影像（图 10-14）。

图 10-13 落射式荧光显微镜

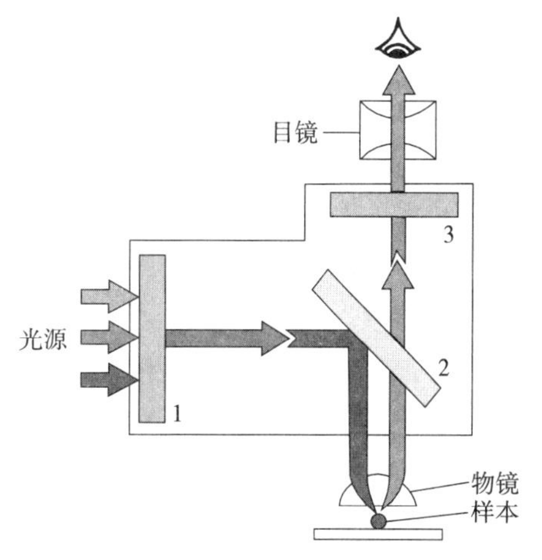

图 10-14 落射式荧光显微镜光学原理图

1. 激发滤光片 2. 二向色镜 3. 阻挡滤光片

（2）应用特点。应用上可观测所有类型的荧光切片样本，对样本厚度、颜色、背景没有明确的具体要求，光毒害小，适应面宽。由于物镜起着聚光镜的作用，操作更加方便，从低倍到高倍整个视场均匀照明，影像清晰，成像良好。此为高档研究级设备的配置，价格较贵。

2. 透射式荧光显微镜

（1）成像过程。光源位于样品台的后下方，激发光由下往上经过激发滤光片、反光镜、暗视野聚光镜照射样本，受激发发出的荧光进入物镜，再经过阻挡滤光片的过滤，目镜中呈现样本荧光物质的影像（图 10-15）。

（2）应用特点。透射式荧光显微镜在低倍镜下影像明亮，高倍镜下则较暗淡。油镜等高倍镜观测时汞灯光源的调焦操作较难控制，低倍照明范围较难确定，透明度不好的样本不太适用。它的优点是结构简单，成本较低，在固定用途和实验教学中具有一定的成本优势，市场仍有部分需求。

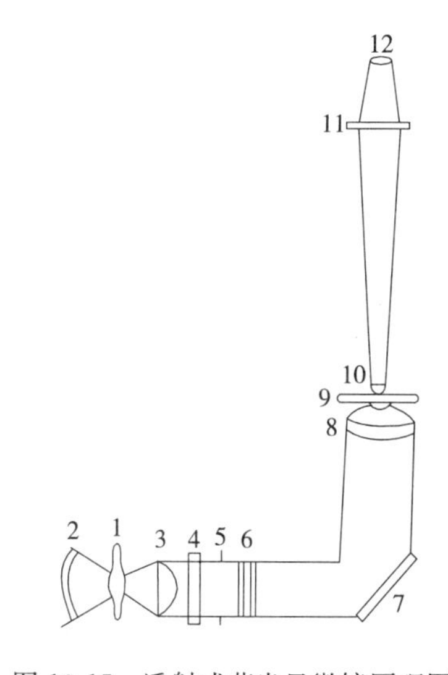

图 10-15 透射式荧光显微镜原理图

1. 光源 2. 灯室反射镜 3. 集光透镜 4. 隔热滤板 5. 视野光阑 6. 激发滤光片 7. 反光镜 8. 聚光镜 9. 样本 10. 物镜 11. 阻挡滤光片 12. 目镜

（二）荧光显微镜配置结构

荧光显微镜系统的配置主要包括多功能荧光显微镜（明视场观测、荧光观测、微分干涉相差观测、荧光-明视场联用观测）、数码图像传感器、电脑及控制分析软件，以及选配件荧光滤光片（蓝、绿、黄、红等)、荧光物镜(4×、10×、20×、40×、60×、100×)、目镜(5×、10×、15×、20×)等。

荧光显微镜光学设计的重点是提供特定波长的激发光，使样本发射出能够观察的荧光。有别于生物显微镜的部件装置，主要是光源、滤光片、聚光镜、物镜、目镜、落射装置等。

1. 光源 荧光显微镜的光源为高压汞灯，它发出紫外光的波长范围主要为250～400 nm。由石英玻璃制作，中间呈球形，内部充斥着一定数量的汞。工作时由两个电极间放电，引起水银蒸发，球内气压迅速升高。当水银完全蒸发时，可达50～70个标准大气压力，这一过程一般需要5～15 min。稳定后发射出很强的紫外光和蓝紫光，足以激发各类荧光物质。

高压汞灯光源的电路包括变压、镇流、启动3个部分。在灯室上有调节灯泡发光中心的系统，灯泡球部后面安装有镀铝的凹面反射镜，前面安装有集光透镜。高压汞灯点亮时散发大量热能，因此灯室必须散热良好，环境温度不宜太高。

2. 滤光片 滤光片是荧光显微镜的重要部件，一个滤光片组(即一个滤色块)由激发滤光片(excitation filter，EX)、二向色镜(dichroic mirror，DM)、阻挡滤光片(barrier filter，BA)3部分组成。

(1)激发滤光片。激发滤光片起选择性透过光源混合光的作用，透过的光能使样本吸收后产生荧光，同时阻挡不能激发荧光的杂光。

(2)二向色镜。二向色镜与照明光路成45°角，它对通过激发滤光片的光有很高的反射率，而对由样本发射的荧光则有很高的透射率，即二向色镜起着反射激发光，通透发射光(荧光)的作用。

(3)阻挡滤光片。阻挡滤光片也叫发射滤光片，是滤色块中继激发滤光片、二向色镜之后的第三个滤光部件，用来阻挡少量的没有被样本吸收的激发光，并且通透样本发出的荧光。

通过激发滤光片、二向色镜、阻挡滤光片的相应组合，可以形成多种不同的激发方法，如紫外(UV)激发、紫色(V)激发、蓝色(B)激发、绿色(G)激发等，这些方法的具体应用范围简单列表10-2。

表10-2 常用滤光片的选择与应用

激发方法	激发光主波长	应用范围
UV激发	334 nm	一般病理、细菌FITC(异硫氰荧光素)染色
	365 nm	自发荧光观察
		一般荧光抗体法观察
V激发	405 nm	邻苯二酚胺、5-羟色胺等的观察
	435 nm	四环素染色：牙齿和骨质的观察研究
B激发	405、435、490 nm	荧光抗体法(EITC)：免疫学
	以及附近的连续光谱	吖啶橙(黄)染色：癌细胞、红细胞、蛔虫等的观察
		金色胺染色：结核菌检查
		喹吖因染色：染色体的观察研究
G激发	546 nm	孚尔根(Feulgen)染色：细胞内DNA的研究

注：这些方法的名称是根据激发光主波长的颜色而定的。

滤光片名称、型号的命名在国际上没有统一的标准，但一般以基本色调命名，前一个字母代表色调，后一个字母代表玻璃，数字代表型号特点。如德国某公司的BG12，就是指蓝色玻璃。中国产品的名称已统一用拼音字母表示，比如相当于BG12的蓝色滤光片定名为QB24，Q是青色(蓝色)，B是玻璃。韩国滤光片是以透光分界点的波长命名的，如K530，是指屏障530 nm以下的光波，透过530 nm以上的光波。美国的滤光片则以数字命名，如NO：5-58，相当于BG12(透光范围310～

570 nm，峰值 420 nm）。

3. 聚光镜 荧光显微镜的聚光镜是用石英玻璃或其他通透紫外光的玻璃制作的，分为明视野聚光镜、暗视野聚光镜、相差荧光聚光镜 3 种。

（1）明视野聚光镜。在一般荧光显微镜上多用明视野聚光镜，它具有聚光能力强，使用方便，特别适合于低、中倍数放大的样本观察。

（2）暗视野聚光镜。暗视野聚光镜在荧光显微镜中的应用日益广泛。因为激发光不直接进入物镜，因而除散射光外，激发光也不进入目镜，可以使用薄的激发滤光片，增强激发光的强度。阻挡滤光片也可以很薄，因紫外光激发时，可用无色滤光片（不能透过紫外光）而仍然产生黑暗的背景，从而增强了荧光图像的亮度和反衬度，提高了图像的质量，观察舒适，可能发现亮视野难以分辨的细微荧光颗粒。

（3）相差荧光聚光镜。相差聚光镜与相差物镜配合使用，可同时进行相差和荧光联合观察，既能看到荧光图像，又能看到相差图像，有助于荧光的定位准确。一般荧光观察很少使用这种聚光镜。

4. 物镜 首选配置荧光物镜，至少消色差级别以上的物镜，它们几乎没有自体荧光，透光性能（波长范围）适合于荧光。在显微镜视野中荧光图像的亮度与物镜数值孔径的平方成正比，与其放大倍数成反比。为了提高荧光图像的亮度，应使用数值孔径大的物镜，尤其在高倍放大时其影响非常明显。因此，对于荧光强度不够的样本，应选择数值孔径大的物镜，尽可能低倍的目镜（4×、5×、10×）。

5. 目镜 在荧光显微镜中使用低倍目镜（5×、7×）效果会更好些。因为双目显微镜的视场亮度不如单目显微镜的。根据荧光成像的光学特性，选配适合的目镜、物镜有助于提高成像质量。

6. 落射光装置（滤色块结构） 将激发滤光片、二向色镜、阻挡滤光片的功能融合一体。由于二向色镜的镀膜性质（反射紫外光、通透荧光），当它与光源呈 45°倾斜时，短波长的紫外激发光反射垂直进入物镜，经物镜聚光落在样本上，使样本受到激发而发出荧光，这时物镜起聚光镜的作用。同时，波长稍长的荧光部分（蓝、绿、黄、红等）也直接反向穿透二向色镜、阻挡滤光片，至目镜成像。

采用落射光装置成像的荧光图像，其亮度随着放大倍数增大而提高，在高倍放大时比透射式光源的强。它除了具有透射式光源的功能外，更适用于不透明及半透明的样本观察，如厚片、滤膜、菌落、组培标本等的直接观察。荧光显微镜大多采用落射光装置，称为落射式荧光显微镜。

（三）荧光显微镜使用方法

1. 常用荧光染料介绍 绝大部分生物样品属于继发荧光类，需要荧光染色才能观察荧光影像。影像所呈现的荧光色彩是单色调的（叠加合成才能呈现彩色图像），与其染料标注的荧光颜色相似，不同的激发光照射时，发射出的荧光颜色不尽相同。荧光染料品种居多，与样本的亲和性、结合力各异。如何选择荧光染料、使用浓度、处理时间是需要查阅文献、阅读说明书、实验摸索和经验积累的。这里仅列举部分常用荧光染料的基础数据和使用参数（表 10-3、表 10-4）。

表 10-3 常用荧光染料的基础数据

荧光素	激发波长/nm	发射波长/nm	荧光素	激发波长/nm	发射波长/nm
DAPI	372	456	ABI TAMRA	560	582
Cy2 TM	489	506	ABI ROX	588	608
Calcein	494	517	Texas Red	595	615
TRITC	541	572	YOYO TM	612	631
CY3	552	565	Cy5 TM	649	670

表 10-4　部分荧光染料的使用参数

名称	浓度/%	处理时间
吖啶橙	0.1～1.0	0.5～3 min
荧光红	0.1～1.0	0.5～3 min
伊红 Y	0.1	1～2 min
金色胺	0.1～1.0	0.5～3 min
酸性品红	0.1	1～2 min
玫瑰红 B	0.1	1～10 min
玫瑰红 G	0.1～0.001	1～3 min
甲基绿	0.1～0.01	1～3 min
刚果红	0.1	1～2 min
中性红	0.1～0.005	5 min 至数小时
硫酸黄连素	0.1～0.002	1 min 至数小时

2. 荧光显微镜的操作　以 Zeiss 多功能荧光显微镜 A1 为例。

（1）整机开关步骤。

①打开显微镜开关，TL/RL 切换。

②观察荧光时打开荧光光源，调节荧光转盘至需要的滤光片组。

③打开电脑，双击 AxioVision 软件图标。

④关机顺序：先关软件，然后是关闭荧光光源、显微镜开关，最后切断总电源开关。

（2）荧光观察操作。

①打开总电源、显微镜开关（ON/OFF）、荧光光源及电脑。

②打开卤素灯的光闸“TL”使光线透过聚光镜穿透标本，注意每次使用完机器后将亮度调节电位至最低，以防下次开机瞬间电流对灯泡寿命产生不利影响。

③调节光强，光路 100%转到目镜光路，眼睛观察。

④聚光镜调到 H 位。

⑤反射镜转轮调到 BF 明场位置。

⑥低倍镜（如 10×）下观察样品。移动载物台至目标位置，调焦后旋入高倍镜。

⑦关闭卤素灯光路闸门“TL”，打开荧光灯光路闸门“RL”。

⑧选择所需滤光片组旋转到位，如 FITC（绿色）、Rhod（红色）或 DAPI（蓝色）等，观察荧光影像。

（3）成像操作。曝光→对照预览结果进一步精细聚焦→调节曝光时间→如果彩色模式拍照需要做自动或互动式白平衡→再次曝光后→成像→保存。

3. 荧光观察注意事项

（1）应在眼睛完全适应暗室条件后再开始观察。若要调整光源，须戴上防护眼镜，避免紫外线的损伤。

（2）荧光样品观察不宜超过 2 h，汞灯点燃 90 min 以后发光强度会逐渐下降，荧光也会随之减弱。紫外光照射样本 3 min 以上，荧光强度会因猝灭而减弱。因此，熟练操作、快速拍照和记录十分必要。

（3）做好荧光样本的避光保护，尽快观察，暂不使用时，放入聚乙烯塑料袋中 4 ℃保存，可延缓荧光减弱时间，防止固封剂蒸发。

（4）载玻片的厚度应为 0.8～1.2 mm，光洁，均匀，无自发荧光，特殊要求时可选用石英玻璃材质的。

(5) 样本的固封剂在 pH8.5～9.5 时荧光亮度最好，持续时间较长，常用甘油与碳酸盐缓冲液(0.5 mol/L，pH9.0～9.5) 等量混合作为固封剂。

(6) 使用暗视野荧光显微镜或者油镜观察样本时，要选用无荧光镜油。也可用上成的无荧光甘油、液体石蜡代替，它们折光率较低，但对图像质量稍有影响。

(7) 对于透射式荧光显微镜，盖玻片厚度在 0.17 mm 左右。为了加强激发光，也可用干涉盖玻片，这是一种特制的表面镀有若干层对于不同波长的光起着不同干涉作用的盖玻片，荧光顺利通过，激发光被反射，反射的激发光仍可激发样本。

(8) 对于透射式荧光显微镜，观察样本不能太厚，否则激发光大部分消耗在样本下部，而物镜成像的样本上部却不能充分激发，还会出现细胞重叠、杂质干扰等现象影响观察。

4. 荧光影像记录方法 荧光显微镜所看到的荧光影像，一是具有形态学特征，二是具有荧光的颜色和亮度，在判断结果时，必须将二者结合起来综合判断。真实记录所观察到的结果十分必要，常用的方法有两类：

(1) 图像拍摄，使用 CCD 摄像机（或者数码相机、CMOS 等）实时拍照。

(2) 影像记录。呈现的影像需绘图记录，标注颜色。

荧光亮度的判断标准一般分为 4 个等级：①“－”表示没有或微弱荧光；②“＋”表示仅能见明确的荧光；③“＋＋”表示可见明亮荧光；④“＋＋＋”表示可见到耀眼的荧光。

荧光信号容易褪色减弱，特别是在紫外光条件下猝灭更快，观察中要及时拍照和记录。

(四) 荧光显微镜维护保养

荧光显微镜是观察弱光的光学仪器，结构上更为复杂，维护要求更为精细，因此，除了要达到生物显微镜所要求的维护标准以外，还需要特别注意光源的使用。

(1) 高压汞灯作为荧光光源，其价格较贵，寿命有限，在使用一些时间后，则需要高压启动（约为 15 000 V)。200 W 高压汞灯的平均寿命，在每次使用 2 h 的情况下约为 200 h，开动一次工作时间愈短，则寿命愈短，如一次工作只是 20 min，则寿命降低 50%。因此，尽量减少启动次数。也应避免使用时间过长，尽量在使用前点亮，集中观察样品，节省使用时间，延长汞灯寿命。天热时应注意散热降温，避免局部温度过高。

(2) 高压汞灯在使用过程中，其光效是逐渐降低的。汞灯熄灭后要等待其充分冷却方可重新启动。一般间隔时间为 20 min，一天中应避免数次点燃汞灯，否则寿命大为缩短。一旦点燃汞灯不可立即关闭，以免水银蒸发不完全而导致内部电极损坏，一般需要等待 20 min。观察结束后应及时记录使用时间，以便掌握汞灯的使用情况。

(3) 荧光显微镜一般应配有稳压器，避免电压不稳定影响汞灯寿命，影响成像质量和观察效果。

二、激光共聚焦显微镜

激光共聚焦显微镜（laser scanning confocal microscope，LSCM）是在荧光显微镜基础上配置激光光源、扫描装置、共轭聚焦装置和检测系统而形成的新型显微镜。第一台实用产品诞生于 1984 年，它与荧光显微镜相比优点明显，分辨率、灵敏度、显微效果和荧光检测信噪比等技术参数与指标都明显提高。

激光共聚焦显微镜的优势突出体现在 4 个方面：①可对活细胞做多重断层扫描，进行三维重建和测量分析；②可对细胞内微细结构的动态变化进行定性、定量、定时、定位的分析与检测；③可通过荧光标记检测细胞内离子浓度的变化情况和动态分布；④进行显微操作、细胞分选、胞间通信以及膜的流动性测量等。这种显微镜应用前景宽阔，是生命科学和生物医学工作的新手段（图 10-16、图 10-17)。

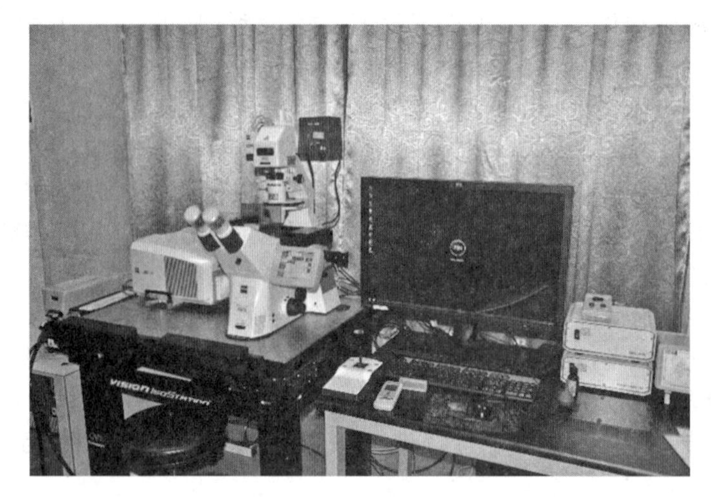

图 10-16 激光共聚焦显微镜

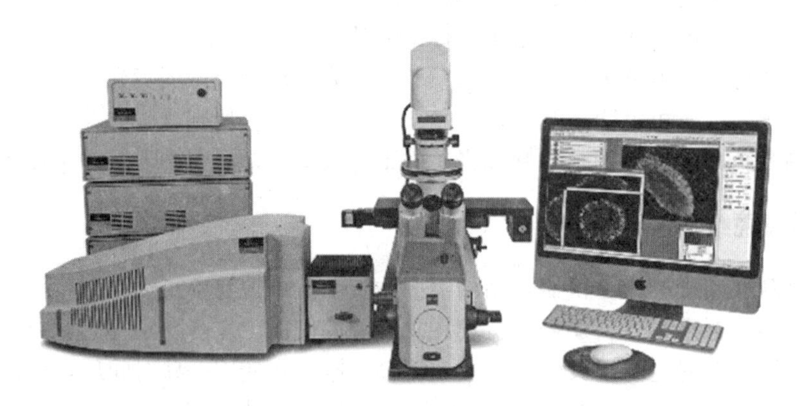

图 10-17 活细胞激光共聚焦显微镜

（一）激光共聚焦显微镜成像原理

激光共聚焦显微镜采用能量更强、亮度更高的激光作为光源，以点光源照射样本，在样本的焦点平面上形成一个轮廓分明的小光点，点光源照射时该点所发出的荧光被物镜收集，并沿原照射光路返回二向色镜，穿过且直达探测器。光源和探测器前面都各有一个针孔，分别称为照明针孔和探测针孔。两者的几何尺寸一致，相对于焦点平面上的光点，两者是共轭的，即光点通过一系列的透镜，最终可同时聚焦于照明针孔和探测针孔。这样，来自焦点平面的光，可以汇聚在探测针孔范围之内，而来自焦点平面上方或下方的散射光都被挡在探测针孔之外而不能成像（图 10-18）。以激光逐点扫描样本，探测针孔后的光电倍增管也逐点获得对应光点的共聚焦光信号，转为电信号传输至计算机，最终在屏幕上聚合成清晰的整个焦点平面的共聚焦图像。

每一幅焦点平面图像实际上是样本的光学横切面，这个光学横切面总是有一定厚度的，因此又称为光学薄片。由于焦点处的光强远大于非焦点处的光强，并且非焦点平面光被针孔滤去，因此共聚焦系统的景深近似为零，沿 z 轴方向的扫描可以实现光学断层扫描，形成样本聚焦光斑处二维的光学切片。把 x-y 平面（焦点平面）扫描与 z 轴（光轴）扫描相结合，通过累加连续层次的二维图像，经过专业的计算机软件处理，可以获得样本的三维图像。

（二）激光共聚焦显微镜配置结构

激光共聚焦显微镜系统主要有全自动荧光显微镜、扫描装置、激光光源、检测系统 4 部分组成，整套仪器各部件之间的操作切换、光电信号的转换成像均由计算机控制完成。

1. 光学显微镜系统 激光共聚焦的显微镜可以是正置的，也可以是倒置的。倒置荧光显微镜在活细胞观测中具有优势，显微镜光路为无限远光学系统，可方便地插入光学配件而不影响成像质量和测量精度。物镜选用大数值孔径平场复消色差物镜，有利于荧光的采集和清晰成像。计算机控制系统能够自动转换物镜，选取滤光片，调节载物台，锁定焦点平面。

2. 扫描装置 扫描装置分台扫描、镜扫描两种，也有复合型的。其工作程序由计算机自动控制。

(1) 台扫描。台扫描通过步进马达移动载物台，位移精度可达 0.1 μm，能够有效地消除成像点横向像差，使样品信号强度不受探测位置的影响，准确定位、定量地扫描观测视野中每一物点的光强。缺点是载物台机械移动，图像采集速度较慢。

(2) 镜扫描。镜扫描分双镜扫描、单镜扫描两种，通转镜完成对样品的扫描。由于通转镜只需偏转很小角度就能覆盖很大的扫描范围，图像采集速度大为提高，有利于对寿命短的离子作荧光测定。缺点是光路略有偏转，会对通光效率和像差有所影响。

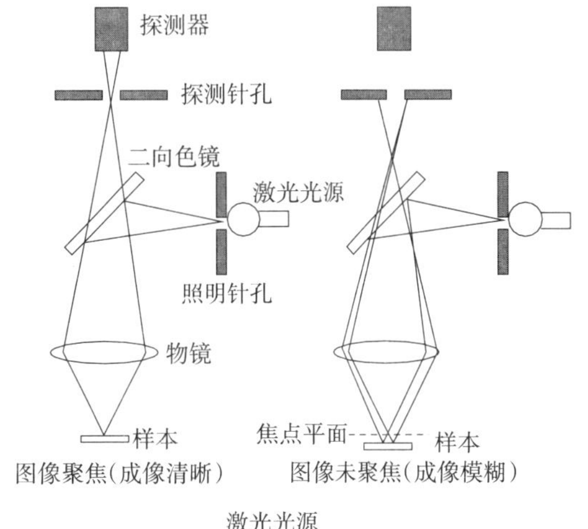

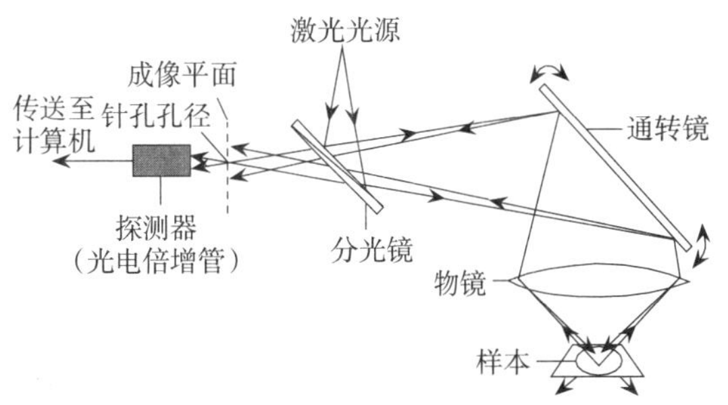

图 10-18 激光共聚焦显微镜成像原理图

3. 激光光源 激光共聚焦显微镜的激光光源分为单激光器、多激光器两种类型。

(1) 单激光器。氩离子激光器是可见光范围内使用的多光谱激光，发射波长 488 nm、568 nm、647 nm 的蓝光、绿光、红光。大功率氩离子激光器是紫外光和可见光的混合激光器，发射波长 351～364 nm、488 nm、514 nm 的紫外光、蓝光和绿光。单激光器优点是安装方便，光路简单，但价格较贵，并存在不同激光之间的光谱竞争和色差校正问题。

(2) 多激光器。多激光器系统在可见光范围使用氩离子激光器，发射波长 488 nm、514 nm 的蓝绿光，氦氖激光器发射波长 633 nm 的红光；紫外光选用氩离子激光器，发射波长为 351～364 nm。它的优点是各光谱激光单独发射，不存在光谱竞争的干扰，调节方便，但光路复杂，光学系统共轴准直调试要求高。

1996 年新型双光子激光器问世，利用双光子倍频效应，使用可见光激光来代替紫外激光作激发光源达到检测紫外探针的目的。双光子激光可减少活体细胞的荧光损伤，改善成像质量，增强样品深层的观察能力。通过计算机控制的声光调制器可进行光谱各波长之间的高速切换，以及迅速改变激光光斑、强度和照明时间。

4. 检测系统 激光共聚焦显微镜采用多通道荧光采集系统，光路上至少有 3 个荧光通道和 1 个透射光通道，如果有 4 个以上荧光通道，则可对样本进行多谱线激光激发。探测样本发射荧光的探测器为感光灵敏度极高的光电倍增管（PMT），配有 12 位 A/D 高速转换器，可做光子计数。每个 PMT 前设置单独的针孔，由计算机软件调节针孔大小。光路中的滤光片组能自动切换，满足不同测量的需要。通过在线视频打印机或数字相机可以实时拷贝图像和制作幻灯片。

（三）激光共聚焦显微镜的应用

1. 生物学应用 激光共聚焦显微镜在生物学、生命科学、医药卫生等研究领域应用广泛，大致归纳为 9 个方面。

(1) 细胞生物学。用于对细胞结构、细胞骨架、细胞膜结构和流动性与受体、细胞器结构和分布变化、细胞凋亡等的研究。

（2）生物化学。用于对酶、核酸、FISH、受体等的研究。

（3）药理学。用于药物对细胞的作用及其动力学等的研究。

（4）生理学。用于膜受体、离子通道、离子含量、分布、动态等的研究。

（5）遗传学和组织胚胎学。用于细胞生长、分化、成熟变化以及细胞的三维结构、染色体分析、基因表达、基因诊断等的研究。

（6）神经生物学。用于神经细胞结构以及神经递质的成分、运输和传递等的研究。

（7）微生物学和寄生虫学。用于细菌、寄生虫形态结构等的研究。

（8）病理学及病理学临床应用。用于活检标本的快速诊断、肿瘤诊断、自身免疫性疾病诊断等的研究。

（9）生物学、免疫学、环境医学和营养学。用于免疫荧光标记（单标、双标或三标）的定位、细胞膜受体或抗原的分布、微丝和微管的分布、两种或三种蛋白的共存与共定位、蛋白与细胞器共定位等的研究。

2. 功能应用 激光共聚焦显微镜以其高灵敏度、高分辨率、高放大倍数的技术优势，将细胞生物学研究的实验技术推上了一个新的台阶。可以实现在亚细胞水平上进行动态实验，检测细胞生物物质和离子通道的变化，观察细胞在生理、病理和药理情况下对外界因素作用所产生的快速反应，进行定性、定量、定时、定位的分析测量。

（1）细胞三维重建。激光共聚焦显微镜以 0.1 μm 的步距沿轴向对细胞进行分层扫描，得到一组光学切片，经 A/D 转换后作为二维数组贮存。这些数组通过计算机进行不同的三维重建算法，可做单色图像处理、双色图像处理，组合成细胞真实的三维结构。旋转不同角度可观察各侧面的表面形态，也可从不同的断面观察细胞内部结构，测量细胞的大小、体积和断层面积等形态学参数。通过模拟荧光处理算法，可以产生在不同照明角度形成的阴影效果，突出立体感。通过角度旋转和细胞位置变化可产生三维动画效果。

（2）细胞定量荧光测定。激光共聚焦显微镜以激光为光源，对细胞分层扫描，单独测定，经积分后能得到细胞荧光的准确定量，重复性极佳。它适用于活细胞的定量分析，可测定细胞内溶酶体、线粒体、DNA 含量、RNA 含量、酶和结构性蛋白质等物质含量和分布。细胞定量荧光测定可选用单荧光、双荧光和三荧光方式，自动测定细胞面积、平均荧光强度、积分荧光强度及形状因子等多种参数。

（3）细胞内钙离子 pH 和其他离子的动态分析。通过 Indo-1、Fluo-2、Fluo-3、Calcium green、SNARF 等多种荧光探针，可对细胞内钙离子、钠离子及 pH 等做荧光标记，并对它们进行比率值和浓度梯度变化的测定。借助光学切片功能可以测量样品深层的荧光分布以及细胞光学切片的生物化学特性的变化。通过不同时间段的检测可测定细胞内离子的扩散速率，了解它对启动因子、生长因子等刺激的反应。

（4）细胞间通信。通过测量细胞缝隙连接分子的转移，可以研究肿瘤启动因子和生长因子对缝隙连接介导的细胞间通信的抑制作用及细胞内钙离子、pH 等对缝隙连接作用的影响，并监测环境毒素和药物在细胞增殖和分化中所起到的作用。选定经荧光染色后的细胞，借助于光漂白作用或光损伤作用使细胞部分或整体不发荧光，实时观察检测荧光的恢复过程，可直接反应细胞间通信结果。

（5）荧光光漂白恢复。荧光光漂白恢复（fluorescence redistribution after photobleaching，FRAP）可用来测定活细胞的动力学参数，借助于高强度脉冲激光来照射细胞某一区域，造成该区域荧光分子的光猝灭。该区域周围的非猝灭荧光分子会以一定的速率向受照射区域扩散，这个扩散速率可通过低强度激光扫描探测，因而可得到活细胞的动力学参数。激光共聚焦显微镜可以控制光猝灭作用，实时监测分子扩散率和恢复速率，反映细胞结构和活动机制。

（6）笼锁-解笼锁（caged-uncaged）测定。这是一种光活化测定功能。生物活性产物或其他化合物处于笼锁时，其功能封闭，一旦被特异波长的瞬间光照射后，产生光活化的光解笼锁，恢复原有的活性和功能，在细胞增殖分化等生物代谢过程中发挥功能。激光共聚焦显微镜可以控制笼锁探针的瞬间光分，选取特定的照射时间和波长，从而达到人为控制多种活性产物和其他化合物在生物代谢中发挥功能的时间和空间作用。它们包括第二信使、核苷酸、神经介质、钙离子等。

三、荧光显微镜的拓展应用

（一）超高分辨率显微镜

1. 仪器简介 长久以来恩斯特·阿贝（Ernst Abbe）光学衍射极限制约光学显微镜分辨率的提高，2014年诺贝尔化学奖3位得主Eric Betzig、William E. Moerner、Stefan W. Hell是致力于突破的一群科学工作者的代表，经过16年的探索研究，2006年在*Nature*上发表研究成果，2008年超高分辨率显微镜商业化产品推出，将分辨率提升至纳米级别（x、y为120 nm，z为300 nm）。超高分辨率显微镜利用单分子荧光重构显微技术（STED、STORM、PALM、FPALM）、近场扫描光学显微技术（NSOM）等，在可见光范围内提供优异的图像质量和高分辨率，清晰观察DNA分子、DNA-蛋白质的结合、蛋白质分子结构，使用Apotome模式快速对3D样品进行光学切片，并具有大视野、高速图像采集能力，实现三维度、长时间、多颜色条件下活细胞样品的快速动态跟踪成像。超高分辨率显微镜对生命科学研究样品的全部细节和亚细胞超微结构的观察、记录、定性、定量分析等优势赢得科研工作者的青睐（图10-19）。

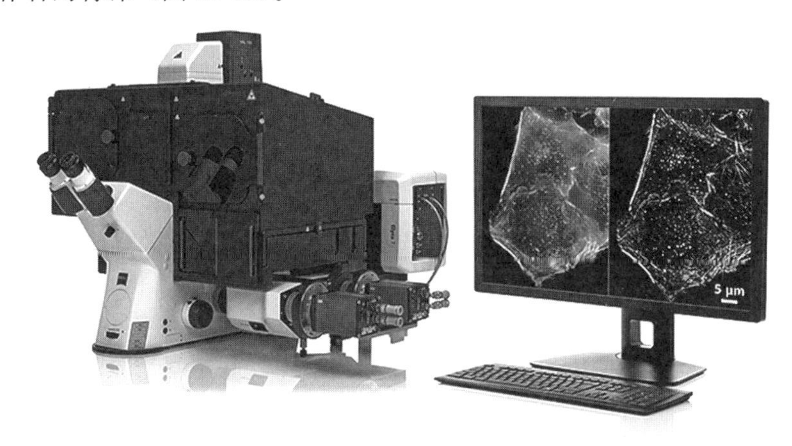

图10-19 超高分辨率显微镜

2. 功能应用

（1）功能。

①超高分辨率快速成像。突破200 nm的光学分辨率极限，实现120 nm的分辨率，可在横向分辨率低至20 nm的成像中自由标记。高功率激光器可对样品进行从绿到红各种成像处理。图像采集速度≥19幅/s。

②能长时间进行活细胞的离子和pH等变化研究（RATIO）、多重荧光断层扫描及重叠、荧光各项指标定量分析、荧光样品的延时扫描及动态构件组织与细胞的三维动态结构构件、荧光原位杂交研究（FISH）、荧光共振能量转移的分析。

③兼容切片、活细胞多种成像分析功能，对3D样品快速光学切片。容易实现双光子成像、荧光寿命检测系统的升级，还可与扫描电子显微镜在关联工作流程中无缝对接。

④图像处理软件。具有光谱扫描及拆分功能，去除自发荧光及荧光串扰；具有自由大图拼接功能、共定位分析功能及应有的测量功能；配置生理学分析模块，具有图形化的感兴趣区域荧光强度平均值分析，实时或扫描完成后显示和计算离子浓度；具有直方图分析工具，测量直线和任意形状曲线的荧光强度分布，测量长度、角度、面积、荧光强度等。

（2）应用。

①共聚焦图像采集。对冷冻切片、石蜡切片、爬片培养细胞等带荧光的材料样品以及诸如斑马鱼、线虫、拟南芥等模式动植物样品进行多色荧光图像采集和三维图像采集重构。同时，实现超分辨率成像，对亚细胞精细结构、细胞器等进行多色荧光拍摄。

②光谱扫描和光谱拆分。采用VSD线性分光方式，2个通道同时进行可见光谱的图像（420～640 nm）采集，达到1 nm光谱分辨率。并通过ZEN软件内置的线性拆分功能，快速将样品中自发荧光和荧光染料波谱交叉产生的串色荧光去除，得到更真实的荧光信号。

③钙离子成像。使用单波长的钙离子染料和双波长激发染料直接成像或进行比例法成像，采集快速变化的钙信号动态影像，进行定量分析。

④FRAP（荧光漂白后恢复）实验。通过对活细胞荧光恢复全过程进行图像采集和量化，研究细胞膜流动性、细胞间通信、细胞质及细胞器内小分子物质转移性的观测、细胞骨架构成、核膜结构及大分子组装等。

⑤福斯特能量转移（Förster resonance energy transfer，FRET）实验。配备FRET专业模块，具有多种FRET实验方法，用于对生物大分子之间相互作用定性、定量检测。主要应用于蛋白质亚基、DNA等分子内结构构象变化、离子浓度测量（通过构建FRET蛋白测量Ca^{2+}、pH、cAMP等）、分子间作用距离测量等领域。

⑥Zen软件能够实现荧光定量分析、荧光共定位分析等常用分析功能。

⑦双光子成像。使用红外飞秒脉冲激光器和外置GaAsP检测器或Airyscan检测单元，对普通共聚焦成像难以穿透的较厚动植物样品的内部荧光进行二维、三维或时间序列动态成像，对活体组织或活体动物进行深层成像。

3. 基本配置

（1）全自动荧光显微镜。附件包括荧光物镜（4×、20×、40×、63×、100×）、目镜（5×、10×、20×）、扫描台、电动Z轴、荧光光源、滤光片等。

（2）扫描单元。包括共聚焦光路、扫描振镜、复消色差针孔、内置检测器、外置GaAsP双通道单分子计数检测器等。

（3）超高分辨率检测器。包括检测单元和光路部件。

（4）激光器。半导体二极管激光器，包括氮化铟镓（InGaN）二极管激光器（405 nm、543 nm）、砷化镓（GaAs）二极管激光器（633 nm）、多谱线氩离子激光器（含458 nm、488 nm、514 nm 3根谱线）、飞秒脉冲激光器等常用类型。

（5）高配置独立显示电脑、控制测量分析软件，以及不间断电源等。

（二）显微分光光度计

1. 仪器简介 显微分光光度计是一台显微镜与分光光度计相连接的多功能显微分析仪器，结合了显微学与光谱学的优势，可以非破坏性地观察测量微小样本（最小可到1 μm）。显微镜可以是正置荧光显微镜，也可以是体视显微镜，根据用途灵活配置。

光学分析系统，波长范围为200～2 200 nm，在紫外光-可见光-近红外光光谱范围实现吸收光、透射光、反射光、荧光、偏振光的自动化测量。显微镜可观测明视场、暗视场、荧光、偏振拉曼。对微小物体结构形态观测的同时还能得到化学分析检测的结果，方便研究，快速鉴定。

显微分光光度计既可以对显微观测所发现的局部物质进行光谱分析鉴定，也可以对样本进行光谱扫描，根据特征光谱进行显微操作，从获取单一种类信息向多种类信息综合迈进，软件系统同时记录所分析的光谱和观察的图像。

这款综合显微观测和光谱分析的仪器受到相关科研及专业技术工作者的欢迎，在生物科学、医药免疫、化工材料、地矿及刑侦、工业制造等领域应用广泛。

显微分光光度计及其工作原理见图 10-20。

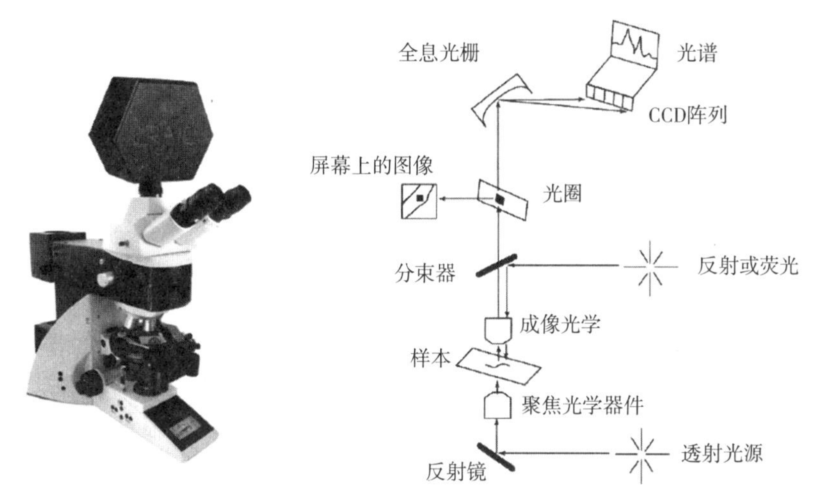

图 10-20　显微分光光度计及其工作原理

2. 功能应用　显微分光光度计在获得微小样品高质量显微图像的同时，还对显微样品进行全光谱定性、定量检测分析。光谱范围从 200 nm 延伸到 2 200 nm，有多种测量方式：透射或吸收、反射、荧光、偏振拉曼等。

（1）生物学研究领域。在紫外光-可见光-近红外光范围内分析动物和植物组织、浮游生物和微生物的吸收、荧光光谱，并在紫外光条件下拍摄高分辨率显微图像。对 DNA、RNA 和蛋白质进行定性、定量分析，提高筛选鉴别的精确度。

（2）医药学研究应用。在疾病病理的分析鉴定、病程发展与控制的定位跟踪研究中方便获取更多的分析信息。在药物机理、疗效分析，特别是分子药物靶向定位、作用分析等方面的应用方便快捷。

（3）生物技术和纳米材料。在研发新药、生物材料分析、荧光免疫分析、微芯片实验室器材、纳米技术和组织样本等研究应用中广泛使用。并可通过高分辨率的紫外和近红外显微光谱成像技术，分析样本的核酸、蛋白质及组织细胞是否被污染。

（4）化学和药学。对药物或药物前体进行紫外光-可见光显微分光光度分析和紫外显微成像，对蛋白质、黄素和 DNA 微型晶体等定位与质控。

（5）表面等离子共振。应用显微分光光度计和显微镜在全光谱范围内研发和分析新型材料，例如表面等离子共振的生物传感器。

（6）污染分析。用荧光显微镜和显微分光光度计来定位识别污染源，例如微电子机械系统（MEMS）、半导体、光盘等。

（7）材料科学。在全光谱范围内对光子带隙进行优化和质量控制。通过显微镜对光学半导体、新型材料进行透射、反射、偏振和荧光分析。

（8）膜厚分析。在全光谱范围采用反射和透射方式测量半透明或透明基板上的多层薄膜的膜厚度。

（9）刑侦。建立法医证据比对数据库，用显微分光光度计在全光谱范围采用吸收、反射、偏振和荧光测量分析纤维、染过的头发、玻璃、汽车和建筑物涂料、土壤及矿物质等。

（10）光电分析测量。通过显微镜的透射、反射和显微分光光度计膜厚测量功能，进行光电器件显微尺度的研发和质量控制。

（11）平板显示器质控。通过吸收或反射光谱控制显示器质量，除了监测像素生色团浓度外，还可识别显示器亮度是否均匀，用辐射计或光度计测定组件和装配等。

（12）工业产品分析质控。利用全光谱扫描、荧光显微镜的功能，测量煤炭的镜质体反射率。在显示照明方面，研发和质量控制 OLED 和 LED 的显微尺度。

3. 基本配置

（1）荧光显微镜及其附件，包括物镜系列、目镜系列、常用滤光片组件。

（2）高灵敏 CCD 检测器。

（3）全波长分光光度计（按需配置波长范围 200～800 nm 或 200～2 200 nm）。

（4）电脑工作站及控制测量分析软件。

若为一体机产品，部分硬件配置已融合设计，外观上形成整体。

（三）成像质谱显微镜

1. 仪器简介 成像质谱系统（imaging mass system，IMS）是将微观成像技术与质谱分析技术完美融合、创新设计的具显微镜与质谱一体化的新产品，其核心设备是成像质谱显微镜。特点是成像显微镜可将组织切片或植物切片显微影像中的微小组分结构（低至 5 μm）经激光照射气化、离子化后进入基质辅助激光解吸离子化质谱（MALDI MS）进行质谱分析，根据质谱图中不同部位离子强度的不同在组织切片中进行描绘，再形成二维离子密度图，对应组织结构的密度、组分含量的高低，得到相应的可视化的质谱成像图。后续再对接液相色谱-质谱（LC-MS），还可进一步分析测量具体的丰度、含量和物质结构。

传统显微镜观察到的组织样本中结构形态的异常并未提供任何生化信息，需要通过另外的分析检测获得，然而传统的生化分析技术又不能保留组织的位置信息。成像质谱显微镜将这两方面的信息结合起来，一次切片观测便能同时获得未知分子的生化数据和位置信息（图 10-21 至图 10-24）。

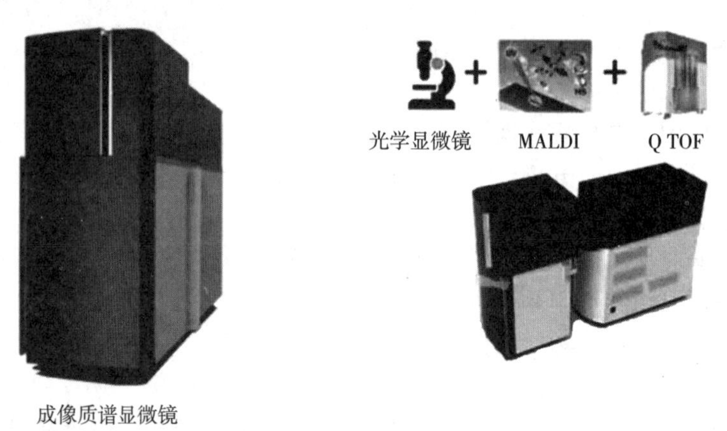

图 10-21 成像质谱系统

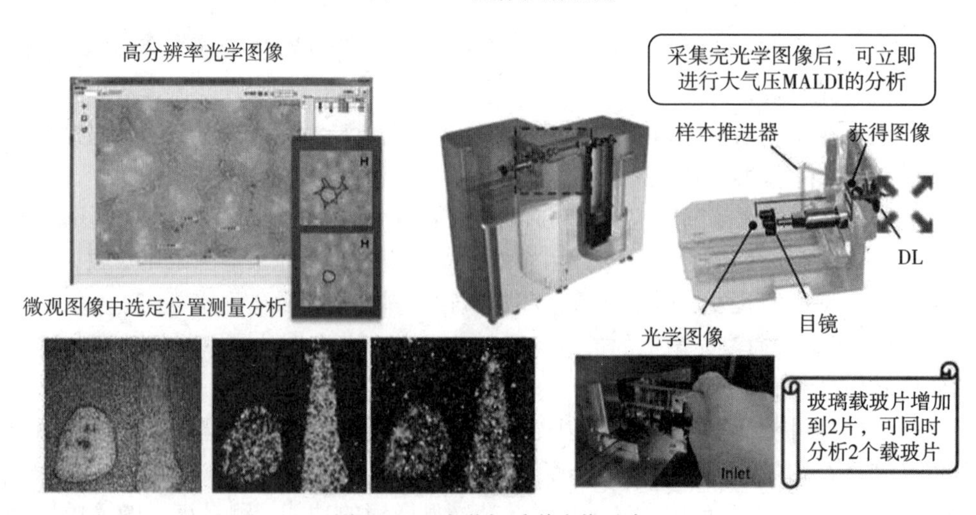

图 10-22 光学与质谱成像融合

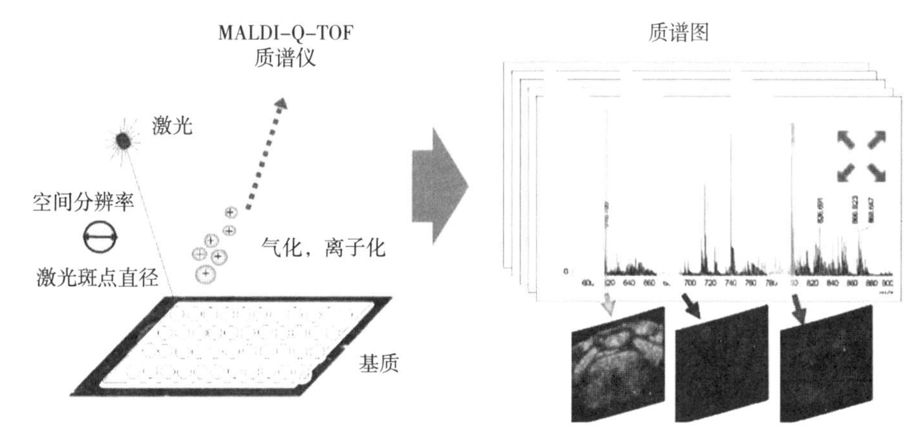

图 10-23 成像质谱的原理

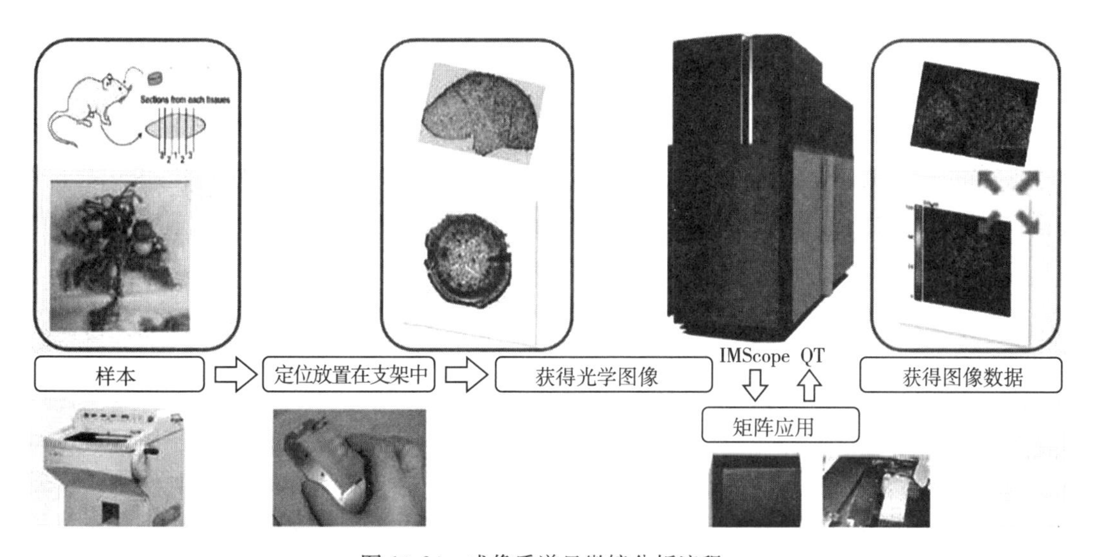

图 10-24 成像质谱显微镜分析流程

质谱（mass spectrum，MS）仪是一种对物质进行分析鉴定的仪器，通过使用电荷与各自质量比（质量/电荷，m/z）的差异来分离电离粒子，如原子、分子和分子簇，并可确定颗粒的相对分子质量。质谱仪由以下模块组成：①离子源，将样品分子分离成离子；②质量分析仪，通过施加电磁场根据质量对离子进行分类；③检测器，测量指标从而提供数据计算每种离子的丰度；④计算机，调节质量分析器并管理从检测器得到的数据。

在这些模块中，离子源和质量分析器的技术种类是有不同变化的，选择适当组合对于成像质谱显微镜的功能和性能比较重要。MALDI MS 是最常配合使用的质谱类型之一。

2. 功能应用

（1）功能。

①高分辨率光学显微镜与成像质谱系统融合设计，实现对目标微区的观察和分析，通过叠加显微影像图和质谱成像图，精准定位。

②使用 5 μm 空间分辨率、20 000 Hz 激光频率，结合 LC-MS 分析检测系统，可快速提供目标分子的结构信息和高特异性成像数据。

③具有拓展和兼容性，一台成像质谱显微镜即可获得 LC-MS 的定性、定量的数据信息，又可得到质谱成像的位置信息。

④可在微小区域进行高空间分辨率的显微观察，配合 LC-MS 定性、定量的分析结果，图像、数

据两全，解析问题更有说服力。

⑤具备高灵敏度配置的升级空间，按需选择配置，成像分析可以不断改进。

⑥具有功能丰富、使用方便、运行高效的数据解析软件。

（2）应用。

①生命科学与医学。用于新的生物标志物的探索、疾病机理的判断等的研究。

②药物研究。用于药物代谢动力学、药物安全性试验、新药筛选等的研究。

③农业食品。用于食品成分分布分析、品种改良、农药渗透分析等的研究。

④公共安全。用于毛发吸毒筛查、精神物质器官毒理研究等方面。

⑤资源环境。用于环境毒物体内分布研究、污染物分布、生态领域研究等方面。

3. 基本配置 成像质谱系统由成像质谱显微镜、基质辅助激光解吸离子化质谱（MALDI MS）或液相色谱-质谱（LC-MS）联用仪等组合而成。其核心的成像质谱显微镜不仅是一台高性能全自动光学显微镜，还配有与多种质谱对接的专业接口，以及兼容多系统自动控制的应用软件，既可单独工作，又可协同运行，是现代科学技术的创新发明。系统实际工作组合需根据研究内容和任务需要选择搭配，重点关注以下几个方面的配置问题：

（1）全自动光学显微镜的功能、配置、附件选择。

（2）MALDI MS 的性能与技术指标、配置与附件。

（3）LC-MS 的性能与技术指标、液相色谱的配置、质谱的配置、附件的选择。

（4）电脑工作站的配置与选择。

（5）数据解析软件的种类、数据库的配置与连接、控制软件等。

第三节　显微镜专属名词和技术参数

显微镜的专属名词和技术参数有准确的定义和明确的内涵，是技术工作、科学表达必须具备的常识。常用技术参数包括数值孔径、分辨率、放大率、焦深、视场宽度、覆盖差、工作距离、镜像亮度与视场亮度等。在实际应用中这些技术参数指标的选择确定至关重要，它们之间既相互联系又相互制约，了解掌握内在关系，方可获得满意影像。

一、显微镜的专属名词

（一）物镜

物镜（objective）是显微镜最重要的光学部件，它利用光线使被检样本第一次成像，可直接影响成像的质量和其他技术参数的调整，是衡量一台显微镜质量高低的重要配件。物镜的结构复杂，制作精密，由于要对像差进行校正，在金属的物镜筒内由相隔一定距离并被固定的透镜组组合而成。每组透镜由不同材料、不同参数的多块透镜胶合而成。物镜最前面的透镜称为前透镜，最后面的透镜称为后透镜。复合透镜组的总焦距视为物镜的焦距。物镜的种类很多（图 10-25），根据物镜位置色差校正的程度进行分类，可分为以下几类。

1. 消色差物镜 消色差物镜（achromatic objective）是普通常用物镜，外壳上刻有“Ach”字样。这类物镜仅能校正轴上点的位置色差（红、蓝二色光）和球差（黄绿色光），以及消除接近轴点的彗差。不能校正其他色光的色差和球差，并且场曲很大。

色差：白色物点不能结成白色像点，而结成一束彩色像斑的成像误差。

球差：光轴外某物点发出的光束经光学系列折射后在理想的像平面处形成弥散光斑（俗称模糊圈）。

彗差：光轴外某物点发出的光束经光学系列折射后在理想的像平面处形成彗星形光斑。

2. 复消色差物镜 复消色差物镜（apochromatic objective）的结构复杂，透镜采用特种玻璃或萤

图 10-25 物镜

石等材料制作而成，物镜外壳上标有“Apo”字样。这种物镜不仅能校正红、绿、蓝三色光的色差，同时能校正红、蓝二色光的球差。由于对各种像差的校正极为完善，比相应倍率的消色差物镜有更大的数值孔径，这样不仅分辨率高，图像质量佳，同时也具有更高的有效放大率。因此，复消色差物镜的性能很高，适用于高档研究级显微镜和显微照相。

3. 半复消色差物镜 半复消色差物镜（semi apochromatic objective）又称氟石物镜，物镜的外壳上标有“FL”字样，透镜结构的镜片数量比消色差物镜多，少于复消色差物镜。成像质量好于消色差物镜，接近复消色差物镜。能校正红、蓝二色光的色差和球差。

4. 平场物镜 平场物镜（plan objective）是在物镜的透镜系统中增加一块半月形的厚透镜，以达到校正场曲缺陷的目的。其视场平坦，更适用于镜检和显微照相。

5. 特种物镜 特种物镜是在上述物镜的基础上，为达到特殊的观察效果而设计的，主要有以下几种：

（1）带校正环物镜（correction collar objective）。在物镜的中部装有环状的调节环，当转动调节环时，可调节物镜内透镜组之间的距离，从而校正由于盖玻片厚度不够标准而引起的覆盖差。调节环上的刻度范围为 0.11～0.23，物镜的外壳上有此标注，表明可校正盖玻片厚度的误差为 0.11～0.23 mm。

（2）带虹彩光阑的物镜（iris diaphragm objective）。这是一种可调节通光量的物镜，多为高级油镜。镜筒内上部装有虹彩光阑，镜筒外可以旋转调节环来调节光阑孔径的大小。在暗视场观察时，视场背景不够黑暗，观察质量下降，这时调节光阑的大小，使背景变黑，观察样本显得明亮，能改善影像效果。

（3）相衬物镜。相衬物镜（phase contrast objective）是相差显微镜的专用物镜，其特点是在物镜的后焦点平面处装有相位板。

（4）无罩物镜。有些被检样本（如涂抹制片等）不能加盖盖玻片，镜检观察时应使用无罩物镜（no cover objective），否则图像质量将明显下降，特别是在高倍镜检时更为明显。这种物镜的外壳上常标刻“NC”字样，同时在盖玻片厚度的位置上没有 0.17 的字样，而是标刻着“0”，表示镜检时不用盖玻片。

（5）长工作距离物镜。长工作距离物镜（long working distance objective）的焦距大于普通物镜，可满足液态物质（高温金相）、液晶、组织培养、悬浮液等材料的观察需要。

（6）无荧光物镜。无荧光物镜（non-fluorescing objective）的制作材料均没有荧光物质，紫外光照射下不发射荧光，是荧光显微镜的专用物镜，其外壳上刻有“UVFL”字样，也称荧光物镜。

（二）目镜

目镜（eyepiece）把物镜放大的实像再放大一次映入观察者的眼中，实质上就是一个放大镜。显微镜的分辨能力取决于物镜，目镜只起放大作用。物镜不能分辨的结构，目镜也无法分辨。

目镜的结构比较简单，一般由 2～5 片透镜分 2～3 组构成，上端的一块透镜称接目镜，下端的透镜称为场镜。从目镜透射出来的光线在接目镜的上方相交，这个交点称为眼点，是眼睛观察物像的最佳位置。不同系列的目镜其光学设计不同，不可混用，这里简单介绍几款。

1. 补偿目镜 补偿目镜（compensate eyepiece）可补偿物镜残留的倍率色差，达到最佳的成像质量，与消色差物镜配合使用效果最佳。若与半复消色差物镜或高倍消色差物镜配合，也可取得良好效果。其外壳或端面上常刻有“K”字样。

2. 平场目镜 平场目镜（plan eyepiece）的镜内配有一块负透镜，可校正场曲的缺陷，使视场平坦，一般与平场物镜配合使用。其外侧或端面常标刻“Plan”或“P”的字样。

3. 广视场目镜 广视场目镜（wide field eyepiece）由多片透镜构成，视场角增大，视场扩大且更为平坦。其外侧或端面标刻有“W”“WF”或“WHK”的字样。

（三）聚光镜

聚光镜（condenser）又名聚光器，装在载物台的下方，小型的显微镜没有这个配置。在使用数值孔径为 0.40 以上的物镜时，必须配有聚光镜。聚光镜可以弥补光量的不足，适当改变光源射来的光的性质，可将光线聚焦于被检样本，得到最好的照明效果。

聚光镜有多种结构，根据物镜数值孔径的大小，相应地对聚光镜的要求也不同。

1. 阿贝聚光镜 阿贝聚光镜（Abbe condenser）由德国光学大师恩斯特·阿贝（Ernst Abbe，蔡司公司的创始人之一）设计。阿贝聚光镜由两片透镜组成，有较好的聚光能力，但在物镜数值孔径高于 0.60 时，色差、球差就显示出来。因此，阿贝聚光镜多用于普通显微镜。

2. 消色差聚光镜 消色差聚光镜（achromatic aplanatic condenser）又名消色差消球差聚光镜或齐明聚光镜。它由一系列透镜组成，对色差、球差的校正程度很高，能得到理想的图像，是明视场观察中质量最高的一种聚光镜，其数值孔径达 1.4。因此，在高档研究级显微镜中常配有此种聚光镜。它不适用于 4×以下的低倍镜，因为其照明光源不能充满整个视场。

3. 摇出式聚光镜 在使用低倍物镜时（如 4×），由于视场大，光源所形成的光锥不能充满整个视场，造成视场边缘部分黑暗，只有中央部分被照亮。要使视场充满照明，就需将聚光镜的上透镜从光路中摇出，这类聚光镜即摇出式聚光镜（swing out condenser）。

4. 其他聚光镜 聚光镜除上述明视场使用的类型外，还有作特殊用途的聚光镜，如暗视野聚光镜、相衬聚光镜、偏光聚光镜、微分干涉聚光镜等。

（四）照明光源

显微镜的照明方法按其光源的位置和光束的走向，可分为透射式照明和落射式照明两大类。前者适用于透明或半透明的样本，绝大多数生物显微镜使用此类照明法；后者则适用于非透明的样本。光源来自样本上方的称为落射式照明（或反射式照明），是显微镜主要的照明形式，在荧光显微镜、体视显微镜、倒置显微镜、激光共聚焦显微镜中应用。

1. 透射式照明 透射式照明（transparent illumination）分中心照明和斜射照明两种形式。

（1）中心照明。中心照明（central illumination）是最常用的透射式照明法，其特点是照明光束的中轴与显微镜的光轴同在一条直线上。它又分为临界照明和柯勒照明两种。

①临界照明（critical illumination）。这是普通的照明法。这种照明的特点是光源经聚光镜照射样本后成像，优点是光束聚而强。但由于光源的灯丝像与被检物样本的平面重合，造成被检样本的照明呈现出不均匀，有灯丝的部分明亮，无灯丝的部分暗淡，影响成像的质量，也不适合显微照相，这是临界照明的主要缺陷。其补救的方法是在光源的前方放置乳白色吸热滤光片，使照明变得较为均匀，同时避免光源的长时间照射而损伤被检样本。

②柯勒照明（Kohler illumination）。柯勒是 19 世纪末蔡司公司的工程师，为了纪念他在光学领域的突出贡献，后人把他发明的二次成像称为柯勒照明。柯勒照明克服了临界照明的缺点，是研究级显微镜中的理想照明法。这种照明法观察效果佳，显微拍照质量好。

柯勒照明法的特点是：光源的灯丝经聚光镜及可变视场光阑后，灯丝像第一次落在聚光镜孔径的平面处，聚光镜又在该处的后焦点平面处形成第二次的灯丝像。这样在被检样本的平面处没有灯丝像的形成，不影响观察，同时照明也变得均匀。观察时，可改变聚光镜孔径光阑的大小，让光源充满不同物镜的入射光瞳，而使聚光镜的数值孔径与物镜的数值孔径匹配。同时聚光镜又将视场光阑成像在被检样本的平面处，改变视场光阑的大小可控制照明范围。此外，这种照明的热焦点不在被检样本的平面处，即使长时间照明，也不致损伤被检样本。2004 年蔡司公司又在传统柯勒照明的基础上推出了带有反光碗的全系统复消色差照明技术，消除照明色差，增强光的还原性，进而提高分辨率，同时照明均匀且光效高。

（2）斜射照明　斜射照明（oblique illumination）光束的中轴与显微镜的光轴不在一直线上，而是与光轴形成一定的角度斜照在物体上，因此称为斜射照明。相衬显微技术和暗视野显微技术就是采用斜射照明。

2. 反射式照明　反射式照明（incident illumination）的光束来自物体的上方，通过物镜后射到被检样本上，这样物镜还起着聚光镜的作用。这种照明法适用于非透明物体，如金属、矿物等。

（五）显微镜的光轴调节

在显微镜的光学系统中，光源、聚光镜、物镜和目镜的光轴以及光阑的中心必须与显微镜的光轴在同一直线上，使用前进行光轴调节是不可忽略的操作步骤。

1. 聚光镜的中心调整　显微镜光轴调整的重点就是聚光镜的位置调整。

首先将视场光阑缩小，用 10× 物镜观察，在视场内可见到视场光阑的轮廓，如果不在中央，则利用聚光镜外侧的两个调整螺钉将其调至中央。当缓慢地增大视场光阑时，能看到光束向视场边缘均匀展开直至视场光阑的轮廓像完全与视场边缘内接，说明已经合轴。合轴后再略为增大视场光阑，使轮廓像刚好与视场外切，或者略大一些。

2. 孔径光阑的调节　孔径光阑安装在聚光镜内，研究用显微镜的聚光镜的外侧边缘上都有刻度数及定位记号，便于调节聚光镜与物镜的数值孔径相匹配，原则上更换物镜时需调整聚光镜的数值孔径，一般物镜的数值孔径乘以 0.6 或 0.8 就是聚光镜的数值孔径。

二、显微镜的技术参数

1. 数值孔径

（1）孔径角。孔径角（u）是物镜光轴上样本的物点与其前透镜（物镜最前面的透镜）的有效直径所形成的角度，也称镜口角。孔径角越大，进入物镜的光通量就越大。它与物镜的有效直径成正比，与焦点的距离成反比。

（2）数值孔径。数值孔径（NA）又称镜口率，是指物镜前透镜与被检样本之间介质的折射率（η）和孔径角（u）半数的正弦乘积，关系式为：$NA=\eta\cdot\sin(u/2)$。它是物镜和聚光镜的主要技术参数，是判断物镜性能高低的重要指标，标刻在物镜的表面。

由数值孔径的关系式可以看出，在显微镜观察时若想提升成像质量，增大数值孔径是一种方式，因孔径角是无法改变的，可能的办法是提高介质的折射率。根据这一原理，就有了水浸系物镜和油浸系物镜的划分。如果介质的折射率大于 1，则数值孔径就可能大于 1。水的折射率为 1.333，水浸系物镜的 NA 值可为 0.1～1.25；香柏油的折射率为 1.515，油浸系物镜的 NA 值可为 0.85～1.4。过去 NA 值为 1.4 在理论上和技术上都达到了极限，但溴萘作为一种新介质，其折射率更高，η 值为 1.66，所以物镜可以有大于 1.4 的 NA 值。

2. 分辨率　分辨率（resolving power）是指显微镜成像过程中光点能够呈现差异的最小分辨距离。它是衡量显微镜性能的又一个重要技术参数，用关系式表示为：$d=\lambda/NA$，d 为最小分辨距离，

λ 为光线的波长，NA 为物镜的数值孔径。可见显微镜的分辨率是由物镜的 NA 值与光源的平均波长所决定的。NA 值越大，照明光线的波长越短，则 d 值越小，分辨率就越高。使用光学显微镜时，光源为可见光（λ 为 400～700 nm），平均波长为 550 nm（0.55 μm），若配以 NA 值为 1.4 的物镜，则 d=0.55/1.4=0.39（μm），约为 0.4 μm，也就是说该物镜能够分辨出 0.4 μm 左右的两个物点。

3. 放大率 放大率（magnification）是指样本经过物镜、目镜两级放大之后，其影像与原样本的大小比值，用物镜与目镜放大倍数的乘积来表示，也有人称之为放大倍数。它所指的是样本影像长度上的放大，而不是面积上的放大。它是显微镜技术指标的重要参数，在物镜、目镜的外壳上均标刻其数值。

值得注意的是，物镜的放大倍数是相对于一定的镜筒长度而言的，如果镜筒长度变化了，放大倍数随之改变，成像质量也会受到影响。因此，国际上将显微镜的标准镜筒长度确定为 160 mm，此数字也标刻在物镜的外壳上。

4. 焦深 焦深（depth of focus）是焦点深度的简称，是指显微镜光路中焦点对准某一样本时，不仅位于该点平面上的各点都可以看清楚，而且在此平面上下一定厚度区间内的各点（影像）也能看得清楚，这个清楚区间的厚度就是焦深。焦深越大，能清晰看到样本的层数就越多，而焦深变小，则看到的样本的层数变少。

5. 视场宽度 视场宽度（field of view）也称视场直径，指显微镜的圆形视场中所能容纳样本的实际范围。视场宽度愈大，观察样本的信息量愈大。

6. 覆盖差 覆盖差（difference of coverglass）是由于盖玻片的厚度不均匀、不一致，光线从盖玻片进入空气后产生折射使光路发生了改变，从而产生的像差。覆盖差的产生影响了显微镜的成像质量，国际上规定，盖玻片的标准厚度为 0.17 mm，可误差的范围为 0.16～0.18 mm，在物镜制造时已将此厚度范围的像差计算在内。物镜表面标注的 0.17 就是表明该物镜要求使用这样厚度的盖玻片。

7. 工作距离 工作距离（working distance）也称物距，指物镜前透镜表面到样本之间的距离。观察时样本应处在物镜焦距的 1～2 倍之间。因此，它与焦距是两个概念，平时习惯所说的调焦，实际上是调节工作距离。

8. 镜像亮度与视场亮度

（1）镜像亮度是显微镜图像亮度的简称，用来表示观察图像的明暗程度。显微镜观察时对其的要求是不暗淡，不耀眼，不使眼睛疲劳。

（2）视场亮度是指显微镜下整个视场的明暗程度。它受到物镜、目镜、光源等多种因素的影响。

三、显微镜技术参数间的关系

显微镜是一个精密组合光学放大的仪器设备，丝毫差异或不协调最终都会影响成像，所以整机调整与部件使用至关重要。这里就技术参数间的协调关系、相互影响做些提示。

1. 物镜数值孔径 数值孔径与其他技术参数有着密切的关系，它几乎决定和影响着其他各项技术参数。它与分辨率成正比，与（有效）放大率成正比，与焦深成反比。数值孔径的平方数与图像亮度成正比。数值孔径增大，工作距离就会变小，视场宽度也会相应地变小。所以不同的样本，具体的观测需求是选择物镜的依据。

这里必须指出，为了充分发挥物镜数值孔径的作用，在观察时，聚光镜的 NA 值应等于或略大于物镜的 NA 值；而在显微拍照时则应小于物镜的 NA 值。

2. 显微镜的分辨率 由分辨率的关系式可知，显微镜要提高分辨率，即减小最小分辨距离 d，可采取以下措施：

（1）降低波长，使用短波长的光源。用可见光（卤素灯、钨丝灯）作光源时，可加用蓝色滤光片，吸收长波长的红橙光，使波长接近于平均波长 0.55 μm。紫外光显微镜是利用波长为 0.275 μm 的单色光作为光源，使最小分辨距离减小至 0.22 μm，从而使分辨率高于可见光至少一倍以上。电子显微镜是利用电子束作光源的，它的波长更短，最小分辨距离可达 1 nm 以下。

（2）增大介质折射率，提高数值孔径。这样能够有效地降低最小分辨距离。

（3）增大孔径角。这是在显微镜设计制造时在物镜和整体研制技术上可以考虑利用的方面。

（4）增加明暗反差。显微镜观察时适当增加图像的明暗对比，可以提高成像的清晰度。

3. 显微镜的放大率 要获得清晰、高倍放大的样本影像，在实际观测时应综合考虑以下几个因素：

（1）显微镜的放大率是有限的，原则上为所用物镜数值孔径的 500～1 000 倍，超出这个范围的放大率为无效放大。在有效放大范围内选择物镜、目镜配合的原则是：首先考虑放大倍数适合的物镜，再选择配合协调的目镜。例如使用 100×的物镜，其 *NA* 值为 1.25 时，应在 625～1 250 倍的范围内选用目镜的放大倍数，即 6×至 12×的目镜较为适合。

（2）改善放大效果时，物镜放大倍数是越大越好，同等级别的物镜中 *NA* 值大的较好。

（3）目镜一般选择 10×，它是标准目镜。5×的往往不能充分发挥显微镜的放大能力；20×容易带来放大误差，造成影像模糊。

（4）研究级显微镜常在物镜与目镜之间加装附件，计算总放大率时应乘以中间附件的放大倍数。

4. 显微镜的焦深 焦深与显微镜其他技术参数有以下 3 点关系：

（1）焦深与放大率、物镜的数值孔径成反比。显微镜的放大率越高，物镜的数值孔径越大，焦深则越小。

（2）焦深与分辨率成反比。焦深变大，分辨率降低；焦深变小，分辨率提高。

（3）样本周边介质（如固封剂）的折射率增加，焦深变大。在显微摄影时应考虑固封剂的使用。

5. 显微镜的视场宽度 视场宽度与显微镜其他技术参数的关系如下：

（1）视场宽度与目镜的视场数成正比。在目镜放大倍数不变的情况下，目镜本身的视场数越大，视场宽度也就越大，越便于观察。

（2）提高物镜的放大倍数，其视场宽度变小。因此在低倍镜下可以看到样本的全貌，换成高倍镜时，只能看到样本原先视场的一小部分。

6. 显微镜的覆盖差 覆盖差与显微镜其他技术参数的关系如下：

（1）放大率越高，*NA* 值越大，覆盖差越明显。当盖玻片厚度增加时，覆盖差尤为严重。

（2）油镜不存在覆盖差问题，因为油和盖玻片的折射率都在 1.52 左右，可以形成均匀的光学系统。但盖玻片切忌过厚，否则无法调焦。

（3）物镜的 *NA* 值越大，允许盖玻片厚度误差的范围就越小，对盖玻片厚度的质量要求就越严格。

7. 显微镜的工作距离 物镜的数值孔径一定时，工作距离缩短，则孔径角增大。所以，数值孔径大的高倍物镜，其工作距离较小。

8. 显微镜的镜像亮度 镜像亮度与显微镜其他技术参数的关系是：

（1）镜像亮度与物镜数值孔径的平方成正比。在同等条件下数值孔径大的物镜，其镜像亮度提高明显。

（2）镜像亮度与总放大率的平方成反比。在同等条件下目镜的放大倍数增加，其镜像亮度下降明显。

复习思考题

1. 简述生物显微镜、荧光显微镜、体视显微镜在生物学应用中的主要特点。
2. 倒置显微镜与正置显微镜在结构设计和实际应用中有哪些不同？
3. 激光共聚焦显微镜的生物学应用和功能应用有哪些？
4. 什么是数值孔径、分辨率、放大率？在显微镜成像中如何配置调整？
5. 物镜有哪些分类？标刻在物镜外壳上的参数表示什么意思？

第十一章
电子显微镜

电子显微镜（electron microscope，EM）的发明是19世纪30年代最伟大的科学成就之一，随着其应用技术的发展，特别是近年来冷冻电子显微技术的发展，将电子显微镜在生物及医学领域的应用推向了一个新的高度。本章主要对电子显微镜的发展历史、分类以及当前常用的电子显微镜技术进行介绍。

第一节 概 述

一、电子显微镜的诞生

自17世纪英国人罗伯特·胡克（Robert Hooke）首次用光学显微镜揭示了细胞是生物结构、功能和发育生长的基本单位以来，人们应用传统的组织病理技术，在光学显微镜下对细胞的结构及其生长、繁殖、分化和死亡过程进行了大量的研究，大大促进了人们对生命过程的认识。德国著名光学家恩斯特·阿贝（Ernst Abbe）从理论上证明了光学显微镜的极限分辨率为光源波长（可见光波长为390～760 nm）的一半，约为0.2 μm，因此仅依靠光学显微镜无法深入到亚细胞水平对生命过程进行进一步研究，于是人们一直探索具有更高分辨率的观察工具，电子显微镜应运而生。其发展史如下：

1873年，Abbe提出分辨本领与照射光的波长成反比，奠定了电子显微镜的分辨率的理论基础。

1924年，Louis de Broglie提出的电子本身具有波动的物理特性，为电子显微镜的光源研制奠定了基础。

1926年，德国物理学家H. Busch发现并证实了轴对称分布的电磁场具有能使电子束偏转、聚焦的作用，这一发现为电磁透镜的研制奠定了基础。

1931年，Knoll和Ruska在用冷阴极放电电子源和电子透镜改装高压示波器时，获得了放大十几倍的图像，证实了电子显微镜放大成像的可能性。

1932年，经过Ruska的改进，制成了世界上第一台电子显微镜。其加速电压为70 kV，分辨能力达到了50 nm，放大率为12倍，成功得到了用电子束拍摄的铜网像。

1933年，Ruska利用电子显微镜获得了放大率为1万的金、铂和纤维的图像。至此，电子显微镜虽然分辨率刚达到光学显微镜水平，但其放大率已经超过了光学显微镜。

1937年，德国Klaus和Mill拍出了第一张细菌和胶体的照片，其分辨率达到25 nm，至此电子显微镜突破并超越光学显微镜性能。

1939年，德国西门子公司制造出世界上第一批商品化的透射电子显微镜，其分辨率为10 nm，放大率为10万倍。

至今不管是透射电子显微镜还是扫描电子显微镜，都衍生出多种类型，而且性能越来越高，为各类科学研究提供了有力的工具。

二、电子显微镜的种类

关于电子显微镜的分类目前也无确切的标准，本章主要按成像原理分为透射电子显微镜、扫描电子显微镜、扫描隧道显微镜、原子力显微镜等。

(一)透射电子显微镜

透射电子显微镜是一种通过电子束穿透样品成像的显微镜。根据电子光源的加速电压又可分为低压透射电子显微镜、高压透射电子显微镜、超高压透射电子显微镜。随着加速电压的提高，理论分辨率也越来越高。

1. 低压透射电子显微镜 加速电压主要为 120 kV 的透射电子显微镜称为低压透射电子显微镜，主要应用于生命科学、医学领域，具有反差高、不易损伤样品等特点。目前市场上常见的型号有 H7800、Talos L120C、JEM-1400Flash 透射电子显微镜（图 11-1）。

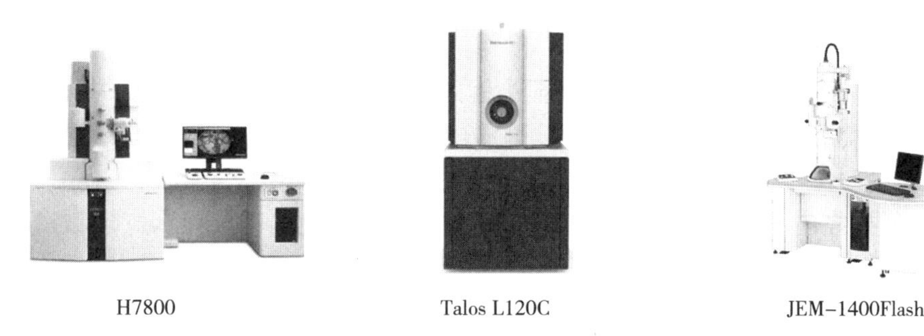

图 11-1 低压透射电子显微镜

2. 高压透射电子显微镜 一般把加速电压为 200 kV、300 kV 的透射电子显微镜称为高压透射电子显微镜。一般应用于金属、半导体等材料领域，具有冷冻功能的还可用于生命科学领域的蛋白结构的原子分辨率水平的结构解析。当前应用流行的冷冻电子显微镜属于这类。

（1）200 kV 透射电子显微镜。如 HF5000 球差场发射透射电子显微镜、Glacios 冷冻透射电子显微镜、JEM-ACE200F 高效分析型电子显微镜（图 11-2）。

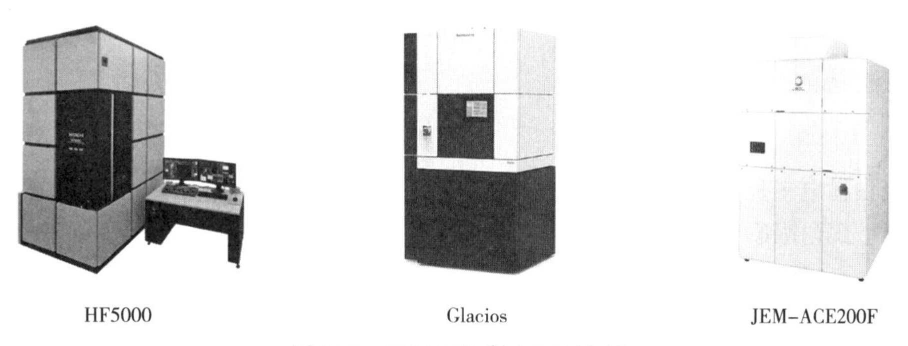

图 11-2 200 kV 透射电子显微镜

（2）300 kV 透射电子显微镜。如 JEM-Z300FSC 场发射冷冻电子显微镜、Krios G4 冷冻电子显微镜（图 11-3）。

3. 超高压电子显微镜 加速电压高于 1000 kV 的透射电子显微镜为超高压电子显微镜，具有超高穿透力、超高分辨率等特点。世界上超高压电子显微镜最高的加速电压为 3.0 MV（3000 kV），如 H-3000 超高压电子显微镜（图 11-4）。

(二)扫描电子显微镜

扫描电子显微镜（scanning electron microscope，SEM）是一种利用聚焦很窄的高能电子束扫描样品，通过收集样品弹射出的二次电子或背散射电子放大成像的一种电子显微镜。主要应用于样品表面形貌的观察，具有景深大、分辨率高、成像直观、立体感强等特点。扫描电子显微镜的加速电压一

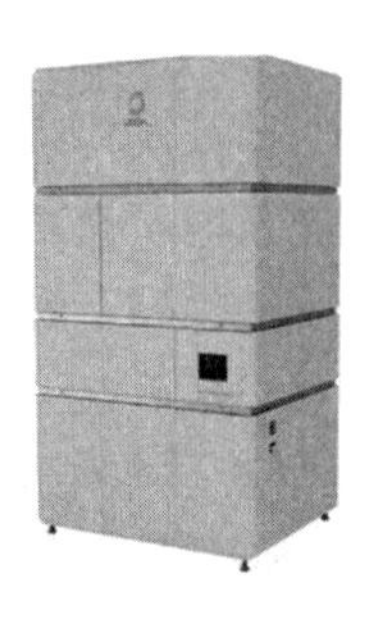
JEM-Z300FSC

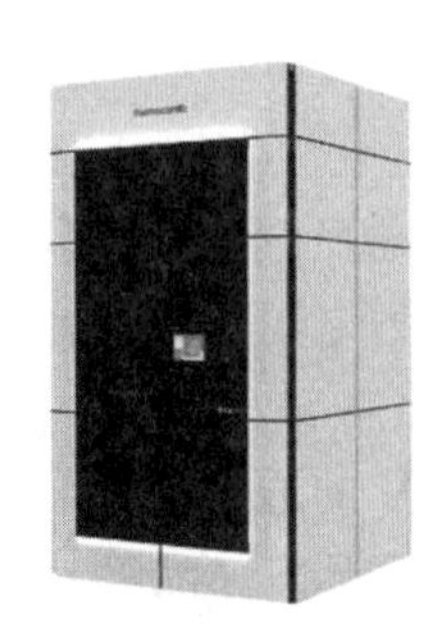
Krios G4

图 11-3　300 kV 透射电子显微镜

H-3000

图 11-4　超高压电子显微镜

般不超过 30 kV，目前一些场发射型扫描电子显微镜的分辨率可达 0.3～0.4 nm。

根据扫描电子显微镜的灯丝类型，扫描电子显微镜可分为热电子发射扫描电子显微镜和场发射扫描电子显微镜。

1. 热电子发射扫描电子显微镜　热电子发射扫描电子显微镜又可分为钨灯丝和六硼化镧灯丝两种扫描电子显微镜（图 11-5）。

JSM-IT500HR扫描电子显微镜

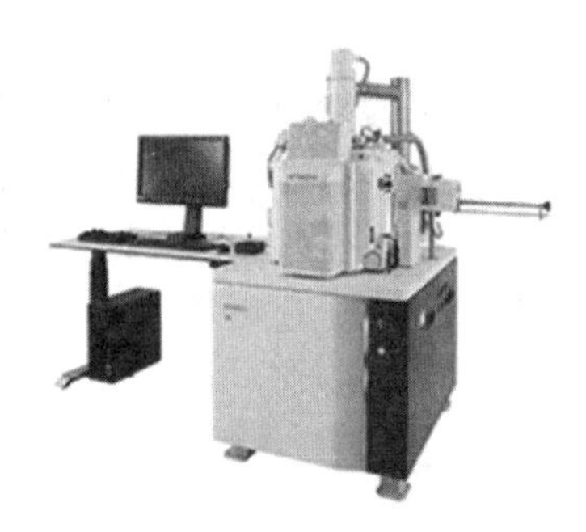
SU3900钨灯丝扫描电子显微镜

图 11-5　热电子发射电子显微镜

2. 场发射扫描电子显微镜　场发射扫描电子显微镜又可分为肖特基热场发射扫描电子显微镜和冷场发射扫描电子显微镜（图 11-6）。

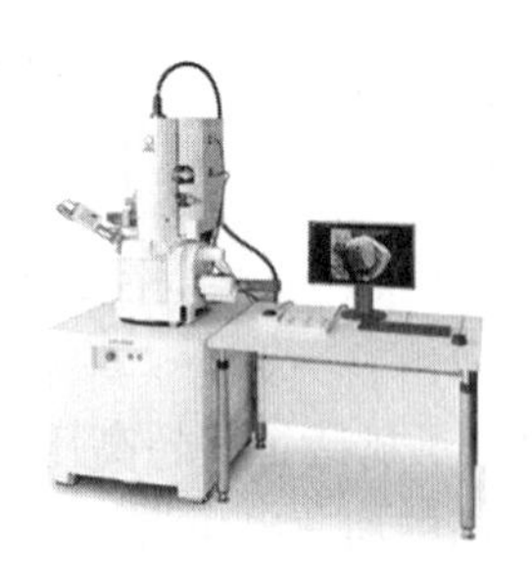
JSM-IT800热场发射扫描电子显微镜

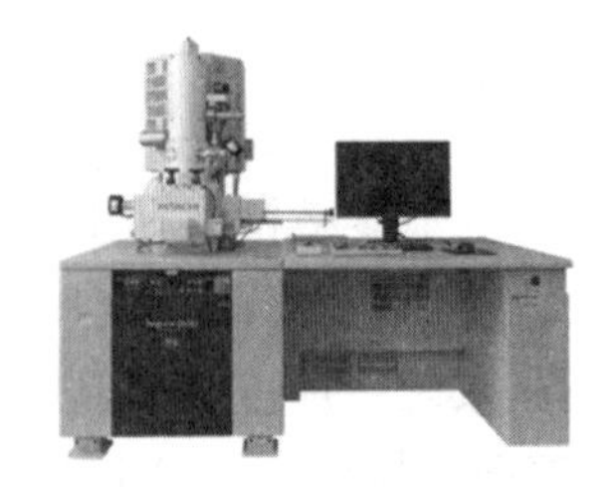
Regulus8200冷场扫描电子显微镜

图 11-6　场发射电子显微镜

（三）扫描隧道显微镜

扫描隧道显微镜（scanning tunneling microscope，STM）的原理是用一根极细的金属针尖在标本表面扫描，针尖与表面均为导体，两者相距十分近，仅为几个原子大小。在标本表面和针尖之间加一小电压，便产生隧道电流。隧道电流十分小，仅为纳安（nA）数量级。隧道电流产生于针尖与标本表面离针尖最近的原子之间，由于隧道电流的大小取决于隧道间隙中电子波函数的重叠程度，因此隧道电流随针尖与表面距离的增大呈指数形下降，针尖与表面的距离变化 0.1 nm，隧道电流将变化一个数量级。当针尖与标本表面相对扫描时，隧道电流的改变便反映了针尖与标本表面距离的变化。扫描隧道显微镜的成像方式有许多类型：

1. 恒定电流成像（constant current imaging） 针尖与表面相对扫描，采用一反馈系统来调整针尖垂直于标本表面的位置，使针尖在表面相对扫描时隧道电流保持恒定，从而反馈系统调节针尖在 z 方向位置的信号就反映了标本表面的形貌。

2. 恒定高度成像（constant height imaging） 不加反馈系统，当针尖与表面相对扫描时，隧道电流的改变经放大后便直接反映标本表面的形貌。采用这种方式成像时，扫描速度比恒定电流成像快些。

3. 电流成像隧道显微技术（current imaging tunneling microscopy） 预先设定一电压值，当针尖与表面相对扫描时，针尖与表面的距离发生变化，使预设的电压值改变，此改变反映了表面的形貌。

4. 跳跃工作式（hopping mode） 此种成像方式是为了减轻针尖与表面相对扫描时损伤表面。扫描时，针尖在移动到下一个点以前回缩，退回到设定值。

扫描隧道显微镜的探针形状与质量决定了像的质量。生物学扫描隧道显微镜用的针尖是钨、金或铂铱合金，用电化学蚀刻或切削，拉伸金属丝制成。一般说来，针尖越细像的质量越好，理想的针尖直径应与标本表面微细结构（如隆起或沟陷）的尺寸相当。当针尖与表面相对扫描时，针尖的尖端与表面之间形成隧道，针尖的侧面与表面隆起物的侧面也产生隧道。

（四）原子力显微镜

原子力显微镜（AFM）是在扫描隧道显微镜出现后才发明出来的，其和扫描隧道显微镜在结构上很相似。它们的传感器都是很细的探针，定位于距被测表面很近的位置，区别只在于原子力显微镜中的探针安装在非常细的悬臂上。在原理上与扫描隧道显微镜不同的是它利用探针针尖最后一个原子与样品表面上的原子的相互作用力来工作。原子力显微镜的探针位于微悬臂的底面末端，微悬臂长 100～250 μm，对力非常敏感。当探针对样品表面进行扫描时，反射到检测器的光路信号作为反馈信息使系统保持探针与样品表面间力或距离的恒定，为此，负载样品的压电扫描器必须根据样品表面的形态而相应地起伏，记录每一点上电压扫描器的起伏信息，经信号转换后获得样品图像。原子力显微镜主要有两种成像模式：接触模式和轻敲模式。接触模式扫描时，针尖一直与样品表面接触，优点是扫描速度快，可获得原子级的分辨率，缺点是横向力会影响图像的原始特征，对柔软的样品易造成损害。轻敲模式扫描时，微悬臂在其共振频率或接近此频率处振动，针尖间断地“轻敲”样品表面。在液体中成像时为避免细胞在悬臂振荡驱使下进入上下运动状态，选择合适的振动频率尤为重要。该模式的优点是消除了横向力，针尖与样品之间每次接触的时间很短，对样品的损坏小，适用于柔软的生物分子，缺点是扫描速度略慢。随着探针技术、制样方法以及联用技术等各方面的发展，原子力显微镜技术在生命科学领域必将发挥更重要的作用。

第二节　透射电子显微镜的结构和原理

透射电子显微镜是一种高性能的大型精密电子光学仪器，对“光源”、电源、真空度、机械稳定性等都有较高的要求，所以结构复杂，但基本可分为三大部分，即电子光学部分、真空排气部分、电气部分。

一、电子光学部分

电子光学部分是透射电子显微镜的主体，由照明系统、样品室、成像放大系统、观察记录系统组成。

(一) 照明系统

1. 电子枪 电子枪是电子显微镜的电子发射源，作用相当于光学显微镜的照明光源，由阴极、栅极和阳极组成。

(1) 阴极。阴极即灯丝，通常用直径为 0.1～0.12 mm 的钨丝制成，呈点状或发夹形（也称 V 形）。灯丝通电加热到 2 227 ℃（2 500 K）以上时，灯丝尖端开始发射热电子，在阳极电压的作用下加速到极高的速度。除这种常用的热发射钨灯丝以外，现在还有六硼化镧（LaB_6）阴极和场发射钨单晶阴极，它们的亮度和寿命要比普通灯丝高很多。

(2) 栅极。栅极也称负偏压栅极，由一个中央有孔的圆金属筒构成，又称为韦氏圆筒，它处于相对于阴极－500～－100 V 的电位，用以控制电子发射强度和电子束的形状。电压可以使栅极和阳极间的等电位面弯曲，弯曲的等电位面起到了透镜作用，它使电子束产生一个叫作交叉点的微小的电子集合点，作为电子显微镜的实际光源。

(3) 阳极。阳极上加有几十千伏或更高的正电位，其作用是使电子加速。

2. 聚光镜部分 其作用是会聚来自电子枪的电子束并以最小的能量损失投射到样品上；控制照明束斑及孔径角的大小，由聚光镜、聚光镜光阑、偏转线圈、消像散器等组成。

(二) 样品室

样品室位于聚光镜之下、物镜之上，可以承载样品和移动样品。顶落入的样品室包括机械手、样品台、样品杯、曲柄杠杆、样品移动控制杆等部件。倒插入的样品室较简单，它有各种不同的样品杆（倾斜的、旋转的、加热的、冷却的及拉伸的等）。样品室的作用是使样品保持稳定，与光轴垂直并在垂直于光轴的平面上水平移动（可动间隙 1 mm），始终精确地保持在同一个物面上。它装有一气锁装置，可以在不破坏镜筒真空度的情况下更换样品。

(三) 成像放大系统

由电子枪发射出的电子束经聚光镜会聚，照射到样品上并与样品相互作用，在样品的另一方就带有样品内部信息，此信息由物镜放大，形成第一次放大像，再经中间镜和投影镜进行多级放大，成像于荧光屏上，并可由屏下照相底板将终像记录下来。现在可用数码相机将图像采集下来保存于电脑中。

1. 物镜部分 物镜部分主要包括物镜、物镜光阑和物镜消像散器、冷阱等（图 11－7）。

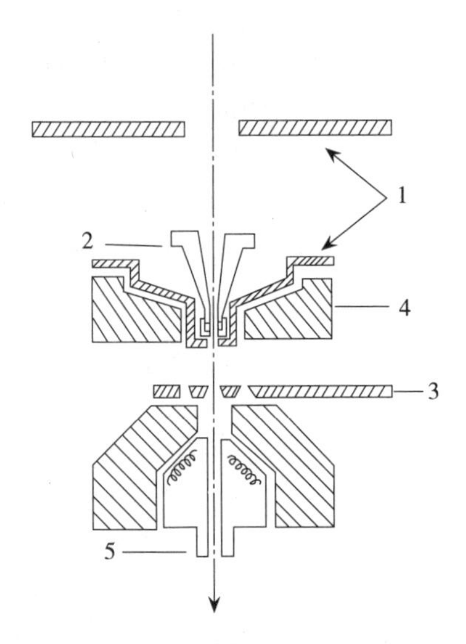

图 11-7 物镜部分的结构
1. 冷阱 2. 样品筒 3. 物镜光阑 4. 物镜 5. 物镜消像散器

(1) 物镜。物镜焦距短，为 3～7 mm，其作用是将信息进行第一次放大，放大倍数为 50～60 倍。经物镜放大的图像质量必须十分优良，如稍有失真，以后经逐级放大最终会使图像严重失真。物镜是由带有铁壳的线圈和高导磁性材料制成的极靴所组成。

(2) 物镜光阑。物镜光阑位于物镜下方。它有两个作用：一是限制电子束的孔径角以减小球面像差；二是除去散射电子以增加像的反差。选择孔径角要兼顾球面像差和衍射像差，一般孔径为 30～70 μm。

（3）物镜消像散器。制造物镜时，材料不可能绝对均匀，加工精度也不能完全一致。使用电子显微镜时，物镜也可能被污染，所以物镜还会产生像散。为消除像散，在物镜下方装有消像散器。消像散器有电磁式、静电式和静磁式 3 种。物镜消像散器能控制电流方向和大小，可以随意弥补透镜磁场的轴不对称性，以消除物镜像散。

（4）冷阱。为获得高分辨图像，物镜装有冷阱，用冷阱吸附能引起污染的气体分子，以减少样品及物镜的污染。

2. 中间镜和投影镜 中间镜（intermediate lens，IL）和投影镜（projection lens，PL）的作用都是放大图像，它们的结构与物镜基本相似。中间镜的焦距比较长，是一个可变倍率的弱透镜，用于控制总放大率，可以方便地在较大范围调节倍率。中间镜有用一级的，也有用二级的。用一个中间镜的，是利用改变中间镜电流来改变放大率，其总放大率可达 20 万倍。在极低倍率工作时，可关闭物镜电源，利用中间镜作长焦距物镜，通过改变中间镜电流可获得几百倍的大面积像，虽然分辨率不高，但还是比光学显微镜高很多。用二级中间镜可以得到更高的放大率。中间镜部位有一个活动光阑，称为限场光阑，它是在电子衍射时限制初级像的。此外还有一个中间镜半固定光阑，称为反差光阑，其作用是提高反差。投影镜在中间镜下部，它是一个强透镜，焦距很短（1～2 mm），倍率约 300 倍。它的作用是将中间镜形成的放大像进行最后的放大，成像于荧光屏上。有些电子显微镜有二级投影镜，第一级是可变倍率，第二级是固定倍率。它们与中间镜组成不同倍率组合。投影镜设有固定光阑。由物镜、二级中间镜和投影镜组成的四级成像系统，最高放大率可达 80 万倍。

（四）观察记录系统

观察记录系统包括荧光板、放大镜、底片箱、照相机、控制曝光装置等。

荧光板的作用是通过板上的荧光粉将透射电子所携带的信息转换成光信号。荧光板多采用发黄色光小于 100 μm 的硫化物或硅酸盐加微量金属（Ag、Cu 等）作为激活剂制成。对荧光粉的要求是分辨本领要高，发光光谱适宜，余辉适中，低电流密度下发光强度大。

为了便于观察小范围图像和精确聚焦，在观察窗外装有可放大 5～10 倍的放大镜，使用时须将图像倾斜与放大镜垂直。记录部分主要是装在荧光板下部的两个底片箱，一个叫分配箱，是存放未曝光底片的；另一个是接收箱，是存放已曝光底片的。照相系统可用手动控制和自动控制曝光。观察室内壁涂有不易反射光的导电涂料。在荧光屏上或底片中所得到的放大率，取决于物镜、中间镜、投影镜的总放大率，是以底片为准，比荧光屏上小约 20%。电子显微镜用的照相底板一般有两种：子板和 GB3DIN 的 SO 软片。照相底板的乳胶粒比荧光屏上的颗粒要小，在数码照相时可获得 20 μm 的分辨率，所以照片上可以得到更高的分辨率。为使底片的曝光量适宜，获得较好照片，电子显微镜上装有自动曝光检测装置，为操作者提供适宜的曝光条件。

二、真空排气部分

（一）真空的必要性和真空单位

电子显微镜要求电子通道必须是真空，这个真空度的优劣是决定电子显微镜能否正常工作的重要因素之一。其原因如下：气体分子与高速电子相互作用而随机散射电子，这样会引起眩光和减少像反差；电子枪中存在的残余气体会产生电离和放电，从而引起电子束不稳定或闪烁；残余气体与灼热灯丝作用，腐蚀灯丝，大大缩短灯丝寿命；残余气体聚集到样品上而污染样品。真空一般是指低于大气压的特定空间状态，理想的真空是没有的。

（二）真空的获得

真空是用真空泵来获取的，真空泵能降低相连容器中的压力，使容器中的分子密度降低。衡量真空泵的性能有两个指标，一个是由空间向外排气的速度，另一个是空间内达到的真空度。常用的真空泵有两种，一种是旋转式机械泵，另一种是油扩散泵，电子显微镜中的真空是将两种泵串接起来同时工作，共同完成的。

1. 旋转式机械泵 旋转式机械泵也称油旋转泵，能获得 0.133～1.33 Pa 的低真空度，它可以在大气压下使用。泵内的油起到润滑和密封作用，当转子沿箭头方向旋转时，室内气体的压力被压缩到大于大气压，从而气体通过排气阀压到大气中去。旋转式机械泵排气速度较低，真空度只能达到 1.33×10^{-11} Pa 左右，所以只能用它获得粗真空和为油扩散泵提供背压。

2. 油扩散泵 油扩散泵由泵体（加热槽、水冷箱、多级喷筒）和水冷挡板（防止油蒸气回流）等构成。它的工作原理是：由加热器加热扩散泵油使形成的油蒸气进入喷筒以超音速通过喷嘴，射到低压部分，用这种喷流运动的能量，将从镜筒中扩散来的气体分子混合到油气射流中，由吸入口将气体分子运送到排气口。

喷射的油蒸气被水冷箱凝集成油滴回到加热槽中，油中的挥发成分由于蒸发而排出。为了启动油扩散泵，其吸入口部分的压力必须低于 13.3 Pa，同时排气口部分的压力（背压）也必须低于大气压（达 13.3 Pa 左右），所以要用油旋转泵作为辅助泵。油扩散泵最高真空度可达 1.33×10^{-5} Pa 以上，排气速度可达 280 L/s。较好的电子显微镜通常用两个旋转式机械泵，一个固定抽贮气筒和油扩散泵的低真空，使油扩散泵一直保持良好的真空状态；另一个泵由联动阀门转换，保证各部分低真空。

电子显微镜真空系统还装有各种螺线管、气动阀门。另外还配备有一个气泵和贮气罐，以保证关闭气阀时具有足够的压力。

三、电气部分

电子显微镜的电路主要由 5 个部分组成：高压电源（用于电子束加速、灯丝加热）、透镜电源（用于各级电子透镜励磁）、偏转线圈电源（用于电子束偏转）、其他电源（用于真空系统、照相机构等），以及一套安全保护电路。电子显微镜中使电子束加速的电源是小电流高压电源，用于聚焦与成像的磁透镜是大电流低电压电源，它们若有任何波动都将引起图像的变化，从而降低分辨率，因此要求它们具有很高的稳定度。高级电子显微镜中，电子束加速电源和聚焦与成像的磁透镜的电源分别为每分钟 2×10^{-6} 和 1×10^{-6} 数量级，这样高稳定度的电源必须由多级稳定电路取得。其他偏转线圈电源、消像散线圈电源也需稳定，只是要求可略低一些，可采用一级稳定电路。一般机械泵、照明电路接在安全电路后面，在稳定器前面，因为机械泵启动电流很大，可能会引起高压和透镜电流波动。总电源用总调压器初步稳定，把±20%的波动减少到±2%左右。这样的稳定度对油扩散泵加热器和自动真空系统里控制电机及相应机构已足够，其他各电源则需做进一步的稳定。

高压发生器一般装在油箱里或氟利昂中，防止高压弧光放电，它的电路由稳压回路、高压发生回路和高压整流回路所组成，先经过二级稳压达到要求的稳定度之后，再产生高压。透镜电流的稳定则是先产生透镜电流，然后经过一级稳压之后，每一透镜再进行二次稳压，这样可对不同透镜选用不同的稳压电路。

第三节　扫描电子显微镜的结构和原理

扫描电子显微镜主要由电子光学系统（镜筒）、信号检测及显示系统、真空系统和电气系统组成（图 11-8）。多数扫描电子显微镜是将上述各系统分成两部分装配，一是主机部分，装有镜筒、样品室、真空装置等；另一个是控制部分，装有荧光屏、各种控制开关及调节旋钮。

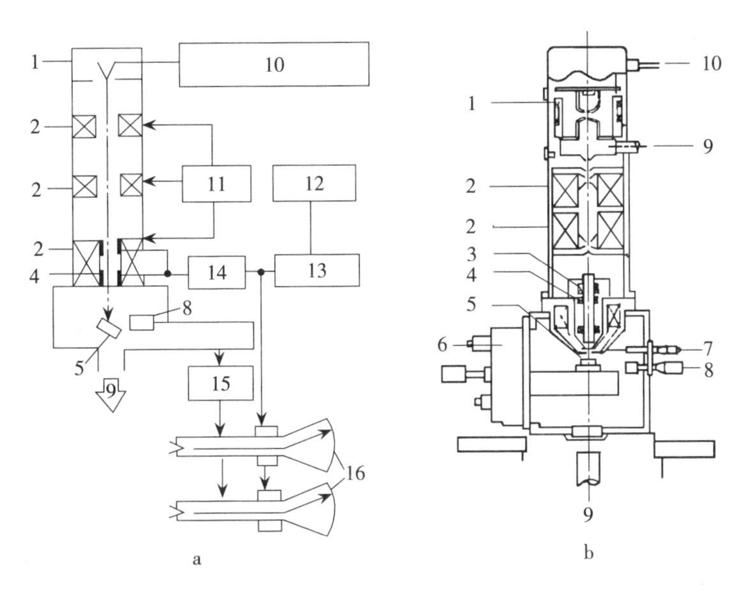

图 11-8 扫描电子显微镜构造示意图

a. 系统方框图 b. 电子光学系统

1. 电子枪 2. 聚光镜 3. 消像散器 4. 扫描线圈 5. 样品室 6. 样品微动装置 7. 物镜光阑 8. 二次电子检测器及光电倍增管 9. 接真空系统 10. 灯丝及高压电源 11. 聚光镜电源 12. 扫描发生器 13. 扫描放大器 14. 放大控制 15. 视频放大 16. 显像管

（引自林均安等，1989）

一、电子光学系统

扫描电子显微镜的光学系统（镜筒）位于主机部分的上部，由电子枪、聚光镜、灯丝合轴线圈、光阑、扫描（偏转）线圈、消像散器、样品室等部件组成。它的作用是产生具有较高的亮度和尽可能小的束斑直径的电子束，激发样品使其产生电信号。

1. 电子枪 电子枪的构造、用途与透射电子显微镜基本相同，仅性能参数稍有差异。扫描电子显微镜阳极加速电压值可在 2～30 kV 中选用，生物样品常用 10～20 kV。

2. 聚光镜 在电子枪下方装有 2～3 级磁透镜，其作用是将电子枪所发射出的 20～50 μm 的束斑会聚成 3～10 nm 的细小探针，因此称其为聚光镜，其中最下面的一级聚光镜靠近样品，所以习惯上也称为物镜。扫描电子显微镜一般只有一个可动光阑，即物镜光阑，孔径约为 100 μm、200 μm、300 μm、400 μm。

有的扫描电子显微镜在电子枪与第一聚光镜之间装一空气闭锁装置。空气闭锁实际上就是一个阀门，可根据需要进行开关，以达到切断或连通电子枪室与电子枪室以下镜筒之间的联系。当打开闭锁时，电子束可以由电子枪畅通无阻地射向样品并对电子枪室抽真空；关闭时，可维持电子枪室的真空，在换样品时空气不能进入电子枪室，保护灼热的灯丝不因与空气接触而被氧化，从而延长灯丝寿命。

3. 扫描线圈 扫描线圈也叫偏转线圈，由两组小电磁线圈构成，作用是控制电子束在 X、Y 两个方向上有规律地偏转。扫描电子显微镜中有 3 处装有扫描线圈，一处安装在镜筒中末级聚光镜上极靴孔内，作用是使电子探针以不同的速度和不同方式在样品表面上作扫描运动；另两处分别装在观察用和摄影用显像管中，用于控制显像管中的电子束在荧光屏上作同步扫描运动。

4. 样品室 样品室位于主机部分中部，上部承载镜筒，下部与真空系统相连接。样品室内可装各种信号检测器及样品微动装置。为适应观察较大样品及观察样品各个面的需要，扫描电子显微镜样品放置的空间都较大，可放入的最大样品长度约为 100 mm 左右。样品微动装置能在水平面的 X、Y 方向上移动 30 mm 左右，在垂直面的 Z 方向上升降 5～40 mm，此外还可以倾斜（−15°～90°）及旋转（360°）。另外还可更换超对中样品台、冷冻样品台等各种不同用途的样品台。

二、信号检测及显示系统

（一）信号检测放大器

信号检测放大器的作用是检测样品在入射电子束的作用下产生的各种电信号，然后经视频放大，提供给显示系统作为调制信号。检测器有二次电子检测器、背散射电子检测器和吸收电子检测器等。

1. 二次电子检测器的结构 如图 11-9 所示，二次电子检测器由收集极、闪烁体、光导管和光电倍增管组成。收集极位于检测器前方，是一个前端带有金属网罩并加有 200～500 V 电压的金属筒。探头由光导管、闪烁体组成，光导管用光学玻璃制成，可以传递光信号。闪烁体是由短余辉荧光粉使其沉积在玻璃片（或塑料片）上制成的；荧光粉层表面镀上铝膜，铝膜要足够薄（150～100 nm），允许二次电子通过，铝膜上还要加 10 kV 加速电压，吸引二次电子并使二次电子加速具有较高动能。光电倍增管是一个能将光信号变成电信号并进行放大的装置。

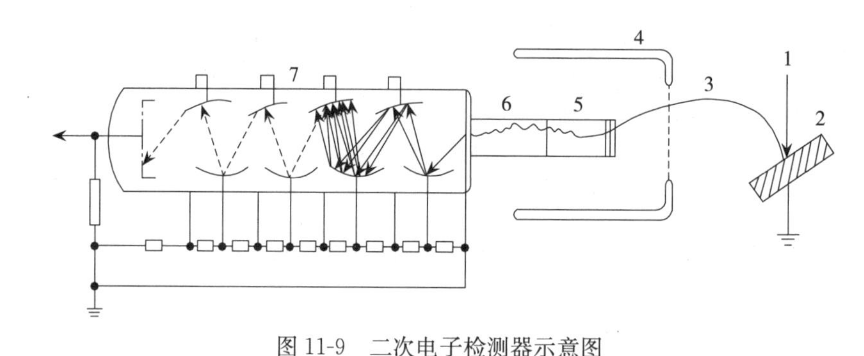

图 11-9 二次电子检测器示意图

1. 入射电子束 2. 样品 3. 二次电子 4. 收集极 5. 闪烁体 6. 光导管 7. 光电倍增管

（引自林均安等，1989）

2. 检测器工作原理 样品被入射电子激发所产生的二次电子在收集极 200～500 V 电压作用下被吸收。由于收集极前端是金属网，可使绝大多数二次电子在铝膜上 10 kV 加速电压的作用下通过并被加速飞向探头。二次电子经过铝膜，撞击荧光粉并激发出荧光（可见光）信号。荧光信号沿光导管传至光电倍增管被转换成电信号并进行放大，输出的电信号虽有大的增益，但仍较弱，不足以推动显像管显像，因此需将这信号再加以放大。

扫描电子显微镜的亮度旋钮是调节视频放大器的基始电平（即 0 信号平衡电压值），凡是比该电平低的信号，将被这电平所淹没而得不到放大和显示。如果基始电平定的太高，即使没有信号输入，荧光屏上也会产生一个明亮的背景，这样当有信号输入时反差就被减弱。确定基始电平时，要求在没有信号输入时，荧光屏上刚刚未能见到亮为佳，这时，输入较弱的信号时，也能从荧光屏上反映出图像。

对比（反差）旋钮的功能是调节光电倍增管的工作电压，电压越高，光电接收灵敏度也越高，对信号的倍增幅度也越大，使强弱信号幅度的差距加大，即增大反差。但工作电压过高，光电倍增管的固有热噪声、电子散射噪声、闪烁体的噪声将呈指数倍地增大，从而使杂散信号叠加在图像信号上而被显示出来。一般要求最佳反差调节是在其信号最强时，能使图像刚达到最亮的程度，但又不产生噪声麻点图像。反差和亮度是相互牵制的，应综合考虑。

（二）图像显示和记录装置

图像显示和记录装置包括观察用显像管、摄影用显像管、照相机及调整、记录装置，其作用是将信号放大器获得的输出调制信号通过显像管转换成图像。

显像管显示的图像同时还可以显示片号、放大率、标尺长度及加速电压等，可根据需要将这些参数拍摄到底片上。在控制面板上观察用显像管所显示的放大率是观察屏上的图像被放大的倍数；摄影屏的倍数要小，一般相当于观察屏的 0.6 倍。为了适应不同观察方式（粗略观察与精细聚焦）的需要，很多扫描电子显微镜设置了不同观察方式（小屏幕和大屏幕方式）键和不同扫描速度（快扫描、慢扫描）键。

三、真空系统和电气系统

扫描电子显微镜真空系统和电气系统与透射电子显微镜相似，可参阅本章第二节。

第四节　透射电子显微镜的生物样品制备技术

电子显微镜的光源电子束由于穿透能力弱，用于透射电子显微镜下观察的样品厚度必须小于 100 nm，样品也需适应电子显微镜真空状态的观察，同时为了应对不同的研究目的，产生了许多种样品制备技术，如超薄切片技术、负染技术、细胞化学技术、免疫电子显微镜技术、冷冻电子显微镜技术。本节对目前常用的几种技术进行简述。

一、超薄切片技术

超薄切片技术是一种常见的透射电子显微镜制样技术，通过样品制备可获得 70 nm 左右厚的切片，通过透射电子显微镜观察拍摄获得超薄切片照片（图 11-10），主要用于研究样品内部超微形态。超薄切片技术的全部过程包括取材、固定、清洗、脱水、浸透、包埋、切片及染色等步骤。以小鼠的内脏器官超薄切片为例，下面叙述超薄切片的基本操作程序。

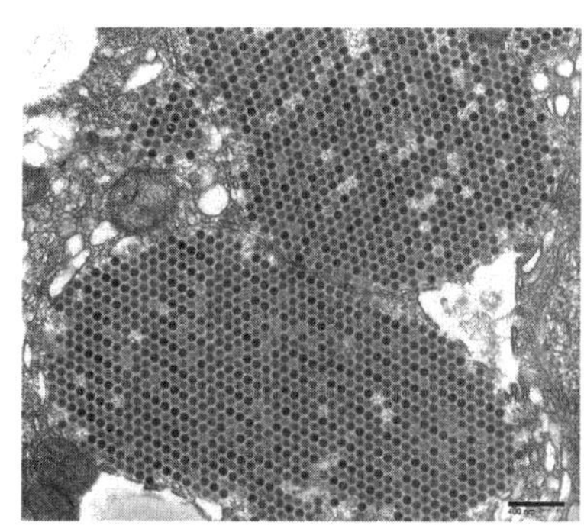
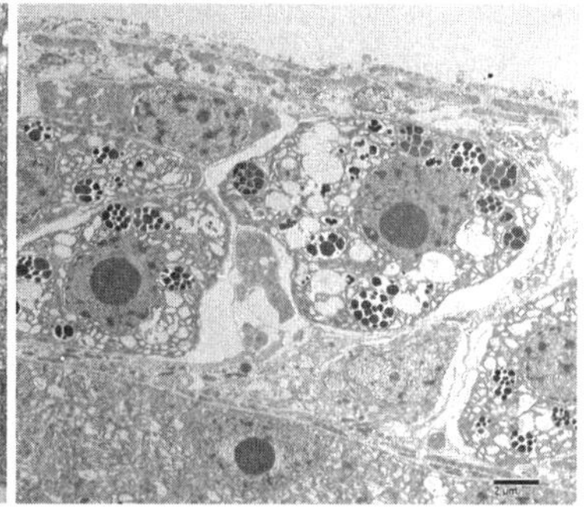

图 11-10　超薄切片技术的电子显微镜照片

（史永红摄）

（一）取材和前固定

1. 取材和前固定的操作步骤　目前常规的固定方法是用戊二醛-锇酸双重固定法。取大小适中的玻璃器皿，其内放好冰块，在冰上放好载玻片或蜡板，而后在板上滴预冷固定液（2.5%戊二醛）备用。取小鼠一只，用乙醚麻醉后迅速解剖，取出所需的内脏器官，用剪刀剪下一小块组织，放入蜡盘上冷却的戊二醛固定液中，用锋利的双面刀片将组织切成约 1 mm 宽、3～4 mm 长的小条，然后再切成 1 mm^3 大小的组织块，切时切勿揉割、挤压，以免组织损伤。将切好的组织小块放入装有新戊二醛固定液的小瓶中固定。固定液的用量以能淹没样品为准，约为样品体积的 40 倍。戊二醛固定时间 2～4 h，特殊情况下，戊二醛固定可以维持 1～2 个周。

对于血液及其他细胞悬浮液，不宜直接固定，可在取材后将其放入离心管内，以 2 000～4 000 r/min

的离心速度离心 10～15 min。待样品在离心管底部集结成块状以后，用吸管吸出上清液，再滴入固定液稍加固定，然后用刮匙将样品取出并割成小块，再进行二次固定。

2. 取材的注意事项 取材是超薄切片制片的第一步，也是非常关键的一步。首先，要做好实验前的动物、器材、试剂等各项准备工作；其次，要制订出取材计划，如取什么器官、什么部位，以及有什么实验要求等；最后依据“快、准、轻、小”的原则进行取材。

(1) 快。不管是从麻醉或处死动物身上取材，还是临床手术取材，都应注意保持样品的微细结构，使其最大限度地接近于生活状态。所以一定要目标明确，操作迅速，而且使样品必须在离体 0.5 min 最多 2 min 内浸入固定液，以免时间过长，出现细胞自溶。尤其在暑热情况下，还会出现微生物繁殖导致样品腐败，细胞的精细结构会遭到破坏。

(2) 准。取材的部位一定要准确可靠，同时还应注意材料的方向性，例如选取肌肉组织时，就要考虑肌原纤维在将来切片时是纵切还是横切。

(3) 轻。所谓轻，是指一切操作都应始终贯彻动作轻柔，不仅要避免对组织的挤压及牵拉，还要注意器械的锋利，否则将引起组织结构的人工损伤性变化。

(4) 小。固定液的穿透能力都比较弱，所以为了保持样品近于生活状态的微细结构，取材大小一定要与固定液的穿透速度相适应，一般以 1 mm^3 为宜。样品过大时内部固定不良，样品过小时观察的目标又会受到限止。

(二) 漂洗

戊二醛为还原剂，锇酸为氧化剂。戊二醛前固定后，必须进行漂洗，否则易使锇酸固定失败，还会在样品中相互反应生成细小的锇沉淀。漂洗的时间可以从几小时到过夜，一般用 1～2 h，其间更换 3～4 次缓冲液（漂洗液用 0.1 mol/L 磷酸缓冲液）。

(三) 后固定

1. 后固定的操作步骤 将清洗过的样品加入 1%锇酸（用量为 1∶10）中，在 4 ℃冰箱内停留 2 h 左右。然后吸去后固定液，再加入磷酸缓冲液浸洗 3～4 次，每次 10～15 min（以上的操作应在通风橱内进行）。

锇酸溶液最好在使用前配制，其正确的配制方法是：用砂轮在装有四氧化锇晶体的玻璃管上划一深痕，用洗液小心清洁玻璃管，再用双蒸水洗净。将玻璃管放入干净的磨口瓶内，用力将其震碎，再迅速倒入量好的双蒸水中，适当振荡，贮存待溶，完全溶解的时间需 1～2 d。

2. 固定的注意事项 一般认为，固定液的酸碱度（pH）和渗透压、固定时的温度和时间，以及缓冲液的选择等因素，都会对固定效果产生直接影响。

(1) 固定液的酸碱度（pH）。由于固定液的酸碱度可引起组织的 pH 变化，会从根本上改变组织内蛋白质的结构和性质；另外，蛋白质是一种两性化合物，其相对分子质量及其理化特性，与溶液的 pH 密切相关；同时，固定液的 pH 还会影响细胞质的化学成分、膜的大分子排列及酶的活性。因此，固定液的酸碱度必须与被固定组织的酸碱度基本一致。大多数动物组织酸碱度的平均值是 7.4，所以固定液的 pH 也必须在此范围，即 7.2～7.4，才能最好地保存动物组织的精细结构。此外还需注意到，即使同一动物组织的不同部位，以及不同的细胞之间，其 pH 也存在着一定差异。

(2) 固定液的渗透压。一般认为，固定液的渗透压对维持被固定细胞原有的特定外形十分重要。当采用低渗液时，组织则出现收缩。一般情况下，在固定液内加入适量的非电解质或电解质类物质，调节其渗透压，使之成为等渗溶液。通常使用的试剂有钾、钠、钙盐等电解质或蔗糖、葡萄糖等非电解物质。

(3) 缓冲液的类型。固定液的综合性能，对于组织精细结构的保存是十分重要的。这种综合性能的存在，不仅与酸碱度、渗透压等因素有关，也受缓冲液中离子类型的影响。通常使用的缓冲液是磷酸缓冲液、二甲砷酸盐缓冲液等。每一种缓冲液都有各自的优缺点，需要根据研究目的加以选择。常用的磷酸缓冲液（0.2 mol/L），其分为储备液和工作液，储备液分为甲液和乙液两种。

甲液：0.2 mol/L 磷酸氢二钠溶液（$Na_2HPO_4 \cdot 2H_2O$）35.61 g（或 $Na_2HPO_4 \cdot 7H_2O$ 53.65 g），加蒸馏水溶解并定容至 1000 mL。

乙液：0.2 mol/L 磷酸二氢钠溶液（$NaH_2PO_4 \cdot H_2O$）27.60 g（或 $NaH_2PO_4 \cdot 2H_2O$ 31.21 g）、加蒸馏水溶解并定容至 1 000 mL。

工作液：按表 11-1 混合甲、乙二液，即可得到 50 mL 所需 pH 的缓冲液。

表 11-1 不同 pH 0.2 mol/L 磷酸缓冲液的配制

试剂	pH					
	6.4	6.6	6.8	7.0	7.2	7.4
甲液/mL	13.3	18.8	24.5	30.5	36.0	40.5
乙液/mL	36.7	31.2	25.5	19.5	14.0	9.5

按表 11-1 混合后，若将溶液稀释到 100 mL，则可配成 0.1 mol/L 缓冲液。

（4）固定的时间、温度和样品块的大小。在一般情况下，如果固定时温度较高，不仅可以增加固定液与组织细胞成分之间的化学反应速度，而且也会提高固定液渗透到组织内的速度和组织自溶变化的速度。此外，在较高温度下较长时间的固定，还会引起细胞内物质被过度抽提。因此，固定时使用较低温度和适当的固定时间。当前采用的标准固定时间是 1～4 h，固定温度为 0～4 ℃。

（5）固定液的类型和配方。

①戊二醛。戊二醛是一种具有简单结构的五碳醛，含有两个醛基，对细胞的精细结构有很强的亲和力，因此是一种良好的固定液。如果戊二醛的水溶液浓度较高则易发生聚合。戊二醛固定液一般用磷酸缓冲液配制。具体配制法可按表 11-2 进行。

表 11-2 0.1 mol/L 磷酸缓冲液配制戊二醛固定液

试剂	戊二醛最终浓度/%						
	1.0	1.5	2.0	2.5	3.0	4.0	5.0
0.2 mol/L 磷酸缓冲液/mL	50	50	50	50	50	50	50
市售 25%戊二醛/mL	4	6	8	10	12	16	20
双蒸水/mL	46	44	42	40	38	34	30

②四氧化锇（OsO_4，锇酸）。四氧化锇是一种淡黄色、具有强烈刺激味的晶体，可以与蛋白质、肽及氨基酸等各种结构成分起反应，在蛋白质分子之间形成交联，固定蛋白质的分子。它还能与不饱和脂肪酸反应，使脂肪酸得以固定，所以也是唯一能保存脂类的固定液。此外，四氧化锇还能固定脂蛋白，使生物膜结构的主要成分磷脂蛋白稳定；其还可与变性 DNA 以及核蛋白起反应。但是四氧化锇具有强烈的挥发作用，即使在晶体状态下亦如此，挥发的蒸气具有一定毒性，对皮肤、呼吸道黏膜和眼角膜等都有损伤作用，所以在配制时应注意通风，最好在通风橱中进行操作。由于受热、受光更易引起锇酸的氧化挥发，所以配好的四氧化锇贮存液（2%的水溶液）必须贮存于棕色带磨口塞子的试剂瓶中，用蜡封好，外包黑纸，置 4 ℃冰箱中保存待用。

常用锇酸的配方：

2%锇酸贮存液：锇酸 2 g，加双蒸水至 100 mL。

1%锇酸固定液：2%锇酸贮存液 5 mL、0.1 mol/L 磷酸缓冲液 5 mL。

（四）清洗

为避免锇酸与脱水剂反应生成沉淀物污染样品，需用大量缓冲液反复漂洗，方法和时间与上文的漂洗相同。

（五）脱水

1. 脱水的过程 脱水是指将组织内所含的游离水完全清除的过程，属于包埋前的必经步骤。常用的脱水剂为乙醇和丙酮。它们是既能与水相混溶，又能与包埋剂相混溶的有机溶剂。脱水时必须逐级提高有机溶剂的浓度，而且每一级脱水的时间不应过长，一般以 10～15 min 为宜。具体的脱水程序为：50％乙醇或丙酮 10～15 min→70％乙醇或丙酮 10～15 min（如因工作安排关系，可置 4 ℃冰箱内过夜）→80％乙醇或丙酮 10～15 min→90％乙醇或丙酮 10～15 min→100％乙醇或丙酮（2 次，每次 30 min）。

游离细胞和培养细胞的脱水时间可适当缩短。

2. 脱水时的注意事项 现在常用的包埋剂大都是非水溶性树脂，因此只有将生物样品中的游离水驱除干净，才能保证包埋剂完全深入生物样品内。如果含有水分的生物样品进入电子显微镜的高真空中，样品就会急骤收缩并放出水蒸气，这样就会使电子显微镜的高真空遭到损坏，并且造成镜筒的污染。

（1）脱水一定要彻底，特别是 100％乙醇或丙酮应绝对保证无水，为此可事先加入吸水剂（如无水硫酸钠、无水硫酸铜等）进行吸水处理。

（2）如果当天完不成浸透、包埋操作，应将样品停留在 70％脱水剂中 4 ℃保存过夜，一般认为 70％的浓度所引起的组织块体积变化最小。高浓度的脱水剂，尤其是 100％脱水剂，绝不可让样品停留过夜，否则不仅引起组织内过多物质被抽提，而且会使组织块发脆造成切片困难。

（3）脱水操作时，动作要尽量迅速，特别是 100％脱水剂脱水时，更要注意样品块不要在空气中停留时间过长，否则会造成样品干燥，使样品内产生小气泡致使包埋剂难以浸透。潮湿季节在空气中暴露时间过长也会吸水受潮。

（六）浸透与包埋

1. 浸透与包埋的操作过程 浸透的目的是使包埋剂与脱水剂得到充分的置换，均匀地渗入、填充细胞的各个空间，以确保切片顺利，获得细胞完美的精细结构。若用乙醇脱水，需用环氧丙烷或丙酮更换 2～3 次，每次 10～20 min，然后用环氧丙烷与包埋剂的混合液以及纯包埋液浸透，操作过程为 2/3 环氧丙烷＋1/3 包埋剂 1 h→1/3 环氧丙烷＋2/3 包埋剂 1 h→纯包埋剂过夜。

包埋时先将浸透过的组织块用牙签放到包埋模板一端的底部，再灌满包埋剂，用硫酸纸作标签放入胶囊内（现在多用有序号的包埋模板，可以只记录序号），放入 37 ℃恒温箱内 12 h 取出后，转入 60 ℃恒温箱中 48 h，取出后放置于室温或干燥器皿中 3～4 d，即可修块，切片。

2. 浸透与包埋的注意事项

（1）浸透、包埋用注射器、吸管、烧杯、包埋模板、牙签及其他器皿，均应在用前烘干，不能有任何水分；用后要及时清洗盛过包埋剂的容器，否则树脂固化后难以清洗。清洗时先用废纸擦净剩余的包埋剂，而后再用丙酮洗净。

（2）所用药品均应注意防潮，药品应在干燥器中存放或在冰箱里保存。但从冰箱中取出的药品必须等到恢复至室温时才允许打开盖子，否则水分会进入药品内。

（3）包埋时动作要轻巧，避免产生气泡影响切片。

（4）操作时皮肤切勿接触包埋剂，以防引起皮炎。有的包埋剂有致癌作用，应注意防护。

（5）制好的包埋块应放在带盖的小瓶里，存放在干燥器中，以防止包埋块吸潮变软影响切片。

3. 包埋剂的种类及其常用配方 对于动物样品，采用最多的包埋剂是环氧树脂类。它具有三维交联结构，包埋后可保存细胞内的微细结构，对组织损伤小，聚合后体积收缩率低（仅有2%左右），耐受电子束轰击性能好。其缺点是黏度较大，操作不便，切片较为困难，而且反差较弱。

包埋块切片时的难易，与树脂、固化剂、增塑剂及催化剂之间的比例有关，而且还与聚合的温度、时间等因素有关。常用的催化剂有2，4，6-三（二甲氨基甲基）苯酚（DMP-30），其主要作用是可以催化聚合反应，但本身并不加入树脂链中。常用的固化剂（或称硬化剂）有十二烷基琥珀酸酐（DDSA）、甲基内次甲基四氢苯二甲酸酐（MNA）等，它们参与树脂三维聚合中的交联反应，并被吸收到树脂链中。常用的增塑剂为邻苯二甲酸二丁酯（DBP），其主要作用是提高包埋块的弹性和韧性，改善其切割性能。

常用的环氧树脂包埋剂有下述两种配方：

（1）国产618#树脂包埋剂配方。618#树脂6 mL、DDSA 4 mL、DBP 0.3～0.8 mL、DMP-30 0.1～0.2 mL。

（2）Epon-812包埋剂配方。需先配制甲液和乙液。

甲液：Epon-812 10 mL、DDSA 16 mL。

乙液：Epon-812 10 mL、MNA 8.9 mL。

上述两液宜分别配制贮存，使用时可根据不同的硬度要求，量取不同比例予以混合。一般冬季用甲液：乙液=1：4，夏季用甲液：乙液=1：9。乙液比例越大，包埋块越硬。待上述二液混匀后，再按1.5%～2%的体积比，在充分搅拌中逐滴加入DMP-30 0.1～0.2 mL。

（七）修块

手工修块具体步骤如下：

（1）将包埋块安装在样品夹上，露出顶端3～5 mm。

（2）沿水平方向横切包埋块的顶端，切去顶端包埋介质，露出样品面。

（3）在与包埋块成30°～35°的方向上四侧面切（或锉）四刀，顶部切成边长为1 mm的正方形切面，这是粗修。

（4）在体视显微镜下用一新刀片进行细修，修成光滑平整的0.5 mm×0.5 mm大小的切面和两侧面以110°～115°相交的锥体。修成的切面最好呈梯形或长方形，上下两边要修平行，以保证切片时形成一条平直的切片带。

（八）支持膜的制备

电子显微镜观察用的超薄切片捞在带有支持膜的铜网上，支持膜厚在20 nm以下，太厚的膜会增加对电子的散射，造成分辨率和反差的降低。膜本身应该是无结构的，对电子束透明并且有较高的机械强度，能够经受电子束轰击。通常使用火棉胶膜、聚乙烯醇缩甲醛（Formovar）膜和碳膜，本文介绍Formovar膜的制备。

（1）用一块洁净载玻片浸入0.2% Formovar-氯仿（或二氯乙烯）溶液中，1～2 s后垂直取出，在空气中缓慢晾干。

（2）用一枚大头针（或刀片）沿载玻片边缘1～2 mm处划破薄膜使成正方形。

（3）在一直径为15 cm的玻璃皿中倒入双蒸馏水，将载玻片哈一口气后慢慢斜插入水面，Formovar膜便脱落，漂浮于水面。

（4）将铜网排列于膜上，并用镊子逐一轻压，然后用一张稍大于整个膜的滤纸覆盖其上，当滤纸刚刚完全湿润时，用镊子捏住滤纸一端拖过水面轻轻捞起，晾干后即可使用。

（九）玻璃刀的制备

制备超薄切片刀具大多数采用玻璃刀，玻璃刀的制备通常采用制刀机，制出的刀合格率高。程序如下：

（1）取 25 mm 宽的玻璃条横面刻痕，截割出边长为 25 mm 的正方形块。

（2）将截出的玻璃方块沿稍偏移对角线的方向刻痕，用制刀机再裂成两块，每块都有一直而锋利的刀刃，刀角多数为 47°。

（3）在体视显微镜下检查，挑选刀刃平直、无锯齿状缺口的、宽刃的玻璃刀备用。

（4）用银色胶带或胶布做成水槽，用石蜡封闭，以防漏水。玻璃刀最好在临用时制备，以免刀口变钝。

（十）切片

1. 切片的操作过程 现以瑞典 LIB-Ⅲ型超薄切片机为例，说明切片的基本步骤。

（1）安装包埋块。将修好的包埋块夹在样品夹中，顶端露出约 2 mm，锁住样品臂，样品夹固定在样品定向头中。

（2）安放玻璃刀。将带有水槽的玻璃刀放在刀夹中夹紧，并与刀夹旁的标尺杆等高。

（3）调好包埋块与玻璃刀的位置。用粗、中调进刀，使刀尽量拉近包埋块的切面。调节样品定向头的高度，使包埋块的切面下缘与刀口等高。水平移动刀台，使刀刃平直无缺口处对准包埋块切面；松开样品臂固定锁，一手转动样品臂升降钮使样品臂上下运动，一手调节中调或微调钮，在体视显微镜下观察刀刃至刚好切到包埋块为止。

（4）调节水槽液面及灯光位置。用注射器向水槽中加入蒸馏水，直至液面略低于刀刃。调好灯光位置，使刀刃下方的液面上出现较大亮斑，以便看清切片的干涉颜色。

（5）选定切片速度。切片速度是指切片刀的刀锋通过包埋块切割面时每秒行走的距离。玻璃刀超薄切片的切片速度通常为 2～5 mm/s。包埋块偏软时应选择较高的切片速度，如 10～20 mm/s；若包埋块较硬则应选较慢的切速，如 0.1～10 mm/s。

（6）转换样品臂的动作方式。将样品臂从手动转至自动，切片机即自动切片。

（7）调节加热电流。通常选用 50～60 nm 加热进尺，观察切片的干涉颜色。如果切片太厚则应降低加热电流，切片太薄或切不着样品时则应提高电流，以使切片达到标准的干涉色即为所要求的厚度。根据光的干涉原理来判断切片厚度（表 11-3）。

表 11-3 切片厚度与光干涉颜色的相应关系

光干涉颜色	灰色	银色	金黄色	紫色	蓝色
切片厚度	40 nm 以下	60～90 nm	90～150 nm	150～190 nm	190 nm 以上

（8）捞片。先用睫毛针拨去碎片和厚切片，将理想的切片集中于水槽中央，用镊子夹住有膜的铜网，以膜面对准切片往下降。迅速与切片相接触，然后垂直地提起，用滤纸吸去多余的水分，放在平皿中干燥后进行染色。

（9）停机操作。锁住样品臂，取出样品定向头，关闭小日光灯，关闭电源开关。

2. 超薄切片的注意事项

（1）选择与清洗铜网。超薄切片时一般选用 200 目铜网，网孔大者观察的有效面积亦大，但其对切片的支持稳定性能较差。因此如果观察分辨率要求高的样品时，则选用 200 目以上的铜网，以增强样品的稳定性能。

（2）制备支持膜。制膜时玻璃片一定要光洁干净，否则 Formovar 膜不能从载玻片上脱落飘起；制膜时室内湿度不能太大（<60%），否则易在膜上出现微孔。另外，溶剂中不能混有水分与杂质，否则膜上会有许多斑点。

（3）切片刀的准备。超薄切片时，大都选用玻璃刀，玻璃刀上、中左端部分的刀刃比较平直锐利，这一部分刀刃可用于超薄切片；右端的刀刃一般上翘，常有较多锯齿，只能用于修块和粗切。在切比较坚硬的样品或想获得较大切片时，可选用钻石刀。

（4）包埋块的修整。制作好的包埋块，应将其尖端修成适当的形状和大小，除去组织周围多余的包埋介质，使包埋于其中的组织露于包埋块的尖端，才能用于切片。

（十一）染色

1. 超薄切片染色的步骤 电子显微镜样品切片的染色采用醋酸铀-柠檬酸铅双染色。具体步骤如下：

（1）按所需染色的切片数，将醋酸铀滴在蜡盘上。

（2）将捞有切片的铜网，有切片的一面朝向醋酸铀染色液，漂浮在液滴上，盖好盖，染色时间为30 min左右。

（3）用镊子夹住铜网，用蒸馏水冲洗。

（4）把铜网放滤纸上，晾干。

（5）准备一蜡盘，四周放上固体氢氧化钠，滴上柠檬酸铅染色液，与铀染一样放置铜网，时间10～15 min。

（6）取出载有样品的铜网，用蒸馏水冲洗，晾干。

2. 染色的注意事项

（1）醋酸铀。

①醋酸铀（醋酸双氧铀）是广泛采用的染色剂，它可与细胞内大多数分子结合，以提高核酸、蛋白质和结缔组织纤维成分的反差，对膜的染色效果较差。

②它具有一定放射性及化学毒性，对光和高温具有不稳定性，所以其配制后的溶液需贮藏于棕色瓶和4 ℃的冰箱内。

③常用醋酸铀染色液浓度为饱和液，配制时可取醋酸铀2 g加入50%～70%乙醇100 mL内，亦可用双蒸水配制，溶液pH约为4.2。

（2）铅盐类染色剂。

①铅盐可以与细胞内的核蛋白及糖原结合，亦可大大提高细胞膜系统与脂类物质的反差，几乎可以浸染细胞内的所有成分。

②铅盐的缺点是具有一定的毒性，极易与空气中的CO_2结合产生碳酸铅沉淀而污染切片，后者在电子显微镜下呈现黑色致密的圆形及不定形颗粒。配制铅盐溶液所使用的双蒸水，最好先加热煮沸，以除去水里的CO_2；配制好的溶液，可在其表面滴加一层液体石蜡或密封于注射器中保存，使之与空气隔离；染色前最好先将染色剂离心，以除去沉淀部分；染色时要选用小的平皿，或采取其他密封措施，以减少与空气接触的机会。

③铅盐类染色剂包括柠檬酸铅、醋酸铅、氢氧化铅、酒石酸铅等，以柠檬酸铅最为常用。柠檬酸铅的配方如下：硝酸铅［$Pb(NO_3)_2$］1.33 g、柠檬酸钠［$Na_3(C_6H_5O_7)\cdot 2H_2O$］1.76 g、蒸馏水30 mL。

将以上试剂放入50 mL容量瓶内，用力振荡30 min，试剂即发生化学反应，结合为柠檬酸铅，溶液呈现为乳白色的柠檬酸铅混悬液，然后再加入1 mol/L氢氧化钠8 mL，使柠檬酸铅完全溶解，溶液即刻变成无色透明状，最后再加蒸馏水至50 mL，pH为12。在存放和使用过程中，如溶液稍有沉淀即应废弃。

二、负染色技术

负染色又称阴性反差染色，它是利用高密度的且在透射电子显微镜下又不显示结构的重金属盐

（如磷钨酸、醋酸铀等），把生物标本包围起来，在黑暗的背景上显示出呈现阴性反差样品的微细结构。所以负染色所显示的电子显微镜图像（图 11-11），正好与超薄切片正染色相反，其样品结构为透明浅色，而背底则为无结构的灰色或黑色。对于负染色的机制，目前还不够清楚。与超薄切片（正染色）技术相比，负染色技术不仅快速简易，而且分辨率高（可达 2 nm），目前广泛用于生物大分子、细菌、原生动物、亚细胞碎片、分离的细胞器、蛋白晶体的观察及免疫学和细胞化学的研究工作中，尤其是病毒病原的快速鉴定及其结构的研究所必不可少的一项技术。

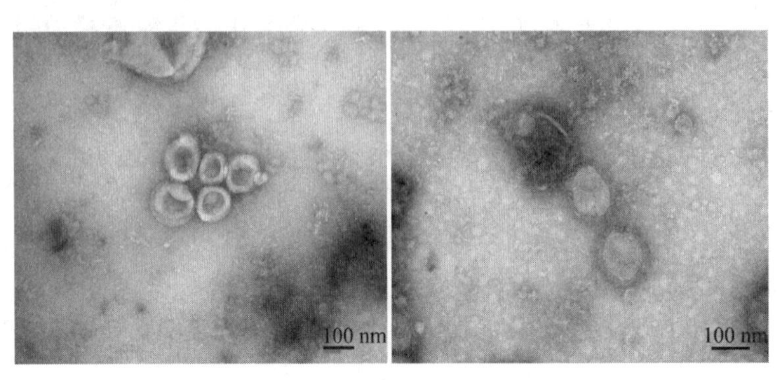

图 11-11　负染色技术的电子显微镜照片

（史永红摄）

（一）负染色样品的制备

负染色所用的样品，全部取自悬浮液。在这种悬浮液中样品必须达到一定的浓度和纯度，这样才能与染色剂之间产生特异和清晰的结合反应。操作时，将带有样品的悬液滴于带有支持膜的铜网上，染色处理后即可进行电子显微镜观察。样品的制备方法有多种，各有相应的适用对象。

1. 浓缩取样法　浓缩取样法适用于病毒等微细颗粒的浓缩处理。

（1）红细胞吸附法。这种方法主要用于黏液病毒和副黏液病毒的制备。其操作方法为：将病毒悬液与等量红细胞混合，放置 5 min，使病毒吸附于红细胞表面；而后，以 800 r/min 离心 15 min，使吸附有大量病毒的红细胞沉于管底；最后，弃去上清液，加入少量生理盐水，于室温下或冰箱中存放 3～4 h，病毒即可从红细胞表面释放到上面的溶液里，取溶液滴在铜网支持膜上，然后进行染色处理。

（2）低渗释放法。从培养瓶中刮下所培养的腺病毒或疱疹病毒，低速离心，弃上清液，于沉淀物中加入培养液与蒸馏水的混合液（比例为 1∶4）中，使细胞因低渗破裂而释放出病毒，然后快速冻融数次，再将冻融后的悬液低速离心，取其上清液滴膜染色。

（3）抗体-病毒凝集沉淀法。某些病毒如鼻病毒、风疹病毒、小儿腹泻轮状病毒及甲型肝炎病毒、乙型肝炎病毒等的抗原，可与相应的抗体形成病毒-抗体复合物，经离心沉淀而浓缩，而后取浓缩的沉淀物滴膜染色，可找到较多的病毒。目前这一技术已广泛用于病毒疾病的快速诊断。

2. 直接取样法

（1）对于某些皮肤病毒性疱疹（如天花、水痘等），可用毛细吸管直接刺入疱疹中取样，再将吸管中的泡液滴在带有支持膜的铜网上，待稍干后立即染色观察。此法主要用于临床快速诊断。

（2）对于生长在固体培养基上的微生物，可用白金环刮取，再用缓冲生理盐水稀释成悬液，即可滴样，待稍干后染色观察。对于生长在琼脂板上的噬菌体斑，也可采用直接取样法。

（3）植物病毒负染样品。作为一般病毒鉴别和病毒病害的诊断，只要采取浸出法即可。在病毒悬液中，浓度达到 10^5 个/mL 以上，在电子显微镜下就不难找到病毒。为使感染寄主细胞中的病毒游离出来，而又不混入大量的感染寄主细胞内含物，可在双蒸水或缓冲液中用刀片切碎组织使病毒游离出来；也可在磷钨酸染色液中用刀片切碎组织，使病毒游离在染色液中。对一些病毒含量较高的病组织，可在有支持膜的铜网上滴一滴磷钨酸（PTA），用刀片将病组织切一伤口，迅速地把伤口在铜网上的染色液中蘸一下，亦可再切一新伤口，重复侵染。

3. 离心提纯法 该法用于细菌、病毒、噬菌体等微生物或细胞匀浆中线粒体、微管等细胞器的提纯。先用低速离心（30 000 r/min），弃去较大杂质和细胞碎片，再用适当孔径的滤膜过滤，其滤液再经低温超速离心，最后取沉淀物制成悬液滴样染色。

（二）负染色剂的配制

凡密度比生物样品大4倍以上的重金属盐类均可以作为负染色剂，常用的有磷钨酸及其钠盐或钾盐、醋酸铀、甲酸铀、钼酸铵和硅钨酸等。各种负染色剂具有不同的特点，应针对样品的特性正确选择。最好同时备有几种负染色剂以供选用。

1. 常用负染色剂的特点

（1）磷钨酸、磷钨酸钾和磷钨酸钠。这是最经常用的几种负染色剂，适用于大多数直接取样的样品和纯化样品，颗粒细腻，反差良好，图像背景干净，杂质少。一般配成1%～3%的水溶液，用NaOH或KOH调pH至6.0～7.0使用，可保存在室温下，相当稳定。磷钨酸的缺点是显示样品的结构细节较差，对某些病毒样品有破坏作用，如磷钨酸会对黄瓜花叶病毒、弹状病毒、苜蓿花叶病毒等产生破坏作用，使病毒颗粒崩塌变形，这种情况下，应改用其他破坏性小的负染色剂。

（2）醋酸铀。醋酸铀是一种常用的优良负染色剂，能较好地显示病毒颗粒结构的细节，反差较强，对样品的破坏作用小。一般配成0.5%～1%的水溶液，pH 4.2～4.5。醋酸铀见光不稳定，需保存在棕色瓶中，室温下可保存2周。醋酸铀的缺点是细小的颗粒性杂质较多，最好经过滤后使用。当样品中含有较高浓度的缓冲液盐分和组织汁液，或pH超过6.0时，即产生沉淀而失效，因此需用双蒸水清洗后再负染。

（3）甲酸铀。甲酸铀特别适合于具螺旋对称的病毒颗粒，能显示出病毒的蛋白质亚基结构。一般配成0.5%～1%的水溶液。甲酸铀极不稳定，只能临用前配制，不宜保存。

（4）硅钨酸。性能类似于磷钨酸，在中性偏碱性情况下使用可以更好地显示出病毒颗粒的细微结构。一般配成1%～2%的水溶液，新配的染色液放置1～2 d后使用效果最好。对新配的染色液及有沉淀物的染色液用微孔滤膜或双层滤纸过滤，可获得较干净的负染图像。

2. 负染色剂pH对染色效果的影响 负染色剂的pH对负染效果有较大的影响，一般偏酸的染色液能获得较好的染色效果，越是偏碱效果越差，碱性染色液往往造成生物标本的凝聚变形。

通常磷钨酸盐的pH在6.0～7.0，比较容易获得较好的染色效果。磷钨酸及其盐类的水溶液一般是偏酸的，常用1 mol/L NaOH将pH调到6.0～7.0。醋酸铀和甲酸铀的pH在4.0～5.2较好，常用氨水和盐酸来调节pH。

对特殊的样品应灵活掌握。对一些怕酸的病毒（如鼻病毒、口蹄疫病毒）染色时，其pH可以调到8.0。也有人对流感病毒和牛瘟病毒染色时用3%硅钨酸在pH9.0时取得较好的效果。因此，对于一些特殊的样品，可以进行试验，以确定染色液的最佳pH。

（三）负染色的操作方法

1. 滴染法

（1）步骤。用毛细吸管吸取制备好的悬浮液样品，滴于带有支持膜的铜网上。根据悬液内样品的浓度，立即或放置数分钟后，用滤纸从液珠边缘吸去多余液体，即可滴上染色液，染色时间1～2 min。尔后用滤纸吸去染色液，待干燥后即可用电子显微镜观察。

（2）注意事项。

①操作时吸管不能离铜网太近，应让液滴离开吸管后自然滴下，否则液滴易将铜网吸起。

②支持膜应完好无损，吸管不能太粗，液滴不能太大，否则都不能形成良好的液珠。

③病毒在悬液边缘分布较多，操作时不宜用滤纸吸干，而任其自然稍干后再加染色液。

2. 漂浮法 先将样品悬液滴在干燥的载玻片上，再把带有支持膜的铜网放在悬浮液的液珠上漂浮以蘸取样品；然后，用滤纸吸干铜网上的多余悬液，再将铜网在染色液滴珠中漂浮，时间1～2 min，最后再用滤纸将染色液吸干观察。

（四）影响负染效果的因素

1. 掌握染色时机 染色应在铜网上的悬液将要干燥而又没完全干燥时进行。如果铜网上的悬液残留较多或完全干燥后染色，则严重影响染色效果，得不到理想的负染电子显微镜图像。

2. 控制 pH 悬液与染色液的pH对负染效果有着明显影响，一般以悬液呈中性或略偏酸性为宜(pH6.7～7.2)。特别是磷钨酸染色液的pH对病毒染色的影响更为显著，较酸的染色液对病毒负染可产生较好的效果，而染色液越是偏碱，其染色效果越差。染色液的酸碱度不仅影响染色液的扩散，而且也会影响到病毒的结构。

3. 样品的纯度和浓度 样品的纯度和浓度对负染色均有明显影响。如果负染样品含杂质太多(如大量的细胞碎片、培养基残渣及盐类结晶等)，会对负染色效果产生干扰，因此，样品在负染前要适当纯化。此外，悬液中的样品浓度要适当。浓度太稀时，会造成电子显微镜下找不到样品或寻找困难；样品太浓时，会造成样品堆积而影响观察，因此，要求滴样时应做各种稀释度的对比观察。

4. 样品的均匀分散性 在进行负染时，经常发生颗粒悬浮样品的凝集现象。此时，染色剂与样品形成电子不能穿过的团块，致使无法看清样品的微细结构。造成上述现象的主要原因，是悬浮样品不易在铜网上展开而形成的一种团聚现象。

为了促进悬浮样品的均匀分散性，以提高负染色效果，现在多采用分散剂或湿润剂，这种物质可以促使颗粒性悬液在铜网上扩散。常用的有牛血清白蛋白（BSA）、杆菌肽、二甲基亚砜（DMSO）、甘油丙二醇、十八（碳）烷等。其中，BSA配成0.005%～0.05%的浓度，以0.5 mL的样品内加入3～4滴为宜，或直接用0.01%的BSA作为离心沉淀物的稀释液。杆菌肽配成30～40 μg/mL水溶液，用于稀释沉淀的颗粒标本，或按适当比例加入悬浮样品内。也可将样品悬液与PTA及杆菌肽溶液等量混合后滴样。染色液中含有1%二甲基亚砜溶液，能加强染色液的穿透力和扩散能力。

三、连续超薄切片三维重构技术

常规超薄切片技术展示了各细胞器二维平面的超微结构形态，但是随着研究的深入，二维形态已经不能满足研究需要，人们开始了亚细胞水平的三维形态的研究。早在1954年，Gay和Anderson就进行了连续细胞水平的超薄切片的三维重构的工作。早期的连续超薄切片都是靠手工和精湛的超薄切片技术才能收集到为数不多的连续切片，三维重构所收集的数据量较少，且容易造成切片缺失。当前连续超薄切片三维重构技术主要有两种形式，一种是通过在超薄切片机上安装超薄切片连续切片收集装置收集超薄切片，另一种是通过在扫描电子显微镜中安装超薄切片装置，切削后收集断面的超微结构数据。这两种方式的共同特点是都是利用扫描电子显微镜的背散射模式收集图像数据，不同点是前一种方式收集的超薄切片可以长期保存，第二种则是样品不可再利用。

连续超薄切片三维重构技术的主要步骤为：样品制备→修块→超薄切片→数据收集→计算机三维重构。

（一）样品制备

由于目前采用的数据收集方式都为扫描电子显微镜，那就要解决样品导电和组织染色的问题。一般可以采取如下步骤进行样品制备：

1. 取材 一般要求样品最大直径小于0.5 mm，其他要求同常规超薄切片。

2. 前固定 2.5%戊二醛+2%聚甲醛（1∶1）（用150 mmol/L二甲砷酸钠缓冲液配制），4 ℃过夜。

3. 清洗 150 mmol/L二甲砷酸钠缓冲液室温下清洗5次，每次3 min。

4. 二次固定 4%锇酸+3%亚铁氰化钾（1∶1）（用300 mmol/L二甲砷酸钠缓冲液配制），冰浴1 h。

5. 清洗 超纯水室温清洗5次，每次3 min。

6. 硫代卡巴肼（TCH）溶液孵育 1%TCH溶液室温孵育20 min。

7. 清洗 超纯水室温清洗5次，每次3 min。

8. 三次固定 2%锇酸室温固定30 min。

9. 清洗 超纯水室温清洗5次，每次3 min。

10. 铀染 1%醋酸铀4 ℃染色过夜。

11. 清洗 超纯水室温清洗5次，每次3 min。

12. Walton液孵育 新鲜配制的Walton液60 ℃水浴孵育1 h。

Walton液配制方法：0.066 g硝酸铅溶于10 mL 0.03 mol/L天冬氨酸原液中，用1 mol/L氢氧化钾调节pH至5.5。

0.03 mol/L天冬氨酸原液配制方法：0.998 g L-天冬氨酸溶于250 mL超纯水中。

13. 清洗 超纯水室温清洗5次，每次3 min。

14. 脱水 30%→50%→70%→80%→90%冷藏乙醇冷藏梯度脱水，每次10 min；冷藏100%乙醇脱水2次，每次10 min；冷藏100%丙酮脱水1次，10 min；100%常温丙酮脱水1次，10 min。

15. 渗透 1/4 Epon-812树脂+3/4丙酮渗透2 h→1/2 Epon-812树脂+1/2丙酮渗透2 h→3/4 Epon-812树脂+1/4丙酮渗透3 h→纯Epon-812树脂渗透过夜→更换新的纯Epon-812树脂渗透6 h。

16. 包埋聚合 方法同常规超薄切片技术。

（二）修块

（1）用超薄切片机上的超薄切片收集装置收集超薄切片方法的修块。修块方法同常规超薄切片技术。

（2）利用扫描电子显微镜内置装置切割的方式修块。

①用玻璃刀修块暴露样品，修成约1 mm^2 的小块形状。

②将小块用刀片切下，用强力胶将小块粘于样品台上，周围涂抹银导电胶。

③将样品台装至超薄切片机上，用玻璃刀精修样品成边长为300 μm的立方形状。

④在样品台放置镀膜仪镀膜，确保导电性能良好。

⑤将样品台装回超薄切片机，先用玻璃刀后用钻石刀，将顶面修平，并充分暴露所需样品位置。

（三）超薄切片

（1）用超薄切片机上超薄切片收集装置收集超薄切片的切片过程同常规超薄切片技术，不同点是要调节切片收集装置，使得切片能恰好收集到对应的碳带上。收集一定量后，将碳带剪断，按顺序粘贴于专用云母片上，然后将云母片置于镀膜仪中喷一层碳膜。

（2）利用扫描电子显微镜内置装置切割的方式切片则是将样品台置于专用扫描电子显微镜中进行设定相应参数对刀、试切。

（四）数据收集

（1）用超薄切片机上超薄切片收集装置收集的超薄切片的数据收集。目前中国科学院生物物理研究所开发了一套用于扫描电子显微镜自动拍照软件，通过简单设置后可自动化收集数据，无须人工干预。

（2）利用扫描电子显微镜内置装置切割的方式的数据收集则是通过扫描电子显微镜的参数设定切割速率、图像拍摄区域和分辨率等，设定完成后也是全自动收集，无须人工干预。

（五）计算机三维重构

前序收集的数据，一般市面上流行的三维重构软件如 Amira 都可兼容，一般步骤包括数据导入、对中、二维可视化、三维可视化等过程。

四、高压冷冻技术

高压冷冻（high pressure freezing）以高于 10^4 K/s 速率使生物样品瞬间停止一切生命活动并使其中水分形成非晶体的玻璃态，因而可使样品的超微结构获得接近生理状态的保存，是生物电子显微学研究中固定样品的理想方法。快速冷冻方法有多种。由于水的导热性较低，在常压下的快速冷冻只能使样品获得 2～15 μm 厚度的玻璃态，大大限制了对于大尺寸生物样品的应用。

研究表明，当处于 2 100 个大气压（约 212.78 MPa）下，由于以下两个原因会降低水形成玻璃态对冷冻速率的要求：首先，水的冰点降至－22 ℃，从室温降至－22 ℃这段时间样品中水的状态不会改变；其次，高压可以抵抗水降温形成冰晶的膨胀力，有利于形成玻璃态。所以，在 2 100 个大气压下，生物样品冷却至玻璃态的冷冻速率，由 10^6 K/s 降至大约 1.6×10^4 K/s，使玻璃态的形成更易实现。高压冷冻能使 200 μm 厚度的生物样品达到玻璃态。

以 Leica EM ICE 为例，介绍高压冷冻技术的步骤。

（一）准备

1. 冷却系统　打开仪器前方的门，放上专用漏斗，加入液氮使仪器降温直至液氮充满整个杜瓦瓶。整个过程需要 20～30 min。

2. 样品杜瓦瓶冷却并注入液氮　从仪器的中部打开另外一个门，拿出样品杜瓦瓶，注入大概60％左右的液氮。

（二）样品准备

叶片：打孔取样装置取材，用含有十六碳烯的注射器制造负压对样品进行排气，装入样品台。

培养细胞：离心后取上清，用牙签挑取样品，装入样品台。

组织：用刀片切割，使其能放入直径 1.5 mm、深 200 μm 的样品台内。

（三）高压冷冻样品

将样品装入样品台组件中，关闭装载台盖，启动仪器。

（四）后处理

将高压冷冻好的样品存放于液氮中，待后续实验使用。

五、单颗粒冷冻电子显微技术

单颗粒冷冻电子显微技术（single particle cryo-electron microscopy）是一种适用于具有结构同一性的样品，通过冷冻电子显微镜采集大量单个颗粒的二维投影图来重构三维结构的技术。利用单颗粒电子显微镜重构技术可以解析很多生物大分子、病毒以及复合物的结构，当前冷冻电子显微镜单颗粒结构解析进入原子分辨率时代。

单颗粒冷冻电子显微技术是一个多步骤过程，主要步骤如下：

1. 样品纯化　冷冻电子显微镜单颗粒分析依赖于计算数千个相同颗粒图像的平均值，为了简化结构解析过程，应尽可能降低结构异质性，对样品进行分离纯化。

2. 样品初筛　分离纯化后的样品质量如何，是否满足单颗粒分析样品的要求，这就要求对样品的纯度和质量进行初步筛查。由于常规负染色技术能够对样品的纯度和形态进行快速筛选，一般采用此方法。

3. 冷冻样品制备　此步是为了获得保持天然状态的非晶态固体以适应电子显微镜的真空条件和保存大分子结构。此过程必须快速完成冷冻过程才能避免形成冰晶，才能保证样品原始结构不受破坏。目前整个过程一般采用专用的投入式冷冻仪进行，市面上该类设备主要有 Thermo Scientific Vitrobot 和 Leica EM GP2（图 11-12）。

Thermo Scientific Vitrobot　　Leica EM GP2

图 11-12　投入式冷冻仪

4. 样品筛选和数据采集　在开始高分辨率数据采集前，应先采用冷冻电子显微镜对样品进行评估。这一步骤评估样品的目标为：①蛋白浓度、稳定性和分布；②冰冻的质量、厚度和载网各处的均一性；③获得初始低分辨率结构信息。

5. 高分辨率数据采集　通过前几步的筛选获得合适的冷冻载网样品后，一般就可以通过 300 kV 冷冻电子显微镜进行大量二维投影数据收集，以便获得极高分辨率的结构。

6. 三维重构　对上一步收集的大量二维数据，需要进行图形矫正、颗粒挑选、二维图形分析、模型重构和优化，最终获得满意的三维结构（图 11-13）。

六、冷冻电子断层技术

电子断层成像技术（electron tomography）是通过获取同一区域不同角度的投影图来反向重构样品的三维结构的技术。冷冻电子断层技术则是冷冻电子显微镜与电子断层成像技术相结合的一种技术，可在最大限度下保持样品原貌状态下重构样品三维结构。

（一）冷冻电子断层技术优点

（1）可以研究非定形、不对称和不具全同性类型的样品。

（2）可以最大限度地保持样品原始形态和活性。

（3）保持含水状态，真实反映样品原貌。

（4）适用尺度非常广泛，包括从分子水平的蛋白质，到亚细胞水平的细胞器，以至细胞水平的组织结构。

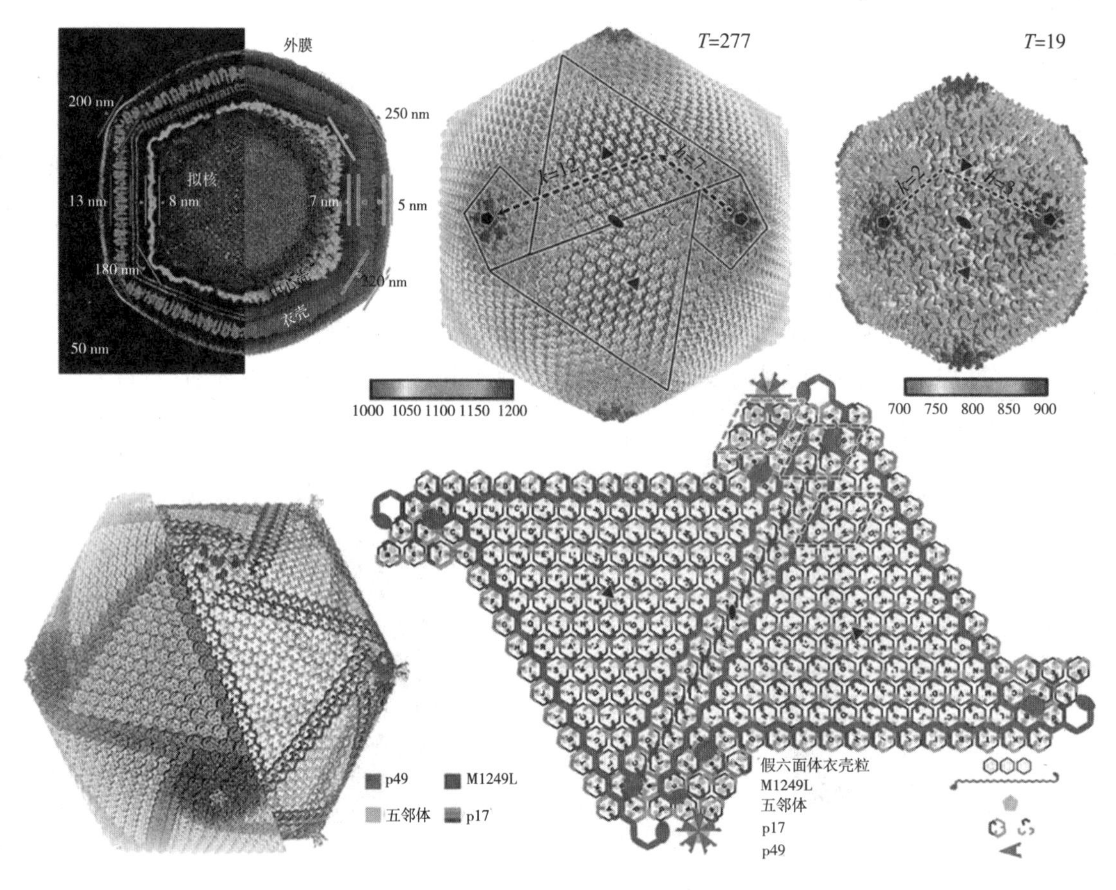

图 11-13 非洲猪瘟三维结构

（引自饶子和等，2019）

（二）冷冻电子断层技术流程

1. 样品制备 主要有以下几种方式：①常规超薄切片；②快速冷冻制备；方法同单颗粒冷冻电子显微技术的投入式冷冻样品的制备；③高压冷冻—冷冻替代—冷冻切片的方式；④冷冻扫描聚焦离子束（FIB）技术。

2. 数据收集 设定冷冻电子显微镜的拍摄倾角等在内的参数，通过电子显微镜自动收集获得数据。

3. 三维重构

（1）二维数据配准。

（2）三维投影重构。

（3）重建结果的去噪、分割等优化。

第五节 扫描电子显微镜的生物样品制备技术

一、常规制备技术

生物样品主要的特点是含水分较多，质地柔软，干燥脱水之后即干瘪、皱缩、变形；一些幼嫩材料的形态、结构极易受渗透压、pH 等环境变化的影响；机械强度低，不能耐受电子束的轰击；多数生物组织主要是由碳、氢、氧、氮、磷、钾等原子序数较低的元素组成，不易被激发产生二次电子。

扫描电子显微镜本身的构造、性能和成像原理要求被观察的样品必须具备下述条件：样品必须干燥，不含水分或其他可挥发性物质；在一定程度上能耐受电子束轰击，具有一定的机械强度；被激发时能产生二次电子。因此必须对生物样品进行适当处理才能满足电子显微镜的要求。这个处理就是生物样品的制备，其主要步骤是取材、清洗与固定、脱水与干燥、增强导电性。

（一）取材

1. 取材的步骤　用锋利的刀片切取新鲜的生物样品，样品的大小为 3～5 mm^2，放入生理盐水或缓冲液中浸洗 5～10 min。较难清洗的样品可连同样品瓶放在超声波清洗器中清洗 1～2 min。然后用吸管吸去清洗液。

2. 取材的注意事项　取材即选取观察材料。由于材料性质有很大差异，观察目的也不尽相同，所以取材方法也不一样，但基本要求是一致的。

（1）取材时动作应迅速，取材部位应准确，保证取的是所要观察的材料。必要时可对所取材料进行解剖（动物组织）、切割（植物组织）、分离和提纯（微生物），以便暴露出材料最佳位置或获得最理想样品。

（2）如果观察材料剖面，切取材料的切刀应锋利，不能有锯痕或挤、拉、压伤。有些含水分多或幼嫩的材料用冷冻断裂法取材效果更好，断裂面立体感强，成分和形态保存的好，无切痕。

（3）材料尺寸不宜过大。在能满足观察要求的前提下，越小越好，最大面积不超过样品台的面积。样品厚度在几毫米之内即可。

（4）采取花粉、孢子类易分散的材料时，要注意防尘，避免样品飞散造成混杂。

（5）观察游离细胞等混在液体中的材料时，数量必须取够，避免后续处理时由于丢失造成材料不足而影响观察，这类材料取出后即应不间断地进行后续处理。

（二）前固定

将清洗过的样品加入 2.5%戊二醛（用量为 1∶20），放在 4 ℃冰箱内停留固定 4 h 左右（具体时间视样品情况而定），然后吸去前固定液，进行清洗。

（三）清洗

1. 清洗的步骤　经前固定的样品加入磷酸缓冲液，停留 10～15 min，然后再更换清洗液。这样的操作重复 3～4 次。

2. 清洗的注意事项　常用的清洗液有蒸馏水、生理盐水、各种缓冲液及含酶的清洗液等，可根据研究目的、样品性质和样品对环境变化的敏感程度选用不同的清洗液和清洗方法。例如，带土壤的植物根应先取材后清洗，而研究不同条件下叶表气孔开闭状态时，则应提前清洗叶表，叶片在植株上时先予以固定，然后再取材，或者不清洗，活体固定后立即取材。动物脏器表面含有较多黏液，使用含酶的清洗液效果较好。附着在微小样品（如昆虫触觉）上的微细粉尘，最好用超声波清洗。清洗游离细胞则必须使用条件相应的缓冲液。有些样品表面有油脂、蜡质等，观察前应该用相应的溶剂处理，处理时要注意防止溶剂对样品的损伤。

（四）后固定

1. 后固定的步骤　将清洗过的样品加入 1%锇酸（用量为 1∶10），在 4 ℃冰箱内停留固定 2 h 左右。然后吸去后固定液，再加入磷酸缓冲液清洗 3～4 次，每次 10～15 min（以上的操作应在通风橱内进行）。

2. 固定的注意事项　固定的目的是用固定液尽量完整地稳定和保存样品细胞内的各种成分和结构，使其接近生活时的状态。

扫描电子显微镜样品的固定方法很多，常用的方法是戊二醛-四氧化锇双固定法，这是目前公认的效果最好的化学固定方法，适用于对各种材料的固定处理。对于一些观察要求不高的材料，如教学上用于验证性实验的材料及观察非微细结构等，从降低实验成本考虑，可只用戊二醛固定。观察固体培养基上培养的真菌菌丝之类材料时，可用四氧化锇蒸气熏蒸予以固定。但有些样品（干种子、花粉、孢子等），即使不进行固定其形态结构也不会发生变化，所以可以不固定。低温冷冻固定方法是扫描电子显微镜样品固定技术中常用的方法之一，非常适于含水分较多的样品的固定。

固定剂的种类和配制方法、固定时间、操作条件及要求等都与透射电子显微镜样品固定处理相同，按透射电子显微镜样品固定处理操作完全可满足扫描电子显微镜样品制备要求。

（五）脱水

脱水的目的在于用脱水剂取代样品中的游离水，以便进行干燥处理。常用的脱水剂是乙醇和丙酮，方法是等级系列脱水，起始浓度视样品所含水分而定，一般是从30%或50%开始。为减少样品被损伤的机会，最好是采用样品不移出容器，只弃、加脱水剂的方法换液。在100%脱水剂中要过2～3次，最后一次应使用无水脱水剂。间隔时间视样品的体积而定，一般是5～20 min。

（六）更换中间液

将脱水过的样品加入纯的醋酸异戊酯（用量为1∶20）停留15～20 min，然后再换一次纯醋酸异戊酯，停留0.5～3 h之后进行临界点干燥。

（七）干燥

干燥的目的是驱除样品中的游离水或已取代游离水的脱水剂，使样品中不含有液态物质，达到真正“干”的状态。在干燥过程中，生物样品中所含的水分或脱水剂与大气接触面之间存在一个气相与液相的相界面，所以样品受到表面张力的影响，这个表面张力完全可以使样品变形和破坏样品的微细结构。干燥的方法很多，原理、做法、效果也不相同，可根据样品性质、观察要求和设备条件进行选择。

1. 自然干燥 样品中的水分在大气中自然蒸发或样品经脱水处理后，脱水剂自然挥发而干燥的方法叫作自然干燥法。自然干燥法只适用于含水分较少的花粉、种子、果壳类样品，尽管在自然干燥过程中，样品体积有所收缩，但却保留了样品的基本形态。实践证明，观察自然干燥的花粉、种皮等材料时，样品表面结构保存很好，自然干燥完全可以满足研究工作的需要。样品在脱水剂中进行自然干燥的方法，是实用的干燥方法之一。从理论上讲，样品从含脱水剂状态下进行自然干燥与样品从含水状态下进行自然干燥相比，由于脱水剂的表面张力系数小于水，所以前者样品变形小。

2. 真空干燥 将含水分或脱水剂的样品置于真空容器中进行干燥的方法称为真空干燥法。真空干燥法的干燥效果与自然干燥法相近，优点是干燥速度快。真空干燥法所需的基本设备是机械式真空泵和一个密闭性能好的可以抽、放气的真空容器（抽气口上带有阀门的磨口瓶即可）。这个方法对真空度要求不严格，有一定真空度即可。

3. 冷冻干燥 冷冻干燥是将未处理的新鲜样品或仅作固定及脱水处理的标本，迅速投入液氮或其他骤冷剂（氟利昂12、氟利昂22等）中，使样品快速冷冻，而后将样品移入真空镀膜仪内，让样品中已结为冰的水分及其溶剂在高真空状态下升华，样品亦随之得到干燥的方法。由于在升华过程中，组织内液体由固态直接转为气态，因此不存在气相与液相之间的表面张力问题，故对样品损伤较小。但冷冻干燥法存在费时间（有时达数小时或几十小时）、需要特殊的低温条件、易出现冰晶损伤等缺点，因而影响了推广应用。当代在扫描电子显微镜设计时，有的仪器已装有样品冷冻装置，可在电子显微镜内完成冷冻、干燥、金属镀膜等处理程序，给操作人员带来很大的方便，而且样品损伤也小。

4. 临界点干燥 临界点干燥是目前公认的最佳干燥方法，优点是样品完全是在无表面张力的影响下被干燥，所以样品形态、微细结构保存得最好。临界点干燥原理如图 11-14 所示，步骤如下：

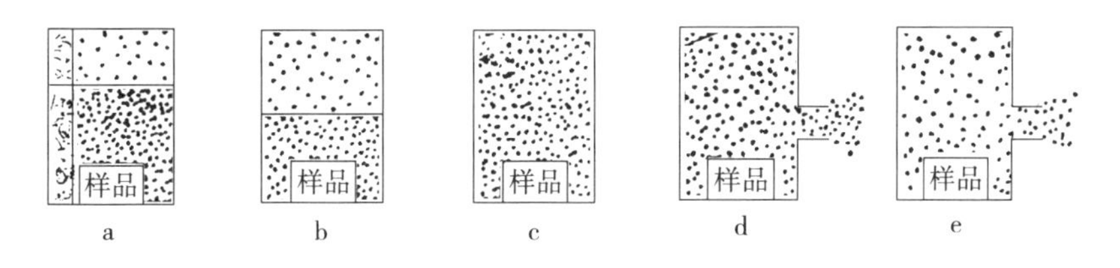

图 11-14 临界点干燥原理图

a. 充液（密闭、常温、有一定压力） b. 加热（密闭、加热、低于临界值） c. 临界状态（密闭、达临界状态相界消失）
d. 放气（临界状态下排气） e. 干燥结束（常温、常压、排气完了样品干燥）
（引自林均安等，1989）

（1）放置样品。把纯醋酸异戊酯中的样品放入不锈钢样品篮内，而后将此篮放进临界点干燥器高压样品室内，并旋紧样品室盖。

（2）注入液体 CO_2。打开干燥器进气阀门，使 CO_2 的量进入样品室占 70%～80%空间，随即关闭贮液钢瓶和进气阀门。

（3）CO_2 置换。将样品室的温度控制钮调至 15～20 ℃，室内压力为 6～7 MPa，持续 10～20 min，使样品中的醋酸异戊酯被液态 CO_2 所置换。

（4）临界处理。使样品室的温度升高至 35～40 ℃的条件下，打开放气阀门，缓缓放出气体 CO_2。当气压下降至临界压力以下时，切断加热器，待样品室温度降至室温或压力降为 0 以后，打开室盖，取出样品，此时的样品呈完全干燥状态。很多物质都可用作干燥剂，如干冰、液体二氧化碳、氟利昂等（表 11-4），而液体二氧化碳为最常用。

表 11-4 几种物质的临界值

物质	二氧化碳	氟利昂	水	乙醇	丙酮
温度/℃	31.1	28.9	374	243	235
压力/MPa	7.34	3.86	22.09	6.38	4.76

（八）样品的粘贴与安置

1. 粘样 对经过干燥的样品，认准样品的观察面，使观察面向上，用双面胶带等将样品粘在样品台上；粘好样品后，放入镀膜仪真空室内。

2. 粘样注意事项 粘贴样品有两个目的，一是保证样品在样品台上不移动或掉落，尤其是作倾斜、旋转观察时；二是所用导电胶可增强样品与样品台之间的导电性。

粘贴样品的胶首先应具有一定的黏性并且与样品或样品台不发生反应；其次应具有一定的导电性，电阻率越小越好，颗粒越细越好。常用的有银粉导电胶、石墨粉导电胶、普通胶水及双面胶带等。普通胶水和双面胶带导电能力差，银粉胶质量虽好但价格较贵，粘样时，可酌情选用。

冷冻和活体样品来不及粘贴，必须尽快观察；细菌类微小样品，滴样自然干燥后就贴附于样品台上，不必用胶粘贴；花粉用双面胶带粘贴效果较好；果壳、种子、土壤之类样品可用胶水粘贴；绝大多数样品，如动植物组织块，则必须用导电胶粘贴；昆虫触觉之类细长有分支的样品，尽量截取短段，用导电银胶粘牢基部；又细又长的样品可采用两端粘胶的搭桥法粘贴（呈横卧状，便于观察测表面）；对于细纤维、细兽毛类材料也可先捆成束，切取短段后整捆粘贴；具有毛细作用的样品（导管）

要尽量控制用胶量，避免过剩胶液沿毛细管上升污染观察面，这类材料也可用胶带粘贴。

有些样品具有保存价值，为避免破坏胶层和镀膜及减少占用样品台面积，可先将样品粘贴到小铁（铜）片上，再将铁片用普通胶水粘到样品台上，观察后样品随铁（铜）片一起取下保存。

（九）镀膜

镀膜的目的是把粘贴到样品台上的样品和样品台的表面同时喷镀上一层金属膜。镀膜必须薄而均匀，本身无结构，能再现样品表面固有形态，不掩盖和改变样品表面微细结构，化学性质稳定，不与样品成分发生反应。

现在经常采用的镀膜方法有两种，一种是离子溅射镀膜法，另一种是真空喷镀镀膜法。

1. 离子溅射镀膜法

（1）原理。在低真空中进行辉光放电时，由于离子的冲击，阴极物质（金属）产生飞散的现象，称为离子溅射。利用离子溅射现象对样品镀膜的方法称为离子溅射镀膜法。其具体过程如下：在离子溅射仪真空罩中设置一对电极，镀膜金属作阴极，样品台为阳极（实际上样品就是阳极的一部分），抽真空后接通直流电，当电场达到一定强度时，空气被电离并产生正、负离子，而电场力又使正、负离子分别飞向阴、阳极。当离子撞击阴极时，冲击下阴极物质的粒子，带负电荷的粒子便飞向阳极，落到阳极即样品表面上，这样就使样品表面涂上了一层金属膜。

（2）特点。

①空气离子撞击下的金属颗粒很小，镀膜细腻。

②带负电荷的金属颗粒是在正电位作用下飞向阳极的，而样品表面各部位正电位相同，所以镀膜均匀一致，没有死角。

③镀膜厚度容易控制。通过控制离子电流强度的大小和真空度的高低，可以调节产生离子的数量，决定被撞击下的金属颗粒的多少，从而控制了镀膜厚度。

④溅射时原子平均内能为 10 eV 左右，要比真空喷镀时原子具有的能量大 100 倍，所以溅射镀膜附着力强，金属利用率也高。

2. 真空喷镀镀膜法

（1）原理。在真空容器中对金属加热，使其熔解、蒸发，蒸发的金属颗粒喷落到样品上，将样品表面覆盖一层金属膜，此即真空喷（蒸）镀镀膜法。在真空中进行镀膜不仅可防止金属被氧化，还可避免样品受传导热和对流热的损伤。为使样品表面各部位镀膜均匀，样品台具有倾斜旋转装置。

真空喷镀镀膜法常用的金属有金、铜、铝、金-钯（6∶4）等，真空度为 $0.13\times10^{-3}\sim0.13\times10^{-2}$ Pa 或再稍低些。真空喷镀镀膜法是在真空喷镀仪中进行的。

（2）特点。如果只从扫描电子显微镜样品表面镀膜需要考虑，多数样品还是采用离子溅射镀膜法较好，但有些特殊样品必须用真空喷镀镀膜法，例如一些表面凹凸变化大的材料，最好是先喷上一层碳，再镀上一层金属膜，离子溅射镀膜法是不能喷碳的。真空喷镀镀膜法对样品损伤小，污染小，可喷镀铜、铝等廉价金属。

（十）样品观察

1. 常规观察方法 这是对按照常规扫描电子显微镜制样技术制备的样品进行观察，对绝大多数生物样品都适用。这个制备过程充分考虑了保护样品微细结构以及增加二次电子发射量和导电性等问题，用本方法制备的样品可在较高的加速电压下观察高倍率图像。缺点是步骤多、时间长、成本高。

（1）步骤。取材→清洗→前固定→清洗→后固定→清洗→脱水→置换 1→置换 2→干燥→粘样→镀膜→观察。

（2）适用样品。各种生物材料，如动、植物的各种组织和器官，各种微生物，各种细胞等。

2. 直接观察法 即样品不做任何处理，取材后直接放到样品台上，送入电子显微镜中进行观察。

这个方法适宜在低倍镜下观察含水分少、较干燥、有一定导电能力、对分辨率要求不高的样品。观察时，宜采用较低加速电压。采用这个方法适宜观察几十倍至几百倍的图像。

（1）步骤。取材→风干→水洗后风干或不洗→粘样或不粘样→常压或低压观察。

（2）适用样品。植物干标本、干种子、干果、果壳、竹木、骨骼、牙齿、土壤、岩石等。

3. 活体观察法 利用样品本身具有的导电和产生二次电子的能力，直接观察一些体积较小、含水分不多的活昆虫或新鲜组织、器官的方法叫作活体观察法。该方法的特点是可观察生物活体结构和生活状态，图像表现的是真实的、没有发生形变的形态结构。观察时，样品最好是无活动能力或活动能力极弱，必要时，可用胶带粘贴，限制样品的活动。一定要避免因昆虫爬行或跳跃而堵塞仪器管路。样品体积也不宜太大，大样品含水分多，蒸发水分的面积大，仪器抽真空时间长，并且样品在真空条件下由于体内水分蒸发，一二十分钟之后开始变形。活体观察时，操作必须熟练，迅速确定观察目标，尽早摄影。粘样时，不使用导电胶而用胶带有两大好处，一是胶带黏性强，粘昆虫效果好；二是胶带图像背景匀称。为去除昆虫体表灰尘，使图像清晰，可在观察前昆虫正常生活时，先予清洗。活体观察的样品没有镀膜，宜采用低加速电压，一般常用 2～5 kV，最大 10 kV。

（1）步骤。取材→清洗或不洗→胶带粘贴或不粘样→常压或低压观察。

（2）适用样品。螟、蛾、蚊、蚁、蜂、螨、线虫以及体积稍大些被粘牢的昆虫或其器官。

4. 粘贴镀膜观察法 样品只进行粘贴、镀膜，不再做其他处理的观察方法叫作粘贴镀膜观察法。这个方法适宜观察表面微细结构丰富、含水分少、形态比较固定或不宜进行脱水和干燥处理的样品。一般样品于粘贴之后只镀一层金属膜即可观察，表面凹凸变化大的样品可先镀上一层碳膜，然后再镀上一层金属膜。本方法在制样中解决了导电性及二次电子发射量问题，所以可用常压观察高倍率、高分辨率图像。

（1）步骤。取材→粘样→镀碳→镀金属膜→观察。

（2）适用样品。成熟的孢子、花粉，生活状态的菌体、菌落，尘埃，微小颗粒，丝绒，毛发，表面凹凸变化较大的样品（如昆虫体表）等。

5. 熏蒸固定观察法 将已粘贴到样品台上的样品置于密闭容器中，用熏蒸法进行固定，经镀膜或不镀膜观察即为熏蒸固定观察法。这个方法非常适合不宜在液体中处理的样品，容器可用培养皿，熏蒸固定液使用 1%～2%四氧化锇溶液，全部操作须在通风橱中进行。四氧化锇蒸气结合到样品上，还能增加样品的导电性和二次电子量，所以样品可不镀膜直接观察，但若需观察较高倍率图像，还应镀膜。有的镀膜样品在真空中可能有些变形，对于一些要求较高的实验应在镀膜和变形的利弊关系上进行选择。如果镀膜，以采用离子溅射镀膜法为佳，因离子溅射仪真空度低。

（1）步骤。取材→粘贴、熏蒸固定→镀膜或不镀膜→常压或低压观察。

（2）适用样品。固定培养基上的培养物，如培养细胞的生长繁殖过程、菌落的自然状态、菌丝的生长、孢子的形成等。

6. 自然干燥观察法 这里所说的自然干燥法是指先将样品进行固定、脱水、置换处理，再让中间置换液挥发，样品经镀膜后再进行观察的方法。有些样品，如微生物、较小的游离细胞等，在液体二氧化碳中由于受冲击可能丢失，所以不宜用液体二氧化碳干燥，当没有干冰时，只好采用这个干燥方法。样品经固定、脱水处理之后，再用醋酸异戊酯干燥，要比由含水状态下干燥变形小。采用这个办法干燥的多是微小样品，用量极少，通常在置换之后将样品滴加到样品台上立即进行离子溅射镀膜（这同时也就进行了真空干燥）。假如有干冰，当然是采用干冰临界点干燥法最合适。这项操作，必要时还应离心浓缩样品。

（1）步骤。取材→清洗 1→前固定→清洗 2→后固定→清洗 3→脱水→置换→滴样→真空干燥同时镀膜→观察。

（2）适用样品。细菌、游离细胞等微小样品。若样品台面光洁度不佳，可将样品滴到镀金属膜的盖玻片上，再用导电胶将盖玻片粘到样品台上，盖玻片边缘稍多加点胶使金属膜与样品台连通。

7. 简易冷冻（干燥）**观察法** 简易冷冻观察法就是将样品迅速投入液氮中冷冻，取出后立即在冷冻状态下进行观察的方法。这个方法对含水分多、体积小的生物样品特别适用，因为这类样品即使采用临界点干燥法进行干燥也会产生严重变形，甚至用肉眼都可以看出。采用冷冻处理，样品既没失水，也没变形，并且还具有一定的导电能力。一般适宜于放大几百倍甚至近千倍的观察，但操作必须熟练，动作要迅速，观察和摄影必须在短时间内完成，否则样品会因失水开始变形。

在电子显微镜样品室的高真空中，样品中的水分很快挥发，这实际上就是冷冻真空干燥过程。这时观察的也可以认为是经冷冻真空干燥处理后样品的图像。有些样品冷冻真空干燥效果要优于临界点干燥法的效果，冷冻（真空）干燥法也是一个简易、实用的好方法。

（1）冷冻观察法步骤。取材→冷冻→断裂→电子显微镜中干燥→低压或常压观察。

（2）冷冻真空干燥镀膜观察法步骤。取材→冷冻→断裂→镀膜仪中干燥同时镀膜→观察。

（3）适用样品。动、植物含水分多的组织或普通组织，如根、茎、叶、花、果，肌肉、各种脏器等，但体积要小。

8. 石蜡组织切片观察法 用石蜡包埋的动、植物组织切片经适当处理后，可以用扫描电子显微镜观察，这个方法发挥了扫描电子显微镜分辨率高、景深大、立体感强的特点，在光学显微镜观察的基础上进一步观察与研究某些微小区域或深部组织的微细结构，制样方法简单，成本低，时间短。但值得注意的是本方法是利用石蜡组织切片，不是专门研究超微结构的方法。

（1）步骤。光学显微镜定位→切片→贴台→脱蜡→镀膜或不镀膜→观察。

（2）适用样品。一般组织的石蜡切片都适用，但已封藏或加盖玻片的不能用。

9. 组织导电染色法 组织导电染色法是利用还原剂将重金属植入生物样品中，与生物样品成分结合或镶嵌、吸收在某种结构上，植入的重金属主要是四氧化锇中的锇以及氯金酸、氯铂酸中的金、铂等。样品的内部和表面都被植入了重金属，不像镀膜法只给样品表面镀膜，所以经组织导电处理后样品的二次电子发射量、机械强度、导电、导热、抗电子束轰击的能力等都得到了提高，从而用扫描电子显微镜观察的效果更好。

组织导电染色法处理的样品主要特点是组织可以不镀膜就进行形态观察和X射线衍射成分分析，当加速电压是25 kV时，可观察放大30 000倍的图像。其次，组织导电染色的样品可以在带有特殊样品台的扫描电子显微镜中边解剖边观察，满足深入研究样品立体结构的要求。最后，同一块经导电染色（单宁酸-四氧化锇）处理的样品，包埋、切片后即可用透射电子显微镜观察，这样可以做到一个样品在处理条件变化很小的情况下，用透射、扫描电子显微镜进行对照观察。还可以长时间观察。

简单的组织导电染色处理是在醛固定清洗之后，用组织导电液或组织导电染色液浸泡样品，具体时间视药品性质、样品大小而定（几分钟至几十天）。经上述处理的样品，须经清洗后再进行后固定或脱水处理。组织导电染色处理的样品可进行临界点干燥和镀膜，也可不进行临界点干燥和镀膜直接观察。常见到的KGOTO法就是用高锰酸钾-戊二醛→四氧化锇→丹宁酸→四氧化锇连续处理样品的一种组织导电染色法。

10. 其他方法

（1）铸型法。铸型法适宜研究腔形脏器，例如血管系统的立体分布。具体做法是向组织中灌注树脂，待树脂硬化后腐蚀组织，切取铸型块进行干燥、导电处理，即可观察。本方法使用的注入剂是甲基丙烯酸甲酯，注入剂应具备较好的复制性能，对腐蚀、导电化处理、电子束轰击等因素的影响都应具有一定耐受能力。

（2）离子蚀刻法。这是一种用扫描电子显微镜观察生物样品内部形态的制备方法。当离子溅射仪进行辉光放电时，用阳离子冲击样品表面，剥离掉样品表面成分，暴露样品内部微细结构。

（3）表面涂液法。将样品浸没在具有导电性能的液体中或使几种物质在样品表面上进行反应，使样品具有导电性能之后，再按常规处理。

二、冷冻传输技术

扫描电子显微镜冷冻传输技术（cryo transfer system for SEM）是一种与扫描电子显微镜相结合，通过升华、断裂等方法可直接在含水状态下观察样品形貌的冷冻扫描方法。

常规扫描电子显微镜只能观察经过干燥的固态样品，而大量含水或含油的、呈液态或膏状的生物及石油化工等样品，以及电子束敏感样品，一般都无法直接观察。虽然有些含水的样品经过常规扫描固定干燥处理后也能观察，但是这类样品易出现由于收缩、变形、表面破坏等造成形态假象。因此，对样品形态的特殊要求大大制约了扫描电子显微镜的应用。令人欣慰的是，真空冷冻传输系统正好可以弥补这些不足，近年来应用越来越广。

1. 冷冻传输技术的优点

（1）无须化学固定和脱水。

（2）电子束对样品的损伤小。

（3）保持含水状态，真实反映样品原貌。

（4）可通过冷冻断裂观察样品内部形貌。

（5）操作简便、快速，获得样品数据周期短。

2. 冷冻传输流程

（1）样品装载。将样品固定到专用夹具，不同样品有相应的夹具。

（2）快速冷冻。将样品在专用装置内进行快速冷冻。

（3）真空转移。将冷冻好的样品通过真空装置转移至制备腔室。

（4）样品断裂。用断裂刀具在制备腔室内进行断裂，暴露感兴趣的部位。

（5）升华。根据不同样品特性，设定升华程序后进行升华，去除表面冰层，充分暴露观察部位。

（6）镀膜。对样品进行导电处理，以便扫描电子显微镜观察。

（7）观察。将样品传送至扫描电子显微镜腔室，对样品观察拍照。

复习思考题

1. 简述透射电子显微镜与扫描电子显微镜结构和应用的异同。
2. 超薄切片制作过程中的注意事项有哪些？
3. 什么是负染色技术？它的应用范围是什么？
4. 试述连续超薄切片技术中的超薄切片制备方法与常规超薄切片制备方法的异同。
5. 扫描电子显微镜生物样品制备的常规步骤是什么？
6. 冷冻传输技术的优点有哪些？

第十二章 生物显微摄影及显微图像分析系统

第一节　生物显微摄影

生物显微摄影（microphotography）是利用光学显微摄影装置或数码显微摄影装置来拍摄显微镜或解剖镜视野中所观察到的物像的技术。由于显微摄影能够真实地表现生物体的微细结构和形态，因此在科学研究中，尤其是生物学、医学等研究领域中已成为一项常规的而又不可缺少的研究技术之一。

根据所采用的摄影装置的不同，可将显微摄影分为普通光学显微摄影、数码显微摄影和显微图像分析系统三种类型。

一、普通光学显微摄影

普通光学显微摄影就是将普通相机与显微镜组合在一起，利用相机记录显微图像的过程。

最简单的光学显微摄影装置包括显微镜、照相机或电影摄影机及取景器。作用在照相底板上的有效光学影像一般是由显微镜的全部光学系统（物镜＋目镜）形成。专门用于显微摄影的照相机不带镜头，通过摄影目镜连接于镜筒上面。也可借助于照相接筒或接口把普通照相机与镜筒连接起来用于显微摄影。通过取景、对焦、曝光和拍摄，将显微镜中的被摄物体成像于黑白或彩色胶片上，制成负片，再把它冲印放大成照片（正片），以便观察研究和永久保存。或者让被拍摄物体成像于反转片上，直接制成正片，用于幻灯投影。在数码显微摄影技术出现之前，普通光学显微摄影是细胞生物学、植物学、动物学、组织解剖学、遗传学等各个生物学科研究最常用和最重要的显微摄影技术。

二、数码显微摄影

数码显微摄影一般使用数码相机通过专用接筒或外接专用镜头，把被摄物体成像于数码相机中，将显微镜中的物像转换成数字图像，传输到计算机中，再利用图像显示软件和图像分析软件，对数字图像进行进一步处理和分析。图像可通过打印机直接输出相片。也可把图像存贮于媒介上，如软盘、闪存盘、光盘等，再通过数码冲印商店，冲印出数码相片。在数码显微摄影技术出现以后，该技术逐渐取代了普通光学显微摄影，不仅极大地节省了人力和物力，而且具有方便快捷、环保节能的特点，是生物显微摄影技术具有创新性质的变革。

由于目前市场上大多数数码相机都是不可变换镜头的相机（除了个别昂贵的专用数码相机），不能直接连接到显微镜上。一般是通过加设镜头接筒的方法，将显微镜连接到某些有特殊镜头的数码相机上。如许多实验室采用 Nikon Coolpix 4500 型数码相机，它的镜头上有螺丝，通过与镜头接筒的螺丝口旋转连接，即可进行数码显微摄影。

数码显微摄影时显微镜的电压一般调节为 9 V 左右，摄影模式置于 Auto（即自动）模式上，取景模式为远景模式，把闪光灯模式设置于强制不闪光（因闪光灯的光在此情景下照射不到标本上），并把显微镜上的光路控制拉杆完全拉出。这时在数码相机的 LCD 显示屏上就能观察到标本之影像，调节相机的变焦按钮使图像置于显示屏中央且大小适中，调节光线的强弱至适中，调节照相机的焦距使图像在显示屏中清晰后，轻按数码相机的快门按钮即可拍下该图像。拍照后可利用相机上的预览功能观察拍下的图像，此时可按变焦按钮的两边，调节图像在LCD上的缩放比率，以显示其局部细节。如对图像不满意，可删除图像，重新拍摄。如使用解剖镜进行拍摄时，还可通过调节曝光补偿来对亮度进行控制。按照笔者的经验，在黑背景下以选用负曝光补偿为宜。

三、显微图像分析系统

显微图像分析系统是光学显微镜与计算机数字图像处理技术结合的新一代产品。利用计算机软件的强大处理功能可对图像进行动态采集、存储打印、管理、图像处理和图像分析。显微图像分析系统一般由高级研究用显微镜、高清晰度彩色CCD以及功能强大的显微图像分析软件组成。科学级CCD为冷却式，分辨率从几百万像素到几千万像素不等，最高的可达2 100万像素。高级研究用显微镜具有无限远校正光学系统和万能物镜。专业型分析软件应用计算机图像处理技术对显微图像进行处理和分析，可快速得到更加精确和复杂的量化结果。随着显微图像分析系统的不断发展和完善，该系统的应用已日益广泛，目前已成为生物显微摄影及显微图像分析的主流设备。

第二节　生物显微图像分析系统

作为科学成像的一部分，生物显微图像分析是一个基于显微镜技术和数字成像技术的分析测试方法，其内容主要包括图像的采集、图像处理和图像分析。随着电子信息技术的发展，生物显微图像分析系统已经成为生物科学研究中除显微光度测量和流式细胞分析以外的主要分析测试方法。

从普通显微镜发展到显微光度（荧光）计，显微镜技术的进步使得可以通过测量染色的或未染色的细胞或组织切片发射或吸收的光线，定量测定各种细胞内物质和酶的活性。从20世纪80年代初期基于光栅扫描原理的显微光度计到目前的基于数字CCD摄像机以及个人计算机系统的生物显微图像分析设备，生物显微图像分析的结构和功能都发生了巨大的变化，其系统可靠性更强，操作界面更加友好，测量和分析功能更加强大。

一、生物显微图像分析系统的类型和功能

生物显微图像分析提供了对细胞和组织中的有关参数的测量和评价功能。通常生物显微图像分析所涉及的参数主要集中在平面参数（面积、长度、分布）和光度参数（光密度、荧光测量）两方面。生物显微图像分析的过程包括系统严格校正、显微数字图像采集和存储、利用显微图像分析程序进行测量和计算等。

生物显微图像分析可分为3种主要类型：①专门用于显微图像分析的软件，通常由各个显微镜生产厂家单独或合作开发；②通用图像分析软件，如Photoshop、Fireworks、Illustrator和CorelDraw等；③为特殊目的设计的程序。因为不同生物显微图像分析的多样性和特殊性，目前并不存在全自动的可满足多种图像分析要求的生物显微图像分析系统。

二、生物显微图像分析系统的组成部分

生物显微图像分析系统可以理解为是一种执行显微图像输入、显微图像处理、形态学参数测量、光度（荧光）分析任务的计算机系统。它的组成部分主要包含图像输入和输出设备、图像数据的存储设备、图像通信设备、主计算机（图像处理机）等硬件以及图像处理、测量和分析软件等。

就处理对象和要求而言，与通用的图像处理分析系统相比，生物显微图像分析系统无论是在软硬件配置上还是体系结构上都更趋严格。

（一）硬件组成

生物显微图像分析系统的硬件组成主要包括图像输入设备、图像输出设备（如显示器等）、图像数据存储介质（硬盘和光盘等）、主计算机等。其中最重要的是图像输入设备，因为显微图像质量的优劣在很大程度上依赖于图像传感器的物理性能和技术指标。

图像输入设备又称为图像采集设备，其功能是获取显微镜下观察到的细胞或组织图像，将显微图像实时地传输到计算机上并进行存储，完成模拟显微图像到数字图像的转换。

显微图像采集设备常采用CCD摄像机和数码相机。其中的CCD是英文charge-coupled device的缩写，是由一系列排列紧密的光敏单元构成的芯片。它的主要结构包括光敏元件阵列、电荷转移电路和电荷读取电路。CCD具有结构简单、自扫描、低噪声、长寿命、高精度和成像质量好等特点，是目前生物显微图像分析系统采用的主流设备。

（二）软件结构

根据显微图像处理与分析的需要，系统软件的功能包括：①计算功能，包括用软件库对数字图像进行各种操作，如图像的运算、变换、增强、分割、测量等，并且能够以简洁直观的方式将结果进行显示和存储；②存储功能，指在计算机内、外存上存放图像数据，以及这些图像数据之间的相互关系，并且能够根据需要实现图像数据的检索、增加、删除和修改等操作；③交互功能，通过硬件设备和软件实现人机交互式操作，用户通过显示器观察设计的结果，用鼠标或键盘对不满意的地方进行修改，还可以跟踪检查程序执行时出错的地方，对设计中的错误进行提示和跟踪；④输入功能，将设计过程中图像的形状尺寸、软件中所需的控制参数等通过输入设备输入到计算机中；⑤输出功能，针对设计中图像结果进行显示和保存，按照输出结果在精度、形式以及时间上的不同要求，选择不同的输出设备来满足实际需要。概括地说，图像分析系统的软件结构大体可分为基础库、图像获取模块、图像管理模块、图像处理模块、图像分析模块与系统管理模块等6个层次。

1. 基础库 图像处理和分析操作的特点之一是运算量大。对于以个人计算机（PC）为主机的系统而言，需要对图像采集卡提供的图像通用处理子程序库中的大量程序进行优化，这些程序包括大多数运算复杂度较高或者重复使用频率高的程序。优化的目的是为了提高系统的效率，缩短图像存取、图像处理与分析的时间等。

2. 图像获取模块 图像获取模块提供从多种图像输入设备获取图像的功能，该模块支持的图像获取方式包括模拟视频输入、数字视频输入、扫描仪输入、数码相机输入及由粘贴板获取图像等。

3. 图像管理模块 图像管理模块包括图像信息、图像的登记、图像的查询、修改和删除图像的在册信息等。

4. 图像处理模块 图像处理模块应提供基本图像处理功能，包括图像灰度反转、彩色图像到灰度图像的转换、画面镜像、画面旋转、图像亮度和对比度调整、图像滤波等。图像处理模块提供的图像滤波功能包括图像平滑、图像锐化、边缘增强和浮雕效果等。

5. 图像分析模块 面对不同的显微图像对象，有不同的图像分析模块。如专门针对细胞和组织显微图像分析的、面向凝胶图像分析的、面向荧光显微图像分析的，还有专门应用于蛋白阵列显微图像分析的，等等。

6. 系统管理模块 系统管理模块包括载入和保存图像、打印图像、各种系统选项的设计等。

对生物显微图像分析的软件和硬件的要求是必须能够提供快速测量方法，即针对少量对象的简单测量也应具有一定的代表性。生物显微图像分析涉及目标的总体，所以无偏差的采样过程是极为重要的。样本的分析结果通常不是单一的数字，而是一系列的数值，由此可衍生出平均数、标准差、计数或频率直方图。而对于特殊的样本，测量时必须具有全面的在所有水平上的随机性设计。

三、生物显微图像分析的主要流程

以CCD+图像采集卡为图像输入设备的生物显微图像系统为例，介绍图像分析的主要技术流程。

1. 获取图像　在显微镜上对需要观察的标本进行操作，待目标确定后，根据显示器上的结果对目标图像进行进一步调整。当认可图像质量后，使用图像采集模块提供的捕获操作，将图像存储到主计算机中。

2. 定标　系统定标的目的是将像素的大小和目标真实大小之间建立起数据上的对应关系。定标主要是指对长度、面积和光密度的定标。在更换显微镜、图像采集设备等情况下，都必须重新定标。

3. 图像处理　图像处理的目的是为了利用各种数学方法和变换手段提高图像中目标部分的清晰度，使图像能够方便地实现目标与背景的分离——图像分割，为进行图像测量和分析做好准备。图像处理的方法主要有去噪声、对比度增强、直方图均衡、图像锐化等操作。

4. 图像分析　依据分析对象不同和样品质量的差异，可以将图像分析的过程分为全自动的、半自动的和全半交互式的3种。

5. 数据处理　图像分析后会产生大量的分析数据，这些分析数据与图像目标之间建立了一一对应关系。应用系统提供数据处理功能，根据数据查找对应的目标，或是依据目标观察对应的数据，使用统计分析算法对所获得的图像分析数据进行统计分析，打印输出图文分析结果或者存档。

四、显微图像分析中的数字图像基础知识

图像是用各种观测系统以不同形式和手段观测客观世界而获得的，可以直接或间接作用于人眼进而产生视觉的实体。人类从外界获得的信息约有80%来自视觉系统，即来自图像。图像处理就是对图像中包含的信息进行处理，使它具有更多的用途。数字图像处理就是用计算机进行的一种独特的图像处理方法。

（一）图像数字化

由于计算机只能处理数字信息而非图示信息，因此，要想使用计算机来处理一幅图像，就必须把图像转换成数字格式。这个过程就是我们所熟知的图像数字化。数字图像就是离散化了的图像，可以看作一个二维数组或二维矩阵。

图像的数字化处理是将一幅图像划分成许多栅格，在计算机中，图片就是由这种数字化栅格或位图组成的，其中每一个小格称为图像元素，或是像素。一个像素通常只代表一幅图像中很小的区域，一般只有2.15 mm²，甚至更小。位图中的每一个像素用它们在栅格中的位置来标识，也就是由它们的行（*X*）号和列（*Y*）号进行定位。按照惯例，像素的位置以左上方为基准，也就是图像左上方第一个栅格的像素为0，0（行0，列0）（图12-1）。

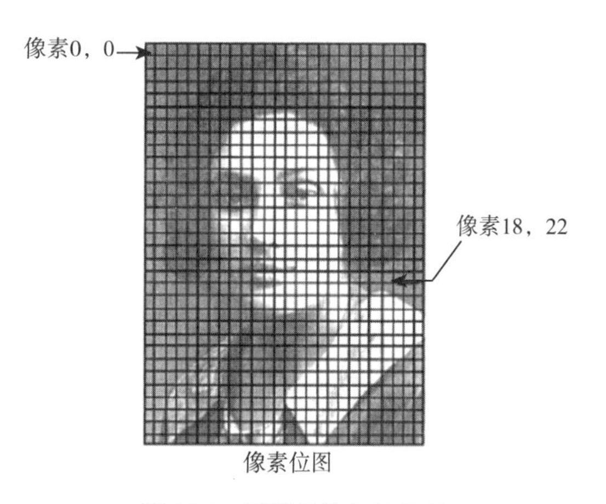

图12-1　图像的数字化处理

当一幅源图像（如照片）经过了数字化后，它就会以栅格的形式出现。也就是说，图像中的每个像素就是一个独立的样本，同时，它的亮度也被测量和量化。这种度量使得每点的像素都对应一个值，这个值通常是整

数，它代表了图像在该点处的明暗程度。该值被存储在计算机图像位图的相应像素点中。数字图像化后，也就选定和固定了阵列的宽度和高度。同时，位图的像素宽度和高度就是通常所说的空间分辨率。存储每个像素所用的位数叫作像素深度（BPP），又称为位/像素。它决定了图像每个像素可能有的颜色数或灰度级数，也用来度量图像的分辨率。

与模拟图像相比，数字图像具有以下优点：

（1）存取方便，可以实现高速读写操作，便于检索和管理。

（2）在传输和复制时，只在计算机内部进行处理，数据不会受到破坏，能保持完好的再现性。

（3）尽管空间分辨率低于模拟图像，但灰度分辨率高于模拟图像。采用特殊的记录和显示手段还能有目的地扩展灰度对比度。

（4）易于实现图像的后处理功能，而且具有高扩展性，针对不同的要求提出相应的算法，通过设计不同的图像处理程序实现其处理目标。

（5）选用先进的超大容量存储介质，能够实现数据的海量存储。

（二）数字图像的基本类型

在计算机中，按照颜色和灰度的多少可以将图像分为二值图像、灰度图像、彩色图像和调色板等。

1. 二值图像　若表达一幅图像中的二维矩阵中的元素仅取 0 或者 1，0 代表黑色，1 表示白色，这样的图像称为二值图像。二值图像的每个像素用 1 位存储。一幅 1 024×768 像素的二值图像只需要占据 96 kb 的存储空间。

2. 灰度图像　灰度图像有时也称为单色图像。若图像矩阵元素的取值范围为［0，$2n-1$］（$n=2, 3, \cdots$），规定 0 为黑色，$2n-1$ 为白色，这样的图像称为灰度图像。它只有亮度信息，没有颜色信息。如果灰度级为 256 级，那么每个像素可以是 0～255 中的任何一个值。一幅分辨率为 1 024×768、灰度级为 256 级的灰度图像在计算机中需要占据 768 kb 的存储空间。

灰度像素值代表了图像的灰暗和明亮等级，等级的范围从全黑到全白。在 8 位灰度图像中，像素值 0 代表全黑，而像素值 255 代表全白。

3. RGB 彩色图像　RGB 代表光的三原色——红色、绿色、蓝色。任何颜色都可以由纯的红色、绿色和蓝色的不同程度的混合来表示。RGB 图像通常称为真彩色图像。图像中的每一个像素的颜色值直接存放在图像矩阵中，每一个像素值的颜色由 RGB 三个分量表示。

4. 调色板　调色板图像使用 8 位/像素来存储色彩信息。调色板格式可以方便且有效地存储少于 256 种颜色的图像。它需要的存储空间比将图像编码成真彩色格式图像所需要的空间要少得多。

（三）数字图像的颜色模型

虽然像素深度（BPP）告诉我们一幅图像可以有多少种不同的颜色，但它并不能告诉我们在图像中究竟包含哪些颜色。颜色的解释是由像素深度和几种惯例中的一种来共同决定的。人们把描述颜色的数学模式称为颜色模型。

目前在使用的颜色模型有很多种，其中 RGB（红色、绿色、蓝色）、HIS（色调、亮度、饱和度）和 HSV（色调、饱和度、亮度）是在数字图像处理中最常用到的模型。

RGB（红色、绿色、蓝色）是彩色最基本的表示模型，也是计算机系统中所使用的彩色模型。在 RGB 中，颜色＝R（红色百分比）＋G（绿色百分比）＋B（蓝色百分比），如图 12-2 所示。

HIS（色调、饱和度、亮度）颜色模型是从人眼对色彩的感知方面进行描述，是一种直观的颜色模型，更适合人的视觉特性。

在 HIS 颜色模型中，将红色色调定为 0°，某种颜色的色调值是用该色彩在色彩六边形上位置与红色轴之间的夹角来表示的。如色调值 120°代表绿色，它与红色的夹角是 120°。色彩的饱和度和亮度部分是通过附加的三维空间的坐标来标识的（图 12-3）。

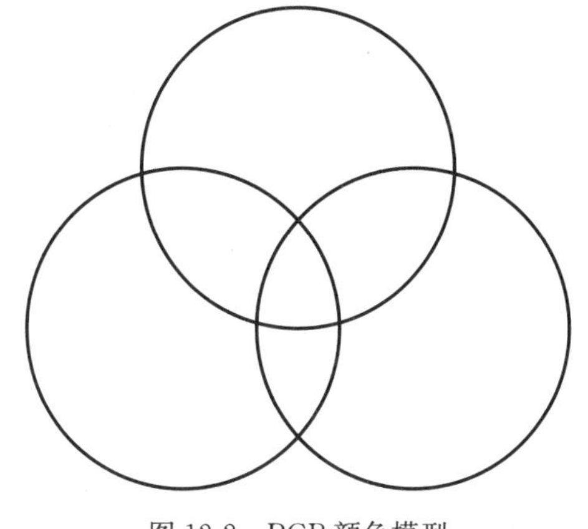

图 12-2　RGB 颜色模型

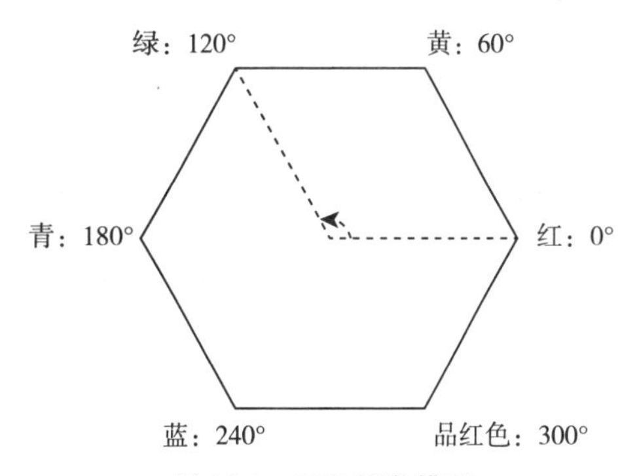

图 12-3　HIS 颜色模型

HIS 颜色模型在进行颜色比较或颜色更改的图像处理中是非常有用的。例如，在 HIS 颜色模型中把青色的值改为品红色的值，只需将 H 值从 180 改为 300 即可。如果在 RGB 颜色模型中进行同样的更改，直观性就差了一些。

HSV 颜色模型与 HIS 颜色模型非常相似。两者的区别在于计算机亮度值的方法不同。在 HIS 颜色模型中，一个像素的亮度（I）来自它的三色值（红、绿、蓝）的平均值。而在 HSV 颜色模型中，像素的亮度（V）是由它的三种颜色的最小值和最大值的均值决定的。

YIQ 颜色模型用于商用彩色电视广播。它是利用了人类视觉系统对亮度的变化比对色调和饱和度的变化更加敏感这一特点进行设计的。YIQ 标准使用更多的位来代表 Y 通道（亮度）而用较少的位来代表 I（色调）和 Q（饱和度）。

五、几个主要的显微图像分析系统软件简介

显微图像分析系统是一个集可视化、图像处理与分析、定量测量为一体的图像处理与分析软件包，也是一种一体化成像软件平台。通过对图像的采集、显示、周边设备控制以及数据管理与分析支持，可处理多维成像任务。系统通过数据库支持，提供对大量多维图像文件的存档、查找和分析功能，从而提高实验效率。对整体成像系统的统一控制为用户进行活细胞成像等动态研究提供了极大的便利。

显微图像分析系统具有灵活多变和适配的应用方案，可解决手工到完全自动的图像获取到图像分析等多项工作，适用于解决复杂图像的分析问题。

现就目前应用较多的几种显微图像分析系统进行简要的介绍。相关的详细介绍请参看各系统生产厂家的网站和用户手册等资料。

（一）MvImage 2.0

1. MvImage 2.0 简介　MvImage 2.0 是 SOPTOP（舜宇）公司开发的功能强大的 2D 和 3D 图像分析软件，是 MvImage 的升级版，具有丰富的显微图像分析及数据处理功能。MvImage 2.0 以 SOPTOP 显微镜作为其图像输入设备，与该品牌显微镜配合销售。

MvImage 2.0 的主界面如图 12-4 所示，包括菜单栏、工具栏、图像窗口、工作区、状态栏和对话框。

启动程序如图 12-5 所示。

工具栏：主要工具有选择相机、播放、录像、拍照、相机设置、网格、十字线、ROI、1∶1、适

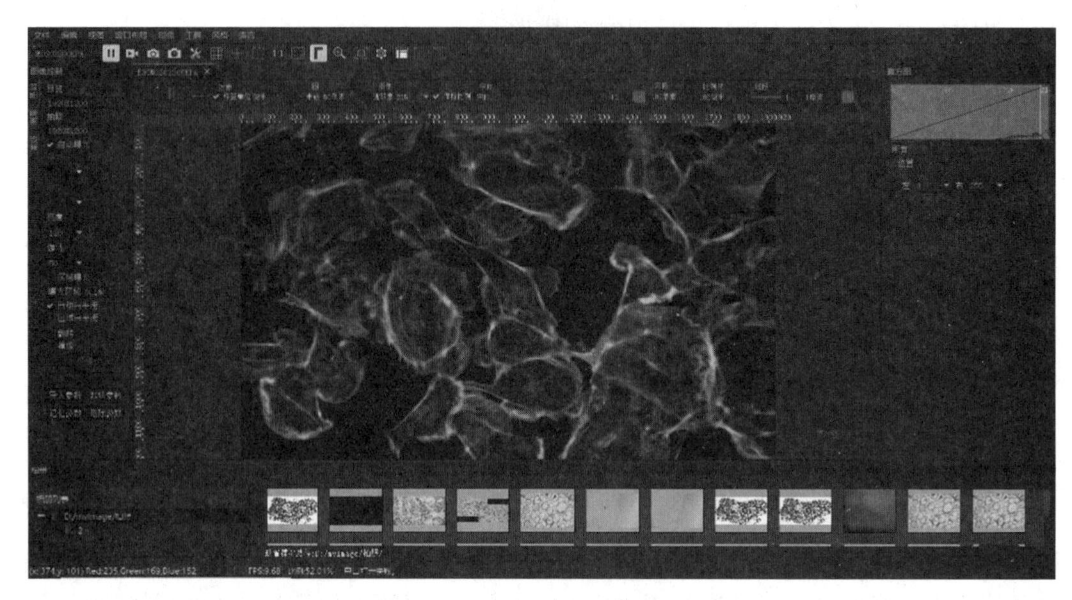

图 12-4 MvImage 2.0 的主界面

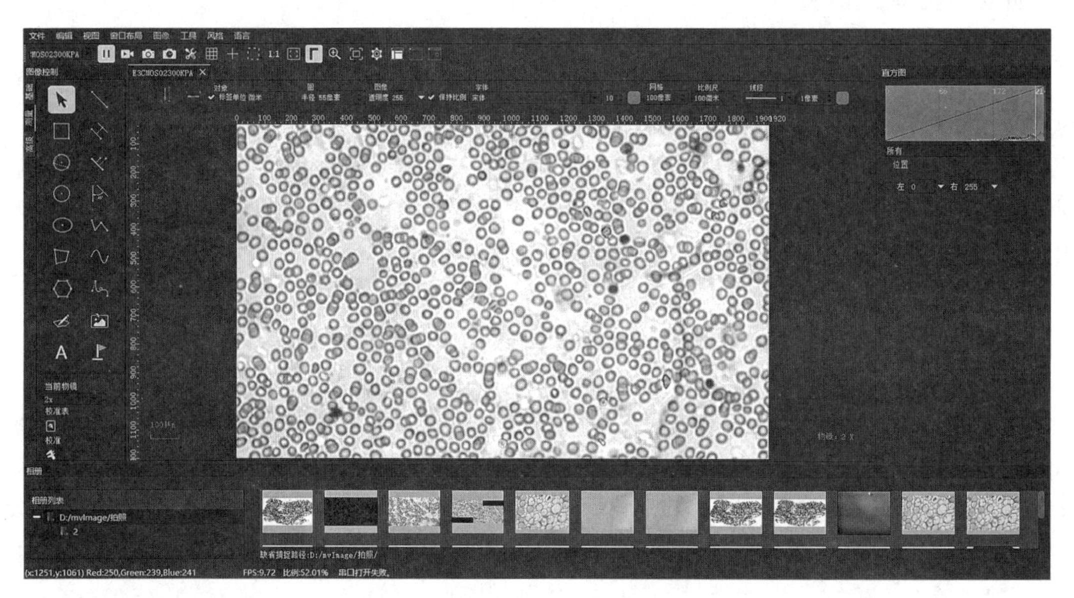

图 12-5 MvImage 2.0 的启动程序

应窗口、标尺、放大、全屏和系统设置，如图 12-6 所示。

图 12-6 MvImage 2.0 的工具栏

功能模块栏：图像控制的基础、测量和高级采用左侧 TAB 页面切换方式。各功能模块见图 12-7。

功能模块：主要功能模块包含图像控制的基础、测量、高级功能，相册模块、图层管理和直方图。

基础功能：主要用来实时观察本机的显微实时预览图像，可以简单地对画面进行调节（如曝光、增益、亮度、区域白平衡、伽马、翻转、镜像等）（图 12-8）。

测量功能：可以对实时预览图片，或拍照得到的图片，或已打开的图片库里的图片进行测量（图 12-9）。

高级功能：可以对实时预览图片，或拍照得到的图片，或已打开的图片库里的图片进行实时调节

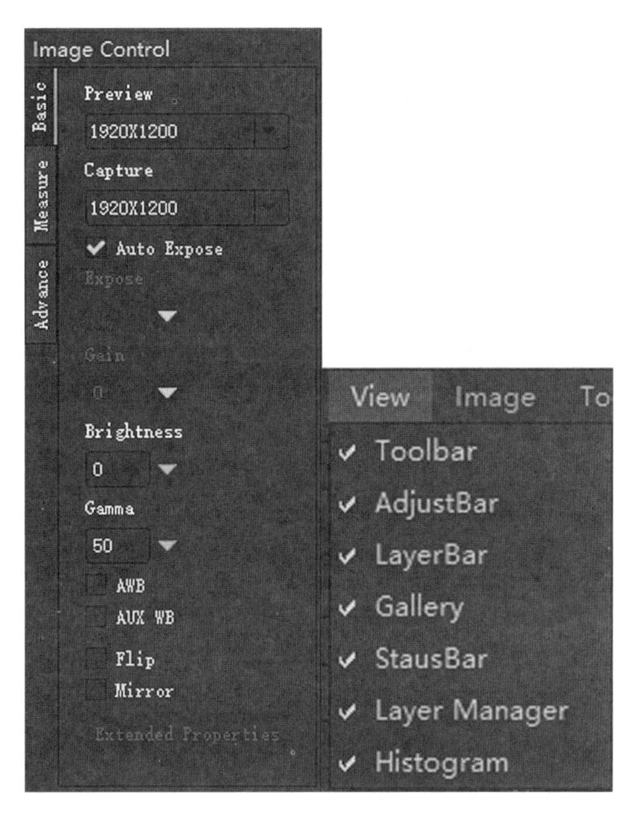

图 12-7　MvImage 2.0 的功能模块栏

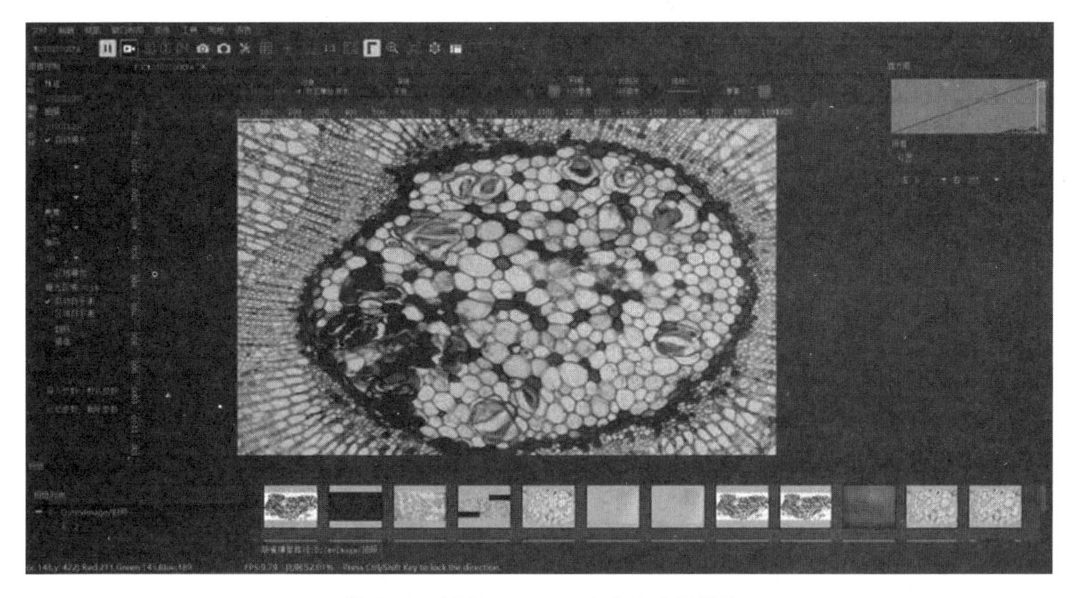

图 12-8　MvImage 2.0 的基础功能模块

（图 12-10）。

相册模块：浏览拍好的图片，单击相册列表中的相册文件夹，自动加载相册内的图片（图 12-11）。

图层管理：可对每个活动窗口新增、隐藏和移除图层（图 12-12）。单击图层栏名称，可激活图层，在本图层画的测量标记，记录在活动图层中。

直方图：显示活动窗口（实时预览窗口或图片窗口）的实时直方图信息。可根据实际需要，选择通道和左右位置范围。可选择的通道有红、绿、蓝和所有，可调节的位置范围为 0～255（图 12-13）。

2. MvImage 2.0 的特色和功能　MvImage 2.0 包含了丰富的增强和测量工具，并允许用户自行编

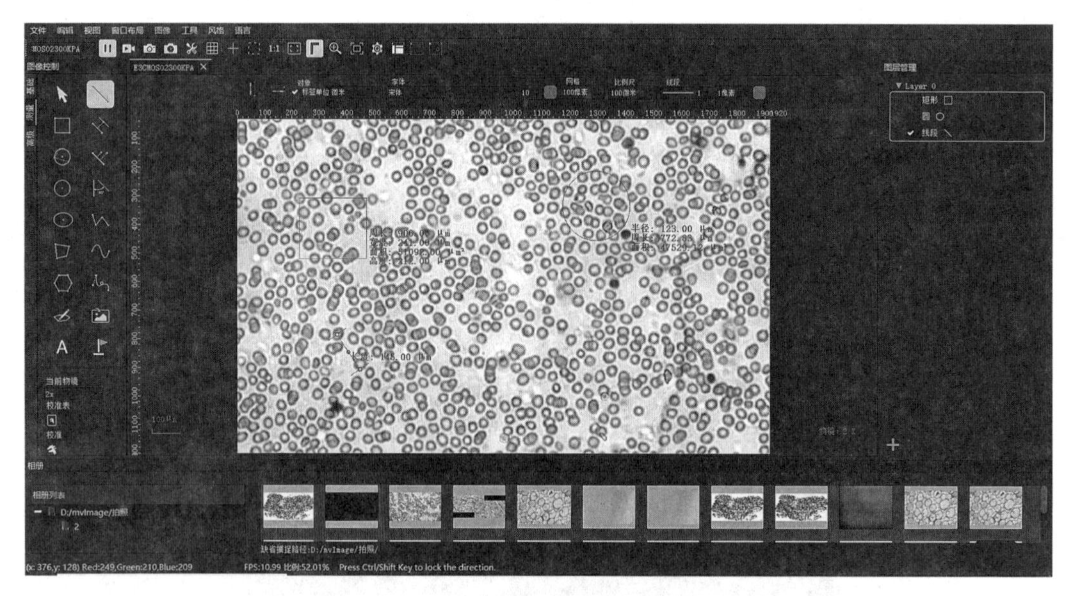

图 12-9　MvImage 2.0 的图像测量功能模块

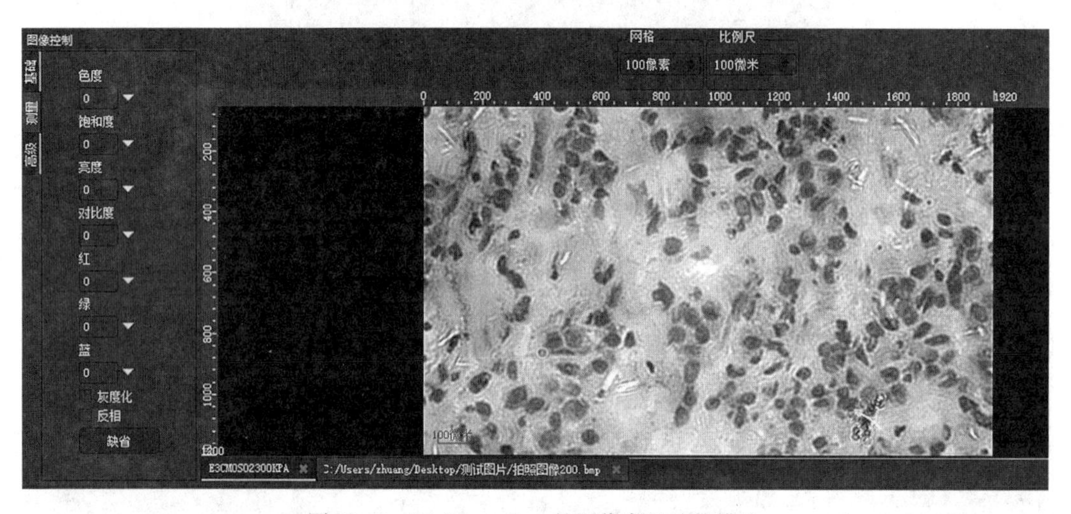

图 12-10　MvImage 2.0 的图像高级功能模块

图 12-11　MvImage 2.0 的相册模块

写针对特定应用的宏和插件。经过不断研发和接受大量的用户反馈，MvImage 2.0 集合了全套图像分析功能，如采集、交流、处理、测量、分析、存档、汇报以及打印等。

（1）图像的测量功能。MvImage 2.0 可以对图像进行自动或手动空间测量，能得到快速、精确和可重复的结果。它提供的测量选项达 50 多个，包括长度、面积、周长和角度等工具，最佳拟合线、弧度和圆周度量工具，进行边缘检测和测量的卡尺工具，自动进行计算和自动测量尺寸的工具，自动追踪特征值便于画出对象轮廓。

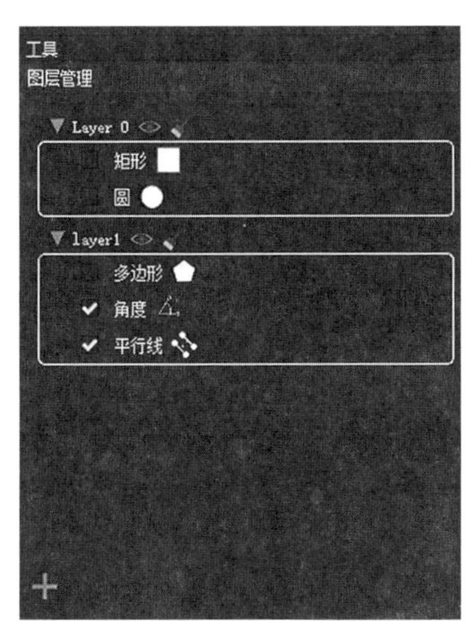

图 12-12　MvImage 2.0 的图层管理模块

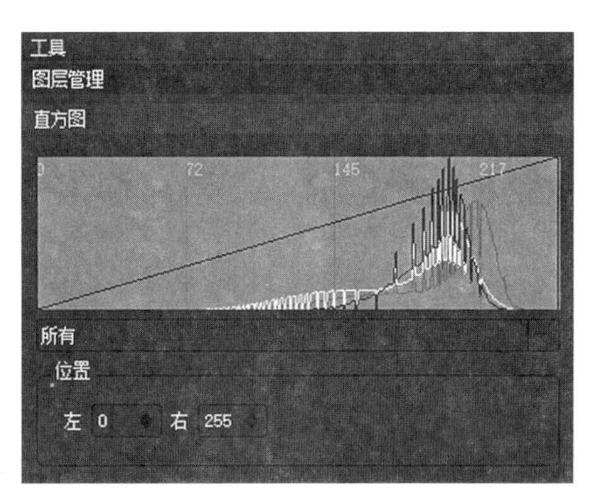

图 12-13　MvImage 2.0 的直方图

手动测量单个对象：通过测量菜单中的测量命令，可以测量定义的直线和折线长度、定义的多边形面积和定义的弧线弧度。同时，通过测量命令可以自动跟踪和测量图像中对象或特性的边缘。

自动计算和测量多个对象：通过测量菜单中的此工具，可以获得一幅图像中多个对象的测量数据。如果要测量一个样本中细胞的个数、面积、圆度或周长，都可以使用此命令。一旦对这些对象进行了计算和测量操作，就可以使用计算/尺寸窗口中的测量菜单选项，根据测量的特征将对象自动进行排列和分类。也可以通过将数据绘制到点状图中使数据的分类直观化，或根据分类对计数对象进行伪彩色处理。

手动计算和测量多个对象：通过测量菜单中的手动标记选项，可以获得一幅图像中多个对象的测量数据。可以选择在一幅图像中类别的个数，以及在一个类别中对象的个数，还可以为每个类别指定其相应的颜色、符号及名称。

在软件中的计算/尺寸窗口中，若选好了待测量的区域，也指定了测量项目，如 area（面积）、density mean（平均光密度）、diameter（直径）、IOD（integrated optical density，累积光密度），就可以进行测量统计。结果中会详细列出每一个待测量区域中每一个对象的测量数据和这些测量数据的统计参数，如总数、平均值、累加、标准差等。测量的数据可以很方便地转入 Excel 中进行处理。当需要对大批量的数据进行处理时，可以编制和使用宏。宏是把一连串的操作集合到一个操作的有效工具。

当使用计算/尺寸命令进行自动测量时，测量值将被记录在一张数据表上，双击图像中的测量对象，就可以很方便地查看测量信息。选择计算/尺寸窗口中视图菜单中的测量数据命令，就可以查看到所有当前的测量值。测量值也可以柱形图和散点图的方式显示。

可使用任意测量单位进行空间刻度校准。

（2）动态/静态景深合成功能。MvImage 2.0 可在显微镜下将景深较深的样品通过调节显微镜 *Z* 轴获得不同焦距的图像，同时由 MvImage 2.0 实时合成一张完整的立体图像（图 12-14）。

（3）实时图像全景拼接功能。MvImage 2.0 可在显微镜下将超出目镜视野范围的样品进行全景拼接，通过调节显微镜 *X*、*Y* 轴移动样品，同时由 MvImage 2.0 实时拼接一张完整的全景图像（图 12-15）。

（4）图像分析功能。可完成包括色度调整、图像变形、数学形态学处理、图像增强、图像匹配、纹理分析、特征识别等 100 多种专业图像处理与分析功能；支持 24 位真彩色图像采集，支持 RGB、CMY、HSV、Lab、YUV 等彩色模型的处理与分析；分析数据的可视化处理使分析结果与图像之间

图 12-14　MvImage 2.0 的实时动态景深合成

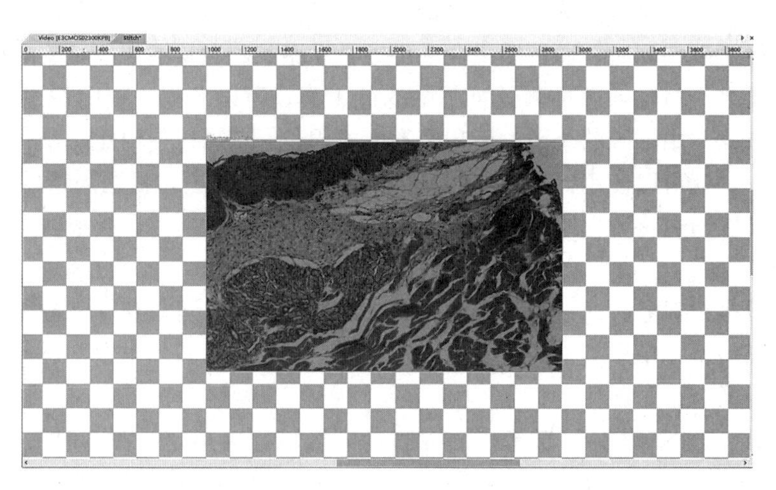

图 12-15　MvImage 2.0 的实时图像全景拼接功能

构成直接映射关系，便于观察分析；先进的颗粒自动识别、粘连颗粒自动切分功能，保证了复杂图像的准确分析；自动分析处理步骤编辑功能，能够完成全自动分析过程的设置；几何参数测量功能，细长体、块状体、颗粒体、线状体等各种特征体的自动定量分析功能，分析参数达 10 000 多项。分析结果可存入数据库，进行统计分析，制作图表，打印报告，并可根据照片质量输出图像。

(5) 荧光合成功能。当显微观察为荧光显微镜的黑白相机时，荧光合成功能可使用黑色和白色源图像来创建和配置彩色合成图像，可以将多幅灰度图像合并为彩色合成图像。任何同样大小的灰度图像都可以混合在彩色合成图像中。每个输入通道都拥有独立的 LUT 调节器和对齐偏移，以便能与图像的其余部分对齐。也可从单幅图像中合成独立的通道，每个通道将会单独列出图像。源图像组合框显示了可用于彩色合成的图像，如图 12-16 所示。

(二) Motic Images Advanced 3.2

Motic Images Advanced 是 Motic 系列显微镜采用的图像分析系统。该系统具备良好的兼容性，除提供捕捉、测量、用校准圆或刻度线进行精确校准等基本功能以外，还可以对选定目标进行滤镜处理、分割及自动计数，并导出 Excel 和文本格式的计数结果。Motic 动态成像模块能够实时显示 200 万～500 万像素图像，将捕捉的图像高速导入电脑，图像分辨率无须压缩，最高可达 2 592×1 944。

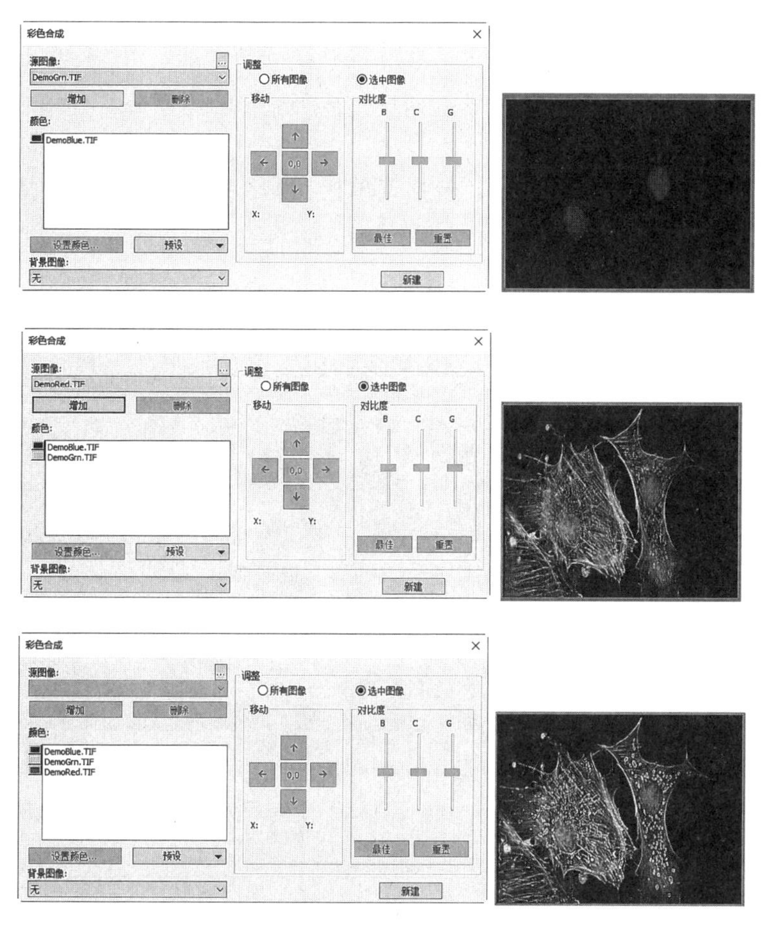

图 12-16　MvImage 2.0 的荧光合成功能

同时，还可以实时去除噪声、记忆平衡参数、实现背景光平衡；特有的 SFC 文件格式可以重新编辑图像，并在图像中添加音乐或者声音；DIS 模块可以实现实时图像的远程共享；3D 功能可以实时预览图像的三维效果；Motic 报告打印可以制作出图文并茂的报告文档。

Motic Images Advanced 3.2 具有 Assembly Module 专业自动拼图模块和 Multi-Focus Module 去模糊多层聚焦模块等，可分离、分割、计算与导出目标，并实现图像处理和测量等功能，可以将若干幅图像合成为 MIG 文件。Motic Images Advanced 3.2 系统的主界面如图 12-17 所示。

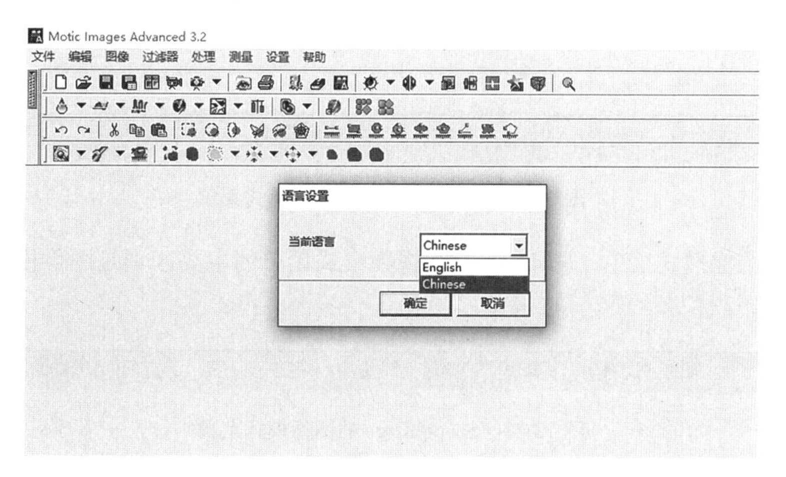

图 12-17　Motic Images Advanced 3.2 系统的主界面

（三）ScopeImage

ScopeImage 系列图像软件是与永新光学系列显微镜所配套的图像分析处理软件。它的操作功能稳定，性能良好。

ScopeImage 的主界面如图 12-18 所示，包括菜单栏、工具条、预览窗口、摄像机（相机）控制面板和测量结果列表等。

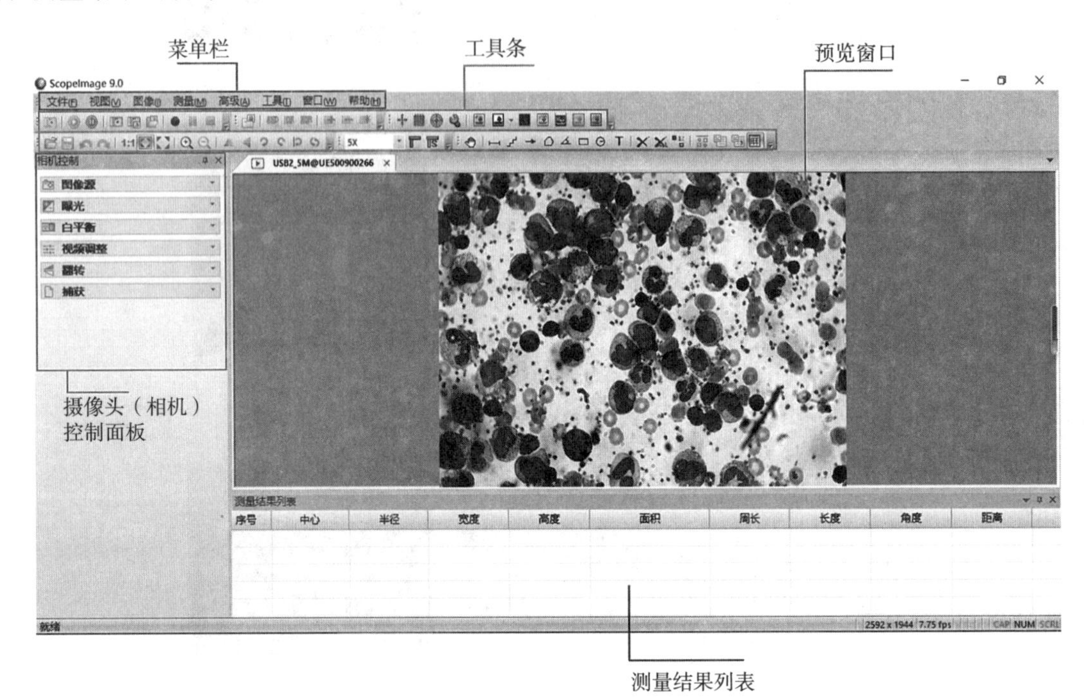

图 12-18　ScopeImage 的主界面

菜单栏：既可以停靠在主窗口内也可处于浮动状态，双击菜单栏中的空白处或把手可使其在两种状态间切换。菜单栏可以停靠在主窗口四边中的任意一边，拖动菜单栏可以调整它的位置。菜单栏的把手是它处于停靠状态时最左边或最顶部的点阵（⋮）。

通过 ScopeImage 的视频模式菜单（图 12-19）可进行打开文件、退出软件等操作；通过“视图”按钮可进行全屏观察或适合窗口观察等切换；单击“图像”按钮可选择网格线、同心圆和十字尺等辅助功能，另外还可实现窗口的层叠和拼贴功能。图像的处理还可以通过高级菜单里的拼接功能等实现。

文件(F)　视图(V)　图像(I)　高级　工具(T)　窗口(W)　帮助(H)

图 12-19　ScopeImage 的视频模式菜单

ScopeImage 的图像模式菜单（图 12-20）和视频模式菜单的主要区别是图像模式菜单栏上面增加了测量功能。

文件(F)　编辑(E)　视图(V)　图像(I)　变换(S)　测量(M)　高级　工具(T)　窗口(W)　帮助(H)

图 12-20　ScopeImage 的图像模式菜单

以图像测量为例，ScopeImage 提供了直线、圆、矩形、角度等几何测量工具。测量参数可以在捕获图片中实时显示，可与图片融合、存盘或打印输出。图 12-21 为菜单栏中的测量选项。测量图形的数据能够依次列入表格中。

工具条：ScopeImage 9.0 有 5 个小工具条，每个工具条都既可以显示也可以隐藏。同时，用户可以对软件界面上的工具条进行自定义设置。单击工具条最右端的标记，用户可以自行添加或者删除工具条中的按钮。

ScopeImage 9.0 的工具条由拍照和摄像区域、加载图像区域、图像功能区域、预览模式区域和测量功能区域等组成（图 12-22）。

摄像头（相机）控制面板：该控制面板划分为 6 个子面板，用于对成像过程的各个方面进行详细而准确的控制（图 12-23）。

曝光控制面板：若勾选自动曝光按钮，系统将进行自动曝光；若不勾选，则可通过手动曝光值来进行亮度调整，通过调节曝光时间来改变亮度。单击默认按钮，曝光参数值恢复到初始状态（图 12-24）。普通观察时，建议用户使用自动曝光模式；在使用偏光显微镜时，建议用户关闭自动曝光模式，选择手动曝光，可以达到良好的效果。

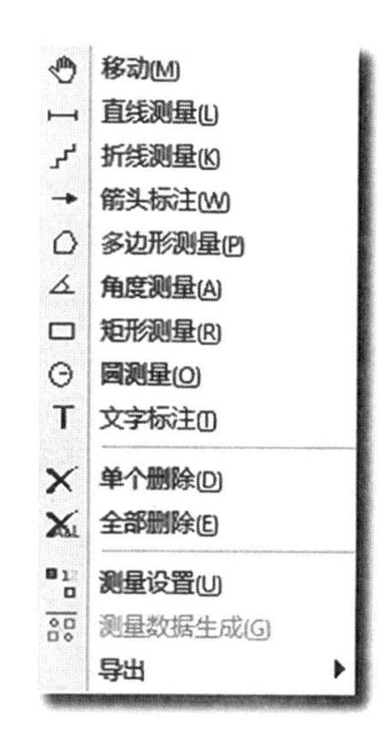

图 12-21　ScopeImage 菜单栏中的测量选项

白平衡控制面板：勾选自动白平衡，将无法调整软件的红增益、绿增益、蓝增益，系统将进行自动白平衡。若不勾选，则可通过调整红增益、绿增益、蓝增益进行色彩调整。一键白平衡，在不放置切片的情况下，即空白背景充满整个画面，使空白背景颜色接近白色，单击一键白平衡按钮，完成一键白平衡功能。单击默认按钮，白平衡参数值恢复到初始状态（图 12-25）。

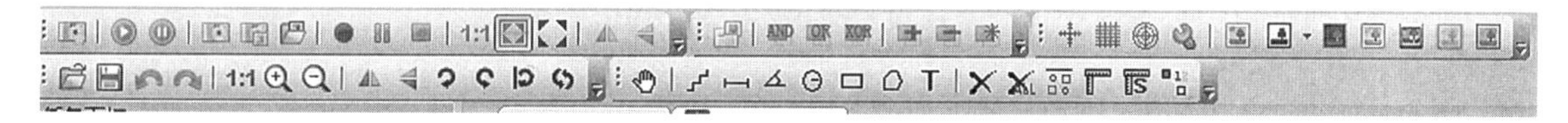

图 12-22　ScopeImage 的工具条

图 12-23　ScopeImage 的摄像头（相机）控制面板

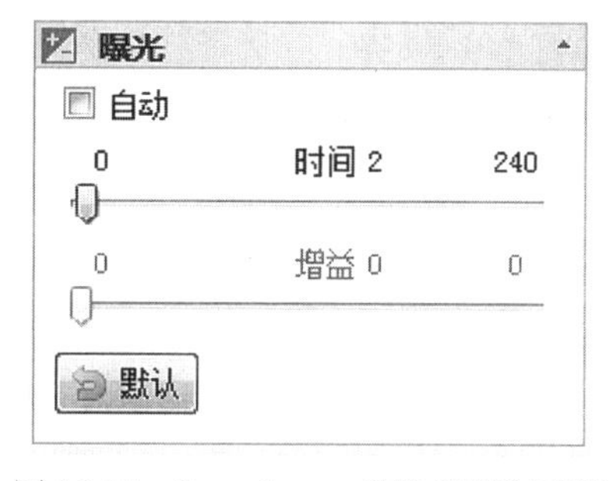

图 12-24　ScopeImage 的曝光控制面板

（四）Cellsense

1. Cellsense 简介　Cellsense 常简称为 CS，是 Olympus 公司开发的功能强大的图像采集和分析软件，它包含了丰富的增强和测量工具，并允许用户自行编写针对特定应用的宏和插件。经过 20 多年的研发和用户反馈，Cellsense 集合了全套图像分析功能，如采集、交流、处理、测量、分析、存档、自动生成报告等。

Cellsense 软件主要包括图像采集、图像处理、测量与分析、数据导出和报告等四大功能板块，并且采用了分页式界

图 12-25　ScopeImage 的白平衡控制面板

面的人性化设计对各功能板块进行区分，从而为研究提供很大的便利。Cellsense 的主界面如图 12-26 所示。

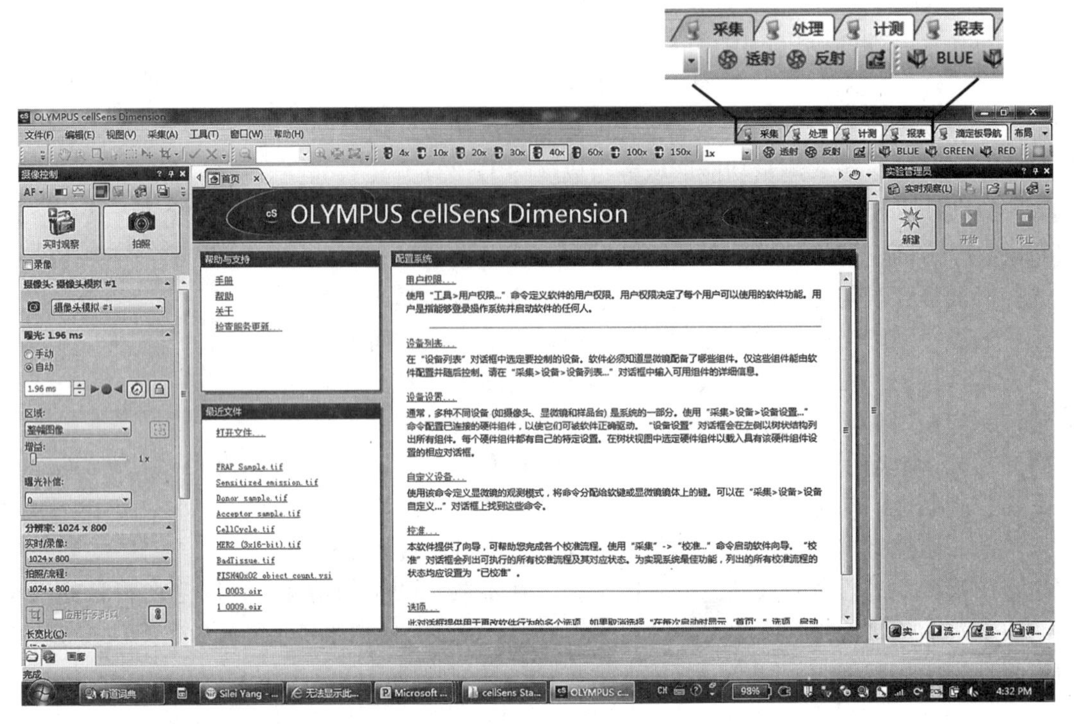

图 12-26　Cellsense 的主界面

2. Cellsense 的特色和功能

（1）图像采集功能。通过管理布局可调出 CS 的图像采集功能（图 12-27）。在 CS 的图像采集界面中，可对目标对象进行实时观察、拍照或录像。在观察的过程中，结合显微镜控制调节如物镜倍数，调节显示如亮度、RGB、对比度等，采集到更为清楚、直观的图示（图 12-28 至图 12-30）。

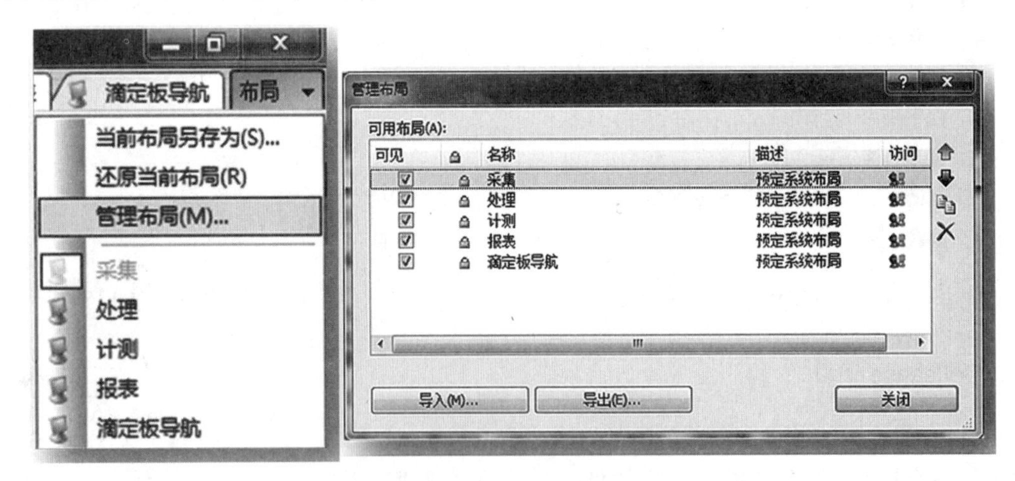

图 12-27　通过管理布局调出 CS 的图像采集功能

（2）图像处理功能。CS 的图像处理界面如图 12-31 所示。CS 可对图像进行多通道合成和拆分，如将 DAPI、FITC 和 TexasRed 等分别染色拍照后的图片合成为一张具有蓝色、绿色和红色的多色彩图片。可以对不同观察方法得到的图片进行叠加。如将微分干涉差 DIC 和荧光观察后拍照的图片合成为一张图片（图 12-32）。此外，还可以进行离线和即时图像拼接和景深扩展等功能。

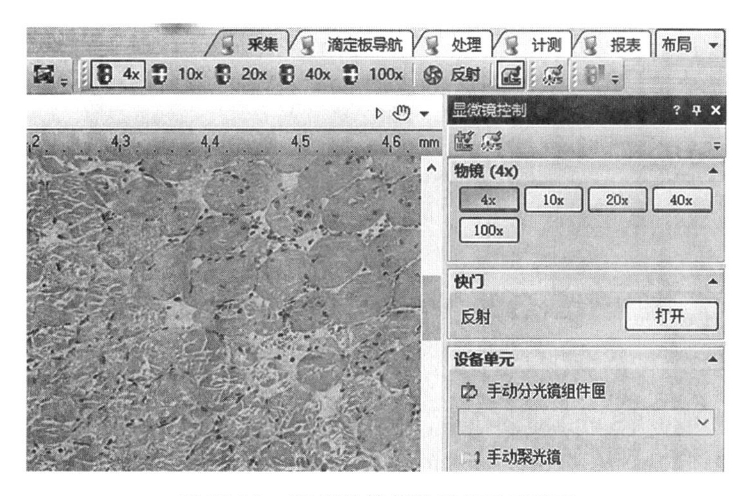

图 12-28　CS 的物镜倍数调节显示界面

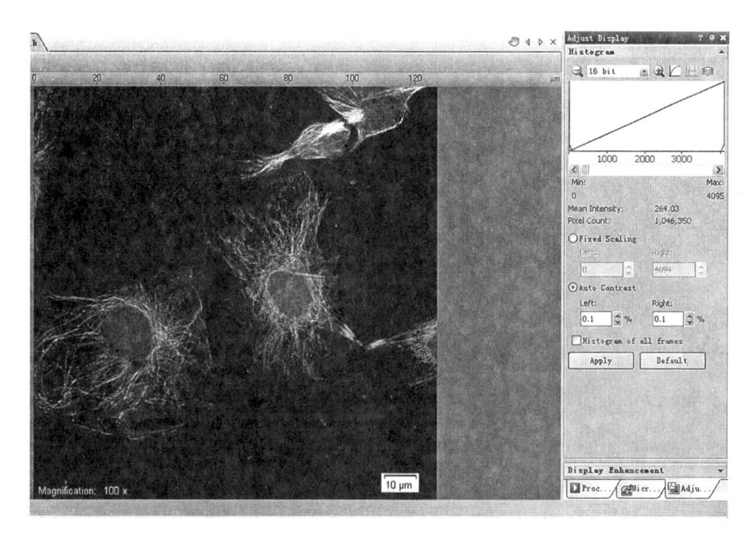

图 12-29　CS 的荧光调节显示界面

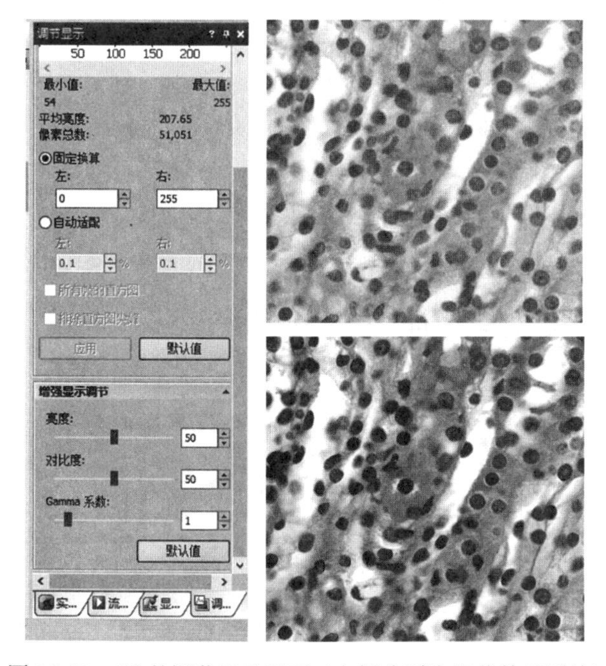

图 12-30　CS 的调节显示界面（右侧分别为调节前后图片）

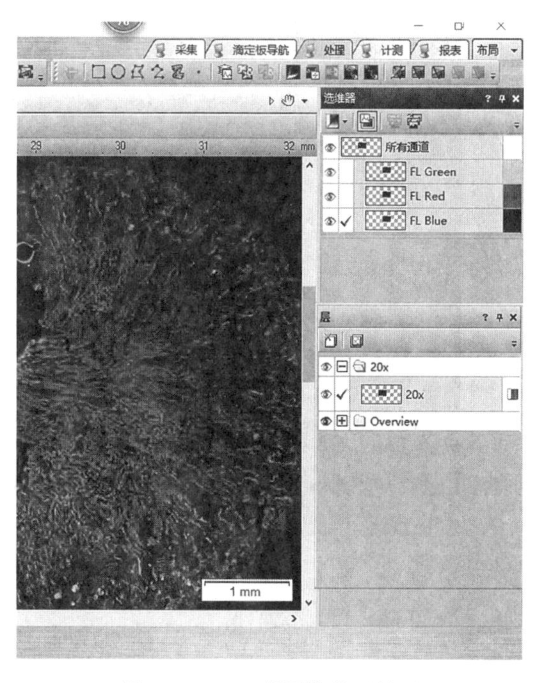

图 12-31　CS 的图像处理界面

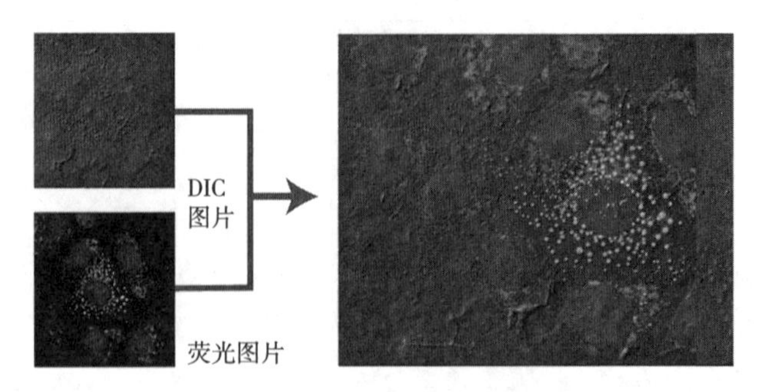

图 12-32　CS 的图像合成功能

（3）测量与分析功能。CS 可以对图像进行自动或手动空间测量，保证得到快速、精确和可重复的结果。它提供的测量选项众多，除基本的长度、面积、夹角、计数分类（分为手动计数分类与自动计数分类）外，还可以根据实验要求选择合适的测量参数，并能够进行共定位分析及比例分析。

（4）数据导出和报告功能。CS 可生成包括图像、测量数据、文本以及图片的报表。图像数据可用散点图、柱形图、线条轮廓图和表面目标测绘板等可视化形式表现，可制作出灰度等级、颜色和经过自动测量辅助定位的 3D 演示图，可利用布尔代数或算术函数添加、减除或遮盖图像，通过数据直接输出（DDE）功能，可将数据输出到统计表和电子数据表软件包中，进一步进行计算统计分析。

（五）NIS-Elements

1. NIS-Elements 简介　NIS-Elements 是由日本 Nikon 公司开发的一体化成像软件平台，可对显微镜图像拍摄以及文档数据管理实现全面控制。NIS-Elements 可处理多维成像任务，同时支持最高达六维图像的获取、显示、周边设备控制以及数据管理与分析。NIS-Elements 软件的界面如图 12-33 所示。

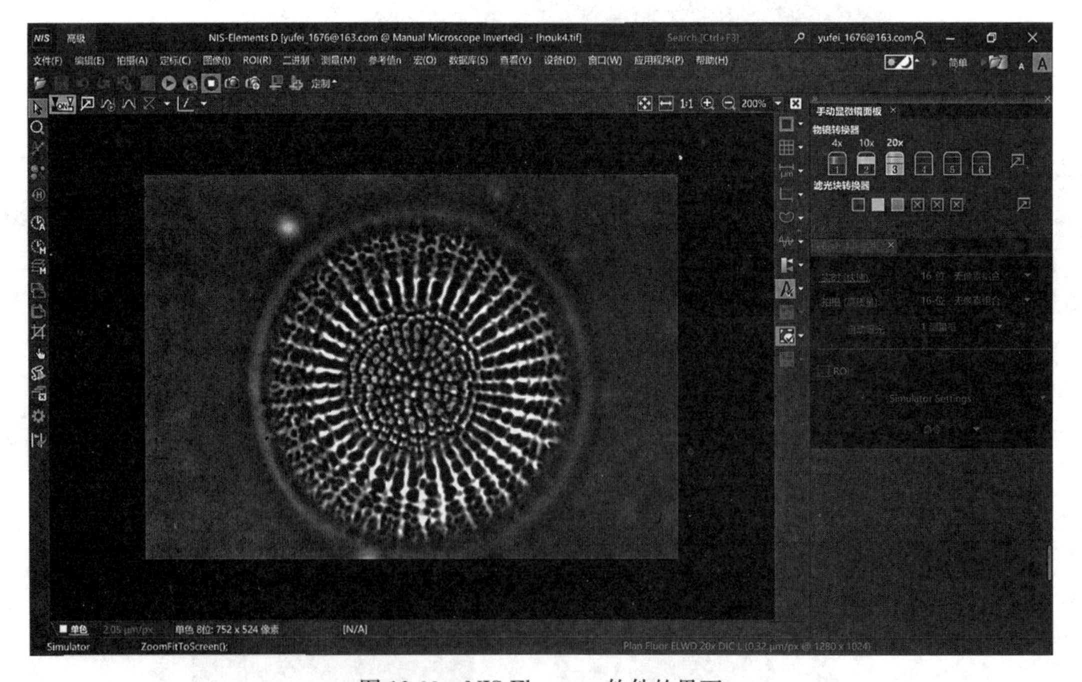

图 12-33　NIS-Elements 软件的界面

NIS-Elements 成像软件产品系列包括 3 种各不相同的软件包，即 NIS-Elements AR、NIS-Elements BR 和 NIS-Elements D，可各自满足特定的应用需求。NIS-Elements AR 为高级研究软件，它

通过完整的六维［X、Y、Z、λ（波长）、T（时间）、多点］进行图像获取及分析，实现全自动获取与设备控制功能。NIS-Elements BR 为标准研究应用软件，通过从六维中选择的四维，如（X、Y、Z、T）、（X、Y、Z、λ）等，实现图像获取与设备控制的功能。进行荧光成像分析和图像存档等研究时可选用 NIS-Elements BR。NIS-Elements D 可满足生物学、医学和工业研究中对彩色文档的管理需求，具有基本的测量和报告功能。

NIS-Elements 利用复杂的图像文档结构，便于获取完整的图像数据档案文件。图像数据档案文件包括注释（箭头、线条、文本备注）、测量数据、用于贮存阈值结果或分类过程的二进制数据，以及在图像获取期间用于记录获取和设备情况的后期数据信息。

2. NIS-Elements 的功能与特色

（1）图像获取功能。通过工具条中的按钮，可实现图像获取。图像获取中显微镜的参数，例如荧光滤光片和光栅的组合，都可被存储并作为工具条上的图标显示，实现了一键设置。还可对 CCD 照相机进行设置，对每个物镜进行遮光补偿，以及存储校准数据。

NIS-Elements 可获取多种空间图像，如多通道荧光、定时采集、Z 系列、多位点试验和大图拼接。多通道荧光指可使用不同的滤光片获取不同波长的图像。除了预先定义的滤光片设置以外，还可保存自定义的滤光片设置，只需简单地定义颜色的通道以及用于获取图像的光学配置即可。定时采集指只需定义获取图像的时间间隔、持续时长和采集的频率，就可完成复杂且人性化的定时采集，而这在以前却颇为费时。如果结合 TE2000-E 和 Perfect Focus System，可实现连续的焦点补偿。Z 系列一旦设定电动 Z 轴对焦控制，即可获取具有不同 Z 轴距离的图像。NIS-Elements 支持两种方式的 Z 轴获取方式，即绝对定位和相对定位。多位点试验指借助于电动载物台，在不同 X、Y 和 Z 位点上自动多点获取图像。大图拼接指能够合成高放大倍数下的大面积图像。标本可用电动载物台自动扫描，获取到的多帧图像自动拼接成超高分辨率的图像。NIS-Elements 利用特殊的算法来确保拼接的最高精度。用户也可以通过手工移动显微镜的载物台获取和拼接图像。

（2）图像显示功能。NIS-Elements 在图像显示方面有两个特色，一是多维图像显示，二是同步储存显示。多维图像显示指在画面边框上出现易用的多维图像操作参数值，如 T 值表示时间间隔，X、Y 值表示多位点，Z 值表示 Z 系列，波长值表示多通道。同步储存显示可以比较两到多个多维图像记录，它自动同步浏览所有添加到视图同步器模块中的全部文档。

（3）图像处理功能。

①颜色调整。可进行对比度、背景扣除和分量混合等调整。适合单独对各种颜色进行色调调整，它可将彩色图像转换为 RGB 或 HIS 分量。

通过查找表（LUT）可轻松进行颜色修改设定。索引颜色像素映射到所选真彩色值集合。RGB 分量的直方图、阈值、伽马参数与亮度可调整。对动态图像处理的修改可在图形用户界面（GUI）上轻松完成。

②滤光片。NIS-Elements 含有智能滤光片，可进行图像平滑、锐化以及边缘检测等。这些滤光片不仅过滤噪声，而且还可有效保持图像的锐度与细节。

③形态。NIS-Elements 提供多样化的数学形态功能（清理、腐蚀、膨胀、打开、关闭、平滑）、形态分离功能、线性形态功能、填充功能（缺省填充、关闭缺省）、骨骼功能（中轴、骨骼化、修剪）以及其他功能（如二进制反转、凸包、轮廓、骨骼化、同伦标记、影响区域）。

④通道合并。使用通道合并功能，通过图像的拖动，就可将多幅单通道图像（用不同光学滤光片或在不同相机设定下获取到的图像）合并在一起。此外，合并的图像可储存为一个文件，该文件可保持其原来的像素深度，或者可随意地转换成一个 RGB 图像。

⑤图像算术。NIS-Elements 可对彩色图像执行如 $A+B$、$A-B$、最大、最小等算术操作。

⑥大图拼接。标本可用电动载物台自动扫描，获取的图像可拼接为一个大图像。其特殊算法可确保最高精度，从而产生超高分辨率的图像。

（4）测量功能。

①图像分段。NIS-Elements 可使用 RGB 或 HIS 颜色空间将图像分段，从而创建二进制图像。自动测量功能使用二进制图像记录长度、面积、角度与色度。

②交互式测量。NIS-Elements 提供了所有必需的测量参数，如分类、计数、长度、半轴、面积和角度轮廓。这种测量可通过直接在图像上画出目标对象来完成。所有输出的统计数据与直方图可导出至 MS Excel。

③自动测量。它通过创建二进制图像来完成自动测量。自动测量对象包括长度、面积、密度与色度参数集合。大约可测量 90 个不同的对象图形。

④轮廓。可选用 5 种交互式轮廓测量方法，即任意线、两点线、水平线、垂直线及多段线。

⑤分类器。可根据用户定义的不同类别将图像像素分段，其分段基于不同的像素特征，如强度值、RGB 值、HIS 值或忽略强度的 RGB 值等。使用分类器可将数据保存在不同的文件中。

⑥时间测量。在时间间隔中记录所定义探针之内的平均像素强度，它的完成依赖于动态或获取到的数据集。时间测量允许进行两通道之间的实时对比。

（5）其他处理和功能。

①可选布局。NIS-Elements 配备内置布局停靠控件与全屏显示。各个窗口及工具栏的布局可由用户自由自定义。切换布局只需单击鼠标即可完成。

②NIS-Elements 可选择多维图像、三视图像和立体图像等图像显示方式来研究获取到的数据。

③NIS-Elements 内存采集。内存采集是一种可存储动态图像临时数据的内置存储器功能，使用它可在视频 RAM 中快速记录捕捉到的生物事件序列。

④NIS-Elements 报告生成器。报告生成器可让用户创建含有图像、数据库说明、测量数据、用户文本以及图表的定制报告。NIS-Elements 可直接创建出 PDF 格式文件。

（6）插件的功能。NIS-Elements 提供了各种便利的插件，可进行先进的多维成像和图像分析。

①多维成像。可以在一个一体化平台中组合 X、Y、Z、λ（波长）、T（时间）和多点数据进行多维成像（视软件功能而定）。所有组合的多维图像都可使用有效的流程和直观的 GUI（图形用户界面）链接到单个 ND2 文件序列中。用户只需为每个维简单地选择适当的参数，软件和硬件就能无缝地共同工作，提供高质量的结果。结果可输出到其他的可支持的图像和视频文件格式。

②3D/2D 实时反卷积。使用反卷积模块可以从拍摄到的 3D 图像或从 2D 动态预览图像中消除荧光图像中的模糊与噪点，只需单击鼠标即可完成。

③EDF 景深扩展。景深扩展 EDF 是 NIS-Elements 的一个附加软件插件。由于采用 EDF 插件，在不同 Z 轴中拍摄的图像可创建成一个完全对焦的图像。此外，它还可创建立体图像与 3D 表面图像，以用于虚拟 3D 图像。

④数据库。NIS-Elements 拥有一个功能强大的内置图像数据库模块，它支持图像和数据元，可以轻松创建各种数据库和表格。通过简单的鼠标单击，图像就可被存入数据库中。根据给每个图像分配的数据库字段，还可进行筛选、排序及多次分组。NIS-Elements 图像数据库工具将有助于解决许多图像管理问题。

⑤NIS-Elements 显微镜控制。通过 NIS-Elements 可控制尼康电动显微镜（Eclipse TE 2000、Eclipse90i）以及其他制造商生产的电动设备。NIS-Elements 显微镜控制器在一个窗口之内提供分组所需的各种功能。

（六）Zeiss ZEN

1. Zeiss ZEN 简介 Zeiss ZEN 是德国 Carl Zeiss（蔡司）光学显微成像系统共用的软件。当双击 Zen 的图标后，会出现如图 12-34 所示的窗口，用于选择与所使用的显微镜相对应的软件模块。

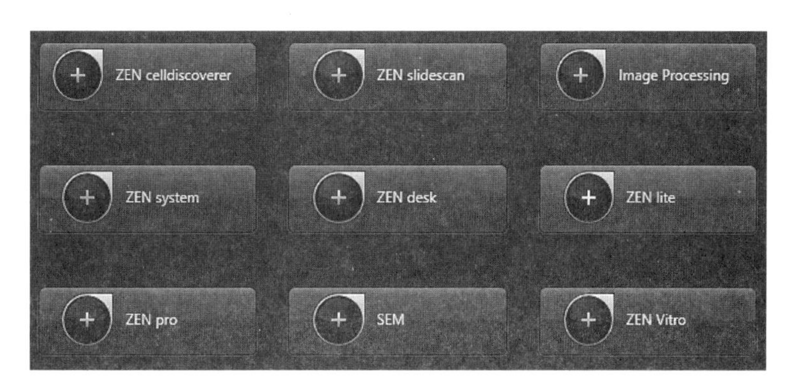

图 12-34　Zen 的软件模块

其中 ZEN Lite 是适用于蔡司光学显微镜和共聚焦显微镜的显微分析系统基础模块；Zen Desk 支持离线操作，在此基础上可以升级使用图像处理和分析模块功能；Zen Pro 控制除激光三维成像系统外的所有蔡司光学显微镜；Zen System 可用于包括激光三维成像系统在内的所有蔡司光学显微镜。蔡司电子显微镜数码分析系统的基础模块为 SmartSem，Atlas 5-Sem 适用于采集大面积图像，3DSM 适用于 3D 表面建模。

（1）ZEN Lite 的用户界面。分为三个主要部分：左侧的工具栏、中间的图像显示区域和右侧的工具栏。其用户界面如图 12-35。

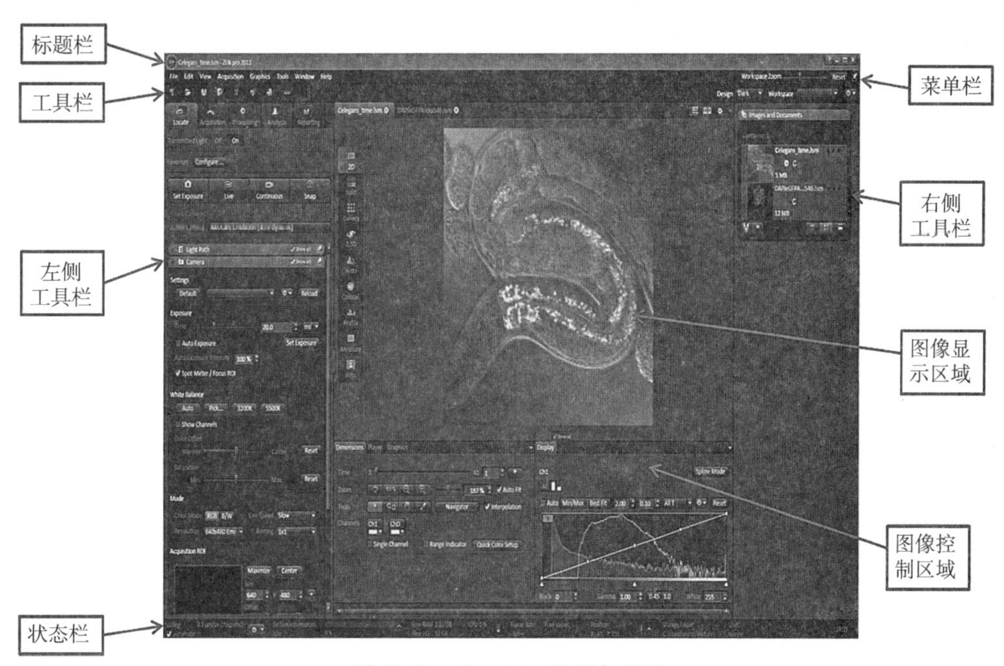

图 12-35　Zen Lite 的用户界面

（2）工作区配置栏。在工作区配置栏，可以进行深/浅（Dark/Light）两种界面风格选择、显示屏大小调节等，用户还可以根据自己的需求保存或重新加载个性化设置方案。利用右上角的图标，可以方便地将工具窗口进行固定或解固定（图 12-36）。

图 12-36　Zen Lite 的工作区配置栏

（3）菜单栏。菜单栏中包含可以进行管理、编辑或查看操作的所有按钮（图 12-37）。

File Edit View Acquisition Graphics Macro Tools Window Help

图 12-37 Zen Lite 的菜单栏

（4）工具栏。利用工具栏，可以快速进行一些重要功能操作，如保存或打开文档，还可以使用户直接找到工作区设置栏等其他工具（图 12-38）。

（5）左侧工具栏。左侧工具栏包括了一些主要的标签，如通过 Locate 进行显微镜和照相机的操作，通过 Acquisition 获取图像，通过 Processing 进行图像处理，通过 Analysis 进行图像分析，通过 Reporting 导出报告等。这些主要标签的顺序按照生物科学或材料科学实验中的典型工作流程进行排列（图 12-39）。

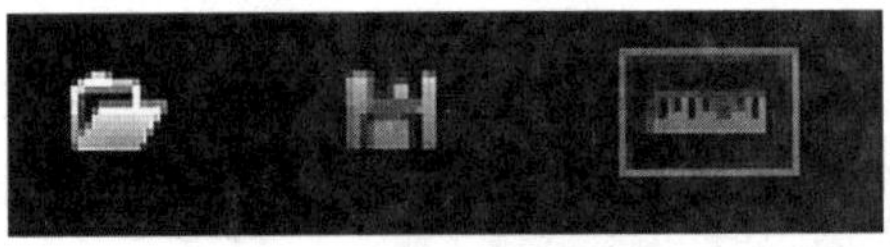

图 12-38 Zen Lite 的工具栏

图 12-39 Zen Lite 的左侧工具栏

（6）图像显示区域。图像显示区域包含 4 部分：①文档区，位于顶端位置；②图片显示区，位于左侧位置。通过单击其列出的不同图标按钮，可以使图片呈现相应的显示模式；③中央图像显示区，位于最中心的位置，图像、报告或表格均显示在此区域；④一般或特定显示操作区，可以对图片进行一般或特定显示操作（图 12-40）。

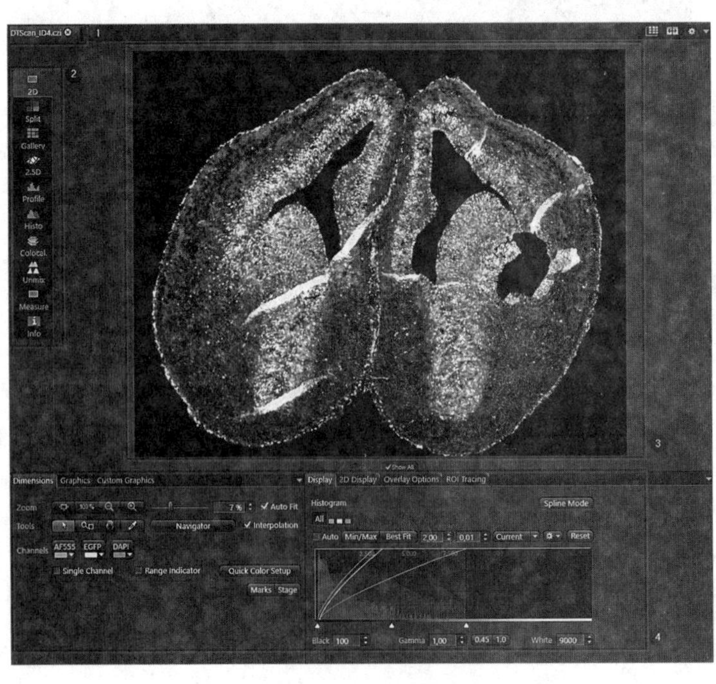

图 12-40 Zen Lite 的图像显示区

（7）右侧工具栏。右侧工具栏包括图像和文件处理（如图库）以及硬件控制（如载物台或调焦控制）等工具。这些工具的使用方法也可查看在线帮助文档中的相应章节。

（8）图片的保存和导出。Zen 软件中图片的默认保存格式为 *.czi，以此格式保存的图片含有所有原始图像信息。

如需将原始图片导出成 TIF 或 JPEG 图片，可以按照图 12-41 和图 12-42 的方法进行操作。

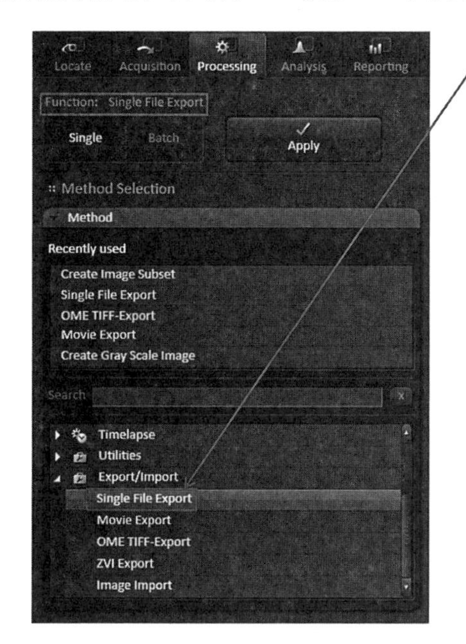

如需将原始图片导出成TIF或JPEG图片，可以在Processing主页面的Method工具栏选择Export/Import菜单下的Single File Export。选中该选项后，该方法名称将出现在Singe按钮的上方。

打开待导出的图片，在Input工具栏中点击白色三角形按钮，打开图片列表，将图片选入Input工具栏。

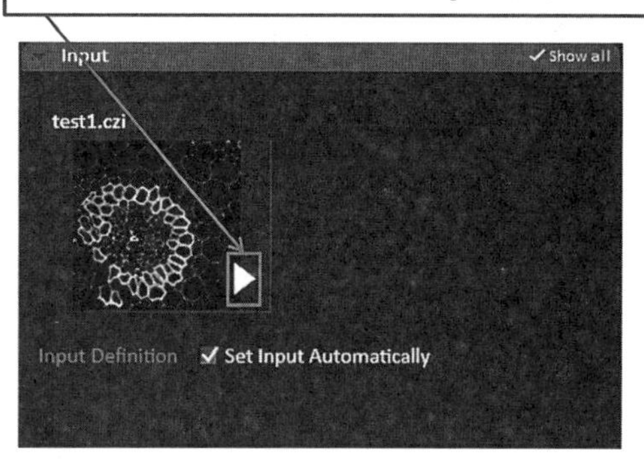

图 12-41 Zen Lite 的图片导出方法 1

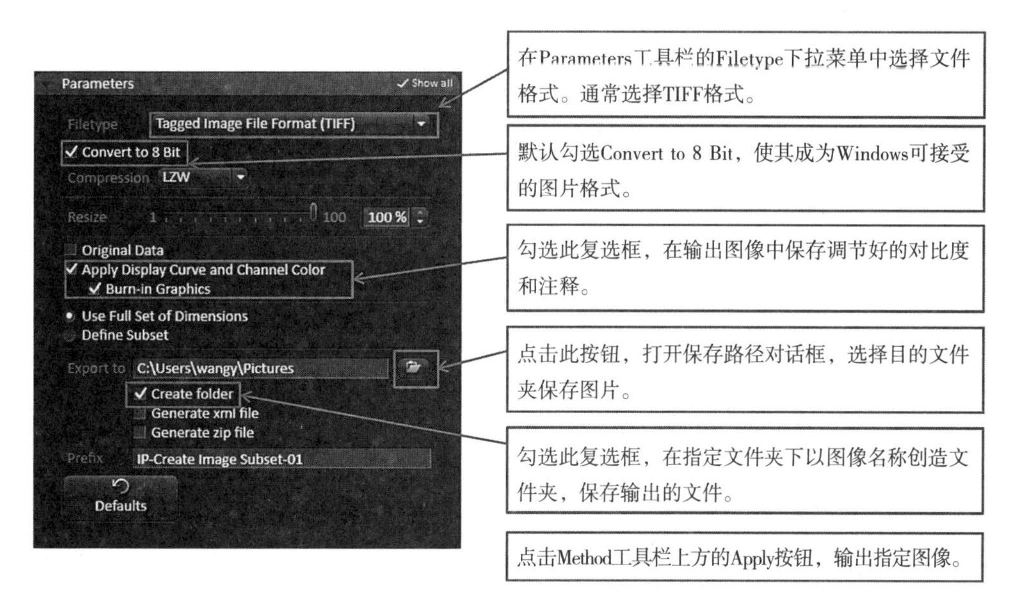

图 12-42 Zen Lite 的图片导出方法 2

如需将原始序列文件导出为视频或动画，可以按照图 12-43 和图 12-44 的方法进行操作。

（9）图像的处理。在图像下方的 Display 工具栏中可以调节直方图对角线上白色节点，改变对角线的起止位置和斜率，从而改变图像的亮度和对比度。需要注意的是，只有在图像拍摄完成后，才能通过这种方法调节图片的亮度和对比度。由于这种方法只改变了图像显示的亮度，而不改变图像数据信息，在图像预览时，调节直方图不能改变拍摄所得图片的效果。图像的调节可参考图 12-45 中建议的参数来进行。

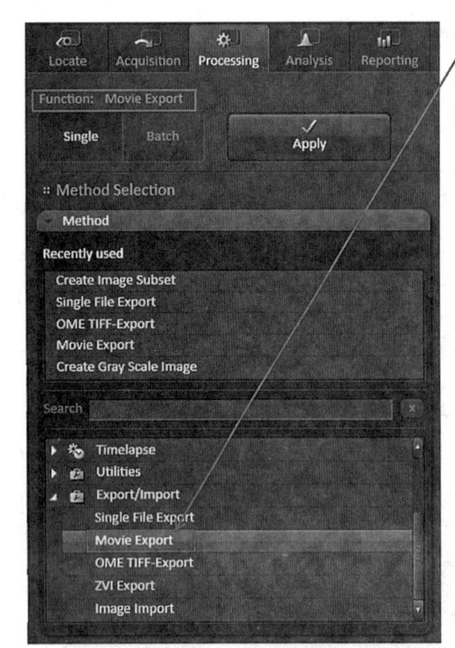

如需将原始时间序列文件导出成视频或动画，可以在Prosessing主页面的Method工具栏选择Export/Import菜单下的Movie Export。选中该选项后，该方法名称将出现在Single按钮的上方。

打开待导出的时间序列文件，在Input工具栏中点击白色三角形按钮，打开图片列表，将文件选入Input工具栏。

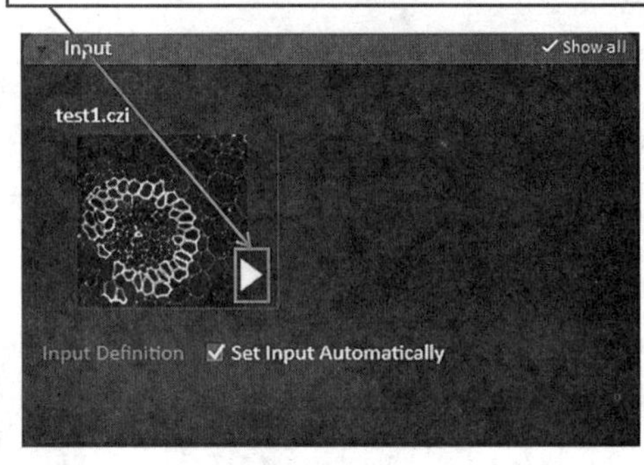

图 12-43　Zen Lite 的视频或动画导出方法 1

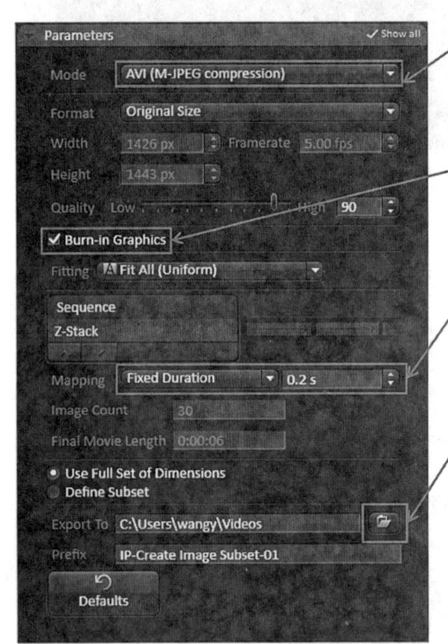

在Parameters工具栏的Mode下拉菜单中选择文件格式。通常选择AVI（M-JPEG compression）。

勾选此复选框，在输出文件中保存注释。

在下拉菜单中选择Fixed Duration，在其后的输入框中输入每帧图片放映的时长。

点击此按钮，打开保存路径对话框，选择目的文件夹保存图片。

点击Method工具栏上方的Apply按钮，输出指定图像。

图 12-44　Zen Lite 的视频或动画导出方法 2

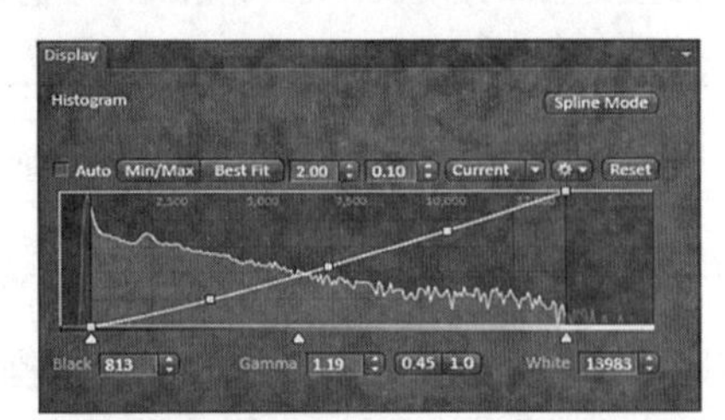

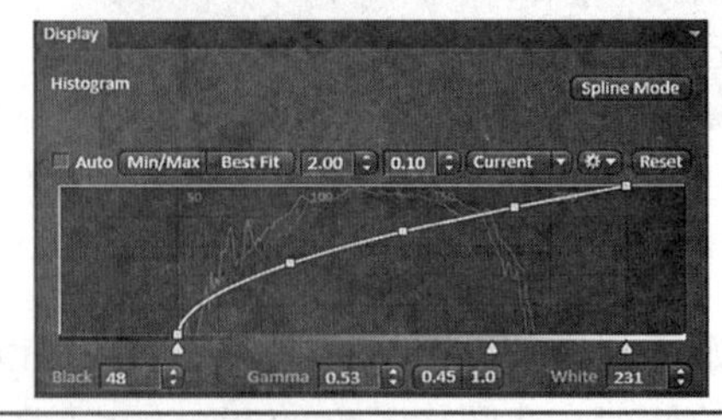

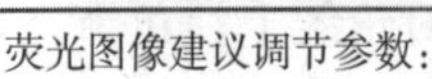

荧光图像建议调节参数：

对角线左下角节点右移至第一个峰右侧，以压制背景；对角线右上角节点左移至峰结束的位置，以增加信号亮度；左侧第二个节点略向下移，增大Gamma值，进一步压制背景。

明场图像建议调节参数：

对角线左下角节点右移至第一个峰右侧，以增强信号；对角线右上角节点左移至峰结束的位置，以提高背景；左侧第二个节点略向上移减小Gamma值，增强图片整体亮度。

图 12-45　Zen Lite 的图像调节参数

图像拍摄完成后，在图像下方的Graphics工具栏中，使用ROI按钮，可以截取图片中感兴趣的区域，形成一张新的图片进行保存（图12-46）。

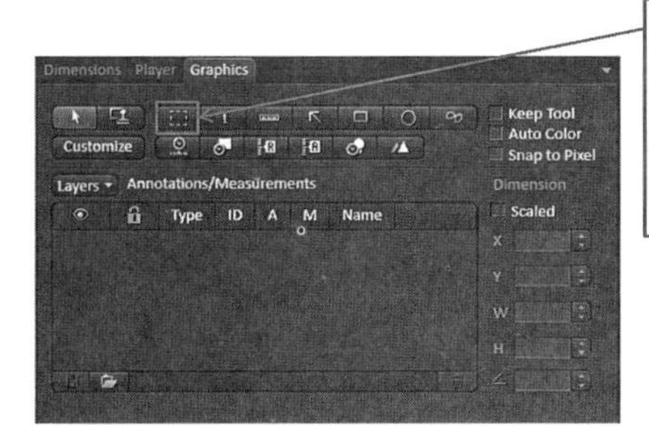

感兴趣区域ROI选择按钮。点击此按钮，在图像中用红色虚线方框框选感兴趣区域，使用Ctrl+Shift+C键，可将方框中的图像剪贴成一张新的图片。

图12-46　Zen Lite的图像感兴趣区域保存

图像拍摄完成后，在图像下方的Graphics工具栏中，可以添加比例尺、箭头和文字说明等，对图片进行标注或注释（图12-47）。

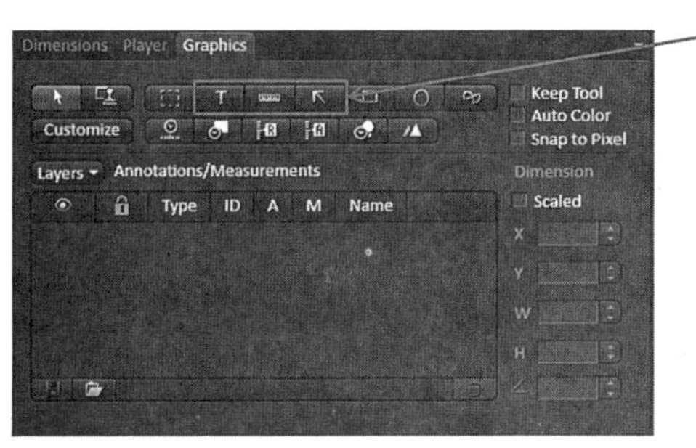

从左至右，依次为文本框、比例尺、箭头和方框的添加按钮。在图像上选中添加好的标注右键点击，选择Format Graphical Elements，可以更改线条颜色、字体大小等注释格式。

图12-47　Zen Lite的图像标注

（10）图像的手动测量。可按照图12-48至图12-50所显示的方法，利用常用测量工具对感兴趣的区域进行手动测量、保存和显示数据。

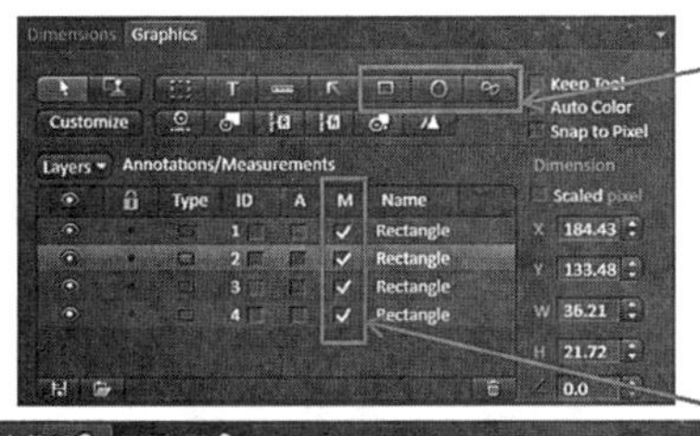

在图像下方的Graphics工具栏中，选择方框、圆形、不规则形状等常用测量工具。从左至右，依次为方框、圆形和不规则形状的添加按钮。

注意：在菜单栏的Graphics菜单中，还提供了直线、点数等其他测量工具。

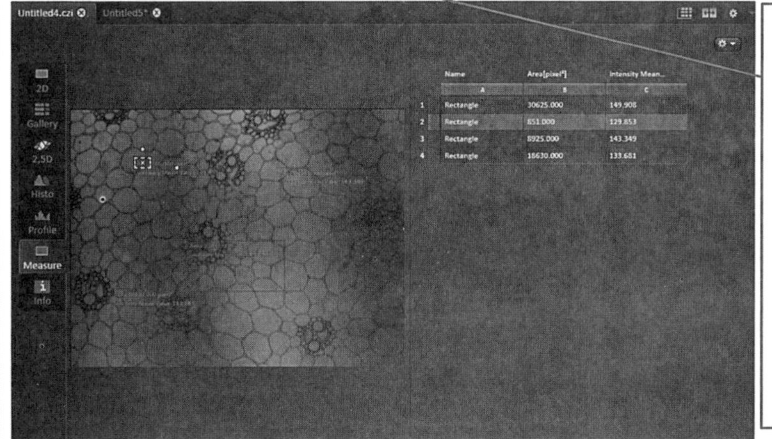

在Measure图像显示界面中，使用选择的测量工具在图像上框选感兴趣的区域。

注意：不规则形状需要以左键点击定义各个拐点，右键点击闭合曲线。

在Graphics工具栏的工具列表中勾选M复选框

在图像的右侧将出现测量结果列表。

图12-48　Zen Lite的图像手动测量

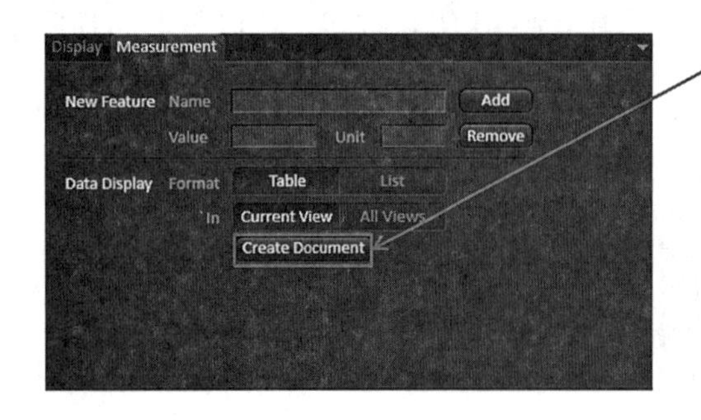

图 12-49　Zen Lite 的图像测量文档保存

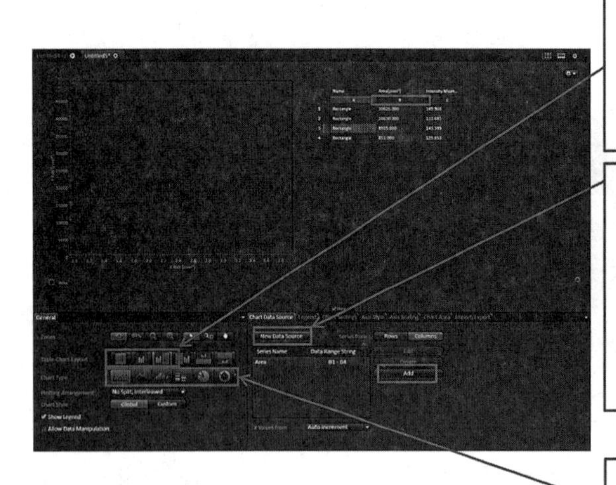

图 12-50　Zen Lite 的图像测量数据显示方式

（11）图片的叠加和合成。可按照图 12-51 和图 12-52 所显示的方法，对两幅图片或多幅图片进行叠加或多通道合成。

（七）LAS X

1. LAS X 简介　LAS X 是图像处理分析软件 Leica Application Suite X 的英文简写，是德国 Leica 公司针对生命科学领域开发的、适用于所有 Leica 显微镜的图像分析系统，其模块化设计使用户可以按需求定制，满足图像采集、处理及定量化等多种任务。

当 Leica 的 LAS X 软件安装完成后，在计算机桌面上将自动生成图标。双击该图标可以进入 LAS X 软件的用户界面。普通光学显微镜的 LAS X 软件用户界面分为三个区域，分别为：①参数设置区；②显示区，观察结果的预览、评估等都可在此区域显示；③观察者区（图 12-53）。

2. LAS X 的图像采集界面　当点击 Acquisition 按钮进行图像采集时，即可出现如图 12-54 的界面。此界面包括七个区域，分别介绍如下：

①向导区。通过下拉菜单可选择已安装的程序，例如实时数据模式。之后用户界面就会显示与所选择的工作流程相适应的布局。

②功能区。可选择图像采集、图像处理或图像分析等功能。一般默认的功能为图像采集。

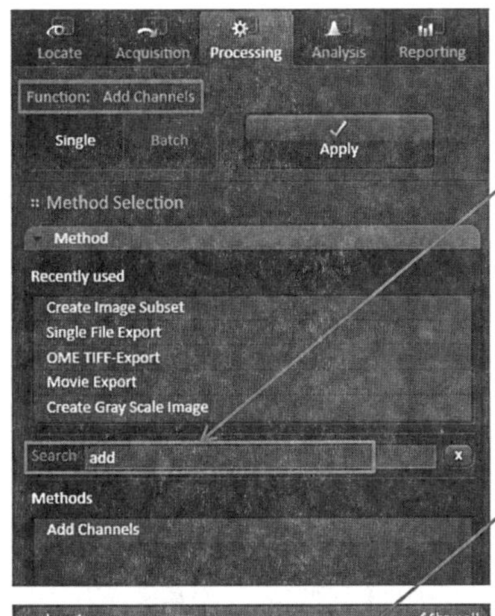

如需将拍摄所得的两张图片叠加起来，可以在Processing主页面的Method工具栏中搜索Add Channel选项。选中该选项后，该方法名称将出现在Single按钮的上方。

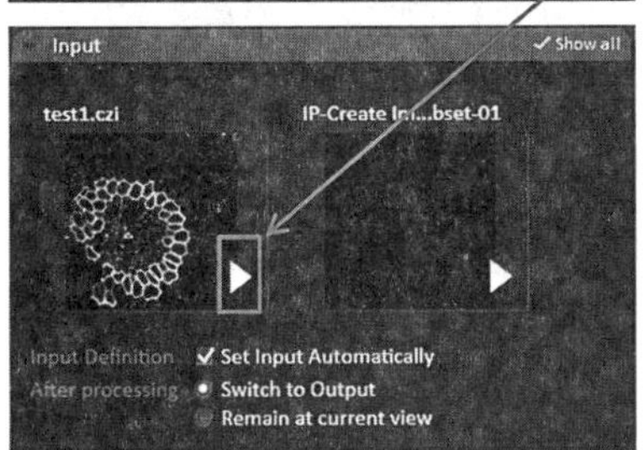

打开需要叠加的两张图片，在Input工具栏中点击白色三角形按钮，打开图片列表，分别将两张图片选入Input工具栏。

点击Method工具栏上方的Apply按钮，软件将根据两张输入的图片，生成一张新的叠加图片。

注意：如果需要叠加三张或三张以上的图片，需要先叠加任意两张，然后用新生成的叠加图像再与其他图像逐一叠加，最终生成所有图像的叠加图像。

图 12-51 Zen Lite 的图像叠加方法

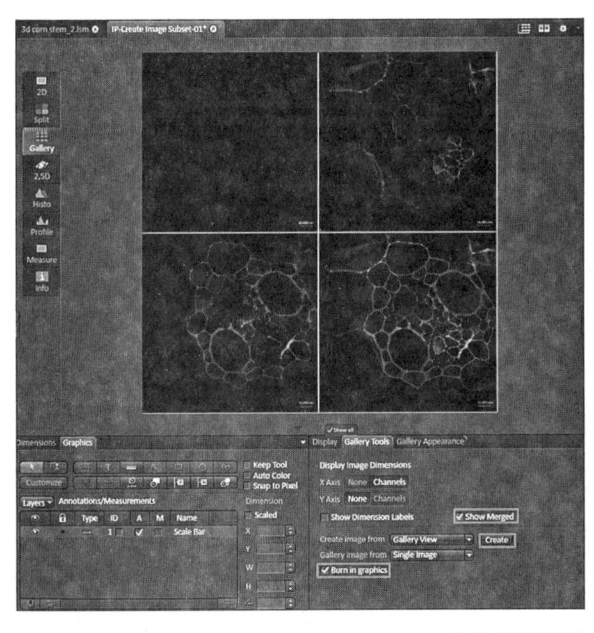

- 多张图片叠加成多通道图像后，在Gallery图像显示界面中，可以同时显示各通道和叠加通道的图像。
- 在Gallery Tools工具栏中，勾选Show Merged复选框将显示各通道叠加图像。
- 勾选Burn in graphics后，点击Create按钮，可以将Gallery图像显示界面中的多张图像整合在一张新的图像上。

图 12-52 Zen Lite 的多通道图像展示方法

③文件和帮助文档区。在文件按钮的下拉菜单中，用户可查找、创建或打印一个项目或实验的一般选项。在帮助按钮的下拉菜单中，用户可进行语言设置、寻求在线帮助等操作。此外，还可选择远程关怀服务功能。

④参数设置区。图像采集模式下，用户可在项目下的对话框设置项目参数，在图像采集对话框中对拍摄仪器的参数进行设置。

⑤光源参数区。用户可对拍摄所采用的光源参数进行设置，如激光激发波段、探测器、物镜和过滤室等。

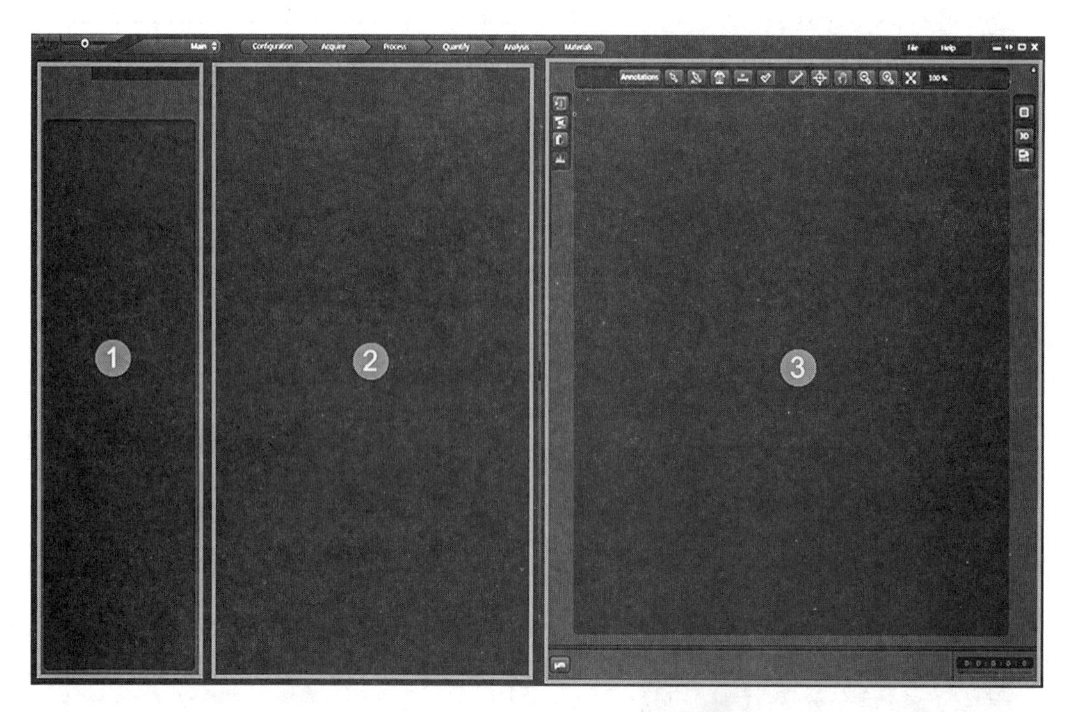

图 12-53　LAS X 的用户界面

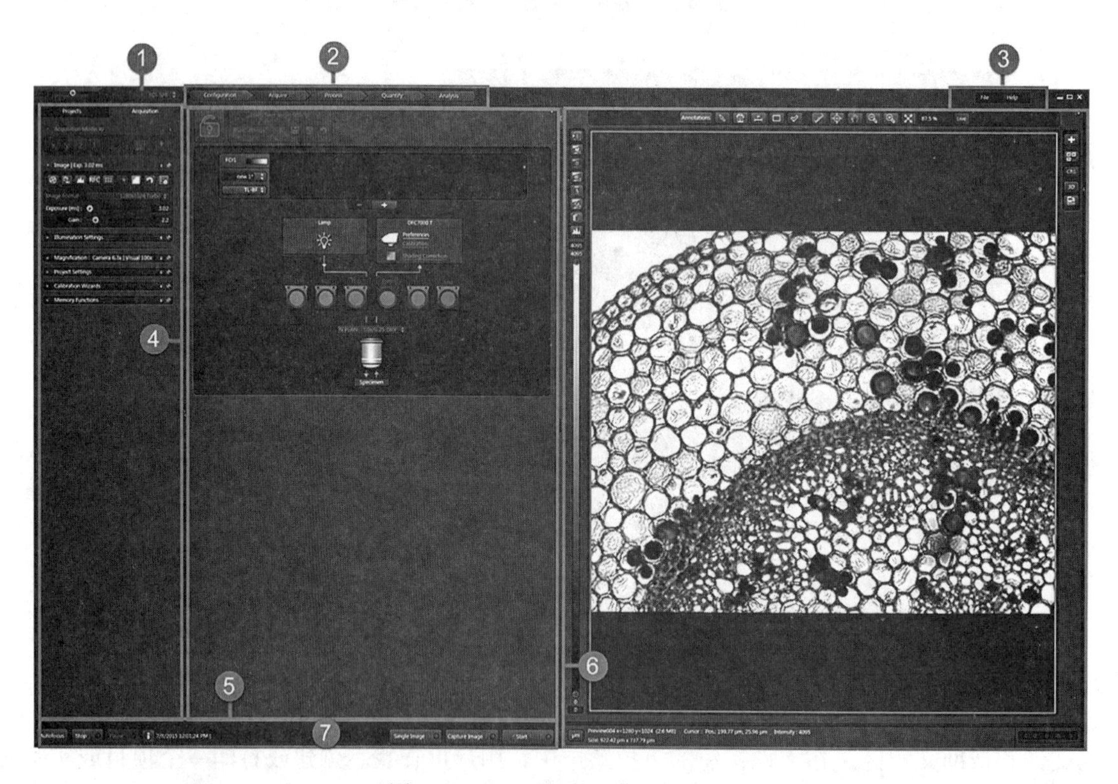

图 12-54　LAS X 的图像采集界面

⑥观察者控制区。用户可通过按钮来调节显示功能的位置，在观察者的下方可显示目标图像的信息，如单个图像或系统图像的名称、文件的大小、鼠标指针的位置等。

⑦工具条区。在图像采集模式下，窗口底部可显示图像实时采集、图像采集及自动聚焦等功能的开始按钮。

3. LAS X 的主要功能简介

（1）参数设置。在参数设置步骤，用户可对计算机的软硬件参数进行设置，其用户界面分为四个区域，分别为：①参数设置图标区，分为上部的硬件组成设置区和下部的软件成分设置区；②硬件组成对话框区，所选择的硬件组成的对话框被显示在窗口的中央区域；③软件成分对话框区，所选择的软件成分的对话框被显示在窗口的右侧区域；④分界线区，通过移动中间和右侧区域的分界线，可调节两个区域的宽度（图 12-55）。

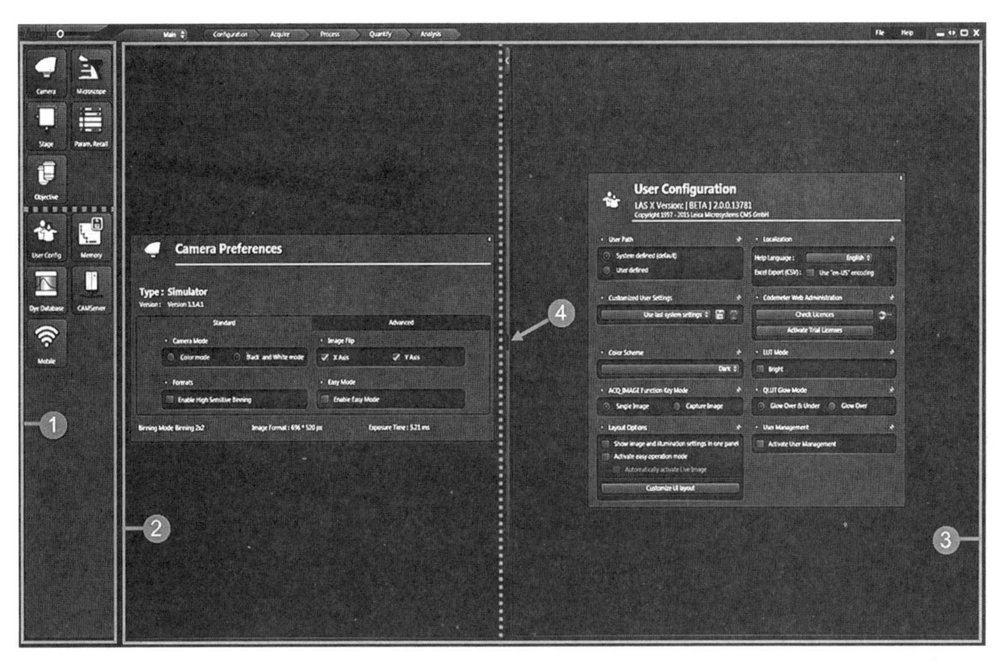

图 12-55 LAS X 的参数设置界面

（2）图像处理。在图像处理中，用户可利用各种工具对图像进行编辑，其用户界面分也为四个区域，分别为：①标签区，位于窗口左侧，由 Open Projects、Process Tools 和 Batch Deconvolution（批量反卷积）三个标签组成；②图片预览区，位于窗口中央的上半部分，用户可预览正在编辑图片；③参数设置对话框区，用户可对所选工具进行设置；④观察者区，位于窗口右侧，用户可对所显示图片的相应控制元素进行观察（图 12-56）。

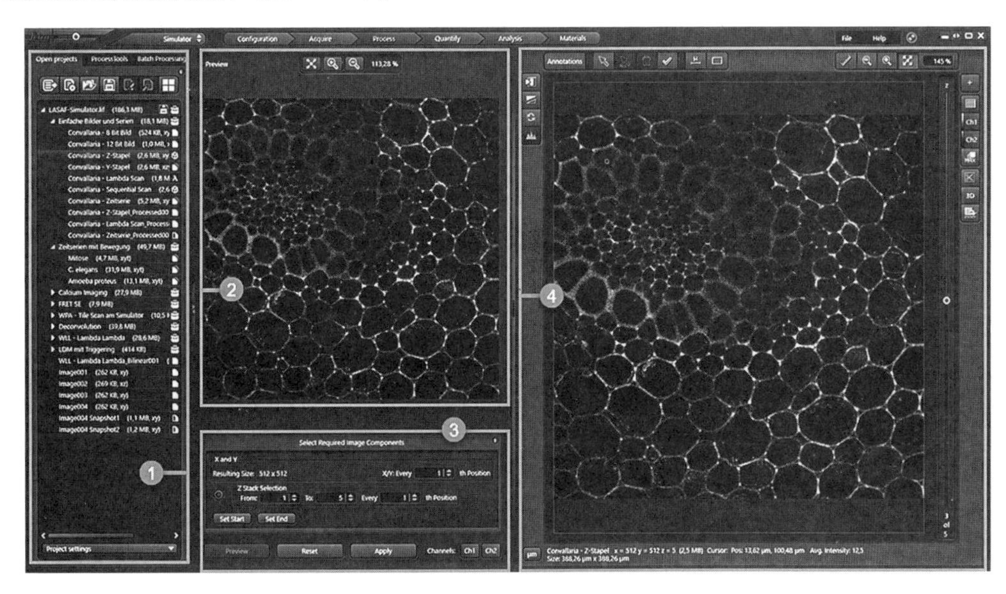

图 12-56 LAS X 的图像处理界面

（3）图像定量化。在图像定量化中，用户可利用各种工具对图像进行量化，其用户界面分包括四个区域，分别为：①标签区，位于窗口左侧，由可设置工具的工具对话标签和可显示项目目录（Project directory）的打开项目（Open Project）标签构成；②结果显示区，位于窗口中央，评估结果显示为图形标签和统计标签；③观察者区，位于窗口右侧，用户可对所显示图片的相应控制元素进行观察；④事件监控区，通过拖动分割线让观察者区变窄，用户可将实验过程情况显示在此区域（图 12-57）。

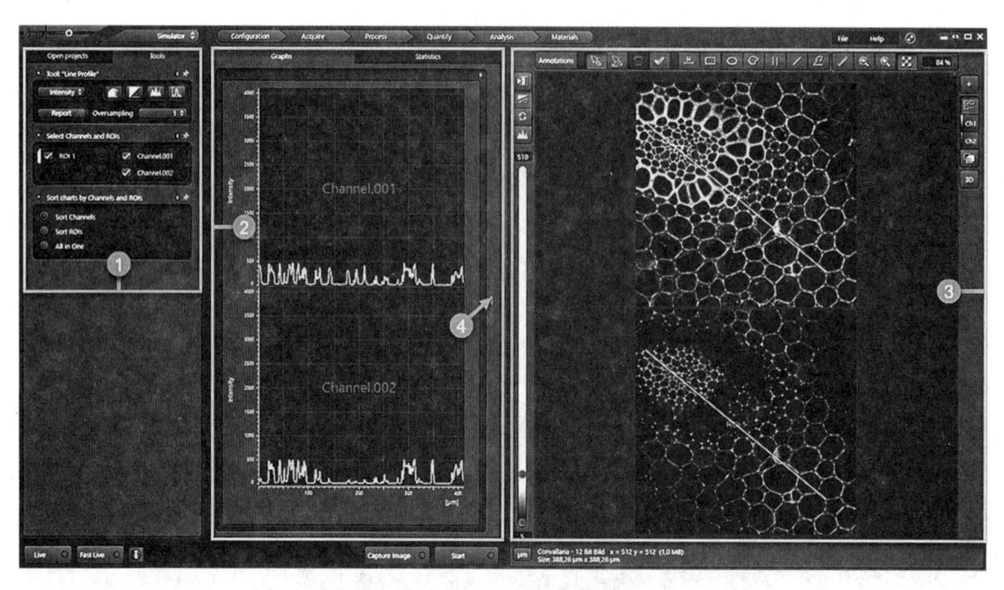

图 12-57　LAS X 的图像定量化界面

（4）图像分析。在图像分析阶段，用户可调用二维分析（2D analysis）模块对图像进行二维图像分析和图像处理。图像分析的用户界面分包括三个区域，分别为：①标签区，位于窗口左侧，由打开项目（Open Project）标签（显示在项目目录 Project Directory 下）、测量标签（提供测量工具和设置测量参数）和分析标签（用户可编制一个可以自动对单个图片或系列图片进行自动处理的程序）；②结果显示区，如果有两个监控器，则包含所有测量结果的表格将显示在窗口中央，如果有一个监控窗口，则测量结果的表格将显示在下方；③观察者区，位于窗口右侧，用户可对所显示图片的相应控制元素进行观察（图 12-58）。

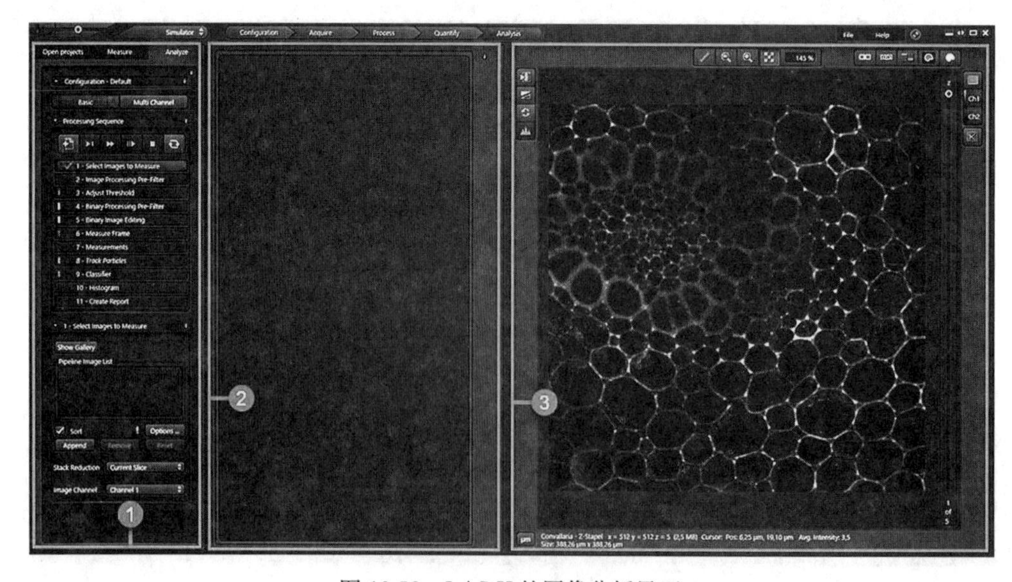

图 12-58　LAS X 的图像分析界面

（致谢：在本章编写中，得到了国内外主要显微镜企业技术人员的大力支持，特别感谢宁波舜宇仪器有限公司大区经理吕苑旸和产品经理方晖工程师，麦克奥迪实业集团有限公司江苏区域销售经理鲍晓萍工程师，宁波永新光学股份有限公司、南京江南永新光学有限公司、奥林巴斯江苏代理商严霖勇工程师，尼康应用工程师李鑫，蔡司应用工程师王玥和南京微弗德科学仪器有限公司应用工程师徐金津、徕卡应用工程师赵梦路等提供的软件介绍和图片资料。）

复习思考题

1. 什么是生物显微摄影？有何用途？
2. 数字图像的基本类型和颜色模型各有哪些？
3. 简述生物显微图像分析系统的主要流程。
4. 与常用的各品牌显微镜相配套的显微图像分析系统有哪些？

参 考 文 献

白春礼，田芳，罗克，2000. 扫描力显微术 . 北京：科学出版社 .
北京大学生物系生物化学教研室，1987. 生物化学实验指导 . 北京：高等教育出版社 .
柴利，张翠薇，张旭，2012. TO 型生物制片透明剂与二甲苯在病理制片中的应用比较 . 现代医药卫生，28（12）：1808-1809.
陈家宽，杨继，1994. 植物进化生物学 . 武汉：武汉大学出版社 .
陈菊滟，陈文娟，赵桂芳，1999. 教学用细菌染色方法的改良 . 微生物学通报（2）：128-129.
陈琳，2000. 显微镜的历史 . 教学仪器与实验，16（7）：23.
陈秋生，2019. 动物组织学与胚胎学 . 北京：科学出版社 .
陈瑞卿，曹永生，1997. 植物染色体和同工酶谱图像分析 . 北京：中国农业出版社 .
陈绍荣，毕学知，1998. 一种优化的植物组织 RNA 原位杂交技术 . 遗传，20（3）：27-30.
陈峥宏，2008. 微生物学实验教程 . 上海：第二军医大学出版社 .
陈志南，2004. 激光扫描共聚焦显微镜技术 . 西安：第四军医大学出版社 .
戴大临，张清敏，1993. 生物医学电镜样品制备方法 . 天津：天津大学出版社 .
邓新宇，2003. 原子力显微镜在生物学中应用的现状与前景 . 国外医学遗传学分册，26（3）：134-137.
翟中和，王喜忠，丁明孝，2011. 细胞生物学 . 4 版 . 北京：高等教育出版社 .
刁英，2004. 染色体核型研究的方法及应用 . 渝西学院学报（自然科学版），3（2）：56-58.
丁文乔，2014. 浅析生物细胞相位显微技术研究进展 . 生物技术世界（9）：183.
杜维俊，李贵全，1999. 中国薏苡属植物染色体核型的研究 . 山西农业大学学报，19（2）：97-99.
杜卓民，1998. 实用组织学技术 . 2 版 . 北京：人民卫生出版社 .
范嘉文，2015. 扫描探针显微镜的先进控制技术研究 . 成都：电子科技大学 .
干蜀毅，陈长琦，朱武，等，2001. 扫描电子显微镜探头新进展 . 现代科学仪器，30（2）：47-49.
高绍璞，陈彦，张震东，2003. 现代生物显微技术的现状与发展趋势 . 安徽农业科学，31（2）：243-245.
高智，韩方普，何孟元，等，1999. 应用荧光原位杂交和染色体配对研究八倍体小冰麦种的染色体组构成及染色体特征 . 植物学报，41（1）：25-28.
葛楚源，陈文列，李钻芳，等，2012. 草珊瑚植物叶、茎显微结构与黄酮组织化学定位研究 . 中国中药杂志（4）：41-44.
顾红雅，瞿礼嘉，1997. 植物基因与分子操作 . 北京：北京大学出版社 .
郭蔼光，2004. 基础生物化学 . 北京：高等教育出版社 .
郭骞欢，郭选辰，郭兴启，等，2020. 拓展荧光显微镜在细胞生物学实验教学中的应用 . 实验室科学，1：166-168.
何风华，2004. 植物染色体显微切割技术及其应用 . 亚热带植物科学，33（2）：69-72.
何凤仙，2001. 植物学实验 . 北京：高等教育出版社 .
贺爽博，2017. 扫描探针显微技术及其应用 . 电子世界（20）：145，147.
洪健，徐正，2000. 环境扫描电镜在生物学上的应用 . 杭州电子工业学院学报，20（3）：48-52.
胡建华，陈秋生，林金杏，2018. 斑马鱼组织细胞学彩色图谱 . 上海：上海科学技术出版社 .
黄承芬，杜桂森，1991. 生物显微技术 . 北京：北京科学技术出版社 .
黄小帅，李柳菊，范俊超，等，2018. 活细胞超灵敏结构光超高分辨率显微镜 . 中国科学基金（4）：367-375.
姜泊，张亚历，周毅元，1997. 分子生物学常用实验方法 . 北京：人民军医出版社 .
姜孝成，莫湘涛，彭贤锦，2007. 生物学实验教程 . 长沙：湖南师范大学出版社 .
李和平，2009. 植物显微技术 . 2 版 . 北京：科学出版社 .
李竞雄，宋同明，1997. 植物细胞遗传学 . 北京：科学出版社 .
李懋学，1991. 植物染色体研究技术 . 哈尔滨：东北林业大学出版社 .

李勤，代彩虹，俞信，等，1998. 新型数字化高灵敏度荧光显微镜及其在生物学中的应用．生物物理学报，14（3）：565-571.
李新锋，赵淑清，2004. 转基因植物中报道基因 GUS 的活性检测及其应用．生命的化学，24（1）：71-73.
李亚兰，张建新，彭玉魁，等，1999. 微生物肥料中有效活菌数检测方法．西北农业学报，8（4）：94-96.
李扬汉，1979. 禾本科作物形态解剖．上海：上海科学技术出版社．
林荣海，2013. 现代临床生化与基础检验学．长春：吉林科学技术出版社．
刘爱平，2007. 细胞生物学荧光技术原理和应用．合肥：中国科学技术大学出版社．
刘浩，梁景星，钟胜华，等，2019. 环保透明剂替代二甲苯用于病理组织石蜡制片的可行性．深圳中西医结合杂志，29（9）：86-88.
刘玉欣，周之杭，1987. 黑麦染色体银染的初步研究．遗传学报，14（5）：344-348.
卢一凡，邓继先，刘广田，1998. 染色体显微切割与微克隆技术的研究进展．生物化学与生物物理进展，25（5）：390.
罗鹏，袁秒葆，1989. 植物细胞遗传学．北京：高等教育出版社．
吕厚东，李秀真，2016. 医学微生物学实验与实习指导．济南：山东科学技术出版社．
马亢，周庆峰，施传信，等，2016. 激光共聚焦显微镜技术进展．农学学报，6（6）：30-35.
聂汝芝，李懋学，1993. 棉属植物核型分析研究．北京：科学出版社．
裴春生，张进隆，2014. 动物微生物免疫与应用．北京：中国农业大学出版社．
任秉潮，1980. 显微镜使用与维护．南京：江苏科学技术出版社．
邵淑娟，杨佩萍，许广沅，等，2007. 实用电子显微镜技术．长春：吉林人民出版社．
佘朝文，宋运淳，2006. 植物荧光原位杂交技术的发展及其在植物基因组分析中的应用．武汉植物学研究，24（4）：365-376.
沈萍，陈向东，2007. 微生物学实验．4 版．北京：高等教育出版社．
宋洁琼，包曙光，李鲁华，等，2017. 蛋白质亚细胞定位实验课程在细胞生物学实验教学中的应用．中国细胞生物学学报（3）：341-347.
苏慧慈，1994. 原位杂交．北京：中国科学技术出版社．
孙敬三，钱迎倩，1987. 植物细胞学研究方法．北京：科学出版社．
汤乐民，丁斐，2005. 生物科学图像处理与分析．北京：科学出版社．
唐丽杰，2005. 微生物学实验．哈尔滨：哈尔滨工业大学出版社．
汪正清，2005. 医学微生物学实验教程．上海：第四军医大学出版社．
王芳，2018. 环保透明剂替代二甲苯在病理制片中的应用．诊断病理学杂志，25（5）：387，391.
王永军，王肖肖，吕菲，等，2014. 环保透明剂在常规组织制片中的应用．临床与实验病理学杂志，30（3）：336-337.
王永强，刘榜，李奎，2000. DNA 纤维上的原位杂交技术．国外医学分子生物学分册，22（1）：14-17.
王灶安，1993. 植物显微技术．北京：农业出版社．
吴文杰，1999. 染色体显带技术在植物进化生物学中的应用．泉州师专学报（自然科学版），17（2）：41-44.
夏佩莹，黄升海，2004. 医学微生物学实验教程．合肥：安徽科学技术出版社．
夏彦恺，王心如，2004. 多色荧光原位杂交及其在遗传毒理学中的应用．卫生研究，33（3）：354-355.
解生勇，1990. 细胞遗传学．北京：北京农业大学出版社．
邢德峰，任南琪，王爱杰，2003. FISH 技术在微生物生态学中的研究及进展．微生物学通报，30（6）：117.
许虎，王媚，刘训红，等，2011. 罗布麻叶中黄酮类成分的定位与相对定量．药学学报（8）：1004-1007.
薛孟飞，陈佳宁，2019. 基于扫描探针技术的超分辨光学成像和谱学研究进展．物理，48（10）：662-674.
晏春耕，1999. 生物显微技术实验指导．长沙：湖南农业大学．
杨汉民，2000. 细胞生物学实验．北京：高等教育出版社．
杨继，2000. 植物生物学实验．北京：高等教育出版社．
杨杰顺，叶云，2017. TO 型生物制片透明剂在石蜡组织块脱蜡转透射电镜标本制备中的应用研究．检验医学与临床，14（13）：1903-1905.
杨晓玫，姚拓，师尚礼，2019. 荧光蛋白标记研究进展．草业学报，28（10）：209-216.

杨云昊，2010. 硬X射线显微和纳米CT技术在细胞成像中的应用．合肥：中国科学技术大学．
姚火春，2002. 兽医微生物学实验指导．北京：中国农业出版社．
余炳生，张仪，1989. 生物学显微技术．北京：北京农业大学出版社．
袁兰，2004. 激光扫描共聚焦显微镜技术教程．北京：北京大学医学出版社．
袁莉民，蒋蔚霞，2001. 对环境扫描电子显微镜（ESEM）的认识．现代科学仪器，30（2）：53-56.
岳慧琴，2006. 生命科学数字显微图像分析的新进展．实验室科学（5）：112-114.
张健，吕柳新，叶明志，2006. 高等植物显微分离技术应用进展．亚热带农业研究，2（4）：265-270.
张景强，朴英杰，蔡福筹，等，1987. 生物电子显微技术．广州：中山大学出版社．
张立德，牟秀美，2001. 纳米材料和纳米结构．北京：科学出版社．
张树霖，2000. 近场光学显微镜及其应用．北京：科学出版社．
张一，张继超，诸颖，等，2013. 同步辐射X射线显微成像技术在细胞生物学中的应用．生命科学，25（8）：754-760.
章楚光，胡伟忠，顾伟鸣，2004. 镀银染色法在一期梅毒实验室诊断中的应用．中国皮肤性病学杂志，18（12）：756-756.
赵丽娟，李集临，2004. 植物染色体C分带和原位杂交的研究应用．哈尔滨师范大学自然科学学报，20（5）：86-88.
曾小鲁，1989. 实用生物学制片技术．北京：高等教育出版社．
曾照芳，2005. 临床检验仪器学．2版．北京：人民卫生出版社．
郑国锠，谷祝平，1993. 生物显微技术．北京：高等教育出版社．
周琴，2003. 绿色荧光蛋白基因在苏云金芽孢杆菌中的表达与应用．武汉：华中农业大学．
周锡龙，李法新，付际，2016. 扫描探针声学显微技术研究进展．固体力学学报，37（2）：107-133.
周雪雁，关伟军，马月辉，等，2004. 染色体显带技术及其在生物学研究中的意义．上海畜牧兽医通信（5）：2-3.
周仪，1993. 植物形态解剖实验．北京：北京师范大学出版社．
周志军，2001. 生物显微镜的原理与使用技巧．生物学通报，35：939-940.
周仲华，陈金湘，何鉴星，2001. 余筱南植物原位杂交技术的发展与应用．作物研究（S1）：50-53.
朱菁，李秀兰，李惠芬，2006. 激光扫描共聚焦显微技术及在药学上的应用．天津药学，18（5）：58-61.
CLARK M S，1998. 植物分子生物学实验手册．顾红雅，瞿礼嘉，译．北京：高等教育出版社．
KO J W，SEONG J Y，SUH K S，et al，2000. Pityriasis lichenoides-like mycosis fungoides in children. Br J Dermatol，142：347-352.
TATTINI M，GRAVANO E，PINELLI P，et al，2000. Flavonoids accumulate in leaves and glandular trichomes of *Phillyrea latifolia* exposed to excess solar radiation . The New Phytologist，148（1）：69-77.

图书在版编目（CIP）数据

生物显微技术 / 王庆亚，何金铃主编．—2 版．—北京：中国农业出版社，2021.8

普通高等教育农业农村部“十三五”规划教材　全国高等农林院校“十三五”规划教材

ISBN 978-7-109-28619-1

Ⅰ.①生…　Ⅱ.①王…②何…　Ⅲ.①生物学—显微术—高等学校—教材　Ⅳ.①Q-336

中国版本图书馆 CIP 数据核字（2021）第 149391 号

中国农业出版社出版

地址：北京市朝阳区麦子店街 18 号楼

邮编：100125

责任编辑：宋美仙　刘梁

版式设计：王　晨　　责任校对：吴丽婷

印刷：北京通州皇家印刷厂

版次：2010 年 8 月第 1 版　　2021 年 8 月第 2 版

印次：2021 年 8 月第 2 版北京第 1 次印刷

发行：新华书店北京发行所

开本：889mm×1194mm　1/16

印张：20.25

字数：600 千字

定价：52.00 元
